HANDBOOK OF THERMAL ANALYSIS AND CALORIMETRY

热分析与量热技术

第1卷 原理与实践

VOLUME 1　PRINCIPLES AND PRACTICE

Michael E.Brown　著

丁延伟　译

中国科学技术大学出版社

内 容 简 介

本书是荷兰爱思唯尔出版集团自1998年以来陆续推出的《热分析与量热技术》丛书的第1卷,较为系统地介绍了热分析与量热科学相关的术语,热力学和动力学基础,热重分析技术、差热分析与差示扫描量热技术、热机械分析技术、同步热分析技术以及其他热分析联用技术、显微热分析技术以及等温量热技术等热分析与量热技术领域中常见的分析方法。本书作为系列丛书的第1卷,重点介绍每一类分析技术的原理、仪器组成以及典型应用案例。书中每一部分均由在相关领域工作多年、在国际上具有较大影响力的学者编写,对于高校、科研院所的高年级本科生、研究生、科研工作者和技术工作者有较好的参考作用。

图书在版编目(CIP)数据

热分析与量热技术.第1卷,原理与实践/(南非)迈克尔·E.布朗(Michael E. Brown)著;丁延伟译.—合肥:中国科学技术大学出版社,2021.1
ISBN 978-7-312-05101-2

Ⅰ.热… Ⅱ.①迈… ②丁… Ⅲ.①热分析 ②温度测量方法 Ⅳ.①O657.99 ②TK311

中国版本图书馆 CIP 数据核字(2020)第 233267 号

热分析与量热技术 第1卷 原理与实践
RE FENXI YU LIANGRE JISHU. DI 1 JUAN YUANLI YU SHIJIAN

出版	中国科学技术大学出版社 安徽省合肥市金寨路96号,230026 http://press.ustc.edu.cn https://zgkxjsdxcbs.tmall.com
印刷	合肥华苑印刷包装有限公司
发行	中国科学技术大学出版社
经销	全国新华书店
开本	787 mm×1092 mm 1/16
印张	33.5
插页	1
字数	775 千
版次	2021年1月第1版
印次	2021年1月第1次印刷
定价	260.00 元

安徽省版权局著作权合同登记号 12201974 号

Handbook of Thermal Analysis and Calorimetry, Volume 1: Principles and Practice, 1st edition
Michael E. Brown
ISBN:9780444820853
Copyright © 1998 Elsevier BV. All rights reserved.
Authorized Chinese translation published by University of Science and Technology of China Press.

《热分析与量热技术.第1卷,原理与实践》(丁延伟译)
ISBN:9787312051012
Copyright © Elsevier BV and University of Science and Technology of China Press. All rights reserved.
No part of this publication may be reproduced or transmitted in any form or by any means, electronic or mechanical, including photocopying, recording, or any information storage and retrieval system, without permission in writing from Elsevier (Singapore) Pte Ltd. Details on how to seek permission, further information about the Elsevier's permissions policies and arrangements with organizations such as the Copyright Clearance Center and the Copyright Licensing Agency, can be found at our website: www.elsevier.com/permissions.
This book and the individual contributions contained in it are protected under copyright by Elsevier BV and University of Science and Technology of China Press (other than as may be noted herein).

This edition of Handbook of Thermal Analysis and Calorimetry, Volume 1: Principles and Practice is published by University of Science and Technology of China Press under arrangement with ELSEVIER BV.
This edition is authorized for sale in the People's Republic of China (excluding Hong Kong, Macau and Taiwan) only. Unauthorized export of this edition is a violation of the Copyright Act. Violation of this Law is subject to Civil and Criminal Penalties.

本版由 ELSEVIER BV 授权中国科学技术大学出版社在中华人民共和国境内(不包括香港、澳门以及台湾地区)出版发行。
本版仅限在中华人民共和国境内(不包括香港、澳门以及台湾地区)出版及标价销售。未经许可之出口,视为违反著作权法,将受民事及刑事法律之制裁。
本书封底贴有 Elsevier 防伪标签,无标签者不得销售。

注 意

本书涉及领域的知识和实践标准在不断变化,新的研究和经验拓展我们的理解,因此须对研究方法、专业实践或医疗方法做出调整。从业者和研究人员必须始终依靠自身经验和知识来评估和使用本书中提到的所有信息、方法、化合物或本书中描述的实验。在使用这些信息或方法时,他们应注意自身和他人的安全,包括注意他们负有专业责任的当事人的安全。在法律允许的最大范围内,爱思唯尔、译书的原书作者、原书编辑及原书内容提供者均不对因产品责任、疏忽或其他人身或财产伤害及/或损失承担责任,亦不对由于使用或操作书中提到的方法、产品、说明或思想而导致的人身或财产伤害及/或损失承担责任。

译者的话

热分析和量热技术在材料科学相关研究领域中的应用日益广泛,这些技术尤其在催化、安全性评估等许多领域中得到了广泛的应用。使用热分析和量热技术可以快速、方便地测量重要物理性质并且具有较高的准确性。对于开始接触这些技术的工作者来说,需要对热分析和量热技术有一个全面系统的了解。

由国际上在热分析和量热技术领域具有较大影响力的专家编写的《热分析与量热技术》丛书可以帮助相关人员解决与热分析和量热相关的很多问题。迄今为止,该丛书已出版6卷。

第1卷共14章,主要介绍了热分析与量热方法的原理和基础,内容主要侧重于热力学和动力学原理以及与热分析和量热技术相关的仪器和方法。该卷主要展开了这些基本原理和通用性问题的讨论,并最大限度地减少与这些原则和方法的应用相关的后续卷中的重复介绍。

第2卷共15章,主要涉及热分析和量热技术在无机材料例如化学品、陶瓷、金属等研究中的应用,内容主要涵盖了这些材料的合成、表征和反应性质。

第3卷共16章,主要介绍了高分子和塑料材料的热力学和热行为的原理。热行为主要包括聚合物固体和液体的热容、弛豫过程、分子动力学、结晶、熔融和降解等过程,涉及的聚合物种类主要包括液晶聚合物、共聚物和聚合物共混物、聚合物薄膜、纤维、热固性材料、弹性体、复合材料等。书中介绍了各种各样的热分析与量热学方法在以上提及的聚合物的热性质研究中的广泛应用,其中特别介绍了激发电流法和调制差示扫描量热法的应用。

第4卷共17章,主要介绍了热分析和量热技术在生命科学中多个领域的应用。

第5卷共19章,作为对之前4卷的补充,本卷主要介绍了热分析和量热技术及其应用的最新进展。

第6卷共19章,作为对之前5卷的补充,本卷主要介绍了近十年来热分析和量热技术及其应用的最新进展。

译者是在2004年开始接触《热分析与量热技术》这套丛书的,当时这套丛书出版了前4卷,执笔者均为国际上热分析和量热技术领域具有较大影响力的专家,其视野和思路对于热分析和量热技术从业者均有较大的参考作用。当时花了一年多的时间对这4卷进行研读。大约从2006年开始,译者开始对与实际工作密切相关的热重法、差热分析、差示扫描量热法、热机械分析法、热分析联用法以及微量量热法等章节的内容进行翻译,当时并没有把这些大部头全部翻译成中文的想法。自2009年开始,译者在中国科学技术大学开始给材料相关专业的研究生讲授"热分析方法及其应用"课程,课程受到了较为广泛的关注。在选择参考书时,译者在众多的中文和英文版本的参考书中选择了这套丛书作为重要参考书,课程内容的设计也主要参考了前4卷所涉及的内容。2008年,该丛书第5卷出版,主要介绍前4卷所涉及方法的最新进展。2018年,该丛书第6卷出版,主要内容为过去十年内热分析与量热领域相关技术的进展。在教学中,基于热分析和量热技术的复杂性和多样性的特点,译者深深体会到这些大部头的参考书的重要性,但其对于许多初接触热分析和量热的初学者来说无异于天书,于是产生了将这套丛书完整地译为中文的想法。由于有了前些年的积累,前5卷的翻译工作并没有遇到太大的困难,第6卷出版后,译者花了近一年的时间完成了书稿的翻译工作。自2015年开始,为了使选课的研究生能够有动力阅读本丛书,并使其深入了解热分析和量热技术的原理及相关应用,译者尝试将丛书的相关内容作为课程作业,取得了不错的效果。

  在本书的出版过程中,译者得到了中国科学技术大学出版社的大力支持,国际知名热分析仪器生产厂商瑞士梅特勒-托利多(Mettler Toledo)公司为本书提供了出版经费,在此一并表示感谢。

  由于译者专业知识和英文能力的限制,在翻译过程中肯定存在不少错误和不当之处,敬请读者批评指正。

译 者
2020年10月

总　　序

在 20 世纪后半叶,国际上对热分析与量热法的应用和关注大大增加。人们对这些方法的关注受到了一些影响因素的推动。当然,计算机和自动化带来的仪器革命是一个关键因素。另外,许多科研人员已经认识到这些技术的很大的多样性。长期以来,这些技术手段被用于各种各样的材料的表征、分解和转变。我们现在意识到这些技术已经极大地拓展到了催化研究、安全风险评估等许多过程,这些技术可以快速、方便地测量重要物理性质,并且与过去相比准确性得到了显著的提高。

因此,随着热分析与量热法地位的日益提高,更多的科学家和工程师成为这些技术的全职或者兼职的从业者。对于这些刚接触该领域的新人而言,他们非常希望获得具有描述这些技术的基本原理和进展状态的信息源。目前,这些方法的应用实例对于未来应用领域的潜力有着较好的促进作用。这些方法的应用是高度跨学科的,对其任何充分的描述都必须涵盖一系列主题,远远超出任何单一领域的研究者的兴趣和能力。为此,我们编写了本套较为实用的丛书,每卷均由国际上该领域公认的专家撰写一个专题方面的内容。

第 1 卷描述了与热分析和量热主题相关的较为共性的基本背景信息,主要讨论了热力学和动力学原理以及与热分析和量热技术相关的仪器和方法。目的是对这些技术的一般性原理开展讨论,并尽量减少在后续卷中对这些原理和方法的应用进行介绍时的重复性的描述。当然,在后面的各卷中分别介绍了与特定过程或材料应用相关的更多独特的方法。

随后的三卷主要描述应用方法,并根据一般的材料类别进行划分。其中,第 2 卷主要涉及各种无机材料,例如化学品、陶瓷、金属等。内容主要涵盖了这些材料的合成、表征和反应性质。类似地,第 3 卷主要涉及聚合物,并以适当的方式描述了热分析与量热法在这些材料中的应用。最后,第 4 卷则描述了许多重要的生物学应用。

每一卷都有一位主编,他们分别在各自领域工作多年,并且是该卷所涵盖领域的公认专家。每个编辑团队均精心挑选了作者,努力为这个广泛的主题制作出一本可读的信息手册。这些章节并非旨在对特定主题进行全面的研究，其目的是使读者能够了解每个主题的本质，并为进一步阅读或实际参与该主题奠定基础。我们的目标是激发读者的想象力，使其认识到这些方法在其具体的研究目标和工作中的潜在应用。此外，我们希望预测并回答读者在工作中所遇到的问题，指导其选择适当的技术，并帮助其以适当和有意义的方式来圆满解决这些问题。

丛书主编
P. K. 加拉格尔（P. K. Gallagher）

序

本卷共包含14章,重点介绍热分析与量热法的原理和技术,每一章均由相关领域的经验丰富的个人或团队完成。由于书中所包括的不同章节完成的进度差别较大,因此图书的进展一直很缓慢。本书最初的编写计划是在大约四年前在意大利格拉多举行的欧洲热分析协会(ESTAC)的学术交流会议期间制定的,希望本书在出版后不会让那些满怀热情的编写者认为是无效的劳动。最初参与的一些作者因各种原因退出后,我特别感谢那些在最终阶段参与的作者们。对于那些完全按计划工作却不得不等待很长时间才能出版的模范作者,我对他们表示真诚的歉意。

在整个项目中,感谢荷兰爱思唯尔(Elsevier)出版社的斯旺·格(Swan Go)女士一直给予的鼓励和支持,并随时解决出现的许多问题。

我还要感谢理查德·康普(Richard Kemp)博士,他不仅是本卷第14章的作者,同时也是本丛书第4卷的主编,感谢他通过电子邮件的鼓励。通过多次交流板球比赛成绩,他在很多场合消除了我严重的沮丧情绪。对于我的妻子和罗德斯大学的同事,他们不得不忍受我对这项工作长期的痴迷,感谢你们对我的宽容。

非常感谢本卷的所有作者和丛书主编P. K. 加拉格尔教授,感谢你们参与本部分内容的编写工作。希望第1卷的完成只是本丛书的开始,希望本书能够增强读者对热分析与量热法的使用和理解。

第1卷主编

迈克尔·E.布朗(Michael E. Brown)

目　录

译者的话 ··· 001
总序 ·· 003
序 ··· 005

第1章　定义、命名、术语及文献 ·· 001
　1.1　引言 ··· 001
　　1.1.1　基本注意事项 ··· 001
　　1.1.2　热分析的定义范围和界限 ·· 002
　　1.1.3　与分类原则有关的一些方面 ·· 002
　　1.1.4　所有热分析方法的共同特征 ·· 002
　　1.1.5　温度标准 ·· 003
　　1.1.6　与校准有关的定义 ·· 004
　　1.1.7　溯源性和质量保证 ·· 004
　　1.1.8　热分析方法是分析方法吗？ ·· 005
　1.2　热分析与量热法：定义、分类和命名 ·· 005
　　1.2.1　概述 ··· 005
　　1.2.2　热分析与量热法的定义 ··· 006
　　1.2.3　热分析与量热法的分类原理 ·· 007
　　1.2.4　热分析方法的分类、命名和定义 ·· 010
　　1.2.5　量热技术的分类、命名和定义 ·· 019
　1.3　测量仪器的特征 ··· 022
　　1.3.1　测量仪器的一般指标 ·· 023
　　1.3.2　测量系统的性能特征 ·· 024
　　1.3.3　仪器核查清单 ··· 026
　　1.3.4　对评估程序的评价 ·· 026
　1.4　测量的曲线和数值的特征 ·· 027
　　1.4.1　描述曲线的相关术语 ·· 027
　　1.4.2　与测量曲线解析相关的术语 ·· 029
　　1.4.3　由测量曲线得到的特征量 ··· 030
　1.5　测量结果的表征、解释和表示 ·· 031
　　1.5.1　结果的表征 ··· 031
　　1.5.2　结果的解释 ··· 031
　　1.5.3　测量的数值、曲线和结果表示 ·· 031

		1.5.4 术语、符号和单位	032
1.6	与热分析与量热法相关的文献		038
	1.6.1	教材	038
	1.6.2	综述或图书中的相关章节	041
	1.6.3	会议论文集	041
	1.6.4	期刊	044
	1.6.5	标准	046
	1.6.6	关于热分析与量热学史的文献	058
参考文献			060

第2章 热分析与量热法的热力学背景 … 061

- 2.1 简介 … 061
- 2.2 热力学体系与温度的概念 … 062
  - 2.2.1 热力学体系 … 062
  - 2.2.2 温度的概念 … 063
  - 2.2.3 温度的测量及温标 … 063
  - 2.2.4 1990年国际温标 … 064
  - 2.2.5 微观尺度的温度 … 065
- 2.3 热力学第一定律 … 065
  - 2.3.1 通过热流引起的体系状态变化 … 065
  - 2.3.2 通过做功使体系的状态发生改变 … 066
  - 2.3.3 热力学第一定律及内能 … 067
  - 2.3.4 恒容过程 … 069
  - 2.3.5 恒压过程、焓 … 070
  - 2.3.6 热容 … 070
- 2.4 热力学第二定律和热力学第三定律 … 071
  - 2.4.1 热力学第二定律的一般性表述 … 071
  - 2.4.2 热力学第二定律的进一步表述、熵 … 071
  - 2.4.3 热力学第三定律 … 073
- 2.5 Helmholtz自由能和Gibbs自由能 … 073
- 2.6 平衡条件 … 075
- 2.7 开放体系 … 078
- 2.8 单组分纯物质体系 … 080
  - 2.8.1 相稳定性 … 080
  - 2.8.2 两相平衡、克拉佩隆方程式 … 082
  - 2.8.3 相变、相变的级数 … 084
  - 2.8.4 玻璃态及玻璃化转变 … 085
- 2.9 混合物与相图 … 087

  2.9.1 混合物的热力学性质 ·········· 087
  2.9.2 理想气体混合物 ·········· 089
  2.9.3 理想状态的混合物 ·········· 091
  2.9.4 实际状态的混合物 ·········· 092
  2.9.5 偏摩尔量、活度与活度系数 ·········· 094
  2.9.6 相图 ·········· 095
 2.10 化学反应 ·········· 099
  2.10.1 反应吉布斯自由能、反应熵和反应焓 ·········· 099
  2.10.2 由元素形成化合物的反应 ·········· 100
  2.10.3 燃烧反应 ·········· 101
  2.10.4 化学平衡 ·········· 102
 参考文献 ·········· 104

第3章 热分析和量热的动力学研究 ·········· 105
 3.1 引言 ·········· 105
  3.1.1 理论基础 ·········· 105
  3.1.2 均相反应的动力学 ·········· 106
  3.1.3 非均相反应动力学 ·········· 106
  3.1.4 非均相反应动力学的相关文献综述 ·········· 107
 3.2 固态反应动力学模型 ·········· 107
  3.2.1 速率控制 ·········· 107
  3.2.2 成核 ·········· 108
  3.2.3 核的生长 ·········· 109
  3.2.4 固体反应中的扩散过程 ·········· 110
  3.2.5 反应界面 ·········· 111
  3.2.6 成核动力学 ·········· 112
  3.2.7 成核和生长动力学 ·········· 114
  3.2.8 几何收缩模型 ·········· 115
  3.2.9 基于自催化的模型 ·········· 115
  3.2.10 扩散模型 ·········· 116
  3.2.11 扩散和几何控制的影响 ·········· 117
  3.2.12 基于反应级数的模型 ·········· 117
  3.2.13 等温下的转化率-时间曲线 ·········· 118
  3.2.14 颗粒尺寸效应 ·········· 119
  3.2.15 影响动力学行为的其他因素 ·········· 120
 3.3 固态反应动力学分析中最重要的速率方程 ·········· 120
 3.4 等温实验的动力学分析 ·········· 122
  3.4.1 简介 ·········· 122

- 3.4.2 α的定义 ………………………………………………………… 123
- 3.4.3 动力学分析的数据 ……………………………………………… 124
- 3.4.4 等温数据动力学分析方法 ……………………………………… 124
- 3.4.5 测试 $g(\alpha)$ 对时间的关系曲线的线性关系 …………………… 125
- 3.4.6 约化时间和 α-约化时间图 …………………………………… 125
- 3.4.7 在动力学分析中导数(微分)方法的应用 …………………… 126
- 3.4.8 动力学解释的证实 ……………………………………………… 126

3.5 温度对反应速率的影响 …………………………………………………… 126
- 3.5.1 概述 ………………………………………………………………… 126
- 3.5.2 Arrhenius参数 A 和 E_a 的测定 ………………………………… 127
- 3.5.3 Arrhenius参数 A 和 E_a 的意义 ………………………………… 127
- 3.5.4 反应界面内的活化作用 ………………………………………… 128
- 3.5.5 补偿效应 ………………………………………………………… 130

3.6 非等温实验的动力学分析 ………………………………………………… 130
- 3.6.1 文献 ………………………………………………………………… 130
- 3.6.2 简介 ………………………………………………………………… 131
- 3.6.3 逆动力学问题 …………………………………………………… 132
- 3.6.4 实验方法 ………………………………………………………… 134
- 3.6.5 理论热分析曲线的形状 ………………………………………… 134
- 3.6.6 非等温动力学方法的分类 ……………………………………… 138
- 3.6.7 等转化率法 ……………………………………………………… 138
- 3.6.8 α对约化温度的曲线图 ………………………………………… 139
- 3.6.9 一种导数(或微分)方法：一阶导数法 ……………………… 139
- 3.6.10 一种导数(或微分)方法：二阶导数法 ……………………… 140
- 3.6.11 形状因子 ………………………………………………………… 142
- 3.6.12 一种可用的积分方法 …………………………………………… 143
- 3.6.13 导数(或微分)方法和积分方法的对比 ……………………… 144
- 3.6.14 非线性回归方法 ………………………………………………… 144
- 3.6.15 复杂反应 ………………………………………………………… 145
- 3.6.16 动力学行为的预测 ……………………………………………… 147
- 3.6.17 动力学标准 ……………………………………………………… 147
- 3.6.18 几点讨论 ………………………………………………………… 148
- 3.6.19 结论 ……………………………………………………………… 149

3.7 非扫描型量热法的动力学 ………………………………………………… 149
- 3.7.1 引言 ………………………………………………………………… 149
- 3.7.2 动力学分析 ……………………………………………………… 150
- 3.7.3 热动力学研究举例 ……………………………………………… 152

3.8 动力学结果的发表 ………………………………………………………… 153

3.8.1　发表 ··· 153
　　3.8.2　引言 ··· 153
　　3.8.3　实验 ··· 153
　　3.8.4　结论 ··· 154
　　3.8.5　讨论 ··· 155
　参考文献 ·· 155

第4章　热重法与热磁测量法 · 165
4.1　引言 · 165
4.1.1　目的和范围 · 165
4.1.2　发展历史简要回顾 · 166
4.2　质量的测量 · 167
4.2.1　机械秤和天平 · 167
4.2.2　现代的电子天平 · 168
4.2.3　基于共振的测量方法 · 170
4.2.4　外加磁场的影响和热磁测量法 · 172
4.3　热天平的设计与控制 · 173
4.3.1　热量的提供和控制 · 173
4.3.2　气氛的控制 · 185
4.3.3　与样品相关的注意事项 · 190
4.4　数据的采集与作图 · 192
4.4.1　实验结果的作图 · 192
4.4.2　模拟和数字信号的采集 · 195
4.4.3　自动化 · 196
4.5　校准 · 197
4.5.1　质量 · 198
4.5.2　温度 · 199
参考文献 · 202

第5章　差热分析与差示扫描量热法 · 206
5.1　引言和历史背景 · 206
5.2　定义和区分 · 210
5.2.1　差热分析 · 210
5.2.2　差示扫描量热法 · 210
5.2.3　温度调制DSC · 211
5.2.4　自参比DSC · 211
5.2.5　单一DTA · 211
5.2.6　与DTA和DSC有关的其他术语 · 211

5.3 DTA 和 DSC 的理论 ··· 212
　5.3.1 传热方程的使用 ·· 213
　5.3.2 反应方程的应用 ·· 215
　5.3.3 组合的方法 ·· 216
　5.3.4 设计影响 ··· 216
　5.3.5 基线的构建 ·· 219
　5.3.6 影响 DTA 和 DSC 的理论因素 ··· 219
5.4 仪器 ··· 220
　5.4.1 传感器 ··· 220
　5.4.2 传感器安装方式 ·· 222
　5.4.3 参比物质 ··· 225
　5.4.4 坩埚和样品支架 ·· 226
　5.4.5 对传感器组件的评估 ··· 227
　5.4.6 加热和冷却 ·· 228
　5.4.7 炉温的编程和控制 ··· 229
　5.4.8 气氛控制 ··· 230
　5.4.9 高压差示扫描热法 ··· 230
　5.4.10 光照量热法和 DSC ·· 231
　5.4.11 热显微镜法和可视 DSC ·· 231
　5.4.12 DSC 和 X 射线同时测量仪 ··· 232
　5.4.13 改造后用来同时测量热和电性能 ·· 232
　5.4.14 其他形式的改进 ·· 234
5.5 温度调制差示扫描量热法 ·· 235
　5.5.1 理论 ·· 235
　5.5.2 不可逆过程 ·· 238
　5.5.3 玻璃化转变 ·· 239
　5.5.4 熔融 ·· 241
　5.5.5 其他的理论方法 ·· 242
　5.5.6 多种可选用的调制函数和分析方法 ··· 242
　5.5.7 MTDSC 的优点和未来前景 ··· 243
5.6 操作和取样 ··· 243
　5.6.1 校准和标准化 ··· 243
　5.6.2 制样 ·· 249
　5.6.3 自动进样器和机器人技术 ·· 251
5.7 常规解释和结论 ·· 252
　5.7.1 基线和峰形状 ··· 252
　5.7.2 样品参数的影响 ·· 253
　5.7.3 仪器参数的影响 ·· 253

5.7.4	操作对仪器带来的影响	254
5.7.5	误差	256
5.7.6	未来的发展趋势	257
参考文献		258

第6章 热机械方法 ... 266

- 6.1 简介 ... 266
- 6.2 静态方法 ... 267
  - 6.2.1 热膨胀法 ... 267
  - 6.2.2 热机械分析(TMA)仪器 ... 268
  - 6.2.3 TMA中的动态效应和载荷效应 ... 270
  - 6.2.4 TMA的应用 ... 271
- 6.3 动态力学热分析 ... 274
  - 6.3.1 动态模量和损耗角正切 ... 274
  - 6.3.2 松弛时间-测量频率的效应 ... 276
  - 6.3.3 温度-多重弛豫效应 ... 277
  - 6.3.4 活化能和WLF方法 ... 278
  - 6.3.5 实验技术——扭摆法 ... 280
  - 6.3.6 实验技术——强迫振动型动态热机械分析法 ... 282
  - 6.3.7 夹具误差与样品的最佳几何形状 ... 284
  - 6.3.8 金属和陶瓷的DMTA数据 ... 286
  - 6.3.9 均聚物的DMTA数据 ... 288
  - 6.3.10 聚合物共混物和复合材料 ... 290
  - 6.3.11 DMTA的损耗峰与DSC的比较 ... 291
- 6.4 结论 ... 293
- 参考文献 ... 293

第7章 介电技术 ... 295

- 7.1 引言 ... 295
- 7.2 介电响应 ... 295
  - 7.2.1 微观机理 ... 297
- 7.3 温度依赖性 ... 303
- 7.4 水分含量的影响 ... 305
- 7.5 仪器设备 ... 305
  - 7.5.1 平行板电容器 ... 306
  - 7.5.2 叉指型电极 ... 307
  - 7.5.3 电容和电阻的测量设备 ... 308
- 参考文献 ... 310

第8章 控制速率热分析及相关技术 ········ 312
- 8.1 引言 ········ 312
- 8.2 历史发展 ········ 312
- 8.3 用于SCTA的不同性质和模式 ········ 316
- 8.4 命名 ········ 317
- 8.5 SCTA的优点 ········ 318
- 8.6 动力学方面 ········ 320
- 8.7 未来展望 ········ 324
- 8.8 结论 ········ 325
- 参考文献 ········ 325

第9章 不太常见的热分析技术 ········ 328
- 9.1 引言 ········ 328
- 9.2 放射性热分析 ········ 328
  - 9.2.1 定义和基本原则 ········ 328
  - 9.2.2 ETA样品的制备 ········ 328
  - 9.2.3 从固体捕获到释放惰性气体的机理 ········ 330
  - 9.2.4 惰性气体释放的测量 ········ 332
  - 9.2.5 ETA的潜在应用领域 ········ 333
  - 9.2.6 ETA的应用实例 ········ 334
- 9.3 热发声法 ········ 339
  - 9.3.1 简介 ········ 339
  - 9.3.2 TS设备 ········ 339
  - 9.3.3 结果解释 ········ 340
  - 9.3.4 热发声法的应用 ········ 340
- 9.4 热传声法 ········ 342
  - 9.4.1 简介 ········ 342
  - 9.4.2 热传声法的设备 ········ 342
  - 9.4.3 热传声法的应用 ········ 344
- 9.5 其他方法 ········ 344
- 参考文献 ········ 345

第10章 热显微法 ········ 349
- 10.1 发展历史简介 ········ 349
- 10.2 常规设备及附件 ········ 350
  - 10.2.1 显微镜 ········ 350
  - 10.2.2 热台及样品台 ········ 350
- 10.3 实验方法 ········ 353

10.3.1　简易的热台显微镜方法 ……………………………………… 353
　　10.3.2　热光测定法 …………………………………………………… 353
　　10.3.3　与差示扫描量热法同时联用的热台显微镜法 ……………… 354
　　10.3.4　与热重法同时联用的热台显微镜法 ………………………… 355
　10.4　应用举例 ……………………………………………………………… 355
　　10.4.1　无机化合物 …………………………………………………… 355
　　10.4.2　有机材料 ……………………………………………………… 361
　10.5　结论 …………………………………………………………………… 367
　参考文献 ……………………………………………………………………… 367

第 11 章　同步热分析 …………………………………………………………… 370
　11.1　前言 …………………………………………………………………… 370
　11.2　热重-差示扫描量热法及热重-差热分析法 ………………………… 371
　　11.2.1　校准 …………………………………………………………… 371
　　11.2.2　TG-DTA(DSC)设备的技术因素 …………………………… 371
　11.3　同时联用的热机械分析-差热分析法 ………………………………… 374
　11.4　差示扫描量热法与热光学分析同时联用技术 ……………………… 375
　11.5　动态热机械分析(DMA)与动态介电分析(DETA)同时联用技术 … 376
　11.6　其他技术 ……………………………………………………………… 377
　参考文献 ……………………………………………………………………… 378

第 12 章　EGA-逸出气体分析 ……………………………………………… 379
　12.1　前言 …………………………………………………………………… 379
　12.2　TG-MS 联用技术 …………………………………………………… 379
　　12.2.1　技术 …………………………………………………………… 379
　　12.2.2　TG-MS 实验的应用和实例 …………………………………… 381
　12.3　TG-FTIR 联用 ……………………………………………………… 387
　　12.3.1　实验技术 ……………………………………………………… 387
　　12.3.2　TG-FTIR 实验的应用和实例 ………………………………… 388
　12.4　在线和离线分析技术与热分析技术的组合使用 …………………… 393
　　12.4.1　技术 …………………………………………………………… 393
　　12.4.2　在线与离线热分析联用技术的应用与实例 ………………… 394
　参考文献 ……………………………………………………………………… 406

第 13 章　DSC 的校准和标准化 …………………………………………… 413
　13.1　前言 …………………………………………………………………… 413
　13.2　温度校准 ……………………………………………………………… 414
　　13.2.1　动态温度 ……………………………………………………… 414

13.2.2　热力学温度 …………………………………………………………… 417
　　　13.2.3　热滞后和冷却校准 …………………………………………………… 418
　13.3　量热校准 ……………………………………………………………………… 420
　　　13.3.1　焓校准 ………………………………………………………………… 421
　　　13.3.2　比热容校准 …………………………………………………………… 422
　　　13.3.3　焓和比热容校准的比较 ……………………………………………… 424
　13.4　标准物质 ……………………………………………………………………… 425
　　　13.4.1　一般性要求 …………………………………………………………… 425
　　　13.4.2　实验方案 ……………………………………………………………… 426
　　　13.4.3　具有证书的标准物质 ………………………………………………… 427
　　　13.4.4　其他标准物质 ………………………………………………………… 429
　　　13.4.5　国际热分析和量热学联合会(ICTAC)推荐的标准物质 …………… 429
　　　13.4.6　其他可用于校准的标准物质 ………………………………………… 431
　　　13.4.7　用于特定应用领域的标准物质 ……………………………………… 432
　　　13.4.8　用于比热容(热流速率)校准的标准物质 …………………………… 434
　13.5　结论 …………………………………………………………………………… 434
　参考文献 ……………………………………………………………………………… 435

第14章　非扫描型量热法 …………………………………………………………… 438
　14.1　引言 …………………………………………………………………………… 438
　14.2　定义和解释 …………………………………………………………………… 439
　　　14.2.1　直接和间接量热法 …………………………………………………… 439
　　　14.2.2　量热仪的量程 ………………………………………………………… 440
　　　14.2.3　绝热型和等温型量热仪 ……………………………………………… 440
　　　14.2.4　热量测量原理 ………………………………………………………… 440
　　　14.2.5　单容器和双容器式量热仪 …………………………………………… 443
　　　14.2.6　封闭式和开放式量热仪 ……………………………………………… 443
　　　14.2.7　间歇式和流动式量热仪 ……………………………………………… 444
　　　14.2.8　化学动力学 …………………………………………………………… 444
　14.3　系统误差 ……………………………………………………………………… 444
　　　14.3.1　机械效应 ……………………………………………………………… 445
　　　14.3.2　蒸发和冷凝 …………………………………………………………… 445
　　　14.3.3　气体反应组分 ………………………………………………………… 446
　　　14.3.4　吸附 …………………………………………………………………… 446
　　　14.3.5　电离反应和其他副反应 ……………………………………………… 447
　　　14.3.6　不完全混合 …………………………………………………………… 447
　　　14.3.7　慢速反应 ……………………………………………………………… 448
　　　14.3.8　仪器设计的变化 ……………………………………………………… 448

14.4　测试和校准方法 ·· 448
14.5　量热科学公司以及相关的量热仪 ································ 451
　14.5.1　简介 ··· 451
　14.5.2　仪器 ··· 452
14.6　SCERE 量热仪 ·· 461
　14.6.1　简介 ··· 461
　14.6.2　量热仪"头部" ·· 463
　14.6.3　电路控制以及数据处理 ····································· 467
　14.6.4　附件 ··· 467
14.7　塞塔拉姆(SETARAM)量热仪 ···································· 468
　14.7.1　发展历史 ··· 468
　14.7.2　Tian-Calvet 设计 ·· 468
　14.7.3　现代 Calvet 量热仪家族 ···································· 468
　14.7.4　附件 ··· 478
14.8　Thermometric 量热仪 ··· 480
　14.8.1　介绍 ··· 480
　14.8.2　早期的 LKB 量热仪 ·· 481
　14.8.3　现在的 Thermometric 量热仪产品线 ························· 482
　14.8.4　插入式微量量热容器 ······································· 485
　14.8.5　关于微量量热仪校准的说明 ································· 489
　14.8.6　Thermometric 微量量热仪关键性能数据 ····················· 490
　14.8.7　精密溶解量热仪 2225 ······································· 491
14.9　一些其他的商品化仪器的设计 ··································· 492
　14.9.1　引言 ··· 492
　14.9.2　MicroCal 公司的量热仪 ···································· 493
　14.9.3　BRIC 公司的量热仪 ······································· 495
　14.9.4　ESCO 公司的量热仪 ······································ 495
　14.9.5　Mettler-Toledo 公司的量热仪 ······························· 495
14.10　燃烧量热仪 ··· 496
　14.10.1　引言 ·· 496
　14.10.2　业内认可的标准测试方法 ·································· 497
　14.10.3　燃烧量热仪的分类方法 ···································· 497
　14.10.4　商品化的氧弹 ·· 498
　14.10.5　商品化的燃烧量热仪 ······································ 499
　14.10.6　商品化的微量量热仪 ······································ 504
　14.10.7　结论 ·· 505
参考文献 ··· 506

第1章
定义、命名、术语及文献

W. Hemminger，S. M. Sarge
德国联邦物理技术研究院，德国，布伦瑞克，德国大道 100 号 D-38116（Physikalisch-Technische Bundesanstalt，Bundesallee 100，D-38116，Braunschweig，Germany）

1.1 引言

在《热分析与量热技术》丛书的第 1 卷第 1 章中将介绍在这些领域中用来清晰、准确地描述所需要用到的信息的工具。

只有在术语的含义和内容被定义并被普遍接受的情况下，人们才有可能进行准确的交流。前提条件之一是对热分析与量热法进行"定义"(definition)，这些定义决定了方法和仪器的"命名"(nomenclature)。此外，对仪器的测量系统必须按照合适的性能标准进行准确的表征，并且最终能够通过合适的"术语"(term)来描述这些特征测量的结果。因此，本章的主要目的是介绍适用于热分析和量热法的一些术语。此外，在本章中还将简要介绍这些领域中的一些重要参考文献(literature)。

1.1.1 基本注意事项

"热分析(thermal analysis，简称 TA)与量热法(calorimetry)"这一术语可以用来描述涉及待测样品对温度变化的各种测量方法。

当样品的性质随温度和/或时间发生变化时，通过这些方法可以准确地测量样品对温度和/或时间的依赖关系。

另外，由于许多热分析仪器和量热仪也可以用于等温测量，因此，在等温条件下进行实验的方法也属于热分析与量热法领域。

那么，哪些物理量可以通过热分析与量热法测量得到呢？

一方面，在实验过程中，当样品的状态(如温度、质量、体积等)发生了变化时，通过这些信息可以用来确定该过程中材料性质(如转变热、热容、热膨胀系数等)的变化。另一方面，在实验过程中，样品材料的结构也会发生变化。这些变化或过程(如化学成分、原子间力、晶体结构等)可以在恒定的温度下发生，也可以在变化的温度下发生。如果这些过程与热量的产生/消耗相关联，那么也可以将这些"热事件"(thermal events)作为测量的主要对象(即使不需要测量这些生成/消耗的热量本身)。

在现代测量仪器中，可以通过特定的传感器感知材料的状态和性质变量中的许多变化过程并同时将其转换为电信号(通常称这种方法为间接测量方法)。在实验过程中，如果需要获得关于这些变化的定量信息,则必须通过校准将所需确定的物理量的真实值赋予检测到的信号。

对于直接测量方法而言,可以直接得到用 SI(国际单位制,简称 SI,源于国际度量衡大会(CPGM)通过和推荐的相关单位制)的基础单位来表示的待测物理量。例如,用线纹尺测量样品的热膨胀的过程或者通过光束和重量法来确定样品质量的变化过程,都属于直接测量。

1.1.2 热分析的定义范围和界限

在对热分析的定义和热分析的方法进行描述时,需解决如何在其他大量成熟的测量技术中来合理界定热分析技术的问题。迄今为止,使用的热分析的定义(参见 1.2.2 节)是一个一般意义上的术语,它所覆盖的内容十分全面,几乎可以涵盖可以测量的受温度影响的所有的物理量和化学量(例如黏度、密度、浓度、硬度、电阻、发射率、热导率等)。

在热分析的定义中所包含的高度全面性与长期以来大多数的独立测量技术之间的冲突只能通过务实的协商的方式来进行合理解决,以达成一致。将这些方法定义为热分析方法是有利且有用的,并且这些仪器已经商业化生产了(通常所指的经典热分析方法是指像热重法(TG)、差热分析(DTA)之类的方法)。在热分析方法中,使样品的温度强制性地发生变化是至关重要的,即便对于常规物理量的测量来说也是如此。当然这样一个务实的划分方法既不是决定性的,也不是唯一的。

1.1.3 与分类原则有关的一些方面

根据热分析与量热法领域的命名系统进行定义,是为了更加清楚地描述和表示:
(1) 计量原理;
(2) 特征测量量。

通常使用推荐的术语来描述分类系统,并且以这种方式可以确保某一术语总是用来反映相同的信息。在对系统进行定义时,应具有一个从一般到特殊的层次结构。在许多情况下,基本定义(例如热分析,参见 1.2.2 节)并不一定是基于科学或计量的论证的;在它们被定义时通常考虑了历史事实和/或其适用性。

因此,必须根据合适的标准对测量技术(以及测量仪器)进行合理的分类,即必须找到一种能够将测量技术和测量仪器可以用统一的术语来描述一类量的分类方法。所以,十分有必要按层次结构来描述这些对象。这意味着,我们必须找到它们的主要和次要等级的特征。从科学的角度来看,在这方面尚没有提前确定的一成不变的方法,因此可以采用不同的主要标准,也可在实际工作中加以应用。

量热仪的定义和分类即属于以上所描述的这种情况。实际上,应用不同测量原理的多数测量仪器均可以来源于这个通用的术语。目前已经提出了几种分类系统,但迄今为止它们都没有被广泛接受(参见 1.2.5.1 节)。

1.1.4 所有热分析方法的共同特征

由热分析方法获得的数据通常并不是在平衡条件下完成的。在通常条件下,样品温度的变化不会在样品及其周围环境和样品之间达到热平衡的状态。

在动态的实验条件下,以及考虑"热滞后"(thermal lag)效应后,可以认为在样品和周围环境之间是不存在热平衡的。此外,我们应该清楚地认识到,样品的温度通常是不均匀的,并且当样品产生或消耗热量和/或其质量发生改变时,其体积、组成或结构等性质将会变得非常复杂。由热分析方法通常得到的是积分测量结果,即关于样品体积、质量等的非特征性的数据,并且由此得到的相关值是一个平均值。一般来说,无法通过这些数据来直接、准确地确定反应/转变开始的位置或某种微晶如何快速地生长为一定的结构形式。

另外,由热分析方法得到的结果可能是对某些反应/转变进行特征性的描述。例如,涉及气态组分反应的热重法或固态磁转变的磁重量法。

通过热分析与量热法获得的结果取决于操作参数(如加热速率、气氛、压力等)和样品参数(如样品的质量、几何形状、结构等),在分析时不应仅仅基于单一实验方法来对获得的数据进行解释。为了更好地对所得到的实验数据进行解释,应在条件允许的情况下优先使用同步分析技术(参见1.2.3.1节)或几种热分析方法进行分析。另外,如果可能的话,应使用其他种类(如电化学、湿化学、光谱学等)的研究方法进行进一步的分析。

在设计热分析仪器时,通常可以实现使待研究的样品处于温度可以按照确定的方式(图1.1)变化的环境中。这取决于样品和环境之间的热传递条件,即样品的温度随其所处的环境温度而改变。一般来说,精确地测定样品的温度十分重要,因此,在正式测试之前必须对仪器进行温度校准。

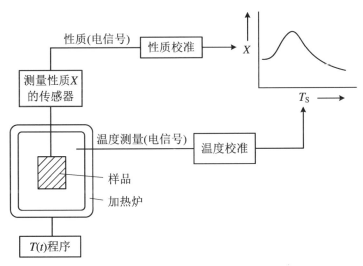

图1.1 热分析仪器基本原理示意图

现在,量热仪的设计形式多种多样,其测量原理也各不相同。作为所有这些量热仪的共同特征,它们可以用来测量热量和/或热流速率。

1.1.5 温度标准

1990年1月1日起生效的国际范围的温度标准被称为"1990年国际温标"(简称

ITS-90)[1]，它取代了"1968 年国际实用温度标准"(IPTS-68)[2]。ITS-90 由用标准仪器测得的多个固定温度点组成，并通过具有固定值的温度点之间的插值来确定其他温度。固定温度点由物质的转变温度(凝固或熔融温度)和合适的纯物质的三相点组成。铂电阻温度计通常被用作温度插值的标准仪器，温度范围为 13.8033 K 至 961.78 ℃。当温度为 961.78 ℃(银的凝固点)以上时，通常使用辐射温度计(即光谱测温计)。

实际上，ITS-90 和以前有效的温标之间存在着一定的差异，在某些情况下了解这些差异具有参考意义(便于与文献中的数据比较)。例如，温度 t_{90} = 20.000 ℃(ITS-90)对应于温度 t_{68} = 20.005 ℃(IPTS-68)。也就是说，这两种温标之间存在着 5 mK 的差异。在文献[1~4]中描述了不同的温标之间的相互转换方法。

在热分析中，热电偶通常被用于温度的测量。在特殊情况下，使用电阻温度计或半导体传感器来测量温度，通常借助参考物质来对这些温度传感器进行原位校准(参见 1.1.6 节)。

1.1.6　与校准有关的定义

校准(calibration)的定义为："在特定条件下建立测量值与标准值之间相互关系的一组操作，其中测量值是指测量仪器或测量系统指示的量的值或者由物质测量或由参考物质表示的数值。"[5]

注意：

(1) 校准的结果允许将被测量的值(需要测量的特定数量)赋值给显示值或者为确定显示值而进行校正。

(2) 校准也可以决定其他计量属性，如对量质的影响。

标准(standard)物质不但可以为(经认证的)参考物质(参见下文)，也可以通过测量的材料(例如质量)、测量仪器(例如千分尺)或测量系统(例如载流电阻器)来表示。

参考物质(reference material，简称 RM)是"一种或多种材料或物质，其特性值足够均匀，并且可以很好地用于校准设备、测量方法或为材料赋值"[5]。

经认证的参考物质(certified reference material，简称 CRM)是一种"附有证书的参考物质，它的一个或多个特征值通过一个程序进行了认证，该程序已经建立了可溯源性，以准确地实现其表现的特征性能值，每一个经过认证的量值都带有一个具有明确的置信水平的不确定度报告"[5]。

经过认证的参考物质可以保证其测量结果的可追溯性(参见下文)，即它们与国际标准的联系，从而最终可以溯源到 SI 基本单位。

参考物质可用于：

(1) 校准仪器；

(2) 评价测量程序；

(3) 确保测量结果的溯源性，从而确定测量的不确定度。

1.1.7　溯源性和质量保证

溯源性的定义如下："通过不间断的比较链来衡量测量结果的性质或衡量标准的价值，可以将其与已经公开的参考文献(通常是国家标准或国际标准)相关联，所有这些都具有明确的不确定度分析报告。"[5]

确保测量结果的可溯源性是所有质量保证标准的基本要求,以实现测量结果的可比性,并确定测量的不确定度。可溯源性意味着每个单一的测量结果均成为全球范围内的不同级别的计量系统的一部分,国家级计量科学研究院(所)为每个国家计量的最高层次。通常称这些为获得可靠的测量结果所做的全部努力为质量保证,其涵盖了一个全面的概念,旨在确保计量的可靠性和测量结果的清晰性[6]。

1.1.8 热分析方法是分析方法吗?

术语"分析"(analysis)的经典含义是:将复杂的组分溶解、分离、分解成每一个组成要素。物质的化学分析就是一个典型的例子,其目的是按照数量比例来确定物质的组成成分(待确定的物质)。

如果术语"分析"从经典意义上仅仅被理解为确定样品的物质组成或该组成的变化,那么结合分子或者元素性质(也包括同位素的特性)的重量分析检测方法则是最佳的解决方案(例如,可以用热重法与逸出气体分析法联用的技术,通过多种方法实现对气体的分析)。然而,如果把分析理解为一种更为全面意义上的定性或定量确定物理量的过程,则可以对测量方法和测量值进行评估。如果可能的话,还可以通过一个模型概念框架对测量值的处理和解释做出补允,从这些角度来说,热分析方法绝对可以称为分析方法。

可以用热分析方法来确定以下的物理量:温度、热流量、长度的变化、质量的通常变化、浓度的变化等。因此,分析不仅仅意味着测量,测量只是分析的一个步骤,也就是说分析是正确确定物理量的数值或其变化的过程。

从这个意义上说,量热法也是一种分析方法,因为被测量的数值(热流速率、热量)直接与状态变化或材料特性的变化相关,并且可以作为对它们的解释和描述。

1.2 热分析与量热法:定义、分类和命名

1.2.1 概述

首先,在本节中将定义和热分析与量热法相关的概念(1.2.2节和1.2.5节)。然后,借助分类标准对不同的方法(和测量技术)进行分类和定义(1.2.3节、1.2.4节和1.2.5.1节),之后再提出用来描述单台仪器测量系统的性能指标的量值(1.3节)。此外,在本节中还将定义通过热分析与量热法测量的特征量,用其表示测量结果(1.4节)。最后,将介绍国际纯粹与应用化学联合会(the International Union of Pure and Applied Chemistry,简称 IUPAC)建议在热分析与量热测定中使用的术语、符号和单位[8](1.5.4节)。

另外,国际热分析与量热学联合会(the International Confederation for Thermal Analysis and Calorimetry,简称ICTAC)命名委员会[7]已经开展的工作是热分析领域定义和命名的一个重要基础。

虽然在这里给出的一些定义与目前 ICTAC 建议的（见下文）不一致，但这些定义是基于该组织所提出定义的一些更加成熟的概念。

1.2.2 热分析与量热法的定义

在下文中提出了"热分析"与"量热法"的定义，这些定义考虑到了在 1.1.2 节中提到的一些限制条件：

热分析（TA）是指分析与温度变化相关的样品性质的变化的一类方法。

量热法是指可用于热量测量的一类方法。

与此对照，ICTAC 目前给出的热分析的定义如下[9]：

热分析是在程序控制温度和一定气氛下，监测样品的性质随时间或温度变化关系的一类技术。

(Thermal Analysis (TA): A group of techniques in which a property of the sample is monitored against time or temperature while the temperature of the sample, in a specified atmosphere, is programmed.)

对于这里给出的定义与 ICTAC 定义的热分析之间的区别，需要做以下解释：

虽然在这个定义里包括了量热法的定义，但是实际上热分析与量热法经常作为两个独立的定义使用。到目前为止，还没有一个统一的关于热分析与量热法的定义。

分析意味着不仅仅是一种监测活动，还是对整个实验过程和测量数据的评估。

热分析的关键特征是测量由于温度或时间的变化而导致的样品的性质变化。只有这种组合/序列才能对这一特殊领域的测量技术给出一个基本的、合理的和公正的定义，并将许多不同的方法结合成为"热分析"。

在定义中，样品的性质（property of the sample）是指样品材料的热力学性质（如温度、热量、焓、质量、体积等）、材料性质（如硬度、杨氏模量、磁化率等）、化学组成或结构等信息。在热分析与量热法中，测量信号是衡量性质变化的指标。只有在测量仪器经过校准之后，通过测量信号才可以获得关于物质的性质变化的定量信息。在大多数情况下，可以监控这种变化（而不是样品本身的性质），并可以用来确定样品实际的物理性质。例如，只有当位移传感器的电信号在通过一个经过认证的参考物质进行校准后，才可以用来显示样品长度的变化。结合其他信息，我们可以根据所测得的长度变化信息来计算样品材料的热膨胀系数的信息。

温度变化（temperature alteration）意味着在实验时可以预先设定温度（程序温度）或样品控制温度观察其随时间的变化关系。其中，样品控制的温度变化是指利用来自样品的反馈信号来控制样品所承受的温度的一种技术。

其中，温度变化包括以下方式：

(1) 从一个恒定的温度逐步改变到另一个恒定的温度（这包括等温操作模式）；
(2) 线性的温度变化速率（恒定的加热或冷却速率）；
(3) 在恒定的频率和调制振幅下，温度随时间线性变化或保持不变；
(4) 自由（不受控制的）加热或冷却。

在实验中可以实现以上这些操作模式的不同次序的任何组合。

在实验过程中,如果发生了至少一个从特定的温度(甚至环境温度)到其他指定温度的变化,则在指定温度下进行的等温实验属于热分析的范畴。如果实验仅局限于在室温环境下进行,则这类实验不属于热分析。

对一般定义来说,没有对样品必须在特定的气氛中进行限制。在某些情况下,特定的气氛是必须考虑的操作参数(在这种情况下,必须使用合适材质的坩埚)。

1.2.3 热分析与量热法的分类原理

提前设计出一种可应用于热分析与量热法的分类系统是十分有必要的。根据这种分类系统可以创建一个有序的结构形式,通过这种形式可以将既有的和新的测量技术结合起来。毫无疑问,通常将待研究的样品性质的变化作为这种分类标准的主要依据。表1.1中列出了需要用其他的分类标准进行分类的一些热分析方法。

表1.1 热分析与量热法的主要分类

测量的性质	方法	缩写(备注)
温度	加热/冷却曲线分析(heating/cooling curve analysis)	
温度差	差热分析(differential thermal analysis)	DTA
热量	量热法(calorimetry)	(由于量热技术复杂多变,因此需建立一个更广泛的子分类系统进行再次分类。)
	差示扫描量热法(differential scanning calorimetry)	DSC
质量	热重分析(thermogravimetric analysis)	TGA
	热重法(thermogravimetry)	TG
尺寸/机械性质	热机械分析(thermomechanical analysis)	TMA(见二级分类)
压强	热压分析(thermomanometric analysis)	
电学特性	热电分析(thermoelectrical analysis)	TEA(见二级分类)
磁学性质	热磁分析(thermomagnetic analysis)	
光学性能	热光分析(thermooptical analysis)	TOA(见二级分类)
声学特性	热声分析(thermoacoustic analysis)	TAA(见二级分类)
化学成分/晶体结构/显微结构		(见二级分类)

对于某些热分析方法而言,需要根据样品受到的应力或根据可测量的各种量的特殊类型的监测来进行再次分类,如表1.2所示。

表 1.2 热分析方法的二级分类

测量的性质	二级分类标准/显著特征	方法、缩写(备注)
尺寸/机械性质	有无任何形式的作用力作用于样品	总称:热机械分析(thermomechanical analysis),简称 TMA
	静态力	静态力热机械分析(static force thermomechanical analysis),简称 sf-TMA
	特例:小到可以忽略的作用力	热膨胀法(thermodilatometry)
	动态力	动态力热机械分析(dynamic force thermomechanical analysis),简称 df-TMA
	特例:调制力	调制力热机械分析(modulated force thermomechanical analysis,),简称 mf-TMA
电学性质	有无任何形式的电场	总称:热电分析(thermoelectrical analysis),简称 TEA
	无叠加电场	热激电流分析(thermally stimulated current analysis),简称 TSCA
	交变电场(动态模式)	总称:交流热电分析(alternating current thermoelectrical analysis),简称 ac-TEA
	特例	介电热分析(dielectric thermal analysis),简称 DETA
磁学性质	有无任何形式的磁场	总称:热磁分析(thermomagnetic Analysis)(测量磁化率、渗透率等的各种技术)
光学性质		总称:热光分析(thermooptical analysis),简称 TOA
	辐射强度	热释光分析(thermoluminescence analysis)
	反射或透射的总辐射强度	热光度分析(thermophotometric analysis)
	特定波长辐射强度	热光谱分析(thermospectrometric analysis)
	测量折光指数	热折射率分析(thermorefractometric analysis)
	通过显微镜观察样品	热显微分析(thermomicroscopic analysis)
声学性质	监测通过样品后的声波	总称:热声分析(thermoacoustic analysis),简称 TAA
	监测样品发出的声波	热激声分析(thermally stimulated sound analysis)
化学成分/晶体结构/显微结构性质	分析样品中化学成分和/或晶体结构和/或微观结构的变化	各种技术(光学、核、X射线、电子等)
	特例:使用衍射技术	热衍射分析(thermodiffractometric analysis),简称 TDA
	特例:考察与样品交换的气体	总称:热激交换气体分析(thermally stimulated exchanged gas analysis),简称 EGA

续表

测量的性质	二级分类标准/显著特征	方法、缩写(备注)
	确定气体的组成和/或量	各种气体分析技术
	只监控数量	热激交换气体检测(thermally stimulated exchanged gas detection)
	确定组成(和数量)	热激交换气体测定(thermally stimulated exchanged gas determination)(例如通过气相色谱法、质谱法等)
	特例:监测样品中捕获的放射性气体的释放信息	射气热分析(emanation thermal analysis),简称 ETA

量热仪的分类方法是必须认真、重点考虑的对象,将在单独的一节中进行介绍(1.2.5节)。

在1.2.4节中,将对每种方法的内容进行详细的定义和描述。

1.2.3.1 描述操作模式和特定方法的相关术语

静态操作模式(static mode of operation)是指作用于样品的物理量随时间变化而保持恒定不变。

动态操作模式(dynamic mode of operation)是指作用于样品的任何物理量随着时间推移而发生变化,该变化可以预先设定(以程序化的方式)或由样品控制。

调制操作模式(modulated mode of operation)可以看作是动态操作模式的一种特殊形式,这种模式由频率和振幅来表征作用于样品上的物理量的变化,实验时必须明确调制的物理量。

动态模式(dynamic mode)的定义提供了一个另外的分类标准,其包括通过预先设定和样品控制的方式作用于样品的物理量等形式。

差示测量方法(differential methods of measurement)既适用于经典的热分析方法(DTA、DSC),也适用于一些量热仪。这种方法是在相同的实验条件下,将同时测量的物理量与相同种类的物理量进行比较。实验时,这个物理量的值是已知的,并且其与待测量的量值之间的偏差很小,这两个数值之间的差值即为测量的对象。同时,样品和参比样品的性质因此反映在所测量得到的信号中。

差示测量方法的优点如下:

(1) 差示信号可以被高度放大,并随着无意义的高背景信号被抑制而以高灵敏度的形式再现样品在性质发生变化过程中的不规则的变化规律。

(2) 外部作用因素(例如环境中的温度变化)对差示测量系统的干扰可以相互补偿,由于它们对两个单独的测量系统的影响达到(几乎)相同的程度,对这些干扰可以做一级近似处理。

同时测量方法(simultaneous methods of measurement)是指同时对单个样品应用两

种或多种技术进行测量的方法。这些技术的缩写之间应该用连接符(通常为"-"或者"/")连接起来。

导数(derivative)方法通常用来确定样品性质的变化速率(相对于时间或者温度的一阶导数)。

命名时,应尽量避免使用"微"(micro)(如微量热仪、微型 DTA 等)的表述形式,因为我们不清楚"微"与样品量(如质量、体积等)、仪器尺寸、测量的信号值(可以被放大)或物理量中的哪一个直接相关。

术语"光"(photo)常用来表示差示扫描量热法与紫外光辐照相连(photo-DSC),它指的是样品的原位光照射的可能性。在这种情况下,辐照的类型可能会有所不同。它表征了仪器的一种特殊技术特征,光对样品的照射通常会引发样品的反应。由于光照对样品的影响不仅仅局限于 DSC,同时在实验中也没有实时测量所使用的辐照光的特征量,因此术语"光热分析技术"(photo thermoanalytical technique)的表述形式容易引起误解并且显得冗余。

另外,常常用一些缩写形式来表示特殊的使用领域或仪器的操作条件(并且没有分类标准)。例如,可以用 HT 来表示高温,LT 来表示低温,HP 来表示高压(高于环境压力)等。

1.2.4　热分析方法的分类、命名和定义

在本节中将给出最重要的热分析方法的定义,并对与不同的模式或测量原理有关的仪器的命名和定义给出参考建议。在必要时,还对测量曲线的表示给出了一些指导性的建议。

1.2.4.1　加热或冷却曲线分析

加热或冷却曲线分析是指在样品经受温度变化(加热或冷却)的同时,分析样品自身温度变化的一种技术(图 1.2)。

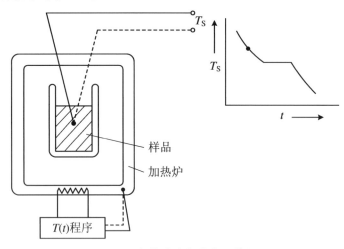

图 1.2　加热或冷却曲线及装置

1.2.4.2 差热分析

差热分析(differential thermal analysis,简称DTA)是当温度或时间发生变化时,分析样品与参比样品之间的温度差随温度变化的一种分析技术。

这类仪器存在两种不同的设计形式:

(1) 无支架的坩埚测量系统(图1.3);

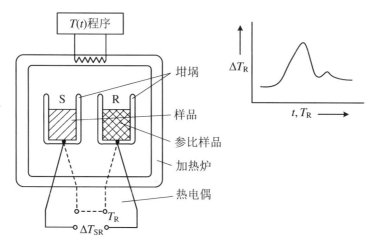

图1.3 无支架坩埚的DTA测量系统

(2) 块体测量系统(图1.4)。

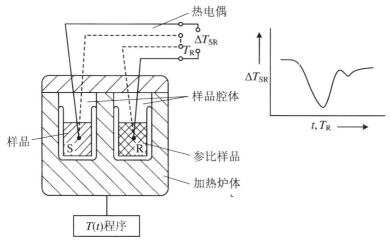

图1.4 DTA块体测量系统

坩埚与热电偶接触,测量 ΔT_{SR} 和参比温度 T_R。

温度传感器位于样品内部。

1.2.4.3 差示扫描量热法

差示扫描量热法(differential scanning calorimetry,简称 DSC)是在样品和参比样品的温度发生变化时,测量它们的热流速率差变化的一类技术。

注意:DTA 和 DSC 之间的区别在于其是否通过校准的热流速率差来定义原始测量的温度差。为了达到这个目的,仪器必须设计成可以被校准的结构形式。

目前 DSC 有两种设计形式,区别在于其测量系统有所不同:

(1) 两种改进形式的热流式 DSC(圆盘式和圆筒式的测量系统);

(2) 功率补偿式 DSC。

1. 热流式差示扫描量热仪(heat flux differential scanning calorimeters)

在热流式 DSC 中,将记录得到的样品与参比样品之间的温度差作为直接测量得到的样品和参比样品之间的热流速率差信号。由量热校准的方法来确定热流速率差。

目前主要有两种不同结构类型的热流式 DSC 仪器:

(1) 圆盘式(disk-type)DSC(图 1.5);

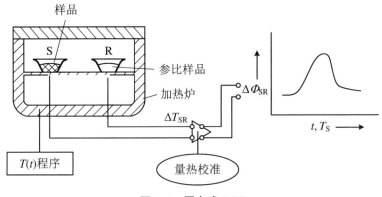

图 1.5 圆盘式 DSC

(2) 圆筒式(cylinder-type)DSC(图 1.6)。

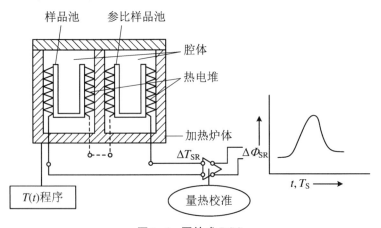

图 1.6 圆筒式 DSC

在圆盘式 DSC 中,将装有试样的坩埚放置在(由金属、陶瓷等材料制成的)仪器的圆盘上。试验时,由集成在盘上的温度传感器或与盘表面接触测量得到上述样品与参比样品之间的温度差 ΔT_{SR}。

在圆筒式 DSC 中,(块型)加热炉中设计有两个(或更多个)圆筒形空腔。试验时,将测量池放置于底部封闭的空心圆柱体中。另外,还可以将样品直接放置在圆盘上或者加入到合适的坩埚中。在空心圆柱体和炉子之间安装热电堆或热电半导体传感器,用来测量空心圆柱体和炉子之间的温度差(积分测量)。通过差分连接形式的热电堆可以测得两个空心圆柱体之间的温度差,从而实时记录样品与参比样品之间的温度差 ΔT_{SR}。由此还可以衍生出其他的结构形式,例如,两个中空圆柱体并排在炉内,通过一个或多个热电堆直接连接。除此之外,还有其他的 DSC 设计形式,其结构特征介于圆盘式 DSC 和圆筒式 DSC 之间。

2. 功率补偿式差示扫描量热仪(power compensation differential scanning calorimeters)

在功率补偿式 DSC 中,样品被放置在两个独立的小型加热炉中,每个小炉子都配有一个加热单元和一个温度传感器(图 1.7)。在测量过程中,通过一个可以适当调整加热功率 P 的控制回路,使两个炉子之间的温度差维持在最小值。比例控制器用于达到以上的目的,使得样品与参比盘之间总是存在一个(可以抵消的)残余的温度差。当测量系统中存在热效应时,残余温度差与输入到样品和参比样品的加热功率之间的差值成正比。如果产生的温度差是由于样品和参比样品之间的热容量存在差异引起的,或者是由于样品中的放热/吸热转变造成的,则在实验过程中始终使这个温度差保持在尽可能小的数值(最终将达到相同的值。如果不采取补偿加热的方式,则其与热流式 DSC 一样)。这个温度差与输入到样品和参比样品的热流速率($\Delta \Phi_{SR}$)之间的差值($\Delta \Phi_{SK} - \Delta C_p \cdot \beta$)成正比,或者与转变过程中的热流速率 $\Delta \Phi_{trs}$ 成比例关系。

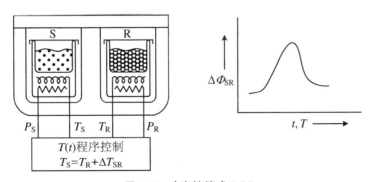

图 1.7 功率补偿式 DSC

3. 在 DTA 和 DSC 中的测量曲线和峰值方向

DTA 的输出信号对应于样品和参比样品之间的温度差 ΔT_{SR},其中 $\Delta T_{SR} = T_S - T_R$。在样品发生吸热的情况下,DTA 的测量信号倾向于偏向负的 ΔT 值方向(图 1.8

（a））。

DSC 的输出信号（在量热校准后）通常记录为热流速率 $\Delta \Phi_{SR}$（单位：W）。测量时应将正方向的热流速率分配给吸热效应（如果 $C_S > C_R$，也是如此）。因此，在 DSC 曲线中，由吸热过程引起的峰对应于正的 $\Delta \Phi$ 方向（图 1.8(b)）。

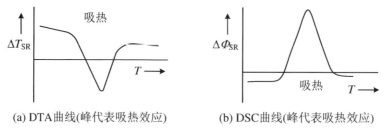

(a) DTA曲线(峰代表吸热效应)　　(b) DSC曲线(峰代表吸热效应)

图 1.8　热效应的表示

1.2.4.4　热重分析或热重法

热重分析（thermogravimetric analysis，简称 TGA）或热重法（thermogravimetry，简称 TG）是一种测量样品的质量随温度变化的技术（图 1.9）。

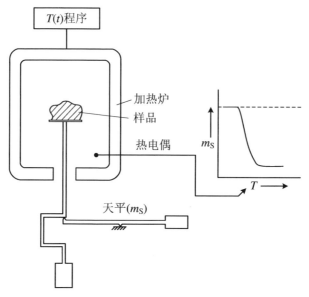

图 1.9　热天平的基本结构示意图

按照样品与称量系统位置的不同，可以将热天平分为下皿式（样品在天平横梁下方，垂直式结构）、上皿式（样品在天平横梁上方，垂直式结构）和水平式（样品与天平横梁处于同一水平位置，水平式结构）三种结构形式。

1.2.4.5　热机械分析

热机械分析（thermomechanical analysis，简称 TMA）是一种测量样品的位移或力学性质随温度变化的技术。

特定技术如下:

1. 静态力热机械分析

静态力热机械分析(static force thermomechanical analysis,简称 sf-TMA)是一种将静态力作用于样品的技术。

说明:TMA 是一种可用于检测物质在接近实际使用环境的应力作用(具有合适形状的样品受到静态应力)下的力学行为的分析方法。实验时,可以将压缩应力、拉伸应力、弯曲应力或者扭转应力甚至是以上几种应力的复合形式作用于样品上,通常根据施加于样品之上的应力的种类来选择合适的样品夹持装置和力的施加方式(图1.10)。

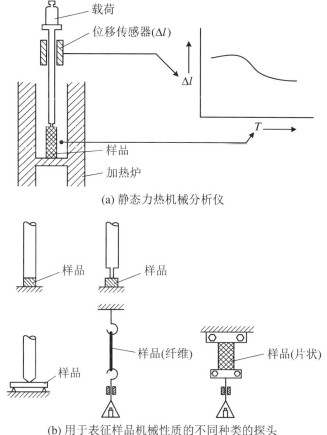

(a) 静态力热机械分析仪

(b) 用于表征样品机械性质的不同种类的探头

图 1.10 静态力热机械分析

- **特例:热膨胀法(thermodilatometry)**

它是一种对样品施加可以忽略的作用力的分析方法。

说明:通常称这种仪器为热膨胀仪,可以用来测量热膨胀系数的仪器为推杆式热膨胀仪(图1.11)。棒状样品长度的变化通过推杆传输到位移传感器(通常为电磁式、电容式、光学式、力学式的传感器),当样品的长度发生改变时,位移传感器将会产生一个与长度变化成比例的电信号。试验时,必须规范地将样品放置于加热炉中,并且样品与支撑系统之间的摩擦力应尽可能小,以免抑制样品尺寸的变化。

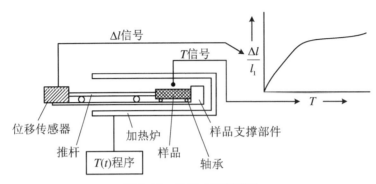

图1.11 推杆式热膨胀仪

2. 动态力热机械分析

动态力热机械分析(dynamic force thermomechanical analysis,简称 df-TMA)是一种将动态力作用于样品上,并实时分析由此引起的尺寸变化的一种技术。

- **特例:调制力热机械分析(modulated force thermomechanical analysis,简称 mf-TMA)**

这是一种将调制力作用于样品上,分析由此引起的力学性质的变化的技术(图1.12)。

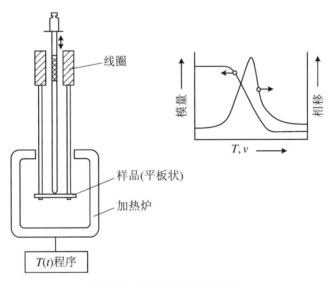

图1.12 调制力热机械分析仪

说明:为了便于系统表述,需要按照以下形式对前面内容中所介绍的热机械分析以及它的多种相关技术进行重新定义。

热机械分析(thermomechanical analysis)→静态力 TMA(static force TMA)。

动态载荷 TMA(dynamic load TMA)→动态力 TMA(dynamic force TMA)。

热膨胀法(thermodilatometry)→热膨胀法(thermodilatometry)。

动态机械分析(dynamic mechanical analysis)(也称为动态机械谱,dynamic mechanical spectrometry)→调制力 TMA(modulated force TMA)。

1.2.4.6 热压分析

热压分析(thermomanometric analysis)是一种测量样品所施加的压强随温度的改变而发生变化的分析技术。

1.2.4.7 热电分析

热电分析(thermoelectrical analysis)是一种测量样品的电学性能随温度改变而变化的分析技术。

特定技术如下:

1. 热激电流分析(thermally stimulated current analysis)

它是一种测量样品在电场作用前后的热激电流变化的分析技术。

2. 交流热电分析(alternating current thermoelectrical analysis)

它是一种在交流电场的作用下,测量样品热激电流变化的分析技术。

• 特例:介电热分析(dielectric thermal analysis,简称 DETA)

它是一种当样品处于交流电场的作用下,测量样品的介电性质变化的分析技术。

说明:热电分析包括在有或无任何一种电场作用下的测量技术(这意味着介电热分析是交流热电分析的一个特例)。在下面的关于热磁分析的表述中也存在着与此相类似的问题。

1.2.4.8 热磁分析

热磁分析(thermomagnetic analysis)是一种测量样品的磁学性质随温度变化而改变的分析技术。

1.2.4.9 热光学分析

热光学分析(thermooptical analysis,简称 TOA)是一种测量样品的光学性质随温度变化而改变的分析技术。

说明:热光学分析所包括的方法通常有热激所致发光测量、光反射或透射的测量、折射率的测量以及通过显微镜对样品的测量。

特定技术如下:

1. 热致荧光发光分析(thermoluminescence analysis)

它是一种用来分析样品发光所引起的强度的变化的技术。

2. 热光度测定分析(thermophotometric analysis)

它是一种用来分析样品反射或透射光的强度的变化的技术。

3. 热光谱测定分析(thermospectrometric analysis)

它是一种用来分析样品在特定的入射波长的光照下的反射、透射或散射的变化的技术。

4. 热折射测定分析(thermorefractometric analysis)

它是一种用来测量样品的折光率的变化的技术。

5. 显微热分析(thermomicroscopic analysis)

它是一种通过显微镜观测样品外观的变化的技术。

说明：

（1）所用的仪器通常称为热显微镜(thermomicroscope)。通常由一个热台和一架显微镜组成，一般会配置一台照相机或是一台录像机，用来记录图像随温度的变化。

（2）用于测量发生在样品表面或内部的可视变化，只能通过眼睛来观察反射光或透射光作用于样品引起的变化，并描述所观察到的信息。例如，在固体物理学中，可以根据所使用的方法观测，通常可以通过记录图像的相机来实现观测。所得到的结果通常为电子形式，以便于对得到的表面图像进行进一步的分析。

1.2.4.10 热声分析

热声分析(thermoacoustic analysis，简称 TTA)是一种在声波的作用下，测量在温度或时间的变化下声波经过样品时的变化信息的分析技术。

- **热激声分析(thermally stimulated sound analysis)**
  它是一种测量样品发出的声波随温度变化的分析技术。

1.2.4.11 热激交换气体分析

热激交换气体分析(thermally stimulated exchanged gas analysis，简称 EGA)是一种测量由温度变化所引起的与样品发生气体交换的分析方法。

特定技术：

1. 热激发交换气体检测(thermally stimulated exchanged gas detection)

它是一种可用于检测气体量的分析技术。

2. 热激发交换气体测量(thermally stimulated exchanged gas determination)

它是一种可用于测量气体中的成分(和含量)的分析技术。

3. 放射热分析(emanation thermal analysis,简称 ETA)

它是一种定量分析样品由于热激发所释放出的放射性气体的分析方法。

说明：

(1) 热激发交换气体分析法用来确定随温度变化产生的气体的组成和/或气体量。此处所指的气体含量或成分对应于样品的组成或质量变化所产生的气体。

(2) 多种不同类型的分析技术可用于热激发交换气体检测和热激发交换气体测量。

1.2.4.12 热衍射分析

热衍射分析(thermodiffractometric analysis,简称 TDA)是一种通过衍射技术来测量样品的结构性质随温度变化的分析技术。

1.2.5 量热技术的分类、命名和定义

常用量热仪来测量热量和热流速率。根据产生热量和消耗热量过程类型(如燃烧、固态相变等)的不同、样品状态和种类(如固态、液态、气态、生命体、大体积物质等)的不同以及量热仪工作条件(如温度、压力、气氛等)的不同,现在已经发展起来了许多种不同类型的量热仪。

1.2.5.1 分类体系

在量热分类体系中,应结合实际应用对量热仪进行简单、合理的分类,当前已经提出的几种分类标准可参考文献[10]和[11]。如果在分类时尝试充分考虑每一个细节来划分每一种量热仪,最终会导致分类体系在实际应用中模糊不清甚至毫无意义。

由于多种量热仪在不同模式下工作(见下文),这一现状给量热仪的分类带来了诸多困难。因此,对于一种特定的仪器而言,需按照操作的模式用不同的方法进行分类。量热仪器的测量原理(见下文)也是如此,同一种仪器的测量原理也随着操作模式的不同而发生改变。由此产生了对一些量热仪分类的问题:首先,必须找到一个基本的分类标准,以便对量热仪进行准确的定位;其次,必须找出一个清晰并且灵活的分类方法,以确保不受太多附加条件的限制。

为了实现这一目的,可以用以下的三条主要标准作为对量热仪进行分类的基础。另外,在分类时,在每一种标准中还应包括基于主要标准的一些次要标准(在这里所采用的分类体系主要参考了文献[10]中所建议的方法)。

主要按照以下三个标准对量热仪进行分类：

(1) 测量原理(the principle of measurement);

(2) 操作模式(the mode of operation);

(3) 构造原理(the construction principle)。

在每个主要分类标准中,还包含以下一些次要的分类标准：

(1) 测量原理。

热补偿原理(heat-compensating principle):通过功率补偿的方式来确定所需要测量

的热量(或热流速率)。

热累积原理(heat-accumulating principle):测量由热量变化而引起的温度改变。

热交换原理(heat-exchanging principle):测量由于热量(或热流速率)变化引起的样品与周围环境的温度差。

(2) 操作模式(主要按照仪器的温度条件)。

① 静态(static)模式:

等温型(isothermal);

恒温环境型(isoperibol)[①];

绝热型(adiabatic)[②]。

② 动态(dynamic)模式:

环境扫描型(scanning of surroundings);

恒温环境扫描型(isoperibol scanning)[③];

绝热扫描型(adiabatic scanning)。

(3) 构造原理。

单测量体系(single measuring system);

成对或差示测量体系(twin or differential measuring system)。

绝大部分量热仪可以通过以上的标准进行分类。需要注意的是,并不是以上所有的三个主要分类标准下的次要分类标准都可以组合使用。当待测的热量(开始)以热流的形式记录时,在量热仪测量系统中往往会出现温度梯度。此时,测量体系并非处于一个理想的等温状态。此外,由于在样品与环境之间常常出现温度差,由此会出现测量过程中的热量损失,因此必须对此进行热量校正。也就是说,由于实验的工作条件并非处于理想的绝热条件下,由此会导致这种热量损失的现象。在下面的实例中,将会分析这些分类体系的适用性。

1.2.5.2 实例

1. 热补偿式量热仪(heat compensating calorimeters)

这种仪器在测量过程中会通过主动或被动的方式补偿样品产生的热效应。通过一种合适的量热仪中的物质(如冰)的相转变来实现被动式补偿,而主动式补偿则通过一种有效的控制单元来实现,通常采用电加热/冷却或其他合适的热源的方式来主动补偿样品或样品容器的温度变化。例如,通常通过量热仪中相变物质的质量或来源于加热/冷却过程的能量来确定需要补偿的能量。补偿法的优势主要体现在:测量在准等温条件下进行,并且热量损失大致保持不变,因此可以做一级近似处理。该类型的量热仪主要有:

- **冰量热仪(ice calorimeter)**

测量原理:热补偿式(通过潜热被动补偿)。

---

① 恒温环境型是指环境的温度保持恒定。
② 绝热型是指测量体系(或样品)与环境之间不发生热量交换。
③ 恒温环境扫描型是指在环境温度保持恒定的条件下进行扫描测量。

操作方式：恒温下。

构造原理：单测量体系。

在 0 ℃时，样品与量热仪参比物质（冰）之间发生热量交换；通过转变的冰的质量可以确定在过程中所交换的热量。通过这些信息和已知的转变热，可以确定样品所释放的热量。

- **绝热扫描式量热仪（adiabatic scanning calorimeter）**

测量原理：热补偿式（通过电子控制主动进行补偿）。

操作方式：绝热扫描式。

构造原理：单测量体系。

在实验过程中，通过将一个已知的电功率加载至样品来进行补偿。通过调整环境温度，使由周围环境所造成的热量损失降到最低。可通过加热功率和加热速率来确定样品的热容，通过加热功率对时间的积分来确定转变过程的热量。当发生一级相变时，量热仪在准等温的条件下运行。

- **功率补偿式 DSC（power compensating DSC）**

测量原理：热补偿式（通过电子控制主动进行补偿）。

操作方式：恒温环境扫描式。

构造原理：双测量体系。

在实验过程中，周围环境的温度保持不变（即恒温环境）。在这类仪器中，每一个测量池均具有其独立的加热器和温度传感器。实验时，对双测量系统同时进行加热。通过增加或减少样品池或参比池的加热功率，使两个测量系统之间的温度差维持在最小值，可以实时测量得到与样品的热流速率相关的两个测量系统之间的加热功率差随温度或者时间的变化关系。

2. 热累积式量热仪（heat accumulating calorimeters）

在加热过程中，无法通过任何的热补偿的方式使测量得到的热效应降至最小，由此会导致在加热时样品与量热仪内的参比物质之间存在温度差。实验时，可以定量检测到这种温度变化，其正比于样品与量热仪参比物质之间所交换的热量。与此相关的仪器主要有如下几种形式：

- **滴落式量热仪（drop calorimeter）**

测量原理：热累积式（测量温度传导的结果）。

操作方式：恒温环境式。

构造原理：单测量体系。

实验时，样品滴落至充满介质（如水、金属等）的量热仪中，在实验过程中与恒温环境（如恒温器、加热炉等）绝热隔离，通过测量量热仪中介质温度的变化来测量产生的热效应。通常使用电加热的方法对仪器进行热量校正。在校正时，需要考虑量热仪的介质与周围环境之间的热量损失。

- **绝热弹式量热仪（adiabatic bomb calorimeter）**

测量原理：热累积式。

操作方式:绝热式。

构造原理:单测量体系。

实验时,在样品被点燃之后,在燃烧装置(通常为一个金属材质的耐压密闭容器)内会出现温度的升高。通过电气控制系统可以使周围环境(即恒温槽)的温度持续地与燃烧装置的温度保持一致,测量得到的信号是温度的升高值。这类仪器与滴落式量热仪一样,在正常实验时一般不需要进行校正。

- **流动式量热仪(flow calorimeter)**

测量原理:热累积式。

操作方式:恒温式。

构造原理:单测量体系(也可以为双测量体系)。

气体量热仪(gas calorimeter)常用于测量气体燃料的燃烧热,通过测量流动的液体(如水)或气体(如空气)的温度变化来测量传递的燃烧热量,流动体系的温度增加为测量得到的信号。其他类型的流动式量热仪通常用于测量反应热。例如,在一个反应管中混合两种液体,仪器测量的信号为流入液体和流出反应产物的温度差。

3. 热交换式量热仪(heat-exchanging calorimeters)

在热交换式量热仪中,一个确定的热量交换过程发生在样品系统(主要包括样品容器、坩埚、支持器等部分)和周围环境之间。流经的热量亦即热流速率,可以通过基于样品与周围环境之间同热阻相关的温度差来确定。通常通过测量热流速率与时间的变化关系来研究某些变化的动力学过程。可以使用与此相关的仪器如下:

- **热流式差示扫描量热仪(heat flux differential scanning calorimeter)**

测量原理:热传导式。

操作方式:环境扫描式。

构造原理:双测量体系(圆盘式或圆筒式)。

常用带有温度传感器的支持器来检测试样与参比物质之间的温度差,所得到的温度差与周围环境(即加热炉)流向试样与参比物之间的热流速率的变化成比例。由于仪器为双测量体系的构造,因此没有必要直接测量样品与周围环境之间的温度差。在实验过程中,仪器不会记录热流速率的绝对值,仅记录其变化量。

1.3 测量仪器的特征

对测量仪器的基本要求为:据其能够处理一系列需要研究的问题。判断一种热分析仪器或者量热仪是否能够用来解决问题的主要原则是:必须有明确的特征指标来对仪器进行评价。

通常用以下的方式来描述仪器的特征:

(1) 测量仪器的一般指标;

(2) 测量系统的性能特征。

在下文中所提及的所有的性能和指标数据，常被用来作为从不同的制造商提供的仪器中选择最佳仪器的标准。在购买仪器之前，应从仪器制造商处尽可能多地了解所有的必要的信息。

1.3.1 测量仪器的一般指标

对于一台测量仪器而言，需要详细说明的一般性指标主要包括：

(1) 测量仪器的种类（如热天平、热膨胀仪等）以及相关的设计细节（例如，对于 DTA 而言，为测量块系统或独立的坩埚；对于 TG 而言，为重量测量系统位于样品支持系统的上方或下方；对于 DSC 而言，为热流式或功率补偿式等）。
(2) 温度范围。
(3) 气氛类型（气氛气体、真空、高压等）。
(4) 加热和冷却速率范围、温度-时间程序。

可用以下信息来表征测量仪器，以便分析待测样品和测量系统对测量结果的影响：

(1) 样品的种类（固体、液体、气体）；
(2) 合适的样品体积；
(3) 合适的样品质量；
(4) 可能的样品尺寸和形状；
(5) 可以检测到的样品质量的改变（对于 TG 而言）；
(6) 作用于样品上的静态力（对于 STMA 而言）；
(7) 频率以及施加于样品上的应力的振幅。

如果仪器被设计成可以用于同步测量的模式，则可用以下方式表示测量方法的种类：

(1) DTA/TG；（译者注：常用 TG-DTA 的表示形式，用"-"表示 TG 和 DTA 两种技术同时联用。在表示时，TG 通常放在 DTA 的前面）
(2) DSC/显微镜；（译者注：常用显微 DSC 表示这种同时联用技术）
(3) TG/EGA。

以下举例说明仪器的一些可用于特殊用途的功能：

(1) 仪器在测量时可以用光照射样品（参见 1.2.3.1 节）；
(2) 仪器可用于样品控制速率模式（参见 1.2.3.1 节）；
(3) （线性）加热或冷却速率能叠加温度振荡模式，即温度调制模式（参见 1.2.3.1 节）；
(4) 仪器可用于不同的操作模式（例如绝热或者恒温实验条件）；
(5) 可以得到测量信号的一阶时间导数（即微分信号）；
(6) 与其他附件结合，可用于样品的原位监测（通过光学、声学技术等）；
(7) 可以方便地操控样品（如可以通过机械装置方便地添加或去除物质）；
(8) 配置有校准装置。

1.3.2 测量系统的性能特征

可以用以下的方法来定量地表征测量系统的性能(并非所有的性能指标都适用于每一台热分析仪器或量热仪)。通常通过测量得到的曲线来评价仪器的性能指标。

1.3.2.1 噪声

由仪器测量大约一分钟的时间周期所得到的测量曲线,可以计算得到测量信号的平均偏差,以被测信号的单位表示(例如,TG 曲线的单位为 μg,DSC 曲线的单位为 μW)。

特征量:噪声作为加热/冷却速率、温度、样品质量等的函数(基准线(zero line),定义参见 1.4.1 节)。

噪声曲线:在无试样、无坩埚的条件下得到的测量曲线。在实际应用中,通常将信噪比作为评价测量信号的一个重要的指标。

因此,噪声(noise)可以用于评估可检测的最小信号(检测阈值:一般为 2~5 倍的噪声)。通常根据噪声来确定在实验时可以使用的有效的样品质量或样品体积。

噪声通常可以用以下方式来表示:

峰间噪声(peak-to-peak noise,简称 pp):检测信号间的最大变化值。

峰噪声(peak noise,简称 p):测量信号平均值的最大偏差。

均方根噪声(root-mean-square noise,简称 RMS):测量信号值与平均值的偏差的平方和与测量次数 n 比值的平方根。

1.3.2.2 重复性

可以用重复性(repeatability)来反映使用同样的仪器进行相同的多次测量时所得的数据之间的一致程度。重复性是一项非常重要的评价指标。在连续多次的测量过程中,信号之间的差别主要是由以下的原因引起的:

(1) 由于样品的移除和再次加入所引起的变化和干扰;

(2) 环境温度、气氛压力、实验气氛的流速等的变化(统计原因)。

如果多次测量之间的时间间隔过大,需要考虑时间因素所引起的变化。主要应考虑以下因素:

(1) 样品组成的老化、黏附作用;

(2) 污染、吸附等作用。

常用来评价重复性好坏的指标是重复性误差,该指标主要用于对比多次连续测量数据的差别,主要取决于实验时的操作条件和样品参数。

实例:

通过对比在整个温度范围内以中等扫描速率得到的多次叠加的实验曲线,可以用来评价基线的重复性分散度。由于基线平均值的偏差的范围产生重复性离散现象(以绝对值或%表示),可用峰面积的重复性、特征温度(通常为外推起始温度)、质量损失等指标进行类似的评估。

1.3.2.3 线性关系

可以用线性关系(linearity)来描述测量信号 Y_m 和测量的真实值 Y_{tr} 之间的函数关系,可用下式表示:

$$Y_{tr} = f(Y_m)$$

可以通过校准来确定这一函数关系,用下式来表示一个理想的线性关系:

$$Y_{tr} = K_Y \cdot Y_m$$

或者

$$Y_{tr} = Y_m + \Delta Y_{corr}$$

上式中的校正因子 K_Y 或者校正值 ΔY_{corr} 可以通过校准来得到。

在通常条件下,K_Y 和 ΔY_{corr} 依赖于实验参数(如温度、加热速率、样品质量等),通常以图或者表的形式列出校正函数(calibration function) K_Y 或者 ΔY_{corr}。在很多情况下,在测量仪器的软件中已经考虑到了测量参数的依赖性,因此,在考虑这些参数的基础上可以得到一个理想的线性关系。

1.3.2.4 时间常数

当向测量仪器中输入一个台阶状的脉冲信号时,通过测量得到的信号与 e 比分数强度之间的时间间隔可以确定测量仪器的时间常数(time constant),如图 1.13 所示。

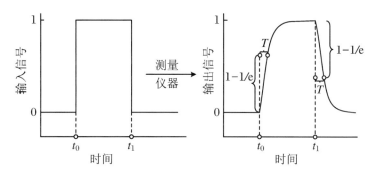

图 1.13 时间常数

时间常数是用来测量系统惯性(inertia)的一种指标,其描述了测量的物理量随着时间的推移变化的一致性(即时间分辨率)。了解测量系统的时间常数对于数学处理过程中的去卷积(deconvolution)处理方法非常重要。(去卷积:由于测量系统数据传输的惯性,得到的测量信号会发生延迟或者畸变的异常现象,通过去卷积等数学处理方法可以复原样品的原始信号。)

1.3.2.5 灵敏度

通过待测量信号的改变量 ΔY_m 和待测物理量的变化量 ΔX 的比值可以得到灵敏度(sensitivity)的信息,可以用下式表示这种关系:

$$灵敏度 = \Delta Y_m / \Delta X$$

灵敏度一般以数字和单位比值的形式进行表示,例如,DSC 的灵敏度的单位为 $\mu V/mW$,TG 的灵敏度的单位为 $\mu V/mg$。

在大部分情况下,信号以电压的形式给出(该信号通过校准后可以与待测样品的性质相关联)。

信号经过电子放大后可能会提高测量的灵敏度。由于在电子放大的同时仪器的噪声也会随之变大,因此电子放大的极限会受到测量系统噪声的限制。

1.3.3 仪器核查清单

在以上所描述的关于热分析仪器或者量热仪和测量系统的特殊的性能特征的通用性准则的基础上,仪器使用者可以编制出一份包括在使用时常见的关键性问题的清单。可以通过这份清单来比较不同的仪器,在使用时可以将此清单提交给仪器制造商,让他们来完善其中的内容。完成这份清单后,可以作为仪器的性能指标档案来保存。

仪器清单的样式示例如下:

制造商(manufacturer);
仪器种类(instrument category);
型号、模式(type, pattern);
温度范围(temperature range);
样品体积/质量/尺寸(sample volume/mass/dimensions);
样品性能变化的检测范围(detection range of sample property changes);
温度测量的方法或位置(method/place of temperature measurement);
气氛(atmosphere);
加热/冷却速率(heating/cooling rates);
特殊设计特征(special design features);
校准方法(method of calibration);
基准线散射(zero line scatter);
噪声信号(signal noise);
特征测量量的重复性误差(repeatability error of characteristic measured quantities);
温度测量的不确定度(total uncertainty of temperature assignment);
样品性质(变化)的总不确定度(total uncertainty of sample property (change));
加载样品时的时间常数(time constant (with sample));
关于测量系统的其他信息(additional information on the measuring system);

1.3.4 对评估程序的评价

通常用由热分析与量热法获得的数据根据评估程序来计算一些特征量(如温度、峰面积等),有时还会根据这些特征量来解决一些具体的问题(如纯度、动力学特征参数分析等)。在使用这些评估程序时,使用者必须知道程序所基于的物理或化学定律并且清楚地了解这些方法的使用条件(和应用范围)。

在估算不确定度和优化计算结果的可靠性时,必须将由于算法(计算程序)本身所引起的不确定度考虑在内。在这种情况下，需要有一个合理的评价方法来判断该评价程序是否适用于由计算得到的符合要求的数据以及由此产生的不确定度结果。在某些情况下，可以用一种特定程序的多个备选项来评价一种测量方法的结果。例如，使用不同的基线来计算峰面积时的情况。可以通过对比获得的结果来评价测量的不确定度。

由不同生产商生产的同类仪器对同一个样品的测量结果进行对比是十分有用的，在购买仪器之前建议采用这种方法，还应从评价模型和概念差异的角度出发来合理地分析结果之间的明显差异。

1.4 测量的曲线和数值的特征

通常用测量曲线来表示由热分析与量热法得到的结果（应尽可能地避免使用"热谱"（thermogram）这一术语），通过一条（测量）曲线可以得到样品的性质或性质变化随温度或时间而变化的信息。在下面的内容中将定义一些可用于描述测量曲线的术语。

可以从测量曲线中得到一些特征量，可以用这些特征量来描述样品的行为，并且其对于测量的评价和测量结果的解释具有十分重要的意义。

1.4.1 描述曲线的相关术语

在下面的内容中，将通过一些术语来定义一条测量曲线的特征点或特征范围（图1.14(a)和图1.14(b)）。通常进行热分析或量热实验的目的是用来确定这些特征点或特征范围，但在一些特殊情况下可以通过对测量的物理量进行计算或推导来得到一些特征点或特征范围。

- 测量曲线（measured curve）

测得的测量值随时间或温度变化的连续图形。

- 基准线（zero line）

由仪器测量的空白实验曲线（空白实验是指无试样、参比物以及坩埚，或者有坩埚而无试样和参比物条件下进行的实验）。

- 样品测量曲线（sample measurement curve）

通过对装有试样和参比物的坩埚进行测量得到的测量曲线。

说明：在以下的内容中，用下标"0"来表示基线，用下标"S"来表示样品，用下标"R"来表示参比样品，用下标"SR"来表示样品和参比样品的差示曲线。

测量曲线部分（sections of the measured curve）：

- 峰（peak）

在特定的时间或温度范围内，由样品发生一系列的反应或转变而得到的测量曲线所表现出的包括斜率逐渐变大、达到最大值、斜率逐渐减小、达到最小值，或者斜率逐渐减小、达到最小值、斜率逐渐变大、达到最大值的曲线部分。

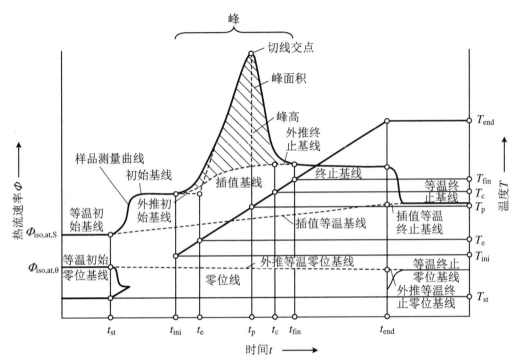

(a) 以含有峰和台阶的 DSC 曲线为例，说明与测量曲线相关的术语和特征时间。特征温度的表示与相应的特征时间表示方法相类似。其中，下标"st"表示温度程序开始，下标"end"表示温度程序结束

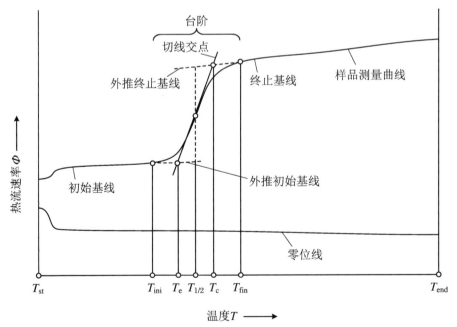

(b) 以含有台阶的 DSC 曲线为例，说明与测量曲线相关的术语和特征温度。特征时间与相应的特征温度的表示方法类似。其中，下标"st"表示温度程序开始，下标"end"表示温度程序结束

图 1.14

- 台阶(step)

在特定的时间或温度范围内,由于样品发生一系列的反应或转变所表现出的斜率逐渐变大、出现拐点或者斜率逐渐减小、出现拐点的曲线部分。

- 平台(plateau)

在特定的时间或温度范围内,测量得到的曲线保持稳定或基本稳定的曲线部分。

- 基线(baseline)

在峰和台阶范围之外未发生任何反应、转变或变化的条件下得到的测量曲线。

- 等温基线(isothermal baseline)

使加热炉的温度保持恒定,并且样品未发生任何反应、转变或变化的条件下得到的测量曲线。

- 初始基线(initial baseline)

在样品未发生任何反应、转变或变化时,测量曲线在达到峰值或台阶之前的部分。

- 终止基线(final baseline)

在样品未进一步发生任何反应、转变或变化时,测量曲线在出现峰或台阶之后的部分。

- 等温起始基线(isothermal initial baseline)

使加热炉的温度保持恒定,在温度程序发生动态变化之前,样品未发生任何反应、转变或变化时所得到的测量曲线的部分。

- 等温终止基线(isothermal final baseline)

使加热炉的温度保持恒定,在温度程序动态变化结束之后,样品未发生任何反应、转变或变化时得到的测量曲线的部分。

说明:

(1) 对于与基准线的相类似描述,为了便于区分,可以采用"等温零位基线"(isothermal zero line)、"等温初始零位基线"(isothermal initial zero line)和"等温终止零位基线"(isothermal final zero line)等术语来表示。

(2) 在本书之后的内容中,采用下标"bl"表示空白基线,下标"iso"表示等温,下标"ini"表示初始,下标"fin"表示终止。

1.4.2 与测量曲线解析相关的术语

- 插值基线(interpolated baseline)

在产生峰的范围内,用插值法将样品未发生任何反应、转变或变化的初始基线和终止基线连接起来所得到的曲线。(译者注:插值基线通常也称作虚拟基线。)

- 插值等温基线(interpolated isothermal baseline)

在发生动态变化的过程中,通过插值法将等温初始基线与等温终止基线连接起来所得到的基线,经过这种基线处理之后就好像没有执行过动态温度程序一样。

- 外推起始基线(extrapolated initial baseline)

通过峰或台阶的起始阶段外推所得到的起始基线,该阶段可以看作样品未发生任何反应、转变或变化。

- **外推终止基线**(extrapolated final baseline)

通过峰或台阶的结束阶段外推所得到的终止基线,该阶段可以看作在前一阶段样品发生的任何反应、转变或变化已经结束。

说明:

(1) 对于与零位基线相类似的描述而言,为了便于区分,可以使用"插值等温零位基线"(interpolated isothermal zero line)这一术语。

(2) 在本书之后的内容中,采用下标"i"来表示插值,下标"e"来表示外推。

1.4.3 由测量曲线得到的特征量

- **峰高**(peak height)

曲线的峰顶(或峰谷)到插值基线之间的最大距离。

- **峰面积**(peak area)

由峰的起点(t_{ini})和终点(t_{fin})与插值基线所包含的面积。

- **台阶高度**(step height)

在台阶的中点温度时,外推起始基线和外推终止基线之间的最大距离(参见下文内容)。

- **起始峰/台阶温度** T_{ini}(initial peak/step temperature, T_{ini})

在峰或台阶区域最先开始偏离外推起始基线的温度。

- **终止峰/台阶温度** T_{fin}(final peak/step temperature, T_{fin})

在峰或台阶区域最后偏离外推终止基线的温度。

- **外推峰/台阶起始温度** T_e(extrapolated peak/step onset temperature, T_e)

外推起始基线与峰/台阶的线性上升(或下降)部分的切线或拟合线的交点。

- **外推峰/台阶结束温度** T_c(extrapolated peak/step completion temperature, T_c)

外推终止基线与峰/台阶的线性下降(或上升)部分的切线或拟合线的交点。

- **峰极值温度** T_p(peak extremum temperature, T_p)

当峰值和插值基线之间的距离最大时所对应的温度。

- **台阶中点温度** $T_{1/2}$(step midpoint temperature, $T_{1/2}$)

在测量曲线的一个台阶中,外推起始基线和测量曲线之间的差值等于测量曲线和外推终止基线的差值时所对应的温度。

说明:

(1) 为了便于区分,在必要时应在下标中用"p"来表示峰值,用"s"来表示台阶,例如 $T_{ini,p}$、$T_{e,s}$ 等。

(2) 在描述聚合物材料的玻璃化转变温度时,用带有不同下标的温度来描述台阶的不同阶段,例如 $T_{ini,s}$、$T_{e,s}$、$T_{1/2}$、$T_{c,s}$ 或者 $T_{fin,s}$ 等。

(3) 也可以用类似的定义来描述测量曲线的特征时间 t(参见图1.14(a))。此外,还可以用这些定义来描述测量的物理量与温度/时间(例如,DSC 中的热流速率 Φ、TG 中的质量变化 Δm)曲线中相对应的特征参数。

1.5 测量结果的表征、解释和表示

1.5.1 结果的表征

在使用热分析或量热法的测量值之前,必须设法证明这些测量值的可靠性,这就需要有可以用来描述测量数据可靠程度的指标(例如可重复性、噪声等,参见1.3.2节)。

可以用来描述测量结果质量的术语主要有:

- **准确度(accuracy)**

可以用来描述测量结果与真实值之间的一致程度。准确度取决于随机误差(random errors)和系统误差(systematic errors)。其中,系统误差包括由各种已知和未知的因素所带来的误差。在测量结果中,通常可以通过校正的形式来修正测量过程中已知的系统误差。但是在进行不确定度分析时,由校正所带来的不确定性、系统误差的不确定性和随机误差也必须考虑在内。通常用标准偏差(standard deviation)的形式来评价随机误差。

- **测量总不确定度(total uncertainty of measurement)**

可以用来表示测量值在真值存在范围内的概率,是表示结果分散性的一个重要参数(参见统计学的相关教科书)。

注意:准确度和总不确定度不能等同于可重复性和可再现性。(可再现性描述的是在同一实验室或者不同的实验室中测量同一样品,在使用了不同的仪器或不同的实验人员时,测量值之间的一致性。通常用某一仪器的测量值与总平均值中得到的结果的偏差来评价可再现性。可再现性的评价通常作为一种识别系统误差的方法。)

1.5.2 结果的解释

对结果的解释应基于热分析或量热的测量结果,必要时应考虑包括总不确定度。为了更好地对结果进行解释,可以通过以下的方式来确认解释的合理性:

(1) 使用其他的或联用测量技术;
(2) 检验与热力学定律的一致性;
(3) 使用具有已知量值的标准物质或参考物质进行测量;
(4) 分析测量原理、实验条件和样品条件对测量结果带来的可能影响。

1.5.3 测量的数值、曲线和结果表示

当使用热分析与量热方法得到的结果用于报告、论文或专著中时,应尽可能详细、充分地给出关于样品、测量仪器、测量条件与程序、测量结果、结果处理以及对结果的验证解释等信息。

以下是一些必要的信息:

(1) 样品的特性;

(2) 测量仪器的特性；
(3) 校准程序；
(4) 测量程序；
(5) 原始测量曲线；
(6) 测量值或测量曲线的分析；
(7) 测量结果的不确定度；
(8) 测量结果的解释和验证。

通过表格和图形表示结果可参见文献[8]。

通常用数值加相应单位的形式来表示由测量得到的物理量(例如，$\Delta_r H = 1.5$ kJ)，因此需要通过代数学的方法来进行计算。也可以在表格和坐标轴的标题中采用物理量/单位的形式，同时在表格或图中的相应位置用纯数字表示(例如，$\Delta_r H/\text{kJ} = 1.5$)。

表格和图形的示例参见表 1.3 和图 1.15。

表 1.3 在表格中使用数值和特征的例子

T/K	$(10^3 \text{K})/T$	$\ln(p/\text{Pa})$
273.15	3.7	1.56
600.34	1.7	1.83

1.5.4 术语、符号和单位

国际计量单位(SI)建立在公制单位上，旨在统一物理量的表示和描述。目前，已经在世界范围内广泛使用国际计量单位(例如 ISO 1000)。

在实际使用过程中，必须准确地区分物理量、物理量的名称和物理量的符号，同时还应对单位的名称和单位的符号进行区别使用。表 1.4 中列出了 7 个国际基本计量单位。

表 1.4 国际基本计量单位

物理量(名称与符号)	单位名称	单位符号
长度	米	m
质量	千克	kg
时间	秒	s
电流	安培	A
温度	开尔文	K
物质的量	摩尔	mol
发光强度	坎德拉	cd

通过这 7 个基本单位可以推导得出一些常见的单位，见表 1.5。这些常见的单位均有相应的名称和符号(例如，牛顿用 N 表示，伏特用 V 表示)。

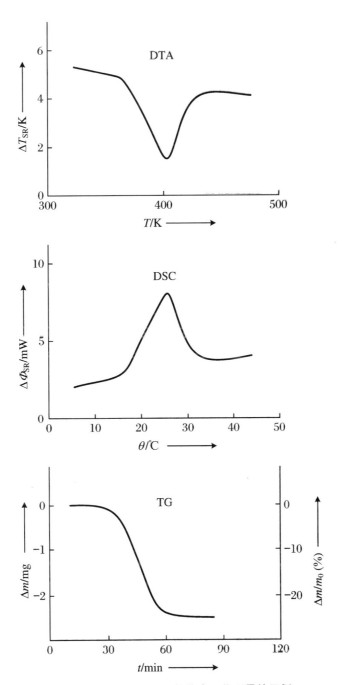

图 1.15 在坐标系中用数值表示物理量的示例

表 1.5 通过国际计量单位推导出的常见单位

（译者注：表中仅列出了与热分析和量热学相关的一些单位）

物理量名称与符号	单位名称	单位符号	换算关系与备注
面积 A	平方米	m^2	
体积 V	立方米 升	m^3 L	不要用"cbm" $1\ L = 1\ dm^3 = 10^3\ cm^3$ 不要用"ccm"
质量 m	克	g	$1\ g = 10^{-3}\ kg$ 不要用"gr"
	单位原子质量	u	$1\ u = 1.6605402 \times 10^{-27}\ kg$
时间 t	分钟 小时 天	min h d	$1\ min = 60\ s$ $1\ h = 3600\ s$ $1\ d = 86400\ s$
频率 ν, f	赫兹	Hz	$1\ Hz = 1\ s^{-1}$
力 F	牛顿	N	$1\ N = 1\ kg \cdot m \cdot s^{-2}$
压强 p, P	帕斯卡 巴	Pa bar	$1\ Pa = 1\ N \cdot m^{-2}$ $1\ bar = 10^5\ Pa$
动态黏度 η	帕斯卡·秒	$Pa \cdot s$	$1\ Pa \cdot s = 1\ N \cdot s \cdot m^{-2}$
动力学黏度 γ		$m^2 \cdot s^{-1}$	
能量 E 功 W 热 Q	焦耳 电子伏特	J eV	$1\ J = 1\ N \cdot m$ $1\ eV = 1.60218 \times 10^{-19}\ J$
热容 C		$J \cdot K^{-1}$	$1\ J \cdot K^{-1} = 1\ m^2 \cdot kg \cdot s^{-2} \cdot K^{-1}$
功率 P 热流速率 Φ	瓦特	W	$1\ W = 1\ J \cdot s^{-1}$
热通量 J_q		$W \cdot m^{-2}$	
热导率 λ			$W \cdot m^{-1} \cdot K^{-1}$
传热系数 h			$W \cdot m^{-2} \cdot K^{-1}$
电压（差）U	伏特	V	$1\ V = 1\ W \cdot A^{-1}$
电阻 R	欧姆	Ω	$1\ \Omega = 1\ V \cdot A^{-1}$
电阻率 ρ		$\Omega \cdot m$	
电导 G	西门子	S	$1\ S = 1\ \Omega^{-1} = 1\ A \cdot V^{-1}$
电导率 K, σ		$S \cdot m^{-1}$	
摄氏温度 θ, T	摄氏度	℃	

在现在的科学和技术文献中,一些计量单位已经不再使用,见表1.6。

表1.6 在科学和技术文献中不再使用的计量单位

(译者注:表中仅列出与热分析和量热学相关的单位)

名称	符号	换算关系
英寸	in	1 in = 2.54×10^{-2} m
达因	dyn	1 dyn = 10^{-5} N
磅	p	1 p = 9.80665 N
毫米汞柱	mmHg	1 mmHg = 133.322 Pa
标准大气压	atm	1 atm = 1.01325 bar
工程大气压	at	1 at = 0.980665 bar
托	Torr	1 Torr = 1.333224 mbar
磅每平方英寸	psi	1 psi = 6895 Pa
泊	P	1 P = 0.1 Pa·s
沲	St	1 St = 10^{-4} m²·s⁻¹
尔格	erg	1 erg = 10^{-7} J
(国际)卡路里	cal_{IT}	1 cal_{IT} = 4.1868 J
(热化学)卡路里	cal_{th}	1 cal_{th} = 4.184 J

国际纯粹与应用化学联合会(International Union of Pure and Applied Chemistry,简称 IUPAC)建议在物理化学中使用的量、单位和符号见参考文献[8],在表1.7中列出了常用于热分析与量热法中的一些量、单位和符号。

表1.7 IUPAC 推荐使用的量、单位、符号[8]

名称	符号	定义	SI 单位
摩尔质量(对 B 组分)	M	$M_B = \dfrac{m}{n_B}$	kg·mol⁻¹
相对原子质量(原子量)	A_r	$A_r = \dfrac{m_B}{m_u}$	
摩尔体积(对 B 组分)	V_m	$V_{m,B} = \dfrac{V}{n_B}$	m³·mol⁻¹
质量分数(对 j 组分)	w	$w_j = \dfrac{m_j}{\sum m_1}$	
摩尔分数(对 B 组分)	x, y	$x_B = \dfrac{n_B}{\sum n_A}$	
溶解度	s		mol·m⁻³
质量摩尔浓度(对 B 组分,A 为溶剂)	m, b	$m_B = \dfrac{n_B}{m_A}$	mol·kg⁻¹
热	q, Q		J
热流速率	$\varPhi$	$\varPhi = \dfrac{dQ}{dt}$	W

续表

名称	符号	定义	SI 单位
热通量	J_q	$J_q = \dfrac{\Phi}{A}$ (A:面积)	$W \cdot m^{-2}$
内能	U		J
焓	H		J
热力学温度	T		K
摄氏温度	θ, t		℃
熵	S		$J \cdot K^{-1}$
亥姆霍兹自由能	A		J
吉布斯自由能	G		J
恒压热容	C_p	$C_p = \left(\dfrac{\partial H}{\partial T}\right)_p$	$J \cdot K^{-1}$
恒容热容	C_V	$C_V = \left(\dfrac{\partial U}{\partial T}\right)_V$	$J \cdot K^{-1}$
化学势	μ	$\mu_B = \left(\dfrac{\partial G}{\partial n_B}\right)_{T,P,n_{j \neq B}}$	$J \cdot mol^{-1}$
平衡常数	K		
转化速率	$\dot\xi$	$\dot\xi = \dfrac{d\xi}{dt}$	$mol \cdot s^{-1}$
反应分数	α		
反应级数	n		
(阿累尼乌斯)活化能	E_a, E_A		$J \cdot mol^{-1}$
指前因子	A		$(m^3 \cdot mol^{-1})^{n-1} \cdot s^{-1}$
偏摩尔量 X	X_B	$X_B = \left(\dfrac{\partial X}{\partial n_B}\right)_{T,p,n_{j \neq B}}$	
物理量 X 的(流动)速率变化	$\dot X$	$\dot X = \dfrac{dX}{dt}$	
物理量 X 的通量	J_X	$J_X = \dfrac{1}{A} \cdot \left(\dfrac{dX}{dt}\right)$	

说明：

(1) 比(specific)：与物质的质量有关(例如比热容 c)。

(2) 摩尔(mole)：与物质的量有关(例如摩尔能量 E_m)。(译者注：可以理解为对物质的量进行归一化处理。)

(3) 在热分析和量热测量中，温度变化速率(通常为加热速率、冷却速率、温度扫描速率)通常用符号 β 来表示。

下面列出了物质处于聚集态的表示符号(通常在分子式后的圆括号中表示)。

g：气态(gas)、蒸气(vapor)。

l：液态(liquid)。

s：固态(solid)。

cd:凝聚态(condensed)。

fl:流体状态(fluid)。

cr:结晶态(crystalline)。

lc:液晶态(liquid crystal)。

sln:溶液(solution)。

aq:水溶液(aqueous solution)。

am:非晶固态(amorphous solid)。

例如:

$H_2O(g)$:表示气态或蒸气状态的水。

$C_p(s)$:表示恒压固态热容。

$H(cr)$:表示晶态固体的焓值。

通常用以下的下标表示一个转变或化学反应:

vap:表示气化(vaporization)。

sub:表示升华(sublimation)。

fus:表示熔化(fusion)或熔融(melting)。

trs:表示转变(transition)。

mix:表示液相或流体混合(mixing of fluids)。

sol:表示(溶质在溶剂中的)溶解(solution)。

dil:表示(溶液中的)稀释(dilution)。

ads:表示吸附(adsorption)。

r:表示反应(reaction)。

c:表示燃烧(combustion)。

通常用以下的上标表示体系所处的状态:

⊖或o:表示标准态(standard)。

*:表示纯物质(pure substance)。

∞:表示无限稀释状态(infinite dilution)。

id:表示理想状态(ideal)。

E:表示剩余(热力学)量(excess quantity)。

用 Δ 表示热力学性质的变化。

例如:

$\Delta_{vap} H = H(g) - H(l)$。

$\Delta_{vap} H_m$:表示摩尔熔化焓(molar enthalpy of fusion)。

$\Delta_r S^{\ominus}$:表示标准反应熵(standard reaction entropy)。

在热分析和量热试验中通常使用的下标:

当与物质相关时,用大写字母表示(例如,用 m_S 表示样品 S 的质量;用 T_R 表示参考样品 R 的温度)。

当与现象相关时,用小写字母表示(例如,用 T_g 表示玻璃化转变温度)。

当与时间或温度有关的某一特征值相关时,用小写字母表示(例如,用 T_e 表示外推峰起始温度)。

1.6 与热分析与量热法相关的文献

目前热分析与量热法已经广泛地应用于各领域,因此关于热分析与量热法的文献所涉及的领域非常广泛。热分析主要应用于化学、安全工程、材料技术和固体物理等领域,而量热法则主要应用于生物、制药和食品技术等领域。在许多已发表的论文中不仅关注于相关仪器的技术发展,还关注了热分析与量热法在各自的研究领域的实际应用。

当前已有四种专门用于出版热分析、量热法、热力学的研究论文的杂志。

除此之外,一些大规模的学术交流会议通常会出版论文集,其中的一些论文集对目前的热分析与量热测量技术及其应用的现状以摘要的形式进行了分析与总结。另外,热分析与量热法在一些特定领域中的应用以综述的形式在学术期刊上发表或者在学术专著中作为单独一章的形式进行发表。在一些已出版的专著中,已经有关于热分析与量热法的基本测量技术的详细描述。

1.6.1 教材

下面列出了1980年以来以图书形式出版的相关教材,这些图书的主题为测量技术,而不是热分析与量热法在特定领域中的应用。

M. E. Brown:《热分析导论:技术及应用》(Introduction to Thermal Analysis: Techniques and Applications),Chapman and Hall,New York,1988,211页。

A. Cezairliyan(主编):《CINDAS材料性质系列数据:第1~2卷·固体比热》(CINDAS Data Series on Materials Properties. Vol. 1~2. Specific Heat of Solids),Hemisphere,New York,1988,484页。

E. L. Charsley,S. B. Warrington(主编):《热分析:技术和应用》(Thermal Analysis: Techniques and Applications),Royal Society of Chemistry,Cambridge,1992,296页。

J. W. Dodd,K. H. Tonge:《热方法:开放式学习的分析化学》(Thermal Methods: Analytical Chemistry by Open Learning),Wiley,Chichester,1987,337页。

P. J. Haines:《热分析方法:原理、应用和问题》(Thermal Methods of Analysis: Principles, Applications and Problems),Blackie Academic and Professional,London,1995,286页。

K. Heide:《动态热分析方法》(Dynamische thermische Analysen methoden,德文版),Deutscher Verlag far Grundstoffindustrie,Leipzig,2nd Ed.,1982,311页。

W. F. Hemminger,H. K. Cammenga:《热分析方法》(Methoden der Thermischen Analyse,德文版),Springer,Berlin,1989,299页。

W. Hemminger,G. Höhne:《量热法——基础与实践》(Calorimetry — Fundamentals and Practice),Verlag Chemie,Weinheim,1984,310页。

G. Höhne，W. Hemminger，H. J. Flammersheim：《差示扫描量热法——从业者入门手册》(Differential Scanning Calorimetry — An Introduction for Practitioners)，Springer，Berlin，1996，222 页。

C.G. Hyde，M.W. Jones：Gas Calorimetry.《气体燃料热值的测定》(The Determination of the Calorific Value of Gaseous Fuels)，Ernest Benn，London，1960，456 页。

B. LeNeindre，B. Vodar（主编）：《实验热力学：第 2 卷·非反应流体的量热法》(Experimental Thermodynamics. Vol. 2. Calorimetry of Non-Reacting Fluids)，Butterworths，London，1975，1318 页。

K.D. Maglic，A. Cezairliyan，V.E. Peletzky（主编）：《热物理性能测量方法纲要：第 1 卷·测量技术概览》(Compendium of Thermophysical Property Measurement Methods. Vol. 1：Survey of Measurement Techniques)，Plenum，New York，1984，789 页。

K.D. Maglic，A. Cezairliyan，V.E. Peletzky（主编）：《热物理性能测量方法纲要：第 2 卷·推荐的测量技术和实践》(Compendium of Thermophysical Property Measurement Methods. Vol. 2：Recommended Measurement Techniques and Practices)，Plenum，New York，1992，643 页。

J.P. McCullough，D.W. Scott（Eds.）：《实验热力学：第 1 卷·非反应体系量热法》(Experimental Thermodynamics. Vol. 1. Calorimetry of Non-reacting Systems)，Butterworths，London，1968，606 页。

M.I. Pope，M.D. Judd：《差热分析：技术和应用简介》(Differential Thermal Analysis：A Guide to the Technique and its Applications)，Heyden，London，1977，197 页。

S. Sunner，M. Månsson（主编）：《实验化学热力学：第 1 卷·燃烧量热法》(Experimental Chemical Thermodynamics. Vol. 1. Combustion Calorimetry)，Pergamon，Oxford，1979，428 页。

W.W. Wendlandt：《热分析》(Thermal Analysis)，Wiley，New York，3rd Ed.，1986，814 页。

B. Wunderlich：《热分析》(Thermal Analysis)，Academic Press，Boston，1990，450 页。

下面列出了一些关于热分析与量热法在特定技术领域中的应用的图书：

V. Balek，J. Tolgessy：《辐射热分析和其他辐射方法》(Emanation Thermal Analysis and other Radiometric Emanation Methods)//Wilson 和 Wilson 主编的《综合分析化学：第 12 卷·热分析 C 部分》(Comprehensive Analytical Chemistry. Vol. 12. Thermal Analysis. Part C)，Elsevier，Amsterdam，1984，303 页。

F.X. Eder：《热力学研究方法：第 2 卷·热量和热量特性》(Arbeitsmethoden der Thermodynamik. Band 2. Thermische und kalorische Stoffeigenschaften，德文版)，Springer，Berlin，1983，524 页。

J. L. Ford，P. Timmins：《药物热分析：技术和应用》(*Pharmaceutical Thermal Analysis: Techniques and Applications*)，E. Horwood，Chichester，1989，313 pp. V. R. Harwalkar，C.-Y. Ma（Eds.）：*Thermal Analysis of Foods*，Elsevier，London，1990，362 页。

F. Hatakeyama，F. X. Quinn：《热分析：在聚合物科学的基础和应用》(*Thermal Analysis: Fundamentals and Applications to Polymer Science*)，Wiley，Chichester，1994，158 页。

N. D. Jespersen（主编）：《测温和热分析的生化和临床应用》(*Biochemical and Clinical Applications of Thermometric and Thermal Analysis*)//Wilson 和 Wilson 主编的《综合分析化学：第 12 卷·热分析 B 部分》(*Comprehensive Analytical Chemistry. Vol. 12. Thermal Analysis. Part B*)，Elsevier，Amsterdam，1982，245 页。

C. J. Keattch，D. Dollimore：《热重法简介》(*An Introduction to Thermogravimetry*)，Heyden，London，2nd Ed.，1975，164 页。

O. Kubaschewski，C. B. Alcock，P. J. Spencer：《材料热化学》(*Materials Thermochemistry*)，Pergamon，Oxford，6th Ed.，1993，363 页。

L. Kubiár：《测量基本热物理参数的脉冲法》(*Pulse Method of Measuring Basic Thermophysical Parameters*)//Wilson 和 Wilson 主编的《综合分析化学：第 12 卷·热分析 E 部分》(*Comprehensive Analytical Chemistry. Vol. 12. Thermal Analysis. Part E*)，Elsevier，Amsterdam，1990，341 页。

V. B. F. Mathot（主编）：《聚合物的量热和热分析》(*Calorimetry and Thermal Analysis of Polymers*)，Carl Hanser，Mtinchen，1994，369 页。

R. Sh. Mikhail，E. Robens：《固体表面的显微结构与热分析》(*Microstructure and Thermal Analysis of Solid Surfaces*)，Wiley，Chichester，1983，496 页。

F. Paulik：《热分析的发展趋势》(*Special Trends in Thermal Analysis*)，Wiley，Chichester，1995，459 页。

J. Paulik，F. Paulik：《用导数法同时进行热分析检查》(*Simultaneous Thermoanalytical Examinations by Means of the Derivatograph*)//Wilson 和 Wilson 主编的《综合分析化学：第 12 卷·热分析 A 部分》(*Comprehensive Analytical Chemistry. Vol. 12. Thermal Analysis. Part A*)，Elsevier，Amsterdam，1981，277 页。

J. Šesták：《固体的热物理性质：测量和理论热分析》(*Thermophysical Properties of Solids: Their Measurements and Theoretical Thermal Analysis*)//Wilson 和 Wilson 主编的《综合分析化学：第 12 卷·热分析 D 部分》(*Comprehensive Analytical Chemistry. Vol. 12. Thermal Analysis. Part D*)，Elsevier，Amsterdam，1984，440 页。

W. Smykatz-Kloss，S. St. J. Wame（主编）：《地球科学中的热分析》(*Thermal Analysis in the Geosciences*)，Springer，Berlin，1991，379 页。

R. F. Speyer：《材料热分析》(*Thermal Analysis of Materials*)，Marcel Dekker，New York，1994，285 页。

E. A. Turi（Ed.）：《高分子材料的热表征》(*Thermal Characterization of Polymeric*

Materials),Academic Press,New York,2nd Ed.,1996。

G. Widmann,R. Riesen:《热分析:术语、方法、应用》(*Thermal Analysis. Terms,Methods,Applications*),Htithig,Heidelberg,1986,131 页。

1.6.2 综述或图书中的相关章节

J. Boerio-Goates,J.E. Callanan:《差热法》(*Differential Thermal Methods*),为 B.W. Rossiter,R.C. Baetzold(主编)的《物理化学方法:第 6 卷·热力学性质的测定》(*Physical Methods of Chemistry. Vol. 6. Determination of Thermodynamic Properties*),Wiley,New York,2nd Ed.,1992 一书中的第 8 章,621~717 页。

J.L. Oscarson,R.M. Izatt:《量热法》(*Calorimetry*),为 B.W. Rossiter,R.C. Baetzold 主编的同上丛书中的第 7 章,573~620 页。

S.M. Sarge:《热量状态变量》(*Kalorische Zustandsgrößen*),为 V. Kose,S. Wagner 主编的《F. Kohlrausch·第 1 卷:实用物理》,B.G. Teubner,Stuttgart,24th Ed.,1996 中的 3.3 节,411~440 页。

H.G. Wiedemann,G. Bayer:《热重分析的趋势和应用》(*Trends and Applications of Thermogravimetry*),为 F.L. Boschke 主编的《当前化学专题:第 77 卷·无机和物理化学》(*Topics in Current Chemistry. Vol. 77: Inorganic and Physical Chemistry*),Springer,Berlin,1978,67~140 页。

1.6.3 会议论文集

在一些国家级或国际的学术会议中,相关研究论文通常会以专著的形式出版或者在学术期刊中以专刊的形式出版。

• 国际热分析(与量热)会议(Proceedings of the International Conference on Thermal Analysis (and Calorimetry),简称 ICTA/ICTAC)

J.P. Redfern(主编):《热分析 1965:第一届国际热分析会议论文集》(*Thermal Analysis 1965: Proceedings of the First International Conference on Thermal Analysis*),英国阿伯丁(Aberdeen),1965 年 9 月 6~9 日,Macmillan,London,1965,293 页。

R.F. Schwenker,P.D. Garn(主编):《热分析:第二届热分析国际会议论文集》(*Thermal Analysis. Proceedings of the Second International Conference on Thermal Analysis*),美国伍斯特(Worcester),1968 年 8 月 18~23 日,Academic Press,New York,1969。包括:

第 1 卷:《仪器、有机材料和聚合物》(*Vol. 1: Instrumentation, Organic Materials, and Polymers*);

第 2 卷:《无机材料和物理化学》(*Vol. 2: Inorganic Materials and Physical Chemistry*)。

H.G. Wiedemann(主编):《热分析:第三届热分析国际会议论文集》(*Thermal Analysis: Proceedings of the Third International Conference on Thermal Analysis*),瑞士达沃斯(Davos),1971 年 8 月 23~28 日,Birkhäuser,Basel,1972。包括:

第 1 卷:《仪器进展》(Vol. 1：*Advances in Instrumentation*);

第 2 卷:《无机化学》(Vol. 2：*Inorganic Chemistry*);

第 3 卷:《有机和大分子化学、陶瓷、地球科学》(Vol. 3：*Organic and Macromolecular Chemistry, Ceramics, Earth Sciences*)。

I. Buzas(主编):《热分析:第四届国际热分析会议论文集》(*Thermal Analysis: Proceedings of the Fourth International Conference on Thermal Analysis*),匈牙利布达佩斯(Budapest),1974 年 7 月 8~13 日,Akademiai Kiado,Budapest,1975。包括:

第 1 卷:《理论,无机化学》(Vol. 1：*Theory, Inorganic Chemistry*);

第 2 卷:《有机和大分子化学、地球科学》(Vol. 2：*Organic and Macromolecular Chemistry, Earth Sciences*);

第 3 卷:《应用科学、方法和仪器》(Vol. 3：*Applied Sciences. Methodics and Instrumentation*)。

H. Chihara(主编):《热分析:第五届热分析国际会议论文集》(*Thermal Analysis: Proceedings of the Fifth International Conference on Thermal Analysis*),日本东京,1977 年 8 月 1~6 日,Heyden,London,1977,575 页。

H.G. Wiedemann(主编):《热分析:第六届国际热分析会议论文集》(*Thermal Analysis: Proceedings of the Sixth International Conference on Thermal Analysis*),德意志联邦共和国拜罗伊特(Bayreuth),1980 年 7 月 6~12 日,Birkhguser,Basel,1980。包括:

第 1 卷:《理论、仪器、应用科学、工业应用》(Vol. 1：*Theory, Instrumentation, Applied Sciences, Industrial Applications*),612 页;

第 2 卷:《无机化学/冶金学、地球科学、有机化学/聚合物、生物科学/医学/药学》(Vol. 2：*Inorganic Chemistry/Metallurgy, Earth Sciences, Organic Chemistry/Polymers, Biological Sciences/Medicine/Pharmacy*),590 页。

B. Miller(编):《热分析:第七届热分析国际会议论文集》(*Thermal Analysis: Proceedings of the Seventh International Conference on Thermal Analysis*),加拿大金斯敦(Kingston),1982 年 8 月 22~27 日,2 卷,Wiley,Chichester,1982,1530 页。

A. Blazek(编):《热分析:第八届热分析国际会议论文集》(*Thermal Analysis. Proceedings of the Eighth International Conference on Thermal Analysis*),捷克斯洛伐克布拉迪斯拉发(Bratislava),1985 年 8 月 19~23 日。包括:

第 1 卷:Thermochim. Acta,92 (1985),1-845;

第 2 卷:Thermochim. Acta,93 (1985),1-777。

V. Balek, J. Šesták(主编):《1985 年热分析亮点(第八届 ICTA)》(*Thermal Analysis Highlights 1985 8th ICTA*),Thermochim. Acta,110 (1986),1-563。

S. Yariv(主编):《热分析:第九届国际热分析会议论文集》(*Thermal Analysis. Proceedings of the Ninth International Conference on Thermal Analysis*),以色列耶路撒冷(Jerusalem),1988 年 8 月 21~25 日。包括:

Part A:Thermochim. Acta,133 (1988);

Part B：Thermochim. Acta，134（1988）；

Part C：Thermochim. Acta，135（1988）。

S. Yariv（编）：《1988年热分析亮点（第9届 ICTA）》（*Thermal Analysis Highlights 1988（9th ICTA）*），Thermochim，Acta，148（1988），1-554。

S. Yariv（编）：《ICTA 9 全体报告》（*ICTA 9 Plenary Lectures*），Pure Appl. Chem.，61(1989)，1323-1360。

D. J. Morgan：《第10届热分析国际会议论文集》（*Proceedings of the Tenth International Conference on Thermal Analysis*），英国哈特菲尔德（Hatfield），1992年8月24~28日，J. Thermal Anal.，40(1993)。包括：

第Ⅰ卷：《地球科学、水泥、玻璃、陶瓷、燃料、冶金系统、超导体》（Vol. Ⅰ：*Earth Sciences，Cements，Glasses，Ceramics，Fuels，Metallurgical Systems，Superconductors*），1-386；

第Ⅱ卷：《制药和有机化合物、聚合物、生物和生物化学材料》（Vol Ⅱ：*Pharmaceutical and Organic Compounds，Polymers，Biological and Biochemical Materials*），387-869；

第Ⅲ卷：《仪器、无机化合物、催化、理论和动力学、标准化研讨会、教育研讨会、奖项》（Vol. Ⅲ：*Instrumentation，Inorganic Compounds，Catalysis，Theory and Kinetics，Standardization Workshop，Education Workshop，Awards*），871-1486。

· 欧洲热分析（和量热法）研讨会（Proceedings of the European Symposium on Thermal Analysis（and Calorimetry），简称 ESTA/ESTAC）

D. Dollimore（主编）：《第1届欧洲热分析研讨会论文集》（*Proceedings of the First European Symposium on Thermal Analysis*），英国索尔福德（Salford），1976年9月20~24日，Heyden，London，1976，458页。

D. Dollimore（主编）：《第2届欧洲热分析研讨会论文集》（*Proceedings of the Second European Symposium on Thermal Analysis*），英国阿伯丁（Aberdeen），1981年9月1~4日，Heyden，London，1981，617页。

E. Marti，H. R. Oswald（主编）：《第3届欧洲热分析与量热研讨会论文集》（*Proceedings of the Third European Symposium on Thermal Analysis and Calorimetry*），瑞士因特拉肯（Interlaken），1984年9月9~15日，Thermochim. Acta，85（1985），1-533。

D. Schultze（编）：《第4届欧洲热分析与量热研讨会论文集》（*Proceedings of the Fourth European Symposium on Thermal Analysis and Calorimetry*），德意志民主共和国耶拿(Jena)，1987年8月24~28日，J. Thermal Anal.，33（1988）。

R. Castanat，E. Karmazsin（主编）：《第5届欧洲热分析与量热研讨会论文集》（*Proceedings of the Fifth European Symposium on Thermal Analysis and Calorimetry*），法国尼斯（Nice），1991年8月25~30日。包括：

第1卷：J. Thermal Anal.，38（1992），1-253；

第2卷：J. Thermal Anal.，38（1992），255-530；

第3卷：J. Thermal Anal.，38（1992），531-1025。

I. Kikic，A. Cesàro（主编）：《热分析和量热学的新进展：第 6 届欧洲热分析和量热学研讨会上发表的论文选集》(Recent Advances in Thermal Analysis and Calorimetry. A Selection of Papers presented at the 6th European Symposium on Thermal Analysis and Calorimetry)，意大利格拉多(Grado)，1994 年 9 月 11～16 日，Thermochim. Acta，269/270 (1995)，884 页。

A. Cesàro，G. Della Gatta（主编）：《第 6 届欧洲热分析和量热学研讨会上的邀请和部分报告选编》(Lecutres Invited and Selected Lecutres presented at the 6th European Symposium on Thermal Analysis and Calorimetry)，意大利格拉多(Grado)，1994 年 9 月 11～16 日，Pure and Appl. Chem.，67 (1995)，1789 - 1890。

• 国际理论和应用化学联合会(Conferences of the International Union of Pure and Applied Chemistry，简称 IUPAC)化学热力学会议

第 12 届化学热力学国际会议(12th International Conference on Chemical Thermodynamics)，英国伦敦，1982 年 9 月 6～10 日，Pure and Appl. Chem.，55(1983)，417 - 551。

化学热力学国际会议(International Conference on Chemical Thermodynamics)，加拿大安大略省(Ontario)汉密尔顿(Hamilton)，1984 年 8 月 13～17 日，Pure and Appl. Chem.，57(1985)，1 - 103。

第 9 届化学热力学国际会议(9th International Conference on Chemical Thermodynamics)，葡萄牙里斯本(Lisbon)，1986 年 7 月 14～18 日，Pure and Appl. Chem.，59 (1987)，1 - 100。

第 10 届化学热力学国际会议(10th International Conference on Chemical Thermodynamics)，捷克斯洛伐克布拉格(Prague)，1988 年 8 月 29 日～9 月 2 日，Pure and Appl. Chem.，61 (1989)，979 - 1132。

第 11 届国际化学热力学大会(11th International Conference on Chemical Thermodynamics)，意大利科莫(Como)，1990 年 8 月 26～31 日，Pure and Appl. Chem.，63 (1991)，1313 - 1526。

第 12 届化学热力学国际会议(12th International Conference on Chemical Thermodynamics)，美国犹他州(Utah)雪鸟(Snowbird)，1992 年 8 月 16～21 日，Pure and Appl. Chem.，65 (1993)，873 - 1008。

第 13 届国际化学热力学会议(13th International Conference on Chemical Thermodynamics)，法国克莱蒙-费朗(Clemond-Ferrand)，1994 年 7 月 17～22 日，Pure and Appl. Chem.，67 (1995)，859 - 1030。

1.6.4 期刊

当前有几种期刊可以发表热分析、量热以及实验热力学领域相关的原创性论文：

(1)《热化学学报》(Thermochimica Acta) (Elsevier, Amsterdam)；

(2)《热分析杂志》(Journal of Thermal Analysis) (Wiley, Chichester und Akadémiai Kiadó, Budapest)；

(3)《化学热力学杂志》(*Journal of Chemical Thermodynamics*)(Academic Press,New York);

(4)《量热与热分析》(日文版,*Netsuosokutei*)(Nikon Netsuosokutei Gakkai,Tokyo-to)。

另外:

在《热分析文摘》(*Thermal Analysis Abstracts*)(Wiley,Chichester)第1卷(1972)~第17卷(1988)及其之后的版本第18卷(1989)~第20卷(1991)中的名称更改为《热分析评论和摘要》(*Thermal Analysis Reviews and Abstracts*),其中收录了在各种期刊中发表的与热分析和量热相关的原始论文的摘要并分类整理以便查阅。

《分析化学》(*Analytical Chemistry*)每隔两年出版一篇包括详细参考文献的综述文章。

《科学仪器评论》(*Review of Scientific Instruments*)和《物理杂志 E:科学仪器》(*Journal of Physics E:Scientific Instruments*)中也发表了一些介绍该领域新进展的论文。

《国际热物理杂志》(*International Journal of Thermophysics*)中除发表以上相关的研究工作外,还发表涉及量热学的论文,尤其是在更高的温度下的研究工作。

《热分析杂志》和《热化学学报》经常会发表一些特殊主题的论文,这些主题专门针对某些对热分析或量热学做出重要贡献的人,或者专注于某些领域中的一个特定主题:

W.W. Wendlandt,V. Satava,J. Šesták(主编):《热分析法对多相过程的研究》(*The Study of Heterogeneous Processes by Thermal Analysis*),Thermochim. Acta,7(5)(1973),222页。

R.C. Mackenzie:《热分析的历史》(*A History of Thermal Analysis*),Thermochim. Acta,73(3)(1984),124页。

W.W. Wendlandt(主编):《量热仪和热分析的几个方面》(*Aspects of Calorimetry and Thermal Analysis*),Thermochim. Acta,100(1)(1986),342页。

P.K. Gallagher,T. Ozawa,J. Šesták(主编):《高温超导体》(*High-Temperature Superconductors*),Thermochim. Acta,174(1991),324页。

I. Lamprecht,W. Hemminger,G.W.H. Höhne(编):《生物科学中的量热法》(*Calorimetry in the Biological Sciences*),Thermochim. Acta,193(1991),452页。

J. Šesták(主编):《热分析反应动力学》(*Reaction Kinetics by Thermal Analysis*),Thermochim. Acta,203(1/2)(1992),562页。

Th. Grewer,J. Steinbach(编):《安全技术》(*Safety Techniques*),Thermochim. Acta,225(2)(1993),174页。

V.B.F. Mathot(Ed.):《高分子物理学中的热分析和量热学》(*Thermal Analysis and Calorimetry in Polymer Physics*),Thermochim. Acta,238(1/2)(1994),472页。

A. Schiraldi(主编):《量热和热分析在食品体系和工艺中的应用》(*Applications of Calorimetry and Thermal Analysis to Food Systems and Processes*),Thermochim. Acta,246(2)(1994),187页。

Yu. K. Godovsky，G. W. H. Höhne（主编）：《聚合物的变形量热法》(Deformation Calorimetry of Polymers)，Thermochim. Acta，247(1)(1994)，128 页。

B. Cantor，K. O'Reilly，J. Hider（主编）：《先进材料的热分析》(Thermal Analysis of Advanced Materials)，J. Thermal Anal.，42(4)(1994)，643-838。

J. Šesták，B. Štepánek（主编）：《热力学在材料科学中的应用》(Thermodynamic Applications in Material Science)，J. Thermal Anal.，43(2)(1995)，371-544。

J. L. Ford（主编）：《制药和热分析》(Pharmaceuticals and Thermal Analysis)，Thermochim. Acta，248(1995)，360 页。

A. A. F. Kettrup（主编）：《热分析在环境问题中的应用》(Thermal Analysis Applied to Environmental Problems)，Thermochim. Acta，263(1995)，163 页。

M. Sorai，J. Šesták（主编）：《凝聚态物质的转变现象》(Transition Phenomena in Condensed Matter)，Thermochim. Acta，266(1995)，407 页。

R. N. Landau（主编）：《反应量热法》(Reaction Calorimetry)，Thermochim. Acta，289(2)(1996)，378 页。

1.6.5 标准

下面列出了与热分析和量热法（主要是燃烧量热法）有关的不同国家和国际标准化组织的标准（截至 1996 年 12 月 31 日）：

- **美国标准（American Standards）**

ASTM C 351（1992）：《绝热平均比热的试验方法》(Test method for mean specific heat of thermal insulation)。

ASTM D 240（1992）：《用弹式量热法测定液态烃燃料的燃烧热量》(Test method for heat of combustion of liquid hydrocarbon fuels by bomb calorimetry)。

ASTM D 1519（1995）：《橡胶化学试验方法——熔化范围》(Test method for rubber chemicals — melting range)。

ASTM D 1826（1994）：《用连续记录量热仪测量天然气中的气体热值（加热）的方法》(Test method for calorific (heating) value of gases in natural gas range by continuous recording calorimeter)。

ASTM D 1989（1995）：《微处理器控制的等容量热量计测试煤和焦炭的总热值的方法》(Test method for gross calorific value of coal and coke by microprocessor controlled isoperibol calorimeters)。

ASTM D 2015（1995）：《用绝热弹式量热计测定煤和焦炭的总热值的方法》(Test method for gross calorific value of coal and coke by the adiabatic bomb calorimeter)。

ASTM D 2382（1988）：《用热量计测量碳氢燃料燃烧热的试验方法（高精度法）》(Test method for heat of combustion of hydrocarbon fuels by bomb calorimeter (high-precision method))。

ASTM D 2766（1995）：《液体和固体比热的测试方法》(Test method for specific heats of liquids and solids)。

ASTM D 3286（1991）：《用等容弹式量热计测定煤和焦炭的总热值的方法》（Test method for gross calorific value of coal and coke by the isoperibol bomb calorimeter）。

ASTM D 3386（1994）：《电绝缘材料线性热膨胀系数试验方法》（Test method for coefficient of linear thermal expansion of electrical insulating materials）。

ASTM D 3417（1983）（1988 年修订）：《热分析法测定聚合物熔融热和结晶热的试验方法》（Test method for heats of fusion and crystallization of polymers by thermal analysis）。

ASTM D 3418（1982）（1988 年修订）：《热分析法测定聚合物转变温度的方法》（Test method for transition temperatures of polymers by thermal analysis）。

ASTM D 3850（1994）：《热重法（TGA）快速热降解固体电绝缘材料的试验方法》（Test method for rapid thermal degradation of solid electrical insulating materials by thermogravimetric method（TGA））。

ASTM D 3895（1995）：《差示扫描量热法测定聚烯烃氧化诱导时间的方法》（Test method for oxidative-induction time of polyolefins by differential scanning calorimetry）。

ASTM D 3947（1992）：《热分析法测定飞机涡轮润滑油比热的试验方法》（Test method for specific heat of aircraft turbine lubricants by thermal analysis）。

ASTM D 4065（1992）：《确定和报告塑料的动态力学性能的方法》（Determining and reporting dynamic mechanical properties of plastics）。

ASTM D 4092（1990）：《有关塑料动态机械测量的术语》（Terminology relating to dynamic mechanical measurements on plastics）。

ASTM D 4419（1990）（1995 年修订）：《差示扫描量热法（DSC）测量石油蜡转变温度的试验方法》（Test method for measurement of transition temperatures of petroleum waxes by differential scanning calorimetry（DSC））。

ASTM D 4535（1985）：《用膨胀计测试岩石热膨胀的方法》（Test method for thermal expansion of rock using a dilatometer）。

ASTM D 4565（1994）：《通信电线电缆绝缘和护套的物理和环境性能特性》（Physical and environmental performance properties of insulations and jackets for telecommunication wire and cable）。

ASTM D 4591（1993）：《用 DSC 测定含氟聚合物转变的温度和加热》（Temperatures and heats of transition of fluoropolymers by DSC）。

ASTM D 4611（1986）：《岩石和土壤比热的试验方法》（Test method for specific heat of rock and soil）。

ASTM D 4809（1995）：《用弹式量热法测定液态烃类燃料热量的试验方法（精密法）》（Test method for heats of combustion of liquid hydrocarbon fuels by bomb calorimetry（precision method））。

ASTM D 4816（1994）：《热分析测试飞机涡轮机燃料比热的方法》（Test method for specific heat of aircraft turbine fuels by thermal analysis）。

ASTM D 5028（1990）：《热分析法测定拉挤树脂固化性能的试验方法》（Test method for curing properties of pultrusion resins by thermal analysis）。

ASTM D 5468（1995）：《废弃物总热值和灰分值的标准试验方法》（Standard test method for gross calorific and ash value of waste materials）。

ASTM D 5483（1995）：《用压力差示扫描量热法测定润滑脂氧化诱导时间的试验方法》（Test method for oxidation induction time of lubricating greases by pressure differential scanning calorimetry）。

ASTM D 5865（1995）：《煤和焦炭总热值测试方法》（Test method for gross calorific value of coal and coke）。

ASTM D 5885（1995）：《高压差示扫描量热法测定聚烯烃土工合成材料氧化诱导时间的方法》（Test method for oxidation induction time of polyolefin geosynthetics by high-pressure differential scanning calorimetry）。

ASTM E 228（1995）：《用玻璃状硅质膨胀计测量固体材料的线性热膨胀》（Linear thermal expansion of solid materials with a vitreous silica dilatometer）。

ASTM E 289（1995）：《用干涉法测量刚性固体的线性热膨胀》（Linear thermal expansion of rigid solids with interferometry）。

ASTM E 422（1983）（1994 年修订）：《用水冷量热计测量热通量的试验方法》（Test method for measuring heat flux using a water-cooled calorimeter）。

ASTM E 472（1986）（1991 年修订）：《热分析数据的报道方法》（Reporting thermoanalytical data）。

ASTM E 473（1994）：《热分析相关术语》（Terminology relating to thermal analysis）。

ASTM E 476（1987）（1993 年修订）：《封闭凝相系统热不稳定性的标准测试方法（封闭测试）》（Standard test method for thermal instability of confined condensed phase systems（confinement test））。

ASTM E 487（1979）（1992 年修订）：《化学材料的恒温稳定性试验方法》（Test method for constant-temperature stability of chemical materials）。

ASTM E 537（1986）（1992 年修订）：《用差热分析方法评估化学品热稳定性的试验方法》（Test method for assessing the thermal stability of chemicals by methods of differential thermal analysis）。

ASTM E 698（1979）（1993 年修订）：《用于热不稳定材料的 Arrhenius 动力学常数的测试方法》（Test method for Arrhenius kinetic constants for thermally unstable materials）。

ASTM E 711（1987）（1992 年修订）：《用量热仪测量垃圾衍生燃料的总热值的方法》（Test method for gross calorific value of refuse-derived fuel by the bomb calorimeter）。

ASTM E 793（1995）：《差示扫描量热法测定熔融结晶热的试验方法》（Test method for heats of fusion and crystallization by differential scanning calorimetry）。

ASTM E 794（1995）：《通过热分析测试熔化和结晶温度的方法》(Test method for melting and crystallization temperatures by thermal analysis)。

ASTM E 831（1993）：《热机械分析法测定固体材料线性热膨胀的方法》(Test method for linear thermal expansion of solid materials by thermomechanical analysis)。

ASTM E 914（1983）（1993 年修订）：《用于评估热重分析温标的标准实践》(撤回)(Standard practice for evaluating temperature scale for thermogravimetry (withdrawn))。

ASTM E 928（1985）（1989 年修订）：《用差示扫描量热法测定杂质摩尔百分比的方法》(Test method for mol percent impurity by differential scanning calorimetry)。

ASTM E 967（1992）：《差示扫描量热仪和差热分析仪温度校准的标准实践》(Standard practice for temperature calibration of differential scanning calorimeters and differential thermal analyzers)。

ASTM E 968（1983）（1993 年修订）：《差示扫描量热仪热流校准的标准实践》(Standard practice for heat flow calibration of differential scanning calorimeters)。

ASTM E 1131（1993）：《用热重分析法进行组成分析的试验方法》(Test method for compositional analysis by thermogravimetry)。

ASTM E 1142（1983）：《有关热物理性质的术语》(Terminology relating to thermophysical properties)。

ASTM E 1231（1996）：《计算热不稳定材料的潜在危险品质指数》(Calculation of hazard potential figures-of-merit for thermally unstable materials)。

ASTM E 1269（1995）：《用差示扫描量热法测定比热容的试验方法》(Test method for determining specific heat capacity by differential scanning calorimetry)。

ASTM E 1354（1994）：《使用耗氧量热仪测量材料和产品的热量和可见烟雾释放速率的测试方法》(Test method for heat and visible smoke release rates for materials and products using an oxygen consumption calorimeter)。

ASTM E 1356（1991）：《用差示扫描量热法或差热分析测试玻璃化转变温度的方法》(Test method for glass transition temperatures by differential scanning calorimetry or differential thermal analysis)。

ASTM E 1363（1995）：《热机械分析仪的温度校准》(Temperature calibration of thermomechanical analyzers)。

ASTM E 1545（1995）：《用热机械分析法测定玻璃化转变温度的标准试验方法》(Standard test method for glass transition temperatures by thermomechanical analysis)。

ASTME 1559（1993）：《航天器材料的污染释放气体特性》(Contamination outgassing characteristics of spacecraft materials)。

ASTM E 1582（1993）：《用于热重分析的温标校准的标准实践》(Standard practice for calibration of temperature scale for thermogravimetry)。

ASTM E 1640（1994）：《通过动态力学分析测定玻璃化转变温度的方法》(Test

method for assignment of the glass transition temperature by dynamic mechanical analysis)。

ASTM E 1641 (1994):《热重分析分解动力学的试验方法》(Test method for decomposition kinetics by thermogravimetry)。

- 英国标准(British Standards)

BS 2000-12 (1993):《石油及其产品的测试方法 比能量的测定》(Methods of test for petroleum and its products. Determination of specific energy)。

BS 3804-1 (1964):《测定燃气的热值的方法 非记录方法》(过时)(Methods for the determination of the calorific values of fuel gases. Non-recording methods (obsolescent))。

BS 4550-3 (1978):《测试水泥的方法 物理测试 测试水合热》(Methods of testing cement. Physical tests. Test for heat of hydration)。

BS 4791 (1985):《弹式量热仪技术规范》(Specification for calorimeter bombs)。

BS 7420 (1991):《固体、液体和气体燃料热值测定指南(包括定义)》(Guide for determination of calorific values of solid, liquid and gaseous fuels (including definitions))。

- 德国标准(German Standards)

DIN 1164-8 (1978):《波特兰-、铁波特兰-、高炉-、富马斯-和特拉斯水泥;用溶液量热计测定水合热》(Portland-, iron portland-, blast-fumace-, and trass cement; determination of the heat of hydration with the solution calorimeter)。

DIN 3761-15 (1984):《汽车用旋转轴唇型密封件;测试;测定弹性体的耐寒性;差热分析》(Rotary shaft lip type seals for automobils; test; determination of cold resistant of elastomers; differential-thermoanalysis)。

DIN 50456-1 (1991):《半导体技术材料测试;表征电子元件模塑料的方法;测定环氧树脂模塑料的热机械膨胀》(Testing of materials for semiconductor technology; method for the characterization of moulding compounds for electronic components; determination of the thermo-mechanical dilatation of epoxy resin moulding compounds)。

DIN 51004 (1994):《热分析(TA) 通过差热分析(DTA)测定结晶材料的熔化温度》(Thermal analysis (TA). Determination of melting temperatures of crystalline materials by differential thermal analysis (DTA))。

DIN 51005 (1993):《热分析(TA) 术语》(Thermal analysis (TA). Terms)。

DIN 51006 (1990):《热分析(TA) 热重分析原理》(Thermal analysis (TA). Principles of thermogravimetry)。

DIN 51007 (1994):《热分析(TA) 差热分析(DTA) 原理》(Thermal analysis (TA). Differential thermal analysis (DTA). Principles)。

DIN 51045-1 (1989):《测定固体的热膨胀 基本规则》(Determination of the thermal expansion of solids. Basic rules)。

DIN 51045-2 (1976):《利用热效应确定固体长度的变化 烧成的细陶瓷材料的测

试》(*Determination of the change of length of solids by thermal effect. Testing of fired fine ceramic material*)。

DIN 1045-3 (1976):《利用热效应确定固体长度的变化 未烧制的精细陶瓷材料的测试》(*Determination of the change of length of solids by thermal effect. Testing of non-fired fine ceramic material*)。

DIN 51045-4 (1976):《利用热效应确定固体长度的变化 烧制普通陶瓷材料的测试》(*Determination of the change of length of solids by thermal effect. Testing of fired ordinary ceramic material*)。

DIN 51045-5 (1976):《利用热效应确定固体长度的变化 未烧制的普通陶瓷材料的测试》(*Determination of the change of length of solids by thermal effect. Testing of non-fired ordinary ceramic material*)。

DIN 51900-1 (1989):《固体和液体燃料的测试 用量热仪测定总热值并计算净热值 原理、仪器和方法》(*Testing of solid and liquid fuels. Determination of gross calorific value by the bomb calorimeter and calculation of net calorific value. Principles, apparatus and methods*)。

DIN 51900-2 (1977):《固体和液体燃料的测试 用量热仪测定总热值并计算净热值 等温水夹套的方法》(*Testing of solid and liquid fuels. Determination of gross calorific value by the bomb calorimeter and calculation of net calorific value. Method with the isothermal water jacket*)。

DIN 51900-3 (1977):《固体和液体燃料的测试 用量热仪测定总热值并计算净热值 采用绝热夹套的方法》(*Testing of solid and liquid fuels. Determination of gross calorific value by the bomb calorimeter and calculation of net calorific value. Method with the adiabatic jacket*)。

DIN 53545 (1990):《测定弹性体的低温性能 原则和测试方法》(*Determination of low-temperature behaviour of elastomers. Principles and test methods*)。

DIN 3765 (1994):《塑料和弹性体的测试 热分析 DSC法》(*Testing of plastics and elastomeres. Thermal analysis. DSC method*)。

DIN-E 65467 (1989):《航天 有或没有增强材料的有机聚合物材料的测试 DSC法》(*Aerospace. Testing of organic polymeric materials with and without reinforcement. DSC method*)。

- 欧洲标准(European Standards)

EN 725-3 (1994):《先进技术陶瓷 陶瓷粉末的测试方法 用载气进行热萃取测定非氧化物的氧含量》(*Advanced technical ceramics. Methods of test for ceramic powders. Determination of the oxygen content of non-oxides by thermal extraction with a carrier gas*)。

prEN 728 (1992):《塑料管道和管道系统 聚烯烃管道和配件 确定诱导时间》(*Plastics piping and ducting systems. Polyolefin pipes and fittings. Determination of the induction time*)。

ENV 820-1（1993）：《先进的技术陶瓷 单片陶瓷 热机械性能 第1部分：高温下弯曲强度的测定》(Advanced technical ceramics. Monolithic ceramics. Thermomechanical properties. Part 1: Determination of flexural strength at elevated temperatures)。

ENV 820-2（1992）：《先进技术陶瓷 单片陶瓷 热机械性能 第2部分：自加载变形的测定》(Advanced technical ceramics. Monolithic ceramics. Thermomechanical properties. Part 2: Determination of selfloaded deformation)。

ENV 820-3（1993）：《先进的技术陶瓷 单片陶瓷 热机械性能 第3部分：通过水淬来测定抗热震性》(Advanced technical ceramics. Monolithic ceramics. Thermomechanical properties. Part 3: Determination of resistance to thermal shock by water quenching)。

EN 821-1（1995）：《先进的技术陶瓷 单片陶瓷 热物理性质 第1部分：热膨胀的测定》(Advanced technical ceramics. Monolithic ceramics. Thermophysical properties. Part 1: Determination of thermal expansion)。

prEN 821-2（1992）：《先进的技术陶瓷 单片陶瓷 热物理性质 第2部分：热扩散率的测定》(Advanced technical ceramics. Monolithic ceramics. Thermophysical properties. Part 2: Determination of thermal diffusivity)。

ENV 821-3（1993）：《先进的技术陶瓷 单片陶瓷 热物理性质 第3部分：比热容的测定》(Advanced technical ceramics. Monolithic ceramics. Thermophysical properties. Part 3: Determination of specific heat capacity)。

ENV 1159-1（1993）：《先进的技术陶瓷 陶瓷复合材料 热物理性质 第1部分：热膨胀的测定》(Advanced technical ceramics. Ceramic composites. Thermophysical properties. Part 1: Determination of thermal expansion)。

ENV 1159-2（1993）：《先进的技术陶瓷 陶瓷复合材料 热物理性质 第2部分：热扩散率的测定》(Advanced technical ceramics. Ceramic composites. Thermophysical properties. Part 2: Determination of thermal diffusivity)。

ENV 1159-3y（1995）：《先进的技术陶瓷 陶瓷复合材料 热物理性质 第3部分：比热容的测定》(Advanced technical ceramics. Ceramic composites. Thermophysical properties. Part 3: Determination of specific heat capacity)。

prEN 1878（1995）：《用于保护和修复混凝土结构的产品和系统 测试方法 与环氧树脂相关的反应性功能 聚合物的热重分析 温度扫描方法》(Products and systems for the protection and repair of concrete structures. Test methods. Reactive functions related to epoxy resins. Thermogravimetry of polymers. Temperature scanning method)。

prEN 3877（1993）：《航空航天系列 铜焊合金的试验方法 差热分析法测定固相线和液相线温度》(Aerospace series. Test methods for braze alloys. Determination of solidus and liquidus temperatures by differential thermal analysis)。

prEN 6032（1995）：《航空航天系列 纤维增强塑料 测试方法 测定玻璃化转变

温度》(Aerospace series. Fibre reinforced plastics. Test method; determination of the glass transition temperature)。

prEN 6039 (1995):《航空航天系列 纤维增强塑料 测试方法 确定预浸材料固化过程中的放热反应》(Aerospace series. Fibre reinforced plastics. Test method; determination of the exothermic reaction during curing of prepreg material)。

prEN 6041 (1995):《航空航天系列 非金属材料 测试方法 用差示扫描量热法(DSC)分析非金属材料(未固化)》(Aerospace series. Non-metallic materials. Test method; analysis of non-metallic materials (uncured) by differential scanning calorimetry (DSC))。

prEN 6064 (1995):《航空航天系列 非金属材料 测试方法 用于通过差示扫描量热法(DSC)测定固化程度的非金属材料(固化)的分析》(Aerospace series. Non-metallic materials. Test method; analysis of non-metallic materials (cured) for the determination of the extent of cure by differential scanning calorimetry (DSC))。

EN 61043 (1993):《用差示扫描量热法测定电绝缘材料的熔化和结晶的温度》(Determination of heats and temperatures of melting and crystallization of electrical insulating materials by differential scanning calorimetry)。

- 国际电工委员会标准(Standards by the International Electrotechnical Commission)

IEC 1006 (1991):《测定电绝缘材料玻璃化转变温度的试验方法》(Methods of test for determination of the glass transition temperature of electrical insulating materials)。

IEC/TR 1026 (1991):《电绝缘材料耐热试验分析试验方法应用指南》(Guidelines for application of analytical test methods for thermal endurance testing of electrical insulation materials)。

IEC/TR 1074 (1991):《差示扫描量热法测定电绝缘材料熔化和结晶的温度的试验方法》(Method of test for the determination of heats and temperatures of melting and crystallization of electrical insulating materials by differential scanning calorimetry)。

- 国际标准化组织标准(Standards by the International Standards Organization)

ISO 472 (1988):《塑料 词汇》(Plastics. Vocabulary)

ISO 745 (1976):《工业用碳酸钠 在250℃测定损失质量和不挥发物质》(Sodium carbonate for industrial use. Determination of loss mass and of non-volatile matter at 250℃)。

ISO 1716 (1973):《建筑材料 测定发热量》(Building materials. Determination of calorific potential)。

ISO 1928 (1995):《固体矿物燃料 用弹式热量计法测定总热值并计算净热值》(Solid mineral fuels. Determination of gross calorific value by the calorimeter bomb method, and calculation of net calorific value)。

ISO 3146 (1985):《塑料 测定半结晶聚合物的熔融行为(熔融温度或熔融范围)》(Plastics. Determination of melting behaviour (melting temperature or melting range) of semi-crystalline polymers)。

ISO 7111 (1987)：《塑料 聚合物的热重分析 温度扫描方法》(Plastics. Thermogravimetry of polymers. Temperature scanning method)。

ISO/DIS 7215 (1993)：《铁矿石 相对还原性的测定》(Iron ores. Determination of relative reducibility)。

ISO/DIS 9831 (1991)：《动物饲料 总热值的测定 弹式量热计法》(Animal feeding stuffs. Determination of gross calorific value. Calorimeter bomb method)。

ISO 9924—1 (1993)：《橡胶和橡胶制品 热重分析法测定硫化胶和未固化组分 第1部分：丁二烯，乙烯-丙烯共聚物和三元共聚物，异丁烯-异戊二烯，异戊二烯和苯乙烯-丁二烯橡胶》(Rubber and rubber products. Determination of composition of vulcanizates and uncured compotmds by thermogravimetry. Part 1: Butadiene, ethylene-propylene copolymer and terpolymer, isobutene-isoprene, isoprene and styrene-butadiene rubbers)。

ISO/DIS 11357—1 (1994)：《塑料 差示扫描量热法(DSC) 第1部分：一般原则》(Plastics. Differential scanning calorimetry (DSC). Part 1. General principles)。

ISO/DIS 11357—2 (1996)：《塑料 差示扫描量热法(DSC) 第2部分：玻璃化转变温度的测定》(Plastics. Differential scanning calorimetry (DSC). Part 2. Determination of glass transition temperature)。

ISO/DIS 11357—3 (1996)：《塑料 差示扫描量热法(DSC) 第3部分：熔化和结晶的温度和焓的测定》(Plastics. Differential scanning calorimetry (DSC). Part 3. Determination of temperature and enthalpy of melting and crystallization)。

ISO/DIS 11358 (1994)：《塑料 聚合物的热重分析(TG) 一般原则》(Plastics. Thermogravimetry (TG) of polymers. General principles)。

ISO/CD 11359—1 (1996)：《塑料 热机械分析(TMA) 第1部分：一般原则》(Plastics. Thermomechanical analysis (TMA). Part 1. General principles)。

ISO/CD 11359—2 (1996)：《塑料 热机械分析(TMA) 第2部分：线性热膨胀系数和玻璃化转变温度的测定》(Plastics. Thermomechanical analysis (TMA). Part 2. Determination of coefficient of linear thermal expansion and glass transition temperature)。

ISO/CD 11359—3 (1996)：《塑料 热机械分析(TMA) 第3部分：针入温度的测定》(Plastics. Thermomechanical analysis (TMA). Part 3. Determination of penetration temperature)。

ISO 11409 (1993)：《塑料 酚醛树脂 差示扫描量热法测定反应的温度和热量》(Plastics. Phenolic resins. Determination of heats and temperatures of reaction by differential scanning calorimetry)。

- **日本标准(Japanese Standards)**

JIS H 7101 (1989)：《确定形状记忆合金转变温度的方法》(Method for determining the transformation temperatures of shape memory alloys)。

JIS H 7151 (1991):《确定非晶态金属结晶温度的方法》(Method of determining the crystallization temperatures of amorphous metals)。

JIS K 0129 (1994):《热分析通则》(General rules for thermal analysis)。

JIS K 2279 (1993):《原油和石油产品 燃烧热的测定和估计》(Crude petroleum and petroleum products. Determination and estimation of heat of combustion)。

JIS K 7120 (1987):《热重分析测试塑料的方法》(Testing methods of plastics by thermogravimetry)。

JIS K 7121 (1987):《塑料转变温度的测试方法》(Testing methods for transition temperatures of plastics)。

JIS K 7122 (1987):《塑料转变热测试方法》(Testing methods for heat of transitions of plastics)。

JIS K 7123 (1987):《塑料比热容测试方法》(Testing methods for specific heat capacity of plastics)。

JIS K 7196 (1991):《用热机械分析软化热塑性薄膜和薄片的温度的试验方法》(Testing method for softening temperature of thermoplastic film and sheeting by thermomechanical analysis)。

JIS K 7197 (1991):《通过热机械分析测试塑料线性热膨胀系数的方法》(Testing method for linear thermal expansion coefficient of plastics by thermomechanical analysis)。

JIS R 1618 (1994):《热机械分析测量精细陶瓷热膨胀的方法》(Measuring method of thermal expansion of fine ceramics by thermomechanical analysis)。

- **法国标准(French Standards)**

NF C26—306 (1994):《电绝缘材料耐热测试分析测试方法应用指南》(Guidelines for application of analytical test methods for thermal endurance testing of electrical insulating materials)。

NFL17—451 (1988):《航天 预浸热固性树脂的织物 差示扫描量热法 测试方法》(Aerospace. Fabrics pre-impregnated with thermosetting resin. Differential scanning calorimetry. Test method)。

NF M03—005 (1990):《固体燃料 总热值的测定和净热值的计算》(Solid fuels. Determination of gross calorific value andcalculation of net calorific value)。

NFM07—030 (1965)《液体燃料 石油产品总热值的测定》(Liquid fuels. Determination of gross calorific value of petroleum products)。

NF P15—436 (1988):《黏合剂 通过半绝热量热法(Langavant法)测量水泥的水合热》(Binders. Measuring the hydration heat of cements by means of semi-adiabatic calorimetry (Langavant method))。

NF T01—021 (1974):《热分析 词汇 报告数据》(Thermal analysis. Vocabulary. Reporting data)。

NF T30—603 (1978):《油漆 室内使用的填料 差热分析》(Paints. Fillers for

interior use. Differential thermal analysis)。

NF T45—114（1989）：《橡胶工业的原材料 用炭黑测定结合的橡胶》（*Raw materials for the rubber industry. Determination of the rubber bound with carbon black*)。

NF T46—047（1986）：《硫化橡胶或非硫化橡胶 通过热重分析确定混合物的百分比组成》（*Vulcanized or non-vulcanized rubber. Detennination of the centesimale composition of mixtures through thermogravimetry*)。

NF T51—223（1985）：《塑料 半结晶材料 通过热分析确定传统的熔融温度》（*Plastics. Semi-crystalline materials. Determination of the conventional melting temperature by thermal analysis*)。

NFT51—507—1（1991）：《塑料 微分焓分析 第1部分：一般原则》（*Plastic. Differential enthalpy analysis. Part 1. General principles*)。

NF T51—507—2（1991）：《塑料 微分焓分析 第2部分：常规玻璃化转变温度的测定》（*Plastic. Differential enthalpy analysis. Part 2. Determination of the conventional glass transition temperature*）。

NF T51—507—3（1991）：《塑料 微分焓分析 第3部分：常规温度和熔化结晶焓的测定》（*Plastic. Differential enthalpy analysis. Part 3. Determination of the conventional temperatures and of the fusion and crystallization enthalpies*)。

NF T54—075（1986）：《塑料 聚乙烯管道和配件 热分析测定热稳定性 等温法》（*Plastics. Polyethylene pipes and fittings. Determination of thermal stability by thermal analysis. Isothermal method*)。

NF T70—313（1995）：《含能材料 物理化学分析和性质 直接测量线性热膨胀系数》（*Energetic materials for defense. Physical-chemical analysis and properties. Coefficient of linear thermal expansion by direct measurement*)。

这些标准可通过各自的标准化机构获得：

- **法国标准化协会**（Association française de normalisation，AFNOR）

Tour Europe

F-92049 Paris La Défense Cedex

法国

电话：+33 142915555

电传：+33 142915656

内线电话：611974 afnor f

电报：afnor courbevoie

网址：www.afnor.fr

- **美国材料与试验协会**（American Society for Testing and Materials，ASTM）

100 Barr Harbor Drive

West Conshohocken，PA 19428-2959

美国

电话：+1 6108329500

销售部电话：+1　6108329585

电传：+1　6108329555

电邮：service@astm.org

- 英国标准协会（British Standards Institution，BSI）

389 Chiswick High Road

GB-London W44AL

英国

电话：+44　1819969000

电传：+44　1819967400

电邮：info@bsi.org.uk

X.400：c=gb；a=gold400；p=bsi；o=bsi；s=surname；g=first name

- 欧洲标准化委员会（European Committee for Standardization，CEN）

2 Rue de Brederode，Bte 5

B-1000 Brussels

比利时

电话：+32　5196811

电传：+32　5196819

- 德国标准化学会（Deutsches Institut für Normung，DIN）

Burggrafenstraße 6

D-10787 Berlin

Germany

电话：+49　3026010

传真：+49　3026011231

电传：184273 dind

电报：deutschnormen berlin

电邮：postmaster@din.de

X.400：c=de；a=d400；p=din；s=postmaster

- 国际电工委员会（International Electrotechnical Commission，IEC）

3，Rue de Varembé

Case Postale 131

CH-1211 Geneva 20

瑞士

电话：+41229190211

传真：+41229190301

电传：414121IEC CH

电报：inelission geneve

网址：www.iec.ch

- 国际标准化组织(International Standards Organization, ISO)

1, Rue de Varembé
Case Postale 56
CH-1211 Geneva 20
瑞士
电话：+41　227490111
传真：+41　227333430
电传：412205 ISO CH
电报：isoorganiz
电邮：central@isocs.iso.ch
X400：c=ch；a=400mt；P=iso；o=isocs；s=central

- 日本工业标准委员会(Japanese Industrial Standards Committee, JISC)

c/o Standards Department
Ministry of International Trade and Industry
1-3-1, Kasumigaseki, Chiyoda-ku
Tokyo　100
日本
电话：+81　335012096
传真：+81　335808637

1.6.6　关于热分析与量热学史的文献

将 DTA 仪器开发成定量热流式差示扫描量热仪：

S. L. Boersma：《差热分析理论和新的测量和解释方法》(*A Theory of Differential Thermal Analysis and New Methods of Measurement and Interpretation*)，J. Am. Ceram. oc.，38 (1955)，281-284。

从 DTA 曲线确定动力学参数：

H. J. Borchardt, F. Daniels：《差热分析在反应动力学研究中的应用》(*The Application of Differemial Thermal Analysis to the Study of Reaction Kinetics*)，J. Am. Chem. Soc.，79 (1959)，41-46。

精密绝热量热仪的描述：

H. Moser：《根据精密方法测量 +50 ℃至 700 ℃之间的银、镍、β-黄铜、石英晶体和石英玻璃的真实特定瓦数》(*Messung der wahren spezifischen Wiirme von Silber, Nickel, β-Messing, Quarzkristall und Quarzglas zwischen +50 und 700 ℃ nach einer verfeinerten Methode*)，Phys. Z.，37 (1936)，737-753。

精密等温量热仪的描述：

W. Nernst, F. Koref, F. A. Lindemann：《低温测量时的具体问题分析 I》(*Untersuchungen tiber die spezifische Wal-rne bei tiefen Temperaturen. I*)，Sitzungsber. Akad. Wiss. Berlin，1 (1910)，247-261。

功率补偿差示量热计的描述：

M. J. O'Neill：《一种温控扫描量热仪的分析》(The Analysis of a Temperature-Controlled Scanning Calorimeter)，Anal. Chem.，36 (1964)，1238-1245。

现代类型的热天平的描述：

H. Peters，H.-G. Wiedemann：《高精度的多功能热天平》(Eine vielseitig verwendbare Thermowaage hoher Genauigkeit)，Z. Anorg. Allg. Chemie，298 (1959)，202-211。

以下列出了热分析与量热学领域的一些历史性著作，包括一些"里程碑"式的文献（主要为书籍、书籍章节和期刊论文的形式）。

G.T. Armstrong：《量热仪及其对化学发展的影响》(The Calorimeter and its Influence on the Development of Chemistry)，J. Chem. Educ.，41 (1964)，297-307。

C. Duval：《无机物的热重分析》(Inorganic Thermogravimetric Analysis)，2nd Ed.，Elsevier，Amsterdam，1963。

W. Hemminger，G. Höhne：《量热法——基础和实践》(Calorimetry — Fundamentals and Practice)，Verlag Chemie，Weinheim，1984。

C.J. Keattch，D. Dollimore：《热重分析介绍》(An Introduction to Thermogravimetry)，2nd Ed.，Heyden，London，1975：1-11。

C.J. Keattch：《热重分析的历史和发展（博士论文）》(The History and Development of Thermogravimetry，Ph.D. Thesis)，University of Salford，United Kingdom，1977。

S. Kopperl，J. Parascandola：《绝热式量热仪的发展》(The Development of the Adiabatic Calorimeter)，J. Chem. Educ.，48 (1971)，237-242。

H.G. Langer：《质谱法逸出气体分析的早期发展》(Early Developments of EGA by Mass Spectrometry)，Thermochim. Acta，100 (1986)，187-202。

R.C. Mackenzie：《热分析的发展历史》(A History of Thermal Analysis)，Thermochim. Acta，73 (1984)，51-367。

L. Mtdard，H. Tachoire：《热化学史，热力学化学前奏》(Histoire de la thermochimie，Prélude à la thermo dynamique chimique)，Publications de l'Université de Provence，France，1994。

J. L. Oscarson，R.M. Izatt，J.J. Christensen：《关于过去二十五年溶液量热仪领域变化的几点思考》(Some Reflections on Changes in the Field of Solution Calorimetry Over the Past Twenty-Five-Years)，Thermochim. Acta，100 (1986)，271-282。

F. Paulik，J. Paulik：《准等温 准等压条件下的热分析实验》(Thermoanalytical Examination Under Quasi-Iso-thermal-Quasi-Isobaric Conditions)，Thermochim. Acta，. 100 (1986)，23-59。

H.J. Seifert，G. Thiel：《热分析法制作碱金属氯化物/二价金属氯化物体系的相图》(Thermal Analysis for Generating Phase Diagrams of Systems Alkali Metal Chloride/Divalent Metal Chloride)，Thermochim. Acta，100 (1986)，81-107。

W. W. Wendlandt：《热分析仪器的发展 1955～1985》(The Development of Thermal Analysis Instrumentation 1955～1985)，Thermochim. Acta，100 (1986)，1-22。

W. W. Wendlandt, L. W. Collings (Eds.)：《分析化学中的标志性论文 第2卷 热分析》(Benchmark Papers in Analytical Chemistry, Vol. 2. Thermal Analysis)，Dowden，Ross and Hutchinson，Stroudsburg，Pennsylvania，1976。

致谢

我们感谢一些同事特别是 ICTAC 命名委员会成员做出的宝贵的贡献。

参考文献

1. H. Preston-Thomas：The International Temperature Scale of 1990 (ITS-90)，Metrologia，27 (1990)，3-10，107.

2. The International Practical Temperature Scale of 1968. Amended Edition of 1975，Metrologia，12 (1976)，7-17.

3. Supplementary Information for the International Temperature Scale of 1990，Bureau International des Poids et Mesures，Pavilion de Breteuil，92312 Sèvres Cédex，France，1990.

4. R. L. Rusby，R. P. Hudson and M. Durieux：Revised Values for $(t_{90} - t_{68})$ from 630 ℃ to 1064 ℃，Metrologia，31 (1994)，149-153.

5. DIN Deutsches Institut für Normung e. V. (Ed.)：International Vocabulary of Basic and General Terms in Metrology，2nd Ed，Beuth Verlag，Berlin，1994.

6. International Organization for Standardization：ISO 9000 to 9004.

7. R. C. Mackenzie：Nomenclature in Thermal Analysis，in：Treatise on Analytical Chemistry (P. J. Elving，Ed.)，Part 1，Vol. 12，Wiley，New York，1983，1-16.

8. I. Mills，T. Cvitaš，K. Homann，N. Kallay，K. Kuchitsu，Eds：International Union of Pure and Applied Chemistry，Physical Chemistry Division：Quantities, Units and Symbols in Physical Chemistry，2nd Ed，Blackwell，Oxford，1993.

9. J. O. Hill，Ed：International Confederation for Thermal Analysis：For Better Thermal Analysis and Calorimetry，3rd Ed，1991.

10. W. Hemminger，G. Höhne：Calorimetry-Fundamentals and Practice，Verlag Chemie，Weinheim，1984，5-19.

11. J. Rouquerol，W. Zielenkiewicz：Suggested Practice for Classification of Calorimeters，Thermochim. Acta，109 (1986)，121-137.

第 2 章
热分析与量热法的热力学背景

P.J. van Ekeren
乌特勒支大学德拜研究所化学热力学研究组，荷兰，乌得勒支，NL-3584 CH Padualaan 8
(Utrecht University，Debye Institute，Chemical Thermodynamics Group，Padualaan 8，NL-3584 CH Utrecht，The Netherlands)

2.1 简介

热分析法是在程序控制温度下，测量样品的物理性质随温度或时间变化的一系列技术的总称，通过实验测量得到的是其物理性质随温度或者时间变化的曲线。在量热技术中，测量的物理性质是样品的热量变化（详见 1.2.2 节）。热力学（在希腊语中，热力学术语"thermos"具有热量的含义，而"dunamis"则有能量的含义）是科学的一个重要分支，其在解决不同的反应过程中反应物的温度和热量方面发挥着重要的作用。事实上，温度的概念也是在热力学中定义的。

因此，使用热分析技术或量热技术的相关人员应该对热力学知识具有较为全面的和深入的了解。在本章的内容中，将介绍一些必要的热力学背景知识。

热力学（有时也被称为"经典热力学"或"平衡热力学"）通常用来研究宏观体系，这就意味着热力学定律只适用于足够大的体系。也就是说，从理论上来说，在研究热力学时不需要考虑体系中物质的微观结构。

经验表明，当一个宏观的体系长时间处于孤立的状态时，体系的状态将不会随时间而发生改变，通常称这个状态为平衡状态（equilibrium state）。可以通过一系列的宏观物理量如体积、压强和温度等描述该平衡态。平衡态与非平衡态（non-equilibrium state）之间有明显的区别。在热力学中，讨论时间是没有意义的。通常用热力学中的过程（process）来描述体系从一个（平衡）状态到另一个（平衡）状态的变化。

通常将描述体系的宏观可测量性质状态的热力学性质变量分为广度性质（extensive property）和强度性质（intensive property）两大类。广度性质的数值与体系的数量成正比，也就是说，如果将一个体系分成两个子体系，那么两个子体系的状态与原来的体系相同，两个子体系如体积和质量数量的值之和等于原始体系数量的值。另一方面，强度性质与体系的数量无关，也就是说，将体系划分为两个子体系对描述强度性质的状态和数值均没有影响。常见的强度性质主要有压强、密度和化学组成等。

广度性质与强度性质的差异还可以用以下方式进行对比。测量广度性质时必须考虑整个体系，而强度性质则取决于体系中一个确切的位置。在一个体系中，不同位置的强度性质不一定是一样的。例如,对于一个由水和一些冰块组成的体系而言,对于不同的位置,冰或水的密度显然是不相同的。

与热力学(此处特指"经典热力学"或"平衡热力学")密切相关的是统计热力学(statistical thermodynamics)、不可逆热力学(irreversible thermodynamics)和动力学(kinetics)。在统计热力学中,主要研究宏观热力学量与物质的分子结构之间的联系。而不可逆热力学则主要用来描述处于非平衡状态的体系。因此,在非平衡热力学中,时间起着十分重要的作用。动力学则通常用来描述与时间相关的过程(参见本书第3章)。

2.2 热力学体系与温度的概念

2.2.1 热力学体系

在热力学中,被划定的研究对象称为体系(system)。该体系与体系之外的其他部分(通常称为环境)具有明显的区别。体系与环境可以理解为被一堵"墙"(此处所指的"墙"可能是真实的,也可能是虚拟的)隔离开来。根据体系与环境的关系,我们可以把体系分为三类:

- **敞开体系**(open system)

体系与环境之间存在着物质和热量的交换。

- **封闭体系**(closed system)

体系与环境之间没有物质交换,但是在体系和环境之间可能存在着热量交换(在通常情况下,如果没有特别的说明,所指的体系即为一个封闭的体系)。

- **隔离体系**(isolated system)

体系与周围环境完全隔离开来,也就是说,体系与周围环境之间既没有物质的交换,也不存在热量的交换。

在使用热分析与量热法时,我们通常对材料的性质感兴趣。因此,用来研究的样品的数量是确定的。样品可以由纯的化学物质组成,也可以是由两种或多种化学物质组成的混合物。

众所周知,一种纯物质可以以固态、液态和气态的不同的聚集状态形式存在,有时也称这些聚集的状态为"相"(phase)。但是,更严格意义上的相的定义为:相是由具有相同强度性质的体系所组成的。如果一个体系由一个单相组成,则称这个体系为均相体系(homogeneous system)。如果一个体系由两个或多个相组成,则该体系就被称为非均相体系(heterogeneous system)。在非均相体系中,两个不同的相通过界面(interface)彼此分开。通常一个体系只有一个气(或蒸气)相,但可能会存在几个不同的液相和固相。例如,对于一个由水和油组成的混合物的体系而言,其由两个不同的液相组成。一个相由少量溶解的油和水组成,而另一个相则由少量溶解的水和油组成。即使是由单一物质组成的固态体系,也有可能会存在多个固态的相。例如,当一定量的氯化铯加热到温度为743 K时,可以观察到其从一个固态相到另一个固态相的相转变(这两个固态相之间的区别主要表现在晶体结构的不同上)。在转变温度(743 K)时,两个相可以同时共存,呈现非均相平衡态。

2.2.2 温度的概念

如果两个不同的体系都处于内部平衡状态,此时将两个体系进行热接触(即两个体系之间进行热交换)之后,则这两个体系的状态都将会发生变化。在经历了一段时间之后,当两个体系的状态都不再发生改变时,这两个体系彼此间就达到了热平衡状态。现在我们考虑三个体系,分别用字母 A、B 和 C 表示。假设体系 A 与体系 B 进行热接触,与此同时,体系 B 与体系 C 同样进行热接触。在经历了足够长的时间之后,体系 A 与体系 B 将会达到热平衡,体系 B 与体系 C 也同样会达到热平衡(图 2.1)。此时,若使体系 A 与体系 C 进行热接触,则体系 A 与体系 C 的状态不会发生任何变化。也就是说,此时体系 A 与体系 C 也达到了热平衡。这个规律被称为热力学第零定律(zeroth law of thermodynamics)。

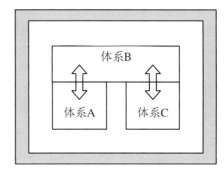

图 2.1 热力学第零定律

体系 A 与体系 B 热接触,并在足够的时间后达到热平衡。体系 B 也与体系 C 热接触并处于热平衡。于是,尽管这两个体系未进行热接触,体系 A 也与体系 C 仍处于热平衡

因此,当所有的体系与一个明确定义的参考体系进行接触并且彼此之间达到热平衡时,称这种可以用来描述所有的体系处于热平衡状态的物理量为温度(temperature)。

2.2.3 温度的测量及温标

为了测量温度,需要一个定义准确的温标以及一个可测量的与温度相关的量。最早的温标利用的是液体的体积依赖于温度的变化以及纯物质具有恒定的熔点和沸点的性质,最早的温度计就是所谓的液体-玻璃温度计(图 2.2),这种温度计将少量的液体放置在一个玻璃槽里,并且其可以膨胀到一个较细的毛细玻璃管中。在标定温度时,首先将玻璃槽放进一个热交换良好且具有确定的温度值的体系(通常用一种纯物质的熔点或沸点作为参考温度)中,然后标定玻璃管中液体上升的高度。用同样的方法标定第二个具有确定值的温度,然后用这两个已经确定的温度刻度值之间的距离除以温度差来得到单位温度的刻度值。

大约在公元 1700 年左右,丹麦科学家 Ole Rømer 用这种装置进行了实验,他使用酒精作为膨胀介质。德国科学家 D. G. Fahrenheit 在 1708 年参观了 Ole Rømer 的实验室之后,发明了世界上第一个温度计。他开始用

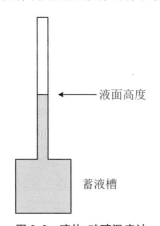

图 2.2 液体-玻璃温度计

(管中的液面高度即为指示的温度)

的材料是酒精,之后在1914年人们用水银替代了酒精。Fahrenheit还引入了至今仍然在广泛使用的华氏温标。他在1917年将所使用的液体可以达到的最低温度定义为0 °F,把人体温度定义为96 °F。在该温标下,水的熔点为32 °F,而其沸点则为212 °F。

第二个被广泛使用的温标为摄氏温标。该温标将水的凝固点定义为0 ℃,沸点定义为100 ℃。(事实上,Anders Celsius于1742年用其他方式定义的温标中将水的沸点定义为0 ℃,而凝固点则定义为100 ℃,如今我们使用的摄氏温标则是他的学生Martin Stromer在1749年所创立的。)

一个非常重要的温标是理想气体温标(ideal gas temperature scale),亦即绝对温标(absolute temperature scale)。这个温标是基于无限稀释的理想气体的性质而创立的。1660年,波义耳(Boyle)的研究成果表明,对于一定量的稀释气体而言,在一定的温度下,它的压强和体积的乘积是恒定的。盖·吕萨克(Gay Lussac,1778~1850)发现:对于恒定体积下的稀薄气体体系而言,其温度和压强呈线性关系;在恒定的压强下,其体积和温度呈线性关系。可以将这些观察结果与波义耳定律相结合,推导出以下的波义耳-盖·吕萨克定律(the law of Boyle-Guy Lussac):

$$p \cdot V = C \cdot (1 + \alpha \cdot t) \tag{2.1}$$

式中,p为气体的压强,V为气体的体积,t为摄氏温度,C和α为常数。常数C与气体的量有关,$\alpha = 1/273.15$。式(2.1)表明,当$t = -273.15$ ℃时,p和V的乘积等于0。因此,不存在比-273.15 ℃更低的温度,因为那时压强或体积的值将会变为负数。式(2.1)还表明,我们可以定义一个绝对温标(这种温标的温度单位是开尔文(Kelvin),通常用K表示),该温标的零点(即绝对零度)为-273.15 ℃。绝对零度是一个设定的值,并且仅有一个可以选择的固定的参考值(而其他的温标则至少有两个固定的参考值可以选择)。为了使水的凝固点和沸点之间存在100 K的温度差,因此将水的凝固点定义为$T = 273.15$ K。在建立绝对温标(也称为理想气体温标)之后,可以用下式来描述波义耳-盖·吕萨克定律:

$$p \cdot V = n \cdot R \cdot T \tag{2.2}$$

式中,p为气体的压强(单位为Pa);V为气体的体积(单位为m^3);T为绝对温度(单位为K);n为物质的量(单位为mol);R为气体常数($R = 8.31451$ J·K^{-1}·mol^{-1})。

式(2.2)即为理想气体定律(the ideal gas law)。

19世纪下半叶,W.汤普森(W. Thomson)(开尔文勋爵)提出了热力学温标(thermodynamic temperature scale)的概念。这种温标已被证明与理想气体温标是等效的,与此相关的内容将在第4章中进一步讨论。

2.2.4　1990年国际温标

对于以符号T和单位K表示的热力学温标来说,它是一个基本的物理量。然而在实际中,这种温标却很难得到广泛的应用。同样,由于实际气体与理想气体的性质之间存在着许多的差异,与热力学温标等同的绝对温标或者理想气体温标也很难在实际中得到广泛的应用。因此,实际上通常使用由国际度量衡委员会(the International Committee of Weights and Measures)经过对一系列温度点的检测和插值分析而确定的统一的温标。最近一次确定的统一温标是1990年国际温标(International Temperature Scale of 1990,简称 ITS-90)。ITS-90 温标的温度值是与热力学温度非常近似的值。这个温标已经在 1.5 节做过相关讨论,在此不再展开进一步的讨论。

2.2.5 微观尺度的温度

在之前的内容中所讨论的温度是一个宏观的量。当然,在宏观的热力学温度性质和微观的分子性质之间肯定有一个桥梁来进行联系。虽然在 2.1 节中已经指出体系的微观结构对于热力学处理来说不是必要的,但通过微观结构的信息仍然能够帮助我们理解相关的理论。

理想气体模型是对于非常稀薄气体所做的一个微观假设模型。在这个模型中,分子之间不存在相互作用力。假设分子之间和分子与器壁之间的碰撞为弹性碰撞,每个分子以一定的速度做随机运动,由此可以计算得到分子的动力学能量。可以通过一个函数来描述分子运动速度的分布情况,据此可以计算出气体的动力学总能量和由于分子与器壁碰撞所引起的器壁的压强的变化。在得到这些信息后,可以进一步推导出压强、体积和动力学总能量之间的关系。在与理想气体状态方程(式(2.2))进行比较之后可以得出这样的结论:在宏观温度下,理想气体体系的总动力学能量与温度有关。

对于其他体系而言,温度似乎与体系中分子的热运动有关。有兴趣了解更多相关内容的读者可以参阅 Berry、Rice 和 Ross 的专著[2]。

2.3 热力学第一定律

2.3.1 通过热流引起的体系状态变化

当两个体系通过接触而发生热交换时,体系的状态将会发生变化,直到达到平衡(即温度相同)(参见 2.2.2 节)。例如,有两个金属块,把其中一个从冰箱中取出,而另一个从炉子里取出并彼此进行接触。在进行热接触的过程中,热的金属块的温度降低,而冷的金属块的温度则会升高,直到最终达到热平衡状态。再如,把一小块温度稍高的物体放到一大块 0 ℃ 的冰块上(图 2.3)。当体系达到热平衡状态时,这块很小的物体的温度降到了 0 ℃。此时,"冰体系"的温度仍然是 0 ℃,但是体系的状态已经发生了改变——有一定数量的冰块发生了融化。

一般认为,热交换(heat exchange)或者热流(heat flow)是造成这种变化的原因。之前的人们一直认为热量是一种不可消失的物质。当体系之间发生热交换时,热量在体系之间进行传递。正是基于这种认识,人们将"含热量"(heat content)作为描述体系性质的一个物理量。后来的人们发现,体系不但能够通过与比它温度高的物体发生热交换而加热,还可以通过对它做摩擦功而进行加热(参见 2.3.3 节),人们才抛弃了"含热量"的观点。现在,人们普遍认为热量是能量传递的一种形式。热量的单位和能量、功的单位相同,都是焦耳(Joule,用 J 表示)。现在有时还错误地使用"含热量"来描述体系的焓(enthalpy)。

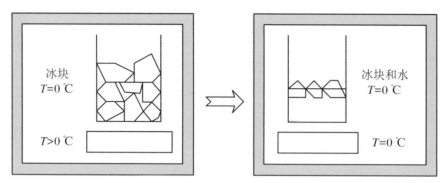

图 2.3 把一小块温度稍高的物体放到一大块 0 ℃ 的冰上,当达到热平衡时,小块物体的温度降到了 0 ℃。此时体系的状态发生了变化,少量的冰发生了熔融

2.3.2 通过做功使体系的状态发生改变

当一个物体在外力的作用下发生移动时,我们就可以说有力对它做功,所做功的大小是力和力的方向上位移的乘积。因此,当一个物体在平行于作用力 F 的方向上位移了 l 时,那么力做的功就可以用下式进行计算:

$$W = F \cdot l \tag{2.3}$$

可以将功的概念应用于热力学体系。当然,在这里讨论整个体系在力的作用下的位移是没有意义的(在这种情况下,力确实做了功,但体系的状态并没有发生变化),但是对体系做功可以改变体系所处的状态。下面给出这些变化的两个例子。

- **体积功(volume work)**

首先考虑一个简单的体系,该体系由理想气体组成,气体分布在一个装有活塞的气缸中(图 2.4)。在实验过程中,体系的体积可以通过外部施加的一个恒定的压强 $p_{外}$ 推动活塞而发生改变(这种情况下的摩擦力为 0)。如果活塞的面积是 A,那么力 F 等于外部压强 $p_{外}$ 和面积 A 的乘积。如果通过使活塞移动距离 l 而导致体系的体积发生减小,那么可以由下式计算得到在该过程中力所做的功:

$$\begin{aligned} w &= F \cdot l = (p_{外} A) \cdot l = (p_{外} \cdot A) \cdot (-\Delta V / A) \\ &= -p_{外} \cdot \Delta V = -p_{外} \cdot (V_2 - V_1) \end{aligned} \tag{2.4}$$

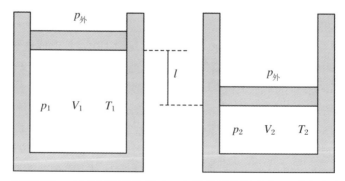

图 2.4 外部压强 $p_{外}$ 对体系做的体积功。在这种压强的影响下,活塞移动了距离 l

如果在此过程中外部的压强发生了变化,那么功的计算必须通过力 F 在位移 l 的范围内的积分或者通过压强 $p_{外}$ 在体积 V 范围内的积分而得到,如下式所示:

$$w = -\int p_{外} dV \tag{2.5}$$

如果在这个过程中,外部压强与内部压强的差无穷小(即该过程可以看作可逆过程(reversible process)),那么在计算过程中可以用内部压强代替式(2.5)中的外部压强:

$$w = -\int p dV \tag{2.6}$$

- **电功**(electrical work)

假设有一个由可充电的电池组成的体系,在电池充电时对体系做电功。可以由电势差 E 对所转移电荷的数量 e 积分得到电功,如下式所示:

$$w = \int E de \tag{2.7}$$

显然,在对体系做功的过程中,体系的状态发生了变化:充电后电池可以给电器供电,而在充电前是不可能发生该过程的。

除非特殊说明,在本章中的其他部分内容中所提及的对外或者对内做功的过程中均假定只有体积功。

2.3.3 热力学第一定律及内能

在 2.3.1 节和 2.3.2 节的内容中,我们已经了解到可以通过对体系加热和/或对体系做功来改变体系的状态。人们在过去就已经充分地认识到,在某些情况下体系可以只通过被加热或只通过对其做功来实现相同的状态变化。例如,在初始温度下一定量液体的状态变化就属于这种情况。可以通过加热使该体系的温度稍微升高一点。通过放置一个搅拌器在该隔离体系的液体中,并对搅拌器做功,也可以使体系达到相同的最终温度。事实上,焦耳在 1840 年通过这个实验测出了热功当量(mechanical equivalent of heat)的关系,即增加的热量与所做的功成比例。正是基于这种实验结果,焦耳证明了可以用同一单位表示热量和功。

经验表明,对于每个(封闭的)体系而言,当其达到最终状态 B 时,无论通过什么样的路径,体系吸收的热量的总和以及对体系所做的功的总量是恒定的,这就是著名的热力学第一定律(the first law of thermodynamics)(图 2.5)。

显然,我们必须找到一个与体系状态相关的函数。如果体系的状态发生了改变,则该函数值的变化量应等于对体系所施加的热量和对体系所做的功的总和。我们知道,热量和功是能量的转移形式,因此这个函数通常被称为体系的内能(internal energy),通常用符号 U 表示。当体系从状态 A 变化到状态 B 时(图 2.5),则可以用下式的形式表示热力学第一定律:

$$\Delta U = U(\text{状态 B}) - U(\text{状态 A}) = q + w \tag{2.8}$$

从式(2.8)可以看出,只有能量差是可以通过测量某一过程的热量和功来确定的。尽管我们可以描述体系某个状态的能量,但是必须首先确定一个特定的能量作为已知参考点。在化学热力学中,能量参考点的定义如下:将化学元素在温度为 298.15 K 和压强为 1 bar(或者 1 atm)的条件下的能量设定为 0。

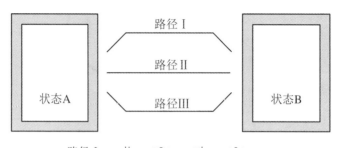

路径Ⅰ： 热：$q(Ⅰ)$； 功：$w(Ⅰ)$
路径Ⅱ： 热：$q(Ⅱ)$； 功：$w(Ⅱ)$
路径Ⅲ： 热：$q(Ⅲ)$； 功：$w(Ⅲ)$

$$\{q(Ⅰ)+w(Ⅰ)\}=\{q(Ⅱ)+w(Ⅱ)\}=\{q(Ⅲ)+w(Ⅲ)\}$$
$$=\{U(状态B)-U(状态A)\}=\Delta U$$

图 2.5 封闭体系通过不同的路径从状态 A 变化到状态 B 时的示意图。对于所有的过程而言，热量和功的总量是相等的(热力学第一定律)。这两个量的和等于体系在 A 和 B 状态下的热力学内能差

由于能量函数依赖于体系的状态，因此内能(以及所有其他依赖于体系状态的热力学函数)为状态函数。与此相反，热量和功很显然与体系的状态无关，它们仅仅是与过程相关的量。与能量函数相反，热量和功也与其所经历的一个过程有关。它们不仅仅依赖于体系的初始和最终状态，也依赖于过程的路径。

功和热取决于所选择过程的路径，可用以下的方式证明。对于一个含有一定量气体的体系而言，假设其初始状态温度为 T_1、压强为 p_1、体积为 V_1，其通过两种不同的可逆过程可以达到温度为 T_1、压强为 p_2、体积为 V_2 的最终状态(图 2.6)。第一个过程由两个子过程组成：首先，在恒定的压强 p_1 下，温度从 T_1 增加到 T_2(在此子过程中，气体的体积从 V_1 增加到 V_2)，然后当体积恒定为 V_2 时，将温度由 T_2 降到 T_1(在此子过程中，压强由 p_1 减少到 p_2)。在第二个子过程中，由于体积是常数，因此没有做(体积)功。因此，在总过程中体系所做的功等于在体系第一个子过程中所做的功，其数值可以根据式(2.6)来进行计算，得到的结果如下式所示：

$$w(路径1) = - p_1 \cdot (V_2 - V_1) \tag{2.9}$$

第二种选择的路径是：气体首先在恒定的体积 V_1 下进行冷却，在此过程中，温度从 T_1 下降到 T_3(在此子过程中，压强从 p_1 下降到 p_2)，然后在恒定的压强 p_2 下，体积从 V_1 增加到 V_2(在此子过程中，温度从 T_3 上升到 T_1)。在第二种完整的路径中，体系所做的总功与第二个子过程所做的功相等(因为在第一个子过程中体积是恒定的)，可以按照式(2.6)进行运算，用下式来表示得到的结果：

$$w(路径2) = - p_2 \cdot (V_2 - V_1) \tag{2.10}$$

由于 p_1 不等于 p_2，显然在第一种路径中体系所做的功与第二种路径中体系所做的功是不相同的。对于这两种路径而言，体系的初始状态和最终状态是相同的，因此这两个过程的内能的变化相等。因此，这两个过程的热量交换量必定是不同的。

在通常的条件下，观察体系状态的无穷小的变化是很方便的。例如，可以由内能的

微分得到内能的无穷小的变化,用 dU 表示。对于在过程中所增加的热量和对体系所做的功而言,其依赖于所选择的路径(即热量和功不是体系的状态函数),把它们表示成微分形式的物理量是不合适的,因此没有无穷小的热和功的微分表达形式。对于无穷小的体系状态变化而言,可以用下式的形式来描述热力学第一定律:

$$dU = q + w \tag{2.11}$$

如果除了体积功之外没有其他的做功形式,则对体系做的无穷小量的功而言,其可以表示成下式的形式:

$$w = -p \cdot dV \tag{2.12}$$

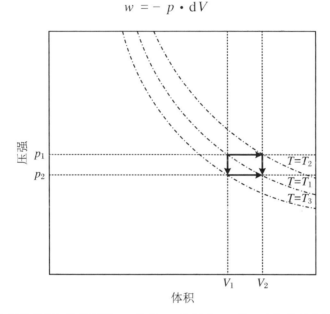

图 2.6 一定量的理想气体从压强 p_1、体积 V_1 和温度 T_1 的一个初始状态到压强 p_2、体积 V_2 和温度 T_1 的最终状态所经过的两种不同的路径。第一种路径包含两个子过程:第一个是恒压过程,第二个是恒容过程。第二种路径也包含两个子过程:先经历恒容过程,再经历恒压过程。在两个过程中所做的功是不同的

2.3.4 恒容过程

对于恒容过程而言,由式(2.6)或式(2.12)可知,在该过程中并没有对体系做功。这意味着由式(2.8)或者式(2.11)可以得到:体系内能的变化量等于体系热量的变化量,其关系式可表示如下:

$$(\Delta U)_V = q \quad 或 \quad (dU)_V = q \tag{2.13}$$

以上这个结论是非常重要的,这是因为对于恒定体积下的所有过程来说,可以通过量热仪来测量体系与周围环境交换的热量 q。热量与体系内能的变化相关,且内能与变化的路径无关。在此基础上,贝特洛(Berthelot,1827~1907)研制出了可以用来测量"燃烧热"的氧弹。氧弹是体积恒定的钢制容器,在实验时,将已知质量的样品和过量的氧气放置于其中,点燃样品,通过测量燃烧过程中的温度差的变化即可得到燃烧热。使用这种方法,还可以同时测量得到物质中各组成元素的燃烧热。通过化学物质的组成,可以计

算出物质和组成元素之间的能量差。

2.3.5 恒压过程、焓

对于恒容过程来说,体系的热量变化等于内能的变化这个结论十分有用。然而,在实际上有许多过程发生在恒压(如大气压强)条件下。很明显,对于这样的过程而言,体系的功并不等于0。因此,体系与环境之间所交换的热量并不等于内能的变化。因此需要重新定义一个与热力学能密切相关的新的物理量,这个物理量称为焓(enthalpy),通常用 H 表示。焓被定义为内能与压强和体积的乘积之和,用下式表示:

$$H \equiv U + p \cdot V \tag{2.14}$$

显然,焓和内能一样,也是一个状态函数。当体系的状态发生了无穷小的变化时,可以用下式的形式表示无穷小的焓的变化:

$$dH = d(U + p \cdot V) = dU + d(p \cdot V) = dU + pdV + Vdp \tag{2.15}$$

结合热力学第一定律(式(2.11))和体积功的表达式(式(2.12)),可得

$$dH = (q - pdV) + pdV + Vdp = q + Vdp \tag{2.16}$$

对于恒压过程而言,体系与环境之间所交换的热量等于体系的焓变,即

$$(\Delta H)_p = q \quad \text{或} \quad (dH)_p = q \tag{2.17}$$

这意味着,在恒压过程中,可以将由测量所得到的热量与一个状态函数(即焓)直接相关联起来。因此,焓的变化与路径无关。基于这个原因,有时错误地将焓称为热含量(heat content)或者含热量。

2.3.6 热容

在工程和材料科学中,热容(the heat capacity)是一个重要的物理量,常用符号 C 来表示。体系的热容可以定义为:由于向体系中加入(无穷小的)热量而引起的(无穷小的)温度变化,其可以用(无穷小的)热量与(无穷小的)温度升高的比值形式来表示:

$$C \equiv \frac{q}{dT} \tag{2.18}$$

添加到体系中一定的热量,使其完成一个特定的状态变化,实现该过程的变化所需的热量取决于变化的途径。因此,热容也取决于变化的途径。对于恒容过程来说,可以联立式(2.13)和式(2.18)得到恒容热容(通常用 C_V 表示),即

$$C_V \equiv \left(\frac{\partial U}{\partial T}\right)_V \tag{2.19}$$

此式表示在恒定体积下的热容是内能对温度的偏导数。

对于恒压过程而言,可以联立式(2.17)和式(2.18)得到恒压热容(通常用 C_p 表示),即

$$C_p \equiv \left(\frac{\partial H}{\partial T}\right)_p \tag{2.20}$$

这意味着,在恒定压强下的热容是焓对温度的偏导数。

如果热容是已知的,可以通过下式来计算体系在加热(或降温)过程中体系内能的变

化或焓变：

$$(\Delta U)_V = U(V, T_2) - U(V, T_1) = \int_{T_1}^{T_2} C_V \mathrm{d}T \qquad (2.21)$$

$$(\Delta H)_p = H(p, T_2) - H(p, T_1) = \int_{T_1}^{T_2} C_p \mathrm{d}T \qquad (2.22)$$

2.4 热力学第二定律和热力学第三定律

2.4.1 热力学第二定律的一般性表述

热力学第二定律是由萨迪·卡诺(Sadi Carnot, 1796~1832)发现的,时间在发现热力学第一定律之前。为了教学的方便,通常把热力学第一定律放在第二定律的前面进行介绍。

通常通过以下的实验来推导出热力学第二定律。在 2.3.3 节中,我们已经证明了可以通过做功的形式来加热一个包括水和一个搅拌桨轮的体系。假设对桨轮做功,但是在整个过程中体系保持在恒定的温度下,这只能通过从体系到环境的热流来实现,这是与热力学第一定律一致的,即如果体系的状态不发生改变(温度保持不变),则体系的内能是恒定的。由式(2.8)可知,从体系流到环境的热量等于对体系的做功量。这表明,对体系做的功转化成了体系对外界提供的热量。

在与此相反的过程中,即对于热量从环境流到体系然后对桨轮做功的过程而言,该过程在实验上无法观察到,尽管这个过程与热力学第一定律不冲突,从这个角度可以导出热力学第二定律,表述如下：

在一个单独的过程中,不可能单独地使热量从环境流入到体系中并将其转化为功。(It is not possible that, as the only result of a process, an amount of heat that flows from the surroundings to the system is converted into work, which is performed by the system.)

在这种表述形式中,不能方便地直接用热力学第二定律来解决实际的问题。因此,必须导出另一个实用的物理量(即熵),我们将在下一节中说明这一点。

2.4.2 热力学第二定律的进一步表述、熵

体系与周围环境之间所交换的热量不仅取决于体系所处的初始状态和最终状态,也与其所经历的路径有关。然而,对于可逆过程而言,可以证明由无穷小的热量交换所引起的热量的减少并不依赖于所经历的过程,可以用无穷小的热交换量与热力学温度的比值来表示这种形式的热量减少,如下式所示：

$$\int_{\text{可逆路径}1} \left(\frac{q_{\text{rev}}}{T}\right) = \int_{\text{可逆路径}2} \left(\frac{q_{\text{rev}}}{T}\right) \qquad (2.23)$$

以上形式的表达式实际上就是对热力学第二定律的进一步描述,虽然在这里它只是

作为一个假设的形式被提出,但其被所有的后续实验所证实。在表达式中使用的温度是热力学绝对温度,该温度由 W.汤姆森(开尔文勋爵)在 1846 年提出。这种温标与体系的任何特殊性质无关,可以证明热力学温标与理想气体温标是等效的。然而这个问题已超出本部分讨论内容的范围,在此不再进一步展开讨论。

对于可逆过程而言,体系中减少的热量与所经历的过程路径无关。因此,可以定义一个新的状态函数。这个状态函数通常称之为熵(entropy),通常用符号 S 表示,由 Clausius 于 1865 年首次提出。可以用以下形式的表达式来表示熵:

$$\Delta S = S(\text{状态 B}) - S(\text{状态 A}) \equiv \int \left(\frac{q_{可逆}}{T}\right) \tag{2.24}$$

或者对于无穷小的变化过程而言,用以下形式的表达式表示:

$$dS \equiv \left(\frac{q_{可逆}}{T}\right) \tag{2.25}$$

对于体系来说,在经历了一个熵变的过程之后,如果这个过程是可逆的,则只能通过测量(变化的)热量并应用式(2.24)来确定熵的变化。如果该过程是不可逆的,由于熵是状态函数,因此可以假设一个与初始状态和最终状态不同的可逆路径,并使用式(2.24)来计算熵变。

以下举两个例子来说明熵变的计算方法。

作为第一个例子,我们来考虑一个体系在恒压条件下从温度 T_1 加热到温度 T_2 的过程,可以应用式(2.24)来计算这个过程的熵变:

$$(\Delta S)_p = S(p, T_2) - S(p, T_1) = \int_{T_1}^{T_2} \frac{q_{可逆}}{T} dT = \int_{T_1}^{T_2} \frac{C_p}{T} dT \tag{2.26}$$

第二个例子,1 mol 冰在 273.15 K 时发生熔化,该过程为可逆过程。在熔化过程结束之后,我们可以得到在 273.15 K 的 1 mol 的水。该熔化过程的熵变($\Delta_S^l S$)可以再次根据式(2.24)按照以下的等式进行计算:

$$\Delta_S^l S(T = 273.15 \text{ K}) = S(\text{水}, T = 273.15 \text{ K}) - S(\text{冰}, T = 273.15 \text{ K})$$

$$= \frac{q_{可逆}}{T} = \frac{\Lambda}{T} = \frac{6000}{273.15} = 22 \text{ (J} \cdot \text{K}^{-1}) \tag{2.27}$$

上式中,Λ 是在熔点时由冰转化为水的熔化过程中的潜热($\Lambda = 6000 \text{ J} \cdot \text{mol}^{-1}$)。将在 2.8.1、2.8.2、2.8.3 节中介绍与相变相关的内容时再进行更深入的分析。

虽然从经典热力学的角度来说在本节中对熵的定义是充分的,但是也应简单地讨论一下在分子层面的解释。对于体系中的分子来说,其平动速度、转动速度、振动能量等都在不断地发生着改变。体系在一定时刻的分子状态由该时刻每个分子所有这些量的值决定。对于一个由宏观的能量、体积等物理量决定的热力学状态来说,其包含了体系在过去的时间中大量的分子"构象"(configurations)状态。如此看来,在热力学物理量熵和体系中指定能量和体积下可能存在的分子构象的数量 W 之间似乎存在着一定的联系。根据玻尔兹曼(Boltzmann)在 1872 年提出的理论,可以用以下的关系式来表示这种关系:

$$S = k \cdot \ln W \tag{2.28}$$

上式中，k 为 Boltzmann 常数，$k = R/N_A = 1.380658 \times 10^{-3} \mathrm{J \cdot K^{-1}}$，$N_A$ 为阿伏伽德罗常数（Avogadro's constant），$N_A = 6.0221367 \times 10^{23} \mathrm{mol^{-1}}$，指 1 mol 物质中分子的数量。

这意味着一个具有大量的可能状态数的分子体系比分子状态数更少的体系具有更大的熵值（即体系更加有序）。由此可见，水的熵大于冰的熵（在熔点 $T = 273.15$ K 时）。

2.4.3 热力学第三定律

和其他热力学定律一样，热力学第三定律是被一个假想的实验所证实的。本书将不对产生这些结论的实验结果做进一步的讨论。

能斯特（Nernst）指出，任何物质在发生物理或者化学变化时的熵变在温度非常接近于绝对零度时都等于 0，即

$$\lim_{T \to 0} \Delta S = 0 \tag{2.29}$$

这种表述形式也被称为能斯特热定理（Nernst heat theorem）。普朗克（Planck）简化了能斯特的表述，他指出，当温度接近绝对零度时，过程的熵变和每种凝聚态物质的实际熵（the actual entropy）也均等于零。在以上的表述中，将混合物明确排除在外。而在下面的表述中则没有必要使混合物排除在外：对于每个平衡的体系，它的熵在绝对零度下都为 0。这个表述被称为热力学第三定律（third law of thermodynamics）：

$$\lim_{T \to 0} S(\text{处于平衡状态的体系}) = 0 \tag{2.30}$$

关于热力学第三定律的一个重要推论是：化学物质（包括元素和化合物）的绝对熵（absolute entropy）（即与参考状态无关）的值是可以被确定的。可以通过量热法测量物质从绝对零度到指定温度的整个范围的热容和这个温度范围内发生的相变潜热，这样可以确定一种物质的绝对熵值。根据式（2.26）和式（2.27），可以按照如下的方式来计算绝对熵值：

$$S(T = \Theta) = \int_{T=0}^{T_{tr}} \frac{C_P^{\mathrm{I}}}{T} \mathrm{d}T + \frac{\Lambda}{T_{tr}} + \int_{T_{tr}}^{\Theta} \frac{C_P^{\mathrm{II}}}{T} \mathrm{d}T \tag{2.31}$$

在上式中，假设温度范围为从 0 到 Θ 的过程中仅存在一个相变过程（在 $T = T_{tr}$ 时，由 I 相转变为 II 相）。

2.5 Helmholtz 自由能和 Gibbs 自由能

对于可逆过程来说，可以用式（2.25）来表示体系和环境之间的热交换，现在引入熵的概念之后，则式（2.25）可以用如下形式的等式表示：

$$q_{可逆} = T\mathrm{d}S \tag{2.32}$$

通过上式可以表示可逆过程的热交换，由式（2.12）可以表示可逆过程的体积功，则该可逆过程的热力学第一定律表达式可写成：

$$\mathrm{d}U = T\mathrm{d}S - p\mathrm{d}V \tag{2.33}$$

在 2.3.5 节中介绍了状态函数——焓。通过将式（2.32）代入式（2.16）中，则可以得到以

下形式的关于可逆过程(无限小的进行状态下)的焓变关系式：
$$dS = TdS + Vdp \tag{2.34}$$
由于熵是状态函数，温度也是描述状态的一个物理量，则与温度 T 和熵 S 的乘积(即 $T·S$)有关的量也是一个状态函数。这意味着如果分别将内能和焓减去乘积 $T·S$ 之后，则可以得到两个新的状态函数。这两个状态函数分别被称为(1) Helmholtz 自由能(Helmholtz energy)，用 A 表示，有时也称作 Helmholtz 能；和(2) Gibbs 自由能(Gibbs energy)，用 G 表示，有时也称作 Gibbs 能：
$$A \equiv U - T·S \tag{2.35}$$
$$G \equiv H - T·S \equiv U + p·V - T·S \tag{2.36}$$
根据这些定义，可以用下式表示无限微小的 Helmholtz 自由能和 Gibbs 自由能的变化过程：
$$dA = dU - d(T·S) = -SdT - pdV \tag{2.37}$$
$$dG = dH - d(T·S) = -SdT + Vdp \tag{2.38}$$
在数学上，和变量 X 与 Y 有关的函数 Z 的微分形式可以写成以下等式的形式：
$$dZ = \left(\frac{\partial Z}{\partial X}\right)_Y dX + \left(\frac{\partial Z}{\partial Y}\right)_X dY \tag{2.39}$$
式中$(\partial Z/\partial X)_Y$是 Z 对 X 的偏导数(当 Y 不变时)。由于 Z 是 X 和 Y 的函数(即当 X 和 Y 有确定值时，Z 具有唯一确定的值)，因此该微分方程通常被称为全微分方程式(total differential equation)或正合微分方程式(exact differential equation)。根据全微分方程式的交叉微分的特性，可以得到以下等式：
$$\left(\frac{\partial}{\partial Y}\left(\frac{\partial Z}{\partial X}\right)_Y\right)_X = \left(\frac{\partial}{\partial X}\left(\frac{\partial Z}{\partial Y}\right)_X\right)_Y \tag{2.40}$$
以上形式的交叉微分的特性表明，函数 Z 先对 X 求导后再对 Y 求导与函数 Z 先对 Y 求导然后再对 X 求导所得到的结果是相等的。

式(2.33)是内能对熵和体积的全微分方程式，式(2.34)是焓对熵和压强的全微分方程式，式(2.37)是 Helmholtz 自由能对温度和体积的全微分方程式，式(2.38)是 Gibbs 自由能对温度和压强的全微分方程式。通过将式(2.33)、式(2.34)、式(2.37)、式(2.38)与式(2.39)相比较(即分别用函数 U、H、A、G 取代函数 Z)，可以得到以下形式的等式：
$$T = \left(\frac{\partial U}{\partial S}\right)_V = \left(\frac{\partial H}{\partial S}\right)_p \tag{2.41}$$
$$p = -\left(\frac{\partial U}{\partial V}\right)_S = -\left(\frac{\partial A}{\partial V}\right)_T \tag{2.42}$$
$$V = \left(\frac{\partial H}{\partial p}\right)_S = \left(\frac{\partial G}{\partial p}\right)_T \tag{2.43}$$
$$S = -\left(\frac{\partial A}{\partial T}\right)_V = -\left(\frac{\partial G}{\partial T}\right)_p \tag{2.44}$$
可以证明，若下列一个关系式中的一个表达式已知，则可以求得体系所处状态的所有的热力学物理量：

(1) 内能与熵、体积的关系式；
(2) 焓与熵、压强的关系式；
(3) Helmholtz 自由能与温度、体积的关系式；
(4) Gibbs 自由能与温度压强的关系式。

因此，通常称这些关系式为特征方程。

如果将交叉微分特性应用到内能、焓、Helmholtz 自由能和 Gibbs 自由能（分别对应于式(2.33)、式(2.34)、式(2.37)和式(2.38)）的全微分方程式中，则可以分别得到如下形式的等式：

$$\left(\frac{\partial T}{\partial V}\right)_S = -\left(\frac{\partial p}{\partial S}\right)_V \tag{2.45}$$

$$\left(\frac{\partial T}{\partial p}\right)_S = \left(\frac{\partial V}{\partial S}\right)_p \tag{2.46}$$

$$\left(\frac{\partial S}{\partial V}\right)_T = \left(\frac{\partial p}{\partial T}\right)_V \tag{2.47}$$

$$\left(\frac{\partial S}{\partial p}\right)_T = -\left(\frac{\partial V}{\partial T}\right)_p \tag{2.48}$$

以上这些等式非常重要，特别是最后两个等式尤为重要。因为这些等式表明了熵与体积、压强的关系（这在实验中难以测得）和压强或体积与温度的关系是等效的。

作为以上等式的一个应用实例，对于等温下的可逆过程而言，可以用以下形式的等式表示理想气体从 V_1 到 V_2 的膨胀过程中的熵变：

$$\Delta S = \int_{V_1}^{V_2} \left(\frac{\partial S}{\partial V}\right)_T \mathrm{d}V \tag{2.49}$$

用式(2.47)代替以上等式中的微分部分，根据理想气体状态方程（式(2.2)），可以得到以下方程：

$$\Delta S = \int_{V_1}^{V_2} \left(\frac{\partial p}{\partial T}\right)_V \mathrm{d}V = \int_{V_1}^{V_2} \frac{nR}{V} \mathrm{d}V = nR \ln \frac{V_2}{V_1} \tag{2.50}$$

2.6 平衡条件

若要实现一个体系的平衡状态，通常需要假设一个处于完全隔离状态的体系。假设一个体系发生了一个从 A 状态到 B 状态的不可逆自发过程。由于此体系处于完全隔离的状态，则体系与环境之间并没有功和热量的交换，可以用下式表示：

$$q_{\text{不可逆}} = 0 \quad \text{及} \quad w_{\text{不可逆}} = 0 \tag{2.51}$$

现在，假设此体系发生了一个从 B 状态到 A 状态的可逆变化。在此可逆过程中，可以用以下形式的等式表示体系与环境之间交换的热量以及环境对体系做的功：

$$q_{\text{不可逆}} \neq 0 \quad \text{及} \quad w_{\text{不可逆}} \neq 0 \tag{2.52}$$

上述的不可逆过程和可逆过程一起构成了一个循环过程（即经过此过程之后，体系的最

终状态与最初状态相同),如图 2.7 所示。在图 2.7 中给出了此循环过程中的热量交换和做功的过程:

$$q_{循环} = q_{不可逆} + q_{可逆} = q_{可逆} \tag{2.53}$$
$$w_{循环} = w_{不可逆} + w_{可逆} = w_{可逆} \tag{2.54}$$

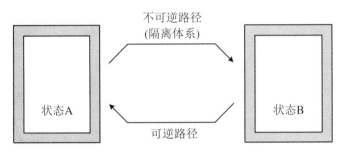

不可逆路径: 热: $q_{不可逆}=0$; 功: $w_{不可逆}=0$
可逆路径: 热: $q_{可逆}$; 功: $w_{可逆}$
循环: 热: $q_{循环}$; 功: $w_{循环}$
第一定律: $q_{循环}+w_{循环}=0$
第二定律: $q_{循环}<0$

图 2.7 隔离体系经过不可逆过程从 A 状态转变到 B 状态,经历了可逆过程(此过程中体系可与环境产生热量和功的交换)后,体系又回到了最初的 A 状态。根据热力学第一定律,热和功的和等于零。根据热力学第二定律,热从体系中转移到了环境中

对于整个循环过程而言,由于体系的初始状态和最终状态相同,因此能量的变化为零。因此,根据热力学第一定律(式(2.8)),可以得到以下等式:

$$(\Delta U)_{循环} = q_{循环} + w_{循环} = q_{可逆} + w_{可逆} = 0 \tag{2.55}$$

根据热力学第二定律的一般形式的表达式,体系在吸收了一定的热量之后并不可能全部转化为功(参见 2.4.1 节)。在循环过程中,可以用下式的形式来表示热量由体系转移到环境中:

$$q_{循环} < 0 \tag{2.56}$$

也可以用下式的形式来表示:

$$q_{可逆} < 0 \tag{2.57}$$

根据热力学第二定律,从状态 B 到状态 A 可逆过程的熵变可以用下式表示:

$$\Delta S_{可逆} = S(状态\ A) - S(状态\ B) = \int \left(\frac{q_{可逆}}{T}\right) < 0 \tag{2.58}$$

对于循环过程而言,有以下关系式:

$$\Delta S_{循环} = (\Delta S_{不可逆})_{U,V} + \Delta S_{可逆} = 0 \tag{2.59}$$

在一个完全隔离体系的不可逆过程中,熵一定会增加,存在以下的关系式:

$$(\Delta S_{不可逆})_{U,V} > 0 \tag{2.60}$$

在式(2.59)和式(2.60)中,下标 U 和 V 表示在不可逆过程中内能和体积保持不变,这意味着该体系在此过程中是完全隔离的。

由于在隔离体系的自发过程中熵增加,并且总会朝着平衡的方向进行,因此我们可以认为平衡状态对应于最大的熵值。

由于以上这种平衡是在隔离体系中达到的,因此在实际中很难实现这种平衡条件。因此,我们需要找到一个更切合实际的平衡条件。为此,我们需要假设一个(巨大的)隔离体系,该体系包括两个子体系,即一个小的非平衡体系和一个巨大的类似"蓄水池"的稳定的平衡体系(图2.8)。隔离体系的总的熵变由小的非平衡体系的熵变和无限大的平衡体系的熵变组成。因此,可以根据式(2.60)得到整个体系的(无限小的)熵变,其结果是正值,如下式所示:

$$(dS_t)_{U,V} = dS_s + dS_r > 0 \quad (2.61)$$

式中,下标 s、r 和 t 分别用来表示小体系、大的稳定平衡体系和整个体系的参数。下面我们假设小的非平衡体系的温度 T_s 与大的稳定平衡体系的温度 T_r 相等,并且在整个过程中温度保持不变。由于大的稳定平衡体系始终处于平衡状态,因此可以用改写后的式(2.33)来表示该稳定体系的熵变,如下式所示:

$$dS_r = \frac{dU_r}{T_r} + \left(\frac{p_r}{T_r}\right)dV_r \quad (2.62)$$

由于整个体系是完全隔离的,因此整个体系的体积保持不变,总的内能也保持不变,如下式所示:

$$dV_t = dV_s + dV_r = 0 \Rightarrow dV_r = -dV_s \quad (2.63)$$

$$dU_t = dU_s + dU_r = 0 \Rightarrow dU_r = -dU_s \quad (2.64)$$

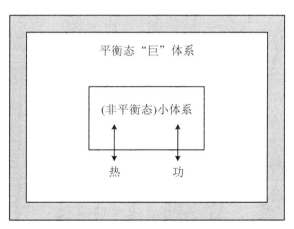

图2.8 一个完全隔离的体系由两个子体系组成:一个为巨大的类似"蓄水池"的稳定平衡体系,另一个为小的非平衡体系

现在来考察以下两种不同的情形:

(1) 在小体系的不可逆过程中,体系的体积保持不变,即 $dV_s = 0$。根据式(2.63),大的稳定平衡体系的体积也将保持不变,即 $dV_r = 0$。将此等式与式(2.62)和式(2.63)联立,并代入至式(2.61)中,可以得到以下的关系式:

$$dS_s - \frac{dU_s}{T_s} > 0 \Rightarrow dU_s - T_s dS_s < 0 \quad (2.65)$$

由于我们假设了小体系的温度和体积保持不变,因此式(2.65)可以改写成以下形式的关系式:

$$[d(U - T \cdot S)]_{V,T} < 0 \quad 或 \quad (dA)_{V,T} < 0 \tag{2.66}$$

这表明,对于一个等温等容条件下的非隔离体系中的一个非可逆过程而言,在此过程中其 Helmholtz 自由能降低。当达到平衡状态时,我们可以将平衡状态的 Helmholtz 自由能视为最低的能量状态。

(2) 在小体系的不可逆过程中,其压强和大的稳定平衡体系相同并且为常数,即 $p_s = p_r$ = 常数。将此等式与式(2.62)、式(2.63)、式(2.64)一起代入式(2.61)中,可以得到以下形式的关系式:

$$dS_s - \frac{dU_s}{T_s} - \left(\frac{p_s}{T_s}\right)dV > 0 \Rightarrow dU_s - T_s dS_s + p_s dV_s < 0 \tag{2.67}$$

由于我们假设了小体系的温度和压强为恒定值,则式(2.67)可以改写为下式的形式:

$$[d(U - T \cdot S + p \cdot V)]_{p,T} < 0 \quad 或 \quad (dG)_{p,T} < 0 \tag{2.68}$$

这表明,对于一个等温等压下非隔离体系中的不可逆过程而言,在此过程中其 Gibbs 自由能降低。可以将平衡状态看作 Gibbs 自由能最低的状态。

2.7 开放体系

在此前的章节中,我们讨论了封闭体系(即和环境没有物质交换的体系)。与环境之间有物质交换的体系为开放体系(open systems),本节中将讨论开放体系。

假设一个体系由多种化学成分(在一个均匀相中)组成,并且该体系为均相体系。显然,这个体系的状态与体系中每种化学组分的含量有关。体系中每种组分的量可以用物质的量(用 n 表示)来表示,单位为摩尔(mol)。如果每个成分都有确定的数量,则第 i 个组分的量可以用 n_i 表示。

这表明,需要由体系中各个组分的物质的量来表示体系的热力学状态函数表达式。式(2.33)推导出了对于一个封闭体系的(无限小的)内能变化的表达式,可以看出内能是熵和体积的全微分。对于一个开放体系而言,内能除了与熵和体积有关之外,还与体系中存在的每个组分的量有关。从数学的角度来看,内能的全微分方程式可以改写为下式的形式:

$$dU = \left(\frac{\partial U}{\partial S}\right)_{V,n_i} dS + \left(\frac{\partial U}{\partial V}\right)_{S,n_i} dV + \sum_i \left(\frac{\partial U}{\partial n_i}\right)_{S,V,n_{j \neq i}} dn_i \tag{2.69}$$

通常称内能对组分 i 的物质的量 n_i 的偏微分表达式为化学势,也称为热力学势(thermodynamic potentials),用 μ_i 表示:

$$\mu_i \equiv \left(\frac{\partial U}{\partial n_i}\right)_{S,V,n_{j \neq i}} \tag{2.70}$$

因此,对于一个开放体系而言,式(2.33)可以改写为下式的形式:

$$dU = TdS - pdV + \sum \mu_i dn_i \quad (2.71)$$

类似地，在开放体系中，可以根据式(2.34)、式(2.37)和式(2.38)将焓、Helmholtz 自由能和 Gibbs 自由能改写成下列形式的等式：

$$dH = TdS + Vdp + \sum \mu_i dn_i \quad (2.72)$$

$$dA = -SdT - pdV + \sum \mu_i dn_i \quad (2.73)$$

$$dG = -SdT + Vdp + \sum \mu_i dn_i \quad (2.74)$$

根据式(2.74)，化学势可表示为下式的形式：

$$\mu_i \equiv \left(\frac{\partial G}{\partial n_i}\right)_{p,T,n_{j \neq i}} \quad (2.75)$$

在等压、等温的条件下，通常称热力学函数对物质的量的偏导数为偏摩尔量(partial molar quantity)。因此，也可以称化学势为偏摩尔吉布斯自由能(partial molar Gibbs energies)。根据如式(2.40)所示的全微分方程的交叉微分特性，可以用以下形式的等式来表示化学势与温度和压强的关系：

$$\left(\frac{\partial \mu_i}{\partial T}\right)_{p,n_i} = -\left(\frac{\partial S}{\partial n_i}\right)_{T,p,n_{j \neq i}} = -s_i \quad (2.76)$$

$$\left(\frac{\partial \mu_i}{\partial p}\right)_{T,n_i} = \left(\frac{\partial V}{\partial n_i}\right)_{T,p,n_{j \neq i}} = v_i \quad (2.77)$$

在式(2.76)和式(2.77)中，s_i 和 v_i 分别是 i 组分的偏摩尔熵和偏摩尔体积。这些偏摩尔量是体系的压强、温度和组分的函数关系式。当体系中的组分保持不变时，根据以上这些等式，可以用以下等式来表示全微分形式的化学势与温度和压强的关系：

$$d\mu_i = -s_i dT + v_i dp \quad (2.78)$$

现在来讨论理想气体的化学势与压强之间的关系。假设理想气体只由一种组分组成，在等温条件下，气体从常压 $p = p^\circ = 1$ bar 被压缩到 $p = p_f$。在此过程中，可以由式(2.77)与理想气体状态方程式(式(2.2))计算得到气体化学势的变化 $\Delta \mu$，可以用下式表示：

$$\Delta \mu(T) = \mu(T, p = p_f) - \mu(T, p = p^\circ = 1 \text{ bar})$$

$$= \int_{p^\circ}^{p_f} \left(\frac{\partial \mu}{\partial p}\right)_T dp = \int_{p^\circ}^{p_f} \left(\frac{\partial V}{\partial n}\right)_{T,p} dp = \int_{p^\circ}^{p_f} \left(\frac{RT}{p}\right) dp$$

$$= RT \cdot \ln\left(\frac{p_f}{p^\circ}\right) \quad (2.79)$$

通常称标准气压为 $p = p^\circ$，p° 是单位压强(通常用大气压 atm 表示：$p^\circ = 1$ bar $= 10^5$ Pa 或者 $p^\circ = 1$ atm $= 101325$ Pa)，用上标"o"表示(有时也用"⊖")。可以称在此条件下的热力学性质为标准热力学性质，可以据此来定义标准化学势如下：

$$\mu^\circ(T) \equiv \mu(T, p = p^\circ) \quad (2.80)$$

联立式(2.79)和式(2.80)，可以得到以下形式的等式：

$$\mu(T, p = p_f) = \mu^\circ(T) + RT \cdot \ln\left(\frac{p_f}{p^\circ}\right) \quad (2.81)$$

在式(2.81)中,标准压强 p^o 为标准化学势 μ^o 具有合理的意义时的压强。由于通常用 p^o 表示一个大气压,因此式(2.81)可以表示为以下形式的等式:

$$\mu(T, p = p_f) = \mu^o(T) + RT \cdot \ln(p_f) \tag{2.82}$$

结合 Gibbs 自由能的定义,根据式(2.36)以及式(2.75),我们可以得到化学势与偏摩尔焓(以 h_i 表示)和偏摩尔熵(以 s_i 表示)的关系,用下式表示:

$$\mu_i(p, T, n_j) = h_i(p, T, n_j) - T \cdot s_i(p, T, n_j) \tag{2.83}$$

2.8 单组分纯物质体系

2.8.1 相稳定性

在本节中,我们将讨论由一定量的单一化学物质组成的体系。由于温度和压强的变化,体系中的单组分物质可以以多种相态的形式存在。

首先,我们可以认为一种简单的物质存在三种相态,即固态、液态和气态。下面以一种熔融过程(即由固态到液态的转变过程)的相变为例。该过程可以看作为一种固态的含量减少(dn^{sol}),同时液态的含量增加(dn^{liq})。如果固相和液相的化学势分别用 μ^{*sol} 和 μ^{*liq}(纯物质组分用上标"*"表示)来表示,那么根据式(2.74)可以得到在该过程中 Gibbs 自由能的无限微小的变化,可用下式表示:

$$(dG)_{p,T} = \mu^{*sol} dn^{sol} + \mu^{*liq} dn^{liq} \tag{2.84}$$

由于物质的总量在相变的过程中保持不变,则有如下的关系式:

$$dn^{liq} = -dn^{sol} = dn \tag{2.85}$$

联立式(2.84)和式(2.85),可以得到以下等式:

$$(dG)_{p,T} = (\mu^{*liq} - \mu^{*sol}) dn = \Delta_{sol}^{liq} \mu^* dn \tag{2.86}$$

由于($\mu^{*liq} - \mu^{*sol}$)与温度和压强有关(因为化学势与温度和压强有关),因此下面将讨论三种不同的情形:

(1) ($\mu^{*liq} - \mu^{*sol}$)<0。此时,液相的化学势小于固相的化学势。因此,体系从一定量的固相到液相的转变会引起 Gibb 自由能的降低。根据式(2.68),此过程不可逆且为自发过程。

(2) ($\mu^{*liq} - \mu^{*sol}$)>0。此时,液相的化学势大于固相的化学势。因此,体系从固相到液相的转变会引起 Gibbs 自由能的升高。根据式(2.68),可以判断此过程为自发反应(前提是这种转变不受动力学的限制),Gibbs 自由能降低。

(3) ($\mu^{*liq} - \mu^{*sol}$)=0。此时,液相化学势等于固相化学势。因此,体系中一定量的固相到液相的转变(或液固转变)不会改变 Gibbs 自由能。此时,液相和固相可以共存,即固相和液相之间达到了平衡。

对于一种纯物质而言,最稳定的相态是化学势最低的状态。

例如,图 2.9 中给出了纯金属铟的液相和固相的化学势与熔点($T_m = 429.75$ K)附近的温度之间的关系。用来计算得到图中关系的数据为:$S^{sol}(T_m) = 67.996$ J · K ·

mol^{-1},$C_p^{sol}(T_m) = 30.331$ J·K^{-1}·mol^{-1},$S^{liq}(T_m) = 75.591$ J·K^{-1}·mol^{-1},$C_p^{liq}(T_m) = 29.483$ J·K^{-1}·mol^{-1}[1]。

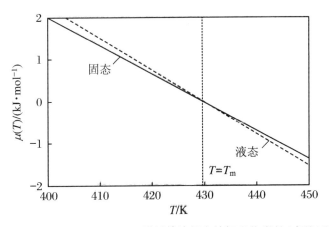

图2.9 纯金属铟在熔点 T_m = 429.75 K 附近的液相态的标准化学势(虚线)和固相态的标准化学势(实线)与温度的关系图。在图中用虚垂线表示熔融,对应于两条线的交点处。化学势最低的状态为最稳定的状态。在铟的熔点 T_m 处,化学势为零

由于化学势是压强和温度的函数,因此可以很方便地在压强-温度图中表示纯物质的不同相稳定存在的范围。在通常情况下,将用来表示不同状态下同一物质不同的稳定相态的图称为相图(phase diagram)。单组分纯物质的相图称为一元相图(unary phase diagram)。在此类相图中,将不同的稳定相分开的曲线称为两相平衡曲线(two-phase e-quilibrium curves),通常用该曲线表示两相平衡的条件。

图2.10是有机化合物苯甲酸的一元相图(数据来源于de Kruif和Blok[8])。三条两

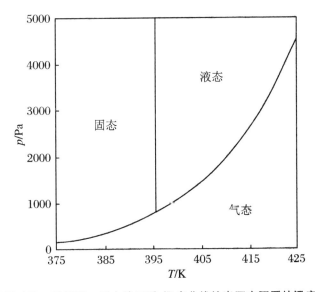

图2.10 苯甲酸的一元相图。图中的压强-温度曲线给出了在不同的温度和压强下的固相、液相和气相的稳定存在区域分布以及其两相平衡曲线

相平衡线的交点叫作三相点(triple point),即在该点处固相、液相和气相这三种相态间彼此达到平衡。固、液两相平衡线为近似于垂直的曲线,斜率可以近似地通过克拉佩隆方程(Clapeyron equation)计算得到,见 2.8.2 节。液相和气相的平衡线处在较高的温度和较高的压强下,将此线消失的点称为"临界点"(critical point)。在临界点处,由于气相和液相的密度相同,因此气相与液相之间的差异(例如气相比液相更易于压缩)消失。该临界点没有在图 2.10 中标出。

"稳定相"(stable phase)是指某一相相对于其他相是稳定的。由于从其他相到稳定相之间的转变使 Gibbs 自由能降低,因此该过程为一个自发过程。然而,对于存在动力学限制的过程来说,上述这种转变可能不会自发地进行。因此,在图中会出现某一相虽然在稳定区域之外但仍然可以表现为稳定相态的现象。

例如,石墨和金刚石是两种可以在常温常压下以碳元素的形式稳定存在的不同的固相态。在常温常压下由于石墨的化学势比金刚石的低,因此石墨比金刚石更稳定。然而,金刚石也是一种很稳定的材料,也不会自发地转变为石墨。存在于化学势较低的区域(即相稳定区域之外)的另一种相态叫作亚稳相(metastable phase)。亚稳相可以自发转变为较稳定的相态,但是该过程的逆过程是绝对不会发生的。

再举一个水的例子。如果降低水的温度,在 0 ℃时可得到水-冰两相平衡的曲线。在更低的温度下,冰比水更稳定。实际上,水可能会在低于零下几度的状态下仍然以液态水的形式存在,以上的这种过冷状态也可以被称为亚稳态相。

2.8.2 两相平衡、克拉佩隆方程式

在接下来的内容中,我们假设在压力 p_e、温度 T_e(即相平衡点(p_e,T_e))时的一种纯物质的两个相——α 相和 β 相彼此之间达到了相平衡。根据前几节的内容,在此温度和压强下共存的两相的化学势应相同,可用下式的形式表示:

$$\mu^{*\alpha}(p_e, T_e) = \mu^{*\beta}(p_e, T_e) \rightarrow \Delta_\alpha^\beta \mu(p_e, T_e) \tag{2.87}$$

现在假设温度和压强发生了无限微小的变化,可以看作这两相之间此时仍然维持在平衡状态。这可以理解为,温度和压强的改变所代表的状态在两相平衡线上移动,即点 ($p_e+\mathrm{d}p, T_e+\mathrm{d}T$)仍然在两相的平衡线上。由于温度和压强发生了改变,因此化学势也随之发生改变,可以通过式(2.78)来计算化学势的这种变化。如果体系在新的状态下重新达到了平衡,则化学势会再次相等,这说明 α 相的化学势的变化量与 β 相的相同,可以表示为下式的形式:

$$\mathrm{d}\mu^{*\alpha} = \mathrm{d}\mu^{*\beta} \rightarrow -s^{*\alpha}\mathrm{d}T + v^{*\alpha}\mathrm{d}p = -s^{*\beta}\mathrm{d}T + v^{*\beta}\mathrm{d}p \tag{2.88}$$

对式(2.88)进行重排,可以得到下式:

$$-\Delta_\alpha^\beta s^* \mathrm{d}T + \Delta_\alpha^\beta v^* \mathrm{d}p = 0 \tag{2.89}$$

在上式中,$\Delta_\alpha^\beta s^*$ 和 $\Delta_\alpha^\beta v^*$ 分别为摩尔熵变和摩尔体积变化。由此可以得出,在两相平衡曲线中的压强和温度的变化满足以下关系式:

$$\left(\frac{\mathrm{d}p}{\mathrm{d}T}\right)_{\mathrm{eq,curve}} = \frac{\Delta_\alpha^\beta s^*}{\Delta_\alpha^\beta v^*} \tag{2.90}$$

式(2.90)就是著名的克拉佩隆方程式。

对于 α 相和 β 相而言，将式(2.83)代入式(2.87)中，可得

$$\Delta_\alpha^\beta h^*(p_e,T_e) - T_e \Delta \Delta_\alpha^\beta s^*(p_e,T_e) = 0 \to \Delta_\alpha^\beta s^*(p_e,T_e) = \frac{\Delta_\alpha^\beta h^*(p_e,T_e)}{T_e} \quad (2.91)$$

联立式(2.90)和式(2.91)，可以得到另外一种形式的克拉佩隆方程式：

$$\left(\frac{dp}{dT}\right)_{eq,curve} = \frac{\Delta_\alpha^\beta h^*}{T_e \cdot \Delta_\alpha^\beta v^*} \quad (2.92)$$

以上这种表达形式的克拉佩隆方程式更方便使用，主要是因为可以通过量热器测得（由 α 相到 β 相的）转变焓 $\Delta_\alpha^\beta h^*$。

对于凝聚态（通常为液相和固相）与蒸气相之间的平衡而言，可以通过一些假设来对克拉佩隆方程式进行简化。一般情况下，物质在蒸气状态下的摩尔体积远大于处于凝聚相的同一物质的摩尔体积。因此，摩尔体积的变化可以看成是蒸气的摩尔体积变化（即凝聚相的摩尔体积变化量可以忽略不计）：

$$\Delta_{cond}^{vap} v^* = v^{*\,vap} - v^{*\,cond} \approx v^{*\,vap} \quad (2.93)$$

如果假设蒸气相具有类似理想气体的性质，则可以根据理想气体方程(式(2.2))得出摩尔体积，如下式所示：

$$v^{*\,vap} = \frac{V}{n} = \frac{RT}{p} \quad (2.94)$$

将式(2.93)和式(2.94)两式同时代入至克拉佩隆方程式（即式(2.92)），可得

$$\left(\frac{dp}{dT}\right)_{eq,curve} = \frac{\Delta_{cond}^{vap} h^*}{T \cdot \frac{RT}{p}} \to \frac{dp}{p} = \frac{\Delta_{cond}^{vap} h^*}{RT^2} dT \quad (2.95)$$

以上等式也可以变形为

$$d\{\ln(p)\} = -\frac{\Delta_{cond}^{vap} h^*}{R} d\frac{1}{T} \quad (2.96)$$

以上这两个非常有用的方程是等价的，通常称之为克劳修斯-克拉佩隆方程式(Clausius-Clapeyron equation)。该方程表明，由相平衡曲线（用平衡条件下的压强的自然对数与温度的倒数表示）的斜率可以得到负值形式的汽化或升华焓变对气体常数的比值。虽然汽化焓变（对应于液相与蒸气相的平衡）和升华焓变（对应于固相与气相的平衡）与温度有关，但是其对温度的导数值变得很小。因此在温度变化范围不是很大的情况下，可以将升华熵变与汽化熵变看作为一个常数。因此，式(2.96)经积分后可以得到以下的克劳修斯-克拉佩隆方程的第三种表达形式：

$$\ln\frac{p_2}{p_1} = -\frac{\Delta_{cond}^{vap} h^*}{R}\left(\frac{1}{T_2} - \frac{1}{T_1}\right) \quad (2.97)$$

在式(2.97)中，点(p_1,T_1)和点(p_2,T_2)不仅可以是固相-气相平衡线上的两个点，也可以是液相-气相平衡线上的两个点。如果平衡蒸气压可以表示为温度的函数形式，则通过该方程可以得到汽化焓或升华焓。另外，如果凝聚相-蒸气相平衡线上某点的升华焓或者汽化焓为已知，则可以通过计算得到平衡线上的其他的点。

2.8.3 相变、相变的级数

在 2.8.1 节中,我们已经了解到:当两相彼此间达到热平衡时,它们的化学势相等。在 2.8.2 节中,假设了在相变过程中的摩尔熵变与摩尔体积的变化不等于 0,并由此推导得出了克拉佩隆方程式(2.90)。对于凝聚态相变和很多其他相变的情形而言,这个假设是成立的。然而,在实际应用中仍有许多相变过程的摩尔熵变和摩尔体积变化等于 0。

Ehrenfest 按照级数对相变进行了分类。将满足式(2.90)假设的相变(在转变过程中,摩尔熵变和摩尔体积的变化均不等于 0)称作一级相变(phase transitions of the first order)。在这种情况下,可以认为相变的(摩尔)熵变与(摩尔)体积变化分别是(摩尔)吉布斯自由能(或化学势)对温度与压强的一阶偏导数。因此,可以定义吉布斯自由能对温度与压强的一阶偏导数不为 0 的一级相变如下:

$$\begin{cases} \left(\dfrac{\partial \Delta_\alpha^\beta \mu^*}{\partial T}\right)_p = -\Delta_\alpha^\beta s^* \neq 0 \\ \left(\dfrac{\partial \Delta_\alpha^\beta \mu^*}{\partial p}\right)_T = \Delta_\alpha^\beta v^* \neq 0 \end{cases} \quad (2.98)$$

由于在一级相变的过程中摩尔体积发生了变化,因此可以用热膨胀法测定一级相变。另外,量热法同样也是一种可以用来研究一级相变的非常有效的工具。由于在相变过程中摩尔熵发生了变化,由此引起了焓变,因此,可以通过测量得到相变热(通常也称为相变潜热)。

当一个相变的吉布斯自由能和摩尔体积变化对温度与压强的一阶偏导数为 0 时,我们称其为高阶相变(phase transitions of a higher order)。对于一个二级相变来说,根据 Ehrenfest 的相变理论,其吉布斯自由能对温度与压强的二阶偏导数不等于 0,有如下关系式:

$$\begin{cases} \Delta_\alpha^\beta s^* = 0, \quad \Delta_\alpha^\beta v^* = 0 \\ \left(\dfrac{\partial^2 \Delta_\alpha^\beta \mu^*}{\partial T^2}\right)_p = -\left(\dfrac{\partial \Delta_\alpha^\beta s^*}{\partial T}\right)_p = -\dfrac{\Delta_\alpha^\beta c_p^*}{T} \neq 0 \\ \left(\dfrac{\partial^2 \Delta_\alpha^\beta \mu^*}{\partial p^2}\right)_T = -\left(\dfrac{\partial \Delta_\alpha^\beta v^*}{\partial p}\right)_T \neq 0 \\ \left(\dfrac{\partial^2 \Delta_\alpha^\beta \mu^*}{\partial p \partial T}\right)_{p,T} = -\left(\dfrac{\partial \Delta_\alpha^\beta v^*}{\partial T}\right)_p \neq 0 \end{cases} \quad (2.99)$$

因此,对于一个二级相变来说,不存在相变熵(因此也不存在相变焓),同时在相变时摩尔体积也不会发生变化。但是,在发生二级相变时,体系的热容、热膨胀系数及压缩系数会发生变化。许多所谓的有序-无序相转变(例如,铁和镍在居里温度下发生的铁磁到顺磁的相变)都是二级相变的例子。在这些相变过程中,它们的热容随温度的变化曲线往往在转变温度下会表现为一个峰。由于这个峰的形状与字母 λ 相似,因此这些相变也通常被称为 λ 相变。

在图 2.11 中给出了一级相变与二级相变的化学势、焓与热容随温度的变化情况。

通常情况下,对于一个 n 级相变而言,其吉布斯自由能对温度与压强函数关系的 n

阶偏导数不为 0,而其更低阶的偏导数则为 0。

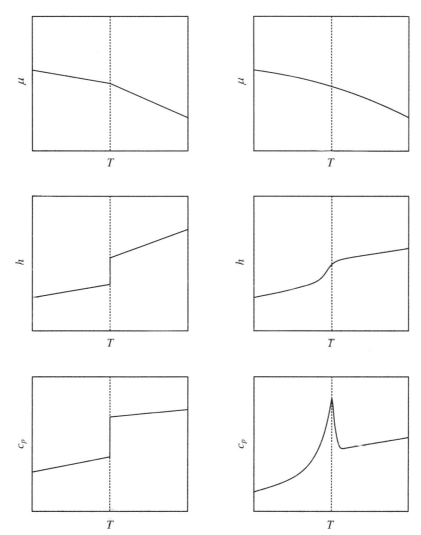

图 2.11　在相变过程中化学势、焓变和热容随温度变化的关系曲线。图中从上到下依次为化学势、焓变和热容,从左到右分别为一级相变和二级相变。图中的虚垂线所示的为相变温度

2.8.4　玻璃态及玻璃化转变

目前热分析或量热技术已经广泛应用于玻璃态材料的研究领域,在这一节中我们将讨论与玻璃态相关的热力学方面的问题,与此相关的更多的细节问题可以参阅参考文献 [6,9]。

在分子尺度上,玻璃态(the glassy state,也称为 the vitreous state)可以被看作"冻结"(frozen)的液态。在温度变化的过程中,相当多的液体可能会出现过冷却(undercooled)现象。当体系被冷却至热力学融点温度以下时,在这种情况下会形成一种亚稳态

的液体（metastable liquid）。如果进一步冷却这种液体，往往会在一定的过冷温度下开始结晶，即形成稳定的或者亚稳状态的晶体。但在某些情况下，即使在（非常）高的过冷温度下，在动力学上形成晶体的过程仍然是受到限制的。由于此时的（亚稳态）液体的黏度在冷却过程中变大，液体分子的流动速度变得十分缓慢，因此会导致无法形成过冷液体的分子构象特征（即无法结晶）。在这种条件下就形成了一种分子构象被冻结的状态，它在更高的温度下会形成典型的液体，通常将这种状态称为玻璃态。但是从机械性质的角度（比如硬度）看，玻璃态具有类似固体的性质。形成玻璃态的过程被称作玻璃化转变（the glass transition）过程。通过以上的表述我们可以清楚地知道，玻璃态并不是一种平衡状态。

通常将过冷液体从类似液体的状态转变为玻璃态的温度称为玻璃化转变温度（glass transition temperature），用符号 T_g 表示。玻璃化转变温度与冷却速率有关。如果一种材料冷却得很慢，那么它的玻璃化转变温度将比材料在淬冷条件下的低。这一点与我们在前面一节中所讨论的热力学稳定状态下的相变（无论是一级相变还是更高级的相变）不同。对于这些相变而言，相变温度只与热力学性质有关，而与动力学性质无关。

在对一个可以形成玻璃态的材料进行冷却的过程中，如果体积是温度的函数并且体积对温度曲线的斜率在高于或者低于玻璃化转变温度时是不相同的，那么这将意味着玻璃态的热膨胀系数与过冷液体的是不相同的。但是，在玻璃化转变温度时，玻璃态材料的体积与过冷液体的体积相同。同样，在二级相变中也有同样的规律。实际上，玻璃化转变与二级相变的相似之处远不止如此。式（2.99）中对二级相变的所有判据也适用于玻璃化转变，但该过程是准二级相变（pseudo second-order transition），并不是一个真正意义上的二级相变过程。这主要是因为玻璃态并非一个热力学平衡状态，玻璃化转变温度的数值并不仅依赖于其热力学性质，也依赖于其动力学性质（冷却速率）。

在玻璃态形成之后，可以从热力学上定义玻璃化转变温度。此时，玻璃态的体积、熵或焓与过冷液体的相应参数的数值相等。通常情况下，由过冷液体形成玻璃态的过程往往不在一个确定的温度下发生，而是在一个温度范围内发生（反之亦然）。在某些情况下，这个温度的范围会相当宽。必须通过外推得到在玻璃态范围与过冷液态范围的体积、熵或焓对温度所得到的曲线的交叉点的方式来确定玻璃化转变温度，交点的温度即为玻璃化转变的温度。

通常用热分析或量热的技术手段来研究玻璃化转变，以热容对温度的函数形式来表示测量结果。在玻璃化转变温度附近，热容曲线呈现出不连续性的特征。图 2.12 中给出的是一条典型的甘油的热容对温度的曲线。

如果玻璃化转变发生在比较宽的温度范围内，则很难直接按照以上的方法由测得的热容对温度曲线确定出玻璃化转变温度。通常采用的方法是将在玻璃态与过冷液态的热容数据外推到转变区域，由实验得到的热容曲线中的两条外推曲线的中间值所对应的温度即为玻璃化转变温度；在一些情况下，也可以将由实验得到的热容曲线的拐点温度所对应的温度表示为玻璃化转变温度。显然，我们应当清楚，通过这两种方式所得到的结果都不是本节中所定义的严格意义上的玻璃化转变温度。为了得到本节定义的严格意义上的玻璃化转变温度（即准二级相转变温度（pseudo second-order phase transition temperature)),我们最好将热容对温度的曲线转化为焓对温度的函数曲线。最后通过外推法找到玻璃态与过冷液态的交叉点,该交点所对应的温度即为玻璃化转变温度(图2.13)。

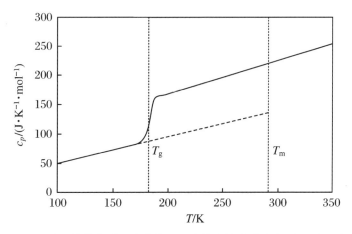

图 2.12　甘油的热容对温度曲线。图中的实线为玻璃态,虚线为晶态;
垂直的虚线为玻璃化转变温度(T_g)和熔融温度(T_m)

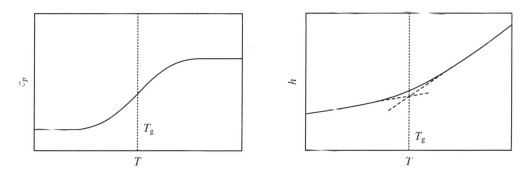

图 2.13　玻璃化转变的热容(左图)与焓曲线(右图)随温度变化的示意图。玻璃化转变温度为将玻璃态的热容或焓与过冷液态的热容或焓曲线外推至转变区域所得到的切线的交点

2.9　混合物与相图

2.9.1　混合物的热力学性质

组成是混合物的一个重要性质。对于一个由 N 种不同组分组成的混合物体系而言,通常用存在于混合物体系中的每种成分的数量(例如摩尔数 n_i)来表示其组成。在大多数情况下,使用不依赖于体系的成分的变量来表示是很方便的。例如,用每种组分的摩尔分数(用 x_i 表示)来表示相对的组成。可以定义第 i 种组分的摩尔分数为混合物中第 i 种组分的摩尔数与全部组分的摩尔数之比,用下式表示:

$$x_i \equiv \frac{n_i}{\sum_{i=1}^{N} n_i} \tag{2.100}$$

显然,由于 N 个摩尔分数之和必然为 1,因此,在这 N 个摩尔分数中,有 $N-1$ 个是独立的。

在一个确定的温度及压强下,如果有至少一种组分被加入到体系中(即体系中的组分发生了变化),则可以用以下形式的等式描述吉布斯自由能的变化量:

$$(dG)_{p,T} = \sum_{i=1}^{N} \mu_i dn_i \tag{2.101}$$

在上式中,组分 i 的化学势(或偏摩尔吉布斯自由能)μ_i 是温度、压强及组成的函数。另外,其他很多热学广度性质的变化都满足与此相似的等式(注意:这些等式只是数学上的全微分方程)。例如,可以用下式来表示体积的变化:

$$(dV)_{p,T} = \sum_{i=1}^{N} v_i dn_i \tag{2.102}$$

组分的偏摩尔体积 v_i 也是温度、压强及组成的函数。

在一个假想的实验中,假设以一种特殊的方式将每种组分加入到混合物体系中,并使该混合物体系的组成不发生变化。这意味着在这样一个理想的实验中,组分的偏摩尔体积保持不变。因此,如果对式(2.102)积分,结果可以用下式表示:

$$V(p,T,n_i) = \sum_{i=1}^{N} v_i n_i \tag{2.103}$$

由此得到的结果是显而易见的,因为如果假设一个混合物体系 A 的体积为 V,混合物体系 B 具有与 A 相同的组分,但每种组分的量都是 A 的 2 倍,则其体积是 $2V$。由此可以得出:只要成分不发生变化,则体系的体积与全部组分的数量直接成比例。

由于体积是一个热力学状态函数,式(2.103)在一般情况下是成立的(因为与达到最终组成状态的过程无关)。同样的结论还可以推广到其他许多具有广度性质的热力学状态函数中,例如,可以用下式的形式描述吉布斯自由能:

$$G(p,T,n_i) = \sum_{i=1}^{N} \mu_i n_i \tag{2.104}$$

由于我们通常不关心所研究体系的范围,因此习惯用单位摩尔数的形式来表示混合物的这些热力学函数。故可以用下式的形式来分别表示摩尔体积(V_m)与摩尔吉布斯自由能(G_m):

$$V_m(p,T,x_i) = \frac{V(p,T,n_i)}{\sum_{i=1}^{N} n_i} = \sum_{i=1}^{N} v_i x_i \tag{2.105}$$

$$G_m(p,T,x_i) = \frac{G(p,T,n_i)}{\sum_{i=1}^{N} n_i} = \sum_{i=1}^{N} \mu_i x_i \tag{2.106}$$

可以由下列等式得到摩尔体积与摩尔吉布斯自由能的(无限小的)变化:

$$(\mathrm{d}V_\mathrm{m})_{p,T} = \sum_{i=1}^{N} v_i \mathrm{d}x_i \tag{2.107}$$

$$(\mathrm{d}G_\mathrm{m})_{p,T} = \sum_{i=1}^{N} \mu_i \mathrm{d}x_i \tag{2.108}$$

以下的讨论仅限于二元混合物,即体系为仅含有两种组分的混合物。对于这样的混合物而言,只有一个独立变量摩尔分数 x,在这里定义它为体系中第二种组分的摩尔分数。那么,体系中第一种组分的摩尔分数可以表示为 $1-x$ 的形式。因此,对于二元混合物体系来说,可以用以下形式的等式来表示摩尔体积与它的(无限小的)变化量:

$$V_\mathrm{m}(p,T,x) = (1-x)\cdot v_1 + x\cdot v_2 = v_1 + x\cdot(v_2 - v_1) \tag{2.109}$$

$$(\mathrm{d}V_\mathrm{m})_{p,T} = (v_2 - v_1)\mathrm{d}x \tag{2.110}$$

由这两个等式出发,我们可以通过对摩尔体积进行积分来消去 $v_2 - v_1$ 项的方法来计算组分的偏摩尔体积,如以下等式所示:

$$v_1(p,T,x) = V_\mathrm{m}(p,T,x) - x\cdot\left(\frac{\partial V_\mathrm{m}}{\partial x}\right)_{p,T} \tag{2.111}$$

$$v_2(p,T,x) = V_\mathrm{m}(p,T,x) + (1-x)\cdot\left(\frac{\partial V_\mathrm{m}}{\partial x}\right)_{p,T} \tag{2.112}$$

式(2.111)和式(2.112)对 x 求偏导,可得到下式:

$$\left(\frac{\partial v_1}{\partial x}\right) = -x\cdot\left(\frac{\partial^2 V_\mathrm{m}}{\partial x^2}\right) \tag{2.113}$$

$$\left(\frac{\partial v_2}{\partial x}\right) = (1-x)\cdot\left(\frac{\partial^2 V_\mathrm{m}}{\partial x^2}\right) \tag{2.114}$$

联立以上两个等式就可以得到著名的吉布斯-杜亥姆(Gibbs-Duhem)方程式。通过该方程式可以得到,当压强与温度不发生变化时,由于组分发生的微小的变化而导致的偏摩尔体积之间的变化关系如下式所示:

$$\left(\frac{\partial v_1}{\partial v_2}\right) = -\left(\frac{x}{1-x}\right) \tag{2.115}$$

类似形式的等式也适用于其他的热力学函数及其偏摩尔量如吉布斯自由能、熵与焓等。例如,可用图 2.14 表示(积分)摩尔吉布斯自由能与偏摩尔吉布斯自由能(化学势)之间的关系。

2.9.2 理想气体混合物

在这一节中,我们将讨论可以看作理想气体的混合物体系。在分子层面上,理想气体是一种分子间彼此无相互作用的相。在理想气体混合物中,每种组分的气体的行为也可以看作为每个组分占据了体系的整个体积而不受其他组分的影响。

这意味着,可以将描述理想气体的全部物理量视为体系中每种组分的各自贡献的总和。在理想气体混合物中,第 i 种组分的分压 p_i 可以看作为如果体系中只存在这种组分(记为组分 i)且占据全部体积时的压强。如果用 n_i 表示组分 i 的数量,则可以用理想气体状态方程计算其分压 p_i,如下式所示:

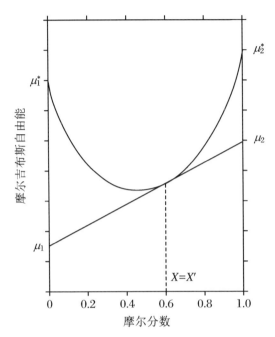

图 2.14 二元混合物体系中摩尔吉布斯自由能与偏摩尔吉布斯自由能(化学势)之间的关系

$$p_i \cdot V = n_i \cdot R \cdot T \tag{2.116}$$

体系的总压强可以由所有组分的分压求和得到,用下式表示:

$$p = \sum_{i=1}^{N} p_i \tag{2.117}$$

根据这两个等式以及式(2.100)对摩尔分数的定义,可以得到一种组分(组分 i)的分压等于总压强与在混合气体中该组分的摩尔分数的乘积,用下式表示:

$$p_i = p \cdot x_i \tag{2.118}$$

现在,我们来考虑在一定的温度 T 下双组分理想气体混合物的(摩尔)内能。假设体系的总压强为 p,第二种组分的摩尔分数为 x,第一种组分和第二种组分的分压分别为 p_1 和 p_2。如果混合物中第一种组分和第二种组分的摩尔内能分别为 $u_1(p_1,T)$ 和 $u_2(p_2,T)$,则体系的总摩尔内能等于两种组分的各自贡献的总和,用下式表示:

$$U_m(p,T,x) = (1-x) \cdot u_1(p_1,T) + x \cdot u_2(p_2,T) \tag{2.119}$$

对于理想气体而言,内能仅仅与温度有关,而与压强无关。此外,在理想气体混合物体系中,每种组分的性质与其单独存在于体系中时一致。因此,式(2.119)可以简化为以下等式的形式:

$$U_m(T,x) = (1-x) \cdot u_1^*(T) + x \cdot u_2^*(T) \tag{2.120}$$

对于摩尔吉布斯自由能而言,组分的贡献主要来源于偏摩尔吉布斯自由能或化学势。在混合气体(压强为 p,温度为 T,第二种组分的摩尔分数为 x)中第一种组分的化学势与体系中不存在第二种组分时的相同(即作为单一组分存在的压强 p、温度 T),由式(2.81)可以得到以下等式:

$$\mu_1(p,T,x) = \mu_1^*(p_1,T) = \mu_1^o(T) + R \cdot T \cdot \ln\frac{p_1}{p^o} \quad (2.121)$$

同理,可以得出第二种组分的摩尔吉布斯自由能的表达式。混合气体的总的摩尔吉布斯自由能是体系中两种组分的吉布斯自由能的总和(对于摩尔体积而言,其表达式与式(2.109)类似),可用下式表示:

$$G_m(p,T,x) = (1-x) \cdot \mu_1(p,T,x) + x \cdot \mu_2(p,T,x) \quad (2.122)$$

将式(2.121)和第二种组分的化学势方程代入到式(2.122)中,可以得到以下等式:

$$G_m(p,T,x) = (1-x) \cdot \mu_1^o(T) + x \cdot \mu_2^o(T) + (1-x) \cdot R \cdot T \cdot \ln\frac{p_1}{p^o}$$
$$+ x \cdot R \cdot T \cdot \ln\frac{p_2}{p^o} \quad (2.123)$$

将分压用总压强与摩尔分数的乘积(即式(2.118))来代替,则式(2.123)可以改写成以下形式的方程式:

$$G_m(p,T,x) = (1-x) \cdot \left\{\mu_1^o(T) + R \cdot T \cdot \ln\frac{p}{p^o}\right\} + x \cdot \left\{\mu_2^o(T) + R \cdot T \cdot \ln\frac{p}{p^o}\right\}$$
$$+ R \cdot T \cdot \{(1-x) \cdot \ln(1-x) + x \cdot \ln x\} \quad (2.124)$$

以上等式等价于以下著名的一般性方程式:

$$G_m(p,T,x) = (1-x) \cdot \mu_1^*(p,T) + x \cdot \mu_2^*(p,T)$$
$$+ R \cdot T \cdot \{(1-x) \cdot \ln(1-x) + x \cdot \ln x\} \quad (2.125)$$

在式(2.125)中,第一项表示摩尔分数为 $1-x$ 的第一种纯组分在压强 p 与温度 T 下的吉布斯自由能,第二项代表摩尔分数为 x 的第二种纯组分在相同的压强 p 与温度 T 下的吉布斯自由能。显然,第三项代表了在混合状态下各组分的吉布斯自由能与未混合状态下的相同组分的吉布斯自由能的差值。因此,这一项是由于理想气体混合物的混合所导致的(摩尔)吉布斯自由能变化(可以记作 $\Delta_{mix} G_m$ 的形式)。

2.9.3 理想状态的混合物

一般地,对于一个无论是气态、液态还是固态的混合物而言,只要它们的吉布斯自由能可以用式(2.125)来描述,就可以将其视为理想混合物(ideal mixture),即可以认为混合物的混合行为与理想气体混合物的行为相似。这意味着对于理想状态的混合物而言,可以用下式来表示其混合摩尔吉布斯自由能的变化:

$$\Delta_{mix} G_m^{id}(T,x) = RT\{(1-x)\ln(1-x) + x\ln x\} \quad (2.126)$$

通过这个等式,我们也可以对混合物的其他热力学性质进行计算。在混合的过程中,可以通过对混合(摩尔)吉布斯自由能对压强的偏微分求得体系的摩尔体积变化(与式(2.43)相类似)。对于理想混合物来说,由于混合摩尔吉布斯自由能的变化与压强的变化无关(可以由式(2.126)得出这一结论),因此,在混合过程中,体积保持不变,如下式所示:

$$\Delta_{mix} V_m^{id}(T,x) = \left(\frac{\partial(\Delta_{mix} G_m^{id}(T,x))}{\partial p}\right)_{T,x} = 0 \quad (2.127)$$

对于理想混合物在混合过程中的摩尔熵变而言,其可以通过混合摩尔吉布斯自由能变化对温度求偏导得到,所得到的数值并不为0,如下式所示:

$$\Delta_{mix}S_m^{id}(T,x) = -\left(\frac{\partial(\Delta_{mix}G_m^{id}(T,x))}{\partial T}\right)_{p,x}$$
$$= -R\{(1-x)\ln(1-x) + x\ln x\} \qquad (2.128)$$

根据摩尔吉布斯自由能的定义,式(2.36)可以变换为下式的形式:

$$\Delta_{mix}G_m^{id}(T,x) = \Delta_{mix}H_m^{id}(T,x) - T\Delta_{mix}S_m^{id}(T,x) \qquad (2.129)$$

对于理想混合物在混合过程的摩尔焓变而言,联立式(2.128)、式(2.129)以及式(2.126),可以求得在混合过程中的摩尔焓变等于0,用下式表示:

$$\Delta_{mix}H_m^{id}(T,x) = 0 \qquad (2.130)$$

2.9.4 实际状态的混合物

对于实际混合物而言,往往用理想混合物的摩尔吉布斯自由能与偏离理想状态混合物行为的项的总和来表示体系的摩尔吉布斯自由能。通常称这个偏离项为剩余摩尔吉布斯自由能(excess Gibbs energy,用 G_m^E 表示)。由于该剩余摩尔吉布斯自由能可能是一个关于压强、温度及组分的函数,因此可以用以下形式的等式来表示实际状态的混合物的摩尔吉布斯自由能:

$$G_m(p,T,x) = G_m^{id}(p,T,x) + G_m^E(p,T,x) \qquad (2.131)$$

将表示理想状态混合物的摩尔吉布斯自由能式(2.125)代入到式(2.131)中,可得下式:

$$G_m(p,T,x) = (1-x)\mu_1^*(p,T) + x\mu_1^*(p,T)$$
$$+ RT\{(1-x)\ln(1-x) + x\ln x\} + G_m^E(p,T,x)$$
$$\qquad (2.132)$$

在式(2.132)中,前两项表示两种纯组分的各自的贡献量(即未混合状态的吉布斯自由能),第三项表示理想状态的混合物在混合时的吉布斯自由能变化量,第四项是实际状态的混合物在偏离理想状态时的吉布斯自由能变化。图2.15中分别列出了未混合状态、理想混合状态和实际状态的吉布斯自由能与各组分的变化关系曲线,剩余吉布斯自由能与组分的变化关系曲线也列于图中。可以用下式表示实际状态的混合物在混合过程中的吉布斯自由能变化:

$$\Delta_{mix}G_m(p,T,x) = \Delta_{mix}G_m^{id}(p,T,x) + G_m^E(p,T,x)$$
$$= RT\{(1-x)\ln(1-x) + x\ln x\} + G_m^E(p,T,x)$$
$$\qquad (2.133)$$

如果已知混合过程中的摩尔吉布斯自由能的变化值,那么在混合过程中的摩尔体积变化、摩尔熵变以及摩尔焓变均可以按照2.9.3节的方法步骤进行求解,计算过程如以下等式所示:

$$\Delta_{mix}V_m(p,T,x) = \left(\frac{\partial(\Delta_{mix}G_m(p,T,x))}{\partial p}\right)_{T,x}$$

$$\begin{aligned}
&= \left(\frac{\partial (\Delta_{mix}G_m^{id}(T,x) + G_m^E(p,T,x))}{\partial p}\right)_{T,x} \\
&= 0 + \left(\frac{\partial G_m^E(p,T,x)}{\partial p}\right)_{T,x} \\
&= V_m^E(p,T,x)
\end{aligned} \quad (2.134)$$

$$\begin{aligned}
\Delta_{mix}S_m(p,T,x) &= -\left(\frac{\partial (\Delta_{mix}G_m(p,T,x))}{\partial T}\right)_{p,x} \\
&= -\left(\frac{\partial (\Delta_{mix}G_m^{id}(T,x) + G_m^E(p,T,x))}{\partial T}\right)_{p,x} \\
&= -R\{(1-x)\ln(1-x) + x\ln x\} - \left(\frac{\partial G_m^E(p,T,x)}{\partial p}\right)_{p,x} \\
&= -R\{(1-x)\ln(1-x) + x\ln x\} + S_m^E(p,T,x)
\end{aligned} \quad (2.135)$$

$$\begin{aligned}
\Delta_{mix}H_m(p,T,x) &= \Delta_{mix}G_m(p,T,x) + T\Delta_{mix}S_m(p,T,x) \\
&= -RT\{(1-x)\ln(1-x) + x\ln x\} + G_m^E(p,T,x) \\
&\quad + T[-R\{(1-x)\ln(1-x) + x\ln x\} + S_m^E(p,T,x)] \\
&= G_m^E(p,T,x) + TS_m^E(p,T,x) \\
&= H_m^E(p,T,x)
\end{aligned} \quad (2.136)$$

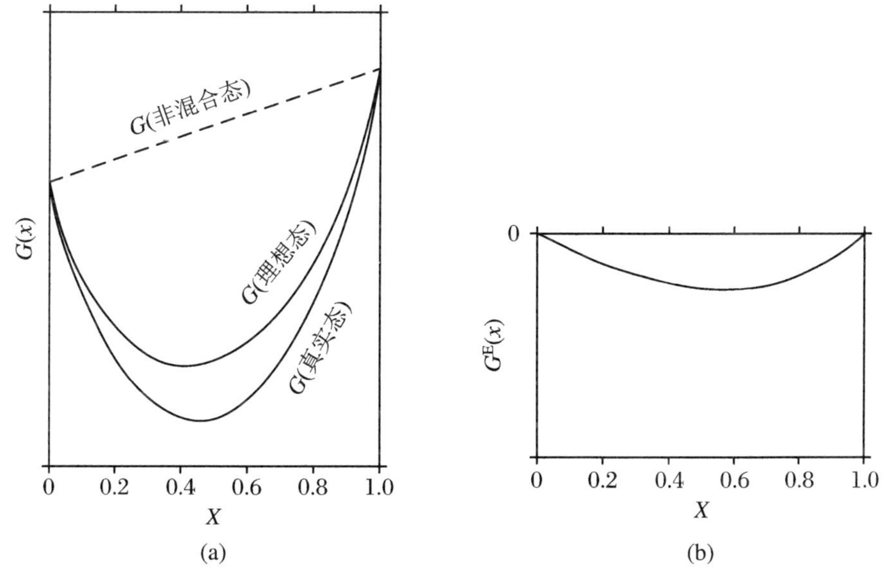

图 2.15 （a）在一定的温度和压强下，三种不同状态下的吉布斯自由能对摩尔分数的曲线，图中从上到下分别为未混合状态（机械混合）、假设的理想混合状态与实际的混合状态；
（b）剩余吉布斯自由能对摩尔分数的关系曲线，其中剩余吉布斯自由能是由实际混合状态混合物的吉布斯自由能与理想混合状态的混合物的吉布斯自由能相减而得到的

从式（2.134）与式（2.136）可以看出，混合过程中的体积变化等于剩余体积，混合过程中的焓变也就是剩余焓。最后一个特别有意义的发现是，如果在混合物的混合过程中

压强保持不变,那么在混合过程中的焓变(也可以称作剩余焓)则等于混合过程中的热量变化(即混合热,参见式(2.17))。这表明,剩余焓可以通过量热技术测量得到。一般地,许多液体混合物的热量都能通过量热仪直接测量得到。对于固态混合物来说,只能通过间接的方法测量。例如,可以通过测量得到混合物溶解的热量变化,并可以与纯组分的溶解热进行比较。

2.9.5 偏摩尔量、活度与活度系数

在2.9.3节与2.9.4节中,我们主要讨论了积分形式的摩尔热力学性质,尤其是摩尔吉布斯自由能。在这一节中,我们主要讨论偏摩尔量的性质,尤其是化学势,并介绍"活度"与"活度系数"的概念。

在2.9.1节中,我们介绍了由积分摩尔热力学性质得到偏摩尔热力学性质的步骤。通过类似于式(2.111)与式(2.112)的方法,可以得到化学势的表达式,如下式所示:

$$\mu_1(p,T,x) = G_m(p,T,x) - x\left(\frac{\partial G_m}{\partial x}\right)_{p,T} \tag{2.137}$$

$$\mu_2(p,T,x) = G_m(p,T,x) + (1-x)\left(\frac{\partial G_m}{\partial x}\right)_{p,T} \tag{2.138}$$

对于理想状态的二元组分混合物而言,可以由式(2.125)给出吉布斯自由能。因此,可以用下式来表示理想状态的混合物的化学势:

$$\mu_1^{id}(p,T,x) = \mu_1^*(p,T) + RT\ln(1-x) \tag{2.139}$$

$$\mu_2^{id}(p,T,x) = \mu_2^*(p,T) + RT\ln x \tag{2.140}$$

对于实际状态的二元组分混合物体系而言,可以采用类似的方法,根据式(2.132)得到化学势的表达式,如下式所示:

$$\mu_1(p,T,x) = \mu_1^*(p,T) + RT\ln(1-x) + \left\{G_m^E(p,T,x) - x\left(\frac{\partial G_m^E}{\partial x}\right)_{p,T}\right\} \tag{2.141}$$

$$\mu_2(p,T,x) = \mu_2^*(p,T) + RT\ln x + \left\{G_m^E(p,T,x) + (1-x)\left(\frac{\partial G_m^E}{\partial x}\right)_{p,T}\right\} \tag{2.142}$$

在以上的这些等式中,大括号中的项分别是剩余化学势 $\mu_1^E(p,T,x)$ 与 $\mu_2^E(p,T,x)$。同样,该表达式中的剩余性质为用来描述实际状态的混合物对理想混合物偏离的项,必须加入到该表达式中。

在某些情况下,特别是在考虑稀溶液时,使用类似于理想混合物的化学势方程显得更加方便。对于非理想混合的行为而言,引入组分的活度(用符号 a 表示)概念来进行解释。此时,可以用以下等式表示实际状态混合物的化学势方程:

$$\mu_1^{id}(p,T,x) = \mu_1^*(p,T) + RT\ln a_i \tag{2.143}$$

一般来说,活度是压强、温度以及组分的函数。一种组分的活度通常用其摩尔分数乘以一个被称为该组分的活度系数(activity coefficient,通常用符号 f 表示)的因子来表示,如下式所示:

$$a_i(p,T,x) = x_i f_i(p,T,x) \tag{2.144}$$

活度系数也是压强、温度及组分的函数。

将式(2.144)代入式(2.143)中,并与式(2.142)或式(2.141)进行比较,可以得到以下关于活度系数与剩余化学势的关系式:

$$\mu_i^E(p,T,x) = RT\ln\{f_i(p,T,x)\} \tag{2.145}$$

2.9.6 相图

相图(phase diagrams)是用来表示不同相的稳定区域的图,其对材料研究非常重要。由于相图通常是由量热或热分析技术进行测定的,因此在本章中我们不能省略相图这一部分。在2.8.1节中已经讨论了仅由一种组分(即一元体系)组成的体系相图,在本节中将讨论二元组分体系(即由两个组分组成的体系)的相图。

2.9.6.1 分相区(region of demixing)

我们已在2.9.4节中讨论过实际状态的混合物体系,其可以用式(2.132)来描述实际状态的混合物的吉布斯自由能。对于理想的混合物(即 $G_m^E = 0$ 的混合物)而言,在整个组成范围内,通过吉布斯自由能对组成(即摩尔比)作图可以得到一条向上凸起的曲线。而当实际状态的混合物体系与理想的混合物存在正偏离(即 $G_m^E > 0$)时,通过其吉布斯自由能对组成(即摩尔比)作图所得到的曲线在整个组成范围内不呈向上凸起状。例如,在图2.16(a)中绘制了一条在一定温度 $T = \Theta$(和一定压力)下的摩尔吉布斯自由能与摩尔组成之间的函数关系曲线。对于组成为 $X' < x < Y'$ 范围内的混合物而言,如果体系分为两相,其中一相的组成为 $x = X'$,而另一相的组成为 $x = Y'$ 时,则吉布斯自由能将下降,一般称这种现象为分相(demixing)。由于分相体系的吉布斯自由能低于混合体系的吉布斯自由能,因此分相体系在热力学上是稳定的。在其他的温度下,X' 和 Y' 的值也

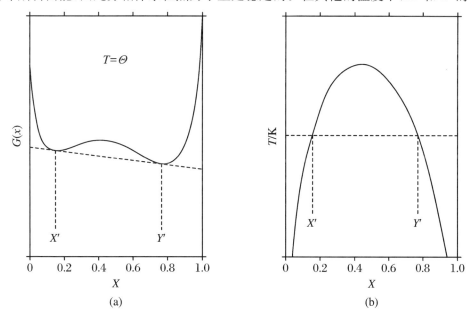

图2.16 (a) 当温度 $T = \Theta$ 时,摩尔吉布斯自由能与发生分相情况下的组成之间的关系曲线。可以由与公共切线(虚线)的切点得到共存相的组成。(b) 相对应的分相区域

会发生改变。通过数据点 (T,x') 和 (T,y') 可以绘制得到温度随组成的变化关系曲线，通常称该曲线为双结线（binodal）。由双结线所包围的区域通常称为分相区（region of demixing）或不相混溶区（miscibility gap），典型的分相区如图 2.16(b) 所示。在这种情况下，组分的相互混溶性随着温度的升高而增加。在曲线中温度随组成的变化出现了最大值，通常称该最大值为临界点（critical point），与此相对应的温度称为临界温度（critical temperature）。然而，在体系中还存在着组分的相互混溶性随着温度升高而降低的分相区。由于这些分相区在双结点处存在最小值，因此该临界点较低。由于封闭的分相区域（closed regions of demixing）具有低临界点和高临界点，因此这意味着均匀混合物在冷却时可以分为两相，并且在进一步冷却时可能会出现再次混合的现象。

参照图 2.16(a)，当温度 $T = \Theta$ 时，平衡状态的组成为 $x = X'$ 和 $x = Y'$。可以绘制出在这两个值（$X' < x < Y'$）之间的全部组成的混合相的吉布斯自由能曲线。当体系被分为 $x = X'$ 和 $x = Y'$ 的两相时，体系的吉布斯自由能曲线用虚线表示。绘制的虚线曲线由吉布斯自由能曲线在 $x = X'$ 处以及在 $x = Y'$ 处的切线连接而成。因此，此虚线被称为公切线（common tangent）。由于吉布斯自由能曲线的切线与吉布斯自由能的坐标轴在 $x = 0$ 和 $x = 1$ 处相交，因此，对应的组分的化学势分别为 μ_1 和 μ_2（也可参见图 2.14）。可以用以下两式来表示平衡条件：

$$\mu_1(\chi = X') = \mu_1(\chi = Y') \tag{2.146}$$

$$\mu_2(\chi = X') = \mu_2(\chi = Y') \tag{2.147}$$

注意，以上这两个平衡条件必须同时满足。从图 2.16 可以看出，这些平衡条件相当于：

$$\left(\frac{\partial G_m}{\partial x}\right)_{x=X'} = \left(\frac{\partial G_m}{\partial x}\right)_{x=Y'} = \frac{G_m(x=Y') - G_m(x=X')}{Y' - X'} \tag{2.148}$$

2.9.6.2 两种混合状态之间的平衡

在两种混合状态之间平衡的实例主要包括固态混合物和液态混合物之间、液态混合物和蒸气状态的混合物之间的平衡。除此之外，还存在不同晶体结构的两种固态混合物之间的平衡。

在这里，我们主要考虑一般的情况，即混合态 α 和混合态 β 之间的平衡。两种混合态的摩尔吉布斯自由能可以用式（2.132）来描述如下：

$$G_m^\alpha(p,T,x) = (1-x)\mu_1^{*\alpha}(p,T) + x\mu_2^{*\alpha}(p,T) + RT\{(1-x)\ln(1-x) + x\ln x\}$$
$$+ G_m^{E\alpha}(p,T,x) \tag{2.149}$$

$$G_m^\beta(p,T,x) = (1-x)\mu_1^{*\beta}(p,T) + x\mu_2^{*\beta}(p,T) + RT\{(1-x)\ln(1-x) + x\ln x\}$$
$$+ G_m^{E\beta}(p,T,x) \tag{2.150}$$

图 2.17(a) 为在一定温度 $T = \Theta$（和一定压力）时，绘制的吉布斯自由能与组成之间的函数关系图。当组成处于 $0 \leqslant \chi \leqslant X_e^\beta$ 区间时，状态 β 的吉布斯自由能曲线低于状态 α。由于状态 β 在热力学上是稳定的，因此全部物质将处于状态 β。当组成处于 $X_e^\alpha \leqslant \chi \leqslant 1$ 范围时，如上所述，全部物质将处于状态 α。当组成为 $X_e^\beta \leqslant \chi \leqslant X_e^\alpha$ 时，G^α 和 G^β 均高于由两个分离相所组成的体系的总吉布斯自由能，这两个相分别是组成为 $x = X_e^\alpha$ 时的 α 相

和组成为 $x = X_e^\beta$ 时的 β 相。该多相体系的总吉布斯自由能由图 2.17(a) 中的虚线表示，该虚线为两条吉布斯自由能曲线的共同切线。因此，类似于在分相区情况下的平衡条件，平衡条件可以表示为

$$\mu_1^\alpha(x = X_e^\alpha) = \mu_1^\beta(x = X_e^\beta) \tag{2.151}$$

$$\mu_2^\alpha(x = X_e^\alpha) = \mu_2^\beta(x = X_e^\beta) \tag{2.152}$$

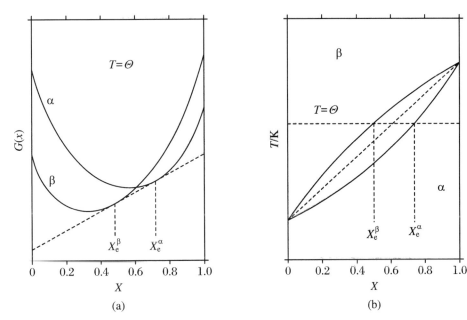

图 2.17 (a) 当温度 $T = \Theta$ 时，摩尔吉布斯自由能与两种混合态 α 和 β 的组成关系曲线。共存相的组成为两条曲线与公切线（虚线）的切点。(b) 相对应的 α 和 β 两相区

同样地，这些平衡条件必须同时满足。它们相当于：

$$\left(\frac{\partial G_m^\alpha}{\partial x}\right)_{x = X_e^\alpha} = \left(\frac{\partial G_m^\beta}{\partial x}\right)_{x = X_e^\beta} = \frac{G_m^\alpha(x = X_e^\alpha) - G_m^\beta(x = X_e^\beta)}{X_e^\alpha - X_e^\beta} \tag{2.153}$$

当然，不同温度下的平衡组成也会发生变化。图 2.17(b) 为温度与组成的曲线图，$(T, X_e^\alpha, X_e^\beta)$ 代表两相区。如果 α 和 β 分别是固体和液体，那么通过点 (T, X_e^{sol}) 和 (T, X_e^{liq}) 的曲线分别称为固相线和液相线。由固相线和液相线所包围的区域通常被称为固液两相区。

2.9.6.3 纯固体和混合液体之间的平衡

纯固体（即固体中的纯组分）和混合液体之间的平衡是固液两相区的极限情况。固体的吉布斯自由能由位于吉布斯自由能轴上的点（即在 $\chi = 0$ 和 $\chi = 1$ 处的垂直线上）给出，如图 2.18(a) 所示。当组成为 $0 < \chi < 1$ 时，固态的吉布斯自由能不存在（或非常高）。平衡条件符合式 (2.151) 和式 (2.152)：

$$\mu_1^{*\,sol}(T = \Theta) = \mu_1^{liq}(T = \Theta, x = X') \tag{2.154}$$

$$\mu_2^{*\,sol}(T = \Theta) = \mu_2^{liq}(T = \Theta, x = Y') \tag{2.155}$$

注意：以上这些平衡条件不必同时满足。

对应于上述情况的相图如图 2.18(b)所示。这种类型的相图被称为低共熔相图，其中，两种液体相线相交的点被称为低共熔点。

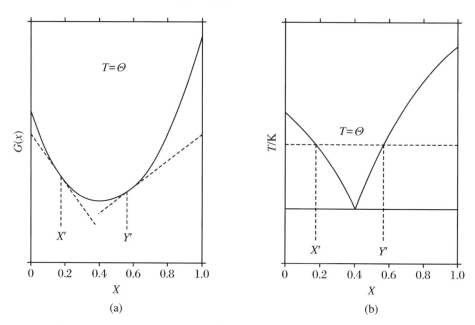

图 2.18　(a) 当温度 $T=\Theta$ 时的混合液体以及两种固体纯组分(o)的摩尔吉布斯自由能。由于组分不能在固态下进行充分混合，所以固体混合物没有吉布斯自由能曲线。(b) 相应的低共熔相图

2.9.6.4　热力学相图分析

在 2.9.6.1～2.9.6.3 节中，我们已经证明了(二元)相图依赖于热力学性质。因此，如果纯组分的热力学性质和热力学混合性质是已知的，可以根据以上所述平衡条件计算相图。此外，从已知的(实验确定的)相图来推导热力学混合特性也是可以实现的，这个过程被称为热力学相图分析。

热力学相图分析是一种拟合方法，它利用了剩余热力学函数，在拟合过程中要调整的参数是这些函数的系数。

热力学相图分析的结果，即剩余热力学函数的数学表达式，对应于与热力学相一致的计算相图，据其还可以很好地再现实验相图。因此，热力学相图分析是一种可靠地拟合实验相图数据的方法，也是测试这些数据内在一致性的手段。最后需要注意的是，若需要从二元相图的数据估计三元和高阶相图，则首先需要进行热力学相图分析。

尽管本章未对热力学相图分析进行进一步的阐述，但研究人员通常使用量热和/或热分析技术实验确定相图，他们迫切地需要通过计算来支持其实验结果，因为他们经常发现实验结果和热力学是不一致的！有关此类研究的更多信息，请参阅参考文献[10]。

2.10 化学反应

2.10.1 反应吉布斯自由能、反应熵和反应焓

化学反应是一种或多种组分的分子结构(这些组分称为反应物)变化的过程,所形成的新组分称为产物。反应物中有旧的化学键断裂,产物中有新化学键形成。一般使用化学计量方程式来描述化学反应,例如:

$$N_2(g) + 3H_2(g) \rightarrow 2NH_3(g) \tag{2.156}$$

这意味着 1 mol N_2 与 3 mol H_2 反应形成 2 mol NH_3。原则上,当改变温度和分压时,反应也可以在逆方向上进行:

$$2NH_3(g) \rightarrow N_2(g) + 3H_2(g) \tag{2.157}$$

对于特定的温度而言,可以选择这样的分压条件,使得 NH_3 既不形成也不分解。在这种情况下,体系处于平衡状态:

$$N_2(g) + 3H_2(g) \rightleftharpoons 2NH_3(g) \tag{2.158}$$

如前所述(见 2.6 节),在恒定的压力和温度下,自发(不可逆)过程的特征是体系吉布斯自由能降低。因此,当需要探究组分之间是否可以发生自发反应时,必须确定由化学反应所引起的吉布斯自由能的变化。假设反应物 A 和 B 之间发生化学反应,生成了产物 C 和 D,如下式所示:

$$|\nu_A|A + |\nu_B|B \rightarrow \nu_C C + \nu_D D \tag{2.159}$$

值得注意的是,在以上方程式中,系数 ν_A 和 ν_B 均带绝对值符号,这是因为系数 ν_A 和 ν_B(即反应物的系数)被定义为负值,而系数 ν_C 和 ν_D(即产物的系数)被定义为正值。使用符号 ξ 表示反应程度,其为 0 到 1 之间的数值。若 $\xi = 0$,表明体系中只有反应物;若 $\xi = 1$,则表示体系中只存在产物。当反应程度 $d\xi$ 发生微小变化时,将导致反应物数量的减少(即 A 和 B 的量分别减去 $dn_A = \nu_A d\xi$ 和 $dn_B = \nu_B d\xi$)和产物数量的增加(即 C 和 D 的量分别加上 $dn_C = \nu_C d\xi$ 和 $dn_D = \nu_D d\xi$)。

由于吉布斯自由能属于状态函数,因此由反应程度变化所引起的吉布斯自由能的变化即为反应吉布斯自由能变化值。在反应过程中,如果反应物 A 和 B 分别按照 dn_A 和 dn_B 摩尔数从体系中可逆地除去,则 dn_C 和 dn_D 摩尔数的生成物 C 和 D 将可逆地被加入到体系中。因此,根据式(2.74),在恒定的温度和压力下,可以由下式给出化学反应吉布斯自由能的变化:

$$(dG)_{p,T} = \mu_A dn_A + \mu_B dn_B + \mu_C dn_C + \mu_D dn_D \tag{2.160}$$

或

$$(dG)_{p,T} = (\nu_A \mu_A + \nu_B \mu_B + \nu_C \mu_C + \nu_D \mu_D) d\xi \tag{2.161}$$

该等式可以改写为更加通用的术语:

$$(dG)_{p,T} = \left\{ \sum_i (\nu_i \mu_i) \right\} d\xi \tag{2.162}$$

在上式中，求和包含反应中所有的反应物和产物。如果吉布斯自由能处于其最低值，则反应达到平衡状态，即

$$\left(\frac{\partial G}{\partial \xi}\right)_{p,T} = 0 \rightarrow \sum_i (\nu_i \mu_i) = 0 \tag{2.163}$$

反应吉布斯自由能通常被定义为化学势（热力学势）与化学计量系数的乘积总和，为简单起见，用符号 $\Delta_r G$ 表示：

$$\Delta_r G = \sum_i (\nu_i \mu_i) \tag{2.164}$$

原则上，由于在恒定的温度和压力下吉布斯自由能趋于最小值，因此，若反应的吉布斯自由能为负值，则反应趋于向化学计量方程式的右侧进行。若反应的吉布斯自由能为正值，则反应趋于向化学计量方程式的左侧进行。

反应吉布斯自由能对于温度的依赖性，即反应的熵，可以通过式(2.76)进行推导，如下式所示：

$$\left(\frac{\partial (\Delta_r G)}{\partial T}\right)_p = \left[\frac{\partial \left(\sum_i (\nu_i \mu_i)\right)}{\partial T}\right]_p = \sum_i \left(\nu_i \left(\frac{\partial \mu_i}{\partial T}\right)_p\right) = -\sum_i \nu_i s_i = -\Delta_r s \tag{2.165}$$

结合式(2.83)、式(2.164)和式(2.165)可推导出反应焓，如下式所示：

$$\Delta_r H = \sum_i (\nu_i h_i) = \sum_i \{\nu_i (\mu_i + T s_i)\} = \Delta_r G + T \Delta_r S \tag{2.166}$$

反应焓是一个重要的物理量，对于恒定压力下的过程，反应焓等于反应热，这时可通过量热技术实验获得。

在热力学数据表中有两种类型的化学反应非常重要：一种是由化学元素最稳定的状态形成化合物的反应，另一种则是由化合物与氧气发生反应形成稳定的氧化物的反应。

2.10.2 由元素形成化合物的反应

对于由相应的化学元素（以其最稳定的形式）形成化合物（产物）的反应而言，通常将反应吉布斯自由能和反应焓分别称为生成吉布斯自由能（由符号 $\Delta_f G$ 表示）和生成焓（由符号 $\Delta_f H$ 表示），在可以查阅的热力学表中通常给出了许多种物质的这些热力学物理量。对于某个反应的每种反应物和产物而言，如果生成吉布斯自由能和/或生成焓是已知的，则可以根据吉布斯自由能和焓是状态函数的事实，通过虚拟循环来计算反应吉布斯自由能和/或反应焓。

例如，$MgCO_3$ 解离为 MgO 和 CO_2 的反应可与下列循环中的生成反应一起考虑：

$$MgCO_3(s) \rightarrow MgO(s) + CO_2(g) \tag{2.167}$$

$$\left(Mg(s) + C(s, 石墨) + \frac{3}{2}O_2(g)\right)$$

对于整个循环而言，$MgCO_3$ 首先分解成 MgO 和 CO_2，随后 MgO 和 CO_2 分解成稳定形式的化学元素（即与元素的形成相反），最后由这些元素形成 $MgCO_3$，该循环的焓变和吉

布斯自由能变化均等于零。因此,将 $MgCO_3$ 分解成 MgO 和 CO_2 的反应焓和反应吉布斯自由能分别为

$$\Delta_r H = \Delta_f H(MgO) + \Delta_f H(CO_2) - \Delta_f H(MgCO_3) \tag{2.168}$$

$$\Delta_r G = \Delta_f G(MgO) + \Delta_f G(CO_2) - \Delta_f G(MgCO_3) \tag{2.169}$$

如果生成吉布斯自由能的表不可用,则可以通过表中列出的绝对熵来计算反应熵。根据反应熵并利用生成焓的计算结果,可计算得到反应吉布斯自由能。

2.10.3 燃烧反应

对于大多数有机化合物而言,可以通过查阅热力学表获得燃烧焓。燃烧焓是物质与过量氧气发生反应生成最稳定氧化物时产生的焓变。在使用热力学表的过程中我们可以发现,利用反应中所有物质的燃烧焓,通过虚拟循环可计算出反应焓。与绝对熵相结合,还可以得到反应熵变,亦可同样地求得反应吉布斯自由能。

例如,对于以下的甲醇与一氧化碳在 500 K 的温度下生成乙酸的气相反应:

$$CH_3OH(g, T = 500\ K) + CO(g, T = 500\ K) \rightarrow CH_3COOH(g, T = 500\ K) \tag{2.170}$$

假设需要求得其反应焓。在热力学表中,我们可以查阅到表 2.1 所示的热力学参数,这里列出的物理量有:正常沸点(T_b),在正常沸点下的标准蒸发焓($\Delta_v H^o(T_b)$),在正常沸点下气相的标准热容($c_p^{o,vap}(T_b)$),物质在 $T = 298\ K$ 时其稳定形式的标准热容($c_p^o(298\ K)$),以及在 $T = 298\ K$ 时的标准燃烧焓($\Delta_c H^o(298\ K)$)。

表 2.1 一些热力学参数

物质	T_b /K	$\Delta_v H^o(T_b)$ /kJ·mol^{-1}	$c_p^{o,vap}(T_b)$ /J·K^{-1}·mol^{-1}	$c_p^o(298\ K)$ /J·K^{-1}·mol^{-1}	$\Delta_c H^o(298\ K)$ /kJ·mol^{-1}
甲醇	338	35.3	44	81.6	-725.7
一氧化碳	81	−		29.1	-283.0
醋酸	391	44.4	67	123.4	-874.4

为了计算 500 K 时的反应焓,可以设计以下形式的循环:

$CH_3OH(g, T=500\ K) + CO(g, T=500\ K) \rightarrow CH_3COOH(g, T=500\ K)$
↓ ↓ ↑
$CH_3OH(g, T=338\ K)$ $CH_3COOH(g, T=391\ K)$
↓ ↓ ↑
$CH_3OH(l, T=338\ K)$ $CH_3COOH(l, T=391\ K)$
↓ ↓ ↑
$CH_3OH(l, T=298\ K) + CO(g, T=298\ K) \rightarrow CH_3COOH(l, T=298\ K)$
↘ ↓ ↗
$[2CO_2(g, T=298\ K) + 2H_2O(l, T=298\ K)]$

为了计算所要求的反应焓（$\Delta_r H^\circ(T=500\,\text{K})$），必须考虑以下过程的贡献（见上述循环）：

（1）将甲醇从 500 K 冷却至沸点，使甲醇从气态冷凝至液态，随后将液体甲醇进一步冷却至室温；

（2）将气态一氧化碳从 500 K 冷却至室温；

（3）液态甲醇在室温下燃烧；

（4）气态一氧化碳在室温下燃烧；

（5）液态乙酸在室温下燃烧的逆反应；

（6）将液态乙酸从室温加热至沸点，并使其蒸发，随后将气态乙酸进一步加热至 500 K。

因此，计算得到的反应焓为上述所有过程贡献的总和，即

$$\begin{aligned}\Delta_r H^\circ(T=500\,\text{K}) &= c_p^{\circ\,\text{vap}}(\text{CH}_3\text{OH})\{T_b(\text{CH}_3\text{OH})-500\}-\Delta_v H^\circ(\text{CH}_3\text{OH})\\&\quad+c_p^\circ(\text{CH}_3\text{OH})\{298-T_b(\text{CH}_3\text{OH})\}+\Delta_c H^\circ(\text{CH}_3\text{OH})\\&\quad+c_p^\circ(\text{CO})\{298-500\}+\Delta_c H^\circ(\text{CH}_3\text{OH})\\&\quad+c_p^\circ(\text{CO})\{298-500\}+\Delta_c H^\circ(\text{CO})-\Delta_c H^\circ(\text{CH}_3\text{COOH})\\&\quad+c_p^\circ(\text{CH}_3\text{COOH})\{T_b(\text{CH}_3\text{COOH})-298\}+\Delta_v H^\circ(\text{CH}_3\text{COOH})\\&\quad+c_p^{\circ\,\text{vap}}(\text{CH}_3\text{COOH})\{500-T_b(\text{CH}_3\text{COOH})\}\end{aligned}\tag{2.171}$$

计算得到的结果为

$$\Delta_f H^\circ(T=500\,\text{K})=-122.7\,\text{kJ}\cdot\text{mol}^{-1}$$

2.10.4　化学平衡

反应吉布斯自由能的定义如式(2.164)所示。如果反应涉及混合物（固体、液体或气体）和/或纯气体，那么式(2.164)中的化学势（即热力学势）是混合物组成（参见示例式(2.142)）和/或气体分压（参见示例式(2.81)）的函数。这是因为在反应期间，混合物的组成和/或分压可能发生改变，因此反应吉布斯自由能也可能会发生改变。若反应的吉布斯自由能为零，则达到平衡态（见式(2.163)）。

可以按照此标准来计算分解平衡，这种情形在热重分析实验中是很常见的。例如，对于碳酸钙分解反应：

$$\text{CaCO}_3\to\text{CaO}+\text{CO}_2 \tag{2.172}$$

其反应吉布斯自由能 $\Delta_r G$ 可以表示为

$$\Delta_r G=\mu(\text{CaO})+\mu(\text{CO}_2)-\mu(\text{CaCO}_3) \tag{2.173}$$

其中，碳酸钙（方解石）和氧化钙都处于固体状态，并且这两种组分不形成混合状态的固相。因此，可用星号标记这些组分的化学势，表明它们是纯组分的特性。气态二氧化碳的化学势是二氧化碳分压的函数。若假设气体为理想气体，则可用式(2.81)描述二氧化碳的化学势。考虑到上述因素，可以将式(2.173)重新改写为

$$\Delta_r G=\mu^*(\text{CaO})+\{\mu^\circ(\text{CO}_2)+RT\ln\{p(\text{CO}_2)/p^\circ\}\}-\mu^*(\text{CaCO}_3) \tag{2.174}$$

$$= \{\mu^*(\mathrm{CaO}) + \mu^\circ(\mathrm{CO_2}) - \mu^*(\mathrm{CaCO_3})\} + RT\ln\{p(\mathrm{CO_2})/p^\circ\} \quad (2.175)$$

$$= \Delta_\mathrm{r} G^\circ + RT\ln\{p(\mathrm{CO_2})/p^\circ\} \quad (2.176)$$

通常物理量 $\Delta_\mathrm{r} G^\circ$ 定义为反应的标准吉布斯自由能。反应的标准吉布斯自由能定义为：在没有形成混合物（即所有反应物和产物都是纯的），并且所有分压都等于标准压力（通常为 1 bar）的（假想）情况下反应的吉布斯自由能。虽然反应的标准吉布斯自由能原则上是温度的函数，但根据定义，它不是压力的函数。

当涉及更多气体组分参与反应时，方程（2.176）的一般形式可以表示为

$$\Delta_\mathrm{r} G = \Delta_\mathrm{r} G^\circ + RT\sum_i\left[\nu_i \ln\frac{p_i}{p^\circ}\right] \quad (2.177)$$

上式中的求和部分包括反应中涉及的所有气态组分。

当反应的吉布斯自由能等于零时，处于化学平衡状态。因此，可用下式的形式表示平衡压力 $p_\mathrm{e}(\mathrm{CO_2})$ 与反应的标准吉布斯自由能之间的关系：

$$\ln\frac{p_\mathrm{e}(\mathrm{CO_2})}{p^\circ} = -\frac{\Delta_\mathrm{r} G^\circ(T)}{RT} \quad (2.178)$$

方程（2.169）给出了从生成吉布斯自由能计算反应吉布斯自由能的过程。因此，可以将式（2.178）重新改写为

$$\ln\frac{p_\mathrm{e}(\mathrm{CO_2})}{p^\circ} = -\frac{\Delta_\mathrm{f} G^\circ(\mathrm{CaO}, T) + \Delta_\mathrm{f} G^\circ(\mathrm{CO_2}, T) - \Delta_\mathrm{f} G^\circ(\mathrm{CaCO_3}, T)}{RT} \quad (2.179)$$

在表 2.2 中，给出了多种温度下的碳酸钙、氧化钙和二氧化碳的标准生成吉布斯自由能（来自 Barin[1] 的数据）。

表 2.2　多种温度下的碳酸钙、氧化钙和二氧化碳的标准生成吉布斯自由能

T /K	$\Delta_\mathrm{f} G^\circ(\mathrm{CaCO_3})$ /kJ·mol^{-1}	$\Delta_\mathrm{f} G^\circ(\mathrm{CaO})$ /kJ·mol^{-1}	$\Delta_\mathrm{f} G^\circ(\mathrm{CO_2})$ /kJ·mol^{-1}	$p_\mathrm{e}(\mathrm{CO_2})$ /bar
300	−1128.327	−603.313	−394.370	1.70×10^{-23}
400	−1102.268	−592.775	−394.646	1.01×10^{-15}
500	−1076.538	−582.365	−394.903	4.26×10^{-11}
600	−1051.117	−572.069	−395.139	4.96×10^{-8}
700	−1025.952	−561.854	−395.347	7.41×10^{-6}
800	−1000.901	−551.594	−395.527	3.08×10^{-4}
900	−976.009	−541.345	−395.680	5.46×10^{-3}
1000	−951.253	−531.087	−395.810	0.0534
1100	−926.595	−520.784	−395.918	0.339
1200	−901.388	−509.789	−396.007	1.556

表 2.2 中第 2~4 列的数据可用于计算不同温度下的二氧化碳的平衡分压，此数据在第 5 列中给出。如果二氧化碳的分压大于其平衡压力，那么碳酸钙是稳定的（或氧化钙将会被转化为碳酸钙）；如果二氧化碳的分压低于平衡压力，则可以观察到碳酸钙被分

解成氧化钙。在热重分析实验中，会观察到质量损失（因为二氧化碳气体将离开样品容器）。若这样的实验在 1 bar（即 $p(CO_2)$ = 1 bar）的压力下、纯二氧化碳的气氛中进行，则当温度高于 1169 K 时碳酸钙会发生分解；若此实验是在大气条件下（即空气中）进行的，当总压为 1 bar 时，二氧化碳分压为 $p(CO_2) = 3.3 \times 10^{-4}$ bar，则在当温度高于 802 K 时碳酸钙会发生分解。

参考文献

1. I. Barin, Thermochemical Data of Pure Substances, VCH, Weinheim, 1989.

2. R. S. Berry, S. A. Rice, and J. Ross, Physical Chemistry, Wiley, New York, 1980.

3. J. M. Bijvoet, A. F. Peerdeman, A. Schuijff and E. H. Wiebenga, Korte Inleiding tot de Chemische Thermodynamica, 4th edition, Wolters-Noordhoff, Groningen, 1979. (Dutch Language)

4. P. J. van Ekeren, Phase Diagrams and Thermodynamic Properties of Binary Common-Ion Alkali Halide Systems, Thesis, Utrecht University, 1989.

5. E. A. Guggenheim, Thermodynamics; An Advanced Treatment for Chemists and Physicists, 5th edition, North-Holland, Amsterdam, 1967.

6. I. Gutzow and J. Schmelzer, The Vitreous State: thermodynamics, structure, rheology and crystallization, Springer, Berlin, 1995.

7. I. M. Klotz and R. M. Rosenberg, Chemical Thermodynamics; Basic Theory and Methods, 5th edition, Wiley, New York, 1994.

8. C. G. de Kruif and J. G. Blok, J. Chem. Thermodyn., 14 (1982) 201.

9. S. V. Nemilow, Thermodynamic and Kinetic Aspects of the Vitreous State, CRC Press, Boca Raton, 1995.

10. H. A. J. Oonk, Phase Theory; The Thermodynamics of Heterogeneous Equilibria, Elsevier, Amsterdam, 1981.

11. A. Shavit and C. Gutfinger, Thermodynamics; from concepts to applications, Prentice Hall, London, 1995.

12. M. W. Zemansky, Heat and Thermodynamics, 3rd edition, McGraw-Hill, New York, 1951.

第3章

热分析和量热的动力学研究

Andrew K. Galwey[a],Michael E. Brown[b]

a. 北爱尔兰贝尔法斯特女王大学化学学院(School of Chemistry,Queen's University of Belfast,Northern Ireland)

b. 南非 Grahamstown 罗德斯大学化学系(Chemistry Department,Rhodes University, Grahamstown,South Africa)

3.1 引言

3.1.1 理论基础

绝大多数的化学反应动力学研究都有两个主要目的。动力学分析的第一个目的是用来确定反应的速率方程(rate equation),因为它能很好地描述随着反应的进行反应物或产物随着时间的转化程度,这类实验通常(但并非绝对)在恒定的温度下进行。通常将实验数据与根据理论动力学表达式计算出的预测值进行比较以确定最佳的速率方程,用来最准确地描述实验测量过程。通过这种动力学表达式还可以推断出反应机制(reaction mechanism),即反应物转化成产物具体的化学反应步骤(包括可能的非常缓慢的速率控制步骤)。动力学分析的第二个目的是用来确定温度对反应速率的影响。在反应速率方程式中,最容易受温度影响的参数是速率常数(rate constant)或速率系数(rate coefficient),通常用阿累尼乌斯(Arrhenius)方程来定量地描述这种温度依赖性:

$$k = A\exp(-E_a/RT) \quad (\text{或 } k = A \cdot T^m \exp(-E_a/RT)) \tag{3.1}$$

长期以来,Arrhenius 方程中的 E_a 和 A 的值已经得到了广泛的认可。活化能(activation energy)常用 E_a 表示,是对反应能量势垒的度量,而频率因子(frequency factor)常用 A 表示,则是对导致产物生成频率的度量。我们将在下面的内容中进一步讨论 Arrhenius 参数的理论意义。此外,这些动力学参数提供了一种方便、可广泛使用的方法。这种方法可用于简明地报道动力学数据,比较不同体系的反应性和估算(并做适当的预测)在实验测量范围以外的温度下(具有适当的预防措施)的反应性或稳定性。

以时间和温度为函数关系的一系列反应程度的测量数据是任何一种动力学研究的重要基础。当进行动力学分析时,可以将在时间为 t 时的反应物和/或产物的总量(或与此相关的任何定量参数)看作是对反应程度(extent of reaction)或反应分数(fractional reaction,用 α 表示)的度量;或者说,可与反应温度 T 一起测量 α 的变化率($d\alpha/dt$)。当根据这些可测量的参数来定义 α 时,需要清楚地了解反应的化学计量关系,还需要考虑任何并列的或连续的速率过程的贡献。

等温实验广泛用于动力学研究,通过在几个不同的恒定温度下测量待测的反应速率,最终可获得 Arrhenius 参数。在热分析领域,由程序升温(programmed temperature)、动态(dynamic)或非等温(non-isothermal)实验获得动力学信息的方法已受到越来越广泛的关注。这些实验通常在一系列不同的、恒定的加热速率($\beta = dT/dt$)下进行,主要测量一些直接与反应分数 α 相关的物理量(例如质量、热效应等)。

3.1.2 均相反应的动力学

对于等温均相反应的动力学研究而言,其通常是在恒定温度下,测量一种(或多种)反应物或产物的浓度随时间的变化关系。速率方程的一般形式如下:

$$速率 = k(T) \cdot f(反应物和/或产物的浓度) \quad (T 为常数)$$

3.1.3 非均相反应动力学

由于反应物中相同的化学组分可能具有不同的反应性,而这些成分在样品中的位置分布以及每个样品的制备工艺的差异均会影响其反应性质,因此非均相反应(heterogeneous reactions)与均相反应相比有着很大的差别。对于很多涉及固体的反应而言,化学反应一般优先发生在晶体表面或反应物和产物之间的过渡相区域(即反应界面(the reaction interface))。化学反应一般都发生在这种反应能力局部增强的区域,在该区域中,反应物组分一般位于固体产物的表面附近,以增加产物相的数量。将反应原料引入至生成物(或产物)的相中时,将导致反应物-产物界面进入到未发生反应的原料相中。对于在较薄的反应接触区域内的界面推进反应而言,可能会导致参与反应的物种的较小位移(以及气体产物的扩散损失),但这些物种不会随着活性化学反应区域的变化而迁移。当反应物中的特定组分到达活性反应物-产物界面时,将会显著提高该反应发生的可能性。当在晶体界面处没有可以利用的反应物或者当反应物相互融合在一起时,理论上认为,在界面上过渡物种的反应性从反应开始到反应结束是保持不变。

反应界面是在成核(nucleation)过程产生的,随后通过核生长(growth)进入至其所在的由晶体组成的反应物原料中。通常认为成核发生在晶体表面上,而且其与局部增强的反应性相关的缺损或缺陷的部位有关。由于界面的反应性保持不变,因此在其整个反应过程中界面线性推移或生长的速率保持恒定。因此,在这种类型的反应中的反应固体内的产物形成速率与反应物-产物界面的总面积成正比,并且可以从界面生长变化的三维几何变化中定量推导出反应过程的速率方程。

固体反应的化学动力学的一般理论主要基于对所选择的单个结晶化合物的分解的检测结果,通过此方法可以得到这种反应速率过程的最简单的模型。在众多的分解反应中,反应物-产物界面被认为是在其中可以完成化学变化的非常薄的层。下面将讨论关于反应界面的结构和性质。迄今为止,研究人员已经了解了一些化学反应的动力学机制。例如,现在已经证明了结晶水合物的一些脱水的动力学过程是由在这种变化期间经历了相当小的修饰的晶体结构内的水向外扩散的速率来控制的。在向外迁移和水分损失(或其他化学变化)期间,反应区域的厚度发生了有效的增加。固体与第二种(气体、液体或固体形式的)反应物的相互作用通常会导致在反应物表面产生固体产物。这些产物会形成障碍层,将会抑制甚至完全阻止反应的持续进行。这种类型的反应速率通常由一种或两种反应物的成分通过障碍层的递减的扩散速率来控制。另外,还有一些其他的因素也可能会影响固体的反应速率,但这些因素不会对均相反应造成影响。这些影响因素主要有熔融、烧结和晶间杂质等,另外还包括局部和外延的非化学计量比和缺陷的影响。

与均相反应不同,在涉及固体反应速率过程的动力学分析中,浓度项通常不具有明确的物理意义。在反应物晶体的内部空间内,各处的浓度均相同。而一旦超出这些边界,则发生化学变化的物质的数量均为零。由于存在浓度的空间变化,由此导致材料在扩散控制反应中的分布是不均匀的。因此,固体组分的反应性随着位置和时间的变化而不同,这意味着当该组分位于活性界面的影响区域内时,反应发生的概率将会显著增加。因此,在进行动力学分析时需要考虑系统变化的活性界面影响,以及由反应物或产物的扩散速率所带来的影响或控制因素。

在与固态反应的动力学有关的文献中,"机制"(mechanism)这个术语被使用得相当模糊不清。一些作者使用这个术语来描述速率方程与其数据的拟合程度。对于这种情形而言,"动力学模型"(kinetic model)是更准确的描述形式。其他人则倾向于以更加常规的方式(如均相动力学的方式),使用该术语来描述反应物转化成产物的反应的反应级数。在这里用以上的第二个术语(即动力学模型)来强调固态反应的化学基础,但在实际应用时往往忽略固态反应的化学基础,而倾向于有利于确定动力学模型的数学分析。

3.1.4 非均相反应动力学的相关文献综述

Jacobs 和 Tompkins[1]首次系统地介绍了速率方程在固态分解中的应用理论,同时 Garner[2]讨论了这类反应的化学特性。Young[3]则正式地提出了固体分解的理论,并对指定固体的热分解行为的理解做了综述,历史性地回顾了其发展过程。Delmon[4]通过考虑速率控制的各种几何因素扩展了动力学分析的范围。Barret[5]关注了界面推进过程的理论,并讨论了在扩散控制下的反应速率,Brown 等人[6]则回顾了无机固体的分解和相互作用的动力学特征,Šesták[7]在最近的一篇综述中对于这些问题做了详细的综述。在 Budnikov 和 Ginstling[8]、Schmalzried[9]和 West[10]等人已经出版的书籍中也对固态材料的这种性质做了相关的介绍。

3.2 固态反应动力学模型

3.2.1 速率控制

以下因素可能会对固体的反应产生显著的影响,在确定反应的速率方程时必须对这些因素予以考虑。(1) 化学反应(chemical reaction):通常指发生在反应界面处的一个或多个键的断裂或形成过程。这是反应的化学控制特性。(2) 反应的几何形状(reaction geometry):反应界面总面积的系统变化对动力学行为有着重要的影响。在反应进行的过程中,界面的几何形状也会随时发生变化。(3) 扩散(diffusion):在许多反应中,反应物和产物扩散到界面或从界面离开的速率会影响许多反应中产物形成的速率。这些因素中的一个或多个因素,以及后面提到的其他因素,都可能会对动力学行为产生重大的、独立的和不同的影响。

只有当除速率控制步骤外的所有后续反应速率过程进行很快时,才可以直接测量固体分解过程中的速率控制步骤的动力学特性,这种现象在大多数的不可逆反应中是可以实现的。在可逆的分解反应过程中,产物气体的逸出必须不受任何阻碍,否则气态产物可能会在流经或逸出期间与反应核内的固体产物之间进一步发生相互作用。Beruto 和 Searcy[11]在最常见、最基础的 $CaCO_3$ 分解的动力学研究中明确地阐述了消除逆反应的影响的重要性。其他的许多研究涉及结晶水合物中脱除结晶水的变化,研究结果表明,脱水速率随着产物中 H_2O 的压力而变化,如图 3.1 所示。该类动力学模式通常被称为 Smith-Topley 行为(参见参考文献[6]中第 125 页开始部分的内容)。

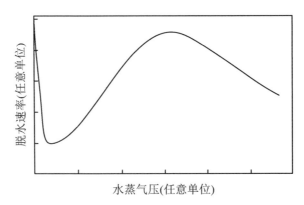

图 3.1 Smith-Topley 效应的示意图(参阅参考文献[6],第 125 页)。图中给出了可逆反应(通常是结晶水合物的脱水)的速率变化与挥发性产物的压力(即水蒸气)的关系

在下面关于动力学方程的讨论中,考虑了控制固态反应速率的过程:成核、界面推移(生长)和扩散。通常认为,基于链反应机制的反应模型[6]仅具有历史意义,因此不在本部分内容的讨论范围之内。

3.2.2 成核

成核可以定义为"固体反应物中新形式的不连续的产物颗粒的初步形成过程"[12],该过程可能涉及两种类型的化学变化:(1) 将反应物中的一种或多种组分(例如离子或分子)通过化学变化使其转化成产物的组分;(2) 将反应的原料重结晶到产物相的晶格结构中。成核过程可能需要几个步骤,其结果是产生活性反应物-产物的界面。随着核的生长,该反应物-产物界面的生长反应优先在未发生反应的反应物中形成。

最近对脱水反应的研究结果表明,在反应物的表面水分有质量损失,这种发生于反应物表面的反应先于生长核的出现。因此,成核过程在该修饰的边界层内发生。并且在一些关于水合物的研究工作中,可以实现将部分脱水的材料暴露于水蒸气中,以促进成核阶段的快速开始[13]。

识别有助于成核的化学变化是当前动力学研究工作中面临的相当大的实验难题。成核过程一般发生在局部增强的反应活性位点,并伴随着产物颗粒的形成而有所改变,因此不易辨别。对于跟踪这些变化的实验室技术来说,是一个相当大的挑战。尤其是对于嵌入较大晶体内的部分的表征而言,这部分边界层可能已经经过了化学或结构修饰[13]。

由于反应通常仅在相对较少数量的成核位点(nucleation sites)被引发[12],由此可以得出这些位点具有显著增强的局部反应性的结论。在核生长的第一阶段,可能会涉及反应物相的变化以产生初始核(incipient nucleus)。从这种前驱体到胚芽核(germ nucleus)的过程可能需要外界对其提供能量。该步骤很难直接进行,必要时可能需要对反应原料进行重结晶以获得产物相。此后,出现生长核的界面通过反应物-产物接触处的化学变化而进一步生长。成核的难易程度对整个反应的动力学行为有着重要的影响。有时可能会由于较大的活化能导致成核过程不容易发生,因此在实验上通常可以观察到 S 形的转化率-时间曲线。相反地,如果是快速的成核过程,则反应物的所有表面在反应过程中会快速地转化为产物,并且形成的界面不断向内推进,转化率-时间曲线将会出现明显的或完全的减速。

3.2.3 核的生长

由于在反应过程中伴随着结构的变化,因此可以通过显微镜来识别核的信息。由于残留产物不能完全占据前一种反应物的体积而出现表面结构的变化,因此将导致分解反应通常伴随着原料损失以及裂纹的出现。通过重结晶可以产生能够散射光的微晶纹理的小颗粒,因此可以借助此性质来识别不透明的核内(产物)的材料。在反应过程中,每个核的向前推进的边界面就是反应界面。

大多数固体分解的动力学的特征为界面前进的速率保持恒定,可以用下式来表示这一性质:

$$dr/dt = k_G \cdot (t - t_0)$$

式中,r 是核在时刻 t 处的线性尺寸,k_G 是在反应开始之后形成的核的生长速率常数。

在最初的阶段,形成的小核的生长速率(通常在显微镜的观测下限)可能与随后形成的核不同。初始生长速率低的原因是由于非常小的晶胞核的不稳定造成的,但是已有研究结果表明了小核早期生长相对较快的现象[13]。然而,现在已经达成了这样的共识,认为在经历了初始的反应偏差之后,特定的反应物样品内的所有的核均以相同的速率生长。

对于核在三维方向($\lambda = 3$,其中 λ 是用于动力学分析的维数(number of dimensions))上的生长过程而言,这意味着界面以相同(恒定)的速率在所有方向上向外扩展,产生半球形的产物并且活性反应物/产物的接触面积也增加。然而,这种不受限制的自由膨胀现象并不一直出现在真实的反应过程中。在具有层结构的反应物中或者在固体呈薄晶体形式的情况下,生成的核将有效地被束缚在二维空间内($\lambda = 2$)生长。当许多紧密间隔的核以线性阵列的形式产生时,也可能出现二维生长。这些核最初以三维的方式生长,然而,随着核数量的增多,很快会导致相邻产物之间的聚集,形成一个圆柱形的反应区。圆柱的直径随时间以平方的关系增加($\lambda = 3 \rightarrow \lambda = 2$)。例如,已经报道的草酸镍分解的过程即符合这一规律[15]。当晶体结构或样品形态强烈限制核的生长时,晶核将在一维的方向上生长($\lambda = 1$),这类过程将出现在诸如纤维状晶体之类的反应中。

3.2.4 固体反应中的扩散过程

扩散过程涉及固体的许多类型的化学变化。例如,下面给出了扩散作为主要的动力学控制步骤的两个重要反应模型。(1) 固体的分解。其速率由挥发性产物的扩散逸出控制;(2) 在固态反应物之间形成固体产物的反应。该过程通过跨越阻挡层的界面向前推进。与固体的其他反应一样,必须考虑参与反应的阻挡层(反应界面)的边界几何形状的变化,并且必须将合适的项纳入至整体的速率方程中。

在一些特别稳定的结晶材料的分解反应中,尽管反应物相中失去小的稳定分子如 H_2O 或 NH_3 后可能会导致晶格参数的改变,但反应物的结构本身不会导致重结晶或分解。这样的分子在足够稳定的结构组分之间向外扩散,以利于未经修饰而继续存在的这些小分子易于移动。扩散过程主要取决于晶体通道的尺寸,该过程的反应控制速率符合菲克定律(Fick's laws)。在该速率过程中,通常用 $t^{1/2}$ 来表示这个因素。Okhotnikov 等人[16—20]已经讨论了该过程的理论方面,在化学变化中,小分子的转移过程是控制结构的主要因素,不能将其简单地视为结构的重组过程。

这种类型的反应通常以分层结构中的界面前进各向异性为特征,其中分子的迁移仅局限在层间的平面中。在文献中已经报道了一些结晶水合物脱水反应的扩散控制的研究实例,这些化合物主要包括 $CaSO_4 \cdot 2H_2O$[17,21] 和 $CaHPO_4 \cdot 2H_2O$[22]。

固体与第二种反应物(可以为气态、液态或固态)相互作用而形成固体产物,这也会导致产生与其将要生长的方向相反的阻挡层。阻挡层的厚度与插入在反应物之间的材料的厚度成正比。在低温下,原子尺寸的薄层产物可能足以完全抑制反应。在较高的温度下,产物可能渗透于反应物中,从而使反应继续进行。发生在界面处的反应通常相对较快,因此扩散过程控制了整体的反应速率。这种速率过程的理论由 Grimley[23] 和 Szekely 等[24]提出,适用于气-固相反应体系;Welch[25]、Schmalzrie[9] 和 Brown 等人[6]提出了关于固-气相反应的速率过程理论。在这种类型的反应中,反应速率随着产物层厚度的增加而降低,由扩散控制的反应速率将导致 $t^{1/2}$ 依赖于界面线性向前推移的速率。速率方程式中需要含有包括扩散控制的因素和界面向前推进产生的几何变化的因素的表达项。由于阳离子的尺寸比维持发生化学变化的固定晶体结构的阴离子要小,因此这些阳离子在阻挡层内通常是可以移动的。在动力学过程中可能会出现产生两种或更多种的结晶产物的复杂反应,并且通过两个连续相的扩散来控制反应速率,该过程可以用以下的反应式来示意:

$$AX/BX \rightarrow AX/ABX_2/BX \rightarrow AX/A_2BX_3/ABX_2/BX$$

在上式中,A 和 B 分别代表迁移的阳离子,X 是不发生移动的(较大的)阴离子。ABX_2 相和 A_2BX_3 相中的 A 和 B 的扩散系数可能不同。在动力学分析过程中,必须适当考虑它们对反应速率的贡献。

3.2.5 反应界面

最近的研究工作已经表明,一些反应中的界面结构比在固态反应动力学中简单假设的非常薄层(可能是单分子层)更加复杂。在一些脱水反应中,晶态转变存在不连续性,其经常可以在反应界面处被观察到,但脱水过程经常发生在界面出现明显延伸的区域之前[26]。在脱水过程的初始阶段,脱水层在初始的质量损失阶段保留了已发生了变化的反应物结构,直到脱水完全结束转化成产物相才开始发生变化。因此,可以认为界面具有出至少两个不同的层组成的复合结构。在现在的研究工作中,已经通过衍射方法对 $CuSO_4 \cdot 5H_2O$ 和 $Li_2SO_4 \cdot H_2O$ 脱水过程形成的界面中的小体积序列内的结构的研究工作证实了该模型[26]。

与晶体尺寸相比,如果复合界面的厚度相对较小,则基于简单的几何模型的动力学方程式是可以得到认可的。然而,如果在界面区域之前可以观察到具有厚度变化的界面反应,则可能存在几种不同类型的动力学行为。虽然这些可能性并没有得到充分的考证,但目前已经报道了两种不同的反应模型。在第一种模型中,反应通过结构组分的扩散损失(如脱水时 H_2O 的迁移)而迁移到挥发的表面来控制[16]。在晶核内部,产物相对于部分脱水分子(晶种)的再结晶过程有促进作用,这种促进作用可以打开反应通道并使扩散损失继续进行。在不存在产物相的区域,扩散损失的程度将会受到限制。在该过程中,必须保证晶核一直存在,才可以使反应继续完成。可以用这种机制来解释 $d\text{ LiKC}_4\text{H}_4\text{O}_6 \cdot H_2O$ 的脱水反应,在该反应中界面推移的速率是由扩散过程控制的[16]。第二种模型要求在反应物中完成化学变化,这样一来反应物中的晶格成分发生最小程度的重新排列,然后再通过重结晶分离得到最终结构的产物。因此,产物形成的总体速率不能与基于观察到的成核和生长过程的模型相关联,生长过程仅代表已经反应的材料的有序排列。这种类型的模型常被用来解释 $Ca(OH)_2$ 的脱水反应[27]和在某些情况下的 $NiSO_4 \cdot 6H_2O$[28]以及明矾脱水过程的动力学研究[29]。

在一些分解反应(拓扑反应)中,反应物晶体的某些特征如对称性将会被保留在结晶产物的结构中,并且会在整个化学变化中保持产物取向的统一性[30,31]。因此,在这种化学反应期间,至少一些反应物组分的相对位置仅发生了微小的位移。在许多由扩散控制的反应过程中均已经观察到这种现象。例如,在黏土和滑石的脱水过程中[32]存在着这种现象。还有一些其他的实例,包括 $Mg(OH)_2$ 的脱水反应[33],CrO_2 分解成 Cr_2O_3 的反应[34],以及 $[Co(NH_3)_5(SCN)]Cl_2$ 的复合钴盐的异构化过程[35,36]和许多其他结晶化合物的反应过程。通过这种经过反应后界面未受干扰的特征,可以有效地为在反应区域内可能发生的与本质相关的变化提供有价值的立体化学证据。

Galwey[37]根据在这些活性区域内发生的物理化学变化,讨论了界面在固体的常见反应中的作用。以下分别对反应中的每一类核做简要的说明。

- 功能核(functional nuclei):在反应物-产物界面处发生的对化学变化起催化作用的固体产物。例如,丙二酸银和方晶镍的分解过程。
- 通量-丝状核(flux-filigree nuclei):在重结晶界面向前推移之前的反应中产生的微小的产物结晶相,例如硫酸锂水合物的脱水过程[38]。

- 流体-通量核(fluid-flux nuclei):在这种核结构里,一部分挥发性产物暂时以冷凝或吸附的形式保存在核中,可以促进从结晶反应物到结晶产物的较难以发生的相变。例如,明矾的脱水过程[13]和溴化钾与氯的反应($\rightarrow$KCl + 1/2 Br$_2$)。

- 融合核(fusion nuclei):当稳定晶体结构的内应力在熔融时发生松弛产生流体相时,此时反应可以更快地进行,这样会以更大的立体化学自由度进行化学反应。这种熔融区域可以是局部的和暂时的。形成该类核的实例主要包括重铬酸铵、高氯酸铵和丙二酸铜(Ⅱ)的分解过程。

- 假想核(fictive nuclei):通常假设在一些速率过程(例如在固体升华期间)中形成了这类核,无残留相形成。另外,在其他只存在一个物理变化并且没有化学变化的体系中也会存在这种核。例如,一个凝聚态的基质中物理吸附水的蒸发过程,如褐煤脱水[39]。

固态组分与周围物质之间有着强烈的相互作用力,因而会受到限制变得稳定。因此,这些组分具有通过调整空间位置来降低最小能垒以促进反应的能力的作用。但在固体中,这种能力会减弱很多。在发生熔融的核内,这些位置是可以局部发生变化的,这种变化可以使反应性增强[40]。与开始形成熔体有关的条件包括:(1)大量的可冷凝产物的聚集,例如,在受限的反应物体积中的低温脱水过程;(2)其中存在熔融中间体或能够与反应物形成共晶的产物时;(3)当反应的温度超过反应物、产物或中间体的熔点时。

当发生局部熔融(可能在薄的界面层内)时,速率过程的总体动力学可能类似于固体中界面控制的反应行为。如果反应物发生了完全熔融,则该动力学行为符合均相反应的动力学。目前,涉及局部熔融的反应动力学是一个值得从理论上和实验上进一步研究的课题。

准确地识别活性界面的组成、结构和性质,以及准确判断是否会发生熔融过程,对确定任何的固态反应机理而言都是必不可少的工作。通过这些证据可以使我们确定控制化学变化总体速率的化学键重新分配步骤,并确定该区域内反应活性增加的一些因素。

3.2.6 成核动力学

假定在反应物晶体的表面上分布有 N_0 个相同的潜在成核位点,如果在这些成核位点上随机发生成核反应,则可以通过以下的一级反应速率方程来表示成核速率:

$$dN/dt = k_N(N_0 - N)$$

式中,N 表示在 t 时刻的生长核的数量,k_N 表示成核的速率常数。当 $N=0$ 并且 $t=0$ 时,积分上式可以得到以下的表达式:

$$N = N_0 \cdot [1 - \exp(-k_N \cdot t)]$$

对上式进行求导,可以得到成核的指数定律(exponential law of nucleation),如下式所示:

$$dN/dt = k_N \cdot N_0 \cdot \exp(-k_N \cdot t)$$

当 k_N 很大时,成核过程在实际上是瞬时完成的。此时,$N = N_0$,并且在随后的反应中不再产生核。当 k_N 很小时,由于位点数 $N_0 - N$ 几乎没有变化,因此成核速率基本保持不变。这就是著名的成核线性定律(linear law of nucleation),用下式表示:

$$N = k_N \cdot N_0 \cdot t$$

Bagdassarian[41]提出了另一种表示方法,之后由 Allnatt 和 Jacobs[42]进一步发展了这种方法,该方法假设在成核长大的过程中必须经历几个不同的步骤。通常称这种导致加速成核过程的现象为成核的幂定律(power law of nucleation),如下式所示:

$$dN/dt = C \cdot \eta \cdot t^{\eta-1}$$

将上述讨论的结果汇总于表 3.1 中,N 与时间变化的示意图如图 3.2 所示。表 3.1 速率方程式中符号"η"的意义将在下文中进行说明。

表 3.1 固态分解反应的成核速率定律

速率方程	成核速率	在时刻 t 的成核数 N	速率方程中的 η 值
指数型	$k_N(N_0 - N)$ $k_N N_0 \exp(-k_N t)$	$N_0[1 - \exp(-k_N t)]$	1
线型	$k_N N_0$	$k_N N_0 t$	1
瞬态反应	∞	N_0	0
幂级反应	$C\eta t^{n-1}$	Ct^η	>1(通常为 2 或 3)
分支型	$k_N N_0 \exp(k_2 t)$	$(k_N N_0/k_2)[\exp(k_2 t) - 1]$	

注:N_0 = 初始状态时潜在成核位点的总数;N = 在时刻 t 时存在的生长核的数量;(dN/dt) = 成核速率;k_N = 成核速率常数;k_B = 分支速率常数;k_T = 终止反应速率常数;$k_2 = k_B - k_T$;C 是常数。

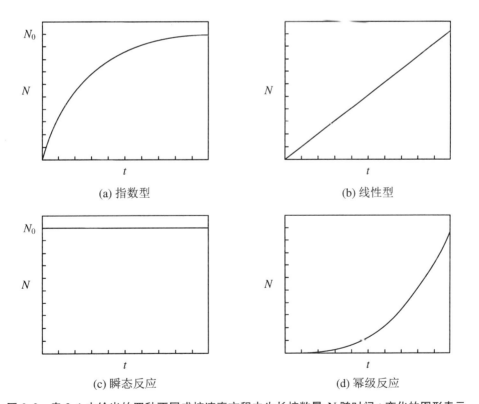

(a) 指数型   (b) 线性型
(c) 瞬态反应   (d) 幂级反应

图 3.2 表 3.1 中给出的四种不同成核速率方程中生长核数量 N 随时间 t 变化的图形表示

通常通过显微镜观察来研究成核动力学,可以在反应中测量得到在已知反应时间 t

的单位面积上的生长核的数量(N)。在实验时可以在适当的间隔来拍摄表面的照片,并用于获得定量的信息。有时可以从总体的动力学行为推断出成核定律。此时需要进行大量的准确观察结果并对数据进行可靠的统计分析,才可以得到精确拟合的反应速率方程(包括成核)。然而,在实际上通常难以获得足够数量的可靠值(N,t)。在可接受的近似范围内,表3.1中包括了实际可以预见的所有类型的反应行为的变化趋势[13],这些关系为动力学分析提供了足够充分的理论基础。虽然其中的成核步骤是所有后续发生的反应的基本前提,但其对整个复杂反应的动力学表达式仅贡献其中的一个表达项。

3.2.7 成核和生长动力学

在反应过程中,核生长的三个主要约束条件限制了形成的产物数量。这三个约束条件分别为核的聚集(coalesence)、生成的核可能会摄取(ingestion)产生核的位点和晶体边界。(1) 核的聚集描述的是当两个(或更多个)生长核在反应区域相遇时会发生活性界面的损失。这种现象有时被不正确地描述为"核的重叠"(overlap of nuclei),聚集核的参照物是在不影响增长的情况下所形成的形状。(2) 摄取是指通过现有核的生长消除成核位点,在原有的成核位点进一步形成新核。(3) 核的生长不能持续超过晶体的边界,这限制了在反应物颗粒边缘附近形成的核的生长。在以下的内容中,我们将详细讨论形成的微晶体的结构和尺寸对动力学行为的影响。

基于界面推进模型的最简单的动力学表达式是幂级法则(power law),该法则假设在所有的表面上界面的生长过程不受限制。核以恒定的速率在三维方向上生长,瞬间形成 N 个生长核,在 t 时刻之后(此时的半径 $r = k_\text{G}t$),N 个半球形产物的总体积为 $V = (2\pi N/3)(k_\text{G}t)^3$,指数由核生长方向的维度数决定。如果在反应期间继续成核,其加速特征将随表3.1中所给出的 η 值的增加而更加明显。幂级法则(模型 Pn)的更一般形式的表达式为 $\alpha^{1/n} = kt$,其中 $n = \eta + \lambda$(表示成核定律和核生长的维数)。当假设核可以无限制地生长时,这种加速方程式仅适用于反应的早期阶段。随后,相邻的核之间的重叠会减少加速效应的贡献,以致在如图3.3所示的后期反应阶段呈现出减速行为的特征。例如,在叠氮化钡的分解和铬明矾的脱水过程[13]中,发现了在所有方向上以相同的速率生长的半球形核。在其他反应过程中会产生不同形状的核,这些核在某些晶体方向上具有优先生长的特征,例如,$CuSO_4 \cdot 5H_2O$ 的脱水过程[44]即具有这种特征。

在界面推移的反应过程中,产物在时间 t 内的总体积 $V(t)$ 由所有单个生长核的体积求和给出。在计算时,必须对参与反应的每个核(线性尺度 $r(t,t_j)$)开始增长的不同起始时间做出适当的补偿。原则上,这可以用成核速率方程(参见表3.1)和生长速率方程的任何组合的积分方程式来进行表示,如下式所示:

$$V(t) = \sigma \int_0^t \left[\int_0^t r(t,t_j) \right]^\lambda \left[\frac{\text{d}N}{\text{d}t} \right]_{t=t_j} \text{d}t \tag{3.2}$$

其中,σ 是生长核的形状因子。$V(t)$ 与时刻 t 时的反应的分数范围有关,$\alpha = V(t)/V_\text{f}$。V_f 对应于反应完成的最终体积。在3.4.2节中描述了 α 的定义和测量方法。

原则上,式(3.2)可以适用于成核和生长的速率定律的任何组合,最终可以得到形式为 $g(\alpha) = k \cdot t$ 的速率表达式。然而在实际应用中,并不能直接使用这种形式的表达式,这是因为在实际的成核和生长条件之间并没有直接的联系。实际上,我们可以对许多动力学模型进行简化处理。Avrami[45]基于随机分布的核在不存在重叠和位点摄取的约束情况下生长的假设,引入了扩展值(extended value)α'的概念,α 和 α' 的关系为

$$d\alpha = d\alpha' \cdot (1-\alpha)$$

上式满足以下的条件:当 $\alpha=0$ 时 $d\alpha/dt = d\alpha'/dt$;当 $\alpha=1$,$d\alpha/dt=0$ 时,$d\alpha'/dt$ 为确定值。因此有如下的关系式:

$$\int (1-\alpha)^{-1} d\alpha = \int d\alpha' \quad \text{和} \quad \alpha' = -\ln(1-\alpha)$$

因此,可以将形式为 $\alpha' = k^n(t-t_0)^n$ 的幂律方程转化为下式的形式:

$$-\ln(1-\alpha) = k^n \cdot (t-t_0)^n \quad \text{或} \quad [-\ln(1-\alpha)]^{1/n} = k \cdot (t-t_0) \quad (3.3)$$

在上式中,$n = \eta + \lambda$,该值是基于成核速率定律(η)和核生长的维数(λ)得到的。该方程(模型 An)在固体分解的动力学研究中具有相当重要的意义,该方程式的命名与该领域中的几名研究者的名字有关,包括 Avrarni、Erofeev、Johnson、Kohlmogorov、Mampel 和 Mehl,但其通常被称为 Avrami-Erofeev 方程(或 JMAEK 方程)。在文献[1-8]中给出了这些(和其他形式的)速率方程的导出过程。

3.2.8 几何收缩模型

几何收缩模型基于某些特定晶面的初始快速(瞬时)、致密成核反应过程。由于核间距很小,将会导致快速地(在低 α 处)产生一个连续的反应区域,以便在不存在扩散效应的情况下反应以恒定的速率(k_G)向内推进(在 3.2.11 节中讨论)。Delmon[4]已经讨论了各种晶体形状的收缩几何模型,与此相关的内容可参见文献[1,6]。

反应过程在立方体边缘的所有表面上快速开始,并且以相等的速率向内推进,该过程可以用下式描述:

$$\alpha = [a^3 - (a - 2k_G \cdot t)^3]/a^3 \quad \text{或} \quad 1 - (1-\alpha)^{1/3} = (2k_G/a) \cdot t \quad (3.4)$$

通常称上式为体积收缩(contracting volume)(立方体或球体)方程(R3 型),该模型是一般表达式中最简单的例子[46-48]。考虑到不同界面、不同方向上的界面生长速率的影响,晶面角度之间会有限制,反应物晶体的形状和尺寸也会有变化[49,50]。

在式(3.4)中,当 $n = \lambda = 3$ 时,方程可以转化为以下更一般形式的表达式:

$$1 - (1-\alpha)^{1/n} = k \cdot t$$

式中,n 是界面推移的维数。当 $n=2$ 时,该方程称为收缩区域(contracting area)(圆盘形、圆柱形或矩形)方程(R2 型);当 $n=1$ 时,方程变形为 $\alpha = k \cdot t$,即反应以恒定速率进行,亦即零级方程(F0 型)。

3.2.9 基于自催化的模型

在本节中所讨论的速率方程式是基于"核分支"(nucleus branching)(表 3.1)的概念提出的,类似于均相链式反应。"分支"反应的发生不受倍数生长或终止补偿的限制,这导致了 α 对于 t 的指数呈现出依赖性关系,即 $\alpha = k \cdot \exp(k_B \cdot t)$,其中 k_B 是核分支过程的速率常数。在任何一个真实的反应中,均无法实现无限制的加速行为,可以用 $k_T(\alpha)$

来表示反应的终止,因此:

$$\frac{dN}{dt} = k_N \cdot N_0 + N \cdot [k_B - k_T(\alpha)]$$

其中 $k_T(\alpha)$ 表示其对 α 的依赖关系。当 k_N 很大时,所有可用的位点(N_0)都将迅速耗尽。当 k_N 很小时:

$$N \cdot [k_B - k_T(\alpha)] \gg k_N \cdot N_0 \quad 且 \quad dN/dt = N \cdot [k_B - k_T(\alpha)]$$

如果假设反应速率($d\alpha/dt$)正比于参与反应的核的数量(N),则积分该表达式时需要确定 k_B、$k_T(\alpha)$ 与 α 之间的关系。Prout 和 Tompkins[51]得到了特殊情况下的 S 形的 α-时间曲线关系,其中拐点为 $\alpha = 0.50$。于是有以下关系式:

$$d\alpha/dt = k_B \cdot \alpha(1 - \alpha)$$

积分上式,可得

$$\ln[\alpha/(1-\alpha)] = k_B \cdot t + c \tag{3.5}$$

通常称上式为 Prout-Tompkins 方程(B1 型),式(3.5)有时也被称为 Austin-Rickett 方程[52]。由式(3.5)所表示的 α-时间曲线与通过 Avrami-Erofeev 方程(An 型)(见 2.2.7 节)所得到的表达式的形式类似。下面将讨论对这些动力学表达式的数据拟合。

式(3.5)需要一个额外的项表示随后进行支化的成核过程的开始、支化以及反应的开始阶段。如果 k_B 的值随时间反方向变化(即随着反应的进行,分支的有效性降低),则有如下的关系式[53]:

$$\ln[\alpha/(1-\alpha)] = k_B \cdot \ln t + c$$

由于从反应释放的能量被认为分散为热能而不是专门转移到潜在的反应物中,因此该模型所依据的能量链理论现在仍没有得到认可。

支化核产物的产生可以促进颗粒的分解,在反应过程中使更多的表面暴露在其上,使分解进一步发生。Prout 和 Tompkins[51]清晰地描述并且以图形的形式表示了这个模型。然而,在 $KMnO_4$ 晶体中的反应区的研究结果无法有效地支撑该模型[54]。自催化行为也往往被归属于加速反应,在反应过程中熔体的体积不断增加。

3.2.10 扩散模型

如果物质的迁移比随后进行的化学反应步骤慢,则需要通过扩散控制过程来将反应物或产物传输到发生化学变化的位置(如果化学反应步骤缓慢,则界面化学控制了如上所述的总体的反应速率)。在固体的有限范围的分解反应中,扩散过程可以控制反应速率,这些反应物的结构在反应区域内保持不变[16—20]。更重要的是在金属的氧化反应(气体+固体反应)和固体之间的反应(固体+固体反应)中,其反应过程受到了一个或多个参与反应的物质在阻挡产物的层内扩散的控制[5—10,23,25]。

当反应区具有恒定面积并且产物的形成速率与产物阻挡层的厚度成正比时,可以应用如下最简单的速率方程式:

$$\alpha = (k_D \cdot t)^{1/2} \tag{3.6}$$

该等式即为著名的抛物线定律方程(parabolic law)(D1 型)[5—10,23,25]。

当裂纹层中或跨越障碍壁层的扩散是由于裂纹或多于单层产物的生长而不均匀时,

扩散行为的变化将变得十分重要。对于这种扩散行为,有时可以通过修正经验速率方程而得到令人满意的结果:

$$\alpha = k_1 \cdot \ln(k_2 \cdot t + k_3) \quad \text{(对数定律)}$$
$$\alpha = k_1 \cdot t + k_2 \quad \text{(线性定律)}$$

3.2.11 扩散和几何控制的影响

对于在球形颗粒(半径为 r)中进行的扩散限制反应而言,可以通过将抛物线表达式(3.6)与体积收缩方程(式(3.4), $n=3$)组合起来,得到以下形式的速率表达式:

$$[1-(1-\alpha)^{1/3}]^2 = k \cdot t/r^2 \tag{3.7}$$

通常称式(3.7)为 Jander 方程(D3 型)[56]。在允许反应物和产物的摩尔体积(比率 z^{-1})之间存在一定差异的前提下,Carter[57]和 Valensi[58]提出了以下形式的表达式:

$$[1+(z-1) \cdot \alpha]^{2/3} + (z-1) \cdot (1-\alpha)^{2/3} = z + 2(1-z)k \cdot t/r^2 \tag{3.8}$$

当 $z=1$ 时,方程(3.8)可以简化为 Gmstling-Brounshtein 方程[59](D4 型),如下式所示:

$$1 - \frac{2\alpha}{3} - (1-\alpha)^{2/3} = k \cdot t/r^2$$

如果扩散控制的反应速率也与基于收缩球模型的反应物的量成比例,那么有如下形式的关系式:

$$[(1-\alpha)^{-1/3} - 1]^2 = k \cdot t/r^2$$

对于基于 Fick 第二扩散定律通过扩散进入或离开半径为 r 的球体的过程而言,其满足以下形式的关系式,即 Dunwald-Wagner 方程[60]:

$$\ln[6/\pi^2(1-\alpha)] = \pi^2 D \cdot t/r^2$$

式中,D 是迁移物的扩散系数。

对于半径为 r 的圆柱形粒子而言,其二维扩散控制的反应速率方程(D2 模型)可用下式表示[61]:

$$(1-\alpha) \cdot \ln(1-\alpha) + \alpha = k_1 \cdot t/r^2$$

Hulbert[62]在成核和生长反应模型中引入了扩散项。假定界面推移过程服从抛物线规律,并且与 $(D \cdot t)^{1/2}$ 成比例,但成核步骤是不受限制的。总体反应速率的表达式与 Avrami-Erofeev 方程(式(3.3))具有如下的相同的形式:

$$-\ln(1-\alpha) = k \cdot t^m$$

式中,指数 $m = \eta + \lambda/2$。

3.2.12 基于反应级数的模型

基于反应级数模型的速率方程被广泛地应用于热分析领域,在其实际应用于每项研究中时必须要考虑它们的合理性。除了在方程的最后一个阶段 α 接近 1.00 外,一级反应行为(模型 F1)与体积收缩方程(3.4)非常接近[63]。在进行反应性的测量或相似物质性质的对比时,有时可以用一级反应表达式来作为一个简捷的测量反应速率的经验方法。在对程序控制温度实验进行动力学分析时,通常对其做一级反应行为的假设(见 3.6

节)。很多商业仪器的软件在对数据进行动力学分析时,通常假定其基于反应级数的模型。但是在实际上还有其他更明显适用于固体的方程,比如在本部分内容中给出的没有经过测试检验的一些模型方程。

有时固态反应会表现出一级动力学的行为,这是 Avrami-Erofeev 方程的一种形式($n=1$)(因此模型 A 和模型 F1 是相同的)。在细小的粉末发生分解时,如果颗粒在一个主要成分上随机成核且生长,在形成不超过单个成核的微晶粒时,可能会观察到这样的动力学行为。

通过速率对浓度具有依赖关系的方程,可以准确地用热分析方法研究均相反应体系。这样的体系包括融化的固体、聚合物、溶液等。最近的研究结果表明,反应中逐渐进行的熔化过程会导致加速行为[55,64,65]。在实验中观察到,样品在脱水之前的完全熔化会导致一个水的流失速率近似为常数的过程[66,67]。

3.2.13 等温下的转化率-时间曲线

在图 3.3 中详细列出了可以观察到的最常见的典型固体分解的 α-时间和 $(d\alpha/dt)$-时间曲线的形状,最常用的曲线形状在图中的 A~E 的不同部分分别区分开来。

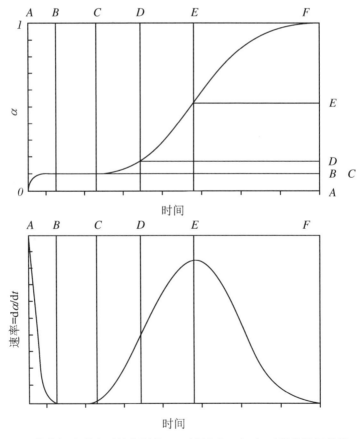

图 3.3 固体分解中观察到的典型的 α-时间和 $(d\alpha/dt)$-时间的等温曲线。文中所讨论的不同的行为类型可通过可调节的 A~E 部分的曲线来表示

曲线 A 为最普遍的形式,包括一个初始的、相对快速的逸出少量气体的过程,该过程通常被认为是更不稳定的表面物质或者杂质的分解过程。这个过程必须被当作一个独立的速率过程来处理,在对随后的主反应进行动力学分析之前应当扣除它的微小的贡献(约占总产物的 1%~3%)。在诱导期(induction period)内,生长成核所需要的主要的速率过程的开始阶段可能会发生延迟。一旦开始生长成核,在加速阶段(acceleratory period)的速率逐渐地增大直到达到最大的速率,随后进入到减速阶段(deceleratory period),一直持续到反应结束的 F 点。很多这种类型的反应都具有一个显著地接近于线性的反应速率的趋势,一直持续到拐点的两侧。这种常见类型的反应包括草酸镍[15]和银丙二酸酯[68]的分解。

曲线 B 缺少初始的过程,但是在 S 型的 α-时间曲线开始之前出现生长成核要求有一个诱导期。例如,NH_4ClO_4[69]和 $KMnO_4$[54]的分解过程。

曲线 C 的特征是加速反应迅速开始,不存在诱导期。在二价铁和三价铁的草酸盐分解过程中可以观察到这样的行为[70]。

很难直接区分曲线 D 和 E 这两种曲线,这表明在主要的或者独有的减速过程开始前可能存在一个较短的加速阶段。具有这种行为类型的反应实例包括 $LiSO_4 \cdot H_2O$[38,63]、褐煤[39]和 $Ca(OH)_2$[27]的脱水过程。

F 点表示反应的完成。在涉及界面推进的过程中,当大量的反应物随着界面推进结束,产物生成突然停止,反应结束得也较为突然,如图 3.3 所示。然而,如果动力学行为被浓度所控制,如在均相的反应速率过程中,反应的结束将会慢很多,不会发生急剧停止的现象。

除了这些速率过程之外,文献中报道的一些包括 α-时间曲线的动力学研究结果均显示与图 3.3 中的情况有明显的差异。零级反应行为起主导作用的例子已在文献[6]中有了描述,另外,一些类似水合物(如 $CuSO_4 \cdot 5H_2O$)的脱水[71]和几种二价铜的羧酸盐的分解之类的分解反应已经被发现并不是一步完成的。

3.2.14 颗粒尺寸效应

上述速率方程通常是在考虑了界面几何结构改变的反应模型基础上得到的,这些界面以简单形状单晶的形式推进,通常假设单晶的形状为一个立方体或者一个球体。对于一般形式的通常由几种晶体所构成的反应物来说,这显然是一个理想化的情况。对于粉末而言,其通常包含多种不同尺寸、不同形状的微晶。虽然研究人员做了很多的努力[73-77]来考察颗粒尺寸对动力学行为的贡献,但是大部分的研究工作通常会假设所有的反应物颗粒具有相似的行为。因此,为了修正这种很难被量化的尺寸效应,通常通过基于假定的或者测量得到的粒子尺寸分布积分来进行计算[78,79]。

对于那些在所有的或者特定的表面上很快地生成一层产物并且速率由界面向内推进控制的反应过程而言,可以通过粒子尺寸分布和形状的几何平均法计算得到式(3.7)形式的动力学关系。对于成核生长过程中的动力学行为而言,其更难预测。该过程中的主要控制因素是其界面是否可以从一个成核的颗粒向与其接触的邻近的未反应的微晶方向推进。

3.2.15 影响动力学行为的其他因素

可以通过考虑几何因素(包括颗粒形状和尺寸)、化学控制(化学键的再分布过程)和扩散的方法来对动力学的结果进行解释[1-10]。在真正的反应体系内,还存在着其他因素的贡献,这些因素主要包括相变(尤其是融化)、颗粒尺寸效应(在以上的内容中已进行过讨论)、晶面磨损或者其他破坏[2-11]、界面杂质和辐射等。在反应过程中有时会伴随着临时或者完全的熔体形成,这会干扰反应的动力学过程,导致其可能与完全是固态的同样的分解进程的动力学过程不相同。

体系所处的局部环境对反应动力学的影响也已经受到研究人员的关注。金属容器可以通过催化所研究的化学变化来与一些反应物相互作用,或者对挥发性产物之间的相互作用有促进作用。对于在气氛中存在的或者在之前的步骤中残余的气体而言,其可能会与反应物或者产物相结合。一个之前进行的步骤如脱水过程可能会影响反应物的颗粒尺寸,从而对后续进行步骤的动力学行为有控制作用。

分解的固态产物的摩尔体积通常比形成它的反应物晶体要小一些,因此产物无法完全填满之前反应物所占据的空间。例如,密度较大的金属镍颗粒不能填满甲酸镍分解的区域[80],这会导致其可以在界面上移动。此时,有效的接触面积与核表面积相比变得较小。

反应过程中的应变可能会导致反应物微晶的瓦解(如 $KMnO_4$ 的晶体结构在分解过程中剧烈地瓦解),因此活性接触区域的形状和大小可能会在反应的进程中发生改变。这些变化可以通过对已知 α 值的表面区域进行测量来研究。然而,由于区域是由反应物和产物边界面的聚集而形成的,并且可能不包括界面,因此对该过程进行解释会有相当大的难度。

一些可逆的吸热反应是很重要的动力学控制过程,如碳酸盐的脱水过程[29]和分解反应[11]。固体产物烧结和重结晶可能会导致孔结构的改变,这可能会限制可逆反应中挥发性产物逸出的速率。另外,在实验过程中产生的自加热和自冷却现象也会给动力学研究带来更多的不确定因素。

3.3 固态反应动力学分析中最重要的速率方程

在表3.2中总结列出了广泛应用于固态动力学的速率方程,与此相对应的等温 α-时间曲线如图3.4所示。通常根据等温下的 α-时间曲线的加速、S型或减速特征对这些表达式形状进行分类。其中减速类型可以根据推导过程中所假定的主导控制因素进行细分,主要可以分为几何、扩散和反应级数几种类型。

表 3.2 在固态反应动力学分析中最常用的重要动力学方程

	$g(\alpha) = k(t' - t_0) = kt$	$f(\alpha) = (1/k)(d\alpha/dt)$	$\alpha = h(t)$
1. 加速 α -时间			
Pn 幂级反应	$\alpha^{1/n}$	$n(\alpha)^{(n-1)/n}$	
E1 指数反应	$\ln \alpha$	α	
2. S型 α -时间			
A2 Avrami-Erofeev	$[\ln(1-\alpha)]^{1/2}$	$2(1-\alpha)[-\ln(1-\alpha)]^{1/2}$	
A3 Avrami-Erofeev	$[\ln(1-\alpha)]^{1/3}$	$3(1-\alpha)[-\ln(1-\alpha)]^{2/3}$	
A4 Avrami-Erofeev	$[\ln(1-\alpha)]^{1/4}$	$4(1-\alpha)[-\ln(1-\alpha)]^{3/4}$	
An Avrami-Erofeev	$[\ln(1-\alpha)]^{1/n}$	$n(1-\alpha)[-\ln(1-\alpha)]^{(n-1)/n}$	$1 - \exp[-(kt)^n]$
B1 Prout-Tompkins	$\ln \alpha/(1-\alpha)]$	$\alpha(1-\alpha)$	$\{1 + 1/[\exp(kt)]\}^{-1}$
3. 减速 α -时间			
3.1 几何模型			
R2 面积收缩	$(1-(1-\alpha)^{1/2}$	$2(1-\alpha)^{1/2}$	$1-(1-kt)^2$
R3 体积收缩	$(1-(1-\alpha)^{1/3}$	$3(1-\alpha)^{2/3}$	$1-(1-kt)^3$
3.2 扩散模型			
一维 D1	α^2	$1/2\alpha$	$(kt)^{1/2}$
二维 D2	$(1-\alpha)\ln(1-\alpha) + \alpha$	$[-\ln(1-\alpha)]^{-1}$	
三维 D3	$[1-(1-\alpha)^{1/3}]^2$	$3/2(1-\alpha)^{2/3}[1-(1-\alpha)^{1/3}]$	$1-(1-(kt)^{1/2})^3$
D4 Ginstling-Brounshtein	$1-(2\alpha/3)-(1-\alpha)^{2/3}$	$3/2[(1-\alpha)^{-1/3}-1]^{-1}$	
3.3 反应级数模型			
零级 F0	α	1	kt
一级 F1	$-\ln(1-\alpha)$	$1-\alpha$	$1-\exp(-kt)$
二级 F2	$[1/(1-\alpha)]-1$	$(1-\alpha)^2$	$1-(kt+1)^{-1}$
三级 F3	$[1/(1-\alpha)^2]-1$	$(1-\alpha)^3$	$1-(kt+1)^{-1/2}$

注:(1) 每一种表达式中的速率常数 k 是不同的,假设时间 t 已经进行了诱导期 t_0 的校正。(2) k 的单位通常用(时间)$^{-1}$ 来表示。在这些方程式中,指数表达式的形式是 $\alpha = k^n \cdot t^n$ 而不是 $\alpha = k \cdot t^n$。

可以用一般形式的速率方程来概括表示表 3.2 中所列出的那些表达式[81—83],以下的一种或者两种形式的等式都可以被称为 Sesták - Berggren 方程:

$$d\alpha/dt = k \cdot \alpha^m \cdot (1-\alpha)^n$$
$$d\alpha/dt = k \cdot \alpha^m \cdot (1-\alpha)^n \cdot [-\ln(1-\alpha)]^p \tag{3.9}$$

Sesták[84]建议将除了 $(1-\alpha)^n$ 之外的其他项都称为"调节系数"(accommodation coefficient),在非均相体系中应用此方程时,需要假设它们基于反应级数(reaction order,RO)模型来对方程进行修正(参见 Koga 的研究工作[85])。

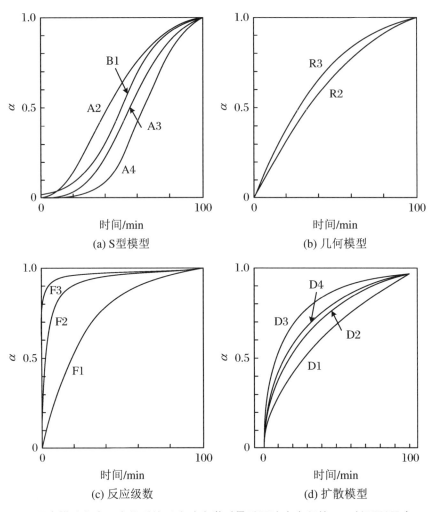

图 3.4 用来描述包含固态物质的反应动力学时最重要速率方程的 α-时间图(见表 3.2)

3.4 等温实验的动力学分析

3.4.1 简介

在进行等温动力学分析时,要求首先对一个已知的恒定温度下的被选作研究对象的反应过程进行一系列的(α, t)值的测量。然后,对这些数据进行准确度分析,以确定表 3.2 所列出的方程式中更能精确地反映体系中 α 随时间变化的最佳方程。最后,根据得到的比较一致的结果,推导出动力学方程所代表的可以描述反应物/产物界面在反应中按照几何级数发展方式的模型,由显微镜观察到的结果可以支持这种解释。对于很多(但非全部)的固态反应而言,与 α-时间数据吻合最好的表达式通常与温度无关,而速率常数的量级则随着温度的升高而升高。

3.4.2 α的定义

根据定义,反应分数 α 随着反应物($\alpha = 0.00$)到产物($\alpha = 1.00$)的转变过程而逐渐地发生改变。目前已经有较多的技术可以用来测量 α,主要包括在恒容体系中测量得到的反应逸出的气态产物压强的改变、反应物的质量变化、逸出气体的分析、部分反应物质的化学和/或 X-射线衍射测试、热效应的测定等。测得的参数必须可以定量并且与所关注的反应的程度密切相关,并且其不依赖于其他过程的贡献。实际上,通常是通过建立精确的反应化学计量比来达到这些要求的,包括任何产物的转化率随 α 的一些系统变化。如果数据中包括多个速率进程的贡献,则动力学分析的难度就会增加,可靠性也会随之降低。在分步进行的化学变化中,需要分别分析每个独立阶段的化学计量比和动力学。例如,一个初始的反应可能在主反应开始之前发生并结束(有时归因于表面的破坏或其他有缺陷的材料,或者溶剂的脱附等)。

如果在一个反应中产生一种或者多种气态的产物(逸出气体的组成是常数),则 α 值可以通过 t 时刻的质量减少 $m_0 - m_t$ 和反应完成时的整体的质量损失 $m_0 - m_f$,由 $\alpha = (m_0 - m_t)/(m_0 - m_f)$ 来计算得到。另外,类似的表达式可以应用于其他技术的测量结果中。

精确地测定最终产物的产率非常重要,尤其是在需要确定合适的动力学表达式来拟合数据时。例如,体积收缩(R3)模型(当界面推移到达颗粒中心时,速率过程停止)和一阶(F1)模型(速率持续减小)[63]必须有充分的时间使反应彻底完成,通常通过提高温度来加快反应进程,但这样可能会改变产物分布和/或产生一个后续的反应。另外,测量总反应产物的产率时需要与反应的化学计量比相比较。例如,Bircumshaw 和 Newman[75]认识到 NH_4ClO_4 分解产生的不同产物的范围,证明了动力学测量基于产生的永久气体($N_2 + O_2$)几乎直接与分解的盐的质量成比例。

对于可逆反应而言,产物的产率可能会令人产生误解,主要是因为反应是朝着一个平衡进行的,而不是已经结束。例如,对于方解石的分解反应而言,如果 CO_2 与产物中的 CaO 反应($CaO + CO_2 \rightarrow CaCO_3$),则不能用 CO_2 的生成量来表示正向反应($CaCO_3 \rightarrow CaO + CO_2$)在反应表面的进行程度。在这个相对简单的反应表面上的产物的产量可能会因此表现出与此相对立过程的区别:在一定条件下,逆反应过程中的贡献是其具有主导作用的变化。可以通过采用合适的实验条件来抑制逆向过程,从而可以得到单独的分解速率数据[11]。

对于在实验中检测到的任何特定的分解产物而言,其可能形成于主要的分解步骤或者次要的反应步骤。但是无法在动力学研究中测得以上两个步骤中的 α,通常假设由单位质量的反应物得到的气体产物不会随着反应的进程而发生改变。此外,在动力学研究的报告中并非总是包括详尽的计量比结果。因此,对于建立分解步骤的化学过程而言,确定反应中主要的产物非常有用。随着反应物复杂程度的提高,包括挥发性物质的次要反应进程的范围的可能性会增加。例如,热重分析设备中的金属容器(坩埚)可以有效地催化样品在分解后的反应过程。

3.4.3 动力学分析的数据

动力学分析的数据一定要准确并且可以重复,它应适用于已经确定的速率过程。目前尚没有明确的标准来确定这种可重复的行为,通常的做法是在相似的实验中确定和报道 α-时间曲线值的变化关系。通过使用不同质量的反应物的实验来揭示自加热(自冷却)、逆反应和二次反应的程度和影响,所有的这些过程都会随着固体反应量的增加而增加。目前已经证明,对于反应物的破坏和预处理(例如,预照射、表面磨蚀、老化、研磨、压片、退火等)会明显地改变动力学特性。通过对比未处理和已处理过的反应物样品的反应性,可以得到可用于描述反应机理的公式化的信息。

因此,等温动力学分析的数据由一系列的数值构成:α、t;$(d\alpha/dt)$、t;$(d\alpha/dt)$、α 等,这些数据之间可以相互转化。在实验时,每个实验的温度(以及所有数据的误差范围)也需要被记录下来。通过一些实验技术可能会产生噪音相对较大的 α、t;$(d\alpha/dt)$、t 等数值,在必要的时候可以对数据进行平滑处理。显然,用其他技术获得的平滑曲线可能会包括一个来自于仪器自身影响的未知的贡献。

3.4.4 等温数据动力学分析方法

动力学分析的最初目的是从表 3.2 中找出最适合用来描述每个实验的 (α, t) 数据的速率方程,对动力学过程进行"可接受的描述"时需要满足以下至少三个方面的要求:(1)实验值和表 3.2 中所列公式的 α 与 t、$(d\alpha/dt)$ 与 t、$(d\alpha/dt)$ 与 α 之间关系的数学拟合结果的准确性。(2)可以接受的拟合的 α 的扩展范围。允许有两个不同的方程应用于一个连续的范围内,但是首先要阐明单个速率方程并不能代表整个速率过程。(3)对于这个确定的反应模型而言,必须有其他的实验技术提供互补的、可行的证据,这些技术主要包括光学显微镜、电子显微镜、X-射线衍射测量、光谱等。

在等温实验数据的动力学分析中,主要包括以下几个最重要的方法。(1)检查 $g(\alpha)$-时间曲线的线性关系(表 3.2 中)。(2)对表 3.2 中由速率方程计算得到的曲线图与 α-约化时间图进行比较(通过由一定范围的测量时间值 t 得到的无维数量约化时间值 t_{red},在所有曲线上可以找出一个共同的点。通常当 α 为 0.5 时,$t_{0.5}=1.0$。该情况适用于任何诱导期,所以 $t_{red}=t/t_{0.5}$)。(3)将测量得到的 $(d\alpha/dt)$-约化时间或 α-时间图与由表 3.2 中速率方程给出的曲线相比较。(4)确定由测量(由表 3.2)得到的 $(d\alpha/dt)$ 值对 $f(\alpha)$ 图的线性关系。在动力学模型中,这种方法比上述的方法(1)[86]可以得到更好的分辨率。下面将对这些方法进行更详细的描述。

在确定可以选用的最合适的速率方程来对一系列的给定的数据进行最合理的描述时,需要考虑以下两方面的因素:(1)由不同反应模型的确定的最合适的 α-时间的范围[87];(2)实验误差的影响,包括 α 测量值的随机分布,这可能会降低分辨率。

目前并没有对可以认为适合的 α 范围达成一个普遍的共识。Carter[57]认为,应该将测量值和理论值之间的一致性扩展到几乎完整的反应区间,范围为 $0.00<\alpha<1.00$。相反地,在许多文献报告中仅描述了不同的速率方程在相对有限的 α 范围内的适用性。因此,在不同的反应阶段可以提出一系列的模型。如果动力学行为的改变可以由如微观观

察结果等作为补充证据来支撑这一判断,那么这种解释的合理性就会显著增加。然而,Sesták 的研究结果表明[84],试图将由热分析法产生的平均测量结果与非常有限的部分样品(如表面)的微观细节相关联起来会带来一定的风险,并且这些样品甚至可能会在研究过程中被损坏。例如,样品可能会被电子显微镜的电子束破坏。

3.4.5 测试 $g(\alpha)$ 对时间的关系曲线的线性关系

该方法特别适用于初步的实验结果[86]。可以通过 $g(\alpha)$-时间曲线的线性偏差来确定更值得详细考虑的方程。通常在最大的 α 范围和偏差的范围之间做出折中处理,来选择最适合的动力学表达式。这样的偏差可能是由于在反应的开始阶段或最终产量测量中的误差造成的。可以用标准的统计参数来计算任意定义的 α 范围的线性度,这些统计参数主要包括:相关系数 r,回归得到的直线斜率的标准偏差 s_b;或者由 t、S_{xy} 来估计 $g(\alpha)$ 的标准偏差,用来量化一组实验点与计算得到的回归直线之间的偏差。在文献中,已经有不少研究者指出了用 r 来表示拟合程度的不足之处[6-8]。当 s_b 的值取决于分析中使用的 t 的范围时,则需要优先考虑使用 s_b。

对于使用单个参数来表示由最小二乘法得到的直线数据偏差的处理方法而言,并不能说明这种偏差是系统的还是近似随机的。然而,通过实验数据和理论方程之间的大小和方向的差异,我们可以用来确定最合适的速率方程和经常采用的残差对时间的曲线图[6,86],即 $(g(\alpha)_{实验} - g(\alpha)_{预测})$-时间曲线。一旦得到了满意的拟合结果,则可以用来确定适用的速率方程 $g(\alpha) = k \cdot (t - t_0)$ 以及在实验温度下的 k 值,可以由曲线的斜率确定拟合的标准偏差。

对于那些包含指数 n 的速率表达式,例如,对于 Avrami-Erofeev 方程(式(3.3)和表 3.2)而言,通过 $\ln[-\ln(1-\alpha)]$ 对 $\ln(t - t_0)$ 作图可以最直接地确定 n 的值。然而,通过这样的图得到的结果显然并不一定是最佳的结果,并且有一个关于 t_0 的误差可以显著地影响 n 的表观值。在文献中已经有了关于分数形式的 n 值的报道[88]。

3.4.6 约化时间和 α-约化时间图

测量时间的值是通过扣除主反应开始阶段的诱导期 t_0(也包括将反应物加热到温度 T 的时间)来进行校正的。可以用约化时间因子 $t_{red} = (t - t_0)/(t_{0.5} - t_0)$ 的形式来表示实验时间值 $t - t_0$,其中 $t_{0.5}$ 是当 $\alpha = 0.50$ 时的时间,$k \cdot (t_{0.5} - t_0) = 1.0$。

在包括不同的等温温度下的所有实验中,其 $\alpha - t_{red}$ 测量值都应该落在单条曲线上。这条复合曲线可以与由表 3.2 中的每个速率方程(反应模型)(见图 3.4)所计算得到的曲线进行比较。这样的计算曲线以 $\alpha = k \cdot t_{red}$ 的形式来准确地表示,每个点的偏差($\alpha_{理论} - \alpha_{实验}$)也可以被确定。将这些差值的数值和其随 α 的变化情况进行比较后,可以通过动力学数据拟合得到最适合的速率方程和它适用的范围。

在复合曲线的准备过程中,可以识别出随温度变化的 α-时间曲线形状的任何系统变化。$(t_{red})^{-1}$ 的大小与温度 T 时的速率常数成正比,因此,这种方法可以通过约化时间的倒数计算得到活化能来定量测量速率常数 k,而不需要确定动力学模型[89]。

往往由于其对应于该范围的最大速率,因此 α 的参考值并不总是选择在 0.50 处。

这种选择最大速率的方法给 $t_{0.5}$ 的测定引入了误差。当有一个初始的反应,或者当诱导期的范围是不确定的时候,使用两个共同的点来进行界定是比较合适的。例如,当 $\alpha=0.20$ 时,$t_{red}=0.00$;当 $\alpha=0.90$ 时,$t_{red}=1.00$[90]。另外,Jones 等人[91]还讨论了使用约化时间法进行动力学分析时其他方面的问题。

3.4.7 在动力学分析中导数(微分)方法的应用

在动力学分析中,可以用足够准确的导数方法来测量或计算出 $d\alpha/dt$ 的值。在实际的实验中,通过一些如 DSC 和 DTA 之类的实验技术可以得到一个与反应速率成正比的输出信号。

动力学分析的导数方法包括 $d\alpha/dt$ 对 α 作图法[4],或者 $d\alpha/dt$ 对 t_{red} 作图法[92]。实验值可以直接与由每个速率方程(表 3.2)得到的计算值(图 3.4)进行比较。第三种求导方法是确认实验测量的速率 $d\alpha/dt$ 值与表 3.2 中速率方程的微分机理函数 $f(\alpha)$ 之间的线性关系[86]。通过这种动力学分析方法可以在现有的动力学表达式中提供更好的区分度,尤其是对于 S 形曲线所对应的方程(表 3.2 中的 A2~A4)而言,并且其对于几何过程(表 3.2 中 R2 和 R3)有很好的应用前景。

3.4.8 动力学解释的证实

通过观察,对于由大多数感兴趣的反应得到的动力学行为符合 $g(\alpha)=k \cdot t$ 或 $d\alpha/dt = k \cdot f(\alpha)$ 的结论,它是由一个特定的几何图形的界面推移所获得的结果。应该尽可能地通过独立的证据来证实这种结果,这是因为通过几何形状变化的解释通常是模糊不清的[6]。例如,由方程 A3(表 3.2)拟合得到的一组(α,t)值可以由瞬时成核之后的核的三维生长过程($\eta=0,\lambda=3$,因此 $n=3$)引起,也可以是由伴随着二维生长($\eta=1,\lambda=2,n=3$)的线性成核过程所引起的。作为一种最直接的证实其几何推理的方法,通常通过显微镜观察由部分分解所造成的反应物样品中与界面生长有关的结构变化。

3.5 温度对反应速率的影响

3.5.1 概述

温度对大多数化学反应的速率有很强的控制性影响。这个影响可以通过速率常数 k 的大小来定量进行表达,通常假设 k 可以与其他变量进行分离:

$$Rate = d\alpha/dt = k(T) \cdot C \cdot f_1(\alpha) \cdots f_n(X) \tag{3.10}$$

式中,C 是常数,$f_1(\alpha)$ 是上面讨论过的对反应程度 α 的依赖性关系。动力学模型函数 $f_1(\alpha)$ 随温度改变的例子相对少见[75],对于温度对反应速率影响的研究通常是在假设所有其他贡献的影响保持不变的前提下进行的。

通过对很多类型的速率过程进行速率常数的实验测量,结果表明,包括均相和多相的化学反应(以及相关的现象)均符合 Arrhenius 方程式(3.1)的一种或其他的表达形式。

Laidler[93]已经明确地讨论了为什么选择这种形式的表达式而不是其他可能的替代形式,其研究结果发现,在 k 和 T 之间,或者在 k 和 $\ln T$ 之间存在着线性关系,这是因为在大多数动力学研究中的相对有限的温度区间内 T、$1/T$ 和 $\ln T$ 几乎是线性相关的。该函数表达式中包括其他形式的附加常数项,例如:

$$\ln k = a + b \cdot T^{-1} + c \cdot \ln T + d \cdot T$$

这种形式的表达式[93]被 Laidler 认为是"理论上最薄弱的环节",因为通过这些常数并不能够提供对化学反应机制的更深入的理解。此外,大多数实验动力学数据的准确性还不足以用来证实或排除这种可替代函数的拟合表达式。因此,Arrhenius 方程(3.1)几乎专门被用来描述 k 和 T 之间的函数关系。

无论物理和理论的重要性如何与参数 A 和 E_a 有关,它们的数值大小都代表了一种重要的报道和比较动力学数据的方法。

3.5.2 Arrhenius 参数 A 和 E_a 的测定

如上所述,通过对等温实验中的数据进行分析,可以得出在每个温度 T_i 下的一组 k_i 值。通常以 $\ln k_i$ 对 $1/T$ 作图(通常被称为 Arrhenius 图)的形式得到这些数值。通过线性回归(在 ln 函数中有适当的权重)可以得到(E_a/R)和 $\ln A$ 的值,以及它们的标准差。

在实际的应用中,需要检查 Arrhenius 图的线性,以识别出任何在曲线形状上的弯曲或不连续。曲线上任何这样的不连续性出现的温度对于解释反应物的行为都是很重要的。速率常数的表达式也很可能是复合项,其主要包括来自不同速率过程的贡献,这些过程主要包括例如成核和生长过程等。k 和 A 的单位应该是(时间)$^{-1}$。

3.5.3 Arrhenius 参数 A 和 E_a 的意义

适用于固体反应的 Arrhenius 参数 A 和 E_a 通常与在气体反应碰撞理论中使用的术语一致。活化能通常被认为是发生化学键重组必须克服的阈值或能量势垒,这是将反应物转化为产物的必要条件。频率因子或者指前因子 A 是反映反应情况发生频率的一种度量,通常被认为是一种包括了反应坐标的振动频率。在另一种反应动力学的表示方法[94]中,把活化能看作是所有相关分子的总体平均能量和正在发生反应的分子能量之间的差值。阈值的能量差可能具有较明确的物理意义,尤其是对于低能量反应而言。

Arrhenius 行为已经具有相当成熟的理论基础,并且其可用于均相的速率过程。实际上,该模型在直接应用于固体反应时经常会受到质疑[6,95—98]。Garn[97]尤其强调,在一个具有固定成分的晶态固体中,能量的分布不能由麦克斯韦-玻尔兹曼函数(Maxwell-Boltzmann 函数)来表述,该函数假设在均匀体系中粒子之间的能量可以自由地进行交换。他认为固体的分解不涉及任何离散的活化状态,通过对这些反应进行计算所得到的活化能的变化范围很大,这一现象证实了上述的结论。固体内部的能量在近邻组分间迅速传递,因此与平均能量并没有显著的区别,这是任何一个可用的活化能模型的基本特征。Bertrand 等人[98]定义 E_a 为一个复合术语,其主要包括一些对反应的控制有贡献作用的量,例如平衡和热梯度的偏差。

Wigner 和 Polanyi[99]提供了一种在一个前进的界面上发生的活化反应的最早的详

细理论描述。在该界面上发生的反应速率被认为是由反应坐标的振动频率 v 控制的，而化学变化的能量势垒即为计算得到的活化能。反应的临界能量可以通过 3 个自由度来推导得到，将表达式（$2E_a/RT$）代入到指前因子项中。因此，如果 x_0 是指单个反应界面移动增加的线性距离，那么界面前进的速率（dx/dt）可以表示为以下形式的表达式：

$$dx/dt = (2vE_a/RT)x_0\exp(-E_a/RT) \tag{3.11}$$

反应物晶体表面或反应界面的振动频率大小的数量级约为 10^{13} s^{-1}。很多文献中报道的 A 值与该理论值接近[100]，但是在该值的每一侧均有较明显的延伸范围。通常使用"异常"一词来描述与由方程式(3.11)所得到的预测结果不一致的反应。

Young[3]研究了活化过程的热力学基础，并对不可逆的反应提出了 Polanyi-Wigner 方程，如下式所示：

$$dx/dt = (k_BT/h) \cdot x_0 \cdot \exp(\Delta S^{\neq}/R) \cdot \exp(-\Delta H^{\neq}/RT)$$

式中，k_B 是玻尔兹曼常数。在所谓的"异常"反应中由计算出的 A 值得到的 $\Delta S^{\neq}$ 的量级在 200～500 J·K^{-1}·mol^{-1} 范围。Shannon[101]和 Cordes[102]则给出了关于固态反应中 Arrhenius 参数量级大小的其他理论讨论。

3.5.4 反应界面内的活化作用

用于计算固体反应速率（式(3.11)）的 Polanyi-Wigner 方法建立在一个理想的界面上，这个界面由一组进行同样反应的反应物阵列组成。对于很多反应来说，这种表达形式可能不现实。在任何特定固体的反应物-产物接触的异相区域（在上面的内容中已做了详细的讨论），可以通过预测得到局部的反应变化。通常可以认为在界面上优先进行的反应与不同晶体结构接触区域的应变或/和产物表面的催化活性有关。另外，占总量很小部分的中间产物也可能会参与到化学变化中。这个区域内的反应包括固定的或受限制的平动自由度的类型，可能会通过与适用于可以自由移动的参与反应的物质之间相互作用不同的机制来进行。局部的相邻结构的反应物（以一个增强的"笼"效应）可能参与到三个（或者更多的）分子之间的反应过程中，或与连续反应（固定链）相关的过程中。

Galwey 和 Brown[103]的研究结果表明，活化步骤可能会通过在活跃的反应物表面或构成化学反应的界面上占据的能级（energy level）的变化来进行。该反应模型中的界面能级（interface level）与能带理论模型中半导体中杂质能级的电子能量非常相似。然而，在反应物的边界上的反应能级也会受到相邻的产物的影响[104]，在图 3.5 中对此过程进行了描述。

界面能级的占据被认为是反应的重要前驱步骤[103]，在将反应物转化为产物成分的过程中所必需的化学键进行重新分配之前，这种活化是必要的。在固体的反应中，至少一种以下类型的能量形式将会参与到其中。

（1）电子能量（electronic energy）。如果反应通过电子活化进行，费米-狄拉克统计方法是适用的。对于一个离散的、非简并态的能量 E_e 而言，其被一个电子占据的概率是

$$F = \{1 + \exp([E_e - E_f]/k_B \cdot T)\}^{-1}$$

式中,E_f 为费米能级。当 E_e 比 E_f 远大于几个 $k_B T$(在 300 K 时约为 2.5 kJ·mol^{-1},在 600 K 时约为 5 kJ·mol^{-1})时,这个等式的形式可以近似为与麦克斯韦-玻耳兹曼方程(尽管它来自一个不同的能量分布)的形式。对于这些情况而言,有以下的关系式:

$$F \approx \exp(-[E_e - E_f]/k_B \cdot T)$$

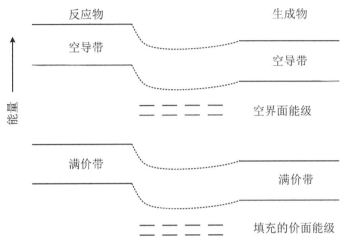

图 3.5　在反应物-产物界面上的能级示意图

(2) 振动能(vibrational energy)。产物的形成可能是由反应位置的振动引起的,在许多固态反应中尤其是脱水机制[2,6,106]的讨论中通常会假定满足这种模型。在一个反应界面中,振动自由度比在晶体中更完美区域内的反应物中更大。如果假设固体反应物中的声子是可以移动的[107],并且它们向由晶界组成物质的所有键的移动都是不受限制的,那么就可以用玻色-爱因斯坦(Bose-Einstein)统计方法将这个区域的能量分布函数 $n(\omega)$ 表示成下式的形式:

$$n(\omega) = \left\{ \exp\left(\frac{h\omega}{2\pi k_B T}\right) - 1 \right\}^{-1}$$

式中,ω 是晶格模式的角频率。在更大的能级上,当 $h\omega \gg 2\pi k_B T$ 时,函数以指数形式衰减,则可以将这个表达式近似为麦克斯韦-玻尔兹曼关系式的形式:

$$n(\omega) \approx \exp\left(-\frac{h\omega}{2\pi k_B T}\right)$$

由于最活跃的量子能量分布显著高于费米能级,因此电子(通过费米-狄拉克统计)和声子(通过玻色-爱因斯坦统计)的函数表达式与麦克斯韦-玻尔兹曼统计函数表达式十分相似。考虑到活化能要求比 $k_B T$ 大,可以通过一个类似于麦克斯韦-玻尔兹曼处理方法的函数式来表达电子或热振动能的分布。这为用 Arrhenius 方程式拟合固体反应的 k、T 数据提供了一种理论解释[103]。频率因子 A 表示反应情况的发生频率/(单位界面的面积),并包含反应位置的振动频率。

通过认为可与所有其他依赖项分离的附加的条件也可以将其他的影响因素纳入到方程(10)中[97],例如,气体的分压、热量传递等因素。如果这些项可以被假定为常数,那么它们可以被笼统地包含在频率因子 A 中。

反应区域的结构会影响界面能级的能带理论表示,如图 3.5 所示。如果整体的反应伴随着轻微的结构重组,例如,在拓扑结构变化的过程中[30,31],价带结构可能只是发生了轻微的改变,但是可能会产生与正在发生的化学键重新分布的种类相关的界面能级。当涉及更大的结构重组的反应时,界面可能会包含更多的可移动物种。上面的模型将界面能级(interface energy level)描述为固体的一个特征,与一个参与了固态反应控制步骤的活性区域相关联。然而,如果化学变化发生在一个熔化过程中,即使该过程仅仅局限在固体反应物和固体产物之间,那么该过程是一个均相的反应,可以使用传统的解释方法来描述 Arrhenius 参数。

3.5.5 补偿效应

在许多的文献中报道了用补偿方程(compensation equation)来拟合计算得到的固体分解的 Arrhenius 参数[6,109]:

$$\ln A = a \cdot E_a + b \tag{3.12}$$

式中,a 和 b 是常数。这种行为模式被称为补偿(compensation),这是因为在出现这一趋势的一组数据内,活化能 E_a 的增加将会导致反应速率的下降,可通过 $\ln A$ 的增加来抵消,这种效应也被称为等动力学效应(isokinetic effects)。因为对一组满足方程(3.12)的 (A, E_a) 的值而言,存在一个温度 T_K,在该温度下,所有的速率常数是相等的。对于很多反应而言,T_K 的值处于显示补偿行为的动力学测量的温度范围内。

有两类现象通常被冠以"补偿效应"的标签。(1)一系列密切相关但不完全相同的反应,由类似的实验过程决定 Arrhenius 参数,并确认满足式(3.12)。(2)一系列密切相关的但不完全相同的单个化学反应的实验,实验条件的不同主要包括固体反应物的物理状态和热历史,可能会导致表观 Arrhenius 参数之间呈现式(3.12)的关系。

尽管已经提出了很多关于补偿行为的理论解释,但是迄今为止还没有一个已经得到普遍认可的合理解释。Koga[109]最近对热分析数据的补偿现象的一些方面进行了回顾。

3.6 非等温实验的动力学分析

3.6.1 文献

关于非等温动力学的文献有很多,从《化学文摘》上看,在 1967 年 1 月到 1995 年 5 月这段时间内,共有 10675 篇包含"热分析"(thermal analysis)关键词的文章发表,有 2292 篇包含"非等温动力学"(nonisothermal kinetics)关键词的文章,其中有 63 篇是一般性的综述性文章。虽然不是所有的关于非等温动力学的文章的实验都直接来源于热分析的测量数据,但是它们之间都有一定程度的关联。另外,还有 208 篇文章是包含"程序控温"(programmed temperature)关键词的研究工作。由于相关的文献如此之多,因此在本章的内容中我们需要对这些文献做一些特别的筛选。在国际期刊《热化学学报》的几个特刊上发表了几篇非常好的关于热分析动力学发展现状的综述[7(1973)447 - 504;

110(1987) 87 – 158；203（1992）1 – 526］，在纪念 J. H. Flynn 教授的特刊中包含了 Sesták 和 Sestáková 关于热分析动力学方法方面的介绍[203（1992）1 – 526]。关于 IC-TAC 动力学委员会的工作报告也已经发表在了《热化学学报》上［110（1987）101；148（1989）45；256（1995）477］。Sesták[110]讨论了文献中关于早期非等温动力学（NIK）的发展，也提出了一些在动力学方面常用的术语[111]。Carr 和 Galwey[112]回顾了关于常见的固体分解的非等温动力学相关方面的一些文献。

3.6.2 简介

在等温动力学研究中，对非等温动力学数据进行分析是为了确定速率方程（表 3.2）和用来合理地描述实验结果的 Arrhenius 参数。在一个典型的非等温动力学实验中，反应物样品所处环境的温度会根据某些特定的程序发生系统的改变（通常但不一定是温度随时间的线性增加）。所有的动力学结论的数值最终取决于由原始测量数据所得到的 α、t 和 T 的精度（或者通过微分的方式得到的 $d\alpha/dt$ 或 $d\alpha/dT$ 等），其中最重要的是由一个确定的化学计量反应来确定 α。在非等温实验过程中，动力学性质的变化可能比一系列的等温实验更容易被忽略。这些可能的变化主要表现在 A、E_a 和动力学表达式的形式 $g(\alpha)$ 或者 $f(\alpha)$ 的变化。另外，反应化学计量关系、产物的产率和产物的二次反应温度也可能会随之发生变化。同时，可逆反应、平行反应和连续反应的相对贡献也会随温度的变化而变化。

在对非等温动力学的强烈的质疑声音中，Boldyreva[113]认为，对非等温动力学研究的争议主要表现在其温度变化速率与等温研究相比加快了许多。在某些技术条件下，例如在非等温条件下进行的过程中，实验室测量的反应速率应与实际生产或使用的工艺条件之间尽可能接近，以此来"弥补物理意义的缺失"（compensate for the absence of a physical meaning）。她对在缺乏更多、更直接的研究结果的情况下，直接使用非等温动力学方法来确定动力学参数和反应机制的做法提出了批评。

Maciejewski[114]在一篇颇具"煽动性"的文章中，质疑了固态反应中的动力学数据的实用性，论文的标题是"介于虚构与现实之间"（Somewhere between fiction and reality）。他公正地警告说，将得到的动力学参数看作为所研究的化合物的特性，而不提及在进行动力学分析时所使用的实验条件的做法是十分危险的。

等温和非等温方法是用来确定某一反应的动力学参数的两种互为补充的方法，这两种方法都可以用来解决同一个问题。等温研究代表了温度变化的众多可能性中的一个极限情况，原则上可以将等温条件下的这些变化应用于非等温研究中。这两种方法都有各自的优点和缺点，在实际应用中不要试图淡化或忽视其中任何一种方法的重要性。

1979 年，J. Sesták 在非等温动力学研究的方法和实践方面均做出了许多重要的贡献，他提出了一系列发人深省的问题，其中许多问题至今仍未得到圆满的解决[110]。

在许多关于非等温动力学的论文中使用了基于反应速率对浓度依赖性的速率方程进行动力学分析（表 3.2 中 F0～F3），这些反应类似于均相反应的行为。如果认为一个固态反应可以发生，那么应该对基于几何模型拟合得到的数据进行合理的评价，应通过适当的其他互补的技术手段如显微镜技术等尽可能地对所得到的结论加以证实。

通过非等温测量,可以使反应中通常被认为是一个单一的反应过程变为一系列的多个步骤。

3.6.3 逆动力学问题

通常从以下的等式开始进行非等温数据的动力学分析:

$$d\alpha/dT = (d\alpha/dt) \cdot (dt/dT) = (d\alpha/dt) \cdot (1/\beta) \quad (3.13)$$

式中,β 是指加热速率,$\beta = (dT/dt)$。实际上,即使这样的一个简单表达式也引起了持续的争论[115—117]。Krís 和 Sesták 指出[118],在样品中,不同位置的 α 和 T 都有不同的变化,这种差别是由于热量和质量的传递效应引起的,而这些在实际中经常会被忽略不计。在 DTA 实验中,经常可以记录到样品的实际温度偏离程序温度的现象。

现在一致认为,Arrhenius 方程可以用于研究反应的速率过程,因此式(3.13)可以变形为下式的形式:

$$\frac{d\alpha}{dT} = \left(\frac{1}{\beta}\right) \cdot \left(\frac{d\alpha}{dt}\right) = \left(\frac{A}{\beta}\right) \cdot \exp\left(-\frac{E_a}{RT}\right) \cdot f(\alpha) \quad (3.14)$$

上式中的 $f(\alpha)$ 是一个动力学表达式(见表3.2)。对于非等温动力学分析而言,其中的一个核心问题是式(3.14)右边的积分。分离变量可以得到以下形式的表达式:

$$\frac{d\alpha}{f(\alpha)} = \left(\frac{A}{\beta}\right) \cdot \exp\left(-\frac{E_a}{RT}\right) dT$$

当 $T = T_0$ 时,$\alpha = 0$;当 $T = T$ 时,$\alpha = \alpha$。在此区间内进行积分,可得下式:

$$\int_0^\alpha (f(\alpha))^{-1} d\alpha = \int_{T_0}^T \left(\frac{A}{\beta}\right) \cdot \exp\left(-\frac{E_a}{RT}\right) dT$$

$$g(\alpha) = \int_{T_0}^T \left(\frac{A}{\beta}\right) \cdot \exp\left(-\frac{E_a}{RT}\right) dT = \int_0^T \left(\frac{A}{\beta}\right) \cdot \exp\left(-\frac{E_a}{RT}\right) dT \quad (3.15)$$

$$\left(\text{因为} \int_0^{T_0} \left(\frac{A}{\beta}\right) \cdot \exp\left(-\frac{E_a}{RT}\right) dT = 0\right)$$

Krís 和 Sesták 强调指出[118],在发生明显的自加热或自冷却过程时,按照上述的方式分离变量 α 和 T 是不合理的。

对任一反应进行动力学研究时,需要将在一个已知的升温速率 β 时获得的实验测量值转换为 α 和/或在温度 T 时的 $d\alpha/dT$ 的值(见 3.4.2 节)。

Militký 和 Sesták[120]明确了确定"逆动力学问题"(IKP)的必要性,他们提出用以下的表达式中的六个未知常数 b_1、b_2、b_3、d_1、d_2 和 d_3 来分析这一问题:

$$\frac{d\alpha}{dt} = b_1 \cdot T^{b_2} \cdot \exp\left(-\frac{b_3}{RT}\right) \cdot \alpha^{d_1} \cdot (1-\alpha)^{d_2} \cdot [-\ln(1-\alpha)]^{d_3} \quad (3.16)$$

通常使用与均相反应动力学相似的速率方程来进行分析,通常假设 d_1 和 d_3 分别为零,因此 $f(\alpha)$ 被假定为 $(1-\alpha)^n$ ($n = d_2$) 的形式,显然 n 为反应级数,于是速率表达式就变成了未知反应级数的"反应级数"(reaction order)模式。当 $b_2 = 0$ 时,式(3.16)可以简化为 Arrhenius 方程的简单形式,这种形式的表达式得到了广泛的应用。由于该表达式仅为一个依赖于温度的项,因此对于速率方程来说仅仅增加一个可调的参数[121,122]。当 d_3 为 0 时,$f(\alpha) = \alpha^{d_1}(1-\alpha)^{d_2}$,这种表达式被称为 Sesták-Berggren(简称 S-B)方程式(见 3.3 节中式(3.9))。另外,如果 $d_1 = d_2$,该等式则可简化为如 Prout-Tompkins 或 Austin-Rickett 方程的形式(见 3.2.9 节)。

通常假设一个单一的速率表达式,即 $f(\alpha)$ 或 $g(\alpha)$ 的形式。该表达式可适用于比较广范围的 α 值(通常是 $0<\alpha<1.0$),并且 Arrhenius 参数 A 和 E_a 的值至少在 α 范围内是保持恒定不变的。如果速率表达式和/或 Arrhenius 参数随 α 发生了变化,即反应机制发生了变化(见下文中 3.6.15 节),则动力学分析就会变得更加复杂。此时动力学分析的结果也会因此而变得不那么可靠,也就不那么有用了。通过允许这样的变化,可以通过在速率方程中有效地增加进一步可调的参数使这些量在合理的范围内变化,然而 Churchill[123]则对这种做法提出了警告。例如,Budrugeac 和 Segal[124]假设 E_a 可能是 α 的一个可以用下式表示的函数式:

$$E_a = E_0 + E_1 \ln(1-\alpha)$$

式中,E_0 和 E_1 是常数。加上 E_a 和 A 之间的补偿关系的假设(参见 3.5.5 节),这样一共有效地引入了四个可调的参数。

对于通过一次实验所覆盖温度范围内的速率的动力学分析而言,其从理论上是否能够提供完整的动力学分析结果(即 $f(\alpha)$ 或 $g(\alpha)$ 的形式和 E_a 和 A 的大小十分关键),以上已经对这一个问题进行了讨论。Agrawal[125]讨论了导入参数唯一性的问题。当试图从单一的曲线中确定两个以上的参数时,就会出现一些问题。使用含有多个 α 项的动力学表达式也会产生非唯一性的动力学参数,例如存在明显的补偿效应(参见 3.5.5 节)。Criado 等人[126]的研究结果表明,利用三种含有不同的动力学 Arrhenius 参数的不同的动力学模型,可以得到一条相同的 TG 曲线。

Vyazovkin 和 Lesnikovich 发表了两篇有重要意义的综述文章[127,128],在综述中他们详细地介绍了动力学分析的方法、原理和逆动力学问题(inverse kinetic problem, IKP)的解决方案。他们强调所有的逆动力学问题在一定的范围内都有模糊的解,这种模糊解可能是由于试图从有限的数据中确定太多未知的常数而引起的,而另外一个方面的原因则可能是由于可以同时用不同形式的模型和动力学常数来描述一组实验数据。

一些研究人员选择性地利用超出适用的时间或温度范围部分的不同模型来描述他们的实验结果,而另一些人则倾向于在尽可能广泛的 α 范围内允许偏离理想状态(而这种偏离往往会引起如粒子大小和形状等因素的变化),采用一种模型(或者极其有限的几个模型)作近似处理来得到近似一致的结果。在理想的动力学分析中,应使用尽可能少的可调参数。

Segal[117]提出了一种基于分析 (α, t, T) 间隔程度的方法对 NIK 方法进行分类。这三种方法分别为:(1)对所有 (α, t, T) 值的积分;(2)对小 (α, t, T) 间隔的积分;(3)使用 (α, t, T) 点的数据值。

Malek 对动力学参数与推导得到的动力学模型之间的相关性给出了很好的解释[129]。由于 E_a 和 A(即所谓的"补偿效应",参见 3.5.5 节)之间的相关关系,可以用一个动力学模型和一个与此相关联的表观 E_a 值来描述一条 TA 曲线,而不是使用真实的模型和真实的 E_a 值,此时有如下的关系式:

$$(E_a)_{app} = F \cdot (E_a)_{true}$$

式中,乘积因子 F 是真实动力学模型的特征,也可以得到这些因子的数值。

3.6.4 实验方法

最常见的实验方法是在合适的恒定加热速率 β 的条件下完成的,大多数的商品化的仪器均可以满足这种方法,在实际上也可以实现其他的实验方案[130-132]。Reading 等人[133]已经开发出一种被称为恒定反应速率热分析(constant rate thermal analysis,简称 CRTA)的技术,该技术对样品以特定的方式进行加热,使反应以恒定的速率发生(见第 8 章)。Ortega 等人[134]拓展了这个思路,用该方法来控制温度,使反应以不断增加的速率(即加速度)进行。

有人[135,136]还提出了一种温度跳跃式(temperature-jump)或步阶式(step-wise)的温度程序控制方案。在单次实验中,温度迅速发生变化(即"跳跃"),从一个值快速地跳到另一个值。通过测量可以得到两个(或更多个的)温度下的变化速率,用来计算在特定的 α 值时的 Arrhenius 参数。该方法假定在测量两个速率值的时间内,α 不会发生显著的变化。

温度调制 DSC(见第 5 章)[137-141]是一种很有前景的技术,这种技术常用于区别对由热力学行为和动力学因素所引起样品的程序温度随时间发生的小的周期性的振荡变化,可用于区分可逆和不可逆的贡献。

Agrawal[125]指出了一些在非等温动力学实验过程中遇到的实际问题,特别是 TG 仪的温度校准问题。在进行温度校准时,测量的温度和校正的样品温度之间的差异有时可能会很大。他建议至少在 70 K 的温度变化范围内来评价 Arrhenius 参数。Biader Ceipidor 等人[142]发表了一系列关于 TG 和 DSC/DTA 曲线模拟的有意义的论文,在进行模拟时考虑了热量传递和其他实验参数。

尽管通常将实验方法划分为等温动力学分析方法和非等温动力学分析方法两种,但 Criado 等人[126]指出,由所选用的其他类型的实验条件所得到的真实的样品温度为近似值。而 Garn[143]则指出以下的因素对非等温实验条件的影响,这些因素主要包括从加热炉到样品之间的热传递、样品在反应期间复杂的自冷却或自加热现象、滞留在样品附近的气体产物对可逆反应的影响等等。在对等温实验结果进行动力学分析的过程中,也会遇到一些其他的困难。例如,经常会遇到如何将得到的数据在尽可能广的 α 范围内进行数据拟合,以及如何将相似形式的动力学表达式进行区分等问题。在程序控制温度的条件下,这些问题将会变得更加复杂。无论温度程序如何变化,在研究化学反应、相变和结构变化等过程中的动力学过程时,都可以从其他相关的分析方法和微观证据中获得有效的支持。

3.6.5 理论热分析曲线的形状

表 3.2 中列出了在等温条件下的各种动力学模型在理论上的 $\alpha-t$ 表达式,每种模型

所对应的曲线的形状如图 3.4 所示。即使是在等温条件下,通常也很难正确地区分这些模型。在非等温过程中,即在线性程序控制温度的条件下,这些曲线的形状发生了相当大的改变,各种模型的理论 α-T 曲线如图 3.6 中(a)、(b)和(c)所示。这些曲线是通过 Doyle 近似[147]来计算温度积分 $p(x)$ 而得到的,见表 3.3。图 3.6(b)为根据反应的表观化学反应级数 n(n 也包括分数值)的动力学反应模型,即由 F1、F2、F3、R2 和 R3 所得到的分析结果。由图可见,对于低 α 值的反应而言,很难直接进行区分。在较高的 α 取值范围内,由图可以有效地分辨出较高级数的反应。根据扩散模型,即 D1、D2、D3 和 D4,可以得到的起始温度比基于 n 级反应模型假设的更低,曲线形状也变得更为扁平(即由延长的温度间距所引起)(见图 3.6(c))。然而,根据 Avrami-Erofeev(JMAEK)模型,即

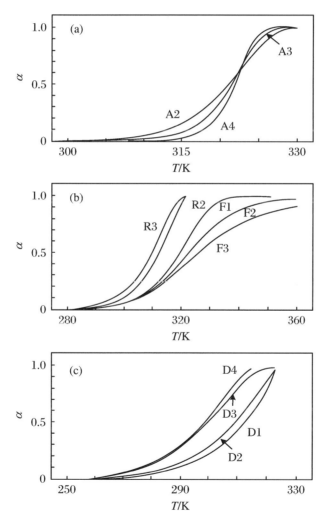

图 3.6 不同的动力学模型下的理论 α-温度(T)曲线。加热速率 β = 1.0 K·min^{-1},A = 1.9×10^{15} min^{-1},E_a = 100 kJ·mol^{-1}。(a) Avrami-Erofeev (JMAEK) 模型,即 An;(b) 基于表观反应级数 n 和几何收缩模型,即 F1,F2,F3,R2 和 R3;(c) 扩散模型,即 D1,D2,D3 和 D4

An(见图 3.6(a)),则可以得到具有较高起始温度的更陡的曲线。图 3.7 中(a)、(b)和(c)给出了与由图 3.6 中所示的积分曲线得到的相对应的微分曲线。

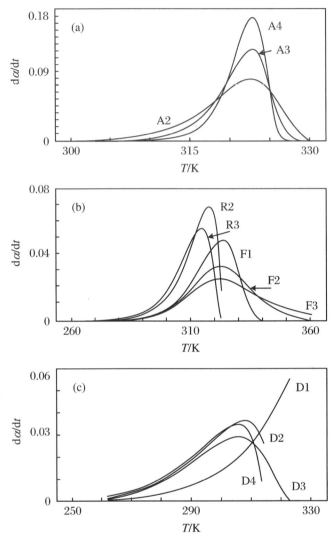

图 3.7　不同的动力学模型下的理论 dα/dt-温度(T)曲线。加热速率 β = 1.0 K·min^{-1};
A = 1.9×10^{15} min^{-1} 以及 E_a = 100 kJ·mol^{-1}。(a) Avrami-Erofeev (JMAEK) 模型,即 An;(b) 基于表观反应级数 n 和几何收缩模型,即 F1,F2,F3,R2 和 R3;(c) 扩散模型,即 D1,D2,D3 和 D4(注:以上曲线是将表达式应用于不同的温度间隔所得到的)

对于一个固定的模型而言,例如 R3 模型,其他变量例如加热速率 β、指前因子 A 和活化能 E_a 的影响分别如图 3.8~图 3.10 所示。Elder[148]通过动力学模型得到了类似的曲线,Zsakó[149]的研究结果表明,对一阶模型(F1)而言也有类似的影响。虽然 F1 模型并不是一个非常真实的表达形式,但它通常被假定为一个近似形式来进行应用。图 3.8 给出了在 β = 1~16 K·min^{-1} 的加热速率范围内,加热速率成倍地增加对理论的 R3 曲线所产生的影响。在 $A=10^{17}\sim10^{13}$ s^{-1} 的范围内,其以数量级的形式降低,指前因子主要会影响曲线的起始温度和加速部分,如图 3.9 所示,其余部分则几乎平行。如果按照 5 kJ·mol^{-1} 的间隔增加活化能,也可以得到与此非常相似的结果,如图 3.10 所示。

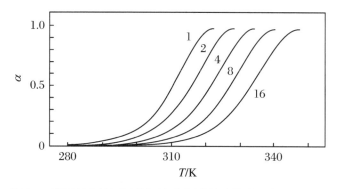

图 3.8　基于 R3 模型得出的不同的加热速率(β 的变化范围为 1~16 K·min^{-1})下的 α-温度(T)曲线(图中 $A=1.9\times10^{15}$ min^{-1};$E_a=100$ kJ·mol^{-1})

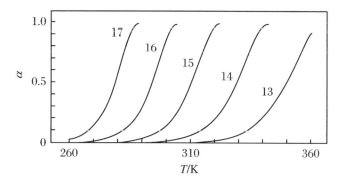

图 3.9　基于 R3 模型得出的不同的指前因子 A(变化范围为 $1.9\times10^{17}\sim1.9\times10^{13}$ min^{-1})下的 α-温度(T)曲线(图中 $\beta=1.0$ K·min^{-1};$E_a=100$ kJ·mol^{-1})

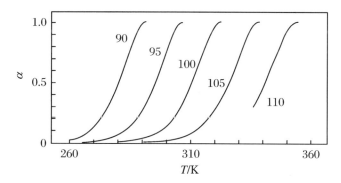

图 3.10　基于 R3 模型得出的不同的活化能 E_a(变化范围为 90~110×10^{13} kJ·mol^{-1})下的 α-温度(T)曲线(图中 $\beta=1.0$ K·min^{-1};$A=1.9\times10^{15}$ min^{-1})

因此,热分析曲线(α,T)的整体形状主要由动力学模型决定,而曲线在温度轴上的位置则是由 E_a、A、较低的反应程度 α 和升温速率 β 来决定的。

3.6.6 非等温动力学方法的分类

用于分析非等温动力学数据的方法可以分为基于式(3.14)的导数(derivative)或微分(differential)方法(该方法为 ICTAC 推荐首选的方法)或者是基于式(3.15)的积分(integral)方法。Vyazovkin 和 Lesnikovich[127]对这种传统的分类方法提出了异议,原因是这些分类方法特指的是使用的实验数据的类型。他们建议使用一种基于动力学参数计算的分类方法,该方法包括"可识别法"(discrimination),即可以识别动力学模型 $f(\alpha)$ 或 $g(\alpha)$ 的方法,和"非识别法"(non-discriminatory)的方法。可以将涉及可识别的方法进一步细分为两种:一种是可以称为"分析"(analysis)的方法,该方法主要用一个模型来描述实验数据;另一种则是可以称为"合成"(synthesis)的方法,该方法结合几个模型来更好地描述数据。进一步的子分类可以基于对动力学表达式的控制,使其适合于用线性回归的方法来测试所得到的拟合数据的质量,通常较少使用非线性回归(nonlinear regression)的方法。

如果对速率表达式的形式做出假设,则只能从单次的动态(α-T)的实验数据对反应过程中的 3 个(或者更多个)未知特征量 A、E_a 和机理函数 $f(\alpha)$ 或 $g(\alpha)$ 进行估算。许多研究者在不加合理判断的前提下,直接地将所研究的反应看作是一个一级反应(F1)的过程(即 $f(\alpha) = (1-\alpha)$ 和 $g(\alpha) = -\ln(1-\alpha)$)。许多研究工作针对 JMAEK 方程在非等温条件下的适用性展开了广泛的研究(见 3.2.7 节)[150,151],它是基于一个包括来自不同的成核过程和产物生长的贡献的模型,这些过程可能具有非常不同的温度依赖性。

尽管已经提出了将动态实验和等温实验相结合的方法,比较常见的是在不同的加热速率下从两次或两次以上完全相同的动态实验中计算出动力学参数。但由于不同加热速率的实验条件可以导致样品中产生不同的温度梯度,因此在这种情况下如果不对温度进行校正,仍然可能会引起错误的动力学结论。

3.6.7 等转化率法

当有超过一组实验的结果可用时,通过比较在两组不同条件下的一个相同值 α 下所得到的测量值,可以消除转化率函数 $f(\alpha)$ 或 $g(\alpha)$ 的未知形式的影响。因此,这些等转化率的方法(isoconversional methods)是一种通过"不依赖于模型"(model independent)或"非识别"(non-discriminating)的方法来确定 Arrhenius 参数的一种技术[89]。这些方法最近由 Vyazovkin 和 Lesnikovich[127,128]进行了进一步的发展。

为了避免丢弃可能更有意义的重要信息,由等转化率法获得参数的方法可以应用于原始数据来确定动力学模型,虽然这种做法通常是无法实现的,但 Sesták 认为这是动力学研究的主要目标[110]。等转化率方法依赖于以下形式的一般方程[128]:

$$\ln \frac{d\alpha}{dT} \cdot \beta = \ln \frac{A}{f(\alpha)} - \frac{E_a}{RT}$$

式中,E_a 和组合表达式($A/f(\alpha)$)具有明确的数值,而 A 的值则取决于所选的模型 $f(\alpha)$。A 与 $f(\alpha)$ 之间的关系是一种"互补"的关系[128]。此外,该方法还假设模型 $f(\alpha)$ 在整个 α 范围内保持不变。等转化率法的一个主要优点在于,由该方法计算得到的在非等温条件下的活化能数值与等温实验中的值可以保持一致[128]。该方法的缺点是,如果无法确定 $f(\alpha)$ 的模型表达式,则无法确定 A 值。

3.6.8 α 对约化温度的曲线图

通过与在 3.4.6 节等温动力学分析中使用的一种 α 对约化时间得到的图相类比,Meindl 等人[152]提出了 α 对约化温度的动力学分析方法。Vyazovkin 等人[153]比较了这些等温和非等温的动力学分析方法。与约化时间相比,α 对约化温度曲线的形状对动力学模型的形式的变化不太敏感。有研究人员曾经提出[154],等温曲线并不与非等温曲线相关。非等温曲线只需加热速率 $\beta = \mathrm{d}T/\mathrm{d}t$,但时间 t 所对应的一条在 $T = T_{\mathrm{iso}}$ 时的等温曲线是通过以下的关系式由测量在加热速率 β 下的 α 和 T 得到的:

$$t = A \cdot \frac{\int_0^T \exp\left(-\frac{E_a}{RT}\right) \mathrm{d}T}{\beta \cdot A_{\mathrm{iso}} \cdot \exp\left(-\frac{E_{\mathrm{iso}}}{RT_{\mathrm{iso}}}\right)}$$

上式也可以表示为与时间成比例的 t^* 的形式,此时有

$$t^* = \int_0^T \exp\left(-\frac{E_a}{RT}\right) \mathrm{d}T$$

3.6.9 一种导数(或微分)方法:一阶导数法

这些是基于式(3.14)的方法,这种方法可以表示成多种形式,例如:

$$\frac{\ln\dfrac{\mathrm{d}\alpha}{\mathrm{d}T}}{f(\alpha)} = \ln\frac{A}{\beta} - \frac{E_a}{R} \cdot \frac{1}{T} = y \tag{3.17}$$

如果假设了 $f(\alpha)$ 的表达式形式,则可以通过 y 对 $(1/T)$ 曲线的斜率和截距来确定 E_a 和 A 的值。Várhegyi 指出[155],式(3.17)左侧的灵敏度与 $\mathrm{d}\alpha/\mathrm{d}t$ 成反比。因此,除非使用了适当的加权因子,得到的动力学参数对热分析曲线的初始阶段和终止阶段的数据非常敏感。在 $\mathrm{d}\alpha/\mathrm{d}t$ 最大值附近区域的灵敏度降低,大部分反应都是在该处进行的。

如果有几组数据可用,例如,在不同的加热速率 β_i 下进行一系列的热分析实验,则可以应用不同的数学方法来进行分析。Friedman 方法[156]通过 $\ln(\mathrm{d}\alpha/\mathrm{d}t)$ 对 $1/T_i$ 作图,得到在不同加热速率(或不同的恒温反应温度 T_i)下相同的 α 值。通过所得到的 $\ln(\mathrm{d}\alpha/\mathrm{d}t)$ 对 $1/T_i$ 的曲线,可以得到一组在不同转化率下的平行线。其斜率为 $-E_a/R$,截距 $= \ln[A \cdot f(\alpha)_i]$。每条线的斜率都相同,而截距则各不相同。通过将得到的截距对 α_i 外推至 $\alpha_i = 0$,可以得到 A 的值。Carroll 和 Manche 方法[157]与上述 Friedman 方法的处理过程十分相似,区别在于该方法通过 $\ln[\beta \cdot (\mathrm{d}\alpha/\mathrm{d}T)]$ 对 $1/T$ 作图。Flynn 对这一方法做了进一步的改进[158],改进后的方法首先是得到不同的加热速率下相同的转化率 α_i 对应的 T_i,然后通过 $T_i \cdot \ln(\mathrm{d}\alpha/\mathrm{d}t)_i$ 对 T_i 进行作图。通过这种方式得到的直线的截距相同,为 $-E_a/R$,但是斜率不同,为 $\ln[A \cdot f(\alpha)_i]$。

广泛使用的 Freeman 和 Carroll 方法[159]假设反应满足 $f(\alpha) = (1-\alpha)^n$ 的形式,并

考虑以$(d\alpha/dT)$、$(1-\alpha)$和$(1/T)$来表示增加的差异变化，从而可以导出下列形式的表达式：

$$\Delta \ln \frac{d\alpha}{dT} = n \cdot \Delta \ln(1-\alpha) - \frac{E_a}{R} \cdot \Delta\left(\frac{1}{T}\right)$$

通过上述形式的表达式，采用以下两种方法中的任一种进行作图，可根据斜率来确定E_a的值：

$$\left[\frac{\Delta \ln \dfrac{d\alpha}{dT}}{\Delta \ln(1-\alpha)}\right] 对 \left[\frac{\Delta\left(\dfrac{1}{T}\right)}{\Delta \ln(1-\alpha)}\right] 作图法$$

或

$$\left[\frac{\Delta \ln \dfrac{d\alpha}{dT}}{\Delta\left(\dfrac{1}{T}\right)}\right] 对 \left[\frac{\Delta \ln(1-\alpha)}{\Delta\left(\dfrac{1}{T}\right)}\right] 作图法$$

Sesták等人[160]讨论了关于这种方法的一些改进工作，包括对其他速率方程的扩展（见表3.2）。Criado等人[161]已经证明了利用Freeman和Carroll的处理方法无法将n级反应的动力学方程从其他动力学模型中成功地区分出来，这一点在Jerez的研究工作中得到了进一步的证实[162]。他指出，在回归过程中会产生比较大的误差，并建议对用来计算E_a和n的方法进行修改，通常的作法是使用最大速率时和实验进行到一半时所对应的数据进行计算。

Van Dooren和Muller[163]研究了在使用Freeman和Carroll方法根据DSC数据确定n、E_a和A时的样品质量、粒径和加热率所产生的影响。使用完整的DSC峰形曲线上的点所得到的曲线是弯曲的，因此需要分别考虑DSC峰的不同部分。由不同的峰段可以得到不同的动力学参数值，这些值也随样品质量、粒径和升温速率而发生变化。

3.6.10 一种导数（或微分）方法：二阶导数法

有几种方法涉及使用方程(3.14)或使用$f(\alpha)=(1-\alpha)^n$的二阶导数，对温度[149,160]或α[149]进行求导，在获得二阶导数的精确值时还存在着一些问题。对等式

$$\frac{d\alpha}{dT} = \frac{A}{\beta} \cdot \exp\left(-\frac{E_a}{RT}\right) \cdot (1-\alpha)^n \tag{3.18}$$

进行微分，可以得到以下形式的关系式：

$$\frac{d^2\alpha}{dT^2} = \frac{d\alpha}{dT} \cdot \left(\frac{E_a}{RT^2} - \frac{n \cdot \dfrac{d\alpha}{dT}}{1-\alpha}\right)$$

由于在TG曲线的拐点或DSC峰值的最大值点上所得到的这个导数必须为零，因此存在如下的关系式：

$$\frac{E_a}{RT_{max}^2} = \left(\frac{d\alpha}{dT}\right)_{max} \cdot \frac{n}{1-\alpha_{max}} \tag{3.19}$$

如果 n 和 T_{max} 已知,可以通过实验曲线确定 $(d\alpha/dT)_{max}$ 和 α_{max},则可以由上式计算出 E_a 的值[164]。

联立式(3.18)和式(3.19)可以得到下式:

$$\frac{A}{\beta} \cdot \exp\left(-\frac{E_a}{RT_{max}}\right) \cdot n \cdot (1-\alpha_{max})^{n-1} = \frac{E_a}{RT_{max}^2}$$

由于对于给定值 n,$(1-\alpha_{max})$ 是常数,因此可以用 Kissinger 方法[165]来获得 E_a 的值。在不同的加热速率 β_i 下进行实验得到实验曲线,通过不同的加热速率 β_i 的曲线用 $\ln(\beta/T_{max}^2)$ 对 $1/T_{max}$ 进行作图,所得到的曲线的斜率是 $-E_a/R$。Augis 和 Bennett[166] 用适用于许多固态反应的 Avrami-Erofeev(或 JMAEK)模型(An,表 3.2)对 Kissinger 方法进行了修正,他们用 $\ln(\beta/(T_{max}-T_0))$ 对 $1/T_{max}$(T_0 为在加热程序开始时的初始温度)进行作图,而不是使用 $\ln(\beta/T_{max}^2)$ 对 $1/T_{max}$ 进行作图。Elder 将 Kissinger 方法进行了推广[148],使其可以应用于所有的动力学模型,该广义方程可以用下式表示:

$$\ln\frac{\beta}{T_{max}^{m+2}} = \ln\frac{AR}{E_a} + \ln L - \frac{E_a}{RT_{max}}$$

式中,m 为修正后的 Arrhenius 方程指前项中的温度指数,通常取值为 0,$L = -f(\alpha_{max})/(1+mRT_{max}/E_a)$。虽然这个修正项值通常相对较小,但通过它有助于区分相似的模型。Llopiz 等人[167]推导得到了通常范围内的动力学模型修正项,结果表明[148],得到的 E_a 值对选择不正确的模型的响应并不十分敏感。

虽然 Ozawa 处理方法[168]最初是作为一种积分的方法发展起来的,但它也适用于类似于 Kissinger 法可以处理的导数曲线。在 Ozawa 方法中,以 $\ln(\beta)$ 对 $1/T_{max}$ 进行作图,所得到的曲线的斜率是 $-E_a/R$。Van Dooren 和 Muller 的研究结果表明[163],通过使用 Kissinger 方法和 Ozawa 方法由 DSC 实验确定表观的动力学参数时,样品的质量和颗粒尺寸都会对动力学参数的数值产生不同程度的影响。通过这两种方法均可以得到类似的值,但 Kissinger 方法的精度稍低一些。建议使用 $\alpha = 0.5$(即转化为一半时)时所对应的温度,而不应该使用在 T_{max} 的数值[163]。在文献中,Tanaka[169]对这一方法的应用进行了综述。

Borchardt-Daniels 方法[170,171]最初是在使用 DTA 法研究均相的液相反应的基础上发展起来的,可以通过以下形式的表达式[172]来计算速率常数 k:

$$k = \frac{\left[\left(\frac{J \cdot S \cdot V}{m_0}\right)^{n-1} \cdot \left(C \cdot \frac{d\Delta T}{dt} + J \cdot \Delta T\right)\right]}{[J \cdot (S-s) - C \cdot \Delta T]^n}$$

在上述的速率常数的表达式中,V 为样品的体积,m_0 为用摩尔数表示的初始的样品量,S 为 DTA 峰的面积,s 为时间 t 时的 DTA 峰的部分面积,峰值高度 ΔT 和斜率 $d\Delta T/dt$ 均可以由 DTA 曲线测量得到,J 为热传递系数,C 为样品和支持器的总热容。在实际中,J 和 C 的数值无法准确获得,通常假设 $n=1$。由于 $C \cdot (d\Delta T/dt)$ 和 $C \cdot \Delta T$ 相对于与其相加的项(或者与其相减的项)比较小,可以近似为 0,因此,速率常数可以简化为下式的形式:

$$k = \frac{\Delta T}{S-s}$$

对于 DSC 曲线而言,其等价形式的表达式可以用如下的形式表示:

$$k = \frac{\dfrac{\mathrm{d}H}{\mathrm{d}t}}{S-s}$$

式中,H 为焓,($\mathrm{d}H/\mathrm{d}t$)是 DSC 信号。得到的 k 值用在常规的 Arrhenius 图中。Shishkin 讨论了 Borchardt、Daniels 和 Kissinger 的相似之处[173]。

在实际应用中,样品温度有时会明显地偏离程序温度,在文献[110,172]中已经讨论了这种现象对于从 DTA 中获得的动力学信息的可靠性的影响。Hugo 等人[174]讨论了基线的校正,以及在使用 DSC 数据进行动力学分析时固有的时间滞后现象。

另一种基于二阶导数的方法是 Flynn 方法和 Wall 方法[175]。假设 $b_2 = d_1 = d_3 = 0$,对式(3.16)做重新排列,可以得到以下等式:

$$T^2 \frac{\mathrm{d}\alpha}{\mathrm{d}T} = \frac{AT^2}{\beta} \cdot \exp\left(-\frac{E_\mathrm{a}}{RT}\right) \cdot (1-\alpha)^n$$

将上式对 α 进行微分,可以得到

$$\frac{\mathrm{d}\left[T^2\left(\dfrac{\mathrm{d}\alpha}{\mathrm{d}T}\right)\right]}{\mathrm{d}\alpha} = \frac{E_\mathrm{a}}{R} + 2T + \frac{n}{1-\alpha} \cdot \left[\frac{\mathrm{d}\alpha}{\mathrm{d}\left(\dfrac{1}{T}\right)}\right]$$

当 α 的值较小时,以上等式中的右边的最后一项是可以忽略不计的。由于 $2T \ll E_\mathrm{a}/R$,有时甚至会将 $2T$ 这一项忽略不计。如果使用有限的差分来替代导数形式的表达式,则可以得到以下形式的表达式:

$$\frac{\Delta\left[T^2\left(\dfrac{\mathrm{d}\alpha}{\mathrm{d}T}\right)\right]}{\Delta\alpha} = \frac{E_\mathrm{a}}{R} + 2T_\mathrm{ave}$$

式中,T_ave 为反应区间内的平均温度。在反应的早期阶段,可以通过($T^2(\mathrm{d}\alpha/\mathrm{d}T)$)对 $\Delta\alpha$ 的曲线的斜率计算出 E_a 的值。

3.6.11 形状因子

Málek[176]在热分析(TA)曲线的动力学分析中,将早期的 Kissinger 模型进行了扩展,引入了"形状因子"(shape index,通常用 S 表示)的概念(图 3.11)。S 被定义为在曲线的上升和下降拐点区域的切线的斜率的绝对值的比值,切线的斜率由微商热分析曲线的峰值来确定,即

$$S = \frac{\left(\dfrac{\mathrm{d}^2\alpha}{\mathrm{d}t^2}\right)_{i=1}}{\left(\dfrac{\mathrm{d}^2\alpha}{\mathrm{d}t^2}\right)_{i=2}}$$

在拐点处,S 值和温度 T_1、T_2 的值是很容易确定的。计算用 S 值表示的理论速率方

程取决于温度积分函数 $p(x)$ 的表达式(参见表 3.3)。如果选择了一个合适的 $p(x)$ 的近似表达式,则可以得到一个可用于所有的具有两个拐点动力学模型的 S 和 T_1/T_2 的比值之间的线性关系(参见表 3.2)[160]。

Dollimore 等人[177]也回顾了基于形状因子的动力学分析方法,并强调了起始温度、峰值温度和终止温度的意义。

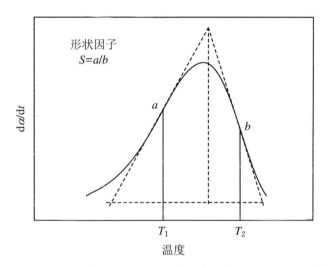

图 3.11 用于动力学分析时热分析曲线的形状因子 S(S 为在微商热分析曲线峰的上升与下降区域的拐点处斜率的比值)

3.6.12 一种可用的积分方法

动力学方程的积分式主要是基于式(3.15)得到的,在使用时需要对温度积分进行评估。可以通过引入变量 $x = E_a/RT$ 来简化这个问题,可用下式表示:

$$\int_0^T \exp\left(-\frac{E_a}{RT}\right) dT = \frac{E_a}{R} \cdot \int_x^\infty \frac{\exp(-x)}{x^2} dx = \frac{E_a}{R} \cdot p(x)$$

于是,式(3.15)就可以变形为

$$g(\alpha) = \frac{AE_a}{R\beta} \cdot p(x) \tag{3.20}$$

Criado 等人[178]考查了由 Van Krevelen 等人[179]在 1951 年的论文中所提出的"积分"方法。在式(3.20)中的温度积分的计算方法的基础上,Zsako[149]提出了积分方法的三种二级分类方法。这三种主要方法分别是:(1) 使用 $p(x)$ 的数值;(2) 对 $p(x)$ 进行一系列的近似;(3) 利用近似来得到一个可以积分的表达式。

现在,对 $p(x)$ 的积分表达式已经可以查表得到。在许多研究工作[149,160,182—184]中,可以直接得到以上的温度积分的合适的表达式,这些研究工作已经得到了广泛的关注。在考虑原始的 $\alpha\text{-}T$ 曲线数据的实验不确定度时,Gorbachev[185]和 Sesták[110,186]的研究结果表明,确定更精确的积分近似式并不是十分重要。在表 3.3 中给出了一系列代表性的温度积分 $p(x)$ 的近似展开式的例子(参见参考文献[187,188])。

表 3.3　温度积分函数 $p(x)$ 的一些近似表达式，其中 $x = E_a/RT$

$p(x) = (e^{-x}/x^2) \approx 1 - (2!/x) + (3!/x^2) - (4!/x^3) + \cdots + (-1)^n((n+1)!/x^n) + \cdots$	[149]
$p(x) = (e^{-x}/x(x+1)) \approx 1 - (1/(x+2)) + (2/(x+2)(x+3)) - (4/(x+2)(x+3)(x+4)) +$	[189]
$p(x) = e^{-x}/((x-d)(x-2))$，其中 $d = 16/(x^2 - 4x + 84)$	[190]
$p(x) \approx e^{-x}/(x(x^2 + 4x)^{1/2})$	[191]
Doyle's 近似（当 $x > 20$）为 $\lg_{10} p(x) \approx -2.315 - 0.4567x$	[147]

3.6.13　导数（或微分）方法和积分方法的对比

在动力学分析中，使用微分法可以有效地避免在积分法中所必需的温度积分的近似（如上所述）问题。另外，使用微分法时的测量也不受累积误差的影响，而且在计算过程中也不会出现在进行积分时难以确定的边界条件[175]。对以积分方式测量的数值进行微分时，通常需要在进一步分析前对数据进行平滑。在确定动力学模型时，使用微分方法可能会更加灵敏[178]。但是，在进行平滑时可能会导致曲线变形[179]。

3.6.14　非线性回归方法

Vyazovkin 和 Lesnikovich[127] 强调指出，绝大多数的非等温动力学方法都涉及对速率方程进行适当的线性化处理问题，通常会进行一个对数变换来实现，由此会导致误差的高斯分布发生变形。因此，非线性方法更容易得到广泛的认可。关于非线性回归方法（non-linear regression methods）的文献有很多，在 L. Endrenyi 主编的《动力学数据分析：酶与药动学实验的设计与分析》（*Kinetic Data Analysis: Design and Analysis of Enzyme and Pharmacokinetic Experiments*）一书中对此方法做了系统的介绍。该书所涵盖的主题主要包括对非线性最小二乘法的介绍、动力学评价的统计特性、动力学数据的曲线拟合的参数冗余以及适合于区分对立模型之间的有区别的动力学实验的设计与分析。

Militký、Sesták[193] 和 Madarász 等人[194] 概述了使用以上的等式按照以下形式的关系式进行非线性回归的常规做法：

$$y_i = A_0 + \sum_{j=1}^{5} A_j \cdot x_{ij}$$

式中

$$y_i = \ln\left(\frac{d\alpha}{dt}\right)_i$$

$$x_{i,1} = \ln T_i$$

$$x_{i,2} = \frac{1}{T_i}$$

$$x_{i,3} = \ln \alpha_i$$

$$x_{i,4} = \ln(1 - \alpha_i)$$

$$x_{i,5} = \ln[\ln(1 - \alpha_i)]$$

$$A_0 = b_1$$

$$A_1 = b_2$$

$$A_2 = b_3$$
$$A_3 = d_1$$
$$A_4 = d_2$$
$$A_5 = d_3$$

A_j 的值经优化后可以得到如下式所示的最小值的形式：

$$Z = \sum_{i=1}^{n} (\alpha_{i,\text{cal}} - \alpha_{i,\text{expt}})^2$$

Karachinsky 等人[195]讨论了非线性回归过程中的一些问题。在确定实验值与理论数据之间的重合程度时，必须考虑在确定最小偏差时的具体情况。然而，由于 E_a 与 A 之间的补偿关系，最小值通常会出现"平坑"（flat pit）的现象，而且也有可能会找到一个局部的而不是一个整体范围内的最小值。因此，他们提出了一种寻找最小值的方法，该方法考虑到了每个参数对理论曲线的影响。Karachinsky 等人[195]还给出了一个应用这种方法的例子。他们使用这个方法只循环计算了 36 次，而传统的单纯形算法则需要 485 次循环计算。

Militký 和 Šesták[193]讨论了在进行动力学分析时可用的统计软件，并对得到的参数 A_j 的误差进行了估计。Opfermann 等人[196]描述了由德国耐驰仪器公司（Netzsch Instruments）开发的软件，而 Anderson 等人[197]则提供了其他可用的软件包的应用实例。

3.6.15 复杂反应

尽管在动力学分析过程中存在着上述的困难，现在已经有一些研究工作关注于复杂反应（例如可逆反应、并发反应、连续反应等）的非等温动力学研究。对于相同的样品而言，若其 DSC 与 DTG 结果无法一致，则意味着样品焓值的变化速率与质量损失的速率不成正比，这一现象是判断样品是否发生了复杂反应的有效判据[198]。另外，也可以根据不同加热速率下的实验来确定是否发生了复杂反应。判断复杂反应的另一个依据是，通过求得的 E_a 与转化率 α 的关系来进行判断[199]。

在等温研究中，可以由 Arrhenius 图来确定发生的复杂反应[199]。根据拟合方式的不同，在 Arrhenius 图中会显示为曲线或两个线性区域。当发生复杂反应时，以 α 对约化时间作图得到的曲线形状同样会随着温度的变化而发生系统的变化。

Elder[200]给出了几个多步骤反应的模型，以期获得确认复杂反应的标准。这些反应模型主要包括相互独立的并发一级反应、竞争一级反应、相互独立的 n 级反应，以及相互独立且 $n=2$ 或 3 的 Avrami-Erofeev 模型。Elder 建议的判断标准是：(1) 表观反应级数 n 因计算方法而发生变化；(2) 动力学参数 A 和 E_a 因转化率 α 而发生变化。

Vyazovkin 和 Lesnikovich[199]提出，可以通过分析等转化率法得到的活化能 E_a 的表观数值和 α 的关系曲线的形状来确定非等温实验中发生的复杂过程的类型。E_a 和 α 正相关是并发竞争反应的特性，但具体的曲线形状则取决于各个并发竞争反应的贡献率的比值。E_a 和 α 负相关则表明存在着形成中间物的可逆过程[199]，示意图详见图 3.12。

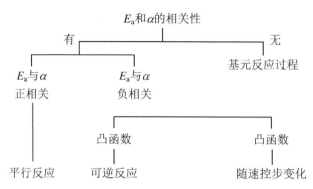

图 3.12 由等转化率法测定的复合反应的表观 E_a-α 图特征线性(基于参考文献[199],图4)

- **可逆反应(reversible reactions)**

许多固-气反应是可逆的,例如结晶水合物的脱水过程。在这类反应的速率方程中,必须包含逆向反应的速率表达项。如果逆向速率相比正向来说不可以忽略不计,则此时通用模型的速率方程(见表 3.2)将不再适用。通常建议[11]在尽可能远离平衡的条件下研究可逆反应,一般采用低压与高流速的载气气氛来实现这一条件,然而这种做法并非一直有效。Sinev[201]以碳酸钙分解的速率方程的计算为例阐述了上述观点,在这一反应中,即使使用较小的样品质量(10 mg)和高流速的载气气氛(200 $cm^3 \cdot s^{-1}$)条件,逆向反应的速率相对正向速率而言依然不可忽略不计。

Vaganova 等人[202]提出了一种可以利用等温和非等温条件下的 DSC 法和 TG 法来确定一级、二级和复合反应级数的可逆反应的动力学参数的方法。

- **连续反应(consecutive reactions)**

Marcu 和 Segal[203]考查了反应级数(RO)型的两个连续反应,结果表明 TA 曲线受到 E_a 值(决定于反应的起始温度)的显著影响。若两个过程的 E_a 数值的差值大于 10 kJ·mol^{-1},则认为两个反应过程可以完全分离。指前因子 A 的差值则可以补偿其影响,同时反应级数的数值也影响这一分离过程。因此,当 α 较低时,动力学参数也趋近于连续反应的第一步。通过对比由这些参数构建的理论 TA 曲线和实际的实验曲线,可分析整个反应的复杂程度。

- **并发反应(concurrent reactions)**

当单个反应的活化能明显不同时,可以较好地区分其对复杂反应的贡献。E_a 数值低的反应在低温和较低加热速率的条件下有较大的贡献,而高活化能的反应则对高温和较高加热速率的动力学过程有较大贡献。在等动力学温度(isokinetic temperature)下,各分支反应的速率相等。难以通过改变加热速率的方式确定 E_a 值相近的单个反应的贡献,通常采用数学手段进行去卷积处理来实现[204]。许多文献在使用此法时均要求符合 RO 模型。Criado 等人[204]研究了每个独立的反应对于总体反应进度(即转化率)的贡献,整个反应的总转化率 α 的定义为

$$\alpha = \sum w_i a_i$$

式中,w_i 是指对于总体反应具有贡献的反应 i(相应的 Arrhenius 参数为 A_i 和 $(E_a)_i$)产

生的总质量损失因子。Criado 等人[204]在此基础上提出了一种用 Kissinger 法对实验数据进行非线性优化可以得到最多 15 个贡献过程的去卷积处理结果。

Ozawa 和 Kanari[205]也讨论了竞争反应的动力学分析,这种方法要求对单个产物形成过程的转化率和生成速率进行测量,可以通过与 TG 仪或 DSC 仪联用的逸出气体分析法来得到符合这一要求的数据。

- **由扩散过程引起的复杂反应(reaction complicated by diffusion)**

Vyazovkin[206]将这一体系视为连续反应,反应过程主要包括界面层的形成过程和随后通过界面层的扩散过程两个步骤。

Vaganova 等人[202]提出了一种可以得到这两个阶段(并发反应和连续反应)的反应过程的动力学参数的数学处理过程的方法,这种方法可以不将单阶段的反应进行分离,可用于等温和非等温条件下的反应。

3.6.16 动力学行为的预测

动力学研究的一个主要目的是预测不局限于原始实验测量条件下的动力学行为[207]。预测结果的可靠性依赖于动力学参数 E_a、A 和 $f(\alpha)$(或 $g(\alpha)$)的数值,这些数值不随温度 T 变化,并且其精确度已知[208]。可以由下式求得时间的相对误差 $\Delta t/t$:

$$t = g(\alpha)/[A\exp(-E_a/RT_0)]$$

可以用下式表示计算结果:

$$|\Delta t/t| = |\Delta g(\alpha)/g(\alpha)| + |\Delta A/A| + |\Delta E_a/RT_0|$$

Vyazovkin 和 Linert[208]描述了在复杂反应中选择了不恰当的动力学机理函数 $g(\alpha)$ 或 $f(\alpha)$ 时,对动力学行为进行预测所得到的结果的含义。

Flynn[209]回顾了由相对较高的温度下获得的分解参数来对较低温度下聚合物的使用寿命进行预测的方法,并讨论了在使用这些方法的过程中得到错误结果的原因,其中包括了外推超过相变(同时物理性质发生变化)发生的温度的因素。

3.6.17 动力学标准

在一次 ICTAC 动力学研讨会[210]期间,Gallagher 列举了可用于进行反应速率对比的动力学标准,其对反应的主要要求为:(1) 仅具有单一步骤的不可逆的基元反应;(2) 具有较低的焓值,自加热或自冷却效应尽可能小;(3) 有足够宽的温度范围,以确保反应在可观测的前提下尽可能缓慢地进行,注意此处所指的反应缓慢进行并不是说反应越慢越好,否则会带来温度测量的误差;(4) 样品与实验气氛之间不发生反应;(5) 反应不随样品的制备方法、预处理过程和样品粒径及其分布的改变而发生变化;(6) 由反应过程所引起的待测量如质量、逸出气体的量或焓变等的变化应足够明显,在此前提下可以使用少量的样品。换言之,测量仪器应对这些变化足够敏感,以满足微量反应的要求。对于以上的这些要求而言,有的要求彼此之间并不兼容,因此必须选择出一个折中的方案。

在上述标准的基础上,使用一水合硫酸锂的脱水过程作为一个动力学参考标准的可能性已经被排除[210]。主要原因如下:(1) 该反应在低温下是可逆的,(2) 其具有中等强度的吸热反应;(3)反应在370 K下发生,TG仪器在该温度范围内难以进行准确的校准;(4)反应速率极大地受反应粒径和预处理的影响;(5)反应过程复杂,总的脱水过程包含了化学反应、扩散、重结晶等几个子速率过程,且速率控制步骤在实验过程中不能保持一致;(6)脱水过程中总的速率受到实验气氛中水蒸气的影响。

3.6.18 几点讨论

针对动力学分析的非等温方法和等温方法的相对值而展开的讨论通常会没有结果。一方面,有的体系在非等温和等温的实验条件下可以得出较为一致的动力学研究结果;而另一方面,也存在着一些体系的动力学分析结果强烈依赖于所采取的实验方法,通过不同方法得到的动力学分析结果之间的差别较大。因此,通过这两种途径的互补,在发现如上文所述的潜在的误差来源时很有意义。通过等温和非等温这两种技术都可以针对所发生的过程提供有价值的信息,使实验者充分理解每一种方法的缺点和限制。Vyazovkin和Lesnikovich[127]指出,由等温数据得到的动力学参数不受所选择的动力学模型的明显影响,而非等温过程则相反。他们认为,原因在于在分析时通过等温测量确定Arrhenius参数,而通过非等温测量确定动力学模型。

正如一些研究报告[6,83]所得出的结论,使用相同的实验数据,利用不同的数学分析方法,却可以得到结果明显不一致的动力学参数,这种现象使人感到十分困扰。在某些可用于动力学分析的商用软件程序中甚至没有明确指出其所依据的具体算法,而其他的动力学分析软件包则大多使用仅限于反应级数(RO)模型的动力学表达式。

Vyazovkin和Lesnikovich[127]强调了仔细对计算所得到的动力学参数意义进行统计分析的必要性,通过这些统计分析至少可以帮助我们减少需要考察的动力学模型的个数。他们尤其反对在t的数值不具有任何物理意义时,强行将反应的动力学模型假定为反应级数(RO)模型的做法。由所选择的多种方法得到的动力学参数之间的一致性只可以说明所使用的计算方法之间的等价性,但这并不能代表由此获得的参数具有一致的合理性。

对于"识别法"持反对意见的研究者认为,据此选出"最佳模型"的一套模型太过有限。即便这一套模型在实际中不包括正确的模型,在进行动力学分析时,这一套所选择的模型仍将会选择其中的一个作为"最佳模型"。目前已被广泛接受的一套通用的模型表达式(见表3.2)太过于简单,以至于无法完全体现实际过程中的全部特征。然而,如果对这些模型进行修正,则又会增加可调参数的数量。Vyazovkin和Lesnikovich[211]讨论了利用以一般性的表达式(generalized descriptions)(或者"合成"而非"解析")为基础的方法来解决IKP的可能途径。这些方法是根据实际反应的不同方面而建立的,可以较好地用来描述各个相互竞争的理想模型的每个特征的综合表现。Sesták-Berggren方程(式(3.9))就是这样的一个一般性的表达式。根据其指数值的不同,可以得到通用的一系列模型(参见表3.2)。可以由实验数据确定参数的数量[124,200],通常三个指数中最多可以确定两个。Wyandt和Flanagan[212]给出了Sesták-Berggren方程(式(3.9))的使用方法,Zimmerman[213]将这种方法应用于非等温动力学分析中。在这些工作中,对所研究的固态反应过程的机理未做任何一种假设。可以直接由这些数据求得m、n和p,从而可以根据这些确定的值来筛选出最为可能的机理方程。

一般性的表达式包括对一类模型(例如 RO 或 Avrami-Erofeev)的限制,即只使用上述方程的一个条件表达式,但对指数的数值不做限制。另外,一般性的表达式也可以表示为几个通用模型的线性组合。Vyazovkin 和 Lesnikovich[128]的研究结果表明,Avrami-Erofeev 模型与其他的几个通用模型的线性组合是等价的,因此可以看作一个广义的一般性达式。广义表达式还包括拟合得到的近似函数的表达式,如多项式、样条拟合等方式,但可调整参数的数量难以处理,且参数失去了其独立性和物理意义。

3.6.19 结论

最后,我们以 Ninan[214]对他关于一水合草酸钙的脱水(Ⅰ)和分解(Ⅱ)反应的研究总结来作为本部分内容的结论:

$$CaC_2O_4 \cdot 2H_2O \xrightarrow{I} CaC_2O_4 \xrightarrow{II} CaCO_3$$

他指出:"在等温和非等温之间,以及模式匹配法和非模式法之间存在着旷日持久的争论。至少在我们的研究中,我们没能找到其中一方绝对优于另一方的证据,二者中的任何一方均拥有各自的优点和缺点。热分解反应的机理不能单从对 TG 数据的数学拟合曲线中得到不容置疑的结论,而通过等温下的质量损失数据可以给出更深层次的反应机理信息。至于所关心的动力学参数的数值,从表现出相同程度的波动和变化趋势的角度来说,在等温和非等温、模式匹配和非模式法之间并不存在着明显的差别,对于这个问题需要结合具体的问题进行具体的分析。因此,如果我们以计算动力学常数为目的,非等温方法显然具有更加简便的优势。然而,在提出某固态热分解反应的机理和得到其动力学信息的结论之前,我们必须要明确过程中的实验条件的因素对动力学参数的影响。最后,在了解过程中每个可能的因素的影响之后,我们才有可能通过动力学分析来预测动力学参数,从而获得一整套实验参数。"

3.7 非扫描型量热法的动力学

3.7.1 引言

目前大多数的量热研究虽然主要用于热力学研究或常规分析的目的(参见第 14 章),但量热法在对伴随放热或吸热过程的动力学研究(实际上包括了所有的化学反应、相变、分解等过程)中具有十分主要的作用,在 Hemminger 和 Höhne 的专著中对这类研究做了介绍[215]。根据刘劲松等人[216]和 Zielenkiewicz[217]的观点,最早使用量热仪进行反应动力学研究的是 Duclaux[218]在 1908 年完成的研究工作。

不同类型的量热仪要求使用不同的动力学分析方法。差示扫描量热法(differential scanning calorimetry,简称 DSC)可以按照上文 3.6 节中非等温方法描述的流程来完成。不同各类的非扫描型量热法在本书的第 1 章和第 14 章中进行了详细的描述。可以按照其工作方式将这些方法宽泛地分为绝热型(adiabatically)和恒温型(isothermally)两种。对于一台理想的绝热型量热仪而言,在测量容器和周围环境之间不存在热交换,体系中由于放热产生和吸收的热量变化会引起温度的变化 ΔT。因此,绝热型量热法研究的过程是非等温过程,虽然这一温度变化在动力学研究中经常是可以忽略不计的。为了使这一温度变化尽可能小,可以通过量热仪和恒温罩之间的导热性能好的热导体来提升产生的热量。通过这个导体的热流速率通常可以作为热传导式(heat conduction)量热仪测量温度变化的物理量。

如果将反应物先分别放置于一个反应容器的不同区域然后再进行混合,则这一类量热仪通常被称为间歇式(batch)量热仪。滴定式(titration)量热仪采用一个与间歇式反应容器相连的马达驱动的滴定管或注射器逐步滴加样品。混流式(flow-mixing)量热仪中,多路不同的反应物流体在混合容器中合流。通往反应池的液体的流动方式可以是连续式(continuous)的,主要适用于慢速的反应;也可以是停流式(stopped)的,主要适用于快速反应。间歇式和流动式的量热仪都可以在绝热或恒温条件下工作。需要注意的是,需要从测量的热量变化信息中分辨出非反应产生的热量,尤其是与目标反应相关的混合热量。

3.7.2 动力学分析

3.7.2.1 基本假设

在反应过程中,量热仪通过检测器测量的响应信号与反应速率成正比,因此可以通过测量的响应信号对时间的曲线来表示反应进程,通过量热实验来确定动力学参数即是基于以上这一假设为基础的。

Hemminger 和 Höhne[215] 给出了通过不同类型的量热仪获得的理想类型的标准响应曲线。对于明显慢于量热仪的时间常数的反应过程而言,通过测量得到的曲线来进行动力学测量,动力学分析则以可参考的间歇或流动过程的均相反应动力学曲线为基础。由于速率方程常以假设的简单反应级数(RO)模型为基础,因此,在进行动力学分析时需要得到的参数主要包括该反应的反应级数、活化能和频率因子。对于较快的反应过程而言,热量释放的时间间隔与量热仪的时间常数的数量级相同,此时测得的曲线必须在获得准确动力学参数之前进行合适的校准(详见下文)。

3.7.2.2 热传导式量热法(conduction calorimetry)

Zielenkiewicz 和 Margas[219] 描述了由测量得到的输出函数(测得温度差 U 关于时间 t 的函数)重新构建输入函数(热流速率,$Q = \mathrm{d}Q/\mathrm{d}t$)的复杂的数学模型。他们注意到即使采用了不同的数学近似方法,最终也可以得到十分相似的重新构建的结果。文献[220]中比较了分别基于状态方程理论、傅里叶变换分析、动力学优化和简单微分的四种不同的数值方法的差别。Adamowicz[221] 进一步提出了一种数值分析方法,该方法可以用基于光谱的解析技术将量热曲线解析成一组基本的矩形脉冲曲线。

Hemminger 和 Höhne[215]、Randzio 和 Suurkuusk[222] 以及 Grønlund[223] 等人也为量

热响应曲线的解释和校正提供了有意义的讨论结果。间歇式量热仪反应容器中的热流速率来自于反应过程中产生和吸收的热量以及和外部环境的热交换这几个方面的贡献。如果引入参考容器并做对照测量,则可以通过如下形式的方程对"意外"的影响进行补偿:

$$\Phi = dQ/dt = \varepsilon_c[U + \tau(dU/dt)] \quad (3.21)$$

该方程即为 Tian 方程(或称为 Tian-Calvet 方程)(详见第 14 章 2.4.3 小节)的一个应用实例,式中 U 是 t 时刻测得的温度差,ε_c 是仪器常数($W \cdot K^{-1}$),τ 是量热仪的时间常数。对于非均相的量热测量反应容器而言,引入 U 的二阶(或更高阶)时间导数[222]。可以将式(3.21)改写成以下几种不同的形式,如:

$$\phi = dQ/dt = (1/R_{th})U + c(dU/dt) \quad (3.22)$$

其中,R_{th} 是热阻(heat resistance),单位为 $K \cdot W^{-1}$。

可以通过输入一个时间非常短但功率较高的信号来校正加热器并测量温度差随时间的函数关系,得到量热反应容器的时间常数。在得到的降温过程的响应曲线中,以 $\ln U$ 对 t 作图,可以通过拟合得到一条直线,斜率为 $-1/\tau$。另一种常用的方法[222]是在热源校准时使用周期性的响应,输入一个正弦波的功率信号(w),由此引起的温度响应曲线也是呈正弦关系变化的,且可以从至少两个周期的阻尼和相位变化来确定时间常数。

3.7.2.3 流动式量热法(flow calorimetry)

在 Beezer 和 Tyrrell 的研究工作中[224],解决了流动式微量量热法中零级和一级反应的热流速率和动力学参数之间的关系。当浓度为 c_1^0 和 c_2^0 的两种反应物分别以 F_1 和 F_2 的流速进入反应容器中并进行充分的混合时,在进入反应容器后,它们的稀释因子分别为 $F_j/(F_1 + F_2)$ $(j = 1, 2)$[224]。如果反应物 1 和 2 的稀释热分别为 ΔH_{D_1} 和 ΔH_{D_2},则可以用以下形式的表达式来表示由稀释引起的热流速率:

$$-(F_1 c_1^0 \Delta H_{D_1} + F_2 c_2^0 \Delta H_{D_2})$$

通常通过将同一流速下的各反应物的溶剂进行混合来得到参考"基线",可以参照这一基线来测量得到在实验过程中得到的总的热量输出速率 dQ/dt。

当一个反应对于反应物 2 是一级反应、对于反应物 1 是零级反应时,对于一个设定的体积单元而言,在其进入反应容器的时刻 t,生成物形成的速率是 $k_1 c_2$,其中 k_1 是表观的一级反应的速率常数,c_2 是反应物 2 的浓度。如果混合过程比停留时间 τ 快得多,则有

$$k_1 c_2 = [k_1 F_2 c_2^0/(F_1 + F_2)]\exp(-k_1 t)$$

对在反应容器中的滞留时间进行积分,并乘以反应容器的体积 V,则可以得到反应容器中的平均反应速率 $-dc/dt$。

由于

$$\tau = V/(F_1 + F_2)$$
$$-dc/dt = R_2 c_2^0[1 - \exp(-k_1 \tau)]$$

于是,可以用下式表示实验时的平均热流速率 dQ/dt:

$$\frac{dQ}{dt} = -F_2 c_2^0 \{\Delta H_{D_2} + \Delta H_r [1 - \exp(-k_1 \tau)]\}$$

式中，ΔH_r 为反应焓。如果反应进行得非常快，且反应物 1 过量，则有以下形式的关系式：

$$\frac{dQ}{dt} = -F_2 c_2^0 (\Delta H_{D_2} + \Delta H_r)$$

式中，ΔH_{D_2} 远小于 ΔH_r。如果 k_1 与 $1/\tau$ 数值相当，则由流动式量热仪可以得到足够多的动力学信息。在连续流动式的反应容器中，反应物 2 的平均浓度 c_2 为

$$c_2 = \{F_2 c_2^0 / [k_1 (F_1 + F_2) \tau]\}[1 - \exp(-k_1 \tau)]$$

对于"停流式"的量热实验而言，这一浓度会随时间呈指数关系减少，如下式所示：

$$c_2 = -F_2 c_2^0 \Delta H_r [1 - \exp(-k_1 \tau)] \exp(-k_1 t)$$

可以通过热流速率的对数对自液流停止开始所经过的时间作图来确定上式中的速率常数 k_1。可以用与此相似的方法来处理二级反应，得到更复杂的关系。

3.7.3 热动力学研究举例

刘劲松等人[225]在式(3.22)的基础上做了近似，以计算间歇式热导式量热仪中一级反应的速率常数。对式(3.22)进行积分，可以得到：

$$Q = (1/R_{th})s + CU$$

和

$$Q_\infty = (1/R_{th})S$$

在上式中，Q 是从反应开始直到时刻 -t 为止时产生的热量，s 是从反应开始直到时刻 -t 为止时曲线所包围区域的面积，Q_∞ 是总的热效应，S 是曲线所包围的总面积。反应的转化率 α 可以由 Q/Q_∞ 得到。

对于一级反应来说，存在如下关系：

$$U = S[k_{th} k_1 / (k_{th} - k_1)][\exp(-k_1 t) - \exp(-k_{th} t)]$$

在上式中，k_1 是一级反应的速率常数，$k_{th}(R_{th}c)^{-1} = \tau^{-1}$ 为量热仪的冷却系数。因此量热仪测量得到的响应曲线的形状取决于 k_1 和 k_{th} 的相对值（详见文献[225]中图 1）。如果将从实验初始到最高峰值点的时间定义为一级反应的特征时间 t_1，并定义无量纲参数 $y = k_{th}/k_1$，则可以得到以下形式的关系式：

$$t_{n+1} - t_n = \Delta t = \ln[y/(k_{th} - k_1)] \tag{3.23}$$

在时刻 t_1、$t_2 = 2t_1$ 以及 $t_3 = 3t_1$ 处，可以分别测得曲线的高度 U_1、U_2 以及 U_3。令 $m = U_3/U_1$ 和 $n = U_2/U_1$ 则可以得到下列的关系式：

$$m = (1 + y + y^2) y^{2y/(1-y)}, \quad n = (1 + y) y^{y/(1-y)}$$

根据式(3.23)，有

$$\Delta t k_{th} = t_1 k_{th} = y \ln[y/(y-1)]$$

量热仪的时间常数 $\tau = 1/k_{th}$，该值可以通过校准得到。因此，可以通过 Δt 和 τ 的比较得到无量纲参数 y[226,227]。

在更进一步的研究工作中，刘劲松等人[228]将他们的近似推广到了对更高级数的反

应体系、可逆反应体系[216]及连续反应体系[229,230]的动力学研究中,使用相当标准的动力学分析方法来确定反应的速率常数和平衡常数。

Hansen 等人[231,232]通过利用量热仪对等温诱导期的量热测量来确定物质经过自催化分解的动力学参数,该研究结果已被用于制药领域中,用来确定药物的保质期。Willson 等人[233]则讨论了在更普遍条件下的保质期预测工作。

Spink 和 Wadsö[234]对生物化学相关的一些反应的动力学研究做了综述。由量热法得到的结果与其他技术(例如分光光度法)相比,可以看到这些结果之间存在着相当好的一致性。

3.8 动力学结果的发表

3.8.1 发表

在这一章节中,我们已经充分地讨论了在动力学数据测量和分析过程中经常会遇到的理论和许多可能遇到的"陷阱"。在研究过程中,最后一个全关重要的阶段就是将研究所得到的动力学结果发表,从而得到学术组织和其他同行的认可(和检查)。在现存文献中,许多已经发表的结果中都缺少足够的信息以评价已完成的论文所贡献的价值。为了在未来的发表结果中改进这些被忽略的问题,在下文中,我们以一篇典型的科学文章经常采用的副标题为提纲,分别编写了针对这一部分工作的撰文指南,以供参考。

3.8.2 引言

在该部分中需对进行这一研究的原因进行阐述。在该部分中,还需要适当引用和简要评论相关文献尤其是其他研究者的工作,以便读者可以理解上下文的工作,而无需过多地去查阅早期的参考文献。

3.8.3 实验

3.8.3.1 试剂与材料

应尽可能完整地、清晰地描述每一种反应物,包括材料提供方的信息。如果可能,还应详细指明制备或生产方法等信息。对于无机物样品而言,需说明结构和组成。这是因为来源不同的样品之间可能会有差异,并且不同的相可能有相似的化学组成。对于高分子化合物样品而言,同样需要谨慎而详细的说明。在给出样品的分析结果(包括准确度等信息)时,除了需要给出包括纯度、所有杂质的化学性质和浓度或者其他需要特别说明的惰性组分以及任何的结构信息之外,还应给出粒径大小及分布的信息。在被研究的相关反应开始之前,反应物的粒径大小有可能会发生变化。例如,结晶水合物在失去结晶水之后,在分解反应发生之前会发生重结晶现象。因此,在实验前应对反应物的预处理(陈化、冷处理、研磨、压片、重结晶、照射等)过程进行完整的描述。

3.8.3.2 仪器和方法

在论文中应实时记录反应容器中实验条件的完整细节,主要包括加热速率、数据获取和存储方法以及仪器的基线信息。另外,应详细地说明反应容器的尺寸、几何形状及材质,若容器可能具有催化活性也应及时进行记录。最后,也应注明所有通入反应容器的气体或允许进入的气体的压强、流速和纯度等信息。

在实验中所选择的实验方法的特别的优势和可能的劣势都应进行讨论,并应有与所研究的速率过程相关的有针对性的参考文献为佐证。一般来说,在一次实验过程中同时测量几个参数,所得到的数据的可靠性将得到很大程度的提高,尤其是对于更为复杂的反应而言更是如此。

如果能通过其他合适的辅助手段来证明动力学研究的结果,则可以提高由动力学观测得到的机理解释的可靠性。往往可以通过各种显微镜的观察结果为反应几何学和颗粒熔化的过程提供直接的证据[37,40],这种方法可用于确认中间体的存在,证明设想的化学机理有明显的价值。

3.8.4 结论

3.8.4.1 反应的化学计量学

对于发生的一个化学变化进行定量描述时,需要确定所有产物的性质和含量。另外,产物产率必须和用于测量反应转化率 α 的实验参数(例如质量损失、特定气体的产量、相关的热量等)精确关联。在对剩余的固体产物进行分析时,有必要确定产物相及其比例,证明反应是否已经完全进行。应确定对于参与反应的活泼的中间体化合物的成分及各自的作用。此外,对于每一种组分的测量误差也应进行分析。

在反应过程中,由于温度或其他可变量如氧气或水蒸气的变化所造成的产物的相对产量的任何变化都应进行测量。此外,必须考虑对前驱物的反应如初始的脱水过程对反应物的结构和组成(例如,水解发生可能性)的影响。最后,对于与反应相关的其他变化如重结晶、烧结、升华、熔化、形成共熔体等过程来说,其与动力学行为以及可能的反应机理的关联也应考虑。

3.8.4.2 动力学分析

分析时,应对用于动力学分析的数据的再现性做出明确的说明,同时再次建议提供原始的数据[178]。另外,详细说明在研究中所指的速率过程和 α 的定义也十分重要。在使用动力学表达式对数据进行拟合测试时,在其报告中应详细记录所使用的方法、拟合时可接受的标准和方程拟合的范围(这些信息在商用的软件包中常常不能清晰地给出)。在进行动力学分析时,应对一个特定的反应模型满足测量结果的原因进行说明。最后,应当谨慎考虑是否有必要在论文中以表格的形式再次列出进行动力学分析时所用的通用模型和动力学方程。

在论文中报道速率常数的结果时,应包括准确度的估计(由标准统计方法确定)、在 α

范围内进行合理的拟合和反应的温度条件[6]，在研究报告中还应涉及由于反应物温度、反应物质量等参数所引起的变化。另外，必须区分数值的系统误差和随机误差。Arrhenius 参数中的 E_a 和 A 的数值也应包含其标准误差，用于报道相关参数的数值（±误差）中的有效数字的位数也应符合实际。

可以通过比较和讨论等温动力学实验测量和程序变温动力学实验测量的区别来进一步提高动力学分析的可靠性。

3.8.5 讨论

在论文的讨论部分中应包含对研究工作完成程度的评价，并讨论引言中期望目标的达成程度。对所有结果的解释必须考虑到上下文中的相关工作，还应包括其他研究人员相关的研究工作的引用信息。应根据实际的实验结果解释和讨论实验进展，并进一步指明可能的发展方向。

参考文献

1. P. W. M. Jacobs and F. C. Tompkins, in W. E. Garner (ed), Chemistry of the Solid State, Butterworth, London, 1955, Ch. 7.

2. W. E. Garner, in W. E. Garner (ed), Chemistry of the Solid State, Butterworth, London, 1955, Chs. 8 and 9.

3. D. A. Young, Decomposition of Solids, Pergamon, Oxford, 1966.

4. B. Delmon, Introduction a la Cinttique Htttrogtne, Technip, Paris, 1969.

5. P. Barret, Cinttique Htttrogtne, Gauthier-Villars, Paris, 1973.

6. M. E. Brown, D. Dollimore and A. K. Galwey, Comprehensive Chemical Kinetics, Vol. 22, Elsevier, Amsterdam, 1980.

7. J. Sesták, Thermophysical Properties of Solids, Comprehensive Analytical Chemistry, Vol. XIID, Elsevier, Amsterdam, 1984.

8. P. P. Budnikov and A. M. Ginstling, Principles of Solid State Chemistry (translated by K. Shaw), MacLaren, London, 1968.

9. H. Schmalzried, Solid State Reactions, 2nd edn, Verlag Chemie, Weinheim, 1981; Chemical Kinetics of Solids, VCH, Weinheim, 1995.

10. A. R. West, Solid State Chemistry, John Wiley, Chichester, 1984.

11. D. Beruto and A. W. Searcy, J. Chem. Soc., Faraday Trans. I, 70 (1974) 2145.

12. A. K. Galwey and G. M. Laverty, Solid State Ionics, 38 (1990) 155.

13. A. K. Galwey, R. Spinicci and G. G. T. Guarini, Proc. R. Soc. London, A378 (1981) 477.

14. A. K. Galwey, D. M. Jamieson and M. E. Brown, J. Phys. Chem., 78

(1974) 2664.

15. D. A. Dominey, H. Morley and D. A. Young, Trans. Faraday Soc., 61 (1965) 1246.

16. A. K. Galwey, G. M. Laverty, N. A. Baranov and V. B. Okhomikov, Phil. Trans. R. Soc. London, A347 (1994) 139, 157.

17. V. B. Okhotnikov, S. E. Petrov, B. I. Yakobson and N. Z. Lyakhov, React. Solids, 2 (1987) 359.

18. V. B. Okhomikov and I. P. Babicheva, React. Kinet. Catal. Lett., 37 (1988) 417.

19. V. B. Okhomikov, I. P. Babicheva, A. V. Musicantov and T. N. Aleksandrova, React. Solids, 7 (1989) 273.

20. V. B. Okhotnikov, N. A. Simakova and B. I. Kidyarov, React. Kinet. Catal. Lett., 39 (1989) 345.

21. M. C. Ball and L. S. Norwood, J. Chem. Soc. A, (1969) 1633; (1970) 1476.

22. M. C. Ball and M. J. Casson, J. Chem. Soc., Dalton Trans., (1973) 34.

23. T. B. Grimley, in W. E. Garner (ed), Chemistry of the Solid State, Butterworth, London, 1955, Ch. 14.

24. J. Szekely, J. W. Evans and H. Y. Solm, Solid-Gas Reactions, Academic Press, New York, 1976.

25. A. J. E. Welch, in W. E. Garner (ed), Chemistry of the Solid State, Butterworth, London, 1955, Ch. 12.

26. V. V. Boldyrev, Y. A. Gapanov, N. Z. Lyakhov, A. A. Politov, B. P. Tolochko, T. P. Shakhtslmeider and M. A. Sheromov, Nucl. Inst. Method. Phys. Res., A261 (1987) 192.

27. A. K. Galwey and G. M. Laverty, Thermochim. Acta, 228 (1993) 359.

28. G. G. T. Guarini, J. Thermal Anal., 41 (1994) 287.

29. A. K. Galwey and G. G. T. Guarini, Proc. R. Soc. London, A441 (1993) 313.

30. H. R. Oswald, Thermal Analysis, Proc. 6th Internat. Conf., Birkh~iuser, Basel, (1980), p.1.

31. V. V. Boldyrev, React. Solids, 8 (1990) 231.

32. J. D. Daw, P. S. Nicholson and J. D. Embury, J. Amer. Ceram. Soc., 55 (1972) 149.

33. M. Kim, V. Dahmen and A. Searcy, J. Amer. Ceram. Soc., 70 (1987) 146.

34. R. D. Shannon, J. Amer. Ceram. Soc., 50 (1967) 56.

35. M. R. Snow and R. Boomsma, Acta Crystallogr., Sect. B, 28 (1972) 1908.

36. M. R. Snow and R. J. Thomas, Austr. J. Chem., 27 (1974) 1391.

37. A. K. Galwey, Thermochim. Acta, 96 (1985) 259; React. Solids, 8 (1990) 211.

38. A. K. Galwey, N. Koga and H. Tanaka, J. Chem. Soc., Faraday Trans. I, 86 (1990) 531.

39. M. E. Brady, M. G. Burner and A. K. Galwey, J. Chem. Soc., Faraday Trans. I, 86 (1990) 1573.

40. A. K. Galwey, J. Thermal Anal., 41 (1994) 267. 41. C. Bagdassarian, Acta Physicochem. URSS, 20 (1945) 441.

42. A. R. Allnatt and P. W. M. Jacobs, Canad. J. Chem., 46 (1968) 111.

43. A. Wischin, Proc. R. Soc. London, A172 (1939) 314.

44. N. F. H. Bright and W. E. Garner, J. Chem. Sot., (1934) 1872.

45. M. Avrami, J. Phys. Chem., 7 (1939) 1103; 8 (1940) 212; 9 (1941) 177.

46. J. Hurne and J. Colvin, Proc. R. Soc. London, A125 (1929) 635.

47. W. D. Spencer and B. Topley, J. Chem. Soc., (1929) 2633.

48. S. J. Gregg and R. I. Razouk, J. Chem. Soc., (1949) 536.

49. R. C. Eckhardt and T. B. Flanagan, Trans. Faraday Soc., 60 (1964) 1289.

50. P. M. Fichte and T. B. Flanagan, Trans. Faraday Soc., 67 (1971) 1467.

51. E. G. Prout and F. C. Tompkins, Trans. Faraday Soc., 40 (1944) 488.

52. J. B. Austin and R. L. Rickett, Trans. AIME, 135 (1939) 396.

53. E. G. Prout and F. C. Tompkins, Trans. Faraday Soc., 42 (1946) 468.

54. M. E. Brown, A. K. Galwey, M. A. Mohamed and H. Tanaka, Thermochim. Acta, 235 (1994) 255.

55. N. J. Carr and A. K. Galwey, Proc. R. Soc. London, A404 (1986) 101.

56. W. Jander, Z. Anorg. Allg. Chem., 163 (1927) 1; Angew. Chem., 41 (1928) 79.

57. R. E. Carter, J. Chem. Phys., 35 (1961) 1137, 2010.

58. G. Valensi, C. R. Acad. Sci. Ser. C, 202 (1936) 309; J. Chem. Phys., 47 (1950) 489.

59. A. M. Ginstling and B. I. Brounshtein, Zh. Prikl. Khim., 23 (1950) 1327.

60. B. Serin and R. T. Ellickson, J. Chem. Phys., 9 (1941) 742.

61. J. B. Holt, J. B. Cutler and M. E. Wadsworth, J. Amer. Ceram. Sot., 45 (1962) 133.

62. S. F. Hulbert, J. Br. Ceram. Soc., 6 (1969) 11.

63. M. E. Brown, A. K. Galwey and A. Li Wan Po, Thermochim. Acta, 203 (1992) 221; 220 (1993) 131.

64. A. K. Galwey and G. M. Laverty, Proc. R. Soc. London, A440 (1993) 77.

65. A. K. Galwey, L. Poppl and S. Rajam, J. Chem. Soc., Faraday Trans. I,

79 (1983) 2143.

66. S. D. Bhattamisra, G. M. Laverty, N. A. Baranov, V. B. Okhotnikov and A. K. Galwey, Phil. Trans. R. Soc. London, A341 (1992) 479.

67. A. K. Galwey, G. M. Laverty, V. B. Okhotnikov and J. O'Neill, J. Thermal Anal., 38 (1992) 421.

68. A. K. Galwey and M. A. Mohamed, J. Chem. Soe., Faraday Trans. I, 81 (1985) 2503.

69. A. K. Galwey and P. W. M. Jacobs, Proc. R. Soc. London, A254 (1960) 455.

70. A. K. Galwey and M. A. Mohamed, Thermochim. Acta, 213 (1993) 269, 279.

71. W. L. Ng, C. C. Ho and S. K. Ng, J. Inorg. Nucl. Chem., 34 (1978) 459.

72. A. K. Galwey and M. A. Mohamed, Thermoehim. Acta, 239 (1994) 211.

73. W. E. Garner and A. J. Gomm, J. Chem. Soe., (1931) 2123.

74. S. Miyagi, J. Japn. Ceram. Sot., 59 (1951) 132.

75. L. L. Bircumshaw and B. H. Newman, Proc. R. Soc. London, A227 (1954) 115, 228.

76. H. Sasaki, J. Amer. Ceram. Sot., 47 (1964) 512.

77. P. G. Fox, J. Solid State Chem., 2 (1970) 491.

78. R. W. Hutchinson, S. Kleinberg and F. P. Stein, J. Phys. Chem., 77 (1973) 870.

79. H. G. McIlvried and F. E. Massoth, Ind. Eng. Chem. Fundam., 12 (1973) 225.

80. M. E. Brown, B. Delmon, A. K. Galwey and M. J. McGinn, J. Chim. Phys., 75 (1978) 147.

81. W-L. Ng, Aust. J. Chem., 28 (1975) 1169.

82. J. Sesták and G. Berggren, Thermoehim. Acta, 3 (1971) 1.

83. J. Málek and J. M. Criado, Thermoehim. Acta, 175 (1991) 305.

84. J. Sesták, J. Thermal Anal., 36 (1990) 1997.

85. N. Koga, Thermochim. Acta, 258 (1995) 145.

86. A. K. Galwey and M. E. Brown, Thermochim. Acta, 269/270 (1995) 1.

87. M. E. Brown and A. K. Galwey, Thermochim. Acta, 29 (1979) 129.

88. H. Tanaka and N. Koga, Thermochim. Acta, 173 (1990) 53.

89. M. E. Brown and A. K. Galwey, Anal. Chem., 61 (1989) 1136.

90. B. R. Wheeler and A. K. Galwey, J. Chem. Soc., Faraday Trans. I, 70 (1974) 661.

91. L. F. Jones, D. Dollimore and T. Nicklin, Thermoehim. Acta, 13 (1975) 240.

92. M. Selvaratnam and P. D. Gam, J. Amer. Ceram. Soc., 59 (1976) 376.

93. K. J. Laidler, J. Chem. Ed., 61 (1984) 494.

94. M. Menzinger and R. Wolfgang, Angew. Chem., 8 (1969) 438.

95. H. C. Anderson, Thermal Analysis, Proc. 2nd Toronto Symp., Toronto, Chem. Inst. Canada, 1967, p. 37.

96. J. P. Redfem, in R. C. Mackenzie (ed), Differential Thermal Analysis, Vol. 1, Academic Press, New York, 1970, p. 123.

97. P. D. Garn, J. Thermal Anal., 7 (1975) 475; 10 (1976) 99; 13 (1978) 581; Thermoehim. Aeta, 135 (1988) 71; 160 (1990) 135.

98. G. Bertrand, M. Lallemant and G. Watelle, J. Thermal Anal., 13 (1978) 525.

99. M. Polanyi and E. Wigner, Z. Phys. Chem. Abst. A, 139 (1928) 439.

100. A. K. Galwey, Thermoehim. Acta, 242 (1994) 259.

101. R. D. Shannon, Trans. Faraday Sot., 60 (1964) 1902.

102. H. F. Cordes, J. Phys. Chem., 72 (1968) 2185.

103. A. K. Galwey and M. E. Brown, Proe. R. Soe. London, A450 (1995) 501.

104. J. Cunningham, Comprehensive Chemical Kinetics, Vol. 19, Elsevier, Amsterdam, 1984, Ch. 3, p. 294, 305.

105. G. G. Roberts, in G. M. Burnett, A. M. North and J. N. Sherwood (eds), Transfer and Storage of Energy by Molecules, Vol. 4, The Solid State, Wiley, London, 1974, p. 153 – 155.

106. B. Topley and J. Hume, Proe. R. Soe. London, A120 (1928) 211.

107. J. R. Hook and H. E. Hall, Solid State Physics, 2nd edn., Wiley, Chichester, 1991, Ch. 2.

108. R. J. Elliott and A. F. Gibson, Introduction to Solid State Physics and its Applications, MacMillan, London, 1974, p. 43.

109. N. Koga, Thermoehim. Acta, 244 (1994) 1.

110. J. Sesták, J. Thermal Anal., 16 (1979) 503.

111. J. Sesták, Thermoehim. Acta, 110 (1987) 109.

112. N. J. Carr and A. K. Galwey, Thermoehim. Acta, 79 (1984) 323.

113. E. V. Boldyreva, Thermochim. Acta, 110 (1987) 107.

114. M. Maciejewski, J. Thermal Anal., 38 (1992) 51; 33 (1988) 1269.

115. J. R. MacCallum, Thermoehim. Acta, 53 (1982) 375.

116. J. Sesták, Thermochim. Acta, 83 (1985) 391.

117. E. Segal, Thermochim. Acta, 148 (1989) 127.

118. J. Kris and J. Sesták, Thermochim. Acta, 110 (1987) 87.

119. M. W. Beck and M. E. Brown, J. Chem. Sot., Faraday Trans., 87 (1991)

711.

120. J. Militky, and J. Sesták, Thermochim. Acta, 203 (1992) 31.

121. A. A. Zuru, R. Whitehead and D. L. Griffiths, Thermochim. Acta, 164 (1990) 285.

122. D. Dollimore, G. A. Gamlen and T. J. Taylor, Thermochim. Acta, 54 (1982) 181.

123. S. W. Churchill, The Interpretation and Use of Rate Data: The Rate Concept, McGraw-Hill, New York, 1974, p. 317-319.

124. P. Budrugeac and E. Segal, Thermochim. Acta, 260 (1995) 75.

125. R. K. Agrawal, Thermochim. Acta, 203 (1992) 93.

126. J. M. Criado, A. Ortega and F. Gotor, Thermochim. Acta, 157 (1990) 171.

127. S. V. Vyazovkin and A. I. Lesnikovich, J. Thermal Anal., 35 (1989) 2169.

128. S. V. Vyazovkin and A. I. Lesnikovich, J. Thermal Anal., 36 (1990) 599.

129. J. Málek, Thermochim. Acta, 200 (1992) 257.

130. G. Vfirhegyi, Thermochim. Acta, 57 (1982) 247.

131. C. Popescu and E. Segal, J. Thermal Anal., 24 (1982) 309.

132. J. M. Criado and A. Ortega, Thermochim. Acta, 103 (1986) 317.

133. M. Reading, D. Dollimore, J. Rouquerol and F. Rouquerol, J. Thermal Anal., 29 (1984) 775.

134. A. Ortega, L. A. Pérez-Maqueda and J. M. Criado, Thermochim. Acta, 239 (1994) 171; J. Thermal Anal., 42 (1994) 551.

135. O. Toil Sorensen, Thermochim. Acta, 50 (1981) 163.

136. J. H. Flylm and B. Dickens, Thermochim. Acta, 15 (1976) 1.

137. M. Reading, A. Luget and R. Wilson, Thermochim. Acta, 238 (1994) 295; M. Reading, Thermochim. Acta, 292 (1997) 179.

138. M. Reading, D. Elliott and V. Hill, J. Thermal Anal., 40 (1993) 949; P. S. Gill, S. R. Sauerbrtmn and M. Reading, J. Thermal Anal., 40 (1993) 931.

139. J. E. K. Schawe, Thermochim. Acta, 271 (1996) 127.

140. R. Riesen, G. Widmann and R. Trotmann, Thermochim. Acta, 272 (1996) 27.

141. B. Wunderlich, Y. Yinn and A. Boller, Thermochim. Acta, 238 (1994) 277.

142. U. Biader Ceipidor, R. Bucci, V. Carunchio and A. D. Magi, 158 (1990) 125; 161 (1990) 37; 199 (1992) 77, 85; 231 (1994) 287.

143. P. D. Garn, Crit. Rev. Anal. Chem., 3 (1972) 65.

144. V. Berbenni, A. Marini, G. Bruni and T. Zerlia, Thermochim. Acta, 258

(1995) 125.

145. Z. Bashir and N. Khan, Thermochim. Acta, 276 (1996) 145.

146. N. Koga and H. Tanaka, J. Phys. Chem., 98 (1994) 10521.

147. C. D. Doyle, J. Appl. Polym. Sci., 6 (1962) 639.

148. J. P. Elder, J. Thermal Anal., 30 (1985) 657; in P. S. Gill and Ji F. Johnson (eds), Analytical Calorimetry, Vol. 5, Plenum, New York, 1984, p. 269.

149. J. Zsakó, in Z. D. Zivkovic (ed), Thermal Analysis, University of Beograd, Bor, Yugoslavia, 1984, p. 167.

150. D. W. Henderson, J. Thermal Anal., 15 (1979) 325.

151. J. W. Graydon, S. J. Thorpe and D. W. Kirk, J. Non-crystalline Solids, 175 (1994) 31.

152. J. Meindl, I. V. Arkhangelskii and N. A. Chernova, J. Thermal Anal., 20 (1981) 39.

153. S. V. Vyazovkin, A. I. Lesnikovich and V. I. Goryachko, Thermochim. Acta, 177 (1991) 259.

154. N. S. Felix and B. S. Girgis, J. Thermal Anal., 35 (1989) 743.

155. G. Váhegyi, Thermochim. Acta, 110 (1987) 95.

156. H. Friedman, J. Polym. Sci., 50 (1965) 183.

157. B. Carroll and E. P. Manche, Thermochim. Acta, 3 (1972) 449.

158. J. H. Flynn, J. Thermal Anal., 37 (1991) 293.

159. E. S. Freeman and B. Carroll, J. Phys. Chem., 62 (1958) 394; 73 (1969) 751.

160. J. Sesták, V. Satava and W. W. Wendlandt, Thermochim. Acta, 7 (1973) 333.

161. J. M. Criado, D. Dollimore and G. R. Heal, Thermochim. Acta, 54 (1982) 159.

162. A. Jerez, J. Thermal Anal., 26 (1983) 315.

163. A. A. Van Dooren and B. W. Muller, Thermochim. Acta, 65 (1983) 257, 269.

164. R. M. Fuoss, O. Sayler and H. S. Wilson, J. Polym. Sci., 2 (1964) 3147.

165. H. E. Kissinger, J. Res. Nat. Bur. Stand., 57 (1956) 217; Anal. Chem., 29 (1957) 1702.

166. J. A. Augis and J. E. Bennett, J. Thermal Anal., 13 (1978) 283.

167. J. Llopiz, M. M. Romero, A. Jerez and Y. Laureiro, Thermochim. Acta, 256 (1995) 205.

168. T. Ozawa, Bull. Chem. Soc. Japan, 38 (1965) 1881; J. Thermal Anal., 2 (1970) 301.

169. H. Tanaka, Thermochim. Acta, 267 (1995) 29.

170. H. J. Borchardt and F. Daniels, J. Amer. Chem. Soc., 79 (1957) 41.

171. R. L. Reed, L. Weber and B. S. Gottfried, Ind. Eng. Chem. Fundam., 4 (1965) 38.

172. E. Koch and B. Stikerieg, Thermochim. Acta, 17 (1976) 1.

173. Y. L. Shishkin, J. Thermal Anal., 30 (1985) 557.

174. P. Hugo, S. Wagner and T. Gnewikow, Thermochim. Acta, 225 (1993) 143,153.

175. J. H. Flynn and L. A. Wall, J. Res. Nat. Bur. Stand., 70A (1966) 487.

176. J. Málek, Thermochim. Acta, 222 (1993) 105.

177. D. Dollimore, T. A. Evans, Y. F. Lee, G. P. Pee and F. W. Wilburn, Thermochim. Acta, 196 (1992) 255.

178. J. M. Criado, J. Málek and J. Sesták, Thermochim. Acta, 175 (1991) 299.

179. D. W. Van Krevelen, C. Van Heerden and F. J. Huntjens, Fuel, 30(1951) 253.

180. C. D. Doyle, J. Appl. Polym. Sci., 5 (1961) 285.

181. J. Zsakó, J. Phys. Chem., 72 (1968) 2406.

182. J. Blazejowski, Thermochim. Acta, 48 (1981) 125.

183. A. J. Kassman, Thermochim. Acta, 84 (1985) 89.

184. R. Quanin and Y. Su, J. Thermal Anal., 44 (1995) 1147.

185. V. M. Gorbachev, J. Thermal Anal., 25 (1982) 603.

186. J. Sesták, Thermochim. Acta, 3 (1971) 150.

187. J. Zsakó, J. Thermal Anal., 34 (1988) 1489.

188. E. Urbanovici and E. Segal, Thermochim. Acta, 168 (1990) 71.

189. J. H. Flyrm, J. Thermal Anal., 37 (1991) 293.

190. C. D. Doyle, Nature, London, 207 (1965) 290.

191. J. Zsakó, J. Thermal Anal., 8 (1975) 593.

192. L. Endrenyi (ed), Kinetic Data Analysis: Design and Analysis of Enzyme and Pharmacokinetic Experiments, Plenum, New York, 1981.

193. J. Militky and J. Sesták, Thermochim. Acta, 203 (1992) 31.

194. J. Madarász, G. Pokol and S. Gál, J. Thermal Anal., 42 (1994) 559.

195. S. V. Karachinsky, O. Yu. Peshkova, V. V. Dragalov and A. L. Chimishkyan, J. Thermal Anal., 34 (1988) 761.

196. J. Opfermann, F. Giblin, J. Mayer and E. Kaiserberger, Amer. Lab., (Feb. 1995) 34.

197. H. L. Anderson, A. Kemmler and R. Strey, Thermochim. Acta, 271 (1996) 23.

198. R. K. Agrawal, Thermochim. Acta, 203 (1992) 111.

199. S. V. Vyazovkin and A. I. Lesnikovich, Thermochim. Acta, 165 (1990) 273.

200. J. P. Elder, J. Thermal Anal., 29 (1984) 1327; 34 (1988) 1467; 35 (1989) 1965; 36 (1990) 1077.

201. M. Yu. Sinev, J. Thermal Anal., 34 (1988) 221.

202. N. I. Vaganova, V. I. Rozenband and V. V. Barzykin, J. Thermal Anal., 34 (1988) 71.

203. V. Marcu and E. Segal, Thermochim. Acta, 35 (1980) 43.

204. J. M. Criado, M. González, A. Ortega and C. Real, J. Thermal Anal., 34 (1988) 1387.

205. T. Ozawa and K. Kanari, Thermochim. Acta, 234 (1994) 41.

206. S. V. Vyazovkin, Thermochim. Acta, 223 (1993) 201.

207. S. V. Vyazovkin and A. I. Lesnikovich, Thermochim. Acta, 182 (1991) 133.

208. S. V. Vyazovkin and W. Linert, Anal. Chim. Acta, 295 (1994) 101.

209. J. H. Flynn, J. Thermal Anal., 44 (1995) 499.

210. M. E. Brown, R. M. Flynn and J. H. Flylm, Thermochim. Acta, 256 (1995) 477.

211. S. V. Vyazovkin and A. I. Lesnikovich, Thermochim. Acta, 122 (1987) 413.

212. C. M. Wyandt and D. R. Flanagan, Thermochim. Acta, 197 (1992) 239.

213. J. Zimmerman, MS Thesis, Illinois State University, Normal, Illinois, USA, 1983.

214. K. N. Ninan, J. Thermal Anal., 35 (1989) 1267.

215. W. Hemminger and G. W. H. Höhne, Calorimetry, Verlag Chemic, Weinheim, 1984, p. 125.

216. Jing-Song Liu, Xian-Cheng Zeng, An-Ming Tian and Yu Deng, Thermochim. Acta, 219 (1993) 43.

217. W. Zielenkiewicz, J. Thermal Anal., 29 (1984) 179.

218. J. Duclaux, C. R. Acad Sci., 146 (1908) 4701.

219. W. Zielenkiewicz and E. Margas, J. Thermal Anal., 32 (1987) 173.

220. E. Cesari, P. C. Gravelle, J. Gutenbaum, J. Hatt, J. Naval-cO, J. L. Petit, R. Point, V. Torra, E. Utzig and W. Zielenkiewicz, J. Thermal Anal., 20 (1981) 47.

221. L. Adamowicz, J. Thermal Anal., 22 (1981) 199.

222. S. L. Randzio and J. Suurkuusk, in A. E. Beezer (ed), Biological Microcalorimetry, Academic Press, London, 1980, p. 311.

223. F. Grønlund, J. Chem. Thermodynamics, 22 (1990) 563.

224. A. E. Beezer and H. J. V. Tyrrell, Sci. Tools, 19 (1972) 13.

225. Jing-Song Liu, Xiancheng Zeng, An-Ming Tian and Yu Deng, Thermochim. Acta, 231 (1994) 39.

226. Yu Deng, Xiancheng Zeng and Yuanqing Chan, Thermochim. Acta, 169 (1990) 223.

227. Yu Deng, Ziming Qing and Xiaoping Wu, Thermochim. Acta, 123 (1988) 213.

228. Jing-Song Liu, Xiancheng Zeng, Yu Deng and An-Ming Tian, Thermochim. Acta, 236 (1994) 113.

229. Jing-Song Liu, Xiancheng Zeng, Yu Deng and An-Ming Tian, J. Thermal Anal., 44 (1995) 617.

230. Jing-Song Liu, Xiancheng Zeng, An-Ming Tian and Yu Deng, Thermochim. Acta, 273 (1996) 53.

231. L. D. Hansen, D. J. Eatough, E. A. Lewis, R. G. Bergstrom, D. De-Grafl-Johnson and K. Cassidy-Thompson, Canad. J. Chem., 68 (1990) 2111.

232. L. D. Hansen, E. A. Lewis, D. J. Eatough, R. G. Bergstrom and D. De-Graft-Johnson, Pharm. Res., 6 (1989) 20.

233. R. J. Willson, A. E. Beezer, J. C. Mitchell and W. Loh, J. Phys. Chem., 99 (1995) 7108.

234. C. Spink and I. Wadsö, in D. Glick (ed), Methods of Biochemical Analysis, Vol. 23, Wiley, New York, 1976, p. 1.

第4章
热重法与热磁测量法

Patrick K. Gallagher
俄亥俄州立大学化学与材料科学与工程系，美国俄亥俄州，哥伦布市，43210（Departments of Chemistry and Materials Science and Engineering, The Ohio State University, Columbus, Ohio 43210, U.S.A.）

4.1 引言

4.1.1 目的和范围

作为对一种物质或一种材料进行分析的第一步，通常会先确定其质量。质量是确定物质含量的主要方法，因此出现了在常规分析的基础上进行高精度质量测量的技术。这些仪器不仅是科学仪器，也常可以作为商用的工具被广泛应用于各行各业，例如邮包秤、杂货店的台秤，抑或路边收费站收费员手里的天平。热重法（thermogravimetry，简称TG）或热重分析法（thermogravimetric analysis，TGA）也仅仅是作为这一基础性质测量的拓展，只不过其主要用来研究偏离室温或长时间进行的质量的测量。

在第1章中，我们已经介绍了与热重法相关的命名法和内容，并对这一技术做了定义。TG和TGA已在文献中得到了广泛的应用，用来描述质量测量值随温度和/或时间的函数关系。考虑到TG和TGA这两个概念相同，在本章中主要使用热重法这一术语，故统称为TG。

另外，在本章中还介绍了与热重法密切相关的热磁法（thermomagnetometry，简称TM）。在TM法中，样品放置在一个可以梯度变化的磁场中，可以测得其表观质量（apparent mass）。因此，在表观质量中将会包括任何潜在的磁性引力或斥力以及样品本身质量变化的影响信息。严格地说，这些效应还包括远弱于前者的反磁和顺磁相互作用。然而，在实际上我们只考虑与铁磁性和亚铁磁性物质相关的较强的相互作用。在这些效应中，后者是磁场中未成对自旋电子的长程协同相互作用的宏观表现。因此，使用经典的古伊（Gouy）或法拉第（Faraday）天平来测量作为温度函数的磁矩的方法，不能被称为TM法。有时TM法可以用于检测那些质量没有发生实质性的变化，但表观质量发生变化的反应和过程。

在本章中将讨论以下内容：(1) 特定的仪器及改进；(2) 可能的误差来源；(3) TG和TM相关的通用方法。在讨论一些特定的方法时，将视情况引入一些应用实例。在本系列手册专门介绍化学与物质科学各领域中热分析方法应用的相关章节中，将对这些方法的实际应用进行综合性的介绍。

使用多种技术同时测量处于相同的热环境与气体环境的同一样品是热分析领域的一个重要的进步与发展趋势。由于一种单独的热分析技术往往不足以完全描述所研究的反应或过程,因此,这种联用技术并不仅仅节约了时间,也有利于更好地理解所研究的过程。其中,TG 或 TM 通常是这些可以实现同步测量的技术之一。在本章中将给出这些测量方法的部分参考资料,如果对这一联用测量的方法感兴趣,可以参考第 11 章中的详细内容。

在其他相关的领域中,不少研究工作关注逸出气体分析(evolved gas analysis,EGA)或逸出气体检测(evolved gas detection,EGD)。其中,EGA 可定性和/或定量测量反应的产物。EGD 在本质上与 TG 相似,由于其无法确定气体产物的结构性质,只能做定量分析。这些方法是对 TG 测量结果的直接补充,其可以以不同的方式测量在相同的质量损失阶段的气体的变化信息。相反地,对气-固反应来说,例如对于氧气或其他气体吸附过程而言,可以通过质量的增加来确定气体的消耗量。可以通过 EGA 来确定减少或增加的物质成分,而通过 TG 则只能给出含量(或质量)的变化信息。而一旦产物的化学性质被确定,对通过质量的损失或增加的测量也可以更加方便地进行定量分析。在第 12 章中将详细介绍 EGA 和 EGD 部分的内容。

4.1.2 发展历史简要回顾

在前面的章节中已介绍过本章的大致内容,现在我们简要地回顾一下 TG 的发展历程。当然,构成 TG 的各组成部分已有相当长的时间了。火无疑出现在天平之前,然而后者也在公元前 3800 年就已存在了[1]。火和天平共同出现在古埃及时代的墓室壁画上,二者的结合使用始于中世纪的金匠以及其他现代冶金学的先驱者手中[2]。然而直到 20 世纪初 Honda 才首次提出了"热天平"(thermobalance)的概念,这样就将这两种性质结合在了一起,由此标志着它们正式地结合在一起[3]。随后,Saito 总结了日本早期开展的 TG 研究[4]。热天平意味着将样品放置于一个温度可控的热环境中,但并不是把天平也放置在相同的热环境中。实际上,天平或者其他的质量测量工具总是处在与周围的环境温度相同或相近的地方。

早期工作的发展主要受定量化学分析中对样品进行沉淀、过滤和随后的灼烧至恒定重量工作的推动,以此来确定分析时的"重量因子"(gravimetric factor)[5]。在早期的许多高温下的恒温研究工作中,将重点放在材料尤其是金属材料的氧化或腐蚀方面。从 Gulbransen[7] 制作的石英弹簧天平,到改造的传统天平。例如 Chevenard[7] 的改造工作表明热天平具有多种多样的外形结构形式。Evans[8] 及相关文献中介绍了这些用于腐蚀研究的热天平的类型。

虽然 Chevenard 天平已经商业化,仍有相当多数的研究者还在继续对现有的常规分析天平[9]和半微量天平[10]进行改造。其中一个最为著名的例子就是 Erdey 等人[11] 研制的导数分析装置(derivatograph),该装置在 20 世纪末成为了东欧地区主要的热分析仪器。基于 Chevenard 天平和导数分析装置的传统商用热天平出现于 20 世纪 60 年代,是由 Ainsworth 和 Mettler 公司生产。然而,由于 Cahn 和 Schultz[12] 发明的电子天平的出现,现代化的热重设备仍持续不断地改进与创新。其他的传统热天平生产厂商也快速地将电子天平应用在了其产品上,逐渐形成了我们现在可以普遍看到的形式。

4.2 质量的测量

4.2.1 机械秤和天平

在介绍实际测量质量的仪器之前,需要回顾并探讨质量(mass)和重量(weight)二者之间的区别。质量是材料的一种固有的属性,通过它可以反映构成这种材料的各种原子的数量和它们各自的质量。另一方面,重量则是质量层面上引力的有效作用力,因此重量会随着地球表面的位置不同而发生变化。在太空中,材料可能会发生失重现象,但从来不会失去质量。当在相同的位置通过某种技术与已知的标准质量进行比较后,所得的称重结果是可以接受的。这种特定的技术或方法是在考虑了诸如灵敏度、质量和质量变化范围、环境或实验条件、成本以及便捷性等各项因素后的综合反映形式。

目前秤与天平之间的区别已经模糊,多年来这种差别已经基本消失。通常用石英弹簧作为常用的秤,通过其伸缩量的变化来确定质量的变化。在前文中,已经提到了 Gulbranson[6]使用这种装置有效地研究了氧化过程。在这种情况下,物体由于重量的变化而使一个熔融石英材质的螺旋纤维线圈发生变形。在实验过程中,通过使用伸缩式导管计测量纤维上的固定点的移动来测量石英的伸缩量。由于这需要清楚地观察到纤维上的移动点,因此这一点的位置通常远离样品并在炉外。当然,石英的伸缩量是通过经校准的标准砝码来进行校准的,这种标准砝码的来源和相关的性质将在稍后的校准章节中进行介绍。

多年来,从传统的双称量盘式天平到更现代的单称量盘式天平,机械天平已经取得了明显的进展,图 4.1 中显示了两者之间的功能和差异。其中,图 4.1(a)中的双称量盘式天平通常具有以支点为中心,支点两侧的梁的长度相同的结构形式。垂直方向的位移通常使用光学杠杆进行放大。通常用两个空盘零位校准,随后样品盘中的重量与砝码盘中的可调整重量相匹配,以维持零偏转。在这个位置可认为天平两端的重量是相等的,此时样品的重量就是与其等效的通过足够准确的已校准的砝码盘中砝码的重量。

在图 4.1(b)中描述了更现代化的单称量盘式天平的结构。其配重位于砝码盘一侧,通常以兼作缓冲装置的缓冲器的形式存在。经重量校准的重物从与样品盘或支架相同的点处悬挂在样品杆上,这些重量恰好抵消了在没有样品的情况下提供零点的砝码盘侧砝码的重量,并且这个零点通常可以在光学尺度上被检测到。通过添加或移除经校准的一系列的合适重量的砝码,可以使样品在放置于样品盘或支架上时依旧保持平衡。最终可以通过光学标尺对一个或多个小数位的偏转进行测量,而偏转的量在横梁发生偏转之前已经按照标准质量对其进行了校准。

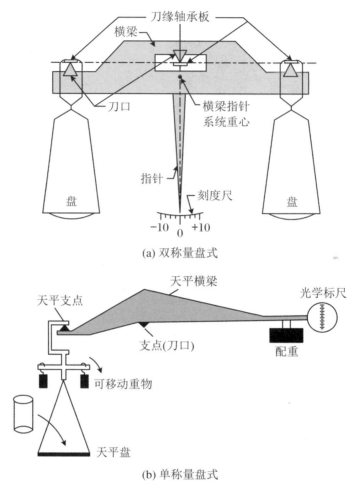

(a) 双称量盘式

(b) 单称量盘式

图 4.1 传统天平的结构形式

4.2.2 现代的电子天平

电子天平为当代的大多数热天平提供了基础。目前,单称量盘式和双称量盘式结构的天平均存在于市面上。图 4.2(a)所示的是 Cahn[12]所设计的原始形式的电子天平,而图 4.2(b)所示的则为能够测量较大质量的较新形式的天平。前者使用直接连接到具有较宽的线性范围的电子扭矩电机的张丛带状悬架来代替支点,将足够大的重量放在砝码盘上,以达到在扭矩马达的线性范围内的一个特定重量。由灯、挡光板和光电池来决定零位,通过控制电机的电流来确定和保持准确的位置。只要重量变化发生在扭矩电机的线性范围内,则恢复电流与重量成正比,电流方向可以代表样品重量的损失或增加。电子天平的一个特别的优点是可以将电流信号直接转换成由数字电压计直接读取的电压信号,因此可以方便地与电子数据采集系统相兼容。

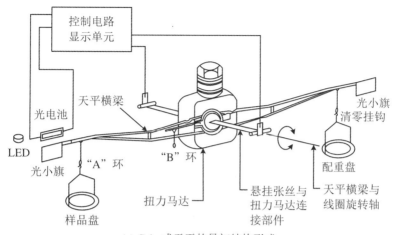

(a) Cahn式天平的最初结构形式

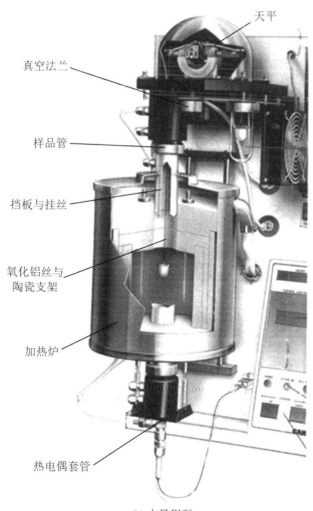

(b) 大量程型

图 4.2　电子天平的结构形式

天平的称量范围直接关系到横梁、带式悬挂和扭矩马达的强度。图4.2(a)中的微量天平的横梁是铝管,并且具有用于样品架的两个悬挂点。靠近末端的最灵敏位置的范围,大约为1 g。靠近中间的悬挂点的范围是前者范围的两倍,但灵敏度只有其一半。图4.2(b)所示的为更为强大的样式,其具有更强大的组件和大约100 g的量程。这两种结构形式的天平在室温静态气氛下都可以达到0.1 μg的灵敏度。

在其他制造商生产销售的电子天平中,其中一些适合于同时联用的DTA/TG技术,如图4.3所示。这种双横梁的结构形式还具有其他的优点,将在之后的内容中进行描述。通常条件下,用于同时测量的电信号从支点附近的横梁处采集,以便最小程度地干扰天平的正常工作。这种类似结构形式的仪器最早是由精工仪器(Seiko Instruments)公司和TA仪器(TA Instruments)公司制造出来的。图4.2中的电子天平显然是双称量盘式的天平,而图4.3中的天平则分别具有两个横梁,分别独立放置样品和参考物质。后者的天平在本质上是一个单称量盘式的天平,其重量范围被限制在扭矩恢复马达的范围内。

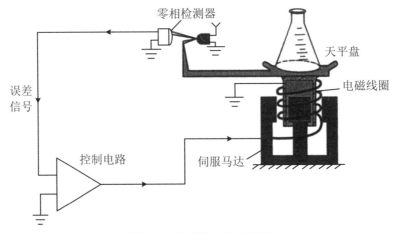

图4.3 双横梁式电子天平

在图4.4中给出了一种更传统的单称量盘式电子天平,其没有如图4.1(b)所示的重量扣除装置。保持零位的电子装置不是像图4.2和图4.3中那样的扭矩马达,而是由连接到样品盘或支架的缠绕的线圈组成,其中重新恢复到平衡位置所需提供给线圈的电流与样品的重量成比例。单臂梁电子天平通常不具有可清除重量的系统,因此所称量的重量范围被限制在用于恢复零位的电气装置的线性范围内,不同于可以调用机械清除重量的双称量盘式天平。由于可以称量的总重量是指样品加上其任何悬挂物和支持器组件,因此复杂多变的样品的支持系统减少了在实验中可以有效使用的样品重量。

4.2.3 基于共振的测量方法

可以利用压电效应(piezoelectric effect)来实现检测重量改变,这是一种灵敏的传感器方法,具有适当取向的压电晶体可以在其两个晶面之间产生一个基于施加在晶体上的力的电压。当施加到晶体上的电场以正弦方式振荡时,由压电效应产生的力将导致晶体振动。谐振频率将随着晶体表面上的力的变化而发生变化。如果这些力是由样品在其中一个晶体表面上的沉积或以其他方式造成的,那么这个谐振频率的偏移量直接与该重量相关。因此,可以通过这种方式检测重量随时间或温度的变化关系。

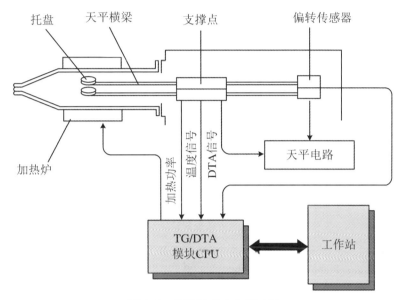

图 4.4 单称量盘式电子天平

通常用于此目的的典型压电晶体是石英,它与利用谐振频率来调节钟表的材料相同。在最佳的条件下,通过每平方厘米晶面 1 μg 的沉积可以使谐振频率产生几百赫兹的位移。由于频率最低可以测量到 μHz,因此灵敏度可能达到 pg·cm^{-2}[13]。关于这方面的研究工作,Brown[14]在其研究论文中进行了详细的介绍。

压电性质是与温度相关的函数,而压电器件本身不能承受高温。由于样品和传感器之间需要直接接触,而且将传感器置于变温环境中是不切实际的,所以这些装置很少用于热天平中。压电材料通常用于温度 200 ℃ 以下的等温实验条件,具体实例是其可以用来研究用水涂覆的晶体,用来监测湿度的变化。另外,其还可以在合适的温度下监测化学气相沉积或溅射速率。可以通过使用匹配的晶体,在一定程度上补偿温度的变化[15,16]。

目前,这种共振原理被改进为使用振动簧片而不是晶体的形式进行工作[17],由此可以得到一种价格相对低廉而功能更为强人的仪器。图 4.5 中给出了一种共振热天平的工作原理。刚性弹簧簧片的较短的外部部分被夹紧,较长的部分则延伸到温度受控的环境中并可以用来支撑样品。当簧片发生振动时,其频率随样品位置的载荷而发生变化。可以通过校准曲线表示频率对重量的线性关系,其斜率为 3.847 Hz·g^{-1}。由于频率的不确定度为 10^{-2} Hz,因此这种最原始形式的仪器的灵敏度仅为 3 mg。除了结构上的坚固性和简单性之外,由于样品的不断振动,有利于样品内部的质量的传递和混合。

现在电动力学式天平已经广泛应用于热分析测量中,Davis[18]详细地描述了这种天平的发展历史和特点。在图 4.6 中给出了这种天平的原理示意图[19],其基本原理为通过成形电极和环绕样品的环形物使静电如气溶胶滴或细颗粒的悬浮小的样品发生悬浮。质量与维持悬浮在相同位置 V_{dc} 的样品所需的电势有关,而该电势是时间、温度或所处的环境中的气体成分的函数。具体的关系式为 $m = (qCV_{dc})/(gZ_0)$,其中 m 是样品质量,q 是颗粒的电荷,g 是引力常数,C 和 Z_0 是与体系的几何形状相关的常数。

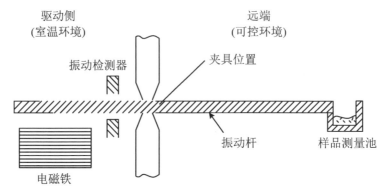

图 4.5 振动簧片式天平[17]

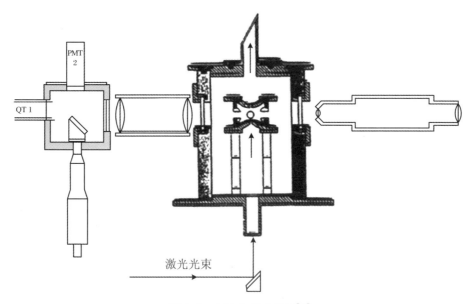

图 4.6 电动力学式天平[19]

样品通过激光加热,共同组成 TG 系统,也可以实现同步的 FTIR-EGA 分析技术[20]。对仪器加以调整,也可以实现磁性测量[21]和颗粒尺寸[22]的分析。随着探寻更加灵敏的方法来实现微小样品的测量技术的发展,这些设备在未来可能会得到更加广泛的应用。

4.2.4 外加磁场的影响和热磁测量法

可以根据样品的位置处存在的磁场梯度,通过在样品上施加的附加力来改变重量

(而不是质量)。对于反磁性材料甚至顺磁性样品而言,这些变化在传统的 TG 过程中是不可能被观察到的,这是因为这种重量变化与样品的正常重量相比非常小。然而,对于铁磁和亚铁磁材料来说,这些力可能会变得非常大,而力的大小则取决于样品位置的磁场梯度的强度。当磁场梯度的方向处于向上的方向时,该力甚至可以强到足够使样品悬浮,甚至可以移除样品。

由杂散磁场(stray magnetic fields)所导致的可能存在的误差来源将会在以后章节进行讨论。然而,目前有几个研究领域可以通过热磁测量法(Thermomagnetometry,简称 TM)来有目的地利用磁效应获得常规 TG 所不能获得的有用信息。在本章后面部分的相关章节以及本丛书之后的关于应用的相关卷中也将会提到这方面的一些情况,在最近发表的一些综述性论文和其中的参考文献中也描述了 TM 及其应用[23]。

用于 TM 分析的磁场强度取决于测量的目的。如果测量的目的是确定磁转变温度 T_c,则磁场不必大于检测到表观上的重量变化所需的磁场。实际上,可能也不需要更强的磁场[24]。然而,当实验目的是为了确定在反应过程中形成的磁性中间体或最终产物时,测量的灵敏度将会随着样品位置的磁场梯度的强度增大而明显增大。这个强度不仅取决于磁体的强度,还取决于样品和磁体的物理排列方式和接近程度。因此,加热炉的尺寸及其与加热炉相关的安装位置就显得尤为重要。由于围绕样品的大型加热炉将阻止磁铁靠近样品,因此需要使用可以产生更强磁场的磁铁。

然而,即使在不考虑磁场强度对天平准确度影响的条件下,磁场的强度也不能无限制地增加。在研究外部磁场对化学反应速率的可能影响时,已经充分考虑到了这些方面[25~27]。另外,在一个非常强的磁场中跟踪反应速率的方法如逸出气体分析(evolved gas analysis,EGA)。

4.3 热天平的设计与控制

在本章的大部分内容中,我们将主要对热天平的结构和操作进行详细阐述。热天平与常规天平的根本区别在于其是否可以在密闭条件下对样品以可控制的方式进行加热或冷却,同时进行称重。另外,这一过程必须在实验所要求的气氛和压力的条件下进行。本部分内容主要分为三个部分,分别涉及与温度、气氛以及样品有关的影响因素。

4.3.1 热量的提供和控制

样品温度的控制是热重法中最困难和最关键的,其主要包括三个方面:(1)与样品进行热量交换的方式;(2)确定样品的临界点和终点温度的方法;(3)以上两者之间的联系,即反馈的模式和温度的控制手段。

4.3.1.1 加热炉的类型

发生在样品与周围环境之间的可控制的热量交换,以及与样品相关的热容量和热焓决定了在 TG 实验过程中样品的温度。由于控制样品所处环境的温度是控制样品温度的主要手段并且环境与样品之间的热量传递不得干扰样品质量的测量,因此该过程中的热量传递是通过周围气氛的传导或通过气氛的直接辐射来完成的。

一般来说,以可控制的方式对样品进行冷却更加困难,尤其是在快速冷却的情况下。通常采取的方法是使低温环境(例如装有制冷剂的杜瓦瓶)包围整个样品区域并通过辅助加热器提供能量来抵消适当的冷却量来完成的,也可以在可控的低温流动的气氛中,通过样品与周围环境的热交换来达到冷却的目的。对环境进行受控加热过程一般有以下两种方式:

- 对流(电阻)

加热炉可以对称地围绕在样品容器的周围,当然这就要求加热炉的尺寸比样品大很多。在大多数情况下,加热炉中包含有一个管式结构的内芯,其中可以放置样品并且有很多可以通气的管道,可以在控制条件下向管道中通入气氛气体,以对其中的样品进行可控制地加热。图4.7是一种最常见的加热炉和样品之间的空间结构形式。显然,样品和加热炉之间的相对位置对这种结构形式起着决定性的作用。悬挂式的结构形式允许天平和样品之间以悬丝的形式进行连接,其余的两种结构形式的各自优缺点将会在4.3.1.3节进行讨论。

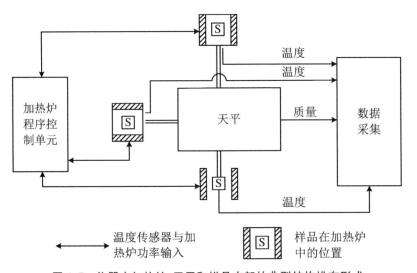

图4.7 仪器中加热炉、天平和样品支架的典型结构排布形式

在图4.8中给出了上述构造的一个例外结构形式,其中,加热炉位于气氛保护的管内。由于这种结构形式可以使加热炉的尺寸变得更小,使加热炉更加靠近样品,因此能够更快地对样品进行加热或冷却,也更加节能。但是,这样会使加热炉更加直接地暴露在流动的或者由分解产生的挥发性气氛中。同时,更小的加热炉尺寸也给样品尺寸、样品位置以及温度传感器的安装等增加了难度。

对流式加热炉具有电阻元件,该元件通过与支撑物紧密的耦合的方式来提高暴露于样品及其环境的表面温度。热传递模式由该表面的温度以及介入介质的透明度和热导率决定。在低于约800℃的温度下,主要通过外部气氛、气氛密封管、内部气氛、样品支架以及样品本身来进行热传导,这些因素综合作用的结果决定了最终的样品温度。气相的流动和对流模式非常重要,因此挡板对于样品和支架的均匀加热和保温起着至关重要的作用。在较高的温度下,通过辐射机制的热传导变得更加重要,并且最终起主导的作用。

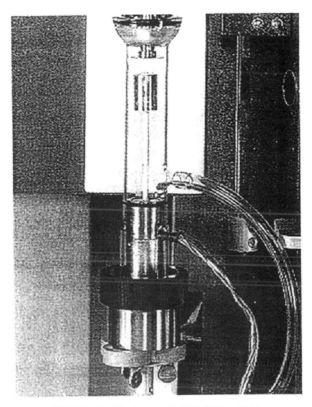

图 4.8　Perkin-Elmer 公司的微型加热炉

在表 4.1 中列出了一些典型的电阻元件及其局限性。可以以线或带的形式将采用的柔性材料直接包裹在气氛密封管上。然而,更常见的则是将元件缠绕在围绕气氛控制管的单独的炉芯管上,以便可以轻松地独立移除任一组件。非柔性材料以杆状如 SiC 或发夹形状如 $MoSi_2$ 组成加热元件,它们围绕气氛控制管对称排布,并且由相对独立的元件以电学的方式进行连接。

可以通过加热元件的电阻计算得到炉子的加热功率,为 $I^2 \cdot R$,其中 I 对应于通过电阻 R 的电流。加热源和加热炉的设计必须考虑到每个元件之间的相关特性,例如电阻的阻值、总电阻、散热能力和时间常数、抗热冲击性等随温度的变化。通常要求配置辅助的变压器来降低所提供的正常电压或者限制供应的电流量。表 4.1 中列出的使用温度只是建议值,实际值取决于设计和使用的模式或条件。除了以上已经提到的电流限制装置之外,具有开路保护的热电偶和其他热失控保护装置也是十分有必要的。

当使用磁性样品时,天平和传感器会受到影响,在这种情况下必须考虑由电阻加热所产生的磁场。为了使磁场最小化,通常采用双轧绕线,使其中一半通反向电流,这样可以使产生的磁场相反,并且在很大程度上相互抵消。对于不能缠绕的元件而言,如 $MoSi_2$

元件的发夹形状或者 SiC 棒状的结构形式,使电流的方向发生交替的变化均有助于使磁场最小化。

通常通过精确匹配和优化加热炉、控制器、传感器和系统几何形状等方法来精确控制样品温度,而在很宽的温度范围内使用单一的加热炉是无法实现对温度的精确控制的。因此,制造商生产出了各种各样的加热炉和控制系统,以使天平与样品悬浮系统模块化结合。典型的设计结构有:(1) 基于镍铬合金(Nichrome)或基于凯塔尔(Kanthal)铬铝耐热钢的铸件与熔融二氧化硅耐火材料相结合,可加热至高达 1000 ℃;(2) 铂/铑或基于 $MoSi_2$ 的炉子与氧化铝耐火材料相结合可加热到 1500～1700 ℃ 工作。在一定程度上,这可以提供一些特殊的低温或高温系统。

表 4.1 常用于制造加热炉的加热元件电阻材料的最高使用温度及所需的保护性气氛

材料	温度上限	适用气氛
镍铬合金	1000	氧化性
铬铝钴合金	1200	氧化性
铂铑合金	1500	氧化性或惰性
钼	2200	惰性
钽	1330	惰性
钨	2800	惰性
石墨	2900	惰性
二硅化钼	1700	氧化性
碳化硅	1550	氧化性
复合二氧化锆*	2100	氧化性

* 在首次通电前需要预加热到 1200 ℃

- **辐射(红外加热)**

用于常规加热的炉子主要弊端是无法实现快速的加热,这是因为对于尺寸相对较大的加热炉而言,快速加热需要较大的加热功率和一定的时间。另外,耐火材料和加热元件也可能无法应对热膨胀的迅速变化,并且可能会出现部件之间不匹配的问题。目前已经有至少一家制造商如 Ulvac Sinku-Riko 公司引入了通过聚焦红外发射来加热样品及其容器。Speyer[28] 已经将这种加热方法应用于热膨胀法(thermodilatometry),以便利用其快速时间响应的特性来进行控制速率下的烧结行为的研究。显然,同样的方式可以适用于控制速率热重法(controlled rate thermogravimetry),见下文中探讨的关于快速热解或其他快速反应动力学的研究。其中,对与火箭发动机有关的问题或空间飞行器的返回模拟研究的应用就是一个很好的例子。

可以在样品或其容器上将卤素灯或红外线加热器以对称的方式进行精确聚焦,并且其与样品间的热传递几乎是瞬间完成的。然而,绝对热流量取决于光路的透明度和样品或其容器对红外的吸收特性。在图 4.9 中给出了这种形式的炉子可能会采用的一些加热方式。反射器的表面通常是镀金的,其可以制作成椭圆形或抛物线形的形状。聚焦点可以是一个点、一条线或一个以样品或其支持器为中心的表面。显然,其间的气体导管通常是熔融石英材质,并且必须可以高度透过辐射,以避免外管内的热量散失。

如果样品在加热时产生具有红外吸收的气体,则在此期间样品受到的热流量将会发生改变。如果产物冷凝在石英玻璃管较冷的表面,那么它们将继续吸收辐射并可能随时间延长而导致进一步变暗。加热器、样品或样品支架的辐射系数随时间或温度的变化也会有效增加升温速率。在这种类型的炉子中,样品温度的测量可能会比较困难,特别是因为它涉及更快的升温速率。这种系统在比较干净的环境中具有快速的响应时间的优势,但是有一些其他的因素可能会妨碍其在特定情况下的使用。

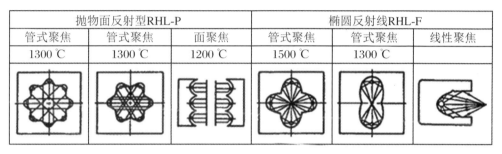

图 4.9　常用的加热模式示例
(辐射加热的类型和最大可以使用的温度)

4.3.1.2　温度的测量与控制

每项测量的具体目标决定着温度的测量与控制的相对重要性。例如,如果需要设计一种旨在确定具有化学计量比的沉淀物的恒定质量的测量方法,通常不需要考虑准确的温度和加热速率,重点在于质量的测量方面。然而,对动力学和热力学的测量过程而言,通常需要以恒定的、确定的加热速率,测量得到准确的样品温度以及样品的质量作为时间的函数关系曲线。设计一个加热炉系统用来对所需指令做出快速的响应,但是需要解决可能出现的意外的不确定因素造成的不稳定现象。Wenlandt[29]指出,在一个稳定的温度程序中,温度随着时间的变化的导数是一个更加敏感的指标。

传感器及其放置位置:有几种类型的测量温度的传感器,它们根据与温度相关的具体性质的变化来测量温度。例如,温度传感器可以根据电导率(金属电阻温度计和半导热敏电阻)、体积膨胀(玻璃中的 Hg)、密闭气体的压强(He 温度计)、黑体辐射定律(光学温度计)和塞贝克(Seeback)效应(各种热电偶)等性质的变化来测量温度的变化。国际温标 ITS-90 是基于在较低温度范围内使用气体温度计,在中等温度范围内使用铂电阻温度计以及在最高温度范围内使用光学温度计进行测量的[30]。

然而,绝大多数热天平使用热电偶。在现代 PC 机出现之前的较早的仪器可提供以 μV 为单位的热电偶输出的读数,然后需要根据标准表将该信号转换成温度。随着数字信号采集技术的出现,可以使用曲线拟合方程将其换算成温度,这种方法比查阅表格更加实用,这些拟合方程通常是 5 阶到 15 阶的多项式展开式。Chebyshev 多项式展开式可用于满足最高层次的要求,例如可以用来构建供查阅的数据表。关于这方面的更多的讨论可以参见第 6 章。

塞贝克效应的应用取决于组成热电偶的温度是否处于设定的固定的温度的两个结点之一。传统上,这个温度是由冰水混合物建立的 0 ℃。现代的测量技术将一个等温模块作为测量电路的一部分,这是一种将模块温度保持在略高于所处的室温的最简单的方法。在测量时,需要将信号转换成温度的温度-电压曲线进行必要的调整。

在表 4.2 中,列出了在 TG 使用中的一些常见热电偶及其适用的温度范围和合适的实验气氛。必须注意的是,这些推荐的范围和气氛取决于一些参数,表中所列的信息仅仅适用于一般的条件。当在特殊的应用领域中用到多个热电偶时,需要同时考虑一些其他因素如稳定性、灵敏度($\mu V/℃$)和成本等。如果和样品、容器和气氛的接触会影响到其稳定性时,则通常会将热电偶封装在惰性保护套中来进行保护。其响应时间随着电阻的增加而延长,响应时间和使用寿命受组成热电偶金属丝直径的影响很大。金属丝直径的增加会增加其机械强度和使用寿命,但同时也会引起热量损失和传感系统的热容量增大,从而降低了灵敏度和延长了响应时间。

对加热炉的温度进行控制是应该通过样品的温度还是应该通过加热元件的温度来进行呢？一般来说,通过后者进行温度控制的稳定性更好,对热环境的控制也更好,对电源提供的电功率的变化的反映也更快,因此类似控制点超出控制范围之类的因素会减少。然而,通过这种方式进行控制温度的不利之处在于其忽略了样品在与环境的直接接触过程中的变化,这些变化主要有在反应过程中焓和热容的变化、气氛中热导率的变化等。

表 4.2　在热重法中经常使用的热电偶及其推荐使用的条件[24]

类型	组成	温度范围/℃	适用气氛
T	Cu/Cu-Ni	-250～850	空气,惰性气氛
E	Ni-Cr/Cu-Ni	-250～800	惰性气氛
J	Fe/Cu-Ni	0～760	空气,惰性气氛
K	Ni-Cr/Ni-Al	-270～1260	空气,惰性气氛
S	Pt/Pt-10%Rh	0～1600	空气,惰性气氛
R	Pt/Pt-13%Rh	0～1600	空气,惰性气氛
—	W/W-26%Re	0～2700	惰性气氛,还原性气氛

一般情况下,很难得到精确的样品温度。对热重仪来说,传感器和样品之间的直接接触会干扰或中断质量的测量,温度的间接测量方法(例如通过光学装置的方式进行测量)仅可以测量到部分样品或光学器件聚焦到样品架的那部分温度。现有的技术不能测量在不断变化的反应界面处的温度,这是研究非均相动力学的主要局限性之一。

一个合乎逻辑的折中办法是使用独立的传感器来分别控制加热曲线和对样品的温度测量,但必须要意识到样品温度测量的局限性。在图 4.10 中给出了一些常见的传感器放置位置,在这些情况下热电偶用于测量样品的温度。特殊设计的可用于同时进行 TG/DTA 测量的仪器热电偶通常与样品支架保持更直接的接触,如图 4.10(c)所示。在其他的设计方案中,将热电偶放在样品坩埚的正上方(图 4.10(b))或正下方(图 4.10(a))。如果样品在实验过程中发生了燃烧现象,可以通过放置在容器开口部分的正上方的温度传感器更加容易地检测到燃烧和加热所产生的气体的影响,并且传感器也容易受到这些过程的影响。

增加均匀加热区域的大小可以简化温度传感器的放置条件。在某些条件下,例如,对于如图 4.8 所示的小型加热炉而言,样品和热电偶的放置位置显得更加重要。对于吊篮式热重仪来说,可以按照如图 4.10(a)所示的那样,直接将样品盘下面的热电偶调整到最接近盘的位置。然而,在加热系统进行加热的过程中,样品悬挂系统和热电偶的热膨胀会引起直接接触的问题。在这种情况下,比较谨慎的做法是将热电偶从垂直轴线位置弯曲到坩埚的侧面。其他应考虑的因素是,阻碍辐射传输的屏蔽效应,或者由于流动气氛的冷却效应从而影响气氛的流动模式。无论热电偶位于样品的上方还是下方,样品支架和挡板均会感应到不同的温度。

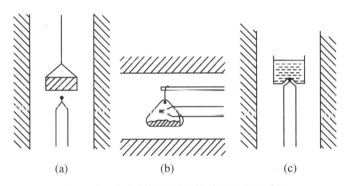

图 4.10　热电偶相对样品的放置位置示意图

传统的温度控制方式:典型的用于热天平温度控制方式是基于传感器温度与设定的时间-温度曲线的比较,然后以这种方式对加热炉提供加热功率以保持传感器与温度控制装置之间存在最小的温度差。在设计时,需要考虑的多种问题中均涉及合适传感器的选择。在上一节中,我们已经讨论了传感器的类型和放置的位置。到目前为止,最常见的问题是选择合适的热电偶。在这个阶段,我们需要关注的问题是是否使用同一对热电偶来记录样品温度并用来进行温度控制,或者说是否有必要在合适的位置或环境中引入第二对热电偶。在仪器中,应该设计一些形式的保护电路,以防止在传感器发生故障时炉子发生热失控。最常用的技术保护措施是当检测到热电偶发生断路时,将温度的读数直接设置到最高的温度。这样做的好处在于,可以用来降低输入到加热炉的功率。

一般来说,最适合测量样品温度的热电偶位置与加热元件由于过于隔离而不能提供最稳定的温度控制。因此,通常将第二对热电偶插入到非常靠近加热炉的加热丝缠绕的中间位置。响应时间会因此显著减小,控制器也可以更好地对所需的温度程序进行控制。然而,由于在加热炉温度和样品所处的环境温度之间的差值可能是显著的,因此必须通过校准程序来补偿这种差值。

主要的温度控制程序包括简单的线性加热或冷却。另外,等温程序用来确定性质随着时间变化的函数关系。温度程序通常具有一定的复杂性,包括温度变化速率的线性变化和等温段的几种方式的组合使用。通用术语"温度控制器"(temperature controller)可以实现简单的等温温度控制,而"程序控制器"(programmer controller)则可以实现温度随着时间变化的控制。在进行程序设计时,需有一定的灵活性,一些程序可以在温度程序中使用相对较少的步骤,而另一些程序则可以提供很多潜在的变化方式。

程序温度控制器可以不断地确定在预期温度和测量温度值之间的差值,差值被放大后给加热炉的电源输入一个成比例的信号。这个信号可以以一个简单的直流电压的形式给出,然而,这样的设计形式存在一个缺点:如果电路处于开路状态,会存在一个不确定的电位,导致加热炉不受控制。一般而言,通常采用 4~20 mA 强度的信号来进行控制。由于开路会导致电流的读数为零,此时加热炉的电源就会自动被关闭。

在这样的一个模式下,控制信号用于对可控硅整流器(silicon controlled rectifier,简称 SCR)的 p-n 结点进行偏置,使 4 mA 的弱信号实际上代表炉内没有信号,而 20 mA 的强信号则代表炉的满额功率。显然,这样的电功率并不一定是用于特定的加热炉工作的最佳电压。因此,在应用于电阻元件或者加热灯管之前,通过使用变压器将电流和电压关系进行适当的修正以满足要求,关于这个过程的详细解释可参阅 Speyer 的专著[31]。

通过简单地"开"、"关"加热炉的电源,不足以达到热分析技术所需的控制程度,这导致在测量样品的化学和物理过程中的程序温度或者加热/冷却速率发生了很大的变化。在实际中,还会经常遇到一些典型的问题,主要包括循环温度、超过或低于所需的等温温度、很缓慢的温度控制方法等。

在实际的应用中,可通过仔细选择控制函数(通常为比例-积分-微分(proportional integral derivative)函数,简称 PID)来减小以上的这些问题,这些函数在大多数现代的精密温度控制设备中是可以调节的。在这些程序温度控制设备中,可以通过手动调整,也可以通过控制整个系统的计算机软件来进行自动调整。对于一个理想的设置而言,将可以实现在一个相当宽的温度范围内改变温度和加热/冷却速率,通常使用折中的形式来使每个系统均可以达到最佳值。在大多数反馈控制回路中,PID 控制是非常重要的。通常可以从控制设备的制造商处获得正确的关于系统调整这些参数的指导,也可以从其他的各种教程中获得指导[31—33]。

传统意义上的简单的"线性温度扫描-等温"类型的温度控制程序在最近已经得到了快捷的发展,主要表现在差示扫描量热法(differential scanning calorimetry,简称 DSC)中。这种发展主要体现在温度调制(modulated temperature)技术上(参见第 5 章),该技术主要通过在线性的加热/冷却函数的基础上叠加另一个周期性变化的函数(如正弦波函数)的等温段,通过随后的数据分析和数据去卷积处理,可以提供新的和更好的解释。最近已经有研究将这种调制技术应用到了 TG 的研究中[34—36]。

通过质量变化控制(也称控制速率热分析(controlled rate thermal analysis,简称 CRTA))改变温度变化程序,Rouquerol[37] 系统地总结了利用被测量性质的反馈来控制温度程序的概念,Reading[38] 最近也对此进行了较多的回顾。该方法不是使用预先设定的时间-温度曲线,而是预先设定待测性质(对热重法而言即为质量)变化作为时间或温度的函数。图 4.11 给出了适用于所有技术的 CRTA 的一般原理。

反馈回路的性质至少可以假设为以下的三种形式。

第一种形式是简单地以某种形式规定质量的损失,如 $mg \cdot min^{-1}$ 或者 $\% \cdot h^{-1}$,并利用观测到的质量损失率与程序预先设定的损失率之间的差值作为向加热炉程序控制器输入的信号。这可以用于多个阶段,即使用几个等速率阶段作为时间的函数。当质量损失率低于设定的速率时,将会有更多的电流供应给加热炉。显然,如果这个过程是质量增加的过程,例如金属的氧化过程,相应的参数也应做适当的调整。控制电路部分的 PID 的值必须经过进一步的修改,以反映控制参数的变化。

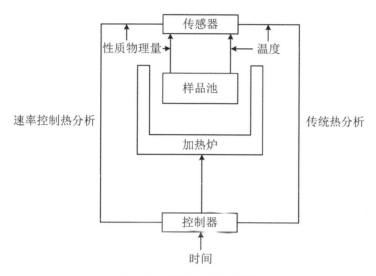

图 4.11　CRTA 概念示意图

作为这种操作模式的一个很好的例子,通常可以用这种方法来确定陶瓷关键部件黏合剂灼烧质量损失的温度程序[39]。研究结果表明,从 0.01~0.001 mg·min^{-1} 的质量损失速率是很合适的。在图 4.12 中给出了 0.001 mg·min^{-1} 的质量损失速率下的结果,图中的三个温度区域分别对应于有机黏合剂润滑剂配方中的三种不同组分的烧失过程。另一个很典型的例子是 Paulik 关于碳酸钙分解过程的研究[40],Paulik 突出强调了技术条件选择的影响,因为反应是容易可逆进行的并且依赖于传质和传热过程。

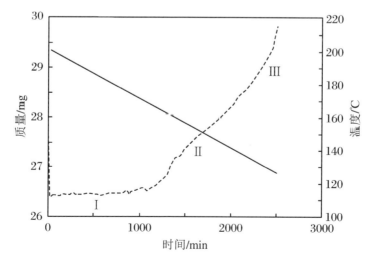

图 4.12　作为 CRTA 的应用实例,层状的绿色多层陶瓷中粘结剂的烧失过程的 TG 曲线。图中的质量损失速率为 0.001 mg·min^{-1} [39]

第二种模式是设定一个较低的质量损失率的限制,通常为正常的线性加热速率下最大质量损失率的0.08%。当低于该临界值时,通常施加一个较快的线性加热速率,直到质量损失速率超过预先设定的质量损失速率的上限,该上限的阈值通常是下限阈值的100倍。当达到这种质量损失速率时,温度将保持不变,直到质量损失速率降至下限阈值,之后继续重复该循环。Sichina[41]提出了这种步阶式等温的模式,并且已经得到了商业化的应用。

第三种方法与之前介绍的技术密切相关。差别在于在临界值的上限时不会采用等温的模式,而是采用明显下降的加热速率的方式,这种方法被称为高分辨率热重法(high resolution thermogravimetry),简称Hi-Res TG[42]。在这种方法中,通过调节分辨率和灵敏度这两个参数来控制加热或冷却速率的变化。图4.13为使用高分辨率热重法研究五水合硫酸铜($CuSO_4 \cdot 5H_2O$)分解的例子[42]。由图4.13可见,通过使用CRTA方法可以更好地解决水合物失去结晶水步骤的相关问题。根据所设置的实验参数的不同,使用这两种方法所需的运行时间也将有所不同。

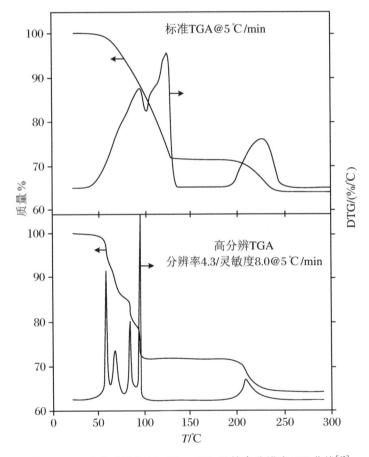

图4.13 五水合硫酸铜($CuSO_4 \cdot 5H_2O$)的高分辨率TG曲线[42]

Barnes在对这些方法进行了比较之后,支持利用以上的三种改进方法中的任意一种来提高传统TG分辨率的做法[43]。在传统的线性加热TG的基础上,可通过将等温阶段引入到之前的温度程序中来显著提高线性加热的 TG 的分辨率。在质量控制实验室中，在对类似的样品进行超常规检测时，使用这种简单的方法可以得到令人十分满意的结果。然而，由于 CRTA 方法具有自适应性，因此在应用中具有非常好的灵活性。在实际应用中，无论采用哪种方法，最好能够了解算法和标准，并检查所使用的温度-时间曲线以便更好地了解所发生的过程[44]。

4.3.1.3 与温度相关的误差来源

在动态热重实验中准确定义样品的温度并非一件容易的事情[45]。在 4.5 节中，我们将描述用于校准和减小影响的技术。误差的来源可以分为以下三个主要的方面：

- **传感器**

正如之前所讨论的结果，绝大多数情况下采用热电偶作为 TG 的温度传感器。但是，热电偶不是在任意温度范围内最精确测量温度的首选方法。然而，对于 TG 来说，它们是除高温外最实用的方法。在更高的温度范围，光学测温法可能是最实用也是最佳的方法。

在实际使用过程中，与热电偶相关的误差来源主要有三个方面，即位置、组成和测量电路。热电偶的位置与温度控制相关，在上文中已经讨论过了位置的影响。热电偶的位置也是将样品温度传递给热电偶的一个重要影响因素。热电偶连接点应该放置到最有可能与样品温度相同的位置上，但是这种放置方式不可以对天平或者系统的运行造成干扰。对于热电偶在不同气氛或者流动气氛下工作时得到的实验结果应保持谨慎，这种环境与热电偶远离样品的状态一样容易产生不确定的结果，此时应仔细考虑热量交换的主要模式。对流模式、辐射系数等因素在位置的选择过程中起了很重要的作用，热电偶周围保护套的热传导性质对于过程中的热阻和在保护套下方结点的热导率也很重要。气氛的热导率也起到了重要作用[46]，尤其是在流动的情况下，这种作用更加明显。

热电偶的初始精度取决于其组成合金成分的一致性和材料中的潜在应变。在开始使用的几个周期中，可通过退火的方式来消除这种应变。但是，如果整个热电偶系统的构造如热电偶、保护套、绝缘体等连接方式不正确，那么在使用过程中的这种应变还会进一步增大。

热电偶的长期稳定性在很大程度上取决于其成分是否保持不变。固态或气相扩散作用会使两种合金的组成更加接近，从而降低其灵敏度，这种现象在较高温度下使用的时候尤为明显。与热电偶接触的任何材料（例如耐火材料、样品或样品支架、其自身的保护套或者绝缘层）和任何反应性气氛之间的任何反应均会改变热电偶的性质，甚至会破坏其电路。金属在高温下会经历晶粒的增长，这最终引起机械强度和脆性的下降。大多数热电偶的使用寿命会随着热电偶导线规格的增加而增加，这是控制热电偶性质的更加实用的一种方法。

由测量电路引起的误差通常很小，但是这种误差却限制了所能达到的噪声极限。如果由于炉电流的变化而引起热电偶电流的增加，此时需要采取一些形式的电屏蔽。一般来说，采用接地保护通常会减少这种电学波动。此外，等温块部分的温度漂移或者放大器的稳定性引起的温度漂移都可能成为影响因素，但这种形式的误差对现代化的仪器设备来说并不重要。

- **加热速率**

在加热或冷却时观察到的样品温度的误差与由传感器和样品之间的热滞后所引起的温度变化速率相关。误差可以以任何形式表现出来，由于热电偶可能处在一个可以接受的比样品更大或更小的热通量的相对位置，因此滞后现象可以发生在任何一个方向。这种类型的误差影响因素类似于前面章节所讨论过的与传感器放置位置、传感器的导热性能以及样品结构相关的误差。实际上，不可能完全消除这种误差，它们会随着加热速率的增加而增加。从程序设定加热和冷却速率的角度出发，这种误差可能与 PID 值不恰当的设置有关，也可能是由于加热炉的加热速率无法跟上程序设定的加热速率所引起的。这些影响对系统的设计因素非常敏感，并且可能会因仪器而异。

当选择对加热速率依赖的例子时，重要的是选择一个除加热速率外不包括其他影响因素的体系。在下面的章节中将会讨论这些可能的因素。在图 4.14 中给出了一个很好的随着加热速率变化而发生磁性转变的简单的例子[24]。在实验中使用了如图 4.8 中所示的小型加热炉，由于温度的变化梯度很陡（即温度变化速率很大），因此热电偶的位置十分重要。基于差分信号的 DTM 来确定磁吸引力消失的过程变得比较敏感，显然这个结果取决于加热速率。简单线性外推到零加热速率的结果表明，基于加热或冷却的结果之间是一致的。然而，外推结果还远远不能达到所能接受的值，这表明需要进行温度校准。

铅的熔点测量与如图 4.14 中所示的 TM 测量同时进行，在外推到零加热速率后需要进行相同的校正。在实验中观察到的熔融温度不是线性的，表明每个过程和仪器都有

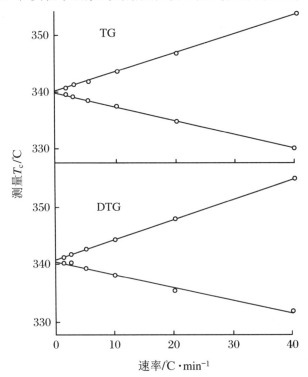

图 4.14　基于 TM 和 DTA 方法得到的镍的 T_c 值与加热和冷却速率之间关系的曲线

独特的特征。

- **反应热**

反应界面处的反应焓变或者热容的变化不可能完全得到补偿。由于温度传感器从来不能在准确的反应时间和位置处检测到真实的温度,因此很有必要对时间滞后和温度偏移进行控制[47]。在室温至 1000 ℃ 或更高的温度范围内,典型的反应焓变会吸收或放出足够的能量以使反应物和产物的混合物的温度升高或者降低[48]。除了实际的反应焓变之外,最初形成的产物在经过应变衰减、结晶、粒度增长阶段之后,随后作为样品的反应界面。由于催化反应的进行,甚至会在样品表面发生振荡反应[49,50]。

反应进程也会改变体系的热量和质量传递特性,这进一步使温度传感器和样品相关部分的温度之间的关系变得更加复杂。由于无法通过温度传感器跟踪记录在反应界面处的温度,实验者必须充分地意识到这个问题。通过测量不同的样品量和不同的加热速率下的关系,将有利于揭示正在研究的具体实验体系中的问题。结果表明,较慢的加热速率和较少的样品量会减小实际测量的温度和真实温度之间的差异。为获得一个更加接近于反应过程的真实温度的值,可以考虑将样品质量和加热或冷却速率外推到零。

4.3.2 气氛的控制

通过 TG 或 TM 得到的大部分结果与样品所处的气氛密切相关。因此,选择控制气氛的种类和流动方式十分重要。除了需要注意气氛对测量过程和测量温度的影响之外,还需要注意确保气氛不能破坏或者影响天平结构部分和加热元件。

使用氦气、氮气或者氩气作为惰性或者吹扫气体取决于多种不同的考虑因素,这些因素主要包括成本、方便可得性、纯度、密度和导热性等。前两个条件不需要做特别的说明,气体的初始纯度是一方面,但在使用前仍然有必要对气体做进一步的清洁处理,尤其是脱氧处理。惰性气体在使用之前十分有必要进行这方面的处理,通常使气体在高温下通过钛的碎屑或者粉末以便有效地去除氧气,通过这种处理方法可以有效地去除在气体中含有的大部分氧气分子甚至氮气。密度是选择吹扫气体的一个因素,这是因为通过密度的差别可以有效地减少气体的回流现象。如果天平处于加热炉或者样品的上方,那么使用比氦气密度更大的氩气的效果更好。反之,加热炉处于天平的上方,则应使用密度更小的气体[51]。在之前的内容中,我们已经阐述了热导系数对热传导的影响。

现在已经有多种装置可用于测量或者控制所使用的气氛气体的流动速率。用于流速测量的最经济的方法是使用传统的转子流量计或者一个简单的液体气泡流量计或者皂膜流量计。在使用前一种方法时,需要对所选用的气体的密度所引起的误差进行适当的补偿,在更快的流动速率情况下更应如此。可以通过一系列的转子流量计来测量不同范围的流动速率。通过后两种流量测量装置可以直接地测量气体的体积,同时需要根据测量时间来将其转换为速率。许多设备制造商提供了可在预设的时间调整切换气流阀门的功能,使得可以进行简单的编程。例如,在受控的热解反应中,在特定的温度下从惰性气氛切换为氧化性气氛的过程。

流速的控制可简单地依赖于压力调节器并假设在传输管道中以恒定的压力稳定下降。通常使用多孔金属、玻璃和陶瓷的扩散盘来进一步控制来自气源压力的下降,以提高稳定性。扩散盘可用在气体压力的源头处以提供每单位压力的规定流量。当需要精确控制的复杂程序的时候,特别适合使用质量流量控制器。这种装置在使用时非常灵活、方便,通过这类装置在经过适当的校准后可以无限制地维持所需的流速和控制气体的混合。这些装置相对来说比较昂贵,并且需要定期地校准和维护,且必须与所需的气体和流动速率相匹配。

通常建议分析进入的气流或者逸出的气体,更常采用的是后一种方式。分析逸出气体的方法被称为 EGA 或 EGD,这些技术将在第 12 章中进行详细的介绍。然而在其他一些情况下,有必要确认进入仪器的气体成分。例如,可以通过确定混合气体中氧气的含量或者测定逸出的气体来检查系统是否发生了泄露。如果这种分析与 TG 测量同时进行,则必须考虑系统的流量或者总压强的变化,以及它们对质量和温度测量的影响。

在通气之前,最好将气流的温度预热到接近样品的温度。最常见的方法是将气体通过挡板引入到加热区域,或者使气体在接触样品之前流经加热区域或加热元件,以达到与样品接近的温度。一种常用的技术是将气体通过一根由较大取样管封闭的一端引出的小取样管,使气体在流动状态下将预热的气体带到样品周围,气体从进入管的同一端逸出。

将气氛直接通过粉末样品可以有效地将任何挥发性物质吹扫干净,并可以防止逆反应的发生。如果按照这种方式来设计仪器,可能会造成样品的悬挂系统严重复杂化,最近有研究工作通过在天平下方悬挂样品实现了上述的这种方法[52]。然而,即使在没有发生质量减少的阶段,来自气流的合力也会抵消一部分重力的作用并且引起测量值的降低。这种重量的变化可以用来研究锥形流化床的流体化作用力和由于流速先升高再降低引起的这些作用力滞后的现象。

在某些情况下,需要获得物质在自身产生的气态产物氛围下的相关的分解信息。通过这样的条件,可以更好地模拟在正常工艺条件下所发生的实际情况。有研究者设计了几种样品支架来实现所希望的"自发气氛"(self generated atmosphere),在图 4.15 中描

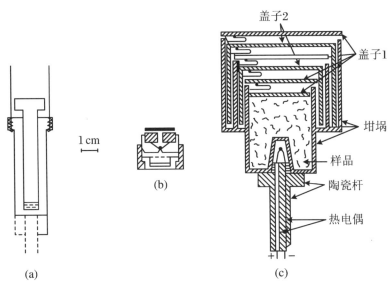

图 4.15 用于"自发气氛"的几种样品支架[54—56]的设计

述了其中的三种样品支架[53]。在这些支架中,在每种条件下都有受限路径提供从较少的样品量中逸出的气体。由于样品的用量是有限的,可以通过很快地填充产物气体来置换原来的气体。在图4.16中给出了分解产物的累积对可逆过程的特征温度产生很大影响的实例,例如碳酸盐或水合物的分解即属于这种情况。对于这些分解反应的热力学平衡常数而言,其可以由这些气态分解产物的活性来确定。

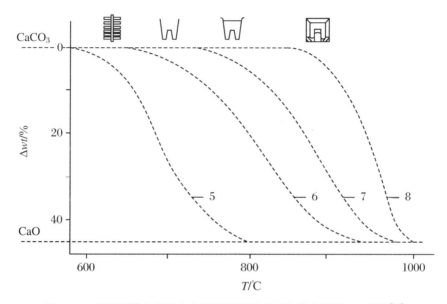

图4.16　使用不同的样品支架测量得到的碳酸钙热分解的TG曲线[40]

4.3.2.1　反应气体的隔离与保护

为了避免天平与反应气体或者由实验样品引起的任何挥发性物质之间发生反应,最常用的方法是向天平室中通入惰性气体进行吹扫。在气氛气体流经样品室之前,该吹扫气体可以与天平室的气体进行充分的混合。显然,与样品相互作用的气体是这两种气体的混合物。由天平室流出的吹扫气体在经过相应的挡板后,可以阻止产物向天平隔室中扩散过程。如果实验仅在惰性气体的氛围下进行,则不需要将其与第二种气体混合。

如果需引入反应的物质本身具有一定的蒸气压或升华压力,则可以将一定量的液态或者固态物质引入到反应气流中。将载气在一定的温度下以设定的速率通过液体或者固体,则可以得到在该温度下的饱和气体。实验时,在该温度或更高的温度下通过传输管线使气体输送至样品的周围。与此同时,还需要使用吹扫气流充分稀释反应气体,以便对由于各种原因产生的冷却作用进行补偿,从而避免在混合过程中发生冷凝现象。

有时仅仅通过吹扫气体与反应气体混合无法起到保护的作用,这样无法达到实验的要求。当反应气体为腐蚀性的气体时,例如卤素、酸性气体或者碱性气体等,不能仅仅依赖于通过使用吹扫气体进行保护。在实验过程中吹扫气体可能会中断或者枯竭,从而起不到保护的作用。

图 4.17 为利用磁悬浮技术将天平室与反应室完全进行隔离的热天平结构示意图[57]。Netzsch 公司目前正在销售基于"磁悬浮系统"的热重仪,与此相关的内容可以参阅文献[58]。

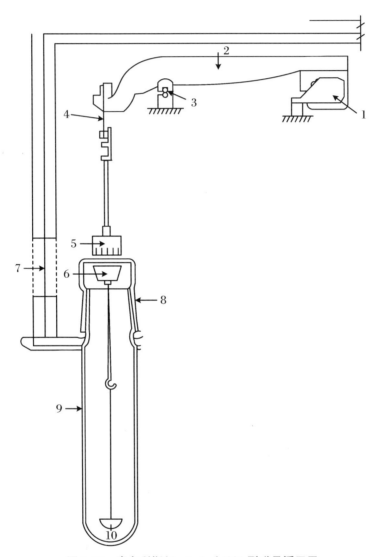

图 4.17 赛多利斯(Sartorius)4201 型磁悬浮天平
1. 磁铁和线圈;2. 横梁;3. 横梁支点;4. 悬挂带;5. 梁磁铁;6. 悬挂磁铁;
7. 观察窗;8. 上部玻璃构件;9. 下部玻璃构件;10. 样品盘

4.3.2.2 总压力

虽然大多数实验工作都是在常压下进行的,但是在其他压力下特别是低于大气压强下也已积累了相当广泛的实验数据。迄今已举办了相当多的关于真空微量天平技术的研讨会,在会议论文集中对低于环境压力下工作所需的特殊技术进行了综合性的描述。

大多数现代的商品化热天平的组成部分都被封装成能够在 $10^{-5}\sim10^{-6}$ Torr 压强下工作的形式。如今，Knudsen 池已发展成为可以应用于测量蒸气的压力，并且可以在低压环境下工作。

除了要求系统无泄漏外，还需要大大减少系统中各部件的漏气现象。因此，必须经过周密的考虑，通过控制回填气体和仪器的保存条件来维持系统的可靠性。在仪器工作时，应尽可能地避免或使用水分和其他可冷凝或易于化学吸附的物质。当确实需要时，也应谨慎使用。

这种减压下的工作条件十分有利于在无氧环境中进行实验，例如，在这类实验条件下，可以用质谱 EGA 和其他的分析方法研究吸附和催化现象等过程。在下一节中，我们将讨论在仪器结构经过如此的改进后，对其性能指标提高的促进作用。

在过去，使用热重法在更高的压强下开展研究工作曾达到一个顶峰，这些研究领域主要集中在催化、非化学计量学及其产生的缺陷、燃烧过程、高温下的相转变和结构随压力的变化以及对新型电学、光学材料的无止境的追求等方面。这些需求促使十几家仪器制造商开发出可在压力高达 100 个大气压，温度达到 1600 ℃ 的条件下工作的一系列仪器。其中，一些特殊定制的仪器可在 3000 个大气压环境下工作[59]。

显然，仪器具体的工作条件取决于所使用的气氛、仪器的设计形式和所使用的材料。实验时，在使用氧化性气体如氧气和卤素气体时需要特别谨慎。当使用这类气体时，仪器的技术指标将会大大降低。除此之外，还有不受控制的危险品的剧烈燃烧或爆炸等危害。对于这些情形而言，几乎每个相关的实验都十分具有挑战性。由于在高压下气态介质的热导率会大大提高，由此将导致样品所处空间的温度控制变得十分困难。另外，需要适当地提高加热功率以使温度按照既定的程序升高至指定值。

仪器的高压舱通常由不锈钢、铜镍合金、铬镍铁合金或其他具有合适强度和耐腐蚀性能的合金制成。当样品室被加热时，高压舱通常维持在较低的温度状态以保持其强度。因此，在设计内部的加热炉时，其必须可以承受几百摄氏度以上的高温。每家制造商都会设计出自己独特的规格参数。因此，高压实验系统的成本差别很大的原因主要是其规格参数的不同。通过巧妙的设计将活泼气体封存在薄壁、十分惰性的内部压力舱内来实现最高程度的操作参数。这种操作是通过相对低温的、与样品侧相匹配的压力下的惰性气体来实现的。因此，外部的压力舱仅侧重于冷却的惰性气体，而相对脆弱的内部压力舱则是由两侧相等的压力来维持的。内部的压力舱必须可以承受更高的温度，其通常是由熔融石英或陶瓷材料制成的。在实验过程中，只有内部炉子、样品支持系统和样品本身暴露在最高温度反应气体环境中。

4.3.2.3　与气氛相关的误差来源

有关气氛的最明显的误差来源于浮力的影响。在室温和大气压下，每立方厘米的空气的重量约为 120 μg。对于氢气来说，其质量小于 9 μg，二氧化碳为 196 μg。因此，在进行准确的测量工作时常常需要考虑这些差异。另外，在挥发性产物的逸出过程中，浮力随逸出产物的变化而不断发生变化。然而，由于吹扫的气氛气体的存在，这些变化对于浮力效应（buoyancy effects）的影响通常较为短暂且干扰较小。

气体的密度随温度的变化规律可以用查理定律（Charles' law）进行近似的分析。因此，当空气的温度从 25 ℃ 升高到 1000 ℃ 时，浮力的变化会导致每立方厘米的固体样品存在约 100 μg 的明显增重。在氢气气氛下，这种增重现象要弱得多，但是在二氧化碳气氛中的质量增加现象会更加明显。对关于这一问题的氧气化学计量学的详细研究结果表明，当需要监测 10^5 Pa 压力的气体中每一组成部分气体的分压的变化时，需要对浮力进行修正。

浮力的误差校正会随着压力的降低而减小，在真空条件下，该误差将会从根本上消失。然而，由于工作压力的升高，这些因素的影响会大大加剧。因此，可以根据理想气体定律对较高的温度和压力下的气体的浮力进行校正。

由于气氛气体的气动力驱动作用，样品及其悬挂系统由此会将随机噪声和偏移的影响叠加在测得的表观质量上。这些力来源于多个方面，其中包含气氛气体原子的布朗运动、通过对周围环境加热或冷却而产生的对流作用以及由吹扫气体和反应气体流动而引起的扰动。所有这些效应都受到气体分子的动能、总压力、挡板和由系统的结构而引起的流动方式的影响。根据实验的具体目的，通过调节由传质和传热引起的流动方式的变化和空气动力扰动引起的噪声可以减少这些现象的产生。

在图 4.7 中示出了热天平的三个主要组成部分。气体流动的方向是从天平到样品，在实际工作时，对于不同结构形式的仪器而言，气体的流动方式是不同的。水平方向流动的气流趋向于提供最小的空气动力扰动，并且可以以更高的气体流速流动。对气体进行预加热处理将导致与对流相关的最小的气流量。还可以通过一些实验装置将气流直接引导到样品上，而另外一些实验装置则使用挡板来屏蔽，使样品免受这种直接的气体流动冲击。在仪器中任何条件和位置下的反应气体和吹扫气流的混合是一个附加的因素，每台仪器和特定的实验要求都将决定问题的复杂程度。图 4.18 中示出了两种常见的混合模式，其中装置(b)是对反应气流进行预加热的一个实例。

4.3.3 与样品相关的注意事项

实验时所用的样品的形状取决于样品的性质和实验的目的。在制样时，必须充分考虑样品自身和取样的均匀性，在制备较少量样品的过程中经常忽略这一点。选择具有代表性的样品是开展任何分析工作的基本前提条件。对于这种情形而言，可以通过分析大量较小的非代表性样品以得到测量结果的平均值，以此来评价样品的均匀性。在选择这些较小的样品时，应特别留意取样的位置，确保所选取的样品具有代表性。目前，已有可以用于质量控制或认证程序的统计抽样方法供抽样时参考。

大量程的天平可用于分析较大的样品。土壤、矿石、煤、生物标本和其他天然物质是典型的不均匀物质。当然，较高量程的天平并不仅限于分析该类样品。在一些特殊情况下，某些样品的形状导致样品具有较大的体积。例如，当研究金属片的氧化或多孔材料的吸附时，使用的样品的体积通常较大。此外，样品的使用量越多，通过实验所获得的数据准确性也越高（称量准确度可高达十万分之一）。

在实验时，首先将样品放置在敞口的样品皿中，然后将其放置在与天平横梁相连的支架上。然而，当样品与气体环境之间存在相互作用时，必须考虑到由于样品表面暴露于气流中所带来的影响。在本章之前的内容中讨论了"自发气氛"和放置样品的支架之间的关系。在图 4.16 中给出了样品与气氛相接触所带来的潜在的影响。以下四个方面应予以考虑:(1) 可逆反应;(2) 产生的挥发物与样品逸出的气体之间以放热反应的方式发生进一步的反应;(3) 化学吸附作用或物理吸附作用;(4) 在气氛中有意或无意地引入活性反应组分引起的反应。

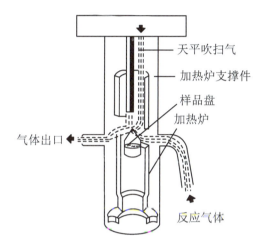

(a) 垂直式结构(来自TA仪器公司(TA Instruments, Inc.),经许可使用)

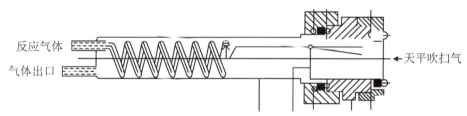

(b) 水平式结构(来自光谱研究与工程公司
(Spectrum Research & Engineering Co.),经许可使用)

图 4.18 TG 仪常用的一些吹扫气体和反应气体的流动模式

图 4.16 中所示的 $CaCO_3$ 的分解反应可以作为可逆反应的一个实例。有机化合物的分解,或以其他方式挥发进入流动的氧化性气氛气体中,则属于以上所列的第二种常见的实例。在实验过程中,燃烧的高度放热特性会加热样品使其远远超出所设定的程序温度或者仪器显示的温度。化学吸附与催化剂上的酸性位点或碱性位点密切相关,通常通过材料对氮气的物理吸附性质来研究其比表面积和孔隙率。在惰性气氛中引入少量的氧化性气体,可用来研究金属的氧化反应,这属于以上所列的第四类的应用实例。

样品和周围表面通常会带有静电,这种静电效应会在实验时对样品的质量测量带来不利的影响,尤其是当样品由于静电作用被黏附到炉膛壁时会引起质量的不必要的波动。在使用导电性较差的干燥气氛和玻璃表面时,这种静电效应会造成很大的影响。此时通常采用的补救措施是在样品室表面上涂覆导电膜或网状物以使静电释放,或者通过在气相中放电、在气相中诱导电离等方式来消除这种静电效应。

另外,在实验时还应考虑液态样品的蠕变以及固体样品的爆裂等因素的影响。样品在熔化时通常会污染容器,有时会导致样品从其中流出,并与耐腐蚀性较差的样品支持器部件发生反应。同时,熔体在冷却过程中发生固化时也可能会引起样品容器与支持器部件黏附的现象。在样品产生气体或其应力释放的过程中,可能会引起放在样品容器中的固态样品发生炸裂而飞离容器。这一过程可以通过样品急剧的失重过程表现出来,此时在容器的上方添加一个合适的盖子可以缓解这种现象。如果样品需要和气氛发生相互作用,则可以用尺寸适当的网状结构的盖子加载在样品容器上,以防止在实验过程中样品发生爆裂而飞离容器,从而引起异常的质量变化。

4.4 数据的采集与作图

4.4.1 实验结果的作图

由 TG 实验得到的结果可以以多种作图方式呈现出来。最常见的作图方式是以质量或质量百分比作为纵坐标,温度或时间作为横坐标进行作图,如图 4.13 和图 4.16 所示。质量或质量百分比具有使坐标值归一化的优点,可以把相关联的几次实验结果放在同一坐标系中并进行比较。如果在作图时以时间作为横坐标,则在坐标系中需要另外绘制温度对时间的第二条曲线。这种作图方式会使质量变化所对应的特殊温度的直接比较变得复杂,但是我们可以通过这种作图方式方便地看出实验时所使用的温度程序的信息。这种作图方式适用于控制速率或动态温度下的热重法的研究。

通常将质量对时间或温度的变化速率曲线称为微商热重曲线(derivative thermogravimetry,简称 DTG),DTG 通常用于检测更加细微的质量变化过程,也可以用于获得动力学参数。TG 曲线中的拐点与一系列反应中完成的某一过程或反应机制的变化密切相关,这一特征在 DTG 曲线中通常明显表现为最大值或最小值。另外,将 DTG 曲线与其他以差分形式测量得到的曲线(如 DTA、DSC 或 EGA)进行叠加或对比,可以方便地看出其差异。由于类似的原因,通过微分法得到的导数曲线在热机械分析(TMA)法中也十分常用。另外,通过微分处理可以使曲线的噪声变大,通常用噪声抑制或平滑的方法来削弱噪声的影响。与此相关的软件和数据采集方面的内容将在后续的章节中进行讨论。

图 4.19 和图 4.20 中分别是物理混合和共沉淀状态的草酸镁和草酸亚铁二水合物热分解过程的 DTG 曲线[60]。这些曲线不仅可以表明这些材料在分解过程中的不同步骤的明显的分立或重叠程度,还可以揭示氧化性和惰性气氛对分解过程的影响,由此还可以看出简单物理混合的物质与共沉淀物之间的差别。

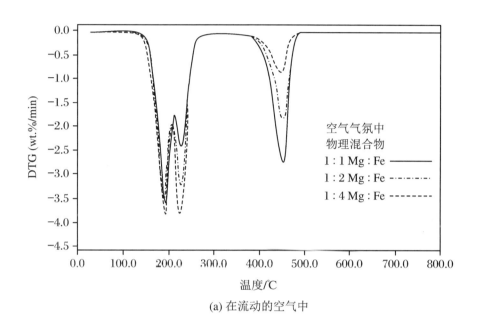

(a) 在流动的空气中

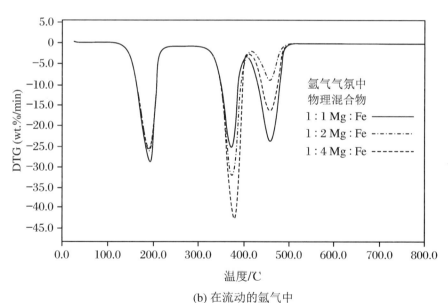

(b) 在流动的氩气中

图 4.19 草酸镁和草酸亚铁二水合物的物理混合物的热分解 DTG 曲线

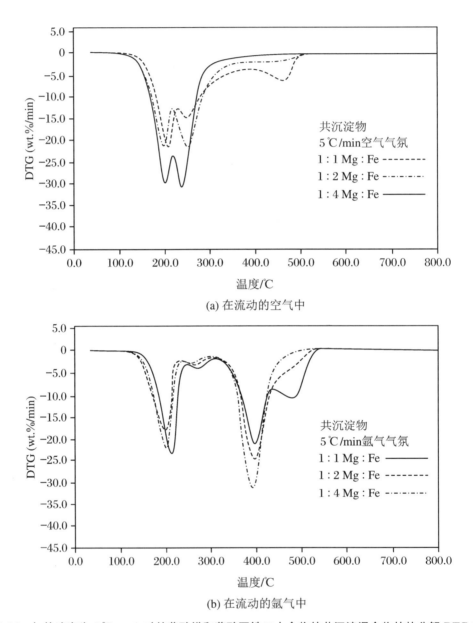

图 4.20 加热速率为 5 ℃·min^{-1} 的草酸镁和草酸亚铁二水合物的共沉淀混合物的热分解 DTG 曲线

4.4.2 模拟和数字信号的采集

近几十年来,在仪器方面关于模拟和数字信号的采集技术取得了巨大的进步,由此大大地推动了新仪器的应用和发展。现代化的商品仪器已经可以完全实现从模拟信号到数字信号的数据处理与转换,并且彻底地提高了日常操作的方便性和易用性。然而,在实际中迫于仪器更新的资金有限,在日常使用中,仍然有一些完全基于模拟信号的仪器。另外,一些简单的模拟计算机(例如差分器和积分器)也仍然在使用。这些模拟信号设备通常具有数据处理速度慢、灵活性低、通常不如现代的数字处理技术等缺点。但有一点需要明确,数字化的微分处理装置会放大噪声,而由模拟信号所进行的积分和平均处理则会降低信号的噪声。

模拟数据的输出设备是绘图仪。通过这种方式得到的结果在空间存储、便捷性和持久性等方面都存在问题。另外,绘图时图表的滑移、墨水渗透或褪色、纸张收缩或膨胀等相关的问题在数据存储过程中都会出现。然而,以电子形式存储的数据,经常会出现诸如漂移、放大、噪声等问题。因此,无论是模拟数据还是数字数据都会存在一定的问题。然而,由于采用模拟数据的设备通常较陈旧,因此这些问题在数据记录过程中会日益突出。与最大可读性和灵敏度相关的因素要求信号的模拟输出范围应保持恒定的高放大率,并且需要采用相应的补偿使实际的信号保持在该范围内。例如,一种早期的装置通常会使用记录仪末端的限位开关来改变天平称量时的皮重[61]。Wendlandt[62]曾讨论过早期阶段从模拟信号到数字信号的处理过程中的一些有趣的问题。

通过数字方式收集、分析和存储数据可以显著地增强并扩展分析数据的能力,扩大研究范围,这是因为数字形式的数据采集可以帮助实验人员实现对仪器和实验条件更精确的控制和操作的灵活性。这种技术经由一段时期的重要发展,我们可以看到随着数字数据采集技术的不断提高,会给仪器技术带来了多种形式的革新。现在已有多种可以用于控制数据点的数量和质量的技术出现。表 4.3 中是一些比较容易理解的编程大纲。如果程序设计人员可以开发出灵活、实用的软件,那么软件的使用者可以方便地在软件中选择合适的模式和方法。尽管理论上如此简单,但软件的最终形式还是取决于各个仪器制造商。

表 4.3 一些常见的数据采集模式

工作模式	方法	注
在设置的固定的时间间隔 Δt 取点	记录单个样品数据并直至下一个设定的间隔为止	最易实现,对数据处理系统要求最低
在设定的恒定的时间间隔 Δt 连续取点并平均	对一定的范围内的数据点求和并除以点的个数	对数据处理系统有较高的要求,信噪比改善效果明显
设定的质量变化 Δm 取点	直到下一个数据值 $m + \Delta m$ 开始记录	仅记录当 m 变化时的相应数据点
基于 dm/dt 或 dm/dT 的 CRTA 方法	以上任一种	通过反馈控制

实验结果的数据文件的大小和格式会影响到其存储和便携性。商业软件的广泛应用对数据从一个程序转移到另一个程序的软件兼容性提出了基本的要求。随仪器附带的制造商提供的软件包在操作中可以执行大多数常见的功能。然而，由于运营商可能不重视基础算法和假设的重要性，会导致实验人员在使用时对数据采集的模式或参数的选择只能进行较少的控制。在数据分析时应根据实际需要，往往将数据通过可移动存储介质或网络传输到第三方软件或其他计算机中，以便对数据进行更加灵活、深入的分析。除此之外，一些专门针对动力学和热分析系统而定制的、可以植入到分析软件中的软件包的市场竞争也很激烈。

研究者根据自己的经验和判断力对计算结果进行分析，使用计算机无法恢复错误的数据输入，并且由软件输出的长串数字中的一些数字也是没有实际意义的。有时对数据所做的不恰当的基线的扣除、数据平滑、放大处理超出了合理的范围，这就要求我们需要仔细地查看由这种"黑匣子"中所获得的分析结果。

4.4.3 自动化

从某种意义上说，时间是可以创造价值的一种商品，是决定劳动力成本的主要因素，在工业社会中更是如此。因此，以最小的人工成本来有效地和持续地使仪器充分发挥其功能十分重要。许多研究工作已经证实，热分析技术可以作为一种有效的质量控制工具，因此其经常应用于产品和原材料的常规分析。这一点甚至在电脑得到普遍应用之前就已经得到了广泛的应用。从技术角度来说，加热炉的程序控温能力的持久性和数据采集的可行性在很久之前就已经具有了这种能力。目前，仪器实现完全自动化的主要障碍在于其是否可以同时地或者有序地运行多个样品。

Ferguson 等人[63]设计了一种可以对多个样品进行等温动力学研究的热天平。这种设计形式不能用来执行连续的一系列实验，但其可以在单次的实验过程中同时研究多个样品。在设计上包括一个灵活的机械转盘，实验时将样品有序地放置在上面。在温度可控的炉子环境中可以任意地选择一个样品，在较短的设定时间内称重，然后转移至下一个样品。可以用这种方式在相同条件下几乎同时研究不同材料的样品。在这种实验方式下，需要对所得到的数据点所对应的时间进行校准，其与单个样品进行连续扫描所对应的时间是不同的。目前已经商品化的 LECO Model TGA-500 仪器可以按照以上的形式进行工作，可以达到类似的效果。通过该仪器可以同时操作一个或两个加热炉系统，每个加热炉对应的样品可多达 19 个。

大多数现代化的热分析仪器的制造商都会将智能技术精心地集成到它的仪器系统中，以便使仪器的各个部件可以实现长时间的无人值守操作。在图 4.21 中给出了几种商品化 TG 的自动化部分的实物图。另外，在这种情况下，每次实验会通过转盘按照设定的程序将每一个样品转移至相同的样品架上。在实验时，按照设定的程序条件依次对每个样品进行检测。在控制软件中可以对每个样品的实验条件进行单独的编程，也可以统一对所有样品的实验条件进行编程。在实验过程中，可以连续、自动地依次采集得到每个样品的实验数据，这一过程不受仪器操作人员不断地更换样品、设定温度程序和切换实验气氛气体等操作的影响。

(a) TA仪器公司(TA Instruments, Inc.)

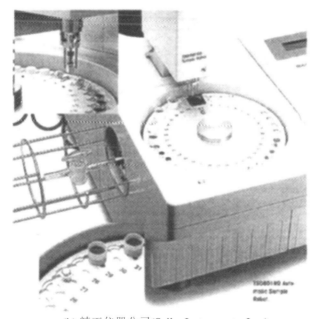

(b) 精工仪器公司(Seiko Instruments, Inc.)

图 4.21 可实现自动化操作的热天平的实物图

4.5 校准

本章之前的章节中，主要强调了在特定的实验条件下使用仪器时需要及时对仪器进行仔细校准的重要性。只有当不需要精确的温度变化信息或者不要求精确的质量变化时,才可以不进行校准。在快速检测和其他定性的检测实验的情况下,才可以这样处理。

然而,对于大多数的研究工作而言,我们都需要获得尽可能准确的数据。在这种情况下,必须考虑精密度(再现性)和准确度(真值)之间的区别。一般来说,精密度主要取决于仪器、样品的均匀性以及能否提供相同的实验环境等因素。良好的精密度对准确度至关重要,但由于存在潜在的系统性误差,这将导致我们无法确保实验结果的准确性。系统误差主要来源于实验测量中通常保持不变的物理量的偏移,而不是来源于用来确定精密度的随机误差。因此,校准的目的就是用来消除这些系统误差。TG 实验测量的关键指标是质量、温度和时间。在实际的工作中,我们很少对时间的准确性进行校准,因此本章对时间的校准不予以进一步的讨论。

4.5.1 质量

质量的标准是独一无二的,它不受任何一个物理量的影响,其数值主要依赖于法国赛弗勒(Sevres)的一个实验室中测出的一千克的重量。当把质量转化成重量时,其大小会随当地的重力而变化,该数值与物理量的变化也有关系。因此,在不同的海拔和纬度下,需要用一个标准质量来校准称量得到的质量。然而,在实际应用中,由于这种变化相当小以至经常被忽略不计。但是,由于天平的原理和相关电子学的假设和不稳定性可能并不是微不足道的,因此在得到的曲线中,振动和空气动力学的扰动会导致曲线出现明显的不规则噪声。

不同量程范围和不同等级要求的准确度的质量校准工作可以从国家级的标准化组织,例如美国的 NIST 或诸如 Rice Lake Weighing Systems、Rice Lake、WI 54868 等商业供应商处获得。质量准确度的最高级的标准是 M 级,其基本用于较低级认证的标准或组织中。对于更苛刻的工作,质量 S 级是非常准确的,S-1 级也具有类似的高质量校准,但它具有更大的公差。例如,在 S 级质量校准中,100 mg 的物质的公差为 ± 0.025 mg 或 250 ppm,而在 S-1 级的质量校准中,公差则为其两倍。在 ASTM 标准 E617 中描述了质量传感器在其有效范围内的线性响应关系。

在实际应用中,可以用这些经认证的质量标准在室温下准确地校准质量。如前所述,在其他温度下,温度的变化会引起浮力和空气动力学的变化,从而对校准带来不必要的干扰。对于一个双称量系统而言,由于其参比侧和样品侧均处于相同的温度和压力条件下,以上形式的作用力的影响将会减弱。然而,在实际应用中采用这种工作方式的仪器十分少见。通常采用的方案为在实验结束后扣除在相同的实验条件下得到的空白基线来消除这些因素的影响。

幸运的是,另外两个重要的误差来源对热重仪一般不适用。在非常高的温度下,有必要考虑样品支持系统自身的质量变化。例如,当温度高于 1300 ℃ 时,在氧气气氛中铂的蒸发。第二个可能的误差源是天平的杂散磁场对磁性样品的影响。如果在加工时没有以双向的方式缠绕加热炉的炉丝,则在样品的位置附近由于电流的流动则会在磁场中引起相当大的梯度变化。因此,在测量磁性样品时必须使用合适的加热炉。另外,即使加热丝以正确的方式缠绕在炉中,在实验中检测强磁性样品材料时也仍然要保持高度的谨慎[64]。

4.5.2 温度

在之前的章节中,我们讨论了关于 TG 仪中样品位置的温度要进行仔细的校准以减小误差的问题。在早期的校准工作中,相当多的研究者曾尝试使用具有明显的特征分解温度的材料对 TG 仪进行温度校准。然而,对于相同的化合物样品而言,由于所用的样品之间的成分或存在形态的微小差异,通过实验所得到的结果往往是不一样的。即使对于完全可逆的反应而言,在实验中采用的样品量的差异也会引起温度的漂移。同样地,由于样品分解引起的吸热或放热变化也会引起测量样品的表观温度发生变化。

由于已经采用了用纯金属的熔点来定义不同温度范围的国际温度标准[30],因此当前采用的大多数的温度校准程序都可以追溯到这些温度标准上。Brown 等人[65]最近提出了一些可用于确定热分解起始温度的有机金属化合物,并建议这些化合物可以作为标准物质使用。分析时,通过其 DTA 或 DSC 曲线的明显转折点可以确定反应的起始温度。这些 DTA 或 DSC 仪器在使用前会通过相应的纯金属的熔点来进行温度校准。对于能够同时进行 TG、DTA 实验的仪器而言,当然会优先选择通过其 DTA 的功能进行温度校准。

目前用于单一功能的 TG 仪器的两种普遍接受的校准技术分别为"吊丝熔断法"(也称熔丝连接法, fusible link)和"磁性标准物质法"(magnetic standard)。McGhie 等人[66, 67]开创了吊丝熔断的方法。该方法将纯金属的细线固定悬挂在样品支撑系统附近非常接近样品的位置上,当温度升高至纯金属细线的熔点时,连接的金属丝发生熔化并从其支撑件滴落。对这种方法而言,样品具体放置的位置很重要,跌落时的重量可能会减小并造成突然的重量损失。金属丝也可能会落在样品盘上,导致检测到的质量信号产生瞬间的波动。通过确定这两种由于在已知的温度下熔融而引起的表观质量变化对应的温度,可以很容易地校准仪器的温度。

在基于磁性标准物质的校准方法中,通常使用具有确定的居里温度(Curie temperature)值 T_c 的纯金属或合金作为标准物质。该方法最初被用于由美国珀金埃尔默(Perkin Elmer)公司开发的小型加热炉温度的校准中[68]。由于加热炉中均匀加热区的尺寸显著减小,因此十分有必要对其进行精确的校准。使用该仪器的研究人员迅速采用该方法,并且其还被应用于早期的数据处理中[69]。该校准过程其实就是磁性温度(TM)的测量,其中磁效应的外推终止点即为 T_c 的数值。图 4.22 是早期关于该温度校准方法的一个应用实例,由此可以说明不管是传统的 TM 曲线还是 DTM 曲线都可以使用该方法进行温度校准。由于 DTM 曲线对微小的变化更加敏感,因此通过外推终点所得到的温度要稍高一些。在今后的工作中,需要对由这两种温度校准方法得到的结果进行统一。

图 4.22 中表明了使用这种磁性测量方法的优势,通过这种方法可以方便地在单次实验中测量多个磁性样品的转变过程。尽管在早期的研究中使用的磁性材料是由 Perkin-Elmer 公司提供的,然而,经过十多年时间的发展,ICTA(即现在的 ICTAC)标准化委员会已经认证了五种材料作为标准物质,并通过美国国家标准局(即现在的 NIST)进行销售[70]。需要特别提出,虽然这些标准物质具有认证结果,但并不表示通过使用这些物质就可以得到具有相当高精度的结果。

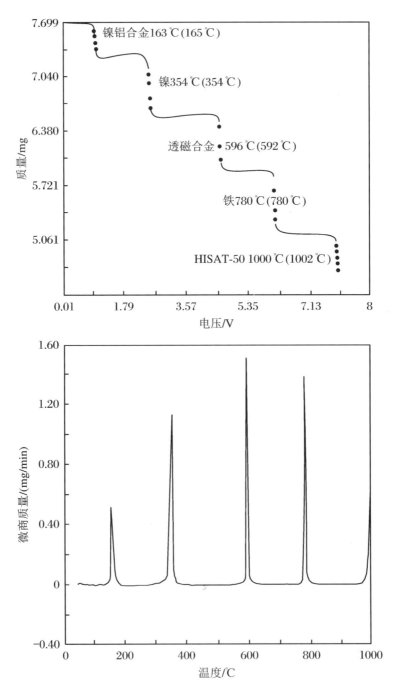

图 4.22 几种磁性材料的 TM 曲线和 DTM 曲线。图中每个转变的外推终点所对应的温度为每种物质的特征转变温度,数值列于每种物质名称的括号中[69]

表 4.4 中列出了以上这些市售的标准物质以及由 Perkin-Elmer 提供的磁性参考物质的相关数据。由表 4.4 可见，镍的效果最好，但就其高达 5.4℃ 的标准偏差而言，它并不适合作为标准物质使用。

表 4.4　推荐使用作为 TG 仪的温度标准的磁性材料[50]

材料	建议 T_c 值/℃	来源
合金	65	Perkin-Elmer[a]
镍铝合金	163	Perkin-Elmer
Permanorm 3	266.3±6.6	ICTAC-NIST
镍	354	Perkin-Elmer
	354.4±5.4	ICTAC-NIST
Numetal	393	Perkin-Elmer[a]
	386.2±7.4	ICTAC-NIST
Nicroseal	438	Perkin-Elmer[a]
Permanorm 5	458.8±7.6	ICTAC-NIST
Perkalloy	596	Perkin-Elmer
Trafoperm	753.8±10.2	ICTAC-NIST
铁	780	Perkin-Elmer
Hisat-50	1000	Perkin-Elmer

a：不再提供。

随着已商品化的性能优异的市售同步 TG-DTA(TM-DTA)仪器的出现，为评估使用这种校准方法的合理性提供了可能。将一对具有熔点和磁性转变的合适的纯金属同时放置在装有磁性材料的样品盘中，测量得到的熔点用于校准温度，可以通过线性插值法得到可用于检测得到的 T_c 值的合适的校正因子。图 4.23 中给出了使用镍作为磁性标准物质来进行这种实验时所得到的曲线，铅和锌的熔点被用作参考标准。在该仪器中，由于磁场向上方向的引力增大，在转变后样品的重量明显低于 T_c 之后的重量。经过外推处理，可以得到熔融过程的外推起始温度和居里转变的外推终止温度，如图 4.23 所示。另外，由图 4.23 还可以发现材料在实验过程中还存在二阶磁性转变的特征，但这种转变并不总是明显的，即使经过适当的外推处理也不是特别明显。然而，TM 曲线的主要应用领域是针对不能同时进行 TG-DTA 测量的仪器。

早期的测量结果表明，通过纯金属镍可以实现 ±0.2℃ 的测量精度（标准偏差）。由于在实验时使用了同一种标准物质，因此其精确度是可比的。此外，我们观察到，由实验所得到的 T_c 的数值与加热速率几乎不相关，这是因为在校准过程中假定了变化是由温度滞后引起的。在之后完成的相关测量中，使用了具有较大的标准偏差的合金样品，但得到的结果[72,73]仍远远优于表 4.4 中所列举的那些数据。现在正在开展一场与认证相关的活动项目，该项目计划在 160～1130℃ 的温度范围内使用钴基和镍基合金来得到一系列的标准物质。

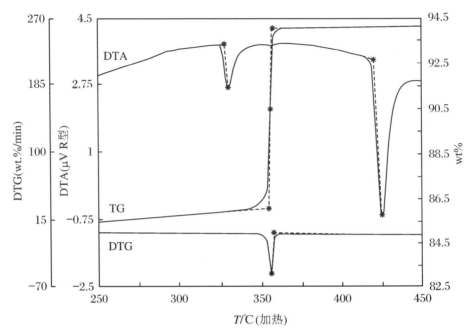

图 4.23 装有镍、铅和锌的坩埚在流动氮气气氛中以 10 ℃/min 的实验条件同时进行实验所得到的 TM-DTA 曲线[71]

参考文献

1. R. Viweeg, Progress in Vacuum Microbalance Techniques, Vol. 1, (Eds Th. Gast and E. Robens), Heyden & Son, London, 1972, p. 1.

2. F. Szabadvary, History of Analytical Chemistry, Pergamon, Oxford, 1966, p.16.

3. K. Honda, Sci. Rep. Tohoku Univ., 4 (1915) 97.

4. H. Saito, Thermobalance Analysis, Technical Books Pub. Co., Tokyo, 1962.

5. C. Duval, Inorganic Thermogravimetric Analysis, 2nd Ed., Elsevier, Amsterdam, 1963.

6. E. A. Gulbranson, Rev. Sci. Instrum., 15 (1944) 201.

7. P. Ch6venard, X. Wach6, R. de laTullayne, M6taux, 18 (1943) 121.

8. U. R. Evans, The Corrosion and Oxidation of Metals: Principles and Practical Applications, St. Martin's Press, New York, 1960, p.782.

9. P. D. Garn, C. R. Geith, and S. DeBalla, Rev. Sci. Instrum., 33 (1962) 293.

10. P. K. Gallagher and F. Schrey, J. Am. Ceram. Soc., 46 (1963) 567.

11. L. Erdey, F. Paulik, and J. Paulik, Acta. Chim. Acad. Sci. Htmgr., 10

(1956) 61.

12. L. Cahn and H. Schultz, Anal. Chem., 35 (1963) 1729.

13. A. F. Plant, Ind. Res., 13 (1971) 36.

14. M. E. Brown, Introduction to Thermal Analysis, Chapman and Hall, London, 1988, Chap. 3.

15. F. Boersma and F. J. Van Empel, Progress in Vacuum Microbalance Techniques, Vol. 3, (Eds Th. Gast and E. Robens), Heyden & Son, London, 1975, p. 9.

16. A. Coetzee, L. R. Nassimbeni and K. Achlitner, Thermochim. Acta, 298 (1997) 81.

17. H. Mahgerefteh., H. Khoory and A. Khodaverdian, Thermochim. Acta, 237 (1994) 175.

18. E. J. Davis, Aerosol Sci. Tech., 2 (1983) 121.

19. G. Sageev, R. C. Flagan, J. H. Seinfeld and S. Arnold, J. Colloid Interface. Sci., 113 (1986) 421.

20. G. S. Grader, S. Arnold, R. C. Flagan and J. H. Seinfeld, J. Chem. Phys., 86 (1987) 5897.

21. G. S. Grader, A. F. Hebard and R. H. Eick, Appl. Phys. Lett., 53 (1988) 2238.

22. G. Sageev, J. H. Seinfeld and R. C. Flagan, Rev. Sci. Instrum., 57 (1986) 933.

23. P. K. Gallagher, J. Thermal Anal., 49 (1997) 33. nal., 49 (1997) 33.

24. P. K. Gallagher and E. M. Gyorgy, Thermochim. Acta, 109 (1986) 193.

25. P. K. Gallagher, E. M. Gyorgy, F. Schrey and F. Hellman, Thermochim. Acta, 121 (1987) 231.

26. P. K. Gallagher, E. M. Gyorgy and W. R. Jones, J. Chem. Phys., 75 (1981) 3847.

27. M. W. Rowe, P. K. Gallagher and E. M. Gyorgy, J. Chem. Phys., 79 (1983) 3534.

28. G. Agarwal, R. F. Speyer and W. S. Hackenberger, J. Mater. Res., 11 (1996) 671.

29. W. W. Wendlandt, Thermochim. Acta, 12 (1975) 109.

30. T. J. Quinn, Temperature, Academic Press, New York, 1990.

31. R. F. Speyer, Thermal Analysis of Materials, Marcel Dekker, Inc., New York, 1993, Chap. 2.

32. Expertune, Inc., http://www.expertune.com/tut.html, 1996.

33. C. D. H. Williams, http://newton.ex.ac.uk/teaching/CDHW/Feedback/index.html, 1996.

34. D. Chen and D. Dollimore, Thermochim. Acta, 272 (1996) 75.

35. R. L. Blame, Proc. 25th NATAS Conf., (Ed. R.J. Morgan), NATAS c/o The Complete Conference, Sacramento, CA, 1997, p.485.

36. R.L. Blaine and B.K. Hahn, J. Thermal Anal., in press.

37. J. Rouquerol, Thermochim. Acta, 144 (1989) 209.

38. M. Reading, Thermal Analysis-Techniques and Applications, (Eds E. L. Charsley and S. B. Warrington), Royal Society of Chemistry, Cambridge, U. K., 1992, p. 126.

39. A. Dwivedi and R.F. Speyer, Thermochim. Acta, 247 (1994) 431.

40. F. Paulik and J. Paulik, Thermochim. Acta, 100 (1986) 23.

41. W.J. Sichina, Am. Lab. (Fairfield, CT), 25 (1993) 45.

42. P. S. Gill, S. R. Sauerbrunn and B. S. Crowe, J. Thermal Anal., 38 (1992) 255.

43. P.A. Barnes, G.M.B. Parkes and E.L. Charsley, Anal. Chem., 66 (1994) 2226.

44. J. K. Arthur and J.P. Redfern, J. Thermal Anal., 38 (1992) 1645.

45. R. P. Tye, A. Maesomo and T. Masuda, Thermochim. Acta, 243 (1994) 971.

46. K.M. Caldwell, P.K. Gallagher and D.W. Johnson, Jr., Thermochim. Acta, 18 (1977) 15.

47. P.A. John, F. Hoornaert, M. Makkee and J.A. Moulijn, Thermochim. Acta, 287 (1996) 261.

48. P.K. Gallagher and D.W. Johnson, Jr., Thermochim. Acta, 6 (1973) 67.

49. P.K. Gallagher, D.W. Johnson, Jr. and E.M. Vogel, Catalysis in Organic Synthesis, (Eds P. A. Rylander and H. Greenstreet), Academic Press, New York, 1976, p. 113.

50. U.S. Ozkan, M.K. Kumthekar and G. Karakas, J. Catal., 171 (1997) 67.

51. J. Czamecki and D. Thumin, Proc. 17th NATAS Conf., (Ed. C.M. Earnest), NATAS c/o The Complete Conference, Sacramento, CA, 1988, p.93.

52. Y. Chen, R. Wu and S. Mori, Chem. Eng. J. (Lausanne), 68 (1997) 7.

53. P.K. Gallagher, Thermal Characterization of Polymeric Materials, (Ed. E. Turi), 2nd Edn, Academic Press, New York, 1997, Chap. 1.

54. P.D. Garn and J. Kessler, Anal. Chem., 32 (1960) 1563.

55. A.E. Newkirk, Thermochim. Acta, 2 (1971) 1.

56. J. Paulik and F. Paulik, Thermal Analysis, (Ed. H. G. Wiedemann), Vol. 1, Birkhaëuser, Basel, 1971, p.489.

57. B. Schubart and E. Knothe, Progress in Vacuum Microbalance Techniques, (Eds Th. Gast and E. Robens), Vol. 1, Heyden & Son, London, 1972, p.207.

58. H. Sabrowski and H.G. Deckert, Chem. Eng. Tech., 50 (1978) 217.

59. W. Pahnke and T. Gast, Thermochim. Acta, 223 (1994) 127.

60. R. G. Rupard and P. K. Gallagher, Thermochim. Acta, 272 (1996) 11.

61. P. K. Gallagher and F. Schrey, J. Am. Ceram. Sot., 46 (1963) 567.

62. W. W. Wendlandt, Thermal Analysis, 3rd Edn, Wiley & Sons, New York, 1986, Chap. 12.

63. J. M. Ferguson, P. M. Livesey and D. Mortimer, Progress in Vacuum Microbalance Techniques, Vol. 1, (Eds Th. Gast and E. Robens), Heyden & Son, London, 1972, p. 87.

64. P. K. Gallagher and E. M. Gyorgy, Thermochim. Acta, 31 (1979) 380.

65. M. E. Brown, T. T. Bhengu and D. K. Sanyal, Thermochim. Acta, 242 (1994) 141.

66. A. R. McGhie, Thermochim. Acta, 55 (1983) 987.

67. A. R. McGhie, J. Chiu, P. G. Fair and R. L. Blaine, Thermochim. Acta, 67 (1983) 241.

68. S. D. Norem, M. J. O'Neill and A. P. Gray, Thermochim. Acta, 1 (1970) 29.

69. P. K. Gallagher and F. Schrey, Thermochim. Acta, 1 (1970) 465.

70. P. D. Gam, O. Menis and H. G. Wiedemann, Thermal Analysis, (Ed. H. G. Wiedemann), Vol. 1, Birkh/aeuser, Basel, 1980, p. 201.

71. P. K. Gallagher, Z. Zhong, E. L. Charsley, S. A. Mikhail, M. Todoki, K. Tanaguchi and R. L. Blaine, J. Thermal Anal., 40 (1993) 1423.

72. B. J. Weddle, S. A. Robbins and P. K. Gallagher, Pure Appl. Chem., 67 (1995) 1843.

73. E. M. Gundlach and P. K. Gallagher, J. Thermal Anal., 49 (1997) 1013.

74. P. K. Gallagher, B. J. Weddle, E. M. Gundlach, K. Norton, C. Hickle, E. Lee and D. Owens, J. Thermal Anal., to be published.

第 5 章

差热分析与差示扫描量热法

P. J. Haines[a], M. Reading[b], F. W. Wilburn[c]

a. 英格兰,法纳姆,奥克兰大道 38 号,GU9 9DX (38 Oakland Avenue, Farnham, GU9 9DX, England)

b. 拉夫堡大学,IPTIME,英格兰,拉夫堡,LE11 3TU(IPTME, Loughborough University, Loughborough, LE11 3TU, England)

c. 英格兰,PR9 9DX,罗伊巷 26 号,绍斯波特(26 Roe Lane, Southport, PR9 9DX, England)

5.1 引言和历史背景

在加热过程中观察材料中发生的变化为实验化学和技术奠定了基础。金属工人和陶器制造者的经验和技能不仅依赖于其所选择的材料,还与所使用的加热方式密切相关。正是他们从无数次的试验中积累的经验,才使得金属、陶器和玻璃的制造技术得到了不断改进,在文献中对此有更加详尽的记载[1,2]。这种早期的以经验为主的与热相关的工作研究已经由 Mackenzie 进行了较为详尽的总结[3,4]。

17 世纪佛罗伦萨学派(Florentine school)所设计的温度计主要局限在较低的温度范围内。1713 年,Fahrenheit 提出的华氏温标是一个普遍可接受的温标,这被认为是热分析的"开始端"(onset date),这是因为"温度测量是热分析的基础"[5]。1739 年,Martine[6,7]通过比较在较大的火焰前放置彼此靠近的等体积的汞和水的加热速率,使热量均匀地集中释放处理,最早证明了差示测温法的优势。其研究结果表明,水银比水的加热速率更快,而在冷却实验过程中水银的冷却速率更快,这可能是通过差热分析比较热容差别的最早例证。

用于测量较高温度的高温计通常利用了金属的膨胀原理,但是 Wedgwood 高温计由陶瓷体组成,它在被缓慢烧成红色后被切成精确的尺寸。这个黏土块被插入到炉中,然后冷却,并在经过校准的 V 形槽中测量其收缩率。现在可测量的温度可以达到铁的熔点(1540 ℃),但由于该方法没有考虑到收缩率对温度的关系不一致的情况,因此在测量更高的温度时会出现被高估的现象[8]。

1821 年,Seebeck[9]首先对不同温度时不同的金属连接处产生的电位差进行了实验研究,这种现象被称为热电效应(thermoelectric effect)。常用热电偶作为传感器,这是差热分析设备和加热炉控制的最重要组件。现在已经可以生产出可靠性高、性能稳定、测量重复性好的热电偶,这些热电偶具有良好的温度-热电势关系,可适用于很宽温度范围的测量。

勒夏特列(Le Chatelier)[10]创建了一种可以将热电偶用于温度测量的可行性理论,他直接测定了水、硫、硒、金以及黏土在一定温度范围内样品的温度随时间的变化速率(dT_s/dt)数据[11,12],这通常被认为是最早进行的热分析研究工作。在文献[4]中对 Le Chatelier 和他的同事的工作进行了最全面的介绍,其中包括了在实验时所使用的设备。

西门子(Siemens)[13]描述了金属电阻随温度的变化,并对温度和电阻之间的关系进行了精确的测量。热敏电阻和其他半导体器件也可以用来作温度传感器,尽管其适用范围在有限的低温范围内。另外,高温温度计和红外非接触式热电偶用于高达 3600 ℃ 的高温下的测量是最有效的。

Le Chatelier[10]认为,通过测量样品温度对时间的函数关系,可以记录材料在加热时所发生的物理和化学变化的信息。罗伯茨-奥斯丁(Roberts-Austen)在 1899 年对这项技术做出了巨大的技术改进[14a],作为伦敦皇家造币厂的化学家,他构建了一台可以连续记录铂/铂-铑热电偶输出信号的设备,这台设备是最早的可以自动记录连续冷却曲线的装置。后来,他与他的助手 Stansfield 一起,通过测量温度差 ΔT_{SR} 来提高仪器的灵敏度。其中,可以用以下的表达式来表示 ΔT_{SR}：

$$\Delta T_{SR} = (\Delta T_S - \Delta T_R) \tag{5.1}$$

在相同的热环境中,样品 S 和合适的参比物质 R 并排放置,Roberts-Austen 发表了最早的 DTA 曲线[14b],在曲线中给出了在冷却过程中非常灵敏的铁的转变(文献[5]中图 5)。1908 年,Burgess[15]对温度-时间和温度差-时间曲线进行了发展和应用。在参考文献[5]和[12]中,对这些时间曲线的构建、控制和定量理论进行了全面的讨论。

对于在加热或冷却期间所发生的热化学变化而言,可以从 Le Chatelier 的温度-时间实验中对其加以识别。例如,在多层高岭土的加热过程中,在 150～200 ℃ 之间有一个微弱的吸热峰,该吸热峰随着温度的升高而下降,在 700 ℃ 时出现了第二个吸热峰,随后在 1000 ℃ 附近出现了一个放热峰,且峰形变得更加明显。

以上的这些现象表明,将温度测量和差示测温测量技术结合起来用于相转变和反应的热量测定是可行的。1845 年,焦耳(Joule)[16,17]首次采用"双量热计"的原理,比较了样品量热计与参比量热计的实验结果,表明通过二者得到的结果几乎相同。此外,焦耳还对电流的加热效应进行了许多研究,他被一些人称为 DSC 的"祖先"。

显然,经过合理校准的热电偶可以用来指示热变化发生的温度。Burgess[15]注意到 DTA 的峰面积与热过程中所涉及的焓变之间也存在着一定的关系。另外,许多研究者也逐渐地意识到样品质量、加热速率、热电偶的位置和气氛等因素对测量的 DTA 曲线有着显著的影响。Mackenzie 对此评论道:"对于直到 1939 年的文献研究而言,即使大多数的研究者没有具体说明,但他们已经普遍意识到 DTA 具有定量分析的潜力。"事实上,对于混合物组成的评估[18]就是 DTA 的半定量的典型应用的实例。

Berg 和 Anosov[19]首先提出了一个一般性的理论,其表达式如下：

$$m \cdot \Delta H = K \int_{t_i}^{t_f} \Delta T \mathrm{d}t \tag{5.2}$$

式中,质量和焓变的乘积(即峰面积)是起始时间 t_i 与结束时间 t_f 之间的积分值,K 为常数。Speil[20]与Kerr和Kulp[21]也得出了峰面积和焓变之间的关系，对样品热性质的影响提出关注并在理论中提出了一些假设。Vold[22]提出了一个更先进的一般性理论。Boersma[23]为热流型DSC提供了理论依据。这些理论的发展将在5.3节中进行更为全面的讨论。

在应用理论来解释热过程的反应动力学改变DTA特征峰值的研究中，基辛格（Kissinger）[24]以及博沙尔特（Borchardt）和丹尼尔斯（Daniels）[25]的工作非常重要。然而，后来的研究者则认为最初提及的非常具体的溶液搅拌的条件在DTA实验中并不常见。Mackenzie[5]评论说："一些文献与理论有所不同，令人十分困惑，最好留给未来的历史学家来解决吧……"。

早期的实验是由Le Chatelier利用由萨拉丁（Saladin）所设计的仪器进行的，在实验中可以照相记录不同的差分温度[12,26,27]，而俄罗斯的研究人员则普遍地使用了Kurnakov高温温度计[28]。用于DTA的最简单的仪器是将样品和参比物放置在一个块体的管或孔中，并将热电偶直接插入到样品室与参比室中[29—31]。该块体由环绕的绕线炉进行加热，由简单的程序控制炉的加热速率。还可以采用诸如将盛有样品的坩埚放置在单独的陶瓷架上，并被空气或其他气体包围等不同的方式。Boersma[23]认为，如果要从DTA中获得更好的定量关系，则必须消除样品的性质（如体积变化、收缩率和热导率）及热传导对热电偶的干扰以及材料的损失等的影响。为此，他建议"可以通过测量特定材料的温度差来消除非样品的反应热以及样品外部的反应热，而峰面积则仅依赖于产生的反应热以及对不包含样品的仪器的校准"。这些设计原则被许多研究人员用来构建他们的"Boersma DTA"系统。

当用DTA估算热量时，其在很大程度上受到设计的用于定量工作的仪器控制、校准和操作的影响。一种被称为"符合Boersma原理的定量DTA池"的测量池在-100～$+700\ ℃$的范围的校准系数内改变三倍以上。

Watson、O'Neill、Justin和Brenner[32]在1964年共同发表了题为"用于定量差热分析的差示扫描量热仪"(Differential Scanning Calorimeter for Quantitative Differential Thermal Analysis)的研究工作，该工作完全改变了之前的仪器的工作状态。关于这种类型仪器的早期工作是由Sykes[33]、Kumanin[34]、Eyraud[35]和Clarebrough等人[36]完成的。其中，Eyraud[35]将这种技术称为"差示焓分析"(differential enthalpic analysis)，他将差示功率(differential power)作为温度的函数来进行测量。Clarebrough、Hargreaves、Mitchell和West[36]描述了一种测量方式，即通过使用两个小的加热元件来测量样品转变所储存能量的装置。这两个元件一个位于样品的内部，而另一个则放置在等质量的退火样品的内部。在加热期间，将样品保持在相同的温度下，并被连续调节到该温度的屏蔽物包围。通过差示瓦特计测量输入到样品的功率差(difference in power)来计算得到待测储存的能量。Watson等人[32]提出了一种商业化的差示扫描量热仪，它具有独立的样品支持器和参比支持器，每个支持器中都密封有独立的铂电阻温度传感器和加热器，关于该技术的理论由O'Neill在其另外一篇论文[37]中提出。平均温度由程序控制，然后根据热效应来调节输入到样品端和参比端加热器的功率。可以用差示温度控制回路来检测样品和参比之间的温度差，并通过差分功率来校正偏差，同时适当考虑所需的电压的方向和幅度。可以用来自仪器的这部分信号直接提供纵坐标信号作为差分功率 ΔP 对程序温度 T 来反映样品热效应的变化信息。

这个后来被称为"功率补偿式 DSC"(power compensation DSC)新概念的优点是使用恒定的电学式校准因子,并且它不随着样品性质、样品质量、加热速率或温度而变化。

Blaine 提出了使用热分析仪的原理来对量热仪进行分析[38]。他指出,主传感器在所有情况下都是温度传感器,并且为了获得更好的量热性能,这些传感器应位于样品外部。因此,需要区分使用温度差来驱动伺服系统和从测量的温差直接导出热数据之间的不同之处。他建议,如果仪器具有与热流(即功率)成比例的输出信号,那么它就可以被称为 DSC。他指出,"DSC 仪器具有恒定的量热灵敏度,这是一个理想的情况,但不是必要条件"。在同一篇文章中,他还评论道,"温度差驱动伺服型仪器和差分温度测量仪器的测量结果之间是彼此无法区分的"。差分温度式的任何形式的量热仪器现在称为"热通量式 DSC"(heat flux DSC),术语"定量 DTA"(quantitative DTA)是多余的。

1958 年,Smothers 和 Chiang[12] 出版了关于 DTA 的历史、理论和应用的最有用的信息汇编,他们参考了那个时代非常多的资料。在 20 世纪 70 年代初,Mackenzie[39] 编辑了关于 DTA 的两本书,都是具有里程碑式的意义,它们涵盖了 DTA 方法的背景、理论、设备及其在材料领域中十分广泛的应用。

DTA 和 DSC 的适应性允许进行同时测量,并且已被广泛利用,这些将在 5.4 节和第 11 章中进行讨论。由于许多情况都可以产生可测量的热流,因而通过这些技术可以研究材料的热容、热导率、扩散系数和发射率、转变热、反应或混合过程的热量以及反应动力学和机理。然而,像这样非常广泛的热过程的组合有时可能会同时集中出现,因此有时我们不能确定所得到的峰值究竟是由于反应、转变、热特性变化还是仪器自身行为发生变化而引起的。通过将 DTA 或 DSC 与其他互为补充的技术(如 TG 或热台显微镜)相结合,可以用来解决和解释曲线中的许多重叠阶段。但是对于同时发生的两个热过程(例如热容变化和反应)而言,从测量分析的角度可能难以分离这两个过程。

此时,需要用其他的仪器分析方法来以不同的方式反映特定的热变化过程。近年来,温度调制 DSC 这种新技术的提出为量热研究提供了一种新的研究方法。Reading、Elliot 和 Hill[40] 的研究结果表明,通过用正弦波调制温度随时间变化的斜率,可以使信息量增加。目前已经开发了几种与温度调制 DSC 相关但彼此间不相同的技术,在 5.5 节中将会讨论 DSC 的这些新扩展技术。

从最简单的 DTA 到最新、最复杂的 DSC,都可以通过与计算机连接进行改进。温度程序的控制、实验数据的平滑、微分曲线的计算或峰的积分都是通过现代化的计算机进行的。必须强调的是,在对热分析数据进行报告或评价时,必须考虑计算机数据的采集和处理的性质。Dunn[41] 认为"对原始数据进行查看是最有效的方法,然后再据此决定所采用的任何平滑方法"。对于校准、滤波、信号采集、A/D 转换和基线处理而言,所有这些处理都应该经过严格的审查和报告。

5.2 定义和区分

有必要对每种技术进行统一的、准确的定义,以便我们可以对以不同的方式获得的结果进行关键的区分。使用 DTA 和 DSC 开展工作的协会和组织对使用这些热分析技术(包括 DTA 和 DSC)报道相关的数据提出了一些建议。另外,国际热分析和量热学联合会(ICTAC,原 ICTA)的研究报告都可以作为这些定义的基础和依据[42,43]。

5.2.1 差热分析

差热分析(differential thermal analysis,DTA)是一种将样品置于程序控制温度下,监测样品和参比物之间的温度差(ΔT_{SR})的技术。

所用的仪器称为差热分析仪(differential thermal analyser),记录得到的曲线为差热分析曲线或 DTA 曲线。温度差(ΔT)应绘制在纵坐标上,吸热反应一般向下,t 或 T 从左向右表示增加。

文献[44]中最早明确了在 DTA 中需要使用的术语,如样品、参比物质、块和差示热电偶等,其中指出:在 DTA 中,必须记住虽然纵坐标通常习惯标记为 ΔT,但热电偶的输出信号在大多数情况下将随着温度而变化。记录的测量值通常为输出的电势差(e.m.f)E,即式(5.3)中的转换因子 b 不是常数,因为 $b = f(T)$,且其他传感器系统也存在有类似的情况。

$$\Delta T = b \cdot E \tag{5.3}$$

不同的实验环境和仪器参数下得到的结果将会有明显的差别。ICTAC[41]建议,在报告中应给出样品的性质、热历史和尺寸,系统的几何结构和样品架,所使用的温度程序、气氛气体和流速,传感器的类型、灵敏度和放置方式以及样品支架的结构形式等信息。需要特别指出,应详细描述数据收集和处理的方法。

5.2.2 差示扫描量热法

差示扫描量热法(Differential Scanning Calorimetry,DSC)是一种将样品置于程序控温下,监测样品和参比物质的热流速率(或功率)的差异的一种技术。所用的仪器称为差示扫描量热仪(differential scanning calorimeter),实际所用的仪器为热流式 DSC(heat-flux DSC)或功率补偿式 DSC(power compensation DSC)两种类型中的一种,具体取决于所用仪器的工作原理。

5.2.2.1 热流式 DSC

在热流式 DSC 中,在对其进行适当的热量校准之后,直接记录样品和参比物之间的温度差作为热流速率差或功率差的测量值。

5.2.2.2 功率补偿式 DSC

在功率补偿式 DSC 中,直接测量是为了保持样品和参比物之间的温度尽可能地接近相同而提供的功率差。

在实际作图时,通常将功率差(ΔP)绘制为纵坐标,以瓦特为单位。由于在发生吸热反应时需要向样品中输入电功率,因此在 DSC 的标准或规范中通常要求吸热峰应向上,t 或 T 从左向右表示逐渐增加。然而,在实际中经常使用 DTA 的标准或规范(即峰向下表示吸热)来表示 DSC 曲线中的吸热和/或放热过程,因此,建议将纵坐标轴用吸热(或放热)方向标记。

5.2.3 温度调制 DSC

为了使温度调制 DSC(modulated temperature DSC,简称 MTDSC)[45]的定义与之前 ICTAC 给出的定义保持一致,建议使用以下形式的定义:

MTDSC 是在温度调制的温度程序下,监测样品和参比物质的热流速率(或功率)的差值随温度或时间变化关系的一种技术。

该类技术通常是在上述类型的常规 DSC 的基础上改进得到的,但是可以将其描述为温度调制的差示扫描量热仪。对 DSC 实验数据报道的建议同样适用于 MTDSC,另外还需要在报告中描述所用的调制类型和频率,以及用于对结果进行去卷积处理的数学方法。这部分内容将在 5.5 节中进行详细介绍。

5.2.4 自参比 DSC

自参比 DSC(self-referencing DSC,简称 SRDSC)[46]是在对样品进行程序控制温度的同时,在不同的时间或温度下监测样品和炉子之间的热流速率差异的技术。通常使用多对径向对称的参比热电偶来提供一个平均的积分参考值。

5.2.5 单一 DTA

单一 DTA(single DTA,简称 SDTA)[47]是测量样品温度并根据数学模型计算参比温度的一种技术。通过这种技术可以监测样品在程序控制温度下的温度差随温度或时间的变化关系。

5.2.6 与 DTA 和 DSC 有关的其他术语

"光照 DSC"和"压力 DSC"这样的术语是不言自明的,在 5.4 节中将进一步讨论这些技术,但值得注意的是,应谨慎使用(避免误用)术语"高灵敏度 DSC"(high sensitivity DSC,简称 HSDSC)。

根据定义,灵敏度是仪器对单位变化的所测量量的变化的响应,尽管它可以与检测限即最小检测量相关。对于 DTA 而言,就是每瓦功率的 ΔT 值,或每单位功率的热电偶电动势(e.m.f)的值,即 $\Delta E/P$。例如,$5~\mu V \cdot (mW)^{-1}$。对于 DSC 而言,它可能与以瓦为单位的最小可检测的功率 ΔP 相关。因此,有几家制造商称其制造的 DSC 的灵敏度为 $10~\mu W$。高灵敏度的仪器能够从低能量或非常小的样品的转变中检测到非常小的信号。但是如果需要非常大的样品,则正确的术语应该是"大体积 DSC"(large volume DSC)。Mitchell[48]在其 1961 年发表的论文中评论道,"提高灵敏度并不是不会产生由此带来的困难",他指出,需注意可能会导致虚假效应影响的仪器因素和操作因素,这可能会与样品变化所导致的影响相混淆。即使使用现代化的仪器,在高灵敏度下也可能会得到较大噪声的曲线。虽然可以通过计算机软件对其进行平滑处理,但这样会使某些效应变得模糊不清(即曲线会发生畸变)。

- 微商 DSC

通常用微商 DSC(derivative DSC)来区分多种转变过程,例如可以用来区分热容变化和吸热峰之间的转变[49]。所得到的主要曲线是原始 DSC 曲线相对于时间(或温度)的导数,通常以数学方式计算得到。

通过玻璃化转变的一阶导数曲线可以得到一个面积与 ΔC_p 值成比例的峰。一阶导数的峰值温度可以用作 T_g 变化的量度,或者用于比较使用添加剂的效果。另外,二阶导数曲线可以通过第一个峰的最大值给出 DSC 峰的开始位置。另外,峰值最小值的个数可以等同于混合物中的组分的个数。更高阶的微商曲线也可能是有用的。除此之外,DTA 的微商曲线也经常被使用[50]。

5.3 DTA 和 DSC 的理论

一般来说,典型的 DTA 或 DSC 曲线的形状和大小在很大程度上由样品和参比物质周围的环境所决定的,其与可控反应的机理和样品材料的特性同等重要。图 5.1 中给出了材料熔融过程理论上的 DTA 或 DSC 曲线,并与通常由实验获得的曲线进行了对照。在熔融期间,当所有材料发生熔融时,反应应该在峰值处结束。并且当吸热相关的反应已经停止时,测量曲线应该如曲线 b 那样突然返回到基线。在实际中,我们更容易获得类似于曲线 a 的曲线,即相对缓慢地返回到基线。此外,由于曲线不会返回到原来的基线位置,而是返回到其上面或下面的其他位置处,因此曲线常会有更多的复杂性,

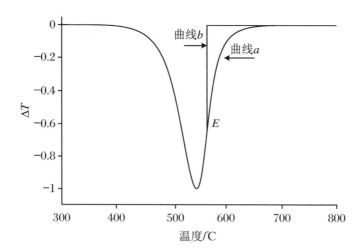

图 5.1 DTA/DSC 曲线(a:实际测量得到的曲线;b:理论曲线)

如图 5.2 所示。当最终的基线不但处于不同的位置，而且有不同的斜率时，情况可能会变得更加复杂。

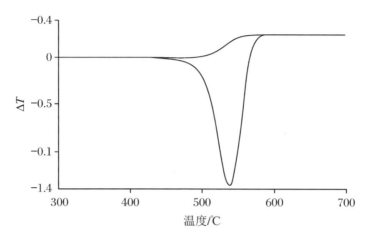

图 5.2　当热导率发生变化时，通过材料内部的热电偶测量得到的温度差曲线

所有这些影响都可以用 DTA 和 DSC 的理论来解释。然而，DTA 或 DSC 的完整理论非常复杂。通常会涉及从热源到样品的热量传递，而热量也是通过化学的方式在样品内部产生或吸收的。基于 DTA 发展起来的各种理论与热流式 DSC 密切相关，这些理论最终可以扩展到功率补偿式 DSC。

5.3.1　传热方程的使用

DTA 的理论通常可以分为两种类型。在第一种类型中，传热方程用类似于欧姆定律的形式来表示模拟流入测试材料的热流，如下式所示：

$$\frac{\mathrm{d}q}{\mathrm{d}t} = \frac{T_\mathrm{F} - T_\mathrm{S}}{R_\mathrm{SF}} \tag{5.4}$$

式中，$\mathrm{d}q/\mathrm{d}t$ 是在温度为 T_F 和 T_S 时的测量点 F 和 S 之间的热流，单位为 $\mathrm{J \cdot s^{-1}}$。R_SF 为样品支架和参比物支架之间的热阻，单位为 $\mathrm{K \cdot s \cdot J^{-1}}$。在 Vold[22]、Borchardt 和 Daniels[25]、Gray[51] 等其他人的研究论文中都遵循这种理论。在这个方程的积分式中包含了一个"时间常数"的量，也就是说，温度 T_S 不是紧随 T_F 发生变化，而是延迟了一个依赖于 R_SF 的时间 t。

Vold[22] 使用这种形式的传热方程来建立方程式，并由此计算出在特定的 DTA 峰中所涉及的反应热。根据这个理论，当产生峰值的一个反应停止时，温度差将按照指数的形式返回到基线，在图 5.1 中可以清楚地看到这一现象。Vold 定义了在从开始到曲线形式为指数的点处的峰下方所包围的"有效面积"（active area）。如果以从峰值回到基线的那部分曲线的对数对时间进行作图，那么可以确定发生这种情况的点。当曲线满足指数关系时，则对数曲线是线性的。Vold 证实了如果线性部分的斜率是 A，那么在反应过程中吸收的热量 H 与峰的"有效面积"之间有以下的关系：

$$H = A \cdot 有效面积 \tag{5.5}$$

不幸的是,与熔融过程不同,许多反应通常在 DTA 曲线的峰值处不会立即停止,因此曲线的指数部分范围很小,或者在某些情况下完全不存在,反应仅在基线或基线附近处停止。在这种情况下,几乎不可能获得可靠的 A 值,这使得难以计算反应的热量。式(5.4)与通过电阻器对电容器进行充电的等式(5.6)具有类似的形式:

$$\frac{dq}{dt} = \frac{V_m - V_c}{R} \tag{5.6}$$

式中,电压 V_m 和 V_c 类似于温度,并且充电速率 dq/dt 类似于热流速率,m 和 c 之间的电阻 R 与热阻类似。于是有

$$\frac{dq}{dt} = C \cdot \frac{dV_c}{dt} \tag{5.7}$$

在以上等式中,C 是电容量,类似于热容量。由于这二者之间存在着这种类比关系,有许多理论[52—55]使用这种电阻电容网络(resistor-capacitor networks)的关系来模拟实际的 DTA 曲线。这些类似之处表明,如果样品和参比物之间的性质相同并且在整个实验期间保持不变,那么 DTA 的温度差基线或热流式 DSC 曲线的基线将为零。否则,基线将不为零,偏移量将与加热速率成比例。如果测试性质随着温度而发生变化,则基线将相对于零温度差而发生倾斜。当反应产生一个 DTA 峰时,其物理性质通常会发生最大的变化,由此会导致反应前后的基线位置不同。如果在出峰之前和出峰之后一个性质以不同的方式随着温度的变化而发生变化,那么在峰两侧的基线斜率可以是不相同的。在反应过程中,基线的这种漂移现象使峰面积的测量变得更加困难。在实际的处理过程中,通过从峰的两端作直线的计算方法通常会得到太大的面积值。在后面的部分中,会介绍一种可以减少这种误差面积的测量方法。

在一个广义的动态热测量理论中,Gray[51]提出可以用式(5.8)来表示样品瞬时产生热量的速率:

$$R\left(\frac{dh}{dt}\right) = (T_S - T_R) + R \cdot (C_S - C_R)\left(\frac{dT}{dt}\right) + R \cdot C_S\left[\frac{d(T_S - T_R)}{dt}\right] \tag{5.8}$$

式中,R 是热源到样品的热阻,单位为 $K \cdot s \cdot J^{-1}$;dh/dt 是样品的热量产生速率;T_S、T_R 分别是样品和参比物的温度;C_S、C_R 分别是样品和参比物的热容;dT/dt 是参比物的升温速率,也即实验时的控制升温速率。

式(5.8)右边的第一项是温度差,可以通过连续记录得到。在稳定的状态下,如果 dh/dt 为零,则第三项也为零(基线为常数)。因此,第一项与第二项的值相等并且方向相反。式(5.8)中的第二项代表基线的位移,而第三项则是曲线在任意点的斜率与常数 $R \cdot C_S$(假设 C_S 是常数)的乘积。这里的 $R \cdot C_S$ 就是前面提到的 Vold[22]在她提出的理论中所使用的热常数。假设 $R \cdot C_S$ 已知,则可以以图形的形式确定第三项的大小。在任意时刻,基线的位移量都与该时刻的反应速率成正比。从反应开始到该时刻为止,所产生的面积分数就是在该时刻已经发生反应的那部分物质。$R \cdot C_S$ 应该尽可能小,在后面的内容中会考虑这种特性[56]。在这种条件下,仪器可以更准确地记录所测试物质的热行为。Gray[51]只是模拟了熔化过程,他指出,与 Vold 提出的理论类似,当所有的熔化停止时,ΔT 曲线以指数方式返回到基线。Gray 建议,给定峰下方的总面积,包括指数回归

到基线的部分,可以代表反应所涉及的热量。Gray 的研究结果表明,两个相同大小的转变 A 和 B 只有在式(5.9)表示的温度差($T_A - T_B$)分开时才可以得到较好的解决:

$$T_A - T_B = (0.693R \cdot C_S + 1/2 t_{max})(dT_R/dt) \tag{5.9}$$

式(5.9)中,t_{max} 是曲线从开始到峰值所用的时间,dT_R/dt 是加热速率。

最近,Hongtu 和 Laye[57] 根据 Gray[51] 和 Boersma[23] 的理论来评价所构建的热分析仪的定量性能,实验时使热电偶位于样品支架的下方。他们发现,校准是否影响定量结果取决于坩埚是由金属还是石英制成的。这从理论上也可以预期,因为这种装置的定量能力取决于在热源和测试材料之间存在的热阻的路径。对于不同的支持器材料该路径不同,因为它们与热源和支持器之间的介入空间的热阻一起形成了针对不同支持器材料的不同的阻力路径。从仅使用电阻器和电容器的电学模拟电路获得的结果具有不能将反应动力学引入到所得到的等式的限制。

几年前,Wilburn 等人[58]使用计算机模拟来评价支架的设计形式对典型反应峰的数值带来失真影响。在这项工作中包括了一些有限元形式的反应方程式,这样能够得到更加逼真的 DTA 曲线,由此所得到的模拟的 DTA 曲线可以直接与仅由反应方程式给出的反应速率对温度的曲线相比较。因此,可以评估由于支架设计而造成的峰形失真现象。

Borchardt 和 Daniels[25] 提出了另外一种形式的传热方程,该方程适用于在加热和搅拌条件下由含有液体反应物的试管组成的体系。在这种情况下,将热量传递给测试材料的速率会很快,在研究固体材料时这种情况并不常见。他们的理论只有满足以下条件时才有效:

(1) 支架的温度必须一致。虽然对于液体来说这可能是正确的,但固体当然不是这种情况。
(2) 只能通过传导的形式传热。
(3) 两个支架的传热系数必须相同。
(4) 测试材料的热容必须相同。

由于体系内部热量的快速传递,这些条件对于液体来说相对容易实现,但是对于固体来说则难以实现。因此,对于固体材料来说,这个理论几乎没有太多实际的用处。

5.3.2 反应方程的应用

分析 DTA 和 DSC 曲线的第二种方法是以不同的方式来考虑问题,该方法使用由 Brown[59] 和 Keattch 和 Dollimore[60] 给出的反应方程。在分析时对这些方程式进行适当的处理,以便在特定的时间内得到温度差 ΔT 与样品温度之间的各种关系。Coats 和 Redfern[61] 对反应方程式进行了处理,结果表明在峰值温度和加热速率之间存在着多种类型的关系,从中可以得出活化能和"反应级数"的信息。Kissinger[62] 的研究结果表明,峰形与反应级数有关,通过对 DTA 曲线的形状进行一定的测量可以计算出 n 级反应的反应级数。

$$n = 1.26 S^{1/2} \tag{5.10}$$

式中,S 是"形状指数"(shape index),即峰值的两个拐点处切线的斜率的比值。他还提出了一个关于 DTA 峰值温度 T_P 与加热速率 β 的关系式,如下式所示:

$$d(\ln \beta / T_P^2)/d(1/T_P) = -(E_a/R) \qquad (5.11)$$

因此$(\ln \beta / T_P^2)$与$(1/T_P)$成线性关系,斜率为$-E_a/R$。

在只改变反应方程的情况下,通常不考虑热传递过程,最近的研究结果[56]发现一个因子对峰的形状很重要。这项研究结果表明,从热源到实验材料的不良的热传递效果会导致 TG 曲线的形状失真,从而产生 DTG 曲线的畸变。由于给定质量损失的材料的 DTA 和 DTG 曲线通常是相似的并且形状相关,所以如果使用 Kissinger 定义的形状因子,则 DTA 曲线也将失真并由此导致错误的反应级数值。

5.3.3 组合的方法

为了将上述这两种不同的方法结合在一起,Melling[63]和后来的 Wilburn 等人[64,65]使用了一种数学有限差分方法,通过这种方法可以将传热和反应方程式结合起来。该技术使用一种迭代的方法,通过该迭代方法,当圆柱体状的测试材料外环以已知的速率升温时,重复计算圆柱形测试材料和支持器的薄环的温度。通常会假设沿平行于圆柱体中心轴线的任何径向表面的温度是均匀的。多个外部环状物代表支持器,而内部环状物则代表样品材料。第二套环状模型被类似地应用于支持器和参比物质。根据上述反应方程式[59,60]中的任何一个反应方程式,测试材料的内环内部也会产生热量,将此过程中的密度、比热和热导率的值分别应用于支持器、样品和参考材料。因此可以计算出体系中任何一点的温度,从而计算出样品和参比物质中相似位置之间的温度差以及样品支架和参比支架之间的温度差。这个过程非常耗时,需要使用计算机来生成整个体系的温度曲线。通过单独使用反应方程来计算"理想"的 DTA 曲线,并将其与使用有限差分方法获得的 DTA 曲线进行比较,由此得到的结果能够显示通过典型的 DTA 峰反映支架和测试材料性质的影响。他们的工作证实了在早期的研究工作中使用的模拟网络模型,并进一步描述了支持器的性质如何影响反应过程中的热量传递。在进行这样处理的同时,他们证明了这样的特性也会影响峰形和峰值温度。

在有限差分法中,可以使用在反应之前和反应之后测试材料不同的物理性质的值,并且这些性质也可以随温度而变化。

类似地,支持器的性质也可以发生变化,其也可以对典型的 DTA 曲线产生影响。在这类研究工作中已经提出了许多重要的公式,这些公式将支持器和测试材料的性质与测量得到的 DTA 曲线和热流式 DSC 曲线关联在了一起。

5.3.4 设计影响

5.3.4.1 样品内的热电偶

对于多数较陈旧的 DTA 设备而言,热电偶的使用更为频繁。在材料测试的过程中通常将热电偶"埋置"在样品的中心位置。这样做的原因有很多,其中最为主要的原因是缺乏将来自热电偶的微小电压信号放大到令人满意的效果的技术手段。对于这样设计的装置而言,可由式(5.12)给出半径为 r 的圆柱形样品的温度差 ΔT:

$$\Delta T = (\beta \cdot r^2/4) \cdot [(\rho_R \cdot c_R/k_R) - (\rho_S \cdot c_S/k_S)] \qquad (5.12)$$

式中，β 是加热速率，单位为 $K·s^{-1}$；r 是样品（和参比物）的半径；ρ_S、ρ_R 分别是样品和参比物的密度；c_S、c_R 分别是样品和参比物的比热容；k_S、k_R 分别是样品和参比物的热导率。

显然只有当式(5.12)中的中括号里的表达式为零时，基线才不会发生漂移。在反应过程中，样品或参比物质的任何物理性质的改变都将会影响基线的漂移。随着 r 的减小，漂移量减小。因此，小样品量的基线漂移量较小。然而，由任何转变或反应引起的温度差的变化当然也会引起这种漂移现象。在实际中，可以推导出其他几何形状样品的类似的方程。

在制备多组分的混合物时，非常少的样品量可能不具有块体材料的代表性，对于含有多种颗粒尺寸的块状混合物材料来说更是如此。在使用这些技术时，应始终考虑到这一点。

在测试过程中，如果样品的任何一个物理性质在产生 DTA 峰期间发生变化（但是参考物的性质保持不变），根据有限差分理论可知，基线的漂移量与物理性质的变化有关，其关系如下式所示：

$$\Delta x = \beta(\Delta \rho · \Delta c · r^2 / 4\Delta x) \tag{5.13}$$

这里的 Δx 代表性质($x = \rho, c, k$)，其他符号保持它们原来的意义。因此，在产生 DTA 峰的过程中任何一个物理量的改变都会造成基线的偏移。

5.3.4.2 样品盘下面的热电偶

Boersma[23]最早指出，在支持器下方进行 DTA 温度测量的是真正的量热法的"科学家"。当温度测量装置位于包含测试材料的平底坩埚的下方时，例如在热流式 DSC 中，假设样品的质量不变，仅仅由样品和参考物质的比热变化会引起基线的偏移现象，其他物理性质如测试材料的密度和导热性的改变，对基线的位置没有影响。对于一个圆柱形容器和单位长度的样品而言，可由以下表达式给出基线的漂移：

$$\text{基线漂移} = \beta · m · \Delta c_S · [\ln(r_H/r_S)]/2k_H \tag{5.14}$$

式中，β 是加热速率，单位为 $K·s^{-1}$；m 是单位长度样品的质量；Δc_S 是样品比热容的改变量；r_H、r_S 分别是支持器和样品的半径；k_H 是支持器的热导率。

因此，只要是质量保持不变的反应，基线的偏移就仅仅是由于样品比热容的变化而引起的。在前文中所提到的关于以指数的形式回归到基线的评论，连同那些关于面积的测量方法在此处仍然适用。然而，在达到动态平衡时，通过对峰值前后的基线之间的差值进行补偿，可以用这种方式来测量比热容的变化。在这种情况下，对于通过圆形坩埚中的样品得到的 DTA 或热流式 DSC 法的峰面积而言，其可以用式(5.15)给出：

$$A = H · m · [\ln(r_{HS}/r_S)] · (R_{SS}/2) \tag{5.15}$$

式中，A 是峰面积，单位为 $K·s$；H 是单位质量的热量；m 是样品的质量；r_{HS}、r_S 分别是热源和样品的半径；R_{SS} 是热源到样品的热阻，单位为 $K·s·J^{-1}$。

5.3.4.3 功率补偿式 DSC

在功率补偿式 DSC 中，样品池和参比池的支持器彼此之间是隔绝的，它们均有各自独立的传感器和加热器。仪器的电路部分通过改变提供给每个支持器中加热器的功率来进行工作,在电路的电学灵敏度内使两个支持器维持在相同的温度。每单位时间内样品吸收的热量由加热器精确地补偿所需的电功率差 ΔP。可以用以下形式的表达式来表示基线:

$$\Delta P = \mathrm{d}\Delta q/\mathrm{d}t = \beta \cdot (C_\mathrm{S} - C_\mathrm{R}) \tag{5.16}$$

用此种方法得到的峰面积可以直接地反映反应热 ΔH。

5.3.4.4 高温装置

当温度高于 700 ℃ 时,始终存在辐射的传热形式,这种现象随着温度的升高而变得更为显著。DTA 和 DSC 理论通常是通过基于热传导的传热方式,因此,该理论通常假设热辐射的影响可以忽略不计。因此,目前的大部分理论只适用于较低的温度。在高温(1500 ℃ 以上)下,通常使用热流式 DSC 的设计形式,将热电偶置于支持器的下方,这种设计形式也是为了避免在相当高的温度下热电偶受到污染。

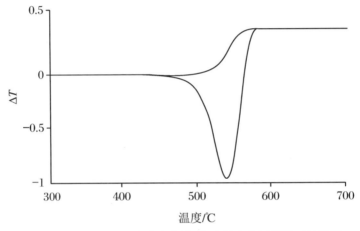

图 5.3　当样品的比热容发生变化时,由热电偶测量得到的坩埚和测试材料之间的温度差异

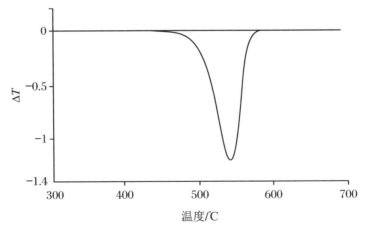

图 5.4　当样品的热导率或者密度发生变化时,由热电偶测量得到的坩埚和测试材料之间的温度差异

5.3.5 基线的构建

构建一条通过峰的基线会带来相当大的问题,除非峰值之前和之后的基线处于同一条直线上。在样品的性质尤其是热容发生变化的情况下,可能基线具有差别很大的坐标值,斜率也可能会发生变化。通过简单地直线连接外推峰的起始点和终止点,我们无法得到正确的峰面积,通常通过峰本身或者其他的方式计算出一条 S 形的基线。

在图 5.5 中给出了一条基于峰之前和峰之后处于不同位置的曲线的基线[67]。虽然通过这种构建基线的方法能给出绝对的面积,但是这种近似值比在峰值的两端直接画一条直线得到的峰面积要更加接近理论值。

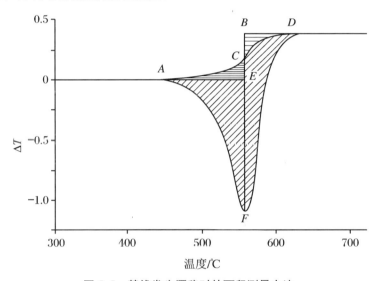

图 5.5 基线发生漂移时的面积测量方法

在图 5.5 中, ACDFA 的面积 = AEBDFA 的面积 + CBDC 的面积 − ACEA 的面积。当 CBDC 的面积≈ACEA 的面积时,则有 ACDFA 的面积≈AEBDFA 的面积。通过这种构建基线的方式可以方便地得到峰面积,它比直接连接 A 和 D 得到的峰面积更加准确,然而曲线 ACD 并不容易构建。

5.3.6 影响 DTA 和 DSC 的理论因素

5.3.6.1 气氛的影响

气氛在获得 DTA 或 DSC 曲线的过程中,发挥着重要的作用,尤其是当样品在反应过程中有气体逸出的情况下更是如此。如果这种产生的气体没有被及时地带离反应体系,气体的压强会改变体系的总压强。在某些情况下[68],会改变反应的过程。无论反应中是否有气体逸出,在所有的实验中始终保持气体流过体系是一个明智的做法,实验时应确保条件尽可能一致。如果样品和参比物质被放置在一个留有气体存在空间的坩埚中,并且在坩埚下面测量温度,那么所得到的峰面积将取决于式(5.14)所示的气体空间的热传导率。在实验进行过程中,从氮气切换到氦气将会改变传感器系统的响应程度。

5.3.6.2 样品的尺寸

在上面的内容中已经提及样品尺寸的影响,在实验时不推荐使用非常大的样品进行 DTA 和 DSC 实验。当研究由许多不同颗粒尺寸的材料组成的块状样品时,属于例外的情况。在这种情况下,不方便获得具有代表性的小样品。然而,与较大样品相关的传热问题可能更能代表工业生产的过程,并且这种条件有可能是合理的。

5.4 仪器

在最近的一些文献中已经系统地总结了现代化的 DTA 和 DSC 仪器[69,70],并且我们已在 5.1 节中讨论过在较早的参考文献中所使用的早期仪器。对于任何一种 DTA 或 DSC 仪器来说,其主要的组成部分如图 5.6 所示。大多数热分析仪器都有一些共同点,在其他章节中所讨论的关于加热炉的构造、温度控制、气氛的控制,以及数据的采集和处理都与 DTA 和 DSC 有着密切关系。

仪器系统主要包括以下的组成部分:
(1) DTA 或 DSC 传感器加上它们的坩埚和信号放大器;
(2) 加热炉、温度传感器及任何冷却装置和气氛控制相关的装置;
(3) 程序设置或计算机控制器;
(4) 记录仪、绘图仪或数据处理装置。

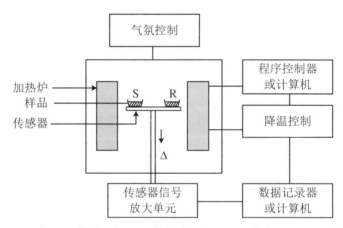

图 5.6 DTA 或 DSC 装置示意图(Δ 代表差示信号:ΔT 代表 DTA,ΔP 代表 DSC)

5.4.1 传感器

最常用于热学类仪器中的温度传感器是热电偶和铂电阻温度计。在表 5.1 中大致地比较了它们的性质。对于一对热电偶来说,它的冷端是 0 ℃,另一端在摄氏温度 θ 下,电动势和温度的最高精度关系需用一个 9 阶的多项式方程来进行表示[71],但它可以近似地用一个三次方程来代替:

$$_ME_R = a\theta + 1/2b \cdot \theta^2 + 1/3c \cdot \theta^3 \tag{5.17}$$

以及

$$_MQ_R = dE/d\theta = a + b \cdot \theta^2 + c \cdot \theta^3 \tag{5.18}$$

式中,$_ME_R$ 是热电偶的电势差 e.m.f,方向从 M 到 R;$_MQ_R$ 是电势差相对于温度的导数,被称为"热电功率"(thermoelectric power)。

对于电阻温度计而言,可以用一个方程式来表示其温度与电阻之间关系,在较高温度 θ 下的电阻与在 0 ℃下的电阻的比值 R_θ/R_0 与温度的关系式为[72]

$$R_\theta/R_0 = 1 + \alpha \cdot \theta + \beta \cdot \theta^2 + \gamma \cdot \theta^3 \cdot (\theta - 100) \tag{5.19}$$

而对于半导体电阻或具有负温度系数的热敏电阻而言,存在如下的近似关系式[73]:

$$\ln(R_\theta/R_0) = \{E_g/2k\} \cdot (1/(\theta + 273) - 1/273) \tag{5.20}$$

式中,E_g 是半导体的能隙(energy gap);k 是玻尔兹曼常数;其他符号与之前的意义一样。

在所有情况下,必须使用具有明确固定点的国际温标或 NIST-ICTAC 参考标准对特定的温度传感器进行校准[71,74]。

热电偶传感器的灵敏度由以其温度表达的功率 Q 表示,即电势差 e.m.f 相对于温度的变化速率。在表 5.1(a)中,Q 是温度在 200 ℃左右的近似值。从表中可以看出,在此温度下,K 型传感器的灵敏度比 R 型传感器的灵敏度高 4 倍以上,据此可以制造出灵敏度更高的传感器组件。还应该注意的是,由于化学侵蚀、物理变化和界面上的扩散的影响,热电偶的输出值可能会随时间而发生变化。

表 5.1 DTA 和 DSC 传感器对温度的响应

(a) 热电偶[75,76,77]

传感器	代码	范围/℃	a	$10^3 b$	$10^6 c$	$Q/(\mu V/K)$
Cu-Constantan	T	−100~400	38.6	89.1	−79.1	53
Chromel-Alumel	K	0~1000	39.4	11.7	−12.0	40
Pt-10%Rh,Pt	S	0~1500	6.77	7.38	−2.57	8.5
Pt-10%Rh,Pt	R	0~1500	6.68	9.88	−3.29	9.0
W-26%Re,W	W	0~2300	5.23	22.3	−8.65	9.3

注:(1) 热电偶因子是以电势差 e.m.f 表示的,单位为 μV;(2) Q 是电势差 e.m.f 相对于温度的变化速率,表中这种随着温度变化的数据是在温度为 200 ℃左右时得到的。

(b) 铂电阻传感器[75]

材料	类型	范围/℃	$10^3 \alpha$	$10^6 \beta$	$10^{12} \gamma$	灵敏度
铂	RTD	0~1600	3.96	−0.56	−0.012	0.00374

注:对于铂电阻传感器而言,在 200 ℃下其灵敏度的值为 $d(R/R_0)/dT$。

(c) 热敏电阻的负温度系数[71]

材料	类型	范围/℃	E_g/eV	R_0/Ω	灵敏度
半导体(Ge)	NTC	−100~200	0.5	10000	−0.021

注:(1) 热敏电阻在较低的温度下最为有用。它们通常不能互换,所以表中所引用的值只是一些代表性的数值。
(2) 灵敏度 $d(R/R_0)/dT$ 随温度的变化非常大,表中所得到的数据为在 100 ℃左右得到的。

5.4.1.1 热电偶冷端

以上给出的因素与冷端维持在 0 ℃ 有关,但有时会使用等价的电路来作为冷端的补偿,主要包括使用 Peltier 技术制冷,使热电偶的温度保持适当的低温,或者通过使用一个保持在更高温度下的恒温块(例如 50.0 ± 0.1 ℃ 的块材),或通过电子补偿电路来实现。

5.4.1.2 传感器的选择

温度传感器的选择取决于实验者的需要,在选择时除了需要考虑对温度的灵敏度之外,还必须考虑其抵抗化学侵蚀的能力、温度范围和机械稳定性。

5.4.2 传感器安装方式

从最简单的"定性"DTA 到最复杂的"定量"DSC,有一个渐进的过程。但是它们可以按照图 5.7 所示的示意图来进行分类,并通过图 5.8 中的示例来进行说明。最简单的 DTA 传感器单元包括耐化学侵蚀的热电偶,实验时将装有样品和参比物的坩埚分别放置到具有对称孔的固体块中,参见图 5.7(a) 和图 5.8(a) 中的示意图。如果该块体的性

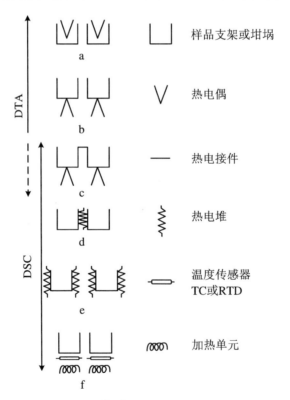

图 5.7 基于文献[78]的系列结构形式的 DTA-DSC
a:定性 DTA;b:定量 DTA;c:"Boersma"DTA 或热流式 DSC;
d:使用热电堆的热流式 DSC;e:Calvet 式 DSC;f:功率补偿式 DSC

质具有足够高的惰性,则可以直接地将在实验中用到的样品放入到样品池中,并且在实验结束后样品可以很方便地被移除。这种方法可以用于矿物、金属和块状陶瓷样品的测试[79,80]。另外,可以将样品和参比物分别放置在玻璃、陶瓷或惰性金属的管或坩埚中。这些管具有合适的尺寸,以便可以紧密地放置在块体的孔中,并且样品的尺寸应足够大,以便于热电偶可以居中放置在它们孔的中间。由于这种类型的传感器与样品和参比物直接接触,因此对温度进行测量时具有最好的灵敏度,这样对于 ΔT 测量来说也是最好的[81]。虽然这样的放置方式有利于监测温度的变化,但是对于定量测量来说这样做的效果并不理想,这是由于样品热性能的温度依赖性所引起的,如 5.3 节所述。

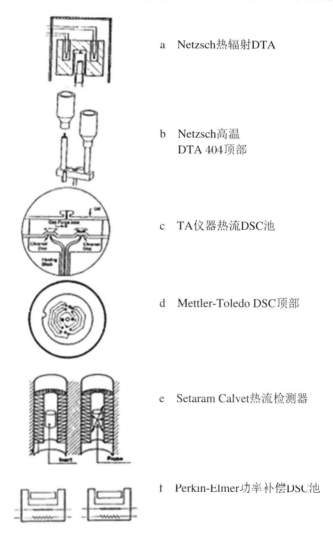

a Netzsch热辐射DTA

b Netzsch高温 DTA 404顶部

c TA仪器热流DSC池

d Mettler-Toledo DSC顶部

e Setaram Calvet热流检测器

f Perkin-Elmer功率补偿DSC池

图 5.8 商品化的 DTA 和 DSC 传感器组件示意图(图片经生产商许可复制)
a:Netzsch 公司辐射式加热 DTA;b:Netzsch 公司高温型 DTA 404 支架的顶部结构图;c:TA 仪器公司热流式 DSC 池;d:Mettler-Toledo 公司 DSC 仪测量池的俯视图;e:Setaram 公司 Calvet 热流式检测器;f:Perkin-Elmer 公司功率补偿式 DSC

对这种类型的传感器系统的最终扩展是由 Mazières[82] 提出的,他采用中空结构的热电偶作为传感器,在使用这种传感器时可以将样品与参比物直接包装在一起。由于这种方法具有很好的接触性和灵敏度,因此可以使用低至几微克的样品进行研究,由此可以得到具有良好的温度分辨率结果的相同能量或不同能量的变化信息。

现在,热电偶的形式已经发生了很大的变化。尽管在大型组件中已经大规模地使用坚固的粗线热电偶,但对制作热电偶所用金属线的尺寸影响的研究结果表明[83],薄膜热电偶具有良好的效果[84]。

Miller 和 Sommer[85] 对 Welch[86] 所设计的热台显微镜系统进行了一些实用的改进,使热电偶可以同时作为样品支持器、微型加热炉和温度计,并且在实验过程中可以通过显微镜观察样品。实验前,将样品黏附在热电偶的连接点上,并将一个合适的惰性参比物质(例如高达 1100 ℃ 的硼砂)放置在另外一对热电偶上。热电偶在交流电交替的半周期内通过电流来进行加热,而温度测量则是在中间的半个周期内进行的。

用于热分析实验的红外测温传感器可以应用于高温下的实验中,现在已有研究工作表明其可以应用于高达 2200 ℃ 的高温[87]。差分信号在测量以波长 ~0 为中心的黑体腔(black-body cavity,简称 BBC)辐射的一个 IR 传感器和用于聚焦封闭在腔内的样品上的第二个传感器之间产生。辐射定律[88]表明,可以由式(5.21)来确定温度:

$$\frac{1}{T_B} - \frac{1}{T_S} = \frac{\lambda_0}{C_2}[\ln(\varepsilon_S)] \tag{5.21}$$

式中,T_B 是 BBC 的温度;T_S 是样品的温度;C_2 是第二辐射常数;ε_S 是样品的发射率。

发射率是材料的热化学性质,随着样品相变的进行,其大小将发生变化。研究人员用这种装置研究了在 2000 ℃ 左右时稀土铝酸盐的熔化过程,这种方法可以称为"光学式差热分析"(optical differential thermal analysis),或简称为 ODTA 法[89]。

Wilburn[66] 的研究结果表明,用于定量测量实验的传感器和支架的最佳的结构形式为使用封闭在空气空间中并可以妥善放置在热电偶接头上的单独的金属容器。这种结构形式的示意图参见图 5.7(b),并在图 5.8(b)中以实例形式表示。Boersma[23] 提出在样品和参比物支持器之间引入一个可控制的热量损失装置,这是热流式 DSC 的理论基础,如图 5.7(c)和图 5.8(c)所示。这种类型的支架的顶部已经被改造成可以同时测量两个样品的形式[90]。理论上,热流式 DSC 是一个被动的测量系统(passive system)。

如图 5.7(d)所示,使用几对热电偶进行串接的连接点(或热电堆)来测量样品和参比样品之间的温度差时会产生一个更大的信号。这种结构形式都是针对于圆柱型[91]和圆盘型的测量系统[92],在图 5.8(d)中给出了一种圆盘型的结构示意图。

如图 5.7(e)和图 5.8(e)所示的测量系统的工作原理与以上的结构形式具有很大的差别。样品和参比物位于一个处于实验环境下的量热块体中,它是由大量的热电偶组成的热电堆探测器,这种结构形式的仪器以 Tian-Calvet 量热计[93,94] 为主。热电堆具有很高的热导率和灵敏度,可以用来测量加热炉和样品池之间的热量交换。

功率补偿式 DSC 如图 5.7(f)和图 5.8(f)所示。其中,样品和参比物均有各自独立的传感器和加热器。通过它们之间感应到的任何温度差都被反馈到一个控制电路中,根据温度差来决定该电路输入给样品和参比池的功率。尽管该系统是用来监测温度差的变化,但其输出的测量信号是输入的功率变化信息。传感器可以是铂电阻也可以是热电偶[29, 95]。由于功率补偿式 DSC 可以连续地、自动地检测温度差信号并由此调整加热器的功率,因此这种类型的 DSC 是一个主动的测量系统(active system)。

这种功率补偿系统的缺点主要是它只能在 $-170\sim730$ ℃温度范围内工作。因此,高温 DSC 仪器的发展仍集中在热流式结构设计上。

在图 5.9 所示的自参比式 DSC(self-referencing DSC)的新设计中避免了使用两个样品池[46]。热量通过在炉和样品之间的平板进行传递,样品位于该板的中央位置,其温度由热电偶来进行监测。另外的四对热电偶径向地分布在样品的周围,以提供平均温度信号或"平均积分参考值",由此可以得到差分信号。该信号直接与样品的加热速率和热容量成正比,并且由于仪器的热不对称性减少,因此基线的再现性得到了明显的改善。这种仪器的加热速率比传统的 DSC 更快,根据信号与加热速率的比例关系可以在不同的速率之间转换校准信息。

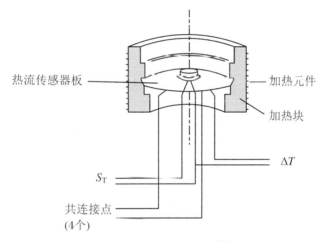

图 5.9 自参比式 DSC[46]

对同时联用的 TG-DTA 和 TG-DSC 将在第 11 章中集中进行讨论,但仍需要注意的是,可以通过使用数学模型[47]由 TG 实验中单个池的测量温度来计算参比温度并由此得到"单 DTA"(Single DTA)或"SDTA"曲线。

5.4.3 参比物质

一般来说,DTA 和 DSC 技术用来测量样品和参比之间传感器信号的差异。实际上,尽管样品可以是从矿物质到聚合物再到生物材料的任何化学物质,但是在所研究的温度范围内,参比物质应该是惰性的。参比物质与坩埚或热电偶不能发生任何形式的反应,并且应优先考虑使用与样品的热特性相似的物质作为参比物质。

在矿物和无机化合物中,DTA 中最常用的参比物质是 α-氧化铝(Al_2O_3)(在使用之前必须加热到 1500 ℃左右以去除吸附水)、二氧化钛(TiO_2)或者碳化硅(SiC)。这些物质在 1000 ℃以下的热导率在 $3\sim40$ W·m^{-1}·K^{-1} 范围内。为了使样品和参比物的热性质更加相似,可以用参比物稀释样品。需要特别指出,这样做会降低样品的信号。另外,必须注意到样品与参比物之间不能发生任何形式的反应。

对于热导率相对较低的有机物和聚合物样品而言,可以使用热导率介于 0.1 和 0.2 W·m^{-1}·K^{-1} 之间的硅油(silicone oil)和邻苯二甲酸二辛酯(dioctyl phthalate)作为参比物质。有时在溶液中,可以使用相对于样品的纯溶剂作为参比物质。

理论上,DSC 的信号应该与样品的热性质无关,因此可以使用空盘作为参比物质,这适用于以上介绍的两种类型的 DSC。

5.4.4 坩埚和样品支架

通常,尽管在早期的设备中,在实验时将样品和参比物直接放在 DTA 的金属块中,但是首先把样品放在一个惰性的支架中然后放进传感器并将其组合在一起。坩埚可以敞口或密封,也可以控制性地使逸出气体流入到气氛气体中并被排出到环境。在表 5.2 中列出了主要类型的坩埚材料。在实际中,通常会用到许多特殊类型的坩埚。例如,在气体反应物流经样品时,需要使用特制的坩埚来使其充分发生反应[97]。现在已经有不少特殊用途的坩埚,在图 5.10 中列举出了一些这种特殊设计的坩埚。

表 5.2 可用于 DTA 和 DSC 的坩埚材质和类型

a. 材料

材料	范围/℃	用途
铝	$-180\sim600$	普通、低温 T
银	$-100\sim800$	普通
金	$-100\sim900$	普通、高温 T
铂	$0\sim1500$	普通、惰性、高温 T
氧化铝陶瓷	$0\sim1500$	普通、金属
蓝宝石	$0\sim1000$	用于可视实验
玻璃/二氧化硅	$0\sim500$	管状、惰性
石墨	$0\sim900$	特殊条件、还原气氛
不锈钢	$0\sim500$	高压条件

b. 类型

类型	材质	用途
开口型	铝、银、金、铂、陶瓷	一般
a. 浅皿		a. 自由扩散
b. 深皿		b. 扩散受限
管状	玻璃、氧化铝、陶瓷	一般
加盖,不密封	铝	一般
加盖,密封,扎孔	铝	沸点
加盖,密封,低压	铝、银、金	蒸发受限
加盖,密封,高压	铝、钢	高压条件
密封,管状	玻璃、二氧化硅	液体挥发反应

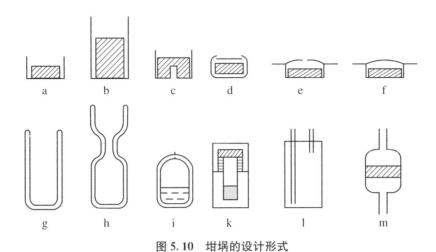

图 5.10 坩埚的设计形式

a:开口式;b:较深的开口式;c:可适应热电偶的凹槽式;d:加盖;e:密封并盖上扎孔;f:密封加盖;
g:玻璃管式;h、i:密封前后的玻璃安瓿瓶式;k:高压螺纹密封式;l:动态控制式;m:气体流经式

现在有各种各样的方法可以用来密封坩埚,也可以将盖子松散地放在坩埚上或样品的顶部,从而允许一定量的气体顺利通过。另外,还可以使用压力密封机将盖子密封到坩埚底座上,这样的密封方式一般可以承受约 50 bar 的来自于内部的压力。如果在坩埚盖子上用针或者激光精确地开凿一个小孔,当内部的压力等于外部压力时,样品可能会发生沸腾或者汽化。在密封坩埚的两侧之间放入一些氧化铝颗粒将会使产生的气体之间的交换受到限制,从而在样品上方形成"自发气氛"(self generated atmosphere)。通常用不锈钢材质制成更坚固的坩埚,可以通过用塑料、橡胶或可延展金属垫圈与其拧在一起来密封。这种形式的坩埚具有良好的密封性并可以重复使用,其可承受的压力高达 100 bar。

对于可能与金属坩埚发生反应的样品,有时需要将样品密封在玻璃安瓿瓶中,这种方法看起来有些笨拙。将液体或固体样品注入到具有狭窄颈部的玻璃容器中,然后将其在安瓿瓶中密封起来,这一操作通常是很方便的。用于高压实验的密封样品容器的性能比通常的要高,并且应该将得到的结果与在相同条件下(最好是较低的加热速率)的校准结果进行对比。

5.4.5 对传感器组件的评估

一般地,需要通过校准和测试来对传感器组件的质量进行评估。对于一个良好的系统来说,应该具有一个最小的噪声、漂移和斜率并且可以重复的基线。组件的灵敏度都可以通过以下的方法来进行测试:使用一个小的样品,或通过参比物质稀释样品,或者使用一个在转变时有小的变化例如石英在 573 ℃ 下 α-β 转变的样品。

组件的分辨率能够区分在相似温度下发生的两个热变化的能力。在低温下,应该可以很好地分别检测到三十二烷($C_{32}H_{66}$)在 63 ℃ 和 68 ℃ 下的两种转变。对于较高温度下,对 584 ℃ 硫酸钾的转变峰与 573 ℃ 石英的相变峰的分辨能力是一个很好的测试实例。

本章 5.6 节将对 DTA 和 DSC 仪器的校准进行简要地讨论,在第 13 章中将有更全面的介绍。

5.4.6 加热和冷却

5.4.6.1 加热

通过使用与样品温度的传感器类型相同的传感器,即通过热电偶或电阻传感器可以测量加热块体或加热管的温度。Tye 等人[98]已经讨论了温度控制的意义。

在工作时用于高温的石墨炉应维持在惰性气氛中,使电流通过导电石墨而直接加热。在温度低于 1700 ℃时,可以插入一个氧化铝内衬管,此时可以使用可能会与石墨发生反应的气氛[99]。

由 Perkin-Elmer 公司生产的功率补偿式 DSC 为样品池和参比池分别提供了独立的电加热器,样品坩埚和参比坩埚分别被放置在金属罩中的惰性金属支架上。

在一些 Tian-Calvet 系统特别是同时联用的 TG-DSC 仪中,也使用了更大的独立的加热炉分别给样品和参比物进行加热。

其他类型的加热方式有时是有用的。Ulvac-/Sinku-Rico 公司的红外聚焦黄金炉是采用一个或多个卤钨灯和高反射水冷金表面镜技术。该系统不仅响应速度快,而且结构紧凑,还可以用来直接观察样品[100, 101]。有研究工作表明[70],一个使用 100 W 卤素灯的辐射加热块系统非常适合于在真空条件下工作,并且具有相当高的加热和冷却速率。尽管微波的吸收系数随着材料和温度而变化很大并且还易引起一些复杂的变化,但这种微波加热技术已被应用于加热炉中[102]。

5.4.6.2 冷却

如果只在温度上升的条件下研究样品的行为,可能会丢失很多有用的信息。对于一些有机物(例如液晶)的相行为而言,在冷却过程中可能会出现亚稳状态。玻璃化转变现象既非常依赖于加热速率,也取决于冷却速率。任意一台 DTA 或 DSC 仪器都应该能够控制冷却过程,这一点很重要。

通过安装风扇将空气吹到组件上,可以增强冷却效果。这种冷却方式仅适用于大约 40 ℃以上的冷却过程。现在已经可以将各种冷却系统应用于 DTA 或 DSC 测量中,可以用来测量低于环境温度下发生的转变过程。Redfern[103]综合分析了较早时期的一些实例,其中一个非常简单的方法就是将加热炉和传感器单元整体地放在可以冷却的空间内,但这可能只适用于-20 ℃左右的温度。

在加热炉外壳周围的循环冷却剂有以下几个优点:它可以与控制系统整合在一起以实现更好的低温控制,它也可以被用来实现更快速地降低加热炉的温度,以获得样品在快速的温度变化时的性质信息。通过一些特殊的设计形式,它还可以在安全的温度下使设备的敏感部件有效地工作。

另外,还可以采用循环液体的珀尔帖冷却方法来降低温度。当电流按照一个方向流过热电偶时会产生一个热效应,而反向的电流流经热电偶时则会使连接点的温度降低。通过这种效应可以控制流体的冷却温度,最低可以达到-20 ℃[104]。同样的原理也可以用于在样品插入后的快速平衡过程。

一种简单而有效的冷却方式是用连接管线将一个杜瓦瓶连接到炉子和传感器单元封闭的导热外壳上,然后通过向其中充入液氮使其温度达到-190 ℃或用丙酮/固态 CO_2(即干冰)将其冷却至约-70 ℃。还有一些与此类似的系统使用与传感器外壳热连接的较大的指形冷凝器,并浸入到位于分析仪下方的含有液氮或其他制冷剂的大容量冷却槽中。图 5.11 给出了一种典型的采用这种冷却方式的 DSC 装置示意图。

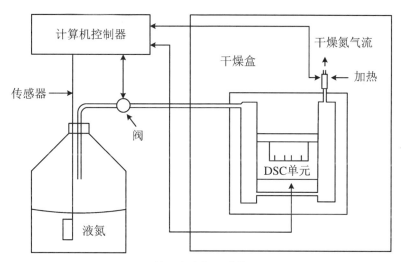

图 5.11 装配有冷却系统的 DSC 仪器

比以上的制冷方式更复杂的方法,是通过制冷剂控制器将液氮容器与组件连接在一起。通过安装在控制器上的压力表和加热器使容器内的压力保持在 0.5 atm 左右,将低温蒸气送入至安装在 DTA 或 DSC 炉上的热交换器中,使其冷却至-170 ℃。

仪器内置的制冷装置可在-70～350 ℃范围内连续操作,通过与仪器连接的冷却装置循环冷却液可以很好地控制加热和冷却程序[105]。值得注意的是,必须避免在量热池或出口管道上出现水蒸气冷凝现象。应该用干燥的气流吹扫该系统,并且通常在设备上安装一个小型的加热器以防止结霜现象的发生。

5.4.7 炉温的编程和控制

对于一个较好的 DTA 和 DSC 实验而言,其基本要求是可以尽可能精确地控制温度。对于等温实验而言,可以十分方便地调节设定的温度。同时,应有一个广泛的、可控制性好的加热速率范围。现代仪器可以提供 0.1～100 K·min^{-1}的加热速率,通过一些专门设计的加热系统能够实现高达 500 K·min^{-1}的更高的加热速率。相对加热过程来说,冷却显得更加困难。尤其是当需要冷却到室温以下时,通常很难精确控制。但是,常用的大多在-10～-20 K·min^{-1}范围内的冷却速率是可以实现的。

通常用电脑来实现温度变化的编程和对冷却设备的控制。第 4 章中关于热重分析法中大部分编程内容也同样可以适用于本部分。最早的控制方法是通过手动的方式来调节加热炉的电源,这种操作方式后来被改为机械控制。例如,通过一个发条机制来实现对电阻或者变压器的控制。然而,通过这两种方法都不能实现最理想的加热控制,也不能适用于各种不同的加热速率。在之后发展起来的机电控制技术中,可以方便地使用各种控制工具来改变温度。在一个系统中,可以通过热电偶来直接测量加热炉的温度,其数值通过仪表来显示。通过电动转动一个切割成适当的螺旋状的凸轮来操纵一个显示"开"和"关"的电开关。如果程序设定的温度低于所需要的温度,这个开关就会被打开。反之,如果程序设定温度高于所需要温度,则开关就会处于关闭的状态。这种类型的开/关控制往往会给出超出或低于所需的温度的现象,最好的解决方法是采用某种形式的 PID 控制技术[106]。在下面的内容中将简要介绍这种控制方法:

(1) 比例行为(proportional action)取决于测量的温度和程序设定的温度间的差值;
(2) 积分控制(integral control)取决于差值的积分值;
(3) 微分(derivative control)控制取决于速率变化的差值。

通过这种类型的控制可以更好地调节加热炉的温度,使其遵循程序设定的温度要求,电子的程序设置器和计算机控制允许设置非常复杂的程序温度设定方案。通过这种控制,可以快速地实现加热至设定的温度,随后进行等温平衡,然后缓慢地以恒定的加热速率从低温升至较高的温度,并在控制条件下冷却至室温,这些温度程序可以很容易通过计算机输入到温度控制单元[98]来实现。

5.4.8 气氛控制

样品周围的气氛会影响所得到的样品的热分析曲线,大多数 DTA 和 DSC 仪器都有一个可以用于在传感器组件周围营造出所选用气体的气氛的部件。在 5.3 节的讨论中已经提到,实验中所使用的气体热导率会影响传感器的响应。大多数仪器都可以使用如氮气、氩气或氦气等惰性气体以及反应性气体特别是空气和氧气。实验时,所用的气氛气体的流速一般为 $10 \sim 100\ cm^3 \cdot min^{-1}$。有些仪器系统允许气体在压力为负值的情况下运行,或者允许特定气体进行混合。快速地从惰性气氛切换到氧化性气氛(反之亦然)对一些实验来说也是非常重要的,例如对材料抗氧化性能的实验。

5.4.9 高压差示扫描量热法

如果实验研究需要高压的实验气氛,可以使用两种不同的技术。第一种技术是采用上述高压池,尽管这样意味着样品受自身"自发"气体压力的影响;另一种途径为对整个系统加以改造,使其可以承受高达 7 MPa(1000 pisg)的更高压力。可以通过不锈钢材质的密封高压套管来实现这种形式的增压(通常使用不锈钢)。与任何高压设备一样,在操作过程中随着压力的升高应特别注意安全。在反应过程中,通过增加压力可以提高材料的气化温度,或者可以提高反应速度。例如,在高压下使用氧气进行加速氧化实验[108,109]。另一方面,在一些特殊设计的系统中,也可以实现真空条件下的实验。耐压的外壳允许 DSC 仪器在低至 1 Pa(约 0.0075 torr)压力的真空环境中工作,可以用来研究反应动力学对压力的依赖性,还可以通过在坩埚盖上进行精确打孔的密封坩埚来得到蒸气压力随温度的变化信息[110]。

5.4.10 光照量热法和 DSC

通过紫外光可以引发聚合反应和其他反应，这种技术已在诸如电子、涂料技术和牙科材料等学科中得到了广泛的应用。DSC 已经可以改造为能够对样品进行紫外照射的设备[110]，并且该类仪器已经被专门设计成为一种利用标准的 DSC 单元来进行光照量热的测量方法[111, 112]。通常由汞灯或氙气放电灯实现实验过程中的紫外光照，其强度通过反馈控制保持恒定。通过滤光器或单色器来选择波长，并通过遮光片和吸热过滤片，最后经由石英窗进入 DSC 单元中。

5.4.11 热显微镜法和可视 DSC

在 DSC 中，通过样品在加热时观察到的变化可以显著增加热分析实验的判断能力。在第 10 章中将会更加全面地讨论热显微镜法。在这里，我们仅介绍一些允许直接观察样品的改进技术。对于一些型号的 DSC 仪器如早期珀金埃尔默 DSC 1B 而言，在其顶部的盖子上有一个透明的窗口，把盖子移除之后，通过这个窗口可以直接观察样品。Haiens 和 Skinner[113] 使用经改造的低倍体视显微镜来观察样品并记录从中反射出来的光的变化，如图 5.12 所示。Widemann 描述了一个更加复杂、全面的显微 DSC 系统[114]，参见第 10 章。该系统允许热显微镜和 DSC 同时工作，用来录制在加热期间样品的外观变化。最新发展起来的可视 DSC 允许在 DSC 实验运行期间进行录像[115]。

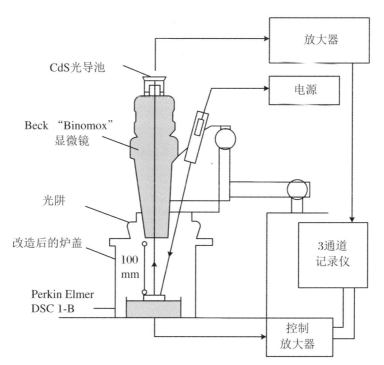

图 5.12 DSC-反射光强度测量仪[113]

5.4.12 DSC 和 X 射线同时测量仪

尽管可以用 DTA 或 DSC 来检测热效应,但通过其不能够直接得到在感兴趣的温度下样品所发生的微观结构的变化。而且已经有研究工作报道,可以通过改造设备来实现同时进行 DTA 和/或 DSC 和 X 射线的研究[116-119]。Koberstein 和 Russel[116]改进了梅特勒公司的 FP-85 DSC 仪器,实现了同步辐射光的传输。Ryan[117]研究了使用与 DSC 同时联用的 Linkam 的小角度 X 射线散射(SAXS)和广角 X 射线衍射(WAXD)进行测量的可能性。Ryan 和 Brasdo 等人[118]使用一个与 SAXS、WAXS 和 EDPD 同时联用的单一的样品 DSC 传感器,其中已经存储了可以参照的基线扫描。在实验过程中,通过一次实验可以同时记录 SAXS、WAXS 和能量色散粉末衍射(EDPD)以及 DSC 曲线(图 5.13)。处理后的结果可以清楚地显示聚对苯二甲酸乙二醇酯(PET)的转变和氯化铵的结晶相的变化。Yoshida 等人[119]使用一台经过改进的 DSC-X 射线同时联用仪,通过支架上的坩埚小孔使 X 射线透过,利用 DSC 和 WAXD 的方法来研究三十六烷($C_{36}H_{74}$)的转变过程。

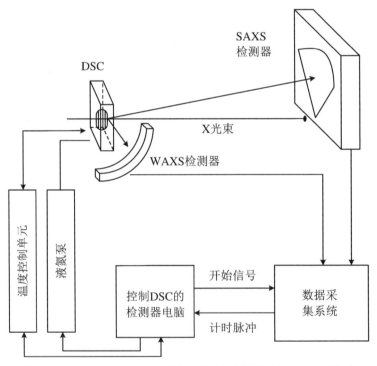

图 5.13 DSC-SAXS-WAXS 同时联用实验装置的结构示意图[113]

5.4.13 改造后用来同时测量热和电性能

通过改造的 DTA 和 DSC 系统可以用来测量诸如热导率、热扩散率、发射率等热性能参数,也可以用来研究电导率随温度的变化关系。

5.4.13.1 热导率和热扩散率

通过傅里叶定律可以定义在 $+x$ 方向进行热传导的导热系数 k：

$$\frac{\mathrm{d}q}{\mathrm{d}t} = -k \cdot A \frac{\mathrm{d}T}{\mathrm{d}x} \tag{5.22}$$

式中，$\mathrm{d}q/\mathrm{d}t$ 为热流；A 是在 x 方向的横截面积；$\mathrm{d}T/\mathrm{d}x$ 是在 $+x$ 方向上的温度梯度。

当考虑温度随时间的变化或温度波通过材料传导的体系时，热扩散系数 D 被定义为下式的形式：

$$D = \frac{k}{\rho \cdot c} \tag{5.23}$$

式中，ρ 是样品的密度；c 是比热容。

沿一端加热的圆柱体的热传导过程可以用式(5.24)表示：

$$D\left(\frac{\mathrm{d}^2 T}{\mathrm{d}x^2}\right) = \frac{\mathrm{d}T}{\mathrm{d}t} \tag{5.24}$$

沿圆柱体样品轴向流动的热流取决于它的面积、温度梯度和热导率。Brennan 等人[120]和之后的 Ladbury、Currel 等人[121]在传感器上方放置了一个金属材质的散热器，并使用热电偶来测量样品顶部的温度，而样品底部的温度则由 DSC 支持器测量的温度给出。平衡后，DSC 支持器的温度升高了 ΔT，约为 5 K，这造成了在平衡时产生的功率信号增加 Δq，由此可以得到热导率的表达式：

$$k = \frac{\Delta q \cdot l}{A \cdot \Delta T} \tag{5.25}$$

他们获得了 $0.1 \sim 0.75\ \mathrm{W \cdot m^{-1} \cdot K^{-1}}$ 范围内合理的热导率结果。Chiu 和 Fair[122]描述了一个类似的系统，使用一个玻璃标准物质来校准系统。Flynn 和 Levin[123]使用功率补偿式 DSC 测量了高纯度样品（如铟）的熔融峰前缘的斜率，该斜率取决于加热速率 β 和热阻因子 R，这二者之间的关系可用式(5.26)表示：

$$斜率 = \beta/R \tag{5.26}$$

如果将一个热导率为 k、面积为 A、厚度为 l 的样品放置在样品盘和铟样品之间，通过使用一种合适的流体（如硅油）来实现良好的热接触，则 R 的值将改变为 R'，有

$$k = \frac{l}{A \cdot (R' - R)} \tag{5.27}$$

由于接触状态发生了变化，即使允许更正，其一致性也变得很差。Hakvoort 和 van Reijen[124]使用了一种与热流式 DSC 类似的技术。通过温度调制式 DSC（见 5.5 节），可以直接由表观比热容、样品面积、密度和热容以及信号调制周期获得良好的热导率的数据。在对吹扫气体造成的热量损失进行校正后，可以得到 $0.1 \sim 1\ \mathrm{W \cdot m^{-1} \cdot K^{-1}}$ 范围内良好的结果[125]。

通过对 Stanton-Redcroft DTA 673 的改进，可以用来确定材料特别是烟火[126,127]的热扩散率。将来自 DTA 的热电偶嵌入到样品中，一个靠近边缘，一个在中心。对于热导率在 $1.0 \times 10^{-7} \sim 3.5 \times 10^{-7}\ \mathrm{m^2 \cdot s^{-1}}$ 之间的材料而言，得到的结果是可重复的。

5.4.13.2 辐射率

对于辐射传热来说,理想的散热器是黑体,由辐射所释放的能量是功 φ_{BB},其随温度的四次方的变化而变化,可用式(5.28)表示:

$$\varphi_{BB} = A \cdot \sigma \cdot T^4 \tag{5.28}$$

式中,A 是辐射面积;σ 是斯蒂芬定律常数,为 5.67×10^{-8} W·m^{-2}·K^{-4}。

对于同一区域的非黑体而言,在相同的温度下,辐射率 ε 定义式为

$$\Phi = \varepsilon \cdot \varphi_{BB} \tag{5.29}$$

Rogers 和 Morris[128]的研究结果表明,由早期的功率补偿式 DSC 仪器所得到的曲线的基线受发射率变化的影响很大。尽管在样品和参比坩埚上分别放置了尺寸匹配的盖子来避免这一影响,但仍会有一定的变化。通过对仪器进行改进,样品坩埚和参比坩埚上均放置了一个恒温罩子。功率轴上偏移量的测量与样品和参比物之间的辐射率差有关,在文献中后来报道了一个更加简化的程序[129],通过仪器的改进可以消除一些辐射效应。

5.4.13.3 电导率

电流通过一种材料的导电行为与热传导在许多方面十分相似,之前已经提到了欧姆定律的热学形式和电学形式的表达式。对于 x 方向的导电行为而言,存在如下的关系式:

$$I = G/V \tag{5.30}$$

或

$$I = -\sigma \cdot A \cdot (V/x) \tag{5.31}$$

式中,I 是电流,单位为 A;G 是电导,单位为 Ω^{-1};σ 是电导率,单位为 Ω^{-1}·m^{-1};A 是导体的横截面积,单位为 m^2;V/x 是电位梯度,单位为 V·m^{-1}。

在较早的时候[130],向经改造后的杜邦 DTA 960 中插入棒状铂电极,证明了电导的变化与相变和分解相对应的关系。Carroll 和 Mangravite[131]通过将电极与铝样品盘的边缘和样品顶部的中心位置固定接触,对一台 Perkin-Elmer 公司的 DSC 1B 进行了改造。实验中用 500 V 的电源电压测量得到了 $10^{-8}\sim10^{-15}$ A 的电流。在测量过程中,通过拧紧重新固化的熔体样品使其保持良好的接触,可以得到 DSC 与电导具有良好一致性的过程,这已经在如醋酸乙烯酯和聚对苯二甲酸乙二醇酯等的一些聚合物体系中得到了很好的应用。

5.4.14 其他形式的改进

通过对 DTA 和 DSC 进行适当的改造,可以实现多参数的同时测量或实现其他一些无法实现的测量方式。可以利用高压 DSC 池[111, 132]来测量一些挥发性液体和固体样品的汽化焓。通过在加盖扎孔的密封坩埚中使用铝粉来确保热梯度最小,由此可以获得合理的升华焓的结果[133]。

Mita[134]等人的研究结果表明,常规的功率补偿式 DSC 可以作为一台简单的等温量

热仪来用于测量混合热。实验时,在样品池的上方安装一个微量注射器,可以通过扎孔的坩埚盖将已知量的物质注入到样品池中。通过对加热和蒸发的影响进行校正,得到了苯乙醇体系和吡啶-乙酸体系的合理结果。该测量系统也可用于汽化的研究。

对于分解产物的分析将在其他章节中进行讨论,但其可以通过化学、色谱或物理分析的方法去除产物来进行逸出气体的检测和分析。甚至可以将该检测池安装在红外光谱仪中,以便通过反射红外光谱法分析样品池中剩余的产物[135]。

Bollin[136]描述了一种可用于火星太空计划的特殊设计的 DTA 单元,而 Charsley 等人[137]则改进了 DTA 仪器的设计方式,用来检测烟火样品的着火温度。还有许多其他的改进工作已经被应用于 DTA 和 DSC 系统,在之后的相关章节中将对这些特定的应用进行介绍。

5.5 温度调制差示扫描量热法

温度调制差示扫描量热法(modulated temperature DSC,简称 MTDSC)是在传统的温度变化程序的基础上通过某种形式的扰动来进行调制的。利用适当的数学方法通过去卷积处理从所采用的加热程序中解除扰动的响应信号,这种方法是由 Reading 及其同事[40,45,138—143]首次提出的,他们使用的是可实现正弦调制的热流式量热仪。对于数学分析方法,他们采用了一种平均方法的组合来获得潜在的响应,常用傅里叶变换分析法来测量温度调制响应的振幅。其他类型的调制方式以及许多其他的数学分析方法也可以应用于这些领域中,其中一部分内容将在此处进行讨论。

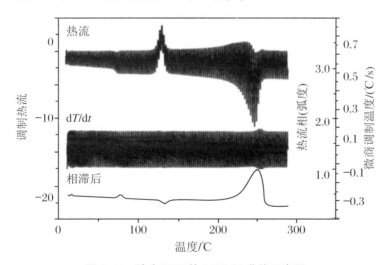

图 5.14 淬火 PET 的 MTDSC 曲线示意图

5.5.1 理论

首先,用于描述热传递不同类型的转变对热流贡献的一般表达式可以简单地用式

(5.32)进行表示：

$$dq/dt = C_{p,t}(dT/dt) + f(t,T) \tag{5.32}$$

式中，dq/dt 是进入样品的热流；$C_{p,t}$ 是样品由于其快速的分子运动（振动、旋转和平移）而产生的热容；$f(t,T)$ 是由于动力学阻碍而产生的热流。

$f(t,T)$ 有许多形式的表达式，它们将随不同类型的转变和不同的动力学规律而发生不同的变化。由于篇幅所限，在本部分内容中仅做一般性的概述，因此关于这个函数的具体示例将不被讨论，对这些内容感兴趣的读者可以参考一些包括详细处理过程的文献[148,149]。

需要用一种合适的方式来定义和描述可逆量（reversing quantity）的合适范围。在比较短的时间间隔和温度下，通常认为热容 $C_{p,t}$ 是恒定的。因此，假设在任何时间和温度下，在式(5.32)中存在着一个与升温速率同步并且成正比地对热量流动有贡献的过程。在测量的时间尺度范围内，该响应是瞬时有效的。一般来说，该过程是一个可逆过程（reversible process），然而通常倾向于用"可逆"（reversible）这一术语来表示该过程，以与一些可逆的过程如熔融和结晶之类的过程相区别。从这个意义上说，在较大的周期温度下，它们可以是可逆过程。在这种情况下，意味着在进行测量的时间和温度范围内，这些过程是可逆的。相反地，$f(t,T)$ 表示在测量的时间和温度范围内，该过程要么是不可逆的，要么在某种程度上存在着对热流有贡献作用的动力学受阻（kinetically hindered）现象。需要注意的是，$C_{p,t}$ 是一个固有的随时间变化的量。被冻结的分子运动对热容没有贡献，判断其是否处于冻结状态有时取决于测量的时间尺度。其中最明显的例子是聚合物的玻璃化转变过程，其中作为温度函数的热容变化取决于所采用的观察频率。这一规律同样适用于 DMA、DETA 和 MTDSC 方法。

在 MTDSC 中，样品受到如下形式的调制加热程序作用：

$$T = T_0 + \beta t + B\sin(\omega t) \tag{5.33}$$

式中，T_0 是起始温度；β 是加热速率；B 是调制的幅度；ω 是其角频率。

联立式(5.32)和式(5.33)，可以得到以下形式的方程[40,139,140—143]：

$$dq/dt = \beta \cdot C_{p,t} + F(t,T) \quad \text{总信号或基本信号} \tag{5.34}$$
$$+ \omega \cdot B \cdot C_{p,t} \cdot \cos(\omega t) + D \cdot \sin(\omega t) \quad \text{循环信号} \tag{5.35}$$

式中，$F(t,T)$ 是在至少一个调制间隔周期期间 $f(t,T)$ 的平均值，D 是由温度调制引起的动力学受阻响应的振幅。

$C_{p,t}$ 和 D 都随时间和温度发生缓慢的变化，但在单个调制周期内可以有效地保持恒定，$f(t,T)$ 也可以产生余弦周期的贡献。然而，对于大多数的动力学受阻反应而言，可以用 Arrhenius 型表达式来模拟，至少可以由此得到近似的结果。在这种情况下，$f(t,T)$ 的余弦响应可以通过确保在转变的过程中[148]存在许多周期而变得非常小，因此可以忽略不计。在通常情况下，MTDSC 要求调整调制频率和基本的加热速率，以确保符合这一准则[148]。如果不这样做，通常会导致这种技术无法正常使用。因此，在大多数情况下，除了下面讨论的熔化过程之外，可以假定余弦响应来自可逆热容。另外一种假设是，当温度调制的振幅足够小时，可以将动力学响应看作为线性的。当调制处于一定的程度时，这种处理通常没有问题。

通过考查式(5.34)和式(5.35)可知,循环信号具有由 $\omega \cdot B \cdot C_{p,t}$ 和 D 决定的振幅和相移,可以用以下形式的等式给出这些量之间的关系:

$$C_c = A_{HF}/A_{HR} \tag{5.36}$$

式中,C_c 是循环热容(= 复合热容,见下文);A_{HF} 是调制热流量的振幅;A_{HR} 是加热速率调制的振幅。

$$C_{p,t} = C_c \cdot \cos(\delta)/\omega \cdot B \tag{5.37}$$
$$D = C_c \cdot \sin(\delta) \tag{5.38}$$

式中,δ 是相移。

因此,由 MTDSC 实验可以得到以下三种基本的信号[139]:
(1) 平均或基本信号,相当于常规的 DSC;
(2) 同相(in-phase)循环分量,由此可以计算出 $C_{p,t}$;
(3) 异相(out-of-phase)信号 D。

当 Reading 及其同事最初使用 MTDSC 方法时,他们发现 D 值通常非常小以至可以忽略不计。因此,$C_c \approx C_{p,t}$。这个量可以在不考虑相位滞后的情况下计算得到[40,45,138—143]。他们还提出并计算了被称为不可逆信号的第四个信号,这一结果通常是有用的。

以上我们解释了如何使用周期信号的振幅和相位滞后(或者在许多情况下可以忽略相位滞后)来计算 $C_{p,t}$。将 $C_{p,t}$ 乘以 β 可以用来计算对基本热流的可逆贡献。通过从基本信号中减去这个值,可以得到由 $F(t,T)$ 导出的贡献值,可以由以下形式的等式给出不可逆热流:

$$\text{不可逆热流} = \text{基本热流} - \beta \cdot C_{p,t} \tag{5.39}$$
$$= F(t,T) \tag{5.40}$$

通过以上这种方法,我们可以将可逆的贡献从不可逆的贡献中分离出来。这种简单的分析方法已在许多的转变中得到了多次应用[40, 45, 138—143],主要用于聚合物体系中。对于挥发性物质的损失、冷结晶或化学反应等不可逆过程而言,其也可以得到很好的应用。在考虑玻璃化转变时,情况会变得有些复杂。但通过下面的讨论,我们仍然可以找到有意义和有用的方式来解释不可逆信号[149]。这种分析方法在处理熔化过程时并不是严格有效的,但可以通过从非可逆信号来获得有用的信息。在下面的内容中,我们还将对此进行更详细的讨论。

$C_{p,t}$ 的时间尺度依赖性可以用下式来明确表示:

$$\frac{dq}{dt} = C_{p,\beta} + F(t,T) + B \cdot \omega \cdot C_{p,\omega} \cdot \cos(\omega t) + D \cdot \sin(\omega t) \tag{5.41}$$

式中,$C_{p,\beta}$ 是基本信号的可逆热容;$C_{p,\omega}$ 是频率为 ω 时的可逆热容。

一般来说,在玻璃化转变的区域之外,$C_{p,\beta}$ 和 $C_{p,\omega}$ 都是相同的。需要注意的是,$C_{p,\omega}$ 是(在测量的时间和温度下)在调制频率下与 dT/dt 同步的可逆分量。因此,可以由此定义在这个频率下的可逆热容。在玻璃化转变的过程中,可以从 $C_{p,\omega}$ 和某些频率-加热速率关系式中推导得到 $C_{p,\beta}$ 的值。在与玻璃化转变相关的章节中将更详细地说明与此相关的内容。

在上面的例子中,只有可逆量表示为热容。这种方法也可以应用于异相的信号,将其当作热容来处理。因此,可以式(5.42)得到异相循环分量[139]:

$$异相(或动力学)热流 = \beta \cdot D/(\omega \cdot B) \tag{5.42}$$

式中,$D/(\omega \cdot B)$是表观热容。

有时为了便于表述,通常将循环信号表示成与 DMA 和 DETA 类似的复数的形式,如下式所示:

$$C_C = C^* = C' - iC'' \tag{5.43}$$

因此,有如下形式的关系式:

$$C^{*2} = C'^2 + C''^2 \tag{5.44}$$

式中,C^*是复合热容;C'是实数部分;C''是虚数部分。

然而,应该谨慎地对待这种与 DMA 和 DETA 类似的形式。在这些技术中,机械功或电能以热量的形式从样品中消失。当用 MTDSC 测量一个包含有如玻璃化转变吸热过程时,能量不会损失,但会有一个可以测量的C''部分。因此,不应将其称为损耗信号。通常倾向于使用动力学热容这个术语。

这两种方法之间的关系为

$$C_{p,\omega} = C' = 可逆(或同相)热容 \tag{5.45}$$

$$D/\omega \cdot B = C'' = 动力学(或异相)热容 \tag{5.46}$$

因此,式(5.34)和式(5.35)可以用下式表示:

$$dq/dt = \beta \cdot C_{p,b} + F(t, T) + \omega \cdot B \cdot [C' \cdot \cos(\omega t) + C'' \cdot \sin(\omega t)] \tag{5.47}$$

上式还可以进一步表示为

$$dq/dt = \beta \cdot (C_{p,b} + C_E) + \omega \cdot B \cdot [C' \cdot \cos(\omega t) + C'' \cdot \sin(\omega t)] \tag{5.48}$$

式中,$C_E = F(t, T)/\beta$,可以将其称之为不可逆热容或剩余热容(excess heat capacity)[149]。同样可以用表观热容或热流来表示这些信号,其中每一个表观热容都可以由热流乘以基础加热速率得到[139]。虽然有时用这些热容表示其对测量的热流的不同贡献比较方便,但是在正常使用这些术语时,只有$C_{p,\beta}$和$C_{p,\omega}$才是真正的热容,其他形式的热容应称为表观热容。

在文献[139,141,145,156]中给出了校准的方法和理论背景。总之,基本信号相当于传统的 DSC,并使用传统的 DSC 校准方式来进行校准。使用诸如蓝宝石之类的热容标准物质来校准周期信号,而相位滞后则可以用简单的基线扣除技术来校正仪器对测量的影响[139,148]。

5.5.2 不可逆过程

对于类似化学反应这样的不可逆过程,可以用以下形式的等式来表示[148]:

$$D = B \cdot r' \tag{5.49}$$

式中,r'是化学反应的热量产生速率对温度的导数。对于大多数的聚合物样品而言,由可逆热容中获得的对热流的贡献通常占总热流量的很大一部分(约为十分之一或者更多)。当这种情况发生时,应确保在反应过程中存在许多调制周期。D值通常很小,并且与$\omega \cdot B \cdot C_{p,t}$相比,其通常可以忽略。因此,如上所述,存在以下形式的关系式:

$$C_c \approx C_{p,\omega} \tag{5.50}$$

因此,在不使用相位角[40,45,138—143]的情况下,可以计算得到 $C_{p,\omega}$。在这些情况下,也可以使用相位角利用式(5.50)进行近似。近似式一般为 $C_{p,\beta} = C_{p,\omega}$,这时样品的频率与热容无关。另外,不可逆信号是化学反应或其他不可逆过程焓的量度。类似的结果同样适用于结晶[148]和挥发性物质的损失过程。如图 5.15 所示,在冷结晶的过程中,峰值没有出现在可逆信号中,而出现在了不可逆的热容信号中。然而,在此过程中,动力学信号是负值,可通过这种放热的不可逆过程的分析对这一现象进行预测。

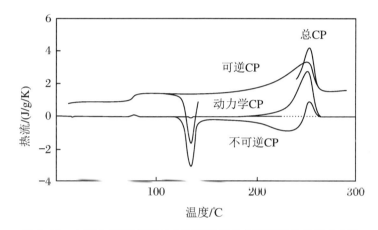

图 5.15　由淬火 PET 样品的 MTDSC 信号分离得到的各组成曲线

5.5.3　玻璃化转变

图 5.16 为经淬火和退火处理的聚苯乙烯典型的 MTDSC 曲线。其中,图 5.16(a)中给出了总的热流信号,图 5.16(b)中给出了可逆信号,图 5.16(c)中给出了不可逆信号,图 5.16(d)中给出了动力学信号。样品首先经淬火处理,然后退火 45 分钟。在不同的退火时间进行取样,进行 MTDSC 测试。总的热流信号显示了典型的逐步增加退火峰,见图 5.16(a)。与此相反,在图 5.16(b)中的可逆信号则受到了退火条件的影响。因此,在图 5.16(c)中的不可逆信号随着退火时间的延长而一直增加。然而,在图 5.16(d)中的"动力学热容"则在很大程度上不受退火条件的影响。

一个简单的玻璃化转变模型可用于由共价键振动等引起的快速运动而产生的可逆热容分量,而这些变化几乎不受玻璃化转变的影响,这些是由 C_{pg} 决定的。Hutchinson 和他的合作者[152]认为存在一个与玻璃化转变相关的运动过程,该过程具有一个弛豫时间 τ,他们提出了如下形式的弛豫时间与温度和焓的关系:

$$dh/dt = (T \cdot \Delta C_p - h)/\tau(T,h) = f(h,T) \tag{5.51}$$

式中,ΔC_p 是玻璃态和液态之间的热容差;h 是样品相对于玻璃态的焓;$\tau(T,h)$ 是与玻璃化转变相关的运动弛豫时间。

研究结果表明[149],存在如下的关系式:

$$dq/dt = \beta \cdot C_{pg} + f_a(H,bt) \quad \text{总信号或基本信号} \tag{5.52}$$

$$+ B \cdot \omega [(C_{\text{pg}} - f_{a1} \cdot f_{a2}/(\omega^2 + f_{a1}^2))\cos(\omega t)$$
$$+ ((\omega \cdot f_{a2}/(\omega^2 + f_{a1}^2))\sin(\omega t)] \quad \text{周期信号} \tag{5.53}$$

式中,H 是 h 的平均值;C_{pg} 是玻璃态的热容;$f_{a1} = \partial f_a(h,T)/\partial h$;$f_{a2} = \partial f_a(h,T)/\partial T$。

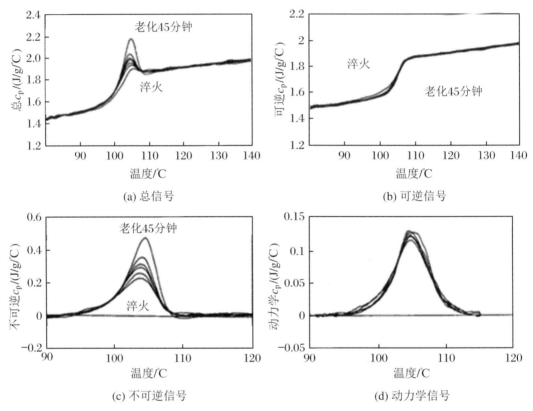

图 5.16 经过淬火和退火处理的聚苯乙烯的玻璃化转变过程的典型 MTDSC 曲线

通常,我们可以定义:
$$C = B \cdot \omega^2 \cdot f_a^2/(\omega^2 + f_{a1}^2) \tag{5.54}$$
$$C_{p,\omega} = C' = C_{\text{pg}} - f_{a1} \cdot f_{a2}/(\omega^2 + f_{a1}^2) \tag{5.55}$$
$$C'' = \omega \cdot f_{a2}/(\omega^2 + f_{a1}^2) = C/B \cdot \omega \tag{5.56}$$

式中,C' 和 C'' 是复合热容的实部和虚部;$B \cdot \omega \cdot C'$ 是频率为 ω 时的可逆热流,而 $\beta \cdot C_{\text{pg}}$ 则为在任何加热速率下对基础信号提供的可逆贡献。

根据定义,由 $C_{p,\omega}$ 测量的 T_g 是频率的函数[143]。通常用常规的 DSC 测量这种温度对冷却速率的依赖性,因此,在 MTDSC 的总信号中也具有这种规律[147]。由此可以提出一个针对可逆信号的一些形式的冷却速率-频率等价关系式,可以用 $C_{p,\omega} = f(\beta, C_{p,\omega})$ 表示。确定这种等价关系最简单的方法是以给定的冷却速率达到相同的假想温度频率。另外,在复制冷却曲线的精确形状时,需要一个消除玻璃化转变的频率分布函数。因此,可以认为一个给定的冷却速率是等价的频率分布[143,149](由此也可得到相同的假想温度)。

有两种等效的观察冷却实验方法：一种方法是采用两种有效的冷却速率，一种冷却速率是真实的 ω，而另一种冷却速率则是等效的 ω；另一种方法则采用两种有效的频率，即频率 ω 和等效于 β 的频率。冷却速率 β 总是要比等效的 ω 慢，并且 β 的等效频率总是低于 ω。无论采取哪种观点，这都意味着由于频率/冷却速率的差异，在冷却过程中的不可逆信号会出现峰值。

已经有研究工作观察到，对于一个给定的频率而言，$C_{p,\omega}$ 在很大程度上独立于冷却/加热速率[138]（达到一个可以确保在转变过程中有许多调制周期的极限）。通过图5.16(b)可以看出，可逆信号仅仅受到退火的轻微影响。相反地，总的信号不仅受到 β 值的影响[147]，而且会受到老化过程的影响，如图5.16(a)所示。因此，可逆信号提供了近似不变的基线。所以，如图5.16(c)所示的不可逆信号与退火时的焓损失近似呈线性相关，这种偏移来自于基本信号和 $C_{p,\omega}$ 测量的有效频率的差值。实际上，可逆信号在经过广泛的退火后虽然会发生一定程度的改变，但它仍然是不可逆信号中测量的总焓值的一小部分。无论是基于以上描述过的假想温度的简单频率-冷却速率之间的等效性关系，还是使用一些其他的关系式或简单的等式（式(5.34)和式(5.35)），来避免这样的争论，这在很大程度上是一种使用习惯的问题。

5.5.4 熔融

在考虑熔化时，有必要对初始方程做一个简单的补充：

$$dq/dt = [C_{p,t} + g(t,T)] \cdot (dT/dt) + f(t,T) \tag{5.57}$$

式中，$g(t,T)$ 是与 dT/dt 成比例的附加热流贡献，且与源自 $C_{p,t}$ 的不同。

在早期的研究中，使用相位滞后来研究在 PET 熔融区中同相和异相对于调制的响应。Reading 等人[139]观察到"如果微晶熔化的温度具有分布特性，并且微晶能够在没有大面积过热的情况下迅速融化，考虑到它们的不稳定性，有些情况通常是合理的。那么，至少部分信号将与 dT/dt 同相。由于这些信号决定了反应的速率，而在这种速率下，一些新形成的微晶正处于熔化温度。"这意味着，当考虑式(5.39)时，有一个对 C' 的贡献，而此并非来自 $C_{p,\omega}$，并且不是一个可逆的量，因为它源于熔化时的潜热。而且如果调制周期涉及一个冷却组分时，过冷现象的存在通常会阻止其可逆过程进行。Reading 等人[142]已经通过使用一种被称作"剖析"（parsing）的分析方法证明了这一点，这种分析方法可以对周期中的加热、冷却和再加热部分进行独立的分析。由于处于熔融状态的材料可以参与样品中的结构重构而使得其形貌变得更加复杂，因此在该过程中将涉及放热的动力学过程。$g(t,T)$ 通过这种方式被包含在了 $f(t,T)$ 中，因此我们可以很方便地定义一个复合动力学函数，如下式所示：

$$f_2(t,T) = F_2(t,T) + D \cdot \sin(\omega t) + \omega \cdot B \cdot E \cdot \cos(\omega t) \tag{5.58}$$

式(5.34)和式(5.35)可以变形为以下形式的等式：

$$dq/dt = \beta \cdot C_{p,b} + F_2 \quad \text{总信号或者测试的信号} \tag{5.59}$$

$$+ \omega \cdot B \cdot [C_{p,\omega} + E] \cdot \cos(\omega t) + D \cdot \sin(\omega t) \quad \text{周期信号} \tag{5.60}$$

式(5.43)仍然可以继续使用，但其现在变形为

$$C' = C_{p,\omega} + E$$

和

$$C'' = D/(\omega \cdot B)$$

对于相应的过程解释也随之发生了变化。

虽然已经有一些理论上的工作来解决 MTDSC 条件下熔融行为的问题[148]，但还需要解决许多问题。现在也有一些证据已经证明，温度梯度能够强烈影响到在熔融区域测量得到的结果。在对熔融区域的 MTDSC 结果进行定量分析之前，需要解决样品在这一方面的行为。

由于同相可逆热容(C')不仅仅依赖于 $C_{p,\omega}$，因此由式(5.39)和式(5.40)计算得出的不可逆信号的结果也不再有效。然而，在熔化过程中有可能发生的结构重排涉及放热过程。因此已经观察到在循环的较低加热速率部分区域所放出的热量与在较高的加热速率区域所吸收的热量可以相互抵消，可以从图 5.15 中的熔融区域看出这一现象。这是一种发生在材料的熔融态和晶态之间来回振荡的动态变换的过程，其结果是 C' 值很大。因此，可逆信号也是如此。因而，如图 5.15 所示，在重排发生的温度范围内的不可逆信号似乎也是放热的。虽然这并不意味着这是一个大量的净放热过程，但这的确表明在循环中确实存在着放热过程。由于常规的 DSC 曲线在这种重组发生时所显示的信息很有限（参见图 5.15 中的总信号），而不可逆信号的这个特征行为则是正在发生重组过程的有力证明。

5.5.5 其他的理论方法

上面所描述的方法是由 Reading 及其同事共同发展起来的[40,45,138–143]，可以被称为 MTDSC 理论的动力学方法。可以将样品的响应分为由分子运动所产生的快速可逆响应和非瞬时的动力学受阻响应两部分，因此必须受到一些动力学行为的约束。通常可以由 Arrhenius 方程或者通过以玻璃化转变动力学为模型的有关方程来描述这些动力学行为。这种行为也使亚稳态微晶的分布通过快速熔融产生瞬时响应成为可能[148]，但这不属于可逆的范畴，这是因为在负加热速率下的过冷过程可以产生高度不对称的信号[142]。

Schawe[144] 提出了另一种理论方法，他一贯主张使用线性响应理论（linear response theory）来创建一种基于不可逆热力学的方法。在他最初的论述中[144a]，他错误地批评了 Reading 和其同事的方法，他认为他们没有考虑到相位滞后以及该方法无法处理类似玻璃化转变过程与时间相关的现象，对于这些批评的回应可以在文献[139,148,149]及上文中找到。然而，他的理论方法提出了一种有趣的替代观点。Schawe 认为 C' 是分子运动所产生的存储部分（实际上与 Reading 等人给出的 $C_{p,\omega}$ 的定义相同），而 C'' 则为由样品内发生的熵变所引起的"损耗"部分。这种方法是否是一个从根本上完全不同的分析还是与 Reading 等人的观点一致的分析方法目前仍存在着争议。

5.5.6 多种可选用的调制函数和分析方法

一些学者和制造商（Perkin-Elmer 和 Mettler Toledo[155]）倾向于采用方波或锯齿波的方法来进行调制。在某些情况下，他们（Perkin-Elmer）从傅里叶变换分析入手并采用一级傅里叶系数，可以由此得到与使用正弦波进行傅里叶变换分析相同的结果。作为这些更多角度扰动的一个可能的优点,它们可以通过使用傅里叶变换提供许多频率的响应,但是这种技术还未实现。

另一种方法倾向于使用方波(Mettler Toledo)技术并确保稳态恢复,而且只有在等温平台部分上才能采点。如果将等温平台作为调制的一部分,当 dT/dt 为零时,该部分的信号一定是不可逆的贡献。由调制产生的最大值与最小值之间的差异即振幅,给出了可逆信号的测量方法。另外一种方法则使用相同的正向和反向的加热速率,同时对正向或反向部分提供更长的持续时间,以提供净加热速率或净冷却速率。从式(5.34)可知,通过此种调制方式产生的热流的最大值之和与最小值之和,可以提供一种测量不可逆分量的方法(其中 $F(t,T)$ 被假定为在调制期间不发生改变)。另外,它们(热流的最大值之和和最小值之和)之间的差值也是可逆信号的一种测量方法。这些方法的缺点是由于会造成数据的丢失,而仅可以使用一部分数据,导致在每个调制周期内只能获得一个点,这严重影响了结果的准确性和分辨率。

5.5.7　MTDSC 的优点和未来前景

在研究玻璃化转变时,MTDSC 方法具有一些优势,因为通过其可以从诸如弛豫吸热的不可逆过程中将诸如玻璃化转变、固化反应之类的可逆过程分离出来,这样在含有许多转变态的复杂体系中可以更容易地识别 T_g。周期信号上的基线曲率通常非常低,从而使得更加容易区分基线效应和实际转变过程。采用周期测量得到的热容信号的信噪比一般比较大,这是由于除了调制以外各频率处的所有漂移或噪声都通过傅里叶变换分析忽略了。由于可以使用非常低的基础加热速率,因此 MTDSC 的分辨率可以非常高。由于这些优点,对 C' 关于温度 T 求导常常是有用的。随后玻璃化转变即以峰的形式出现,更容易识别且更容易进行定量测量。对于聚合物研究者来说,并没有太多现有的方法可以以这样的定量方式来处理包含许多相和界面的体系[152—154]。

MTDSC 仍然是一种非常年轻的技术,现有的文献仍然不够翔实。然而,大量相关的工作正在进行中并且很快就会出版。从其应用和更加复杂的程序控温方法、数据分析方法如复分析[142]这两方面来看,其前景都是光明的。

5.6　操作和取样

5.6.1　校准和标准化

在第13章中,我们将更加全面地讨论标准化和校准这个主题,但重要的是需要说明使任何一台 DTA 或 DSC 设备处于最佳操作条件的判断准则。

在操作者使用任何一台可用的设备之前,必须检查其可靠性并加以校准,以确保其准确性。如果实验室已经组建了一台设备,或者需要比较来自不同制造商的仪器性能时,使用者必须考虑使用什么样的标准才可以最好地证明那些仪器所需要具备的品质。

(1) 仪器是否适用于待测的样品?

(2) 仪器是否对待检测或测量的变化有好的响应？

(3) 仪器是否给出了温度和热学性质的结果，并且这些结果相对高质量的文献而言都是准确的吗？

因此，任何一台 DTA 或 DSC 仪器设备的测试和校准都可以被划分为以下的提高定量准确度的三个阶段。

5.6.1.1 使用合适且成熟的样品运行实验

这通常用于说明设备的运行能力。例如，通过红外光谱仪可以得到用于识别聚苯乙烯的红外光谱图，常用聚苯乙烯来检查仪器。使用 DTA 或 DSC 的用户可以用如图 5.17 所示的聚对苯二甲酸乙二醇酯（PET）的熔体淬灭曲线来识别 PET，五水合硫酸铜或草酸钙一水合物的曲线也可以用同样的方法来识别，这些曲线已被多次用来证明仪器对热行为、温度范围以及样品和数据处理工具的响应。

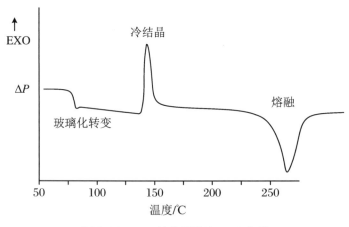

图 5.17　PET 熔体的淬冷 DSC 曲线

不适合用 PET 曲线的温度来进行温度校准，但是由于其玻璃化转变通常在 75～85 ℃ 范围内，冷却结晶温度在 130～180 ℃ 范围内，熔融温度在 230～270 ℃ 范围内，因此可用来判断仪器的状态。

在特定领域工作的经验丰富的技术人员将选择合适的样品来进行尝试。例如，如果是以纯度作为确定实验室主要优先考虑的因素，可以采用非那西丁（phenacetin）掺杂少量（≤5%）的对氨基苯甲酸（p-aminobenzoic acid）[74,157] 的经认证的参考物质来进行实验。对于专门从事聚合物材料研究的用户而言，可以使用经过认证的聚合物样品。

用于仪器灵敏度测试的样品可以很小或者经过稀释，也可以经历很小的热变化。可以用两个间隔很近的转变温度的样品来进行仪器分辨率的测试，通过仪器分开这两个转变的能力来评价它的分辨率。

5.6.1.2 温度校准

为了更好地校准仪器的温度，需要采用的参考物质应具有相当高的纯度、耐分解和抗氧化性好等特性，优先选用那些具有低挥发性并且具有可精确测量的而又明显可重复的转变性质的物质。由于使用上述 5.6.1.1 节中提出的一些样品可得到较宽的峰而且有可能取决于诸如坩埚形状或气氛等实验条件,因此需要选择具备能够独立测试并且经过深入的研究可以作为热分析方法的标准物质进行校准,同时该标准物质的性质应尽可能地保持不变。

然而,重要的是要认识到在本章节以及后面章节中所提到的每一种参考物质都应有一个明确的来源和详细说明。通常很难准确地评估一个标准物质的转变温度的"真实值",或者如 5.6.1.3 节中那样,很难准确地了解焓变或热容变化值的"确切"数值。只有很少的材料能够得到足够高的精确度,甚至明确使它们的熔点的精确度达到 0.1 K。例如,NIST/ICTAC 的低温标准物质 1,2-二氯乙烷(1,2-dichloroethane)的熔点峰值温度为 241.2 K[161,162]。在 238.5～237.3 K 之间以 10 K/min 的加热速率进行校正得到该校正值,而文献值则为 237.5 K[163],但值得注意的是"对于新鲜的样品而言,虽然这个重复性(百分之几度)的量级可以在立即重复运行实验的情况下得到满足,但对于放置了几天的样品则可以观察到十分之一度的差异"[163]。

在图 5.18 中给出了在 ICTAC 报告和 ASTM 标准中所定义的 DTA 或 DSC 曲线中表征峰值或台阶的温度[164,165],而在表 5.3 中则给出了一些具有确定温度值的标准物质各转变的特征值以及所对应的参考文献。需要说明的是,并非所有的表中列出的这些物质都是 ICTAC 标准物质,有些物质(例如水)的熔点已经非常成熟,还有些其他物质(例如锌、银和金)的熔化温度已经被 IPTS 温标确立为固定点。然而,在非常低的温度和非常高的温度下进行校准十分困难,这些问题将在第 13 章中进行讨论。

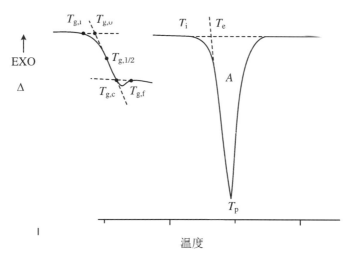

图 5.18　DTA 或 DSC 曲线的特征温度(DTA 惯例)

(Δ 表示 DTA 中的 ΔT 或者 DSC 中的 ΔP,A 是峰的阴影面积)

因此,十分有必要在待测样品所感兴趣的温度范围内选取至少两个点进行温度校准。该校准程序应遵循一个经过广泛的验证并且效果良好的规范。例如,操作者应按照以下的规范使用每个校准物质进行校准[161]:

(1) 将 5～15 mg 样品加入到干净的样品支持器中并装载至仪器,同时用氮气吹扫;

(2) 应使其在转变温度以下约 30 ℃ 处达到平衡；
(3) 以 10 ℃/min(或其他合适的速率)的加热速率加热样品使其通过转变区域；
(4) 从产物曲线中测量外推起始温度和峰值温度；
(5) 记录并报告重复样品的平均值。

如果使用两点校准，则可以假定测量温度(T_0)与样品的实际温度(T)满足如下的线性关系：

$$T = (T_0 \times S) + I \quad (5.61)$$

式中，S 是斜率，I 是 T 对 T_0 直线的截距。因此，对于以下标 1 和 2 表示的两种温度来说，有如下的关系：

$$S = (T_1 - T_2)/(T_{01} - T_{02}) \quad (5.62)$$

$$I = [(T_{01} \times T_2) - (T_{02} \times T_1)]/(T_{01} - T_{02}) \quad (5.63)$$

对于单点校准而言，只能确定截距(或校正)：

$$I = T_1 - T_{01} \quad (5.64)$$

对于三点或多点校准而言，必须以数学的方式对 T 或 T_0 所得的图进行数据拟合。对于早期的功率补偿式 DSC 仪器而言，经过校准修正得到的曲线近似于抛物线[66]。

表 5.3　用于温度校准的材料

材料	转变	$T/℃$	参考文献
水	熔点	0.00	162,164
聚苯乙烯	玻璃化转变	105	163
铟	熔点	157(156.6)	157,162
锌	熔点	419.5	157
铝	熔点	660	162
银	熔点	961.9	164
金	熔点	1064.2	164

5.6.1.3　能量或功率的校准

对于任何量热测量技术而言，都需要尽可能地在接近样品的实验条件下进行热量校准，这些校准方法同样适用于任一种形式的 DSC。对校准的深入讨论将在第 13 章中进行，因此在本部分的内容中不再对理论基础进行过多的描述，而是会给出一些可能会用到的实例。

目前，主要有三种方法可以用于热量的校准：
(1) 使用已知转变焓的参考物质进行校准；
(2) 使用已知比热容的参考物质进行校准；
(3) 直接进行电学校准。

1. 使用参考物质校准

可用的参考物质是那些已经确定转变焓或熔化焓并且容易获得的材料。如果它们遵循上述的纯度、稳定性和"可靠性"(例如,精确测量的焓变)的标准,则它们可以在相同的样品池中使用,并且与操作者希望测量的未知样品处于相同的实验条件下。表 5.4 中所列举的为一些经常采用的参考物质以及其熔化焓的近似值,需要注意的是应该单独验证每个具体使用的参考物质。因此,对于特定的铟参考物质而言,其熔化焓可能为 28.7 J·g^{-1}。

表 5.4　可用于热量校准的参考物质[75, 157, 162]

材料	熔化温度/℃	$\Delta_{fus}H$/J·g^{-1}
汞	-38.9	11.5
苯甲酸	123	148
铟	156.6	28.5
锡	231.9	60.2
锌	419.5	107.5
铝	660.3	395

正如在介绍温度校准部分的内容时所指出的那样,应该遵循一个与上文所述标准类似的广泛接受的规则,即采用额外的步骤精确获得样品质量,并且根据 5.3 节中所描述的结构形式测量熔化吸热峰的面积 A,如图 5.18 所示。

使样品达到平衡后加热扫描经过熔化区域或转变区域,并在实验结束后将样品冷却并重新称重,以确保没有出现质量损失。然后,可以根据所用样品的特定转变温度来计算校准系数 K,如下式所示:

$$K = \Delta H \cdot m / A \tag{5.65}$$

式中,K 为校准系数,单位为 J·cm^{-2};ΔH 为焓变,单位为 J·g^{-1};m 为校准物质的质量,单位为 g;A 为峰面积,单位为 cm^2。

也可以使用其他形式的单位。例如,设面积乘以记录仪的时间单位 B(单位为 cm·s^{-1}),以及纵坐标中以 mW·cm^{-1} 为单位的热流灵敏度 S,则可以获得以下形式的无量纲的校准常数 ε:

$$\varepsilon = (\Delta H \cdot m)/(A \cdot B \cdot S) \tag{5.66}$$

Eysel 和 Breuer[165]对杜邦 1090 DSC 910 样品池进行了全面的校准。他们的研究结果表明,尽管按照上文所述方法所获得的 K 值可能与温度相关,并且需要经过线性化处理并以电子方式设为恒定值,但转变焓的参考值与测量值之间的比值基本上是恒定的:

$$\Delta H_{Ref}/\Delta H_m = 1.046 \pm 0.3\% \tag{5.67}$$

同时,还应讨论测量值的变化与加热速率、称重误差、样品质量以及样品性质的关系。

2. 比热容校准

由于 DSC 的纵坐标的偏移量取决于样品的热容,因此可以通过测量纵坐标的偏离程度来对仪器热流进行校准,或者通过测量在相同温度范围下运行已知热容样品所得曲线和"无样品"基线之间所围成的面积来对能量进行校准,如图 5.19 所示。

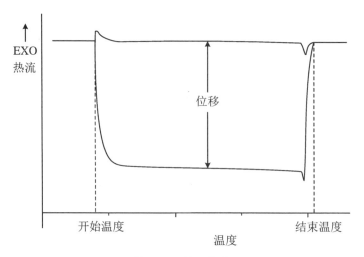

图 5.19 热容校准

最常用于此目的的参考物质是蓝宝石（α-Al_2O_3），因为它在 −180～+1400 ℃ 之间的比热容（C_P）的数值可以被精确地测量[166]。在 0～300 ℃ 范围内，可以通过以下形式的表达式得到相当精确的比热容：

$$C_P(蓝宝石)/J \cdot K^{-1} \cdot g^{-1} = 1.4571 - 3.355 \times 10^{-5} \times (T/K) - 200.17/(T/K) \tag{5.68}$$

采用此方法进行校准时，建议的操作顺序为：

（1）在仪器中将蓝宝石加热，程序控制温度至少在感兴趣的最高温度 10 ℃ 以上，实验结束冷却至室温后放在干燥器中保存。

（2）使用空的样品盘和盖子记录"无样品"时的基线（即空白基线），并在整个实验的温度范围内以 10 ℃·min^{-1} 的加热速率加热样品。

（3）冷却后，将已准确称量的蓝宝石样品放入样品盘中，并更换盖子。在与上述测量基线相同的条件下重复加热，并记录样品的 DSC 曲线。

（4）测量样品与基线之间的热流信号差异以及曲线之间的总面积。

对于在特定温度 T 下的校准，如果在另一个温度下的校准因子是已知的（例如铟在 157 ℃ 时的校准因子是已知的），则可以比较偏移量：

$$K_T = K \cdot (C_T \cdot D)/(C \cdot D_T) \tag{5.69}$$

式中，C 是蓝宝石的比热容；D 是记录的热流信号的差值；下标 T 是指新的设定温度，而在 157 ℃ 时的值不用下标表示。

可以由曲线之间的面积得到在整个温度范围内的平均校准常数。

由上述两种方法所得到的数值都与由标准的参考物质所确定的校准因子有很好的一致性[167]，并且这种校准方法受样品的质量或温度扫描速率变化的影响很小。

3. 电学校准

通过设计一个内含已知电阻为 R（欧姆）的小型电加热器的样品池，或者可以使用一个包含这种电阻器的校准管来进行电学校准。如果电流 I（单位为安培）通过这个电阻器所用的时间为 t（单位为秒），则所提供的能量 E（单位为焦耳）可以用下式表示：

$$E = I^2 \cdot R \cdot t = V \cdot I \cdot t = P \cdot t \tag{5.70}$$

式中，V 是电压，P 是所用的电功率。

有时也会采用在电流和电阻相同情况下加热不同时间的方法。如果在加热的过程中引起了较大的温度变化，则在计算中必须考虑电阻随温度的变化。所提供的电能将会提高样品池及其中所包含物质的温度，并在所记录的 DSC 曲线中产生峰。通过使热流偏移与功率相等，或者使峰面积与所提供的电能相等，可以得到一个校准常数。这种方法通常需要一个体积约为 $1\ cm^3$ 的相当大的样品池。

5.6.2 制样

通过正确的制样操作、合适的样品池以及制样条件，可以获得在特定的实验条件下的最佳结果。对于 DSC 实验而言，这些结果应该是对温度、焓和热容的精确和可重复的测量，且样品反应的动力学行为和相互作用是可以重现的。在实验过程中，传感器与盘中的样品之间保持良好的热接触和较低的热阻至关重要。在制备样品时，必须考虑到任何可能会影响接触的因素。

采用 DTA 和 DSC 研究的样品几乎可覆盖全范围的天然材料、生物和有机材料、矿物和无机化学品以及非常多的合成材料和复合材料。这些样品具有完全不同的物理特性，从非常坚硬且不渗透的陶瓷，到有机粉末、金属、石蜡，再到具有不同黏度的液体样品。在多数情况下，需要采用特殊的实验方案来得到准确、可重复的热分析结果，这些内容在此暂不做讨论。在本部分内容中给出了一系列的标准方法，但在样品需要特殊处理时使用这些方法仍需小心谨慎。在所有的实验中，所使用的空样品盘应称重，准备好的样品和坩埚也应一同称重。对于片状样品而言，通常使用干净的镊子或专用于片状样品的药匙。对于粉末样品而言，可以用振动药匙。对于液体样品而言，可以使用微量移液器。另外，保持样品池和传感器尽可能的清洁也是一个十分重要的问题。

5.6.2.1 晶态固体样品

对于一些样品来说，它们的结晶性质是一个十分重要的特性。过度研磨样品可能会破坏其结晶度或发生某些反应。例如，研磨五水合硫酸铜可能会产生碱式硫酸盐。更加壮观的是，研磨具有爆炸性的混合物会产生剧烈的反应！对于这样的样品而言，可以使用以下两种技巧。其一是将样品在较低的温度下尽可能地轻轻研磨，其二是首先将样品以如 5.6.2.5 节中所述的浓缩溶液的方式沉积在样品盘中，随后蒸发溶剂。如果要在低于实验所用的温度来处理，必须将溶剂尽快地且彻底地去除，这是唯一可用的方法。

5.6.2.2 粉末状固体样品

许多样品例如许多有机物、无机染料、复合物及填料等通常以较细的粉末形式存在，这些样品在经过常规的预处理后可以直接装入到样品盘中。由于细粉与样品盘有非常好的接触并且一般能够平整地压实,它们常被推荐用来获得较好的 DSC 结果。如果研磨不会对诸如许多矿物质和稳定的有机物的块状样品产生不利的影响,那么可以在尽可能避免污染的情况下仔细研磨样品。关于颗粒尺寸的影响可以通过使用一系列的分样筛分离粉末样品来进行研究。

一些柔性聚合物和橡胶在高于其玻璃化转变温度时极难进行研磨,然而在液氮中冷却后,它们可变脆且易于研磨。但是,这样处理可能会在样品中引入水分。另一种技术是从红外光谱法那里借鉴的,可以用锉刀或砂纸研磨样品来制备出较粗糙的粉末。

5.6.2.3 多孔粉末和纤维样品

一些低密度的粉末、絮状物和纤维难以在密封前保留在样品盘内,通常可以使用以下的两种方法来装载样品。第一种方法是将其放置在与坩埚材质相同的金属薄片(例如铝或铂)的中心位置,然后将它们折叠成小块,以将样品封存在较小的胶囊状的空间中,接着将该胶囊放入到样品盘中,并在密封之前将其压实。另一种方法是在加盖密封之前使用垫片或内盖来加载样品。

5.6.2.4 薄膜固体样品

如果诸如金属或合金、聚合物、织物、复合材料或天然产物薄膜的样品可以制成薄膜的形式,则可以将其制备成半径略小于样品盘的圆片,也可以使用尖冲头(例如木塞打孔器)冲压打孔来制备样品,并将其装入坩埚中。在冲压的过程中,得到的圆片可能会变得不平整,最好能够在样品盘中使用合适的工具使其平整,以使样品和样品盘之间保持最佳的接触。这种校准方法适用于金属样品(例如铟)的校准。

5.6.2.5 液体样品和溶液样品

可以用标有刻度的注射器、微量进样器或滴管将少量的非挥发性液体移出并加入到准备好的样品盘中。应注意由于表面张力的缘故,有时液体会扩散到样品盘的边缘。如果要进行液体混合物的研究,由于液滴可能会在样品盘内保持分离状态,因此,最好在将样品移入到样品盘之前进行混合。将样品加入到样品盘中的另外一种方法是使用较小的玻璃纤维样品盘。

5.6.2.6 糊状样品和黏性液体样品

由于糊状物和黏性液体样品具有较高的黏度,它们是一些更难处理的样品。较稀的糊状物可以按照前面介绍的液体样品的加入方式进行制样,但是较黏稠的糊状物需用药匙或刮刀将其转入到样品池中,然后在样品盘底部用具有扁平端的小棒压平。对于黏稠的生物液体(如淀粉悬浮液)样品而言,可以按照这种方式处理。另外,也可以用这种方式来处理一些半固态的样品(如软蜡和焦油)。一些具有较低表面张力的熔体将会过度地铺展,对于这些样品,使用高边缘的坩埚会取得更好的效果。

5.6.2.7 挥发性液体样品

这类样品应该在密封样品盘或密封的玻璃毛细管中[168]进行制样,而且为了取得良好的接触效果,通常会在周围的空间中填充导热材料。

5.6.3 自动进样器和机器人技术

在现代化的实验室中,需要快速的、常规的分析加上无人参与的操作和结果计算。因此,对于许多分析技术来说,可以在计算机数据库中选择样品制备、处理、分析和结果记录的解决方法。这些方法同样适用于 DSC 仪器。一个典型的系统包括一个可以装载多达 50 个样品的电动转盘或托盘,并装有附加机械手装置,用于抓取、运输和释放用于该系列操作的特定类型 DSC 盘,通过软件系统可以控制转盘、机械手的活动,打开和关闭 DSC 组件来放置和移除样品盘,并且能够对每个样品按照预先选择的条件进行灵活的调整。为了避免污染,整个组件由一个遮挡罩保护,并将部件放置在尽可能靠近的位置,如图 5.20 所示。样品制备完毕后将其质量和实验条件以及其在转盘上所对应的编号的位置输入到计算机中,这些数据被及时地存储在一个可以命名的数据文件中。加载过程完成后,仪器按照设定的一系列的实验条件开始运行。

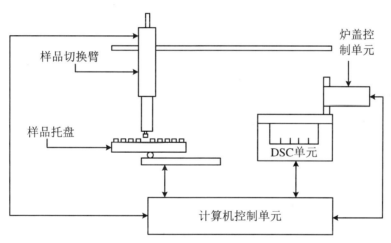

图 5.20 机械进样系统

对于每个样品而言,测试时首先打开 DSC 池盖,选择合适的样品盘,并精准地将样品加入到仪器的传感器组件中。然后,关闭 DSC 池盖,设定每个样品的运行条件。运行 DSC 实验,结束后可以自动地将数据存储在相应的数据文件中。

在实验工作完成后,仪器按照程序正确调整仪器条件后打开盖子,将测试完毕的样品盘移出,测量系统为运行下一个样品做准备。然后根据要求对存储的结果进行分析并给出用户在所选择范围的结果。在报告中,可以给出峰值起始温度、焓变、玻璃化转变、动力学或热容的信息。可以用存储工具复制报告,也可以将电子形式的数据在线地传输到其他的位置。

5.7 常规解释和结论

如果将本章的各个组成部分整合到一起,则需要对正确的操作程序及对不正确的使用方法所可能会遇到的问题做出分析与评价。在与应用相关的章节中将会对这些问题做出相应的解释,但是十分有必要考虑与样品和仪器相对应的变量的影响。在过去的工作中,研究者已经对仪器发展、新应用、现状和发展趋势等方面进行了综述。

5.7.1 基线和峰形状

DTA 和 DSC 曲线峰的形状在很大程度上取决于样品和仪器条件。如 5.3 节所述,样品的化学和物理性质、热性能和加热方式等将控制热量传递的过程。样品在坩埚中的放置方式、位置以及接触程度也是很重要的。另外,加热速率、气氛气体及组成、气体流速以及仪器的响应因子等都会对最终结果产生影响。

下面我们举两个例子来阐述这些问题。最简单的实例是一个较小的纯物质样品经历了一个不引起质量变化的单个相变过程,例如熔融过程。如果在发生相转变前后,样品的热容几乎没有发生变化,那么基线应该是连接在熔融吸热峰的峰值之前的基线和峰值之后的基线的直线。通常所得到的峰为直线形式的前缘和指数形式的拖尾。

第二个实例是由样品的反应动力学行为控制的以下形式的变化过程:

$$A(s) = B(s) + C(g) \tag{5.70}$$

在这里,峰的形状由相应的动力学机制决定,与仪器因素相关性很小。Kissinger 的研究工作给出了峰的形状与反应级数之间的关系[62]。当反应结束时,如果剩余反应物(A)与产物(B)的热容不同,那么基线将会随着反应物发生反应的比例而逐渐发生变化,如下式所示:

$$C_p = (1 - \alpha)C_{p,A} + (\alpha)C_{p,B} \tag{5.71}$$

式中,C_p 是比热容,α 是反应分数。

由以上关系式可以得到一条随着反应进程发生改变的基线,通常呈 S 形。

一般来说,对于基线变化最小的对称峰而言,在积分时无论使用哪种基线所得到的结果都几乎没有差异。对于有较明显的基线变化的对称峰而言,通常使用 S 形基线,也可使用由 Wilburn 方法[67]和折线法得到的基线。对于重叠的峰而言,除非峰可以被解析并且可以分别确定其形状或动力学行为的表达式,否则很难确定出其最佳的基线。对于复杂峰的解析一般采用高斯峰、一阶峰或熔解峰的总和形式,使用最多的是试错法。在实验中,主要通过采用较小的样品、较低的加热速率或者是不同的气氛等方法来消除重叠峰。

例如,对于聚合物固化过程的等温动力学研究[169]而言,可以通过在反应后重新运行样品测试的方法来建立初始基线和最终基线,通过这种方式还可以证实反应是否确实已经完成。

5.7.2 样品参数的影响

由于 DTA 或 DSC 实验的主要目的是获得分析样品的热行为的证据,因此很有必要仔细考虑可能对样品结果产生影响的任何因素。在 TG 分析中,虽然实际的质量损失和它们发生的温度取决于样品,但是由 DTA 检测到的细微的变化更容易受样品性质或取样方法的微小差异所影响。

样品的"来源"及"历史"很重要。不同的矿物样品的化学性质不同,所含有的杂质也有所差异。尽管聚合物样品具有相同的化学组成,但其热历史、形貌和结晶度可能具有很大的差别。在实验时,应该详细记录下取样和样品的保存方法。当利用 DTA 来测定高铝水泥混凝土样品的转化率时,应采用一种明确规定的方法来取样,首先应缓慢钻孔以避免加热样品,然后在规定的条件下进行处理和储存[170]。

样品的研磨(grinding)程度、颗粒尺寸(particle size)以及样品加入到坩埚中的方式(packing)等因素都会对 DTA 产生影响。研磨的作用很复杂,这是因为通过研磨会减小样品的原始尺寸,导致样品的总表面积增大,由此会改变样品任何一个表面的反应及转化速率。进一步的研磨则可能会破坏样品的晶体结构并减小所获得的转变峰的大小。同时,研磨会使金属硬化。在研究体系的动力学行为时,应考虑样品的粒径分布。将样品放到具有一定几何形状的坩埚中时,会改变样品气-固界面的传热和气体扩散特性。如果反应是由扩散控制的,例如金属的氧化反应过程,则反应物气体进入固体表面以及任何产物气体的扩散都将较大程度地改变底部较宽的坩埚中的薄层样品与较深坩埚的厚层样品表面之间的扩散速率[68]。稀释剂的作用同样复杂,例如煅烧氧化铝的过程。在空气气氛下,含 60% 氧化铝的菱铁矿 $FeCO_3$ 由于发生热分解而产生 FeO,导致其 DTA 曲线中有一个吸热峰产生,随后由于 FeO 被氧化成 Fe_2O_3 而出现一个放热峰。随着稀释剂百分比的增加,CO_2 逸出。当氧化铝的含量为 74% 时,两个峰基本消失。

样品的质量在任何热事件中都必然会影响其热信号。尽管在使用现代化的仪器时,样品的平均使用质量在 10 mg 左右,但在实际中可能需要更多或者非常少的样品量,例如用具有较薄的涂层的粉末进行实验时需要更多的样品量,而在研究爆炸反应时则只需少量的样品。检测信号的检出限取决于所用的材料和基体。虽然通常用几微克的纯物质测定有机化合物(如胆固醇或甘油三酯)的熔融峰,但在含有惰性填料的混合物中则需要约 1 mg 的样品。因此,校准参数只能在有限的质量范围内保持恒定。

5.7.3 仪器参数的影响

加热速率在任何一种 DTA 和 DSC 的实验过程中都是一个十分有意义的参数。理论研究结果表明,对于以不同速率熔化的相同样品而言,其峰面积的积分相对于时间为常数[172]。由于峰值在高加热速率下较高,因此尽可能使用较高的加热速率似乎是有用的。但是,较高的加热速率增加了由热滞后引起的不确定性,并且在实际上也增大了许多转变峰的范围。实验操作人员必须合理地判断将试验条件尽可能保持在接近平衡状态的重要性,优先考虑接近平衡条件时的最低可用的加热速率。若需要尽可能快地获得比较结果,可以采用较高的加热速率。对于热容测量而言,由于纵坐标的偏移量 Δy 与热容及加热速率成比例,因此通常需要使用较高的加热速率。

与样品接触的气氛是影响 DTA 或 DSC 曲线的另一个主要因素。对于诸如非反应性金属和盐的熔化过程的惰性材料的转变过程而言,气氛的影响与其热性质有关。如果样品以任何方式相互作用,无论是通过汽化、反应、吸附或吸收气体的作用,还是通过与气体相关的催化反应,气氛气体本身的化学性质、压力和流速等都会严重影响热分析曲线。

5.7.4 操作对仪器带来的影响

为了使灵敏的 DTA 或 DSC 能够连续有效地运行,并避免昂贵的维修和更换配件的费用,仪器使用者必须对所使用的样品和实验条件的范围加以限制。在与仪器制造商进行洽谈时,需要确认在仪器的使用过程中有熟练的技术人员进行充分的指导,还可以依据例如与热分析相关的国家机构组织的热分析研讨会以及已经建立的诸如 ASTM 标准之类的有据可查的标准方法。下面所列举的内容主要来自多年的经验和制造商的报告。

5.7.4.1 样品带来的影响

实验时,应谨慎选择样品用量。样品用量太多可能会导致溢出或者膨胀而损坏坩埚和传感器,而样品量太少则可能难以得到有效的检测信号。将样品直接放置在传感器上进行实验可能会对其产生严重的化学损害,除非特殊原因或仪器采用了坚固耐用的惰性传感器,否则一般不采用这种直接接触的方式。

对于在测量的温度范围内产生气态产物或具有非常高的蒸气压的样品而言,可能会对仪器造成损害。虽然普通的密封坩埚能够承受略高于一个大气压的压力,但压力太高会导致密封部件出现爆裂或破裂。因此,对于这类样品需要使用能够耐高压的装置。

在将样品转至样品盘及放置到仪器上的过程中必须十分小心,样品一旦溢出到传感器或者加热炉上,均会对仪器的正常工作带来不利的影响。因此,推荐使用坩埚盖来盖住样品以避免溢出或蒸发的污染物对支持器产生影响。如果要将样品盘密封,存在于形成密封件的表面上的任何样品都可能会阻止其与密封部分的正确接触并导致不良的结果。对于与气氛中的水汽发生反应的样品而言,需要采取特殊的预防措施,并将样品、坩埚和工具尽可能地保存在干燥箱中。

实验时必须考虑样品在热分解过程中产生的任何腐蚀性或有毒的产物。例如,聚氯乙烯在加热过程中会产生 HCl 气体,而聚丙烯腈热解时则会产生 HCN 气体。甚至无机物中水的汽化也会引起问题。另外,一些生物样品可能会侵蚀铝坩埚。

通过经验可能并不总是可以有助于区分"真实的"(real)、"虚假的"(spurious)和"仪器的"(instrumental)影响。对于由小样品量得到的结果而言,可能会出现吸热漂移,接着是放热峰,然后进一步漂移的现象。这可能是由于仪器的影响,或者是缓慢的吸热变化或基线漂移,接着继续发生放热反应而引起的。还存在另外一种可能,即出现一个更大的吸热过程,之后再回到基线,紧接着出现另一个吸热过程。通过改变运行条件、样品量,或根据需要同时使用另一种技术会有利于解决这个问题。在玻璃化转变过程中出现的叠加"熔融吸热"现象是一个真实的效应,这是由于使用了比先前的冷却速率大的加热速率所造成的。

5.7.4.2 仪器因素带来的影响

应该经常进行仪器的温度和功率(需要时)的校准,特别是当清洁了传感器组件或当仪器在特别极端的条件下运行之后应及时进行校准。两次校准之间的时间间隔显然应取决于使用方式,当使用新类型的样品或一系列的实验条件时,都应考虑重新进行校准。除非近期对仪器进行了校准,否则由此得到的结果可能是不可信的。

通常通过运行空白的实验曲线来判断仪器性能和任何可能存在的危险对仪器所造成的影响。实验时,使用与样品相同材料的样品作为参考样品运行所得到的结果,可以用来判断是否存在因为传感器头部未对齐、传感器不平衡(例如由于污染造成的)或某些其他原因而引起基线漂移的情况。当两次实验之间的差异较大(例如确定比热容)时,应在仪器开始进行样品测试之前将样品盘加热到所需的温度范围。

坩埚的位置必须具有匹配性和可重现性。坩埚的变形或损坏可能会导致出现错误的尖锐峰,有时由于突然膨胀、接触不良均会造成基线的漂移。坩埚相对于传感器的相对位移也会产生一些问题。

温度范围必须与所使用的仪器、样品和坩埚相适应。例如,在超过其熔点(660 ℃)时继续使用铝坩埚会破坏传感器组件。当仪器允许热失控时,可以将炉子加热到高于安全限度的温度之上。通常使用断流器来防止这种意外情况的发生。

仪器的反应性是实验时必须考虑的另外一个因素。实验时,不能使用可以与样品或者气氛气体发生作用的坩埚。有时,一些不常用的材料可能会腐蚀最耐用的坩埚,例如某些高温导电聚合物对铂坩埚可能存在腐蚀作用。同时,在实验中必须避免坩埚或传感器的氧化。

当仪器在室温以下的温度运行时,可能会发生结冰和结露两种危险情况。首先,结冰可能会改变分析的结果。例如,结冰峰可能出现在 0 ℃ 附近,样品可能吸水,随后会发生水的蒸发,这会引起转变过程发生变化并引起基线的漂移。其次,气流可能由于冰的影响而产生压力,从而使气流受到限制。因此,在实验过程中使用干燥的气体十分重要。

经常会误认为在运行开始和结束时会发生由样品的热变化而引起的瞬间变化。一般来说,除非存在不可接受的蒸发或者分解,仪器运行的初始温度应比样品发生特定的热变化温度低约 30 K,而结束温度应比样品结束热变化的温度高 30 K 左右。通过添加额外的材料来调节参比坩埚的热容可消除这种瞬间变化的现象。对于使用铝坩埚和盖子的 DSC 实验而言,向参比侧添加几个盖子可以使样品更好地平衡并减少这种称为"启动钩"(start-up hook)的现象[173]。如果样品和参比物之间的坩埚和支持器之间的热阻不同,也可能会发生这种瞬间变化的现象。

使用计算机软件对 DTA 或 DSC 曲线进行平滑时必须谨慎!虽然经验会显示某个现象(如尖锐的尖峰)是否与特定的样品有关,但有时候它是实际存在的。有时由于气体逸出反应的存在会导致出现非常不均匀的信号,例如水合硝酸镁的脱水过程和氧化银加热产生金属银的过程,这些过程均具有最不规则的信号[172]。

5.7.5 误差

在 DTA 或 DSC 实验过程中,误差是不可避免的,它可能发生在实验之前、期间和之后的整个范围内。当然,以上所概述的"危害"问题都可能导致由仪器所得到的结果与理论值不一致的现象。在最近的一篇文章[174]中,研究者提出以每个影响因素的英文单词首字母的缩写组合 SCRAM(sample,crucible,heating rate,atmosphere,mass,简称 SCRAM)来概述影响热分析实验的可能因素:

- **S:样品(sample)**

样品的采集、储存、制备及自身性质等都是影响 DTA 和 DSC 分析的因素。个别实验室可能希望以"收到"(as recieved)样品的最初形式而不进行任何处理直接进行实验,但另一些实验室可能会特别注意以特定的方式制备同样的样品。由此得到的两个样品的结果往往是完全不同的。

- **C:坩埚(crucible)(或样品架)**

从上面的内容可知,目前坩埚或样品架的材料和设计各种各样。如果在实验中使用的坩埚或样品架材料、形状或尺寸不符合要求,便会产生误差。

- **R:加热速率(heating rate)**

如果在分析时要求热力学平衡条件(例如研究相平衡),则需要采用最慢的加热速率。非常快速的加热速率可能会由于热滞后或者不同的动力学效应而产生误差。亚锡(Ⅱ)的甲酸盐在较高的加热速率下会出现两个吸热峰,但是在较低的加热速率下只有一个吸热峰,这已被证明是由于在分解过程中存在熔化作用所引起的。在进行快速加热时,会有足够多的材料出现熔化。但在缓慢的加热过程中,大部分会在达到熔点之前发生分解[175]。同样地,通过其他技术进行检测有助于避免一些错误。

- **A:气氛(atmosphere)**

选择错误的气氛或在不同气氛下对比同一样品,或采用不同的气体流速均会引起误差。如上所述,潮湿的气体可能会产生杂散效应。高流速可以通过蒸发作用除去挥发物而导致峰形发生变化,例如在较低的温度下发生脱溶剂的过程。另外,对于反应性的气氛必须小心处理。在高温下研究填充聚合物的组成时,过早地将气氛切换为氧化性气氛通常会导致燃烧现象出现。

- **M:质量(mass)**

由不准确地称重所引起的误差很容易避免。应该对样品采取较好的预处理措施,以确保称重准确、无溢出或蒸发。实验结束后重新对样品进行称重也是通常采用的做法。

此外,在数据采集和处理过程中也应该尽量避免误差的出现。在特定的区间内收集的数据点太少,通常会导致不可靠的分析结果。数据收集范围太宽,可能会导致难以精确测量或建立基线。

Willcocks[176]指出:"通过相同的计算机系统连接的相同类型的仪器,即使控温精度为±0.1 ℃,两者输出的温度差也可能会达到 10 ℃。对于大多数热分析技术人员来说,根据制造商的规格生产的 DSC 仪器可以得到精准的和可重现的数据。这在加热时基本上是正确的,但冷却时并不总是这样。"他认为,通过具有较好重现性的"制冷标准"可能能克服这一问题。

5.7.6 未来的发展趋势

展望未来的发展趋势,我们需要考虑其发展历史、目前的技术水平和未来可以预见的对热分析方法的需求。在本章的第一部分中,DTA 技术从一个经验性的、定性的、实验室搭建的设备发展到了现在的具有坚实的理论基础,通过可靠的分析技术、精确的定量测量,与其他商业化仪器一样具有可重现性的成熟的分析技术。

20 世纪下半叶被未来的分析工作者称为"计算机时代"。许多在 20 世纪 60 年代工作的热分析工作者使用图表记录仪记录结果,这种耗时的手动测量、数据更正和计算需要消耗除实验之外的大量时间。到了 20 世纪 80 年代,仪器与计算机的连接变得越来越容易,新一代的分析工作者更加熟悉它们的使用,这为节省时间和完成更严格的分析和计算提供了可能性。在 20 世纪 90 年代,当我们进入一个实验室后,给人印象最深刻的是每台仪器均配有计算机。而在较大的实验室中,这些仪器都被连接到网络和 LIMS 中。对于热分析仪而言,由于仪器的改进和计算机对仪器的控制、数据处理软件的广泛应用,导致使用和获得实验数据变得更为便捷,这些变化促进了热分析、量热法以及同时进行热分析和其他分析测量的联用技术的发展。

在评价当前的 DTA 和 DSC 的应用情况时,可以参考 1992 年在哈特菲尔德(Hartfield)举行的第十届 ICTAC 会议的投稿信息。在目前发表的论文中,20% 涉及聚合物,13% 为无机物,12% 为药物和仪器,其余的为从考古学到分子筛的所有相关的领域。另外,大约有 28% 的研究论文涉及 DTA、DSC 或者二者联用的技术,人们对温度调制技术在 DSC 中的应用有着浓厚的兴趣。

Mathot[177]在庆祝英国热分析方法研究组(Thermal Methods Group of the United Kingdom)成立 30 周年的会议上提出了"热分析与量热法:是否熟悉繁殖蔑视?"(Thermal Analysis and Calorimetry: Is familiarity breeding contempt?)的观点。他希望到 2000 年仪器的测量能够按照 DIN、ASTM 等标准实现标准化,并且研究和开发工作能够越来越多地得到 DSC 和其他热分析方法的支持。为了实现这一目标,他建议"仪器制造商和专业技术中心应联合起来开发新方法和设备"。对于 DSC,他建议如下:

改进现有的仪器设备,如:

(1) 通过一些测量单元和样品的交换器增加每台 DSC 的测试能力。

(2) 开发更便宜和更耐用的测量单元。

(3) 合并空白盘平衡校正作为标准的测量方法。

(4) 提高 DSC 仪器的稳定性,实现无人值守操作。

(5) 定量测量常规的热变化。

开发新类型的设备,如:

(1) 温度调制 DSC 应得到更加广泛的应用并为更多的人所了解。

(2) 开发多频量热法。

(3) 可以连续地测定基线。

(4) 更高的冷却和加热速率,可适应更高压力的系统。

(5) 尽一切可能拓展反应量热法的应用。
(6) 工艺和安全性的研究应该有灵活的反应条件。
(7) 发展小型化传感器。
(8) DSC 应与显微镜联用,包括扫描探针显微镜。
(9) 发展热分析法与多种分析方法联用的技术。

为了鼓励 DSC 和 DTA 的未来用户,在培训和教育的过程中应包括 DSC、DTA 及其他方法的使用。同时,应明确对使用现代化设备的从业人员的知识型教学和指导,从事质量控制和研究开发的管理人员都应该了解这些方法。

也许,现代仪器发展趋势的外在需要是将仪器与计算机集成在一起,在缩小其尺寸的同时保持其坚固的结构,并使其尽可能地简便。在"黑匣子"(black box)里面,我们期待新技术的开发拓展 DSC 和 DTA 的应用领域,并提高其性能和范围。

致谢

作者衷心感谢许多人的帮助与合作,特别是那些花费时间与我们进行讨论的主要仪器制造商的代表们,他们提供了仪器发展过程的信息以及相关的设计图纸。我们也十分感谢 Robert Mackenzie 博士的帮助和许多有意义的讨论。

参考文献

1. Agricola, De Re Metallica, Froben, Basel, 1556.
2. A. Neri, De Arte Vitraria, Florence, 1640.
3. R. C. Mackenzie, Thermochim. Acta, 73 (1984), 251.
4. R. C. Mackenzie, Thermochim. Acta, 73 (1984), 307.
5. R. C. Mackenzie, Thermochim. Acta, 148 (1989), 57.
6. R. C. Mackenzie, J. Thermal Anal., 35 (1989), 1823.
7. G. Martine, Essays on the Construction and Graduation of Thermometers and on the Heating and Cooling of Bodies, 1738-40, A. Donaldson, Edinburgh, 1772.
8. J. Wedgwood, Phil. Trans. R. Soc. (London), 74 (1784), 358; 76 (1786), 390.
9. T. Seebeck, Ann. Phys. Chem., 6 (1826) 130, 253.
10. H. Le Chatelier, C. R. Acad. Sci., Paris, 104 (1887), 1443; Bull. Soc. Fr. Mineral. Cristallog., 10 (1887), 204.
11. M. I. Pope and M. D. Judd, Differential Thermal Analysis, Heyden, London, 1977.
12. W. J. Smothers and Y. Chiang, Handbook of Differential Thermal Analysis, Chemical Publishing Co., New York, 2nd Edn, 1966.
13. C. W. Siemens, Proc. R. Soc. (London), 19 (1871), 443.

14. W. C. Roberts-Austen, Proc. Inst. Mech. Eng., (a) (1891), 543; (b) (1899), 35.

15. G. K. Burgess, Bull. Bur. Stan., Washington, 4 (1908), 180.

16. J. P. Joule, Scientific Papers of J. P. Joule, Physical Society of London, 1884, 1887.

17. J. P. McCullough and D. W. Scott, Experimental Thermodynamics, Vol. 1, p. 437, Butterworth, London, 1968.

18. J. Orcel, Cong. Int. Miner. Metal., Geol. Appl., 7 Sess., Paris, 1935, Geol. 1 (1936), 359.

19. L. G. Berg and V. A. Anosov, Zh. Obsch. Khim., 12 (1942), 31.

20. S. Speil, L. H. Berkelhamer, J. A. Pask and B. Davies, Tech. Pap. U.S. Bur. Mines, 664, (1945).

21. P. F. Kerr and J. L. Kulp, Am. Mineral., 33 (1948), 387.

22. M. J. Vold, Anal. Chem., 21 (1949), 683.

23. S. L. Boersma, J. Am. Ceram. Sot., 38 (1955), 281.

24. H. E. Kissinger, J. Res. Natl. Bur. Stand., 57 (1956), 217.

25. H. J. Borchardt and F. Daniels, J. Amer. Chem. Sot., 79 (1957) 41. H. J. Borchardt, J. Inorg. Nucl. Chem., 12 (1960), 252

26. E. Saladin, Iron & Steel Metallurgy and Metallography, 7 (1904), 237.

27. H. Le Chatelier, Rev. mét., 1 (1904), 134.

28. N. S. Kumakov, Z. anorg. Chem., 42 (1904), 184.

29. R. C. Mackenzie (Ed.), Differential Thermal Analysis of Clays, Mineralogical Society, London, 1957.

30. R. A. Schultz, Clay Minerals Bull., 5 (1963), 279.

31. C. Geacintov, R. S. Schotland and R. B. Miles, J. Polym. Sci., C, 6 (1963) 197.

32. E. S. Watson, M. J. O'Neill, J. Justin and N. Brenner, Anal. Chem., 36 (1964), 1233.

33. C. Sykes, Proc. R. Soc. (London), 148 (1935), 422.

34. K. G. Kumanin, Zh. Prikl. Khim., 20 (1947), 1242.

35. C. Eyraud, C. R. Acad. Sci, Paris, 240 (1955), 862.

36. L. M. Clarebrough, M. E. Hargreaves, D. Mitchell and G. W. West, Proc. R. Soc. (London), A215 (1952), 507.

37. M. O'Neill, Anal. Chem., 36 (1964), 1238.

38. R. L. Blaine, A Genetic Definition of Differential Scanning Calorimetry, Du Pont Instruments, 1978.

39. R. C. Mackenzie, Ed., Differential Thermal Analysis, 2 Volumes, Academic Press, London, 1970, 1972.

40. M. Reading, D. Elliott and V. L. Hill, J. Thermal Anal., 40 (1993), 949.
41. J. G. Dunn, J. Thermal Anal., 40 (1993), 1431.
42. R. C. Mackenzie, Thermochim. Acta, 46 (1981), 333.
43. R.C. Mackenzie, Treatise on Analytical Chemistry, (P J Elving, Ed.), Wiley, New York, 1983, Part I, Vol. 12, p. 1.
44. R. C. Mackenzie, Talanta, 16 (1969), 1227; 19 (1972), 1079.
45. P. S. Gill, S. R. Sauerbrunn and M. Reading, J. Thermal Anal., 40 (1993) 931.
46. P. Nicholas and J. N. Hay, NATAS Notes, 25 (1995), 4.
47. Mettler TGA850 Brochure, Mettler-Toledo, Switzerland, 1995.
48. B. D. Mitchell, Clay Minerals Bulletin, 4 (1961), 246.
49. J. S. Mayer, Pittsburgh Conference, Paper #731, (1986).
50. A. Marotta, S. Saiello and A. Buri, Thermal Analysis, (B. Miller, Ed.), Proc. 7th ICTA, Wiley, Chichester, (1982), 85.
51. A. P. Gray, Perkin-Elmer Thermal Analysis Study #1, Perkin Elmer, 1972. Analytical Calorimetry, Vol. 1, (R. S. Porter, J. F. Johnson, Eds.), Plenum, New York, 1968, p. 209.
52. D. M. Speros and R. L. Woodhouse, J. Phys. Chem., 67 (1963), 2164.
53. D. J. David, Anal. Chem., 36, (1964), 2162.
54. W. Hemminger, Calorimetry and Thermal Analysis of Polymers, (V. B. Mathot, Ed.), Hanser, Munich, 1994, Ch. 2.
55. P. Pacor, Anal. Chim. Acta., 37 (1967), 200.
56. J. H. Sharp and F. W. Wilburn, J. Thermal Anal., 41 (1994), 483.
57. F. Hongtu and P. G. Laye, Thermochim. Acta, 153 (1989), 311.
58. F. W. Wilburn, J. R. Hesford and J. R. Flower, Anal. Chem., 40 (1968), 777.
59. M. E. Brown, Introduction to Thermal Analysis, Chapman & Hall, London, 1988.
60. C. J. Keattch and D. Dollimore, Introduction to Thermogravimetry, 2nd Edn., Heyden, London, 1975.
61. A. W. Coats and J. P. Redfem, Nature, 201 (1964), 68.
62. H. E. Kissinger, Anal. Chem., 29 (1957), 1702.
63. R. Melling, F. W. Wilbum and R. M. McIntosh, Anal. Chem., 41 (1969), 1275.
64. F. W. Wilburn, D. Dollimore and J. S. Crighton, Thermochim. Acta., 181 (1991), 173.
65. F. W. Wilburn, D. Dollimore and J. S. Crighton, Thermochim. Acta, 181 (1991), 191.

66. J. L. McNaughton and C. T. Mortimer, Differential Scanning Calorimetry, IRS Physical Chemistry Series, Vol. 10, Butterworths, London and Perkin-Elmer Ltd., 1975.

67. F. W. Wilbum, R. M. McIntosh and A. Turnock, Trans. Brit. Ceram. Soc., 73 (1974), 117.

68. F. W. Wilburn and J. H. Sharp, J. Thermal Anal., 40 (1993), 133.

69. W. W. Wendlandt, Thermal Analysis, 3rd Edn, J. Wiley, New York, 1986.

70. R. F. Speyer, Thermal Analysis of Materials, M. Dekker, New York, 1994.

71. T. J. Quinn, Temperature, 2nd Edn, Academic Press, London, 1990.

72. J. R. Leigh, Temperature Measurement and Control, Control Engineering Series 33, P. Peregrinus for IEE, London, 1988.

73. H. van Vlack, Elements of Material Science, 5th Edn, Addison-Wesley, Reading, 1987, p. 318.

74. J. O. Hill, For Better Thermal Analysis and Calorimetry III, ICTA, 1991.

75. G. W. C. Kaye and T. H. Laby, Tables of Physical and Chemical Constants, 16th Edn, Longmans, London, 1995.

76. B. F. Billing, Thermocouples: their Instrumentation, Selection and Use, IEE Monograph, 64/1, London, 1964.

77. J. C. Lachman and J. A. McGurty, Temperature: Its Measurement and Control in Science and Industry, (C. M. Herzfeld, Ed.), Volume 3, Part 2 Chapter 11, Reinhold, New York, 1962, p. 185.

78. R. C. Mackenzie, Anal. Proc., (1980), 217.

79. T. Daniels, Thermal Analysis, Kogan Page, London, 1973.

80. R. C. Mackenzie, Nature, 174 (1954), 688.

81. T. Ozawa, Bull. Chem. Soc. Japan, 39 (1966), 2071.

82. C. Mazières, Anal. Chem., 36 (1964), 602.

83. D. A. Vassallo and J. L. Harden, Anal. Chem., 34 (1962), 132.

84. W. H. King, A. F. Findeis and C. T. Camilli, Analytical Calorimetry, Vol. 1, (R. S. Porter, J. F. Johnson, Eds.), Plenum, New York, 1968, p. 261.

85 R. P. Miller and G. Sommer, J. Sci. Inst., 43 (1966), 293.

86. J. H. Welch, J. Sci. Inst., 31 (1954), 458.

87. G. N. Rupert, Rev. Sci. Inst., 36 (1965), 1629.

88. W. R. Barron, The Infrared Temperature Handbook, Omega Engineering, Stamford, 1995.

89. J. L. Caslavsky, Thermochim. Acta, 134 (1988) 371, 377.

90. R. C. Johnson and V. Ivansons, Analytical Calorimetry, Vol. 5, (J F Johnson, P S Gill, Eds.), Plenum, New York, 1984, p. 133.

91. J. L. Petit, L. Sicard and L. Eyraud, C. R. Hebd. Seances Acad. Sci., 252 (1961), 1740.

92. G. van der Plaats and T. Kehl, Thermochim. Acta, 166 (1990), 331.

93. E. Calvet and H. Prat, Recent Progress in Microcalorimetry, Pergamon Press, New York, 1983.

94. P. Le Parlouer and J. Mercier, J. AFCAT., Orsay, (1977), 2.

95. Rigaku TG-DSC Brochure, Rigaku Denki Co, Tokyo, Japan.

96. E. M. Barrall and L. B. Rogers, Anal. Chem., 34 (1962), 1106.

97. R. L. Stone, Anal. Chem., 32 (1960), 1582.

98. R. P. Tye, R. L. Gardner and A. Maesono, J. Thermal Anal., 40 (1993), 1009.

99. P. Le Parlouer, Rev. Sci. Hautes Temper. Refract., Fr., 28 (1992~1993), 101.

100. A. Maesono, M. Ichihasi, K. Takaoka and A. Kishi, Thermal Analysis, Proc. 6th ICTA, Birkhauser, Basel, 1 (1980), 195.

101. Ulvac Sinku-Riko, Inc, Infrared Gold Image Furnace, Brochure Ulvac Sinku-Riko, Yokohama, Japan.

102. E. Karmazin, R. Barhoumi and P. Satre, Thermochim. Acta, 85 (1985), 291.

103. J. P. Redfem, Differential Thermal Analysis, (R. C. Mackenzie, Ed.), Vol. 2, Academic Press, London, 1972, Chap. 30.

104. SETARAM, Calvet Microcalorimeter Brochure, SETARAM, Lyon.

105. T. Hatakeyama and F. X. Quinn, Thermal Analysis: Fundamentals and Applications to Polymer Science, Wiley, Chichester, 1994, p. 36.

106. G. F. Franklin, J. D. Powell and M. L. Workman, Digital Control of Dynamic Systems (2nd Edn.), Addison-Wesley, London, 1990, p. 222.

107. H. G. Wiedemann and A. Boller, Int. Lab., 22 (1992), 14.

108. L. C. Thomas, Int. Lab., 17 (1987), 30.

109. B. Cassel and M. P. DiVito, Int. Lab., 24 (1994), 19.

110. F. R. Wright and G. W. Hicks, Polym. Eng. Sci., 18 (1978), 378.

111. G. R. Tryson and A. R. Schultz, J. Polym. Sci., Polym. Phys. Ed., 17 (1979), 2059.

112. K. A. Hodd and N. Menon, Proc. 2nd ESTA, Aberdeen, Heyden, London, 1981, p. 259.

113. P. J. Haines and G. A. Skinner, Thermochim. Acta, 59 (1982), 343.

114. H. G. Wiedemann, J. Thermal Anal., 40 (1993), 1031.

115. Shimadzu, Photovisual DSC 50V Brochure, 1995.

116. J. T. Koberstein and T. P. Russell, Macromolecules, 19 (1992), 714.

117. A. J. Ryan, J. Thermal Anal., 40 (1993), 887.

118. W. Bras, G. E. Derbyshire, A. Devine, S. M. Clark, J. Komanschek, A. J. Ryan and J. Cooke, J. Appl. Cryst., 28 (1995), 26.

119. H. Yoshida, R. Kinoshita and Y. Teramoto, Thermochim. Acta, 264 (1995), 173.

120. W. P. Brennan, B. Miller and J. C. Whitwell, J. Appl. Polym. Sci., 12 (1968), 1800.

121. J. E. S. Ladbury, B. R. Currell, J. R. Horder, J. R. Parsonage, and E. A. Vidgeon, Thermochim. Acta, 169 (1990), 39.

122. J. Chiu and P. G. Fair, Thermochim. Acta, 34 (1979), 267.

123. J. H. Flynn and D. M. Levin, Thermochim. Acta, 126 (1988) 93.

124. G. Hakvoort, L. L. van Reijen and A. J. Aartsen, Thermochim. Acta, 93 (1985), 317.

125. S. M. Marcus and R. L. Blaine, TA Instruments Applications Note TA-086, 1993.

126. T. Boddington, P. G. Laye, J. Tipping, E. L. Charsley and M. R. Ottaway, Proc. 2nd ESTA, Heyden, London, 1981, p. 34.

127. T. Boddington and P. G. Laye, Thermochim. Acta, 115 (1987), 345.

128. R. N. Rogers and E. D. Morris, Anal. Chem., 38 (1966), 410.

129. L. W. Ortiz and R. N. Rogers, Thermochim. Acta, 3 (1972) 383.

130. J. Chiu, Anal. Chem., 39 (1967), 861.

131. R. W. Carroll and R. V. Mangravite, Thermal Analysis, Proc. 2nd ICTA, Vol. 1, (R. F. Schwenker, P. D. Garn, Eds.), Academic Press, London, 1969, p. 189.

132. G. P. Morie, J. A. Powers and C. A. Glover, Thermochim. Acta, 3 (1972), 259.

133. G. Beech and R. M. Lintonbon, Thermochim. Acta, 2 (1971), 86.

134. I. Mita, I. Imai and H. Kambe, Thermochim. Acta, 2 (1971), 337.

135. D. J. Johnson, D. A. Compton and P. L. Canale, Thermochim. Acta, 195 (1992), 5.

136. E. M. Bollin, Thermal Analysis, Proc. 2nd ICTA, Vol. 1, (R. F. Schwenker, P. D. Garn, Eds.), Academic Press, London, 1969, p. 255.

137. E. L. Charsley, C. T. Cox, M. R. Ottaway, T. J. Barton and J. M. Jenkins, Thermochim. Acta, 52 (1982), 321.

138. J. C. Seferis, I. M. Salin, P. S. Gill and M. Reading, Proc. Acad. Greece, 67 (1992), 311.

139. M. Reading, D. Elliott and V. L. Hill, Proc. 21st North American Thermal Analysis Society Conference, (1992), 145.

140. M. Reading, Trends Polym. Sci., 1 (1993), 248.

141. M. Reading, A. Luget and R. Wilson, Thermochim. Acta, 238 (1994), 295.

142. M. Reading, R. Wilson and H. M. Pollock, Proc. 23rd North American Thermal Analysis Society Conference, (1994), 2.

143. M. Reading, K. J. Jones and R. Wilson, Netsu Sokutie, 22 (1995), 83.

144. J. E. K. Schawe, Thermochim. Acta, (a) 260 (1995), 1; (b) 261 (1995), 183.

145. B. Wunderlich, Personal communication.

146. Y. Jin, A. Boiler and B. Wunderlich, Proc. 22nd North American Thermal Analysis Society Conference, (1993), 59.

147. B. Wunderlich, Thermal Analysis, Academic Press, Boston, 1990.

148. A. A. Lacey, C. Nikolopoulos and M. Reading, J. Thermal Anal., in press.

149. A. A. Lacey, C. Nikolopoulos, H. M. Pollock, M. Reading, K. Jones, and I. Kinshott, Thermochim. Acta, in press.

150. A. Boiler, Y. Jin and B. Wunderlich, J. Thermal Anal., 42 (1994), 277.

151. Y. Jin, A. Boiler and B. Wunderlich, Proc. 22nd North American Thermal Analysis Society Conference, (1993), 59.

152. M. Song, A. Hammiche, H. M. Pollock, D. J. Hourston and M. Reading, Polymer, 36 (1995), 3313.

153. M. Song, D. J. Hourston, M. Reading, A. Hammiche and H. M. Pollock, Polymer, 37 (1996), 243.

154. D. J. Hourston, M. Song, H. M. Pollock and A. Hammiche, Proc. 24th North American Thermal Analysis Symposium (NATAS) (1995), 109.

155. B. Schenker and F. Stager, Thermochim. Acta, in press.

156. B. Wunderlich, Y. Jin and A. Boller, Thermochim. Acta, 238 (1994), 277.

157. LGC Office of Reference Materials, Catalogue, LGC Teddington, 1995, p. 67.

158. E. L. Charsley, J. P. Davies, E. Glöggler, N. Hawkins, G. W. Höhne, T. Lever, K. Peters, M. J. Richardson, I. Rothemund and A. Stegmayer, J. Thermal Anal., 40 (1993), 1405.

159. G. Lombardi, For Better Thermal Analysis, ICTA, Rome, 1977, p. 22.

160. ASTM D3418-82: Standard Test Methods for Transition Temperatures of Polymers by Thermal Analysis. ASTM, Philadelphia, 1982.

161. ASTM E967-83: Temperature Calibration of DSC and DTA, ASTM, Philadelphia, 14.02, 1992, p. 658.

162. T A Instruments, Thermal Applications Note TN11, 1994.

163. a). E. Kaisersberger and H. Möhler, DSC of Polymeric Materials, Netzsch Annual for Science and Industry, Vol. 1, Netzsch, Selb, 1991, p. 31.

b). E. L. Charsley, J. Thermal Anal., 40 (1993), 1399.

164. International Temperature Scale, ITS-90, 1990.

165. W. Eysel and K. H. reuer, Thermochim. Acta., 57 (1982), 317.

166. G. T. Furukawa, T. B. Douglas, R. E. McCloskey and D. C. Ginnings, J. Res. Nat. Bur. Stand., 57 (1956), 67.

167. W. P. Brennan and A. P. Gray, Paper at Pittsburgh Conference, 1973.

168. G. R. Taylor, G. E. Dunn and W. B. Easterbrook, Anal. Chim. Acta, 53 (1971), 452.

169. J. M. Barton, Polymer, 33 (1992), 1177.

170. Recommendations for the Testing of High Alumina Cement Concrete Samples by Thermoanalytical Methods, TMG, London, 1975.

171. R. A. Rowland and E. C. Jonas, Am. Mineral., 34 (1949) 550.

172. E. L. Charsley and S. B. Warrington (Eds.,), Thermal Analysis Techniques and Applications, RSC, Cambridge, 1992.

173. L. C. Thomas, Interpreting Unexpected Events and Transitions in DSC Results, TA Instruments Applications Note TA039, 1994.

174. P. J. Haines, Thermal Methods of Analysis, Blackie, Glasgow, 1995, p. 18.

175. J. Fenerty, P. G. Humphries and J. Pearce, Thermochim. Acta, 61 (1983), 319.

176. P. H. Willcocks and I. D. Luscombe, J. Thermal Anal., 40 (1993) 1451.

177. V. B. F. Mathot, Lecture at 30th Anniversary Meeting of the Thermal Methods Group, UK, York, 1995.

第6章

热机械方法

R. E. Wetton
英国拉夫堡 Jubilee Drive 创新中心（Innovation Centre，Jubilee Drive，Loughborough，UK）

6.1 简介

通过热机械方法进行温度扫描可以测量得到力学参数，它们的测试对象通常局限于固体。在最简单的情况下，可以用来测量长度随着温度变化的信息。在进行校准之后，可以推导出热膨胀系数，这种测量方法通常称为热膨胀法（thermodilatometry）。如果通过施加载荷阻碍固体的膨胀，则可以观察到膨胀效应和模量变化的综合效应，通常称这种方法为热机械分析（thermomechanical analysis，简称 TMA），测量得到的曲线主要可以用来反映模量的变化信息。另外一种根据模量的变化来得到转变的准确信息的方法是通过给具有良好定义的几何形状的样品施加小的正弦变化的应力，并根据响应的应变振幅来计算模量的信息，这种技术被称为动态力学热分析（dynamic mechanical thermal analysis，简称 DMTA 或 DMA）。虽然国际热分析和量热学会（the International Confederation for Thermal Analysis and Calorimetry，简称 ICTAC）推荐的命名是动态热机械分析（dynamic thermomechanical analysis，简称 DTMA）（见第 1 章），但根据《化学文摘》（Chemical Abstracts）的调研结果，绝大多数的出版物均倾向于使用前者，因此在本章中也称之为动态力学热分析。

DMTA 具有可以高分辨地监测损耗角正切峰的优势，图 6.1 是通过这三种主要方法测量得到的玻璃态固体（高分子量聚苯乙烯）的热行为的示意图。

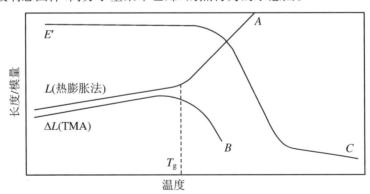

图 6.1 玻璃态固体的热曲线（A：热膨胀法，B：TMA，C：1 Hz DMTA）

6.2 静态方法

6.2.1 热膨胀法

经典的膨胀测量法是将样品浸入到流体(过去常使用汞)中,通过毛细管中受限制的流体来精确测量膨胀系数,测量方式与玻璃温度计中汞的变化非常相似,这种方法通常不能归类为热分析法的范畴。在本部分内容中,我们将重点放在通过长度测量进行膨胀测量上,并且同时将各向同性材料的体积膨胀系数近似为线膨胀系数(α)的3倍。在测量膨胀系数时,用于长度变化测量的TMA仪器通常改进或设计为在接近零载荷条件下进行测量(见6.2.2节)。这样的测量系统适用于真正的固体材料,但不适合测量熔融转变温度(T_m)。有些情况下可能也无法测量玻璃化转变温度(T_g),这主要取决于材料在T_g以上的性质。由于交联橡胶是高于T_g的无定形固体,因此仍可以进行精确的膨胀测量。相反地,蔗糖/水玻璃是黏度高于T_g的液体,不适用于长度的测量。图6.2中给出了可以利用热膨胀法测量的各种转变类型。

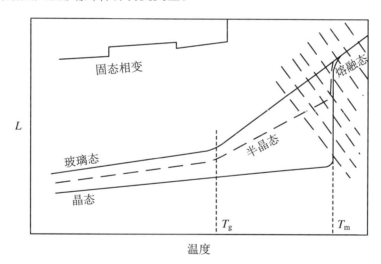

图6.2 可用热膨胀法准确测量范围的示意图。图中包括了T_g和一级固体-固体转变的范围,其中在图中的阴影范围内很难准确测量长度

热膨胀法(thermodilatometry)最有趣的应用在于其可用于定量测量材料的各向异性。各向异性主要出现于以下的情况:(1)拉制纤维(单轴);(2)拉制或吹塑薄膜(双轴);(3)纤维复合材料(通常为双轴);(4)单晶(通常为三轴);(5)液晶显示材料;(6)一些金属玻璃。通常可以沿着三个主轴方向测量热膨胀系数。Porter等人[1]分别从平行和垂直于取向的两个方向上测定了热膨胀系数,研究了这些测量值与取向分布的拉制聚(苯乙烯)的双折射测量值之间的良好相关性。在各向同性和各向异性条件下无定形聚合物的体积膨胀系数的差异很小,有如下的关系式:

$$\frac{\alpha}{\alpha_{11}} - 1 = \frac{\lambda - 1}{3} \tag{6.1}$$

式中，λ 为拉伸比。

在一些各向异性的固体材料中，在某个主轴方向的膨胀系数可能为负值，如单晶方解石。如图 6.3 所示为在仪器经过校正后测量得到的长度变化结果。α（c 轴）= 25.5 × 10^{-6} K^{-1}，α（a 轴）= -6.1 × 10^{-6} K^{-1}，该结果与由 X 射线衍射仪的测量结果一致。在这种情况下，负膨胀现象是由于 CO_3^{2-} 基团离开它们的平面发生旋转作用而导致空间相互作用减小而造成的。

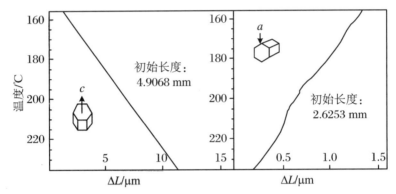

图 6.3　方解石在垂直方向上沿 c 轴和 a 轴的热膨胀曲线。测量是在 Mettler TA 3000 仪器上完成的[2]

6.2.2　热机械分析(TMA)仪器

该类仪器使预定的载荷通过石英棒几乎不变地施加到样品上，在图 6.4 中给出了一种这类仪器的典型示意图。石英的优点是具有较小的热膨胀系数，而其低导热性使得位移传感器(通常是线性可变位移传感器(linear variable displacement transducer，简称 LVDT))与热源隔离开来。在图 6.4 所示的 Rheometric Scientific 公司的仪器中，载荷平台实际上是一种平衡臂装置，使石英棒和探头组件达到重量平衡。这种装置是一种理想的效果，不仅可用于 TMA，也可以满足在热膨胀测量时所需要的低负载力的要求。如果环境温度发生了变化，则大多数位移传感器会出现显著的漂移。图 6.4 中传感器下面设计安装了水循环装置，以此来解决热量增加的问题。一些制造商通过使用马镫形组件来反转石英棒，其允许位移传感器在升温装置下方操作。在样品周围的区域通常既可以被加热(使用电加热)，也可以被冷却(使用液氮)，样品的温度(由热电偶测量)必须由程序温度控制器来控制。加热速率最高可以达到 20 ℃/min，但是对于热容较大的样品应优先采用更低的加热速率。

如果能从 ΔL（测量）获得 ΔL（校正）的准确数值，则通过一个已知膨胀系数的固体样品对仪器进行校准是十分重要的。其原因是仪器的支撑组件的膨胀程度通常与样品是相当的，或者大于相对较小的样品。在使用标准物质进行校准的过程中，标准物质的加热速率必须与实验中样品相同。这是因为相比于较快的加热速率而言，更多的支撑结构将在较慢的加热速率下有足够多的时间来改变温度。同时,也应优先采用与实验样品形状尺寸范围相当的标准样品。通过一种简单的线性内插值处理方法通常可以给出与样品具有相同初始厚度的标准样品的表观膨胀系数。依据之前所述的内容,则有以下形式的关系式:

$$\alpha(\text{true}) - \text{Inst. Correction} = a(\text{obs}) \tag{6.2}$$

通过式(6.2)可将由标准物质实验获得的仪器校正值应用到所需的样品数据中。

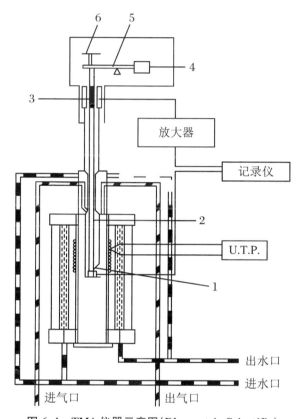

图 6.4　TMA 仪器示意图(Rheometric Scientific)
1:样品热电偶;2:石英棒/探头;3:LVTD 芯;4:配重;5:无摩擦平衡杆;
6:载荷平台。U.T.P.代表通用程序温度控制器

最常用于校准的标准物质是通过加工制成的铝立方体。铝的线性热膨胀系数为 $25 \times 10^{-6}\ \text{K}^{-1}$,石英为 $0.6 \times 10^{-6}\ \text{K}^{-1}$,铂为 $9 \times 10^{-6}\ \text{K}^{-1}$。值得注意的是,玻璃态聚合物的线性热膨胀系数在 $70 \times 10^{-6}\ \text{K}^{-1}$ 范围内,而弹性体则在 $200 \times 10^{-6}\ \text{K}^{-1}$ 范围内。

更多的现代 TMA 仪器允许将载荷以受控电压的形式施加到线性驱动系统("马达"),其可以是扬声器磁体/线圈组件或涡流驱动器的形式。可以提供这种电学式载荷控制仪器的制造商主要为 Perkin-Elmer 以及 Mettler 公司。这种结构形式的优点是:

(1)可以通过计算机控制来加载所需的载荷,几乎没有惯性冲击,并且无需人为干预。

(2)在实验期间可以根据需要来更改载荷,即如果样品急剧软化,则可以自动地降低载荷。

(3) 可以通过反馈控制来改变应力来使变形保持恒定。

最后要介绍的一项技术是在薄膜和纤维中未充分应用的测量技术(见6.2.4节)。其不足之处在于:

(1) 需要对力的测量进行校准,温度漂移的问题将不会像加载的重量一样准确可控。

(2) 制造的复杂性和成本显著增加。

探头类型的选择决定了被测量的实际模量/膨胀性能,在图6.5中列举了最有效的几种附件。

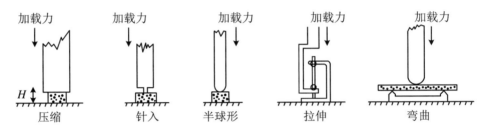

通过上述模式所得到的模量 E 的公式如下:

$$E = \frac{F/A}{\Delta L/H} \quad \text{经验} \quad E = \frac{3(1-v^2)F}{4R^{1/2}\Delta L^{3/2}} \quad E = \frac{F/A}{\Delta L/H} \quad E = \frac{FL^3}{2\Delta LCH^3}$$

式中,ΔL 是探头的垂直位移,F 是施加在横截面积 A 上的力,H 是样品的高度,L 是样品的长度(弯曲梁),C 是样品宽度,v 是泊松比,R 是半球半径。

图 6.5 TMA 的测量模式和相应的模量公式

图 6.5 中的公式适用于恒温下的载荷条件。当正在进行温度扫描时,如果要得出其模量值,就必须对样品和仪器的膨胀量 ΔL 进行校正。实际上,这种校正是很难实现的,因此此时优先采用 DMTA 技术。应该注意的是,除非使用半球形尖端的探头,通过其他任何一种具有比样品更小面积的探头都会给出经验性的结果。当 $H \gg \Delta L$ 时,则可以进行 Hertzian 近似[3]。如果不是这种情况,则应该参考 Finkin 近似[4]。

为了实现膨胀测量时零载荷的要求,不同的仪器制造商采取了各自不同的解决方案。Perkin-Elmer 公司通过密度较大的液体提供浮力,而 Netzsch 公司则通过在无摩擦的支架上水平支撑刚性样品。其中最准确的方法是利用来自样品的每一端反射光的光学干涉法来达到水平工作的目的。ΔL 的测量通常可以达到 0.01 μm 以下的精度,最近发展起来的调谐激光技术能够将其降低到纳米级[5]。反射端面将光学方法的应用温度限制在约 700 ℃ 以下,而高温 TMA 仪器则可以达到 2000 ℃ 以上。

6.2.3 TMA 中的动态效应和载荷效应

除了用于膨胀系数测量,TMA 的重要应用是用来检测材料在主要转变如熔融或玻璃化转变时的模量变化。材料在转变后变成流体或至少是黏弹性的材料,这使得曲线的解释变得更加复杂。另外,材料在更高的载荷作用下会发生流动。在图 6.6 中简单地示意了通过一种针入式探头检测得到的聚合物玻璃化转变曲线。

在这种情况下,高应力激活了在较低温度下的分子运动。随着温度的升高,针入的速度通常会加速。这可以通过选择压缩探头的几何体形状(参见图 6.5)来进行经验性的调整,而这样处理将得到差别相当大的曲线。

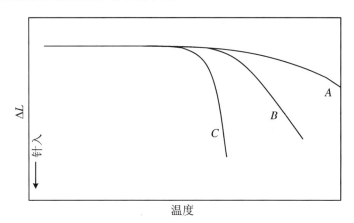

图 6.6　对于非晶聚合物,使用针入式探头得到的温度扫描至 T_g 以上的
ΔL 值随温度的变化曲线,从 $A\sim C$ 表示载荷依次增加

另一个复杂的因素是流动条件下加热速率的影响。可以用下式表示体系的牛顿黏度(η)的简单关系式:

$$\Delta L = (1/\eta) \cdot (F/A) \cdot t \tag{6.3}$$

式中,ΔL 是针入式探头的位移,F 是载荷,A 是探头顶部和侧面接触面积的未知函数,t 是时间。因此,测量的时间 t 越长,ΔL 越大。由于加热速率是变量,因此可以用这种方式来解释图 6.6 中的曲线。升温速度越慢,所观察到的 ΔL 越大。

可以通过在静态载荷上叠加任何形式的振荡应力的形式来简化这种复杂的情况。如果振荡应力是固定的频率,则当材料发生软化时,检测到明显的振荡应变点基本上与加热速率无关(见 6.3.3 节)。此外,这种动态软化不像静态应变那样随着材料的膨胀而变化。例如,非晶聚合物(聚对苯二甲酸乙二醇酯,PET)的温度超过 T_g 而发生软化的情况。图 6.7 中给出了如何通过这种技术来监测其软化过程以及随后由于结晶而出现的硬化过程[6]。为了便于比较,在图 6.7 中还示出了同一材料的 DSC 曲线。静态 TMA 可以看作为整个曲线最低点的连线。显然,由于热膨胀、T_g 以上的黏弹性变形以及在结晶过程中材料体积收缩的复杂影响,导致不能对实际情况下的 TMA 曲线进行简单地分析。

6.2.4　TMA 的应用

最有效的 TMA 测量结果是通过对一组相关样品进行系统性测量获得的,在测量过程中需使所有的实验变量保持一致。

在图 6.8 中给出了高度为 2 mm、直径为 5 mm 的填充沸石粉末床的一组测量结果[7],实验中使用平头的针入式探头,最佳的加热速率范围为 2.5~20 K·min^{-1},恒定载荷为 100 mg。实验时,探头与样品的接触面积应尽可能小以保持与实际相一致,并用氮气吹扫仪器以允许水分挥发。沸石是铝硅酸盐材料,其具有精确分子尺寸的空腔以及通道的三维框架。图 6.8 是含有钠、钾、铷和铯阳离子的沸石 A 的 TMA 数据曲线。在铯离子存在的情况下,由于失水造成了收缩。由于铯离子尺寸相对较大,其不能实现迁移运动。在失水时,钾和铷迁移到较小的方钠石笼状结构中,总体收缩很大。在含钠情况下,通过失水收缩后的膨胀被认为是由离子在 α 笼中相对较高斥力位置处的迁移导致。

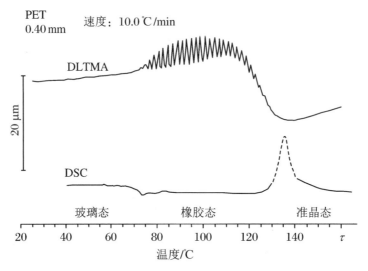

图 6.7　非晶态聚对苯二甲酸乙二醇酯的 TMA 位移叠加动态应力曲线(DLTMA)和同一材料的 DSC 曲线(DSC)

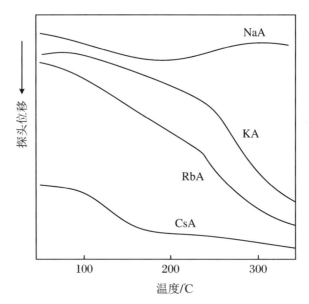

图 6.8　完全水合的沸石 A 的 TMA 曲线,表现出与阳离子大小相关的差异

TMA 在工业上的应用比较多,其主要用于产品的质量控制。TMA 可以应用于蜡或脂肪混合物体系中,这种材料的几何压缩形状在半固体材料熔化时可以自动地提供更大的流动阻力,典型结果如图 6.9 所示。在图 6.9 中,每种蜡组分的熔融转变通过样品的急剧软化呈现出来。在图 6.10 中给出了 TMA 在工业中应用的另一个实例。

使用顶部为方形的位移探头的 TMA 仪器来检测暴露于热机油中尼龙组件的机械性能的下降,其中在接触热油后组件将失效(曲线 B)。由检测得到的 T_g 升高和结晶度降低的变化是由于水液面下降而引起尼龙的氧化所致。

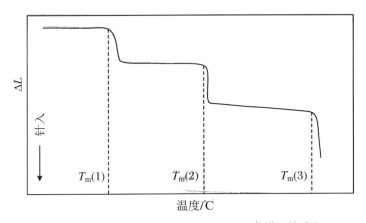

图 6.9　具有三种不同熔融温度的蜡混合物的 TMA 曲线。位移开始急剧下降处的垂线对应于每种组分的熔点,这种确定方法简单且重现性好

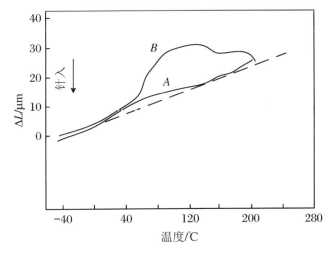

图 6.10　尼龙发动机组件在与氧化油接触的环境中失效的 TMA 曲线[8]
A:接触之前;B:接触之后

装有电子机械加载系统的 TMA 仪器可进行各种实验,它可用于测量所有具有取向的聚合物薄膜和纤维以及一些金属坡璃的重要变化,得到长度保持恒定时的样品热-应力曲线。在图 6.11 中给出了具有不同冻结取向度(由材料的双折射率定义)的一系列涤纶纱线的 TMA 数据曲线[9]。样品的初始取向度越高,所得到的热分析曲线则越复杂。对双折射率最高的样品($\Delta \eta = 0.05$)而言,有三种不连续的松弛过程,这使得冻结的应变转化为主动的应力。从这个角度来说,这似乎是一种未得到充分利用的技术。

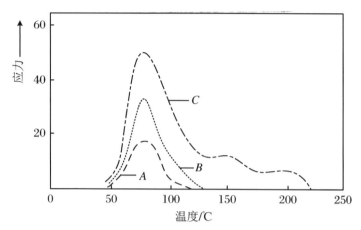

图 6.11 短纤、涤纶纱和拉伸纤维的热应力曲线
A:最小取向的;B:中等取向的;C:最具取向的。
在温度扫描过程中,长度始终保持不变

6.3 动态力学热分析

注意:ICTAC 命名法是动态热机械分析,简称为 DTMA。

6.3.1 动态模量和损耗角正切

从表面上看,动态力学热分析(DMTA)方法似乎是通过改进的静态 TMA 实验得出的,但在实际上并非如此。DMTA 方法起源于固体模量的测量以及它们的频率和温度依赖性(弛豫性质)等物理学概念。固体的主要模量有刚性或剪切模量(G)、杨氏模量(E)和体积模量(B),这些模量因施加在固体上应力的方向而变得不同。由于 DMTA 技术目前只用于测量以上这些模量以及拉伸模量(与各向同性材料的 E 相同),因此在图 6.12 中仅定义了 G 和 E。由于体积模量的测量具有较高的组合误差,因此其无法通过常规的 DMTA 测量得到。

为了在测量中引入一个时间尺度,DMTA 技术在一个具有适当几何形状的样品上施加一个较小的正弦周期变化的应力(或应变)并检测响应得到的应变(或应力)。该技术有时被称为动态力学分析(dynamic mechanical analysis,简称 DMA),这种命名主要是针对那些不需要通过温度扫描来测量动态模量的测量模式而言的。

由施加的正弦应变所产生的与时间相关的应力曲线如图 6.13 所示。对于完全弹性的材料而言,应力与应变同相(in-phase);对于纯黏性的材料而言,应力与应变的相位差达到 90°,此时应力与应变异相(out of-phase)。大多数固体金属在室温下主要呈现出弹性的特征,但在某些温度区域内则显示出显著的黏弹性(滞弹性)特征。聚合物在高于正常的工作温度范围时具有一定程度的黏弹性,但在高于 T_g 的温度范围时,黏弹性将变得十分显著。

由于应力和应变之间的相位关系使得在图 6.12 中给出的不同模量的简单定义变得复杂了,即模量变成了复数的形式。为方便起见,通常将黏弹性响应分解成定义为同相的弹性分量的储能模量(storage modulus,用符号 G' 或 E' 表示)和定义为异相的黏性分量的损耗模量(loss modulus,用符号 G'' 或 E'' 表示)。图 6.13 下半部分曲线中显示了将相对于所施加的应变而产生的应力响应分解成这些同相和异相的分量。

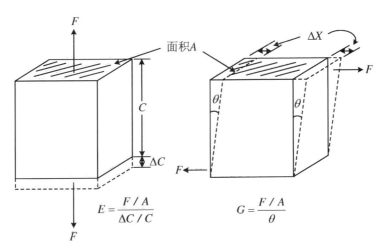

图 6.12　剪切模量(G)和杨氏模量(E)的定义

注意:θ 为以弧度表示的量

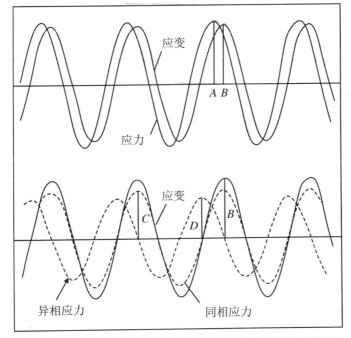

图 6.13　动态力学热分析实验中正弦变化的应力和应变曲线

图中示意了 $E' = C/B$ 和 $E'' = D/B$ 的定义

可以分别定义储能模量和损耗模量为

$$储能模量 = \frac{同相应力振幅}{应变振幅} = C/B \tag{6.4}$$

$$损耗模量 = \frac{异相应力振幅}{应变振幅} = D/B \tag{6.5}$$

这些关系可以用一个 Argand 图来概括表示,总响应取决于复数的模(E^*,G^*),如图 6.14 所示。

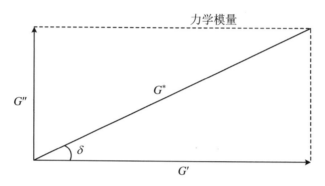

图 6.14 显示动态模量之间关系的 Argand 图

在 Argand 图中,也明确定义了相位角(施加应力后引起的应变滞后),它是一个方便、实用的无量纲参数,通常称为"损耗角正切"或者"损耗因子"($\tan\delta$),可用下式表示:

$$\tan\delta = G''/G'(剪切力) \quad 或 \quad E''/E'(弯曲力) \tag{6.6}$$

$\tan\delta$ 是在每个形变周期内损失的能量与储存的能量之比,如 6.3.2 节中所述,其为温度扫描中测量由于原子/分子迁移率所引起的转变提供了最佳指标。

所有的关于动态模量的理论和测量均假定材料是"线性黏弹性材料"。简单地说,这意味着在不改变 G''/G' 比率(即 $\tan\delta$)的情况下,应力加倍导致应变响应也随之加倍。通常假定在较小的应变处所有材料的性质接近线性行为,但在一些情况下应变必须低至 0.1%。

6.3.2 松弛时间-测量频率的效应

固体中的原子和分子的运动是受热激活的。在金属中,这些过程通常是由于晶界和晶体位错的运动而引起的,在 Zener 的书中对此有一个典型的总结说明[10]。在聚合物中,在不同温度下主链和侧链表现出不同程度的运动自由度,Alexandro 与 Lazurkin 在 1940 年的研究工作中清楚地阐明了频率的影响[11]。

材料可以在适当的温度下保持受力状态,使得运动过程可以以适当的时间尺度(几分之一秒)发生。如果可以在很宽的范围内扫描外加的频率(例如五个数量级),那么模量将从高频率下较高的非弛豫值(G_U 或 E_U)变为低频率下较低的弛豫值(G_R 或 E_R)。如果被测量的动态转变是无定形聚合物的玻璃化转变(T_g)过程,那么非弛豫值接近玻璃态的模量(10^9 Pa),弛豫值接近橡胶态的模量(10^6 Pa)。在非弛豫的玻璃状态和弛豫的橡胶状态下体系的响应都是非常有弹性的。在这些状态之间的时间间隔内,分子运动与外加应力具有相似的时间尺度,对应于一个高度不可逆和能量耗散的区域。如图6.15所示,tan δ 和模量损耗分量均达到最大值,但损耗峰的峰值位置不同。任何工作都应系统地使用 tan δ 或 G'' 的损耗峰的峰值,通过损耗峰的峰值可以用来测量该过程的平均弛豫时间(τ)。如果 f_{max} 是 tan δ 峰值的频率,那么有如下的关系式:

$$\tau = 1/2\pi \cdot f_{max} \tag{6.7}$$

如果要对数据进行数学变换,则需要从 G'' 的最大值定义 f_{max}。在这里,我们从当前弛豫时间分布的角度定义了一个与 tan δ 最大值不同的平均值。在实际应用中,如果用系统方法对 τ 进行定义,则得到的 tan δ 最大值会变得更加准确,并且不会产生偏差。

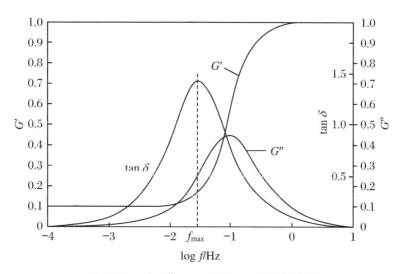

图 6.15　G'、G'' 和 tan δ 随 log f 的变化曲线

单一弛豫时间模型:$G_U/G_R = 10$,$\tau_y = 10$ s

6.3.3　温度-多重弛豫效应

通过 DMTA 研究的所有运动过程是热活性(thermally activated)的,能否在一组给定的测量中有效地观测到这些过程,取决于该过程的活化能(E_a)是否高于可用于激活该过程的热能(即 RT 的乘积)。因此,根据第一性原理法,τ 将根据 Arrehnius 方程而发生如下的变化(其中 A 是一个不随温度发生变化的常数):

$$\tau = A \cdot \exp(E_a/RT) \tag{6.8}$$

这表明 τ 可以通过改变温度来得到。那么损耗峰满足以下的条件:

$$2\pi \cdot f = 1/\tau \quad (\text{在 } T_{max} \text{ 温度下}) \tag{6.9}$$

在热分析的应用中,这是观察损耗峰的常用方法。温度通常以相当缓慢的速度(1~5 ℃/min)上升,在恒定的外加频率(例如 1 Hz)下可以观察到最大损耗位置所对应的温度。

在图 6.16 中给出了通过 DMTA 扫描半结晶聚合物的过程中所观察到的主要特征。弛豫过程可以发生在结晶区域和无定形区域,下标"a"和"c"常用来表示起点。在非晶相中的弛豫过程通常会一直占主要的地位,直到达到熔化区域。在非晶相中随着温度的降低而发生弛豫过程,用希腊字母(α_a、β_a、λ_a、δ_a 等)来标记。如果观察到结晶相的弛豫过程,则使用与此相似的形式进行标识,但下标用"c"表示。这种标记方法保证了在 T_g 过程中总是标记为 α_a,随后的玻璃态弛豫过程标记为 β_a,λ_a 等形式。在温度 T_g 以上的结晶相中的弛豫通常用符号 α'_c、α''_c 等形式按照温度升高的顺序给出,这是因为它们都被认为是由于熔化过程造成的。这种命名方式还需得到 IUPAC 的确认。另外一种方法是遵循 Schmieder 和 Wolf 的早期术语[12],按照温度降低的顺序分别标记损耗峰值,而不考虑其来自于哪一种状态。

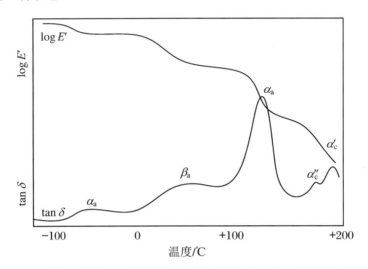

图 6.16 以恒定频率向上扫描温度时,半结晶聚合物中多个损耗峰的示意图

6.3.4 活化能和 WLF 方法[13]

式(6.8)表明,如果增加测量频率,则将在更高的温度下出现损耗峰值,此时弛豫时间将减小至更小的数值,这是材料的结构不随温度变化而发生弛豫过程的固有特征。

在图 6.17 中给出了一种常见的交联环氧树脂的玻璃态(β_a 和 γ_a)的损耗峰的位置随频率的变化情况,这种环氧树脂是基于双酚 A 的二缩水甘油醚(DGEBA)与 4,4″-二氨基二苯基甲烷(DDM)的复合物。这些小幅度的弛豫现象都出现在 T_g 温度以下,α_a 的峰值为 453 K/Hz。通过 γ_a 峰的位移随频率的变化关系可以得到活化能为 54 kJ·mol^{-1},这可以解释为局部的链内运动。β_a 过程可以解释为由于未反应物质的分子运动所引起的。

对式(6.8)取对数,可得
$$\log \tau = -\log A + E_a/2.303RT_{max}$$
将式(6.9)代入式(6.8),可得
$$\log f = \text{const} - E_a/2.303RT_{max} \tag{6.10}$$
这意味着用 log(测量频率)对松弛峰最大值(单位为 K)的倒数作图,所得到的曲线为线性的直线,斜率为 $-E_a/2.3R$。研究发现,金属的弛豫过程遵循 Arrhenius 规律,活化能通常为 200 kJ·mol^{-1}。聚合物在温度 T_g 以下发生的弛豫过程也符合 Arrhenius 规律,其活化能在 40～200 kJ·mol^{-1} 范围内。由图 6.17 得到的 γ_a 过程的活化能的数据为 54 kJ·mol^{-1}。

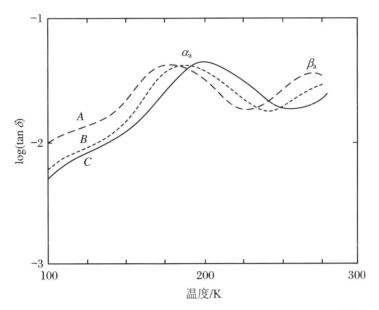

图 6.17　DGEBA/DDM 环氧树脂的 γ-弛豫过程的 tanδ 曲线[14]

图中的频率分别为 0.01 Hz(曲线 A)、0.1 Hz(曲线 B)和 1.0 Hz(曲线 C)

对于聚合物和无机玻璃而言，在高于 T_g 的温度范围中发生的主要弛豫过程(α_a)在高温下表现出 Arrhenius 特性。但是当温度接近 T_g 时，其显示出临界行为，即 E_a 随着温度接近 T_g 时而变得越来越大。

Williams、Landel 和 Ferry[13]提出了一种更加令人满意的温度接近 α_a 过程中温度的依赖性的描述方法，它们之间的关系通常被称为 WLF 方程。假设动态模量和损耗角的正切曲线随着温度的变化沿着 log(频率)轴移动而其形状不发生变化，则位移因子可以由 WLF 方程得出：

$$\log a_T = C_1 \cdot (T_1 - T_0)/[C_2 + (T_1 - T_0)] \tag{6.11}$$

根据 WLF 方程，在参考温度 T_0 与较高温度 T_1 之间测量的数据沿对数频率轴进行移动。经过一系列的数据处理，可以通过 WLF 方程生成一条"主曲线"(master curves)，据其可以将参考温度下的数据扩展到比实验可用频率范围宽得多的频率范围。

在图 6.18 中，通过对聚甲基丙烯酸甲酯(PMMA)进行一系列温度的 DMTA 的测量说明了这一方法。在图 6.19 中，120 ℃处的"主曲线"是通过沿频率轴移动测量曲线直到找到一个良好的匹配形状而获得的，由此产生的位移因子需要满足式(6.11)。实际上只有一组数据是在 120 ℃下测量得到的，这两条曲线的其余部分是通过外推获得的。由于数据是在测量范围之外通过外推得到的，因此这部分数据将变得不可靠。对于工程应用领域而言，二十年是通过外推所得到的结果所允许的误差上限。必须指出的是，Williams、Landel 和 Ferry[14]也主张通过模量(而不是 tan δ)的垂直移动情况来计算，这是为了纠正因温度变化而引起的密度和平衡弹性模量的改变。毫无疑问，应该使用某种形式的垂直位移[16],然而许多作者错误地忽略了这个问题。

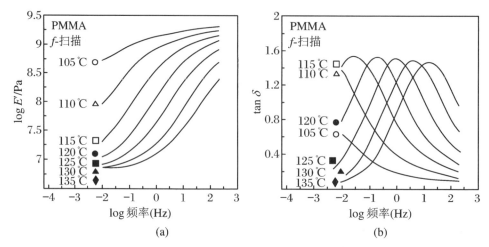

图 6.18 (a) 在图示温度下,测量得到的 PMMA 的 log E' 随频率的变化曲线
(b) 在图示温度下,测量得到的 PMMA 的 tan δ 随频率的变化曲线

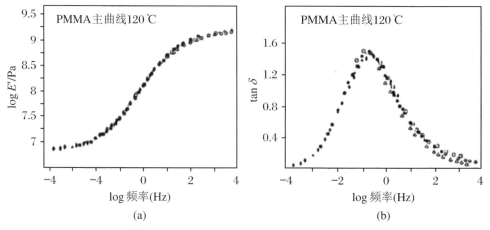

图 6.19 (a) 通过移动图 6.18 中的数据得到的 PMMA 在 120 ℃ 时的模量的时间-温度主曲线
(b) 使用与(a)中相同的位移因子得到的 PMMA 的 tan δ 的时间-温度主曲线

6.3.5 实验技术——扭摆法

由于其结构上的简单性和在金属丝测量方面的常规应用,扭摆(torsion pendulum)技术具有传统的优势。在 Zener 的著作[10]中关于金属弹性的大部分数据是通过扭摆技术得出的,该技术的标准组成如图 6.20(a)所示,其中"样品"是支撑惯性杆的导线。在经历了小角度的扰动并释放后,测量系统呈现阻尼扭转振荡。在 tan δ 值低于 10^{-4} 时,需要对空气阻尼进行修正,或者在压力低于 10^{-5} bar 的真空室中进行测量。

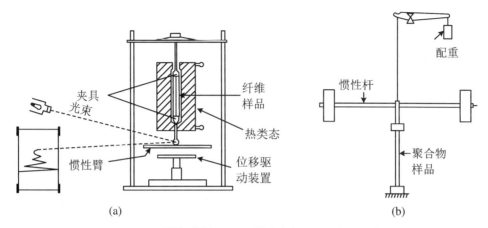

图 6.20　测量纤维样品(a)和聚合物样品(b)的扭摆装置

如果使用真空玻璃夹套进行光束检测,并且通过真空密封进行扰动,这种方式相对容易实现。用振荡周期(p)计算剪切模量,公式如下:

$$k \cdot G' = 4\pi^2 \cdot M/p^2 - m \cdot g \cdot r^2 \cdot L/k \tag{6.12}$$

式中,$k = \pi \cdot r^4/2L$ 是半径为 r、长度为 L 的圆形横截面试样的几何常数;M 是低惯性杆与夹具组件的转动惯量。这些量可以用第一性原理(first principles)计算或通过插入具有已知剪切模量的线材进行测量得到。等式中的第二项考虑到了在扭转过程中惯性杆的上升和下降,这种效应增加了与惯性杆的质量 m 成比例的恢复力矩,其中 g 是重力加速度。通过位移轨迹的振幅逐渐按照对数形式减小值 λ($\lambda = \pi \cdot \tan\delta$)可以获得材料的 $\tan\delta$,可以由下式确定 λ:

$$\lambda = (1/x) \cdot \ln(A_n/A_{n+x}) \tag{6.13}$$

如果第 n 次摆动周期的振幅是 A_n,那么第 $n+x$ 次摆动的振幅是 A_{n+x}。因此,如果测量是从给定的摆动开始的,并且已知相对于增量摆动数 x 测得的连续摆动幅度,那么可以从图 6.21 给出的曲线来确定 λ。

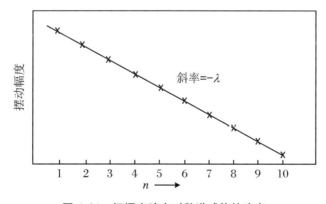

图 6.21　扭摆实验中对数递减值的确定

扭摆测量早期被广泛地用于聚合物的研究,尤其以 Schmieder 和 Wolf[12]以及 Heijboer 等的实验研究工作[17]更为突出。对于聚合物样品而言,在实验时需要将样品与承载惯性杆重量的金属丝支架有效地串联起来，以防止样品发生连续的蠕变。在图 6.20(b)中给出了这种装置的示意图，图中没有给出进行温度扫描所需的炉子。利用表 6.1 中所示的几何常数 k 的方程式[12]可以更容易地测量聚合物和陶瓷样品。

由于扭摆测量仅需耗时几分钟，因此对温度扫描的扭摆测量相当费力。通常采用逐步提高温度的方法而不是采用连续的温度扫描。对于 tan δ 高于 0.5 的样品，扭摆测量是不可行的。因此，扭摆测量适用于金属材料，但不适于在 T_g 附近温度范围的聚合物的测量。

6.3.6 实验技术——强迫振动型动态热机械分析法

诸如扭摆之类的固有频率技术和诸如振动簧片之类的共振频率技术在很大程度上已经被商业仪器中的低于共振频率的强制迫动测量所取代。"Rheovibron"是第一种成功的商品化仪器，它实际上是一种强迫振动类型的仪器，但是由于其夹具受力不够大，因此只有单一的张力变形模式。

当前所有的主流仪器制造商如 TA Instnnnents、Rheometric Scientific、Perkin-Elmer 以及 Netzsch 等公司所提供的仪器是遵循方程(6.4)和(6.5)中定义所涉及的方法按照现代化的仪器标准生产的。在许多仪器中，采用线性空气轴承来支撑驱动组件。这种设计使仪器的摩擦最小化，并可精确地测量材料的力学性能。电磁驱动器用于施加力，该力通常由直线式应变计传感器独立转换得到(in-line strain-gauge transducer)。通过 LVDT、涡流或类似的非接触位移传感器来测量样品的运动情况。应力和应变传感器都需要通过基于质量和千分尺测量的一些绝对方法进行校准，或者通过可以追溯到这些标准的某些仪器进行校准。

在图 6.22 中可以很容易地看出应力和应变的直接测量方法，图中给出了 Polymer Laboratories Mk I 的原始测量头的结构。在这种情况下，驱动系统被支撑在给出直线运

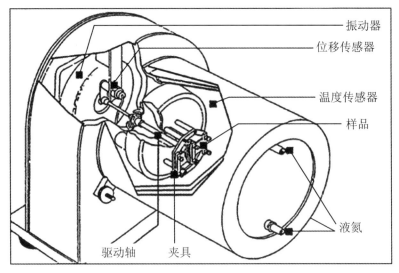

图 6.22　在弯曲模式下使用的 PL-DMTA 头部结构示意图

动的弹簧上。这相当于一个空气轴承,除了弹簧有一个很小的弹性刚度,必须从测得的值中减去弹性刚度才可以给出样品值。该技术适用于高刚度的样品,对于非常柔软的样品而言不太适用。然而,额外的弹簧刚度在保持谐振频率足够高以及具有良好的可用测量范围方面是有用的。大多数现代仪器的测量频率可以达到 0.01 Hz(或更低)至约 100 Hz。由于一个完整周期需要相当长的时间,因此低频侧的限制是从进行测量所需的时间的角度来考虑的。在高频侧,除了仪器会发生谐振之外,对于较软的材料来说,还存在沿着样品的频率大于约 1 kHz 的波传播的基本问题。对于驱动振动系统而言,其运动方程为

$$m \cdot x + k \cdot E^* \cdot x = F_0 \cdot \exp(i\omega t) \quad (6.14)$$

式中,m 是系统的质量,x 是在时间 t 内的位移,F_0 是峰值力,kE^* 是复数形式的样品恢复力,它可以被解释为如等式(6.4)和(6.5)所定义的储能模量和损耗模量之和的项。

实验时观察到的这种系统的相位角(δ_0)(由应变滞后于应力所引起)可以由下式给出:

$$\tan \delta_0 = k \cdot E'' / (k \cdot E' - m \cdot \omega^2) \quad (6.15)$$

在上式中,如果 $m \cdot \omega^2$ 较小,则 $\tan \delta_0$ 仅等于材料的 $\tan \delta$,即测量值远低于谐振频率。在高频下,应进行惯性校正。

在 1 Hz 的固定频率下测量已成为标准做法,因为测量时间为 1 秒的量级,并且通常也低于谐振频率。一般来说,较短的测量时间对于较高的温度扫描速率至关重要。如果以 0.1 Hz 单位进行测量,则测量时间至少为 10 秒。在 6 K·min^{-1} 的扫描速率下,测量过程中温度会发生一度的变化。

与诸如 DSC 之类的技术相比,由于 DMTA 实验中的样品和夹具的质量通常较大,因此在 DMTA 测量中优先选择较低的温度扫描速率。如果采用高于 4 K·min^{-1} 的温度扫描速率,则样品的温度将远远滞后于样品附近的温度探头所检测到的温度。尽管如此,如果仅需要比较数据并且使用类似尺寸的样品进行测量,则仍然可以采用较高的温度扫描速率。

可以通过使用不同的固定装置来优化 DMTA 仪器中样品的夹持方式,样品可发生几何变形的可能范围如图 6.23 所示。除了严格地需要流变仪类型测量头的扭转之外,所有这些几何形状都可以简单地由线性驱动装置实现,这些作用形式也可以通过设计类似杠杆臂的结构来实现。夹具的几何形状的选择,取决于实验过程中所需的模量类型(E 或 G)和样品的形状。纤维和薄膜最好用拉伸的模式来测量。由片材切割得到的固体样品最好使用弯曲的测量模式。对于非常软的测量样品(例如凝胶),可以在压缩的条件下测量。三点弯曲模式仅适用于不发生蠕变的刚性非常大的样品,例如陶瓷、金属和聚合物复合材料等。在表 6.1 中给出了图 6.5 中未示出的变形模式的几何常数(k)。

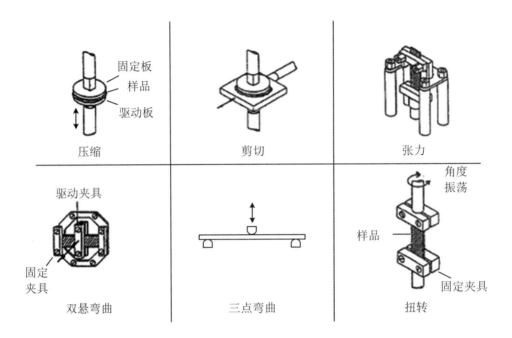

图 6.23 DMTA 测量中可能的变形模式

表 6.1 复杂的几何常数表达式

夹具的几何形状	几何常数(k)
两端夹紧的单矩形悬臂梁	BH^3/L^3
一端夹紧的单矩形悬臂梁	$BH^3/4L^3$
两端夹紧、中心驱动的双悬臂梁	$2BH^3/L^3$
两端夹紧的单棒状样品悬臂梁	$3\pi r^4/L^3$
一端夹紧的单棒状样品悬臂梁	$3\pi r^4/4L^3$
两端夹紧、中心驱动的双悬臂梁	$6\pi r^4/L^3$
棒状样品扭转夹具	$\pi r^4/2L$
矩形块状样品扭转夹具	$BH^3(1-0.63H/B)/3L$

注：表中，B 为样品宽度，H 为厚度，L 为长度(对于双悬臂梁而言为每一侧的长度)，r 为棒的直径。

6.3.7 夹具误差与样品的最佳几何形状

在 DMTA 测量中，绝对模量值误差是最大的，而 $\tan\delta$ 是最小的。其原因是 $\tan\delta$ 可以通过直接测量得到，也可以通过刚度比 kE''/kE' 得到，主要误差在几何常数 k 中，这些在 $\tan\delta$ 中都相互抵消了。然而，k 中的误差直接作用于 E' 和 E'' 值中。误差通常来自于 DMTA 测量中使用的夹具在夹持较短样品时产生的边界效应。在单悬臂梁的弯曲实验中，采用 2 mm 厚度(H) 和 10 mm 长度(L) 的样品是测量的极端情况。几何常数可由下式给出：

$$k = B(H/L)^3/[1 + 2.9 \cdot (H/L)^2] \tag{6.16}$$

在忽略分母中的剪切近似校正后,分母变为1。上式中,L 为 0.5 mm 的误差,将对应于长度为 L 时的5%误差,但是由于三次方的关系,它在转换为 E' 和 E'' 时会产生15%的误差。这种大小的夹具误差对于刚性样品是常见的,这是因为夹具的最佳尺寸范围不能仅从夹具的弹性压力来精确地定义。对于较软的固体而言,这种情况有所改善。但是对于具有较大模量变化的材料如聚合物而言,这意味着误差随着温度的变化而发生变化。

关于夹具的问题主要发生在弯曲和拉伸测量的实验中,这是因为只有在这些测量模式下样品的表面可通过正常的可拆卸夹具装置固定,在图 6.24 中阐述了这个问题。即使样品表面完全受限,样品的中心部分也可以在夹具的下方移动。由于长度的误差($L + \delta L$)是三次方的关系(参见式(6.16)),所以该问题给弯曲过程的几何形状带来了特别大的误差。拉伸变形($L + \delta L$)主要发生在长度和宽度的方向上,通常使用较薄的样品来使问题简化。可以在给定温度下测量末端校正量 δL,也可以按照下式的方法进行弯曲测量时的绝对模量的计算:

$$\frac{L_{\text{Meas}}}{E^{\frac{1}{3}}_{\text{App}}} = \frac{(L_{\text{Meas}} + \delta L)}{E^{\frac{1}{3}}_{\text{App}}} \tag{6.18}$$

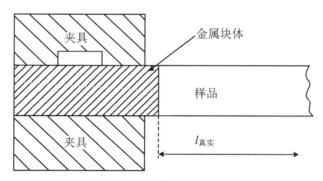

图 6.24 端部修正的示意图

在上式中,L_{Meas} 是夹具之间的测量长度,E_{App} 是使用该长度值计算的模量。为了获得真实模量 E_{True} 和 δL,绘制 $L_{\text{Meas}}/E^{1/3}_{\text{App}}$ 对 L_{Meas} 的曲线,可以得到一条斜率为 $1/E^{1/3}_{\text{App}}$、截距为 δL 的直线。对于模量值为 10^9 Pa 及以下的样品,消除端部校正问题的一个实验方法是将样品对接到金属块(铝)上,然后按照如图 6.25 所示的方式夹紧。样品必须用精确切割成正方形的端部,并且只能使用一薄层的高温刚性黏合剂来进行固定。

所有的测量仪器均具有其动态的测量范围,该范围需要横跨四个数量级来适应聚合物的刚度变化。该范围只能通过将其与仪器的刚度窗口匹配来优化。例如,没有一台商品化的仪器可以用来测量即使是长度为 10 mm、横截面积为 3 mm² 的钢筋,原因是这种几何形状的样品与测量头一样坚硬。拉伸实验的几何常数 k 由 $k = A/L$ 给出,储能模量为 $E' = 3 \times 10^{11}$ Pa 的样品的刚度($k \cdot E'$)为 2.7×10^5 N·m^{-1}。然而,由于弯曲条件下材料更容易发生变形,因此可以通过弯曲实验来测量相同的样品。将相同的钢样品在一端固定夹持,在振动端($k = B \cdot H^3/4L^3$)处自由受力(在刀刃处受力),可以得到 $k \cdot E'$

的值为 6×10^3 Pa·m^{-1}，该值恰好在刚性仪器的测量范围内。

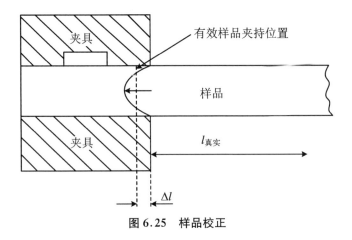

图 6.25　样品校正

在尺度的另一端，必须用硬的几何尺寸来测量软质材料。模量为 10^4 Pa 的软凝胶可以通过对大面积的较薄的样品来进行压缩或剪切使其具有刚性样品的行为。在这两种情况下，$k=A/L$。如果横截面积优化为 1 cm^2，L 为 1 mm，则整体刚度（$k·E'$）的值为 1，比钢材料的弯曲值低了四个数量级。因此，该数值仍然在一个状态良好的仪器的测量范围之内。

6.3.8　金属和陶瓷的 DMTA 数据

在扭摆技术和其他合适的技术如声波阻尼技术出现之后，材料科学家很快地将其应用于刚性材料的研究之中。然而，他们在研究中又发现现代仪器的工作速度很慢，现在在用的仪器仍具有这些低阻尼材料所需的 $\tan\delta$ 分辨率。因此，这里所选择的例子仍然是由相对较陈旧的扭摆仪所得到的结果。

Kê 等人的研究工作开创性地确定了金属界面滑移特别是晶粒尺寸的影响关系。图 6.26 给出了他们在室温下以 0.67 Hz 的频率获得铝的扭力摆数据[18]。由图可见，随着温度的降低，频率漂移与 $E^{1/2}$ 成比例地升高。将模量数据表示为最低温度值的分数，以避免 6.3.7 节中所述的几何常数的误差。将测量数据相对于 $1/T(K)$ 作图，由图可见 $\tan\delta$ 峰的高度不随晶粒尺寸而发生变化，但是在相同频率下测量得到的温度位置发生了变化。

现在已经将 PL-DMTA 技术用于测量金属[19]。在图 6.27 中给出了由钢的单悬臂梁弯曲实验获得 1 Hz 条件下的实验数据。图中的损耗过程对应于从 bcc 到 fcc 晶体结构的一阶马氏体转变的机理。碳钢中的弛豫性较强，但主要由 fcc 结构形成的不锈钢的弛豫性较弱。这个转变过程是简单的不可逆热循环过程，对同一样品重新运行实验将得到一个较弱的损耗峰。

扭摆法也可以在很大程度上用来研究无机玻璃和陶瓷。与聚合物中的 α_a 峰一样，在实验中所得到的曲线主要阻尼峰出现在 T_g 以上。但是，对于玻璃而言，当温度在 T_g 以上时，样具有相当好的流动性，需要使用例如金属编织物的材料来支撑样品。由于离子扩散过程的影响,无机玻璃显示出多个损耗峰。在图 6.28 中给出了两种不同的玻璃样品的扭摆实验数据。一般来说,材料的纯度越高,其损耗峰所处的温度越低。系统的研究结果表明,在低温下的损耗峰是由于碱金属离子的跃迁过程引起的,而在较高的温度下的峰则被认为是由于非桥接形式氧的运动所引起的。与聚合物的玻璃态弛豫过程一样,较宽的峰表明了离子在各种局部环境中的移动过程。

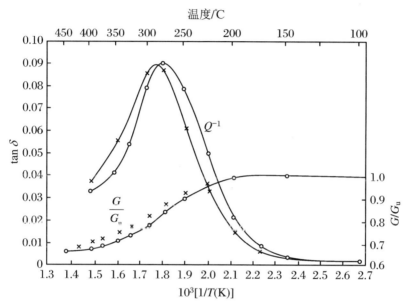

图 6.26　不同晶粒尺寸的铝 $\tan\delta$ 和 G' 对 $1/T$ 作图所得到的 DMTA 曲线

O 表示平均粒径为 0.02 cm,X 表示平均粒径为 0.04 cm（来自 Ke 的研究数据）

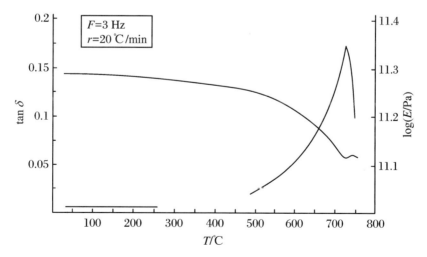

图 6.27　通过马氏体转变区域钢的 PL-DMTA 数据

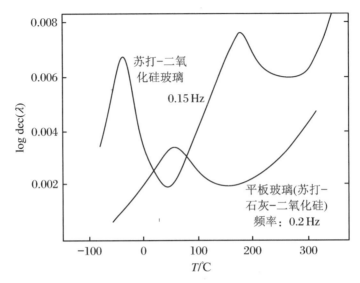

图 6.28 不同二氧化硅玻璃中的损耗峰

6.3.9 均聚物的 DMTA 数据

由于模量随温度而发生变化的范围很宽,因此大多数聚合物中的 DMTA 测量变得比较困难。一般来说,玻璃态聚合物的模量约为 10^9 Pa,而弹性体的模量则约为 10^6 Pa。不同材料在玻璃状态下的变化不大,主要是由于次级分子运动(β_a, γ_a)的存在而导致了这种差异。由于可以向弹性体中加入填料(如炭黑、二氧化硅等)以增加模量并且可以改变交联密度,因此弹性体的弹性模量的变化范围要大得多。弹性体的模量水平因此在 10^6 Pa 以上可以变化约 30 倍。通过添加(具有相容性的移动小分子)增塑剂,模量值可以进一步减少一个数量级。对此,在图 6.29 中给出了改性 PVC 的极端情况。$\tan\delta$ 的大小随着对数模量的变化而发生改变,因此 $\tan\delta$ 的大小为 3.5,它是一个比较高的数值。

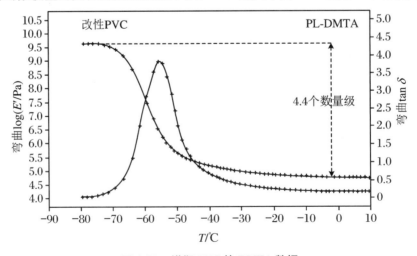

图 6.29 增塑 PVC 的 DMTA 数据

更常见的是在玻璃化转变过程中该值接近 2。在上述的 PVC 测量中,我们极其谨慎地优化了仪器可以测量的样品刚度范围。

DMTA 技术的主要优点之一是其具有广泛的灵敏度。来自文献中的图 6.17 给出了环氧树脂样品中的次级损耗峰值 $\tan\delta$ 的高度为 0.03。然而,通过性能很好的仪器,可以测量得到的 $\tan\delta$ 值最低为 10^{-4},这使得 DMTA 仪器的灵敏度提高了 1000 倍。必须强调,通过 DSC 不能检测到由于次级损耗过程引起的特定的热量变化信息。

相反地,只能用 DMTA 方法来检测由于结构变化和由晶体破坏过程产生的任何弛豫过程,通过模量发生的台阶式的变化来检测熔融转变。因此,在熔融范围内不一定会出现预期的 $\tan\delta$ 峰。然而,在一些常见的聚合物中可以观察到这种 $\tan\delta$。在图 6.30 中给出了两种不同的聚乙烯(PE)的熔融范围的数据,目前对于这种行为还没有十分合理的解释。高密度 PE 的最终熔融温度约为 140 ℃,$\tan\delta$ 峰(α'_c)与机械应力与晶体熔融过程中的相互作用有关。因此,可以预期这是一个非线性的过程。在两种 PE 中,60 ℃ 以上的峰(α''_c)都是由于通过晶格的链转变所引起的。而对于低密度 PE 而言,其在 -20 ℃ 的峰(α_a)则是由于支链非晶相的 T_g 过程所引起的。-120 ℃ 的峰可以归因于较小的—CH_2—链段的运动,并且可能是该链结构的 T_g 过程。在表 6.2 中总结出了在无定形聚合物中的一些可以较好地定义为弛豫过程的信息。

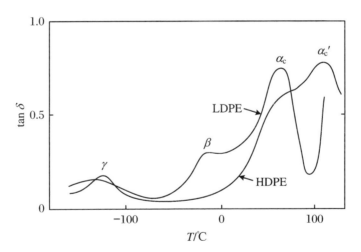

图 6.30 通过 DMTA 以 1 Hz 测量的高密度(HDPE)和低密度(LDPE)聚乙烯的转变

读者应该在分析 DMTA 时参考一些优秀的参考文献,以获得更全面的信息。

表 6.2 无定形聚合物的损耗峰的位置
(除非表中另有说明,测量频率均约为 1 Hz)

聚合物	温度与频率			
	α_a	β_a	γ_a	δ_a
聚苯乙烯	110	20	—	-238/7 kHz
聚甲基丙烯酸	125	20	—	-269/10 Hz
聚丙烯	25	-100	-135	—

续表

聚合物	温度与频率			
	α_a	β_a	γ_a	δ_a
聚甲基丙烯酸正丁酯	75	−20	−160	—
聚氯乙烯	88	−35	−110	—
聚乙酸乙烯酯	28/10 Hz	−30/10 Hz	−100/10 Hz	—
双酚 A 基环氧树脂	155	−90	—	—
(淬火)聚对苯二甲酸乙二醇酯	80	65	—	—
聚(苯乙烯-丙烯腈共聚物)SAN	120	—	—	—
聚(乙烯-乙酸乙烯酯)共聚物(35∶65)	−15	—	—	—
聚碳酸酯	130*	−80	—	—
聚苯醚	230	−90	—	—

注:* 取决于交联密度。

6.3.10 聚合物共混物和复合材料

在聚合物的共混物中,当两种或更多种组分不相容时,每个相均可以显示出母体聚合物的弛豫转变信息。当晶粒尺寸下降到 1 μm 时,tan δ 的峰值温度不受相尺寸的影响。因此,在如图 6.31 所示的聚碳酸酯和橡胶(聚丁二烯)增韧的丙烯腈-苯乙烯共聚物的相对复杂的复合共混物的 DMTA 数据中,可以看出对应于各相的 T_g 峰。最高的峰值温度所对应的峰是聚碳酸酯的 T_g 过程,120 ℃ 的峰是丙烯腈-苯乙烯共聚物的 T_g 过程,而低温的峰则对应于聚丁二烯增韧橡胶相的 T_g 过程。

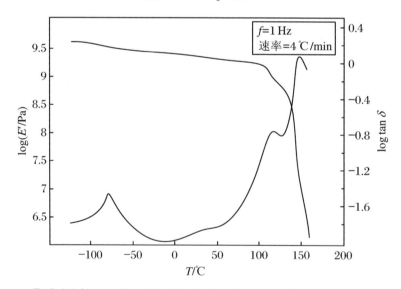

图 6.31 聚碳酸酯与 ABS 的不相容共混物(每种聚合物的相均显示出各自的 α_a 转变)

另一方面,两种相容的聚合物共混物显示了在位于两种母体聚合物的 T_g 过程之间的单一组成依赖性的损耗峰。在图 6.32 中给出了在其整个组成范围内相容的一对聚合物的损耗峰位置偏移情况。由于 DMTA 方法可以适用于任何范围的尺寸,而不需要考虑光学透明度,因此该方法已成为评估聚合物相容性的标准方法之一。由于纤维的机械增强作用,使得诸如玻璃或碳增强环氧树脂之类的复合材料具有较高的模量。如果使用 tan δ 峰进行表征,则聚合物基体在与增强机制无关的温度下可以显示出其 T_g 过程。增强后,高于 T_g 的 E_R 比低于 T_g 的 E_u 增加得多。这使"储能模量 G' 曲线"和"损耗模量 G'' 曲线"发生了变形。因此,在解释这些变化时,必须注意到 G'' 峰值的变化是由于样品所处环境的影响。另外,具有取向的各向异性可能会使许多复合材料的测量变得更加复杂。

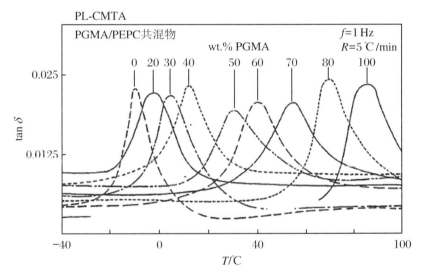

图 6.32 聚甲基丙烯酸缩水甘油酯(poly(glycidyl methacrylate))与聚环氧氯丙烷(poly(epichlorohydrin))的一系列相容性聚合物共混物的 DMTA 曲线[22]

涂层是一种简单形式的复合材料,除了其自身的重要性之外,还提供了一种支持流体材料的有用方法。如果基材是钢,那么可以使用 6.3.9 节中所讨论的高分辨率的方法来讨论这种稳定的机械状态。在图 6.33 中给出了在钢表面涂层膜的数据。由于主模量和阻尼的变化很小,tan δ 损耗峰的位置可以如实地反映在自由状态下聚合物含量的最大值,该方法可测量厚度低至 1 μm 及以下的涂层[23]。

在这种情况下,应该使用夹具将涂层与钢同时夹紧。如果不这样做,由于基板和夹具之间的滑动(样品剪切作用),在样品发生软化后可能会观察到错误的阻尼峰。另外,在对编织物进行扭转测量时,编织物之间也可能会产生类似的错误峰值。

6.3.11　DMTA 的损耗峰与 DSC 的比较

当通过不同的技术测定 T_g 温度时,会产生差别很大的数据。在 DSC 中,可以检测到特定的热效应的变化信息,但有时会错误地推测这样的一种"静态"的测量方式。在这种情况下,温度扫描速率决定了样品中分子运动的时间尺度。如果分子运动遵循 Arrhenius 行为,则观察到的 T_g 将随 log(扫描速率)而降低。DSC 的灵敏度随温度扫描速率的降低而下降，在温度扫描速率非常慢的条件下无法得到灵敏度等信息。通常的作法是在线性图中外推至"零加热速率"，如图 6.34 所示的 PVC 数据。如上所述，所得到的零加热速率下的 T_g 仅仅是数据处理时的简化处理。在相同的图中，DMTA 数据为 $\log f$ 的函数（与使用的低速率下的扫描速率无关）。这表明，在极限条件下由 DSC 测量的 T_g 范围

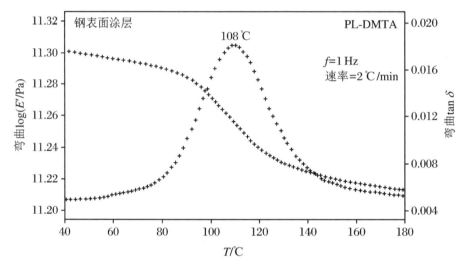

图 6.33　钢基材上薄涂层的 DMTA 测量曲线

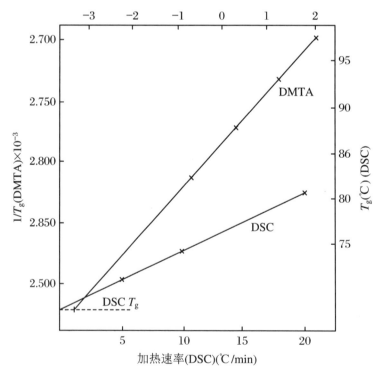

图 6.34　对于 PVC 样品，由 DSC 测量得到的 T_g 位置对加热速率的变化关系
与由 DMTA 得到的损耗峰值位置 $\log f$（与扫描速率无关）的对比

与 DMTA 在 10^{-3} Hz 时测量值在位置上大致相同。而在 10 K·min^{-1} 时的 DSC 测量数据与 DMTA 在大约 10^{-1} Hz 时的峰值位置一致。

6.4 结论

TMA 方法是一种相当有用的工具，其在确定各向异性材料的线性膨胀系数方面特别有用。在进行测量时，所施加的模量变化、蠕变和时间尺度等均会对膨胀带来影响，需谨慎解释这些数据。

DMTA 技术可应用于非常广泛范围的材料，用来评估分子迁移过程中的转变。一般来说，该技术不适用于研究熔融过程。可以利用 DMTA 的高灵敏度的优势来检测所有与运动相关的转变，并可以提供刚性基底上极薄涂层的 T_g 信息。总之，它是研究聚合物共混物的首选方法。

参考文献

1. Lu-Hui Wang, C. L. Choy and R. S. Porter, Thermal Analysis, Vol. 2 (Ed. B. Miller), Wiley-Heyden, 1982, p964.
2. H. G. Wiedemann and G. Widermann, Thermal Analysis, Vol. 2 (Ed. B. Miller), Wiley-Heyden, 1982, p1497.
3. S. Timoshenko and J. N. Goodier, Theory of Elasticity, 2nd Edition, McGraw-Hill, New York, 1951, p372.
4. E. F. Finkin, Wear, 19 (1972), 277.
5. Personal Communication, Renishaw plc, UK.
6. G. Widman, First Intl. Conf. on Thermal Characterization of Polymers, Univ. of Bradford, UK, 1990.
7. A. Dyer, Anal. Proc., (1981), 447.
8. A. T. Riga, G. H. Patterson and W. R. Pistillo, Proc. 21st NATAS Conf., Atlanta, 1992, p635.
9. G. D. Ogilvie, Anal. Proc., (1981), 426.
10. C. Zener, Elasticity and Anelasticity of Metals, Univ. Chicago Press, 1948.
11. A. P. Alexandrov and J. S. Lazurkin, Acta Phys. Chem. USSR, 12 (1940), 647.
12. K. Schmieder and K. Wolf, Kolloid Z., 127 (1952), 65.
13. M. L. Williams, R. F. Landel and J. D. Ferry, J. Am. Chem. Soc. 71 (1955), 3701.
14. G. Mikolajczak, J. Y. Cavaille and G. P. Johari, Polymer, 28

(1987), 2023.

15. R. E. Wetton, Polymer Characterization, (Ed. B. J. Hunt and M. I. James), Chapman and Hall, London, 1993, p204.

16. N. G. McCrmn, B. E. Read and G. Williams, Anelastic and Dielectric Effects in Polymeric Solids, Dover Publications, New York, 1991.

17. J. Heijboer, P. Dekking and A. J. Staverman, Proc. 2nd Intl. Congr. Rheology, Academic Press, New York, 1954, p123.

18. T. S. Kê, Phys. Rev., 71 (1947), 533.

19. J. W. E. Gearing, J. S. Fisher, R. E. Wetton, J. C. Duncan and A. M. J. Blow, Proc. 17th NATAS Conf, Florida, 1988, p407.

20. J. K. Gillham, Developments in Polymer Characterization-3, (Ed. J. V. Dawkins), Applied Science, London, 1982, p159.

21. D. G. Holloway, The Physical Properties of Glasses, Wykeham, London, 1973, p142.

22. R. E. Wetton, Polymer Characterization, (Ed. B. J. Hunt and M. I. James), Chapman and Hall, London, 1993, p200.

23. R. E. Wetton, M. R. Morton and A. M. Rowe, American Laboratory, (Jan. 1986), 10.

第 7 章
介电技术

Sue Ann, Bidstrup, Allen

佐治亚理工学院化学工程学院,亚特兰大,GA 30332-0100 U.S.A(School of Chemical Engineering, Georgia Institute of Technology, Atlanta, GA 30332-0100 U.S.A.)

7.1 引言

可以用介电技术(dielectric analysis)来测量材料在经受周期性电场时的性质变化。在介电热分析(dielectric thermal analysis,简称 DETA)技术中,样品也经受了程序控制温度的变化(见第 1 章)。通过介电分析可以直接获得聚合物的电学性质(即复介电常数、介电常数、损耗因子和电导率等)。此外,还可以从 DETA 数据中推断出 α 转变(玻璃化转变温度 T_g)和次级转变。介电响应也与分子偶极子的数量和强度有关,可用于研究聚合物体系中的分子弛豫过程。另外,介电信息还与在聚合过程中材料的固化程度和流变学变化相关。

在本章中,介绍了用于聚合物体系研究的 DETA 测量方法,并回顾了与介电分析相关的基本原理。本章将从在电场作用下的材料行为的背景讨论开始,之后重点介绍已经用于将介电性能测量与偶极数相关的模型、偶极矩的强度和系统中的分子弛豫等内容。此外,还介绍了频率、温度和湿度对测量的介电特性的影响。最后讨论了介电特性测量仪器。另外,还特别地总结了不同几何形状的电极的优点和缺点。

7.2 介电响应

通常将材料对所施加的电场响应的测量和表征技术称为介电分析法。实验时,将材料放置在两个可以导电的电极之间,在电极之间施加按照正弦周期变化的电压,并测量电流响应。在分子水平上,这种响应只是材料中带电单元的位移。如果带电的单元是偶极子,它们将沿着电场的方向定向移动,如图 7.1 所示。如果带电的单元是可移动的(即自由电子或离子),则将发生如图 7.2 所示的传导过程。

通常情况下,两种电荷都以不同的量存在于聚合物样品中。通过以下的推导过程可以从介电测量中得到所分析材料的重要的特征信息(例如复介电常数、相对介电常数和离子电导率等)。

实验时所施加的电压 E 与电流响应 J 有关,J 可以通过材料的复介电常数 ε^* 来表示如下：
$$J = i\omega \cdot \varepsilon^* \cdot \varepsilon_n \cdot E \tag{7.1}$$

式中，$i = (-1)^{0.5}$，ω 是测量频率，ε_0 是自由空间的介电常数（等于 8.85×10^{-14} F·cm^{-1}）。

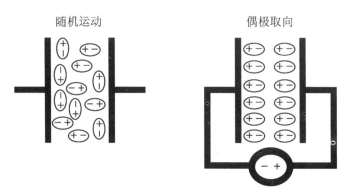

图 7.1　偶极子对施加电场的响应

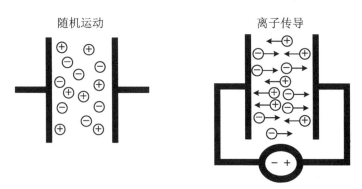

图 7.2　带电粒子对施加电场的响应

复介电常数可以分为实部和虚部：
$$\varepsilon^*(\omega) = \varepsilon'(\omega) - i\varepsilon''(\omega) \tag{7.2}$$

式中，$\varepsilon'(\omega)$ 是相对介电常数（relative permittivity），$\varepsilon''(\omega)$ 是相对损耗因子（relative loss factor），$\varepsilon'(\omega)/\varepsilon''(\omega)$ 的比值被称为损耗角正切 $\tan\delta$。一般地，相对介电常数和相对损耗因子都是测量频率、温度和材料结构的函数。由于介电常数和损耗因子作为材料特性的重要性，在下面的内容中将对其做进一步的讨论。

相对介电常数 $\varepsilon'(\omega)$ 是在存在电场时材料的电极化的量度，它由非弛豫介电常数 ε_u 和与偶极极化或取向 $\varepsilon'_d(\omega)$ 相关的术语组成，如下式所示：
$$\varepsilon'(\omega) = \varepsilon_u + \varepsilon'_d(\omega) \tag{7.3}$$

非弛豫介电常数对应于电子和原子的极化作用，并且与低频下的频率变化无关。因此，可以考虑将 ε_u 作为基线的介电常数，$\varepsilon'_d(\omega)$ 是由于偶极极化或取向极化所引起的与附加频率相关的介电常数。

相对损耗因子 $\varepsilon''(\omega)$ 是在存在电场时分子运动所需的能量量度，其主要包括由于分

子偶极子 $\varepsilon''_d(\omega)$ 的取向和由于离子物质的传导而导致的能量损耗 $\varepsilon''_c(\omega)$：

$$\varepsilon''(\omega) = \varepsilon''_d(\omega) + \varepsilon''_c(\omega) \tag{7.4}$$

上式为基于 DeBye 的偶极行为模型[1]（参见 7.2.1.2 节），$\varepsilon''_d(\omega)$ 是弛豫时间和测量频率的复合函数。因此，由离子的传导所导致的能量损耗 $\varepsilon''_c(\omega)$ 与频率简单地成反比例的关系，如下式所示：

$$\varepsilon''(\omega) = \varepsilon''_d(\omega) + \sigma/(\omega \cdot \varepsilon_0) \tag{7.4}$$

式中，σ 是离子的电导率。当 $\varepsilon''(\omega)$ 表现出与 $1/\omega$ 线性相关时，由于离子传导所引起的介电损耗因子在整个能量损耗过程中占据主导的作用，因此可以方便地从该频率范围的介电损耗数据中得到其离子电导率[2]。

7.2.1 微观机理

相对介电常数 $\varepsilon'(\omega)$ 是在电场存在时材料的电子极化的量度。$\varepsilon'(\omega)$ 取决于电场的频率，可能会导致电子极化、原子极化、取向极化和界面极化，并且与材料的电容性质有关。电子极化是相对于带正电的原子核，电子发生轻微位移，而原子极化则是由极性共价键中原子的相对位移所引起的。取向极化是由于通过电场施加在永久偶极矩上的力，其使得偶极子在电场的方向上发生了定向的排列。当电荷以比其输出的速度更快的速率传输通过大部分材料时，由电极的自由电荷（例如离子）的累积产生界面极化。在本节中，我们将主要讨论这些不同类型的极化作用对介电性能的影响。除此之外，还讨论了分子弛豫和静电偶极子的浓度和强度对电学性能的影响。

7.2.1.1 弛豫介电常数

在电场存在的情况下，电子云和极性共价键中的原子可能会发生轻微的偏移，由此会产生顺应电场方向的轻微极化，这样能够储存能量并有利于材料的电容性质。电子和原子偏移的响应时间非常快，由此会导致在正常的介电测量频率下总是存在这种效应。这些诱导的偶极子一般存在于具有 2 或更大的介电常数的非极性或对称极性的聚合物中，由于这些诱导的偶极子作用所导致的介电常数被称为非弛豫或无限频率介电常数（ε_u）。在介电实验常用的频率范围（$10^{-3} \sim 10^8$ Hz）内，由于诱导性偶极子对电场的响应非常迅速，因此 ε_u 与频率无关。

7.2.1.2 静态偶极子取向的贡献

静态偶极子由聚合物内部固有的极性部分（不受电场诱导）组成。静态偶极子（如果可以充分移动）可以在电场中旋转，因此也存储能量并有利于聚合物的电容性质。由于偶极子被相对较大的分子束缚在黏性介质中，因此该取向过程需要一个特征时间，这个时间通常被称为偶极子的弛豫时间，用符号 τ_d 来表示。

Debye[1]基于所有分子的单个弛豫时间 τ_d 的假设，提出了一种在黏性介质中球形极性分子发生弛豫的相对介电常数和损耗因子的模型。可以用下式表示所得到的相对介电常数和损耗因子的 Debye 表达式：

$$\varepsilon' = \varepsilon_u + (\varepsilon_r - \varepsilon_u)/[1 + (\omega \cdot \tau_d)^2] \tag{7.6}$$

$$\varepsilon'' = (\varepsilon_r - \varepsilon_u) \cdot \omega \cdot \tau_d / [1 + (\omega \cdot \tau_d)^2] \tag{7.7}$$

式中,ω 为 $2\pi \times$ 测量频率;τ_d 为偶极子的弛豫时间;ε_r 为弛豫介电常数或低频介电常数(由诱导和静态偶极子引起的相对介电常数);ε_u 为非弛豫介电常数或高频介电常数(仅由诱导偶极子引起的相对介电常数)。

Debye 方程是针对非导电材料而提出的,离子电导率对相对损耗因子有额外的贡献作用,可用下式表示:

$$\varepsilon'' = \frac{\sigma}{\omega \cdot \varepsilon_0} + (\varepsilon_r - \varepsilon_u) \cdot \omega \cdot \tau_d / [1 + (\omega \cdot \tau_d)^2] \tag{7.8}$$

式中,σ 表示大部分离子的电导率,ε_0 表示自由空间的介电常数。

如图 7.3 所示,在 Debye 方程中,介电常数和损耗因子对 $\omega \cdot \tau_d$ 的乘积具有依赖性。当低频或者弛豫时间很短时,偶极子可自由定向。介电常数接近弛豫介电常数,损耗因子接近零。当高频或者弛豫时间较长时,偶极子不能定向运动。因此,介电常数接近非弛豫介电常数,损耗因子接近于零。当频率和弛豫时间的乘积 $\omega \cdot \tau_d$ 接近于 1 时,随着

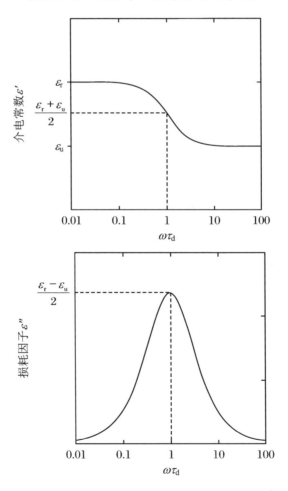

图 7.3 偶极子取向的 Debye 单一弛豫模型

频率或弛豫时间的增加,介电常数从 ε_r 减小到 ε_u。相应地,当频率和弛豫时间的乘积 $\omega \cdot \tau_d$ 等于 1 时,损耗因子增加到最大值。由于偶极子通过周围介质旋转时的黏滞阻力的结果,在最大施加场和最大偶极偏转之间可能存在显著的相位滞后现象。当 ω 接近于 $1/\tau_d$ 时,由于该相位滞后所导致的能量损失达到峰值。在较高的频率下,偶极子几乎不移动,因此能量损失很少。而在较低的频率下,偶极子可以更容易地跟上变化的电场,并且会再次耗费更少的能量。

作为一个非常有用的模型,可以用 Debye 模型来分析和解释介电数据。然而,我们应该注意到,所得到的方程式仅仅是基于单个弛豫时间模型的理想 Debye 方程式的一种形式[1]。实际上,聚合物通常含有一种以上类型的偶极子,并且这些偶极子中的每一种都会有弛豫时间的分布,这样会导致计算结果和观测结果之间存在一些差异。随着弛豫时间的变宽和偏斜,在 $\omega \cdot \tau_d = 1$ 时可能不会出现损耗峰。为了优化体系的弛豫时间的分布问题,已经对模型做了很多的改进[3—7]。Cole 和 Cole[4]的研究结果表明,对于大多数材料而言,实验数据的轨迹落在一个半圆的范围内。他们观察到,轨迹经常形成具有低于 $\varepsilon'' = 0$ 轴的中心圆弧,并提出数据可以通过经修正的 Debye 模型来获得,用下式表示:

$$\varepsilon^* = \varepsilon_u + (\varepsilon_r - \varepsilon_u)/[1 + (i\omega \cdot \tau_d)^\beta] \tag{7.9}$$

式中,β 被称为分布参数,在 0~1 范围内变化。β 参数越小,偶极子的弛豫时间分布越宽。这种经验函数间接地定义了一种形式的弛豫时间分布函数,这个函数是对称函数,以 τ_d 值为中心。

Davidson 和 Cole[5]提出,可以用一种可替代的经验函数来描述介电弛豫过程。在这个函数式中,复杂的介电常数可以表示为

$$\varepsilon^* = \varepsilon_u + (\varepsilon_r - \varepsilon_u)/(1 + i\omega \cdot \tau_d)^\beta \tag{7.10}$$

在上式中,弛豫时间呈单侧分布状态(即在 τ_d 以下不存在弛豫时间)。在这种情况下的损耗最大值发生在:

$$\omega_{\max} \cdot \tau_d = \tan\left[\frac{\pi}{2(\beta + 1)}\right] \tag{7.11}$$

Williams 和 Watts 提出了第三种形式的经验弛豫函数[6,7]。这个函数也会产生一种偏斜的弧线图,并且可以用来描述大量的聚合物和玻璃中的弛豫过程。Williams-Watts 函数是基于以下形式的由指数函数表示的极化时间衰减的假设而得到的:

$$P(t) = \exp(-t/\tau_d)^\beta \tag{7.12}$$

式(7.12)中的分布参数 β 的范围为 0~1,并且对于 $\beta = 1$ 的情况而言,表达式可以简化为 Debye 单一弛豫时间。Lindsey 和 Patterson[8]对 Davidson-Cole 和 Williams-Watts 函数进行了详细的比较。虽然这两种函数最初是作为经验模型而提出的,但现在已经可以成功地用于基于扩散的弛豫时间模型来解释这些函数[9,10]。

7.2.1.3 弛豫介电常数的模型

永久偶极子有助于系统的整体极化。在没有电极极化的低频下,ε 达到弛豫的介电常数被称为 ε_r 的最大值。弛豫介电常数取决于永久偶极子的数量和力矩,在高频下可

以获得不存在偶极取向的非弛豫介电常数 ε_u。ε_r 和 ε_u 之间的差值被称为介电常数增量,该数值与体系中永久偶极子的数量和力矩有关。在本节中,主要介绍与 ε_r 和 ε_u 相关理论的历史发展过程。

最简单的理论是在由非极性、无相互作用的分子组成的材料基础上发展起来的。如果这个材料处于电场 E 中,由电子和原子极化引起偶极矩 m。偶极矩与电场成正比,比例常数为形变极化率 α_e[1],如下式所示:

$$m = \alpha_e \cdot E \tag{7.13}$$

形变极化率与频率 ε(即包含偶极子的材料中的 ε_u)无关。可以通过 Clausius-Mossotti 关系式得到形变极化率,如下式所示:

$$\frac{\varepsilon - 1}{\varepsilon + 2} = \frac{N \cdot \alpha_e}{3\varepsilon_0} \tag{7.14}$$

式中,N 是每单位体积的偶极子的数量,ε_0 是自由空间的介电常数。

Debye[1] 提出了一种由具有偶极矩 μ_0 组成的极性分子组成的介电常数表达式,用于研究永久偶极子 α 的取向极化率的关系:

$$\alpha = \mu_0^2 / 3k_B \cdot T \tag{7.15}$$

式中,k_B 是玻尔兹曼常数,T 是温度。这个表达式假设取向的分布遵循玻尔兹曼定律。通过将取向极化和形变极化的表达式与 Clausius-Mosotti 关系式相结合,可以获得对于极性气体的弛豫介电常数的 Debye 表达式:

$$\frac{\varepsilon_r - 1}{\varepsilon_r + 2} = \frac{N}{3\varepsilon_0} \cdot \left(\alpha_e + \frac{\mu_0^2}{k_B \cdot T} \right) \tag{7.16}$$

应该注意的是,在 Debye 表达式中并没有考虑到像通常存在于液体或聚合物中的相邻分子之间的相互作用。然而,该表达式已被成功地应用于低压下的偶极子气体,并可应用于在非极性溶剂中稀释极性分子的溶液体系中。

Onsager[11] 提出了一种可用于液体的弛豫介电常数的表达式。考虑到作用在偶极子上的总场为由于偶极子和外部施加的场引起的反应场的矢量和,可以得到以下形式的表达式:

$$\frac{(\varepsilon_r - \varepsilon_u) \cdot (2\varepsilon_r + \varepsilon_u)}{\varepsilon_r \cdot (\varepsilon_u + 2)^2} = \frac{N \cdot \mu_0^2}{9\varepsilon_0 \cdot k_B \cdot T} \tag{7.17}$$

在以上表达式中,Onsager 假设分子是在具有介电常数 ε_r 等于宏观介电常数的均匀材料的球形腔中心处的可极化点偶极子。同样,该表达式不包括相邻分子之间的相互作用,因此不能用于描述具有强分子间相互作用的材料。然而,Onsager 表达式在通过液体状态下的介电常数测量来计算简单极性分子的偶极矩方面取得了一定程度的成功。

Kirkwood[12] 试图解释相邻偶极子之间的相互作用。与 Onsager 所假设的一个球形腔不同,这种方法假设球体中充满了相互作用的偶极子。通过使用统计力学和形变极化经验理论来处理相邻分子之间的相互作用,可以得到以下形式的关系式:

$$\frac{(\varepsilon_r - 1) \cdot (2\varepsilon_r + 1)}{9\varepsilon_r} = \frac{4\pi N}{3} \cdot \left(\alpha_e + \frac{g \cdot \mu^2}{3k_B \cdot T} \right) \tag{7.18}$$

在以上表达式中,g 是用来定量描述参考偶极子与相邻偶极子的相互作用的相关因子。

对于具有与 z 值相当的最邻近的偶极子而言,相关因子 g 为

$$g = 1 + z \cdot \overline{\cos \gamma} \tag{7.19}$$

式中,γ 是偶极子和它相邻最近的一个偶极子之间的角度。用 Kirkwood 的表达式预测水和简单醇分子的介电常数的误差在 20%以内,然而由于该表达式在没有考虑相互作用($g=1$)的情况下并不能还原成 Onsager 模型的形式,所以有些人对此提出了反对意见。

Frohlich 通过在推导过程中适当地引入变形极化来改进 Kirkwood 模型[13]。像 Onsager 一样,他使用了两个场作用于偶极子的概念,即由偶极子引起的反应场和外场。此外,他用 Clausius-Mossotti 公式作为形变极化性的表达式,最终得到的表达式的形式为

$$\frac{(\varepsilon_r - \varepsilon_u) \cdot (2\varepsilon_r + \varepsilon_u)}{3\varepsilon_r} = \frac{N \cdot \overline{m \cdot m^*}}{3\varepsilon_0 \cdot k_B \cdot T} \tag{7.20}$$

式中,m 是特定结构中的参考偶极子的单位力矩,而 m^* 则是当参考偶极子固定在该特定的结构时球的平均力矩。在小分子和独立的大分子中,m 是材料的偶极矩。然而,在缠结的大分子体系中,应使用重复单元的偶极矩。

对于小分子来说,$m = \mu_0$。在真空中,m 与分子的偶极矩 μ_0 之间存在如下关系式:

$$\mu = (\varepsilon_u + 2)/(3\mu_0) \tag{7.21}$$

由此可以得出以下的 Frohlich 对 Kirkwood 法进行改进的关系式[13]:

$$\frac{(\varepsilon_r - \varepsilon_u) \cdot (2\varepsilon_r + \varepsilon_u)}{\varepsilon_r \cdot (\varepsilon_u + 2)^2} = \frac{N \cdot g \cdot \mu_0^2}{9\varepsilon_0 \cdot k_B \cdot T} \tag{7.22}$$

式中,N 是每单位体积中分子的数量,μ_0 是在气相中材料分子的偶极矩,g 是分子之间相互作用的相关因子,可用下式表示:

$$g = 1 + \sum_{i=j}^{N_0} \overline{\cos \gamma_{ij}} \tag{7.23}$$

式中,γ_{ij} 是偶极子 i 和 j 之间的夹角。对于球体中的分子总数(N_0)求和可以得到相关因子 g。在偶极子没有相互作用($g=1$)的情况下,该方程确实可以还原为 Onsager 表达式的形式。

McCrum 等人[3]描述了 Frohlich 理论在聚合物体系中的应用。对于较高分子量的聚合物体系而言,可以忽略端基与聚合物主链重复单元之间差异的影响。此时可以得到以下形式的表达式:

$$\frac{(\varepsilon_r - \varepsilon_u) \cdot (2\varepsilon_r + \varepsilon_u)}{\varepsilon_r \cdot (\varepsilon_u + 2)^2} = \frac{N_r \cdot g_r \cdot \mu_0^2}{9\varepsilon_0 \cdot k_B \cdot T} \tag{7.24}$$

式中,N_r 是每单位体积的单体重复单位数,μ_0 为在气相中等于单体重复单元的偶极矩,g_r 为聚合物分子中每个重复单元的相互作用参数。有两种方法可以用来表示聚合度等于 n 的聚合物的 g_r。对于独立的大分子(即不同的单分散聚合物分子的稀溶液)而言,其相互作用参数可以由下式表示:

$$g_r = 1 + (1/n) \sum_i^n \sum_j^n \overline{\cos \gamma_{ij}} = 1 + \sum_{j=2}^n \overline{\cos \gamma_{ij}} \tag{7.25}$$

式中，γ_{ij} 是偶极子单元 i 和 j 的夹角（其中 $i \neq j$）。当所有的重复单元相等时，可以得到简化的表达式结果。对于链缠结的大分子体系而言，有以下关系式：

$$g_r = 1 + \sum_{j=2}^{n} {}^{\mathrm{I}} \overline{\cos \gamma_{ij}} + \sum_{j=1}^{n} {}^{\mathrm{II}} \overline{\cos \gamma_{ij}} \tag{7.26}$$

式中，${}^{\mathrm{I}} \overline{\cos \gamma_{ij}}$ 是在同一聚合物链中参考单元 i 和单元 j 之间的夹角余弦平均值，该术语对应于聚合物的链内相互作用；${}^{\mathrm{II}} \overline{\cos \gamma_{ij}}$ 是在参考单元 i 和不包含参考单元 i 的聚合物链的单元 j 之间的夹角余弦平均值。

对于这些体系的处理通常假设分子间的相关项 II 为零，并且在与给定偶极子相邻的偶极子中仅有少数是相关的。然后，可以基于聚合物结构的模型来计算包括键角和旋转能量势垒的相关因子。

7.2.1.4 离子传导

离子传导是由于被测材料内可移动离子的运动而导致的电流流动的结果。现在我们考虑一种含有 i 种离子的聚合物体系，如果将电场 E 施加到这个体系中，则第 i 种离子将获得平均移动速率 v_i。假设移动速率和施加的电场之间成线性关系：

$$v_i = u_i \cdot E \tag{7.27}$$

式中的比例常数 u_i 通常称为离子的迁移率。如果每种离子 i 的浓度为 N_i，电量的大小为 q_i，则可以用下式来表示聚合物体系的离子电导率：

$$\sigma = \sum_i q_i \cdot N_i \cdot u_i \tag{7.28}$$

离子的迁移率和树脂性能之间的关系可以用斯托克斯（Stokes）定律来定性地研究，通过该方法可以得到黏性介质中球形物体的漂移信息。嵌入黏度为 η 的介质中并受到 $q_i \cdot E$ 的力，半径为 r_i 的球体的迁移率为

$$u_i = q_i / 6\pi \cdot \eta \cdot r_i \tag{7.29}$$

需要指出的是，Stokes 定律并不能直接地应用于聚合物体系中离子的迁移，这是因为与离子一样小的物体的运动取决于介质的微观黏度（单个链段运动），而不是介质的宏观黏度（链段的整体运动）。因此，在热固性体系的聚合过程中，由于形成了宏观的分子网络，整体的黏度变得无限大。然而，电阻率（电导率的倒数）仍然是有限的，原因是大小与离子相当的聚合物片段仍然是可移动的。在凝胶化之前，由于黏度和离子迁移率对聚合物链段迁移率具有相似的依赖性，因此电阻率和黏度二者之间密切相关。

通常假定离子的传导作用因流动离子浓度低而变得不显著。但是，已经有研究证明了当浓度远低于 1 ppm 时足以导致显著的离子传导水平[2,14]。从 Debye 模型可以看出，离子传导仅对损耗因子有贡献，其并不影响介电常数（假设电极极化作用可以忽略不计）。由于离子传导对损耗因子的贡献，当温度高于玻璃化转变温度时，在聚合物中通常可以观察到较大的损耗因子。

7.2.1.5 电极的极化作用

由于电极极化不是待测聚合物单独引起的，而是树脂与用于引入电场的电极相结合

的结果。当离子传导非常高时会发生电极的极化作用,在周期性振荡电场的半个周期间会导致离子聚集在聚合物/电极界面处。当离子在薄的边界层中的电极上堆积并且不交换它们的电荷时,将会形成大的电容(与电解电容器不同),这就人为地降低了高损耗因子的测量值并增加介电常数测量值的效果。介电常数的实际值和测量值的差异程度主要取决于测量的样品不均匀性,即测量的电荷层厚度相对于电极间的距离。

在 Cole-Cole 曲线或弧形图[3,4]中,电极极化看起来很像半圆形的偶极子跃迁。然而,由于通过测量电极极化获得的介电常数通常很高(>100),因此使得电极极化易于识别。另外,电极极化峰随着电极分离而变化,而偶极化峰与电极分离无关。如果 ε_r 值已知[15],则可以对受电极极化影响的损耗因子进行修正。Day 等人[16]给出了电极极化影响的详细推导过程。

7.3 温度依赖性

介电常数和损耗因子都取决于所测量的温度。通过测量振子(oscillator)强度的温度依赖性,可以获得关于分子内相互作用的重要信息。根据 Kirkwood-Frohlich 方程(式(7.22))可知,介电转变的振子强度的温度依赖性由 ε_u 和 ε_r 的温度依赖性、偶极矩 μ 和简化因子 g 决定。根据 Clausius-Mosotti 方程(式(7.14))可知,ε_u 与温度无关。式(7.16)中给出了偶极子在自由旋转的情况下 ε_r 的温度依赖性。只有在分子的构型发生变化时,偶极矩才依赖于温度的变化。相互作用因子 g 具有温度依赖性,这是因为它是分子内相互作用的量度。因此,可以用下面的等式来总结振子强度的温度依赖性关系:

$$\varepsilon_u - \varepsilon_r = C \cdot g(T) \cdot \mu_0(T)/T \tag{7.30}$$

式中,因子 C 是独立于温度变化的,或者只是略微依赖于温度。

从式(7.30)可以看出,当分子构型和分子间相互作用不发生变化时,振子强度应随着温度的升高而降低,通常在稀溶液或熔融状态下可以观察到这一现象。聚合物的振子强度通常会随着温度的升高而增加,这表明温度的依赖性主要受分子内相互作用的影响。

假设一个单一的 Debye 弛豫过程可以简单地近似为以下等式的形式:

$$\varepsilon'' = (\varepsilon_r - \varepsilon_u) \cdot \omega \cdot \tau_d / [1 + (\omega \cdot \tau_d)^2]$$

可以使用 Eyring 关于温度对分布时间依赖性的速率过程中一般理论来描述介电损耗的温度依赖性,如下式所示:

$$\tau_d(T) = \tau_0 \cdot \exp(E_a/RT) \tag{7.31}$$

式中,E_a 是转变的活化能。这个函数在温度为 T_m 时表现出最大值,如下式所示:

$$\tau_d(T_m) = \tau_0 \cdot \exp(E_a/k_B \cdot T_m) = 1/\omega \tag{7.32}$$

式中,ω 是在测量过程中所设定的角频率。

因此,有以下表达式:

$$\varepsilon''(T) = (\varepsilon_r - \varepsilon_u) \cdot \frac{\exp(x)}{1 + \exp(2x)} \tag{7.33}$$

式中，$x = (E_a/k_B) \cdot (T^{-1} - T_m^{-1})$。

偶极弛豫时间和离子电导率都与聚合物的玻璃化转变温度（T_g）有关[2,3,17]。在材料加热至玻璃化转变温度以上的过程中，静态偶极子获得迁移能力并开始在电场中振荡，这通常会导致介电常数随着相应的损耗因子峰而增加。在玻璃化转变的低温侧，偶极子将只对低频激发产生响应，这是因为它们不具有与较高温度所对应的较高迁移率。有趣的是，在介电测量中所观察到的频率分布与在机械测量中所观察到的非常类似。另外，通常观察到低频偶极子峰（小于 1 Hz）与通过其他热分析测量技术所得到的 T_g 的测量结果之间具有很好的对应关系。对于在玻璃化转变过程中获得流动性的含有静态偶极子的材料而言，它们通常会表现出介电常数的变化和偶极子损耗峰。然而，对于没有静态偶极子或非 T_g 活性的静态偶极子的材料通过玻璃化转变过程会明显地表现出很小的偶极子的影响。

当材料被加热至玻璃化转变温度范围时，带电离子也将会获得较好的流动性，并且将开始有助于玻璃化转变温度之上的导电损耗过程。离子导电损耗对测量的损耗因子的贡献可能是巨大的，并且往往可能会掩盖一些较小的偶极子损耗贡献。

在本章中，我们选择壳牌公司的环氧树脂 EPON 825（双酚 A 的二缩水甘油醚，diglycidyl ether of bisphenol A）来描述介电性能和玻璃化转变温度之间的关系。EPON 825 的介电常数和损耗因子在 1～10000 Hz 的频率范围内的温度依赖性关系如图 7.4 和图 7.5 所示。根据文献报道，使用加热速率为 15 ℃/min 的差示扫描量热仪测得的这种聚合物的玻璃化转变温度为 −20 ℃。

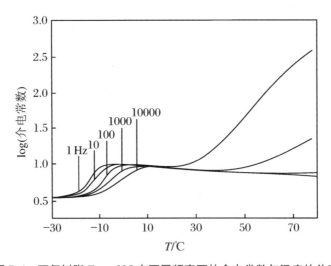

图 7.4　环氧树脂 Epon 825 在不同频率下的介电常数与温度的关系

在远低于 T_g 的温度下，所有频率下的介电常数均为 4（非弛豫介电常数），损耗因子低于 0.1。当温度接近 T_g 时，偶极子获得足够的迁移率，对介电常数有贡献作用，这种迁移率增加的证据为首先发生在最低频率的位置。随着温度的进一步升高，给定频率的介电常数在弛豫介电常数上达到稳定，然后随着温度升高而降低，最后随着电极的极化而再次突然增加。在每个频率下，在损耗因子曲线中可以观察到偶极峰值。随着离子电导率的增加,其随温度连续升高。最大损耗的频率和离子电导率在较窄的温度范围内增加很多个数量级,这是弛豫过程非常接近玻璃化转变温度的特征。需要注意的是,随着测量的频率降低,偶极峰的温度值与使用差示扫描量热法测量的聚合物的玻璃化转变温度值接近。

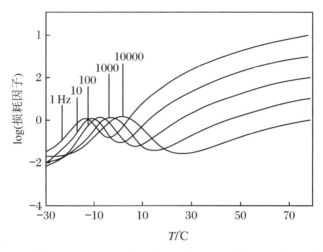

图7.5 环氧树脂EPON 825在一定频率范围内的损耗因子与温度的关系

许多聚合物还表现出与聚合物中的 β 转变或 γ 转变相关的亚 T_g 偶极子弛豫现象。就像在力学测量中那样,这些都可以归因于极性侧链基团或任何可以移动到 T_g 以下的极性基团的运动。这些转变在 Arrhenius 坐标轴上绘图时可以特征性地表现出线性行为,并且可以由此得到活化能等信息[17]。

7.4 水分含量的影响

湿度对绝缘材料的电学影响主要是大大地增加了其界面极化的幅度,从而增加了其介电常数和介电损耗。湿度的这些影响是由于水被吸收到材料的主体结构中并在其表面形成离子水膜而引起的,这个过程可以在几分钟之内形成。然而,对于厚的和相对不透水的材料来说,可能需要数天甚至数月才能达到平衡[18]。

7.5 仪器设备

介电分析技术主要是将样品置于两个电极之间并将正弦电压施加到其中一个电极上,施加的电压在样品中形成电场。使用电极组件有两个目的:将施加的电压传输到样品和感应响应信号。介电分析中常见的两种电极的几何形状是平行板电容器和叉指型(或梳型)电极。

7.5.1 平行板电容器

经典的介电测量主要包括两个平行板,它们位于被测材料的周围[2,3,17,19]。如图 7.6 所示,平行板设备的范围可以从压制在聚合物薄膜上的两片铝片到具有蒸发金属涂层的聚合物薄膜和环绕着保护环的精密屏蔽外壳[20]。

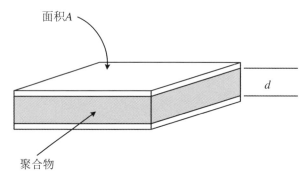

(a) 简单的平行板设备,其中金属电极压入聚合物样品

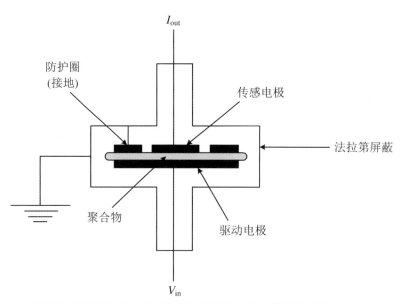

(b) 使用带有蒸发金属电极和聚合物薄膜周围带有保护环的精密屏蔽外壳

图 7.6

一般在 1 mHz～1 MHz 频率范围正弦电势下一个平板被激发,并且监控从第二电极到地的正弦电流。为了获得准确的结果,应满足以下必要的要求:

(1) 控制板面积和分离距离;
(2) 良好的接触性(可以使用聚合物表面上蒸发的金属);
(3) 防止表面传导泄漏的接地保护环;
(4) 屏蔽良好的元件和电缆。

圆形保护环是用平行板进行最佳介电测量的一个重要部分。保护环主要用来防止电流从驱动电极泄漏到感测电极，从驱动电极流到接地保护环的任何电流都被排放到接地连接器中。由于感测电极使用地面的电位（虚拟的地面），所以它处于与保护环相同的电位。因此，它们之间没有电流流动。另外，保护环也减少了感应电极边缘处的干涉条纹的现象。

通常情况下，将板间距的尺寸设计成比板尺寸小得多，从而可以最大限度地减少干涉条纹的影响范围。根据测量电流的幅度和相位以及板的面积和间隔，可以方便地计算介电性能[2,3,17,19]：

$$\varepsilon' = \frac{C_p \cdot d}{A \cdot \varepsilon_0} \tag{7.34}$$

$$\varepsilon'' = \frac{d}{R_p \cdot A \cdot \omega \cdot \varepsilon_0} \tag{7.35}$$

式中，C_p 为等效的并联电容；d 为平行板之间的距离；A 为平行板的面积；R_p 为等效并联电阻；ω 为施加电压的角频率。

结合这些方程，可以得出损耗角的正切 $\tan\delta$：

$$\tan\delta = \varepsilon'/\varepsilon'' \tag{7.36}$$

因此，对于含有均相介质且没有界面效应的平行板结构来说，介质损耗角的正切 $\tan\delta$ 与板间距和面积无关。然而，由于 ε' 和 ε'' 是偶极子、电导率和极化的独立函数，因此 $\tan\delta$ 并不是一个理想的量度。但由于 $\tan\delta$ 与板间距 d 无关，因此经常测量 $\tan\delta$。由于应用的温度和测量的需要，在实验期间可以变化板间距。例如，在聚合反应过程中，由于温度、反应引起的收缩或施加的压力，基体树脂通常会经历显著的尺寸变化，并且已有研究结果证明平行板难以在这些情况下保持良好的校准状态。

平行板电极的主要优点是可以很容易地解释测量数据，并且其几乎可以制成任何导体。主要的缺点是要获得 ε' 或 ε'' 的定量测量数据，需要控制板间距和面积，并且在频率低于约 100 Hz 下进行导纳测量时还需解决相关的仪器困难问题[2]。

7.5.2 叉指型电极

平行板电极的替代方案包括在绝缘衬底上使用两个叉指型电极（interdigitated electrodes）（图 7.7）。这种设计允许单侧的、非常局部的介电性能测量，特别适用于薄膜样品。对于这种传感器而言，使用相模技术在绝缘衬底上制造金、铜或铝的金属电极，衬底通常是陶瓷、聚合物复合物或硅集成电路。通过在电极上放置少量材料或通过将传感器嵌入到测试介质中来使用电极传感器。

这种梳状结构的电极优点在于校准的可重复性（ε' 和 ε'' 之间的分离），并且它们可以用在各种环境下进行性能监测。校准取决于电极的尺寸和间距以及基片的介电性能，所有这些都可以很好地通过光学图案化技术进行制作。并且校准对温度或压力变化相对不敏感，这是与平行板电极相比的主要优点。叉指型电极的主要缺点在于其与传感器的灵敏度有关，用叉指型电极只能测量边缘电场。与平行板电极相比，梳状电极在给定的区域内获得的信号要小得多。因此，它们主要应用于损耗因子受电导率控制的材料，电导率相对较高($>10^{-8}\ \Omega^{-1}\cdot cm^{-1}$)。

(a) 叉指型电极俯视图

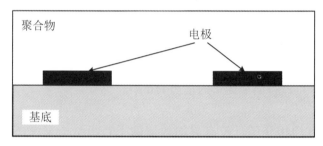

(b) 叉指型电极的横截面

图7.7 叉指型电极的结构示意图

  这种梳形电极的一个重要变化形式是微型介电传感器[2,21,22,23],它将一个梳状电极与一个硅集成微电路中的一对场效应晶体管组合起来,以获得与平行板电极相当的灵敏度,但保留了叉指型电极的校准可重现好的特征。该电路经过修改后可以集成电流随时间的变化,从而使传感器能够在低至 0.001 Hz 的频率下工作。通过对电极、样品材料、氧化物绝缘体和下面的硅进行有限差分分析,来克服校准的困难。由此产生的校准结果相当复杂,可以保存在设备的内存中。另外,由于电极是刚性的并且是以微电子精度制造的,所以传感器的校准对于温度和压力变化而言是稳定的。

7.5.3 电容和电阻的测量设备

  无论是使用平行板电极还是叉指型电极,其基本测量都涉及在正弦稳态条件下确定电极之间的导纳。在低频和中频范围(20 Hz～2 MHz)内,有几种类型的电桥可以在市场上买到。在 MHz 范围以上,尽管某些类型的变压器桥可以以高达 10^8 Hz 的高精度使用,然而以谐振技术更为常用。电容变化法是可以提供高精度测量的几种共振技术之一。另一个非常重要的高频测量技术是时域反射(time domain reflectometry,简称 TDR)法。该方法利用反射波引起的包括寻找在由样本和短路终止的无损传输线中的电磁波的阻抗的驻波。将无损部分的阻抗转换为样品界面,并用来计算样品的介电性能。

附专业术语及表示符号

A 单块平行板的面积

C_p 等效并联电容

d 平行板之间的间距

E 总电压

E_a 活化能

g 量化参考偶极子与相邻偶极子相互作用的相关因子

i $(-1)^{0.5}$

J 复合电流

k_B 波尔兹曼常数

m 偶极矩

N 每单位体积偶极子的数量

N_i 第 i 个离子的浓度

q_i 第 i 个离子的电荷

R_p 等效并联电阻

r_i 第 i 个离子的半径

T 温度

T_g 玻璃化转变温度

u_i 第 i 个离子的迁移率

z 与参考偶极子等效的最近邻偶极子的数量

B 在 Cole-Cole、Davidson-Cole 和 William Watts 表达式中的分布参数(式(7.9)~(7.12))

α 永久偶极子的极化率

α_e 形变极化率

ε^* 复合介电常数

ε' 相对介电常数

ε'' 相对损耗因子

ε_0 自由空间的介电常数(等于 8.85×10^{-14} F/cm)

ε'_d 与偶极子校准相关的介电常数

ε''_c 由离子传导引起的介电损耗

ε''_d 由偶极子的取向引起的介电损耗

ε_r 弛豫的介电常数

ε_u 非弛豫介电常数

γ 偶极子与其最邻近的偶极子之间的夹角

μ 偶极矩

v_i 平均漂移速率

σ 离子电导率

τ_d　偶极子弛豫时间

$\tan\delta$　损耗角正切

ω　测量频率

参考文献

1. P. Debye, Polar Molecules, Chemical Catalog Co., New York (1929).
2. S. D. Senturia and N. F. Sheppard, Jr., Dielectric Analysis of Thermoset Cure, Advances in Polymer Science, 80 (1986) 1.
3. N. G. McCrum, B. E. Read, G. Williams, Anelastic and Dielectric Effects in Polymeric Solids, Wiley and Sons, New York, 1967.
4. K. S. Cole and R. H. Cole, J. Chem. Phys., 9 (1941) 341.
5. D. W. Davidson and R. H. Cole, J. Chem. Phys., 18 (1950) 1417.
6. G. Williams and D. C. Watts, Trans. Faraday Soc., 66 (1970) 80.
7. G. William, D. C. Watts, S. B. Dev and A. M. North, Trans. Faraday Soc., 67 (1971) 1323.
8. C. P. Lindsey and G. D. Patterson, J. Chem. Phys., 73 (1980) 3348.
9. E. W. Montroll and J. T. Bendler, J. Stat. Phys., 34 (1984) 129.
10. M. F. Shlesinger, J. Stat. Phys., 36 (1984) 639.
11. L. Onsager, J. Am. Chem. Soc., 58 (1936) 1486.
12. J. G. Kirkwood, J. Chem. Phys., 7 (1939) 911.
13. H. Frolich, Theory of Dielectrics: Dielectric Constant and Dielectric Loss, Oxford University Press, Oxford, 1958.
14. A. R. Blythe, Electrical Properties of Polymers, Cambridge, Cambridge University Press, Cambridge, 1979.
15. D. R. Day, in Quantitative Nondestructive Evaluation, Plenum Press, New York, Vol 5B (1986), 1037.
16. D. R. Day, T. J. Lewis, H. L. Lee and S. D. Senturia, J. Adhesion, 18 (1985) 73.
17. P. Hedvig, Dielectric Spectroscopy of Polymers, McGraw-Hill, New York, 1977.
18. R. F. Field, J. Appl. Phys., 17 (1946) 318.
19. C. W. Reed, Dielectric Properties of Polymers, (Ed. F. E. Kraus), Plenum Press, New York, 1972.
20. Standard Test Method for A-C Loss Characteristics and Permittivity (Dielectric Constant) of Solid Electrical Insulating Materials, ASTM Designation: D150-92.

21. N. F. Sheppard, D. R. Day, H. L. Lee and S. D. Senturia, Sensors and Actuators, 2 (1982) 263.

22. N. F. Sheppard, S. L. Garverick, D. R. Day and S. D. Senturia Proceedings of the 26th SAMPE Symposium, (1981) 65.

23. S. D. Senturia and S. L. Garverick, Method and Apparatus for Microdielectrometry, U. S. Patent, No. 4,423,371.

第 8 章
控制速率热分析及相关技术

M. Reading
IPTIME，拉夫堡大学，拉夫堡，莱斯特郡 LE1 3TU（IPTME, Loughborough University, Loughborough, Leicestershire LEI 1 3TU）

8.1 引言

大多数热分析方法是基于预定的温度控制程序（大多数为等温或线性控制的温度程序），同时测量样品的一个或多个性质。通常主要按照实验者所选择的方式完成温度程序，很少会考虑样品经历了什么变化。有些方法已经脱离了这种方案，通过允许测量的样品响应以某种方式影响温度程序的进程。现在已经有几种算法将确定温度程序中的变化来作为样品行为的函数，并且多种不同的样品属性已经可以作为参数输入到温度控制器中。由此衍生出了许多种不同的方法，这些方法即为本章的主题内容。

然而，在经历了几种不同的命名法演变后，这类方法到目前为止还没有一个可以被广泛接受的名称。在本章中，将会简要地回顾这个话题。在下一节的内容中，Reading[1]所提出的术语和缩写以及在这里将使用的"样品控制热分析"（sample controlled thermal analysis，简称 SCTA）术语可以用于其他相关的热分析方法中，其中样品在某种程度上发生的转变会影响到它所经历的温度程序过程。

8.2 历史发展

通常认为，Smith 于 1940 年提出的使用测量样品响应作为温度控制系统中热分析方法的一部分为该类技术最早获得应用的例子[2]。他使用了差热分析方法，其中热电偶对一半放置在样品旁边，而另一半则放置在热阻已知的样品容器另一侧。然后将整个组件在炉中加热，通过调整控制系统的工作条件使热电偶对温度差保持在恒定值。

在设备的操作范围内容器材料的热导率可以被认为是恒定的，这意味着流入样品的热流速率将保持恒定。实际上，热导率随温度而变化，因此流入或流出样品的热量遵循已知的温度函数。Smith 指出[2]，采用这种方法的结果是，"试样内和沿热电偶的温度梯度更小，采集的数据更加尖锐"（在这种情况下，"采集的数据"意味着由于转变所产生的峰）。这种分析形式被称为 Smith 热分析法，主要用于研究金属合金。

在 20 世纪 60 年代初期，J. Roquerol[3] 自己组建了一个由 F. Paulik 和 J. Paulik[4]

两兄弟组成的研究团队,他们彼此独立工作并且不知晓 Smith 的工作,试图找到一种在质量损失或气体逸出的过程中使反应速率保持恒定的方法。Paulik 兄弟在基于他们所使用的热重分析仪器的基础上,设计了一个控制系统来加热样品,使质量损失率保持恒定。通过这种类型的实验往往会得到一条几乎等温的温度曲线,因此称为准等温(quasi-isothermal)方法[5]。Paulik 兄弟建议这种方法的缩写形式为 QTG。他们还设计了许多特殊类型的坩埚,通过这些坩埚可以限制逸出的气体逃逸到外面的气氛中,使其在完全由产生的气体物质组成的气体环境在坩埚的空间内形成一定的压力[5]。当在这些条件下进行实验时,Paulik 兄弟使用了准等温法(quasi-isothermal)、准等压法(quasi-isobaric)[5]的术语。另外,在 Rouquerol 提出的方法[3]中,通过使用传感器来监测连续抽真空的反应室中所释放出的气体压力。他设计了一个控制器来加热样品,使得监测的压力保持恒定。由于压力保持不变,气体被抽走的速率保持不变,因此当只有一种气体放出时,质量损失速率也将保持恒定。在之后的研究工作中,他将这种方法与真空热重分析法结合在一起进行使用[6]。

  Paulik 兄弟和 Rouquerol 提出的技术之间的相似性是十分明显的。两者都保持了反应速率的恒定,都控制了在反应环境中所生成的气体产物的压力,主要区别在于实现这些目标所采取的手段以及它们最适合的压力机制不同。这些方法与 Smith 热分析方法的相似之处也很明显。对于仅产生一种气体的分解反应而言,可以认为 Smith 装置中的样品容器的热导率在反应温度范围内是恒定的。通过以上这三种方法都可以实现恒定的反应速率。Rouquerol[7]提出用"控制转变速率热分析"(controlled transformation rate thermal analysis)这一术语来描述这种方法,其中加热程序由根据需要预先设定的方式来控制转变速率。当清楚地知道控制参数不是加热速率而是样品的测量性质的变化速率时,可以不用"转变"(transformation)这个词。在这种情况下,通常可以用"恒定"(constant)这个词来代替"受控"(controlled)这个词。因此,最常用的缩写是形式 CRTA(在本章中缩写为 CnRTA)。Rouquerol 通过图 8.1 和图 8.2 将这种一般方法与传统的热分析法进行了比较[7],这些图是说明常规和恒定/控制速率热分析方法的基本原理的很好的方式。Rouquerol[7]将这种方法定义为"一种通用的热分析方法,其中样品的物理或化学性质'X'按照预先设定的温度控制程序 $X = f(t)$ 在合适的温度作用下发生变化"。

  Sorensen[8]提出了与上述类似的另外一种技术,该技术通常被称为步阶式等温分析法(stepwise isothermal analysis)。在这种方法中,需要设置反应速率的上限和下限。当速率低于最小值时,温度升高,直到超过最大值;然后温度保持恒定,直到反应速率再次下降到最小值以下为止。这种方法已被应用于热重分析法和热膨胀测量法中。步阶式等温技术作为一种独特的方法令许多研究者感兴趣,这是因为它强调了如图 8.2 和图 8.3 所示的两种控制方案之间的区别,可以更准确地描述实现步阶式等温方法所需的控制机制。

  作为一种表征步阶式等温的方法,其中的一种方法被称为"控制不好的 CnRTA"(badly controlled CnRTA),其控制系统不能提供将反应速率维持在恒定值所需的平稳连续响应。这两种技术之间的区别已经变得越来越模糊,就连 Sorensen 本人也已经用准等温来描述他的方法了[8]。然而，Sorensen 明确表示，他在工作中有意地避免恒定（CnRTA）或受控（CrRTA）速率热分析的连续变化，主要是因为他认为这种方法仍然存在着缺点[8]。另外，F. Paulik 兄弟[5]也指出了他们的方法和 Sorensen 所提倡的方法之间的差异。一旦认识到这种区别，我们就很清楚在步阶式的方法中，反应速率不是预先设定的时间函数。它受到温度控制算法的限制，但是随着时间的推移，其将会变得一个

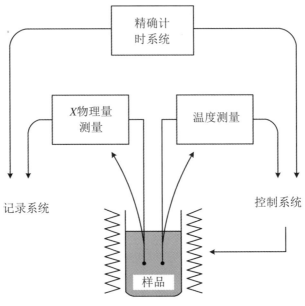

图 8.1 常规热分析示意图

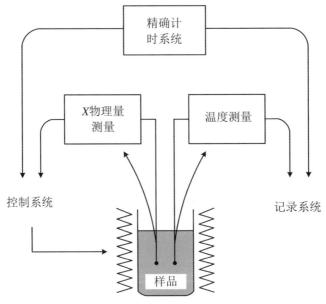

图 8.2 控制速率热分析示意图

复杂和不可预测。当 TA Instruments 公司引入另一种称为动态速率 TGA(dynamic rate TGA)[9]的方法时,这个问题变得越来越明显。在该方法中,加热速率与质量损失速率之间存在着 S 形的关系。

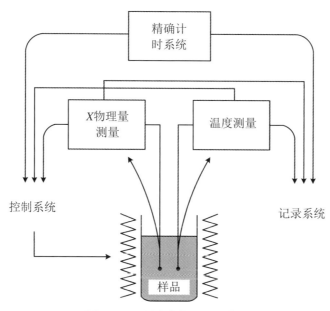

图 8.3 限制速率热分析示意图

在 Reading 发表的一篇文献综述[1]中,他明确地阐述了已经提出和展示的各种方法背后所蕴含着的不同哲理。到目前为止,可以用图 8.4 所示的加热速率与质量损失速率的关系曲线表示以上所讨论的各种方法。其中,线性升温法符合图 8.1 所示的示意图,恒定速率法如图 8.2 所示,步阶式和动态的速率方法必须符合图 8.3 所示的控制机制。控制器在任何给定的时间下,对于步阶式和动态(加热)速率方法输入到炉子的功率是样品的测量响应和样品温度变化速率的函数。当考虑整个实验过程时,这些方法的目的不是维持一个恒定的值或者遵循预先设定的时间函数,而是基于一种控制方案。该控制方案不仅用来限制反应速率,而且还可以用来限定在一定范围内的升温速率。

这里仍然存在命名的问题,因此提出了术语"限制速率"(constrained rate)的概念,相对应的方法称为"限制速率热分析法"(constrained rate thermal analysis)[1],简称 CaRTA。此外,还提出了用 CnRTA 来表示恒定速率热分析(constant rate thermal analysis),用 CrRTA 来表示控制速率热分析(controlled rate thermal analysis)。现在已经提出了可用于以上所有方法的"样品控制热分析"(sample controlled thermal analysis,简称 SCTA)这个术语。在这种分析方法中,样品在某种程度上所经历的转变会影响到它所经历的温度程序过程[10]。有人指出[1],当采用如图 8.3 所示的控制方案时,可能会出现各种各样的方法。Reading 也推测了使用多个参数作为温度控制算法的输入的可能性[1],并且已经使用能够同时进行热膨胀测量和热重分析的新型设备证明了这一点[11]。其中,可以在受控速率热重法和受控速率热膨胀法之间进行切换控制算法。在本节中已经简要地介绍了其他的方法,下面将在"未来展望"这一节中对此进行更详细的介绍。

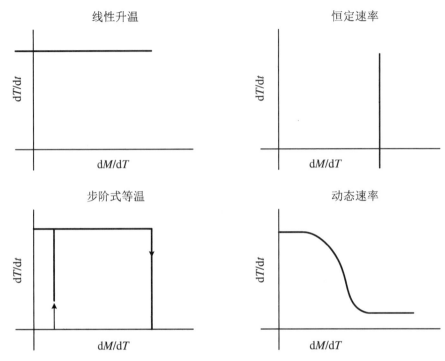

图 8.4 不同方法的质量损失率和温度变化速率之间的关系

8.3 用于 SCTA 的不同性质和模式

用作上述温度控制系统(如图 8.1、图 8.2 和图 8.3 中所提到的 X 参数)的一部分的测量的物理量包括进入样品的热流、通过重量测定法检测的质量损失速率、使用压力计或质谱仪测量气体产物的逸出速率以及使用受控速率的热膨胀以来测量样品的尺寸。然而,SCTA 的应用范围与传统的热分析一样广泛。原则上可以使用任何检测到的物理信号,例如 Smith 使用热流信号[2]。Rouquerol 在开发和发布新的受控速率/恒速率(controlled/constant rate)方法方面最为活跃。在他最初采用的方法中,其中有一个简单的泵系统和压力传感器,其优点之一是这种方法可以很容易地与其他技术相结合。在早期的工作中,它与热天平[6]以及微量量热仪[12]相结合。在进一步的发展中,他和同事们首先用质谱仪替代了压力计[13,14],从而有可能控制单个质量峰,因此可以在有利的条件下控制单个逸出的气体产物。

Stacey[15] 开发了第一台基于使用露点湿度计控制水分压的 CnRTA 设备,该设备可以与热导检测器(katharometer)串联使用,因此可以获得生成其他物质的逸出速率的有关信息。通过使用反应性(含氢)气氛,利用该装置可以研究热分解和催化剂活化。

Reading[16,17]开发了第一台基于红外探测器的 CnRTA 设备。该仪器的优点是不仅仅能够控制水的任何红外活性气体的逸出速率,还可以同时监测另一种物质的变化过程,也可以应用于催化剂制备和反应性的研究工作[17]中。随后 Criado 等人重复了这种方法[18]。在 CnRTA 的其他应用中,主要集中在反应气体和样品之间的控制反应过程,包括 Real 等人[19]使用氧气检测器的研究工作和 Barnes 等人[20]的工作。其中,后者开发了一种多功能仪器,通过该仪器不仅可以使用湿度计、热导检测器(katharometer)或质谱仪作为检测器,还可以采用各种控制和限制速率的方法[21]。Staszczuk[22]综述了使用 CnRTA 来研究固体和液体之间通过热脱附的相互作用。Torralvo 等人[23]考查了利用预吸附水的热脱附来表征微孔的孔隙度。热膨胀测定法本身已被使用,该方法可以与热重分析技术按照以上所描述的方式组合使用[11]。Reading[1]最早提出了限制速率动态力学热分析的结果。Ortega 等人开发了第一台 CrRTA 装置,其反应速率随着时间线性变化[24—26],这可以用来区分不同的反应机制。

总之,通过以上的介绍可以看出,SCTA 方法可以适用于各种各样的热方法。许多仪器制造商现在可以在热重分析仪中提供 SCTA 方法,这些方法会得到越来越普遍的应用。

8.4 命名

鉴于目前这一领域的命名比较混乱和易于混淆的现状,现在我们就这个问题提出一些适当的建议。Rouquerol[7]给出了一个非常有用的建议,但他只涵盖了 CnRTA。另外,其他方法如 CaRTA 方法的发展使情况变得相当复杂。在本部分内容中,我们提供以下简要的信息来源供读者参考:Smith 热分析(Smith Thermal Analysis)(1939,C. S. Smith[2])、恒定速率热分析(constant rate thermal analysis)(1964,J. Rouquerol[3])、准等温热重分析(quasi-isothermal thermogravimetry)(1971,F. and J. Paulik[4])、步阶式等温分析(stepwise isothermal analysis)(1983,O. T. Sorensen[8])、反应温度控制分析(reaction determined temperature control)(1988,M. Reading[27])、动态速率热重分析(dynamic rate TGA)(1991,S. R. Sauerbrunn et al.[9])、限制速率热方法(constrained rate thermal methods)(1992,M. Reading[1])、优化程序温度热分析(optimising temperature programme thermal analysis)(1992,M. Reading[1])、样品确定的温度控制(sample determined temperature control)(1992,M. Reading[1])、速率确定的温度控制(rate determined temperature control)(1993,M. Reading and D. Dollimore[28])、速率控制温度程序(rate controlled temperature programme)(1994,P. A. Barnes 等人[20])和速率控制热分析(rate controlled thermal analysis)(1995,P. A. Barnes 等人[29])。

研究者们希望能在较短的时间内对这一现象达成共识,否则这个领域的新工作者可能会发现缺乏标准,对他们理解和正确使用这种有价值的新型热分析方法造成障碍。目前已对这些在实验过程中样品在以某种方式进行转变过程中会影响其所经历的温度程序的方法的总体名称达成了一致,通常称这种方法为样品控制热分析(sample controlled thermal analysis,简称 SCTA)[10]。

8.5 SCTA 的优点

CnRTA 与常规的等温和升温实验方法的比较如图 8.5 所示,图中列出了典型的热重分析和逸出气体分析的示例曲线。一个优点是通过 CnRTA 方法能够更精确地控制反应环境的均匀性,主要包括控制产物气体压力以及样品层内的温度和压力梯度。通过对比,由图 8.5 中所给出的结果可以清晰地发现,CnRTA 方法在维持产物气体的压力保持恒定的情况下具有明显的优势。虽然对于反应速率不保持恒定的 CaRTA 来说,这是不正确的,但产物气体的分压通常将保持在较低的水平并在预定界限内。

通常通过使用小样品来解决样品层内的压力和温度梯度问题,通过这种方式可以减少质量和热传输问题。另一个重要因素是反应速率。吸热分解的反应速率越高,样品内出现显著的温度和压力梯度的机会就越大。这样就对等温实验提出了一个特殊的问题,在实验开始时由于反应速率太高所引起的潜在危险必须与结束时的反应速率太慢的问题相平衡,从而导致在实际时间尺度上反应并不完全。线性升温实验也会带来类似的问题。对于这种类型的实验而言,反应速率在反应步骤的中点附近达到最大值。通过调整加热速率来限制这个最大值,会造成实验时间的不必要的延长。一旦选择了足够低的速率来避免过度大的温度梯度,在使用 CnRTA 方法时须确保实验可以在尽可能短的时间内完成并且获得的结果不会发生失真。因此,CnRTA 和其他形式的 SCTA 是非常实用的方法。

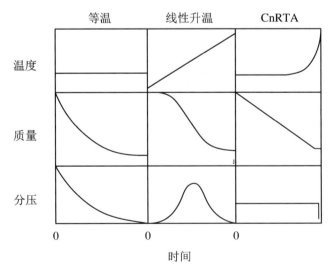

图 8.5　由不同方法得到的产物气体的温度、质量和分压对时间的函数图

通过 SCTA 方法特别是 CnRTA 法可以更好地控制样品环境,使整个样品层中的条件保持均匀成为可能。对于通过热分解制备的多孔或细分的固体来说,这是一个非常好

的制备方法。Rouquerol[30]阐述了产物气体的压力对三水铝石分解产物表面积的影响。将样品上方的压力从 0.0002 torr 改变至 5 torr,在分解的任何点将产物的表面积改变了大约两个数量级。虽然这已经是一般性的常识,但是 Rouquerol 的工作很好地说明了如何使用 CnRTA 方法来对反应环境进行更大程度的控制,从而对分解产物的性质进行控制。Stacey 在他的催化剂制备实验中发现了类似的效果[31]。他发现,在氢氧化锌的分解过程中,将水的分压从 658 Pa 改变到 2150 Pa,这一条件对产物的比表面积、孔径和平均微晶尺寸有显著的影响。Barnes 等人也证实了 CnRTA 方法用于催化剂制备的优势[20]。在 Criado 及其合作者的工作中,他们利用 CnRTA 方法对制备条件对混合草酸盐分解产物的粒径、晶体状态和介电性能的影响进行了考查[32,33]。

出于上述相同的原因,CnRTA 和其他形式的 SCTA 方法有效地避免了源于具有非均匀样品环境的人为因素例如发生反应的温度区间的人为变宽等,因此该方法也优先用于计算动力学参数。这将在下文中进行更详细的讨论。

非均相分解反应的一个共同特征是反应速率可以通过来自反应界面的气体产物的扩散速率来控制,这是因为它可以进入由已经反应的材料的中间层所限制的外部环境。一般来说,扩散步骤是否是速率限制通常取决于气体的逸出速率。Stacey 指出[15],通过使用 CnRTA 来控制反应速率,可以从扩散控制的体系逐渐转变到界面几何形状因素决定的体系。

CnRTA 和其他类型的 SCTA 法的另一个优点是,它们通常可以提高给定时间实验的分辨率[5,9,29]。当使用线性的加热速率时,在反应开始时反应速率逐渐增加,反应速率随着反应结束而逐渐降低。相反地,在 CnRTA 条件下测量得到的反应的开始往往是由急剧升高的温度到几乎等温的平台(这取决于反应机理,但这种行为经常遇到,见参考文献[5])的突然变化。由于温度呈指数级上升,因此反应的结束阶段也与此类似。而且,随着反应速率的加快而加热速率降低,发生分解的温度范围变窄。正是由于这两个原因,CnRTA 在多步骤过程中清楚地分离不同步骤的能力通常比使用常规方法对于类似实验的总耗费时间可能好很多。Criado[34]在数学模拟基础上进行比较之后,对于这种实验方式的分辨率是否得到了真正的提高提出了质疑。实际上这一点还没有系统地研究过,值得引起更多的关注。然而,通过对现有文献的调研,似乎确实支持分辨率得到改善的主张。

总之,可以看出,CaRTA 法特别是 CnRTA 法具有许多的优点。通过这些方法可以更好地控制它们提供的反应环境:(1) 由于在整个样品层中的不均匀反应,结果不太容易含有假象;(2) 以受控方式从扩散控制体系转变为由反应界面的几何形状控制的体系的能力;(3) 更好的动力学数据;(4) 更好的确定的多孔或细分固体的制备条件(由于 CaRTA 和 CnRTA 允许反应在较窄的温度范围内发生,因此通过这些方法可以清楚地描述反应的开始和结束阶段的信息);(5) 在给定的实验持续时间内具有更好的分辨率。

上面的讨论主要涉及恒定速率的热分析,即遵循图 8.2 给出的示意图的方法。部分原因是由于这种最先提出的开发方法是迄今为止最经常使用的方法。恒定速率的维持可以确保产物气体的分压比替代的 CaRTA 方法更能精确地控制。下面的这个问题会经常被问到:人们可能希望从这个问题出发,选择基于图 8.3 给出的控制算法的原因是什么？一种可能性是使用 CnRTA 在实际中很难实现高的反应速率，然而在工业实验室中则经常会需要较快的反应速率以实现样品的快速处理。动态速率方法可以提供一个显著提高分辨率的方法，同时通过这种方法可以减少实验时间。尽管以上的这些方法在原则上是可能的，但按照作者的经验，在实际的实验中难以以相当快的速率来完成适当控制的 CnRTA。

更根本的原因是，对于给定的实验时间长度而言，采用 CnRTA 方法可能不是解决问题的最佳方式。如果最大分辨率是要求的结果，那么关于在维持恒定压力下放出气体的问题是次要的(或者说如果被考虑的过程不涉及气体的逸出则是不相关的)。如果考虑一个两个阶段的反应，那么正如 Reading 所指出的那样[1]，最长的实验时间也就是最缓慢的加热速率，应该发生在从一个阶段过渡到另一个阶段的时候。这与 CnRTA 通常遇到的情况是相反的，在这种情况下，反应过程中的加热速率通常会降低，而在经过一个步骤和另一个步骤之间的阶段时加热速率则会升高。为了实现降低连续反应步骤之间加热速率的算法，需要考虑温度变化速率。一般来说，通过简单地监测样品的响应而不了解样品温度的做法并不能得到预期的结果。这样的系统必须符合图 8.3 所示的示意图，因此不属于 CnRTA 的当前定义范围，而是在 CaRTA 的建议(根据 Reading 的关于命名[1]的建议)定义范围之内。基于微处理器的现代控制器允许采用非常复杂的方案来实现给定类型的体系的特定结果，这里对于任何单一的参数保持在一个恒定的值没有绝对要求，特别是在均相体系中。

到现在为止，我们还没有找到一个关于如何最大化解决问题的适当理论。关于这个问题的更多分析将在下面的"未来展望"一节中涉及。

8.6 动力学方面

对于固态反应动力学尤其是通常应用 CnRTA 方法的动力学而言，这是一个容易产生不确定问题的领域。在一篇应用广泛的综述性文章[35]中有这样的评论："最常用来提供关于(反应)步骤的信息的动力学参数是确定速率控制步骤的 A 和 E_a，这些名义上相同的化学变化值通常显示出显著的偏差。"由于 CnRTA 在反应环境中提供了精确的控制，因此这种方法是动力学研究的首选技术，并且通过这种方法还可以为上述引文中所总结的问题提供解决方案。测量活化能的一个特别有力的方法是速率跳跃法。在图 8.6 中给出了碳酸钙在两个预设值之间反应速率的跳变，并测量了相应的温度跳变。式(8.1)给出了用于描述固态反应的一般表达式：

$$d\alpha/dt = f(\alpha) \cdot A \cdot \exp(-E_a/RT) \tag{8.1}$$

式中，α 为转化率；$f(\alpha)$ 为转化率函数，也称机理函数；A 为指前因子常数；E_a 为活化能；R 为理想气体常数；T 为绝对温度。

对上式进行一个小的插值处理，并同时使用速率跳跃之前和之后的温度值与两个不同的速率值。假设 $d\alpha/dt \propto dM/dt$，其中 M 是样品的质量。从式(8.1)可以得出(图 8.6)：

$$E_a = -RT_1 \cdot T_2 \cdot \ln[(dM/dt_1)/(dM/dt_2)]/[T_2 - T_2] \quad (8.2)$$

使用这种方法的优点是，E_a 可以通过独立于 $f(\alpha)$ 形式的任何假设而确定。在温度发生跳跃之前和之后，始终可以精确地控制压力。在许多情况下，只要可以确保插值过程的准确性，这种方法就可以被认为是测量活化能的最可靠方法。如果在速率跳跃和重新确定控制机制的过程中，反应的进展程度很小，进行这样的处理一般是正确的。许多动力学分析方法需要在不同的等温温度或不同的升温速率下进行一系列实验[28]，这些实验可能受样品和样品变化的影响。目前已经证明了使用单一非等温实验的方法是不可靠的[25,28,36]。速率跳跃法克服了所有这些问题，并且具有其他类似的温度跳跃法所不具备的优点，因为：(1) 产物气体的分压受到控制；(2) 温度插值误差很小，而反应速率的插值误差可以很大。另外的一个优势在于，表观活化能 E_a 的明显变化也可以表示为 α 的函数。

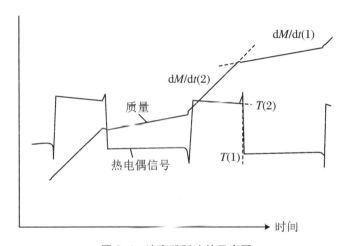

图 8.6 速率跳跃法的示意图

Reading 等人[37]使用高真空下的速率跳跃法得到了对碳酸钙样品的质量和速率跳跃比不敏感的 E_a 值。Ortega 等人[38,39]接下来做了一项与此等效的研究工作，证明白云石的分解过程也符合这一规律。这些均表明通过这种方法测量得到的 E_a 值取决于化学反应的特征，而不是依赖于热和质量传输的实验条件。以上实例已经证明速率跳跃方法从理论优势已经转化到了实际的应用。

Reading 等人[36,37]从他们自己的测量结果和对文献的回顾总结中得出的结论是：尽管速率跳跃法是最可靠的方法，但是使用等温和升温实验也是有可能获得碳酸钙热分解活化能的正确值的。Ortega 等人[38,39]得出的结论是，白云石的分解过程不能满足这一种情况。实际上，并非只有 CnRTA 测量可以为动力学参数提供良好的数值。然而，需要更多的对照研究来解决传统的温度程序控制方法用于动力学研究时应该采用什么样的程序方法的问题。

在确定所测量的动力学参数值中起决定性作用的一个因素是样品环境中气体产物的压力。Reading 和他的合作者[36]通过理论分析和从文献中收集的数据证明，气体产物过高的压力还可以导致可逆反应较高的 E_a 值。这些研究人员还指出[1]，这种现象与

Paulik 及其同事的工作有关系。由于准等压方法不可避免地会导致气体产物较高的压力,因此不能用于动力学测量。Criado 等人[40]利用 Reading 和其合作者[36]推导得到的关系,之后他们用数值模拟的方法非常清楚地说明了这一点。他们证明了在准等温的条件下,反应速率对温度不敏感是由于文献[36]中所提出的机理。其结果是根据较高的气体产物的压力可以改善连续反应步骤之间的分离。

CnRTA 方法的另一个优点是可以使用约化温度主曲线(reduced temperature master plots)来确定 $f(\alpha)$[27]。最常用的动力学表达式可以分为三类(见第 3 章)。第一类包括假设稀疏核的形成、生长、导致反应速率加快、然后合并过程的模型,这些表达式被称为 Avrami-Erofeev 方程。第二种模型假定表面迅速地被弥散的重叠核覆盖,然后反应界面继续通过样品颗粒,这类模型被称为反应级数或几何表达式,以下式的形式表示:

$$f(\alpha) = (1-\alpha)^n$$

式中,n 是反应级数。第三类模型假定扩散是速率控制的过程,约化温度的计算按照如下方法进行。如果我们以 $T_{0.9}$ 表示 $\alpha=0.9$ 时的温度,$T_{0.3}$ 表示 $\alpha=0.3$ 时的温度,则可以得到以下的等式:

$$(1/T_\alpha - 1/T_{0.9})/(1/T_{0.3} - 1/T_{0.9})$$
$$= [\ln f(\alpha) - \ln f(0.9)]/[\ln f(0.3) - \ln f(0.9)]$$

因此,有:

$$(a - T_\alpha) \cdot b/(a \cdot T_\alpha) = [\ln f(\alpha) - q]/d$$

式中,$a = T_{0.9}$、$b = (T_{0.9} - T_{0.3})/T_{0.9} \cdot T_{0.3}$、$q = \ln f(0.9)$、$d = [\ln f(0.3) - \ln f(0.9)]$,这些项都是常数。因此,可以按照类似于众所周知的约化时间图(见第 3 章)的方式,可以绘制出如图 8.7 所示的一系列相对于 α 的 $f(\alpha) - q/d$ 的约化温度主曲线。使用这种方法不能用来区分不同的反应级数表达式,但提供了一种比常规技术更灵敏的区分不同类别的机制方法[27]。如果发现一个反应遵循一个反应级数的表达式,那么一旦速率跳跃法被用来确定活化能,则可以按照如下所述的方法得到确切的反应级数,Criado 也提出了一系列"主图曲线"[41,42],但这些都需要确定与 E_a 相关的信息。

另一种分析 CnRTA 结果的方法是利用以下形式的关系式:

$$-\ln[f(\alpha)] = \ln(A/C) - E_a/RT$$

式中,C = 恒定的反应速率。这个等式的左边对 $1/T$ 作图所得到的曲线是一条斜率为 $-E_a/R$ 的直线,从而能够确定 E_a 和 $f(\alpha)$。对于反应级数表达式而言,斜率是 $-E_a/Rn$,其中 n 是反应级数。因此,如果 E_a 是已知的,则可以确定 n(例如速率跳跃实验,参见上文中的内容)。

一种可能的方法是绘制一系列的函数关系式,并通过一些线性检验来确定正确的机理函数[43—48]。这样做的一个明显缺点是通过这种方法无法区分具有不同 n 值的反应级数表达式。另外,这样的处理会带来更为严重的问题。由于实验的不确定性以及适当的函数式无法被验证有效,因此这种方法已被证明是不可靠的[36,49]。在 Criado 提出的 CrRTA 方法[24—26]中,反应速率随着时间保持线性增加,这提供了一种可以分辨最佳的 $f(\alpha)$ 的方法。然而,当速率跳跃方法可以用来确定 E_a 时,如果再继续寻找更加精细的方法似乎就没有什么意义了,这可以在很大的程度上解决区分候选的转化率函数 $f(\alpha)$ 的所有问题。

确定"真实的"$f(\alpha)$是一个更加基础的问题,在 Reading 等人[36]关于碳酸钙的深入研究中,没有发现一个唯一的 $f(\alpha)$ 表达式,即使使用 CnRTA 法,$f(\alpha)$ 也受实验条件的影响而发生变化。用该方法对其他化合物的研究尚未见报道。但 Rouquerol 等人[50]的研究结果表明,$Li_2SO_4 \cdot H_2O$ 脱水过程的 $f(\alpha)$ 随水蒸气压力的变化而变化。虽然有充分的证据表明,可以确定一个与样品大小和粒径无关的 E_a 值并由此可以认为它可能是真正的活化能,但是仍然没有类似的证据表明我们可以确定一个唯一的 $f(\alpha)$,急需进一步的工作来研究这个问题。

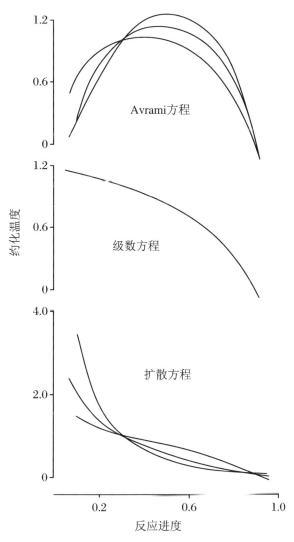

图 8.7 各种转化率函数 $f(\alpha)$ 的约化温度曲线

总之,应该指出的是,CnRTA 法在研究固体分解形成固体和气体方面具有显著的优势。低压 CnRTA 法更广泛的使用可以解决当前固态分解动力学领域中的许多问题。

8.7 未来展望

图 8.3 是一张非常普遍的原理图,在图 8.4 中给出了在无限范围的算法中的两个示例:步阶和动态速率法。现在的问题是:需要依据什么样的原则来引导未来方法的发展? 当考虑转变速率时,要看峰形而不是峰高的变化信息。因此,我们认为将来的一个重要的发展方向将会是算法。在以上所介绍的 CaRTA 和 CnRTA 方法中,使用一个或两个设定的值或一些反应速率测量得到的平滑函数作为控制算法中的目标值或阈值。我们可以通过一个例子来很好地说明这种方法。在传统的线性升温程序期间,所得到的 EGA 实验的剖面图(或轮廓线)可能会大致上看起来像高斯峰(质量损失曲线的微分曲线也是如此)。在图 8.8 中示出了包括一阶和二阶的微分曲线。在目前所提出的 CaRTA 或 CrRTA 方法中,由这种反应产生的温度曲线将取决于为 Ca/rRTA 控制算法所选择的高度值和阈值。另一种可选择的方法[51]是使用预先选定的加热速率开始实验,然后当一阶微分值和二阶微分值分别变为正值和负值时,再降低加热速率。当导数值分别变为负值和正值时,可以再次加快加热速率(根据 Reading[1] 提出的以下建议:可以选择的方案是从较快的速率切换到较慢的加热速率,然后再回到较快的加热速率,以便在每一

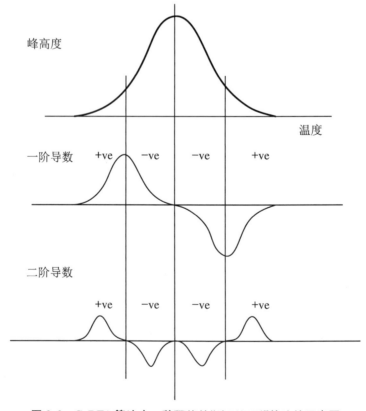

图 8.8 CaRTA 算法中一种可能的"峰形识别"算法的示意图

个反应步骤的范围内缓慢地加热)。这个方法和当前方法之间的重要区别在于:不管峰的高度如何,所得到的响应将是相同的,更重要的是峰形的变化。

该方法作为这种新方法的一个简单示例,更复杂的方法是基于峰形这个概念而提出的。在较短的实验时间内提高分辨率是亟待解决的一个问题。通过这种方法可以避免由于阈值或目标值设置得太低而将大量时间花费在大峰上,或由于目标值或阈值设置得太高而错过了小峰。尽管大多数的分解反应过程无法得到高斯响应,但可以针对偏斜高斯函数和其他函数来设计等效的方法来进行计算。

8.8 结论

现在,已经有越来越多的技术可以通过测量样品对温度的响应来测量样品受温度的影响程度。关于这种方法的最早的应用实例是为了使样品以恒定或接近恒定的反应速率进行的任何转变过程。其优点包括:分辨率的提高、更好的动力学数据和在通过分解制备多孔材料时可以更好地控制生成物。最近发展起来更加灵活、更加复杂的算法主要用于提高分辨率。目前,这些技术正在应用于商品化的仪器中,并且这些方法已被应用于与多种热方法密切相关的更广泛的领域。

参考文献

1. M. Reading, Thermal Analysis-Techniques and Applications, Eds. E. L. Charsley and S. B. Warrington, Royal Society of Chemistry, Cambridge, 1992, Chapter 7.
2. C. S. Smith, Trans. Am. Inst. Min. Metal. Eng., 177 (1940), 236.
3. J. Rouquerol, Bull. Soc. Chim. Fr., (1964), 31.
4. a) L. Erdey, F. Paulik and J. Paulik, Hungarian Patent No. 152197, (1962).
   b) J. Paulik and F. Paulik, Anal. Chim. Acta, 56 (1971), 328.
5. F. Paulik and J. Paulik, Thermochim. Acta, 100 (1986), 23.
6. J. Rouquerol, J. Thermal Anal., 2 (1970), 123.
7. J. Rouquerol, Thermochim. Acta, 144 (1989), 209.
8. O. Toft Sorensen, Thermochim. Acta, 50 (1981), 163.
9. S. R. Sauerbrtmn, P. S. Gill and B. S. Crowe, Proceedings of 5th ESTAC, (1991) O-6.
10. P. A. Barnes, M. Reading and J. Rouquerol, in preparation.
11. M. E. Thomas, S. P. Terblanche, J. W. Stander, K. Gilbert, L. P. Nortman and N. A. Stone, Proceedings of the International Ceramics Conference 94, International Ceramics Monographs, Eds. C. C. Sorell and A. J. Ruys, 1 (1994), 281.

12. M. Ganteaume and J. Rouquerol, J. Thermal Anal., 3 (1971), 413.

13. G. Thevand, F. Rouquerol and J. Rouquerol, Thermal Analysis, Ed. B. Miller, John Wiley and Sons, New York, 1982, Vol.2, p1524.

14. J. Rouquerol, S. Bordere and F. Rouquerol, Thermochim. Acta, 203 (1992), 193.

15. M. H. Stacey, Anal. Proc., 22 (1985), 242.

16. M. Reading and J. Rouquerol, Thermochim. Acta, 85 (1985), 299.

17. M. Reading and D. Dollimore, Thermochim. Acta, 240 (1994), 117.

18. M. D. Alcala, C. Real and J. M. Criado, J. Thermal Anal., 38 (1992), 313.

19. C. Real, M. D. Alcala and J. M. Criado, J. Thermal Anal., 38 (1992), 797.

20. P. A. Barnes and G. M. B. Parkes, Proceedings of the 6th Int. Symp. on the Scientific Bases for the Preparation of Catalysts, Louvain-la-Neuve, Ed. G. Poncelet et al., (1995), 859.

21. P. A. Barnes, G. M. B. Parkes and E. L. Charsley, Anal. Chem., 66 (1994), 2226.

22. P. Staszczuk, Thermochim. Acta, 247 (1994), 169.

23. M.J. Torralvo, Y. Grillet, F. Rouquerol and J. Rouquerol, J. Thermal Anal., 41 (1994), 1529.

24. A. Ortega, L. A. Perez-Maqueda, J. M. Criado, Thermochim. Acta, 239 (1994), 171.

25. A. Ortega, L. A. Perez-Maqueda and J. M. Criado, J. Thermal Anal., 42 (1994), 551.

26. A. Ortega, L. Perez-Maqueda and J. M. Criado, Thermochim. Acta, 254 (1995), 147.

27. M. Reading, Thermochim. Acta, 135 (1988), 37.

28. D. Dollimore and M. Reading, Treatise on Analytical Chemistry, Ed. J. D. Winefordner, 13 (1993), 1.

29. P. A. Barnes, G. M. B. Parkes, D. R. Brown and E. L. Charsley, Thermochim. Acta, 269/270 (1995), 665.

30. J. Rouquerol and M. Ganteaume, J. Thermal Anal., 11 (1977), 201.

31. M. H. Stacey, Proceedings of the 2nd ESTA, Ed. D. Dollimore, Heyden, London, 1981, 408.

32. J. M. Criado, J. F. Gotor, C. Real, F. Jimenez, S. Ramos, J. Del Cerro, Ferroelectrics, 115 (1991), 43.

33. J. M. Criado, F. J. Gotor, A. Ortega and C. Real, Thermochim. Acta, 199 (1992), 235.

34. J. M. Criado, A. Ortega, F. J. Gotor, Thermochim. Acta, 203 (1992), 187.

35. D. Dollimore, M. E. Brown and A. K. Galwey, Reactions in the Solid State, Comprehensive Chemical Kinetics, Vol. 22, Elsevier, Amsterdam, 1980.

36. M. Reading, D. Dollimore and R. Whitehead, J. Thermal Anal., 37 (1991), 2165.

37. M. Reading, D. Dollimore, J. Rouquerol and F. Rouquerol, J. Thermal Anal., 29 (1984), 775.

38. A. Ortega, S. Akhouatri, F. Rouquerol and J. Rouquerol, Thermochim. Acta, 163 (1990), 25.

39. A. Ortega, S. Akhouayri, F. Rouquerol and J. Rouquerol, Thermochim. Acta, 235 (1994), 197.

40. J. M. Criado, A. Ortega, J. Rouquerol and F. Rouquerol, Thermochim. Acta, 240 (1994), 247.

41. J. M. Criado, L. A. Perez-Maqueda and A. Ortega, J. Thermal Anal., 41 (1994), 1535.

42. J. M. Criado, J. Thermal Anal., 1 (1980), 145.

43. J. M. Criado, F. Rouquerol and J. Rouquerol, Thermochim. Acta, 38 (1980), 117.

44. J. M. Criado, F. Rouquerol and J. Rouquerol, Thermochim. Acta, 38 (1980), 109.

45. J. M. Criado, Mater. Sci. Monogr., 6 (1980), 1096.

46. J. M. Criado, Proceedings of the 6th ICTA, Ed. H. G. Wiedemann, Birkhäuser, Basel, 1 (1980), 145.

47. F. Rouquerol, J. Rouquerol, G. Thevand and M. Triaca, Surf. Sci., 162 (1985), 239.

48. J. M. Criado, A. Ortega, J. Rouquerol and F. Rouquerol, Bol. Soc. Esp. Ceram. Vidrido, 26 (1987), 3.

49. A. Ortega, S. Akhouayri, F. Rouquerol and J. Rouquerol, Thermochim. Acta, 247 (1994), 321.

50. F. Rouquerol, Y. Laureiro, J. Rouquerol, Solid State Ionics, 63-65 (1993), 363.

51. M Reading, 6th European Symposium on Thermal Analysis and Calorimetry (1994) Italy, informal presentation during the CRTA workshop.

第 9 章
不太常见的热分析技术

Vladimir Balek[a]，Michael E Brown[b]

a. 核研究所，Řež plc 250 68，Řež，捷克共和国（Nuclear Research Institute，Řež plc，250 68 Řež，Czech Republic）
b. 罗德斯大学化学系，格雷厄姆斯敦，6140 南非，(Chemistry Department，Rhodes University，Grahamstown，6140 South Africa)

9.1 引言

在"不太常见的热分析技术"的标题下，会出现多种热分析法，如放射性热分析（emanation thermal analysis，简称 ETA）、热声法（thermosonimetry）等。这些技术通常需要相当专业的设备，而这些设备往往不能直接通过商业的方式得到。由于这个限制，在本章将对这些技术的一些应用进行说明，以促进人们对其使用的兴趣。

9.2 放射性热分析

9.2.1 定义和基本原则

放射性热分析（ETA）技术[1]是在程序控温和一定的气氛下，监测样品中释放捕获的惰性气体（通常为放射性气体）的一类技术。该方法使用惰性气体的释放速率作为加热初始的固体样品时发生变化的一个标志。固体中的物理化学过程控制气体释放，这些过程主要包括例如结构变化、固体样品与周围介质的相互作用以及固体中的化学平衡。

严格地说，ETA 并不是一种分析方法。该技术通常用惰性气体释放来表征固态的变化。虽然可以使用放射性和非放射性（稳定）的惰性气体同位素，然而放射性同位素由于检测更加简单、更加灵敏，因此更为有用。

9.2.2 ETA 样品的制备

由于大部分用于 ETA 研究的固体中不含有天然的惰性气体，因此有必要用痕量的惰性气体对样品进行标记。可以使用各种技术将惰性气体原子引入待研究的样品中[1,2]。

9.2.2.1 扩散技术（diffusion technique）

这种方法基于惰性气体在升温和高压下可以扩散到固体中的原理。实验时，将要标记的物质和惰性气体(通常用放射性核素标记,例如 ^{85}Kr)放置在高压容器中,然后将其封闭并在待标记物约 $\frac{3}{10} \sim \frac{1}{2}$ 倍的熔融温度下加热约几个小时,最后在液氮中淬火。引入到样品中的惰性气体的量取决于由扩散理论得到的时间、温度和压力。

9.2.2.2　物理气相沉积法(physical vapour deposition,简称 PVD)

在惰性气体(氩气、氪气)气氛中制备样品,惰性气体原子被捕获在沉积物质的结构中。在这种方法中所产生的薄膜由惰性气体自动标记,在随后的加热期间可用惰性气体的释放对膜进行诊断。

9.2.2.3　惰性气体的加速离子注入法(implantation of accelerated ions of inert gases)

引入的惰性气体的量及其浓度分布取决于离子轰击的能量和标记的基质性质,有几种技术可用于惰性气体离子轰击[1]。可以使用磁选机产生限定的离子束。用于样品标记的多功能低成本技术是由 Jech[3] 发明的(参见文献[1]),其中离子的电离和加速发生在通过高频放电产生的低温等离子体中。

9.2.2.4　核反应产生的惰性气体法(inert gases produced from nuclear reactions)

生成惰性气体的核反应的反冲能量可用于将气体注入固体样品中。表 9.1 中列出了一些用于产生惰性气体原子的核反应及引入固体样品中的一些核反应。

表 9.1　可用于产生惰性气体原子并引入到固体样品中的核反应

α-衰变

$$^{226}\text{Ra} \xrightarrow{\alpha} {}^{222}\text{Rn}$$

$$^{228}\text{Th} \xrightarrow{\alpha} {}^{224}\text{Ra} \xrightarrow{\alpha} {}^{220}\text{Rn}$$

β-衰变

$$^{83}\text{Se} \xrightarrow{-\beta} {}^{83}\text{Br} \xrightarrow{-\beta} {}^{83}\text{Kr}$$

$$^{133}\text{Te} \xrightarrow{-\beta} {}^{133}\text{I} \xrightarrow{-\beta} {}^{133}\text{Xe}$$

(n,α)

$$^{48}\text{Ca}(n,\alpha) \quad ^{37}\text{Ar}$$

$$^{48}\text{Sr}(n,\alpha) \quad ^{85m}\text{Kr}$$

$$^{136}\text{Ba}(n,\alpha) \quad ^{133}\text{Xe}$$

(n,p)

$$^{39}\text{K}(n,p) \quad ^{39}\text{Ar}$$

$$^{85}\text{Rb}(n,p) \quad ^{85}\text{Kr}$$

$$^{133}\text{Cs}(n,p) \quad ^{133m}\text{Xe}$$

	续表
(n,γ)与β-衰变	$^{37}Cl(n,\gamma)^{38}Cl \xrightarrow{-\beta} {}^{38}Ar$
	$^{79}Br(n,\gamma)^{80}Br \xrightarrow{-\beta} {}^{80}Kr$
	$^{127}I(n,\gamma)^{128}I \xrightarrow{-\beta} {}^{128}Xe$
裂变(n,f)	$^{238}U(n,f)$ Xe, Kr, ⋯

9.2.2.5 引入母体核素法(introduction of parent nuclides)

当进行长时间和/或表面和形态变化的高温测量时,需要引入惰性气体的母体核素例如氡,作为相对永久的标记气体来源。通过在样品制备过程中从溶液中共沉淀或通过吸附在样品表面上,可以将痕量的钍(^{228}Th)引入样品中。^{220}Rn 是按照以下的机理由自发的 α 衰变形成的:

$$^{228}Th \rightarrow {}^{224}Ra \rightarrow {}^{220}Rn$$

由于反冲能量(每原子 85 keV)的驱动,可以将 Rn 引入固体中。产生氡核素的上述核反应也可以用于将惰性气体掺入到固体样品中。根据目标材料的组成,氡原子可以穿透几十纳米。例如,在 MgO 中的渗透深度为 41.7 nm,而在 SiO$_2$ 中则为 65.4 nm。氡的母体同位素可作为"反冲离子注入器",参见图 9.1 中的机理示意图。

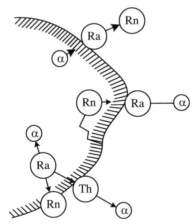

图 9.1 通过反冲离子注入标记样品的示意图。放射性核素 ^{228}Th 和 ^{224}Ra 被吸附在表面上,根据反应 ^{228}Th→^{224}Ra→^{220}Rn 产生惰性气体 ^{220}Rn,并通过反冲能量(85 keV/原子)将其引入到几十纳米的深度(来自文献[4],经许可复制)

9.2.3 从固体捕获到释放惰性气体的机理

惰性气体原子如氙、氪和氡在无机固体中的溶解度很小,惰性气体被捕获在诸如簇空位、晶界和孔隙的晶格缺陷处。固体中的缺陷既可以作为惰性气体的陷阱,也可以作为惰性气体的扩散路径。在参考文献[1]中给出了各种因素对固体中惰性气体迁移影响的研究结果。

当惰性气体原子掺入到没有其母体同位素的固体中时,其在基质中的扩散过程是由于气体从固体中释放而引起的。当惰性气体的母体核素作为惰性气体的永久来源掺入到固体样品中时,除了扩散之外,还应考虑惰性气体释放的反冲机制。在大表面积的样品中反冲起着特别重要的作用,而在温度较低时,惰性气体的扩散是可以忽略不计的。

在描述释放机制的理论概念时,需要分别考虑惰性气体是否有与其母体核素相结合的情况[1]。在第一种方法中,假设在所考虑的温度范围内,在加热过程中固体没有发生结构变化或相变。

当惰性气体已经掺入到没有其母体核素的固体中时,惰性气体可以通过扩散机理释放出来。在已有的研究工作[1,5,6]中,已经提出了几种速率方程来描述惰性气体释放的温度依赖性。如果假设惰性气体的释放过程(例如通过离子轰击引入)是一级反应,则可以用以下的微分形式表示气体释放速率:

$$-dN/dt = v \cdot N \cdot \exp(-\Delta H/RT) \tag{9.1}$$

式中,N 是每单位表面积捕获的原子数量,v 是一个常数(假定晶格中原子的振荡频率等于 10^{-13} s^{-1}),ΔH 是惰性气体扩散的活化焓,R 是理想气体常数。

假设温度线性增加,其随时间的变化关系可以用 $T = T_0 + \beta \cdot t$ 表示,其中 β 是加热速率,并且假设 ΔH 与 N 无关。通过微分方程(9.1)并使其等于零,可以得到以下形式的 T_{max} 的表达式[1,7]:

$$\Delta H/RT_{max} = (v/\beta)\exp(-\Delta H/RT_{max})$$
$$\frac{\Delta H}{T_{max}} = \ln\left(\frac{v \cdot T_{max}}{\beta}\right) - 3.64 \tag{9.2}$$

可以直接用实验测定最大温度时的 ΔH 值的方法来确定活化焓 ΔH 的值。在给定的温度范围内,ΔH 和 T_{max} 之间的关系接近于线性。对于各种不同的气体分布,也可以得出类似的关系[8]。由惰性气体释放速率对温度所得到的曲线中通常会出现峰值,其最大值(T_{max})主要取决于 ΔH 的数值。

如果将惰性气体的母体核素引入固体中,则惰性气体是由母体核素的放射性衰变形成的。无论是通过反冲能量弹射还是通过几种类型的扩散过程中的任何一种扩散过程,均可以从固体中逸出气体原子[1]。当镭原子靠近固体颗粒表面时,氡原子在母体衰变过程中获得的反冲能量(85 keV/原子)可能足以将气体原子从晶粒中弹射出来。在其经历衰变之前,氡原子可能会通过扩散逸出。

根据反冲和扩散过程的理论,已经提出了几种释放惰性气体的速率方程(例如,文献[1,9,10])。Hahn[11]将放射功率 E 定义为气体释放速率与气体在固体中的形成速率的比值。Balek[1,2]描述了一种从固体中释放惰性气体(氡气)的简化模型。

由于反冲作用,得到的放射力 E_r 可以表示为

$$E_r = K_1 \cdot S_1 \tag{9.3}$$

式中,K_1 是一个与温度无关的常数,取决于固体中的反冲气体原子的路径,S_1 是样品的外表面积。氡的反冲原子的路径可以被估算出来,例如,它在氧化钍中是 40 nm。式

(9.3)对于大于反冲氡原子路径的隔离状态的固体晶粒是有效的。对于分散度良好的固体,常数 K_1 取决于样品的分散状态和形貌。

由于惰性气体在固体颗粒间和开放的孔中扩散而产生的放射力 E_p 可以表示为下式的形式:

$$E_p = K_2 \cdot S_2 \tag{9.4}$$

式中,K_2 是取决于温度的常数,S_2 是样品的内表面积。

由样品的固体基质中的惰性气体扩散引起的放射力 E_s 可以表示为下式的形式:

$$E_s = K_3 \cdot S_3 \cdot \exp(-\Delta H/2RT) \tag{9.5}$$

式中,K_3 是与温度无关的常数,ΔH 是固体基质中惰性气体扩散的活化焓,R 是摩尔气体常数,T 是绝对温度,S_3 是表示所有扩散路径(如位错、晶界等)的横截面之和的面积。

可以通过对这些贡献求和来获得总放射力 E:

$$E = E_r + E_p + E_s \tag{9.6}$$

9.2.4 惰性气体释放的测量

用于放射性热分析的设备包括用于检测惰性气体的组件和提供样品加热和温度控制的部分。此外,还有稳定仪器、测量载气流量和其他的参数互补部分。图 9.2 是 ETA 装置的示意图。

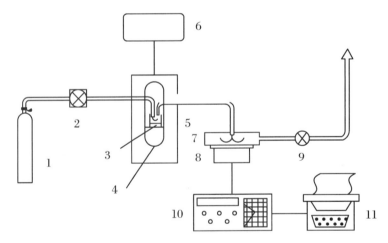

图 9.2 放射性热分析装置(来自文献[4],经许可复制)
1 气源;2 气流稳定器和流量计;3 标记样品;4 样品支架;5 加热炉;6 温度控制器;7 测量室;
8 放射性检测器;9 流量计;10 计数测量器;11 数据处理器和打印机(绘图仪)

在 ETA 测量过程中,载气气氛(空气、氮气或其他气体)将位于加热炉中的反应容器中的样品所释放的惰性气体携带到惰性气体检测器中。例如,为了测量氡的 α-活性,可以使用闪烁计数器、电离室或半导体检测器。而 ^{85}Kr 的 β-活性的测量则是用 Geiger-Müller 管制成的检测器,可以使用 γ 光谱仪测量 γ-活性的氙气的放射性核素。通过质谱仪测量惰性气体的稳定核素。

为了确保能够将 ETA 数据与通过其他热分析方法(例如 DTA、TG、DTG 或膨胀测定法)获得的结果进行直接比较的最佳条件,现在已经组建了能提供同时测量附加参数的设备[12,13]。

9.2.5　ETA的潜在应用领域

上面总结的理论分析结果表明,可以用放射性热分析来研究在固体或其表面上发生的过程。任何发生在固体或相界面导致表面发生改变和/或惰性气体扩散率(渗透率)改变的过程,都可以在ETA测量中观察到。现在已经将ETA用于研究这样的固态变化过程,例如,(1) 沉淀物或凝胶状材料的老化、重结晶、结构缺陷的退火;(2) 晶体和非晶体固体的缺陷状态的变化、烧结、相变;(3) 伴随着固体热分解而发生的表面和形态的变化;(4) 固体及其表面的化学反应,包括固体-气体、固体-液体和固体-固体相互作用等等。对化学工业、冶金、环境技术以及建筑材料技术等领域中具有重要意义的化学反应而言,也可以通过ETA来研究。

对于比表面积发生变化的动力学、缺陷退火的机理、孔隙率和形态变化的动力学而言,一般可以从在等温或非等温条件下所获得的ETA结果进行评价。

与X射线衍射法相比,放射性热分析技术可以用来研究结晶较差的或无定形的固体。与用于比表面积测定的吸附测量法相比,即使固体样品在高温下的热处理过程或在潮湿条件下发生表面水合的过程,仍然可以通过ETA技术对表面进行连续的研究,而不需要中断其热处理或水合过程,只要将样品冷却至液氮温度。因此,通过ETA方法可以比吸附测量法更加准确地反映在高温下表面的性质。

与DTA和热重分析法相比,ETA法可以用来研究不伴随热效应或质量变化的过程。例如,ETA法可用于粉末状或凝胶状样品的烧结过程,而该过程也很难通过膨胀测量法进行研究。

此外,通过在表面或完整的固体中应用不同的放射性标记技术,在表面和大块样品中发生的过程都可以通过ETA法检测到。当研究基片上的薄膜或涂层的热行为时,这种方法特别有优势。通过将薄膜标记为不超过其厚度的深度,ETA可以单独提供关于薄膜的信息,而不受较大基质的影响。这是ETA法相比于X射线方法的另一个优势。当研究加热时薄膜与基质的相互作用时,必须注入更深层的惰性气体。

ETA法对被标记的具有放射性惰性气体的固体表面和侵蚀剂之间的化学作用十分敏感,利用该技术可以揭示腐蚀反应最开始的阶段。对于材料对侵蚀性液体和气体的耐久性以及保护涂层的有效性研究而言,可以通过ETA的方法来进行这些研究。

通过物理沉积法(PVD)或化学气相沉积法(CVD)在基质上进行惰性气体薄膜标记的技术,可用于在加工、热处理和耐久性测试期间的薄膜诊断。

此外,通过ETA测量可以获得关于固体中惰性气体的扩散参数的信息,还可以用来评价惰性气体扩散的扩散系数D和活化焓ΔH。无机和有机材料中惰性气体的扩散参数对材料传输性能的表征十分重要。对聚合物中惰性气体渗透性的测定是一种局部结构测试并揭示聚合物膜和复合材料中不规则性的可能方法。

9.2.6 ETA 的应用实例

9.2.6.1 对缺陷状态的诊断

可以从 ETA 测量值估算得到惰性气体的扩散参数,这可以用来测量在固体中惰性气体的迁移率,可用这些信息研究固体中的缺陷状态。惰性气体原子通过例如离子轰击、中子照射或机械处理的形式会掺入到固体中,这些气体原子位于天然的和/或人造的缺陷中。

在加热样品时惰性气体的释放是由于热刺激过程而引起的,这些热过程主要包括扩散、缺陷退火等。由于隧道效应,离子晶体中惰性气体原子的迁移率在各晶体方向上不同。可以用惰性气体的迁移率(由扩散活化能表示)作为一个表征离子晶体的缺陷状态的参数。这种移动可能会导致无定形相的形成(结构被放射性衰变过程破坏),尖锐的 ETA 峰代表无定型相的退火,可以通过吸收峰对应的温度估算惰性气体释放的活化能和无定形相的再结晶。现在已经使用 ETA 法测定了许多碱金属卤化物、碱土金属卤化物和氧化物[1,14—16]。

9.2.6.2 评估热分解粉末的活性(非平衡)状态

通过对热处理材料进行冷却时测量的 ETA 曲线,可以评估粉末的活性状态(非平衡缺陷状态)。由氡母体核素 ^{228}Th 和 ^{224}Ra 标记的样品中氡扩散的活化焓 ΔH 的值,可以用于表征通过热处理各种铁盐制备的铁(Ⅲ)氧化物样品缺陷(活性)状态的差异[17—19]。可以通过从温度低于 $0.5T_m$ 的 ETA 测定的氡扩散活化焓值来估算热处理历程和化学历程对氧化铁粉末(Ⅲ)活性状态的影响,其中 T_m 是熔点(单位为开尔文)[17]。在该温度范围内,活化焓与在用于制备氧化物样品的初始铁盐分解后残留在氧化铁(Ⅲ)的结构中的非平衡缺陷的浓度和类型有关。Hedvall[20]将这种现象称为"固体的结构记忆"。

可以用 ETA 法研究结构缺陷的退火对固体活性状态的影响。在退火过程中,活性降低代表氡扩散活化焓增加[1,17]。

在图 9.3 中给出了通过在空气中加热至 1100 ℃ 时四种不同的铁盐制备氧化铁(Ⅲ)样品的 $\log E_D$ 与 $1/T$ 的曲线图。当温度为 600~750 ℃ 时,氡的扩散活化能的值分别为 192 kJ·mol^{-1}、331 kJ·mol^{-1}、490 kJ·mol^{-1} 和 569 kJ·mol^{-1},分别对应于由莫尔盐、硫酸铁、碳酸铁和草酸铁加热制备的氧化铁(Ⅲ)样品。其中由草酸铁制备的铁(Ⅲ)氧化物活化能数值最高,表现出最低的固体活性[17]。

9.2.6.3 固体表面和形态的改变

通过 ETA 方法可以研究粉末和凝胶固体的表面和形态所发生的变化。对分散均匀的 Cu、NiO、MgO、Fe_2O_3、TiO_2、氧化铝等固体的烧结过程的研究结果表明,ETA 是研究烧结过程的有力工具,尤其是在初始阶段[22—24]。后来的研究结果证明,ETA 数据与通过传统吸附法测量获得的均匀分散的固体数据之间存在着良好的一致性。在文献中,还有人用 ETA 方法研究了通过所谓的"溶胶-凝胶"技术制备的凝胶材料如硅胶、尿素、二氧化钛和其他材料的干燥、重结晶或烧结过程[25—28]。另外,也可由 ETA 法来确定由不同浓度的凝胶化添加剂、各种干燥方法、老化等因素引起的二氧化铀干凝胶的行为差异[26]。

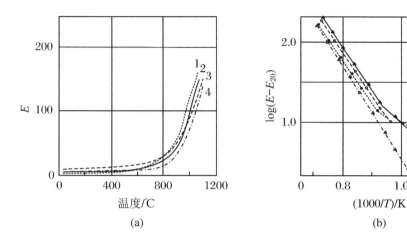

图 9.3　(a) 由四种铁盐在空气中加热至 1100 ℃ 时制备的氧化铁(Ⅲ)粉末的 ETA 曲线:(1) 碳酸铁(Ⅱ、Ⅲ);(2) 硫酸铁(Ⅱ);(3) 莫尔盐;(4) 草酸铁(Ⅱ)。E 与温度有关,加热速率为 10 ℃·min^{-1}。(b) 从实验数据获得的 $\log(E-E_{20})$ 对 $1/T$ 的变化关系,数据来源于(a)中的 ETA 曲线(来自文献[21],经许可复制)

从 ETA 实验中可以确定氧化钍粉末的烧结动力学参数,在图 9.4 中给出了 660～825 ℃ 范围内氧化钍粉末初始烧结的等温 ETA 曲线[29]。

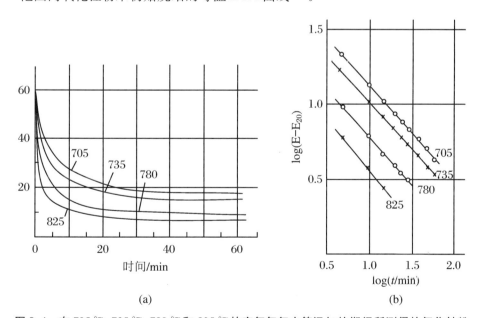

图 9.4　在 705 ℃、735 ℃、780 ℃ 和 825 ℃ 的空气气氛中等温加热期间所测得的氧化钍粉末(来自草酸盐)的 ETA 曲线。(a) E 随时间的变化关系曲线;(b) $\log(E-E_{20})$ 随 $\log$(时间)的变化关系曲线(来自文献[21],经许可复制)

可以用以下形式的动力学表达式来描述得到的结果：

$$\log S_{\text{efT}} = n \cdot \log t + 常数 \tag{9.7}$$

式中，$n = 0.64$，S_{efT} 是在相应温度范围内氡扩散的比表面积。

另外，ETA 方法也可以用于测定沉积在玻璃板上的薄膜的致密化温度[30]。

9.2.6.4 结构转变

ETA 可以被用来研究在固体加热和冷却期间发生的结构变化[29—31]。在对硝酸盐、硫酸盐和其他盐的系统研究中，可以通过 ETA[1] 来确定其（从热力学观点）发生一级和二级相变的温度区间。

ETA 方法也可以用于表征煤[34] 和其他矿物中结构的变化[35]，例如方解石和文石、针铁矿和纤铁矿等的热行为差异[36]，该方法对样品表面层变化的高灵敏度优势已被用于优化蚀变（风化）矿物的表征。

通过 ETA 曲线，可以证明结晶和熔融的表面和块体部分之间的差异。例如，在 PbO-SiO_2 和 Ge-Se-Te 体系中玻璃的结晶和熔融[37, 38]。

在研究通过玻璃化固定核废料的过程[39] 时，ETA 的结果表明，在样品浸出的过程中，玻璃状态的核废料与水之间存在着相互作用。在水解腐蚀早期阶段的产物也可以通过 ETA 表征。

9.2.6.5 盐和氢氧化物的脱水和热分解

在大量的研究工作中，已经报道了使用 ETA 法对氢氧化物、碳酸盐、草酸盐、硝酸盐、硫酸盐和其他盐的热分解行为的研究[21,40,41]。这些研究结果揭示了在固体分解期间形成的亚稳相的存在，并通过 ETA 表征了这些相的热稳定性。另外，ETA 也用于评估通过各种盐和氢氧化物分解制备的固体活性阶段[32]。

还可以使用 ETA 来构建 KCl-$CaCl_2$、CaO-Fe_2O_3、$NaBeF_3$-Na_3PO_3、$NaBeF_3$-K_3PO_3 和焦磷酸-碳酰胺体系的相图[42—44]。相比于传统方法，用 ETA 来确定不良结晶或玻璃态体系的相图可以得到更令人满意的结果。

9.2.6.6 固气反应

使用 ^{222}Rn 标记 NiO[45] 后，可以通过 ETA 来研究以下反应的动力学：

$$NiO(s) + H_2(g) \rightarrow Ni(s) + H_2O(g)$$

在氢气中加热 NiO 时，ETA 曲线在 230～300 ℃ 范围出现峰。同时，热导检测器记录了相似的水分释放峰。虽然在这些气体中几乎检测不到气态的产物，但 ETA 特别适用于研究诸如烃类化合物等工业气体与固体发生的气固反应。

Chleck 和 Cucchiara[46] 研究了用 ^{85}Kr 标记的金属铜表面氧化过程，并且测定了反应速率、反应级数、浓度和温度的影响。研究结果表明，可以通过比较在空气中和在惰性气氛中 ^{85}Kr 的损失来评估在摩擦磨损期间的氧化。Matzke[47] 通过测量 ^{33}Xe 的释放来确定氧化物层在不锈钢、Ti、Ni、Cu 和 α-黄铜上的生长与温度之间的关系。一般用 40 kV 的 ^{33}Xe 离子轰击来标记金属。

Zhabrova 等人用 ETA 技术研究了 ZrO_2 和 MgO 表面的催化反应[48]。研究结果表明，在催化剂的催化反应和随后的催化剂再生过程中伴随着惰性气体的释放。Jech[49] 研究了氢氧混合物在由 ^{222}Rn 标记的铂箔上发生的反应。Beckman 和 Teplyakov[50] 在 Al_2O_3 的各种催化反应过程中进行了 ETA 测量，结果符合催化剂表面活性中心选择性的理论预测。

9.2.6.7 固液反应

通过 ETA 研究了硅酸三钙 $3CaO \cdot SiO_2$ 和各种水泥[51,52]与存在于空气中以及液相中的水蒸气之间发生的水合反应。在图 9.5 中给出了在 35 ℃、45 ℃和 65 ℃的等温条件下，波特兰 (Portland) 水泥 (PC-400) 在水中 ($w/c = 0.3$) 发生水合过程的 ETA 结果。可以通过 ETA 法观测到水泥对水的反应性，还可以用来研究两者之间相互作用的早期阶段。此外，还可以通过这种方法研究水泥水合产物表面和形态发生的变化[52]。

在文献中，有人研究了经过加热，然后冷却以及各种添加剂的存在对硅酸三钙的固体活化水合反应的影响[51]。通过把不同温度下获得的水泥水合物的 ETA 结果与由黏度法和量热法所得到的测量结果进行比较[52]，结果发现 ETA 可以用于表面水合的研究，而黏度法和量热法测量的结果灵敏度不够高。当微孔的尺寸与氡原子的尺寸 ($d = 0.4$ nm) 相当时，还可以用 ETA 技术来研究水泥浆的微观结构变化，ETA 测量结果与吸附测量的结果十分吻合。一般来说，ETA 是一种适用于在各种技术条件下表征水泥的反应性的方法[52]。

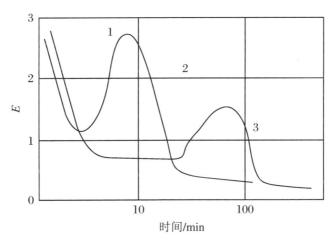

图 9.5 在 35 ℃ (曲线 3)、45 ℃ (曲线 2) 和 65 ℃ (曲线 1) 的等温加热过程中测定的波特兰水泥-水悬浮液 ($w:c = 0.3$) 的 ETA 曲线 (来自文献[21]，经许可复制)

还可以将 ETA 用于研究与腐蚀相关的固体-气体和固体-液体反应中，放射性标记的表面对导致其表面变化的所有化学影响都十分敏感。目前许多现有的用于评估抗腐蚀剂或保护剂的方法是不可靠的，并且其可能需要几个月的时间才能完成。通过 ETA 测量可以相对快速和简单地完成这种工作，其在几分钟或几小时内就可以探测出玻璃、建筑材料和金属等材料中人眼观察不到的腐蚀痕迹[1,53,54]，该方法主要适用于各种物质的对比测量。

9.2.6.8 固-固反应

ETA 方法已被应用于固体粉末间反应的研究,例如 ZnO-Fe_2O_3[55],$BaCO_3$-TiO_2,$BaSO_4$-TiO_2[56]。对 ZnO-Fe_2O_3 的系统研究[55]表明,ETA 技术能够用来有效地研究反应的初始阶段、块体反应以及铁氧体结构的形成等过程。然而,差热分析法、膨胀法、X 射线衍射法的灵敏度不足以用来检测反应的初始阶段。ETA 对于粉体之间反应的高灵敏度响应,使得其可以用来检测反应混合物中各组分的反应活性。研究结果表明[57],由 ETA 测定的 Fe_2O_3 与多种化合物及加热条件下的反应性与其他实验技术的结果高度一致。

在工业生产上,一般采用比表面积测定法来测定 Fe_2O_3 的反应活性,但通过 ETA 方法则可以揭示商品化的 Fe_2O_3 反应活性的不同[58]。在与铁氧体制造工艺条件一致的情况下[21],加热反应混合物并用 ETA 法测定反应物的反应活性。在图 9.6 中给出了两种具有相同比表面积($2.6\ m^2/g$)的商业化生产的 Fe_2O_3 的 ETA 曲线。相比于由吸附技术测得的比表面积法而言,由 ETA 技术得到的反应活性信息更适合于铁氧体固态反应的研究,因此可以将其应用于工业研究中。

ETA 技术的主要缺点是在其所有准备和样品处理过程中都需要用到放射性的化学物质,但由于其使用的样品量非常小以至于被载气稀释后的逸出气体不会对环境构成危害。另外,惰性气体并不会发生生物结合作用,并且衰变产物相当稳定,因此进一步减轻了其危害。

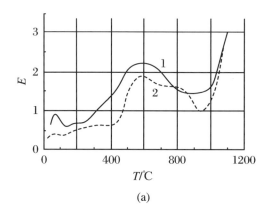
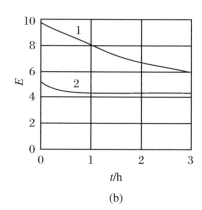

图 9.6　$ZnO + Fe_2O_3$(1∶1)反应混合物的 ETA 曲线。用 ^{228}Th 标记 ZnO,对于商品化生产的 Fe_2O_3 样品而言,使用的产品为(1) 1360 WF、(2) 1360 Bayferrox。(a) 在空气下非等温加热,加热速率为 $5\ ℃ \cdot min^{-1}$;(b) 之后在 $N_2 + 10\% O_2$ 的气氛下在 1350 ℃ 时等温反应(引自文献[21],经许可复制)。

9.3 热发声法

9.3.1 简介

声发射(acoustic emission,简称 AE)测量已被应用于监测从浓硫酸的稀释到振荡反应等许多的化学过程[59,60]。当样品发出的声波作为时间或温度的函数被测量,而样品的温度在特定的气氛中按照设定的温度程序发生变化,这种技术通常被称为热发声法(thermosonimetry)。虽然 ICTAC 没有对该方法给出任何形式的缩写,但通常用简称 TS 来表示这一类技术。

固体中的声发射来自固体中释放弹性能量的过程[62],这些过程主要包括位错运动、裂纹的产生和增长、新相成核、松弛过程等。在物理性质发生不连续的变化时会产生弹性波从而引起声波效应,这些物理变化主要包括玻璃化转变、不连续的自由体积的变化等过程。频率范围从音频到几个兆赫,声发射的检测极限大约为 1 fJ[58]。上面提到的 n 个过程由常规的热分析技术通常很难检测到,主要是由于在这些转变过程中伴随着很低的能量变化。在其他的应用领域中,可以用 TS 来评估辐射损伤、缺陷的含量和样品的退火程度等。它也是一种灵敏度很高的技术,可以用来检测与脱水、分解、熔化等过程相关的机理研究。

9.3.2 TS 设备

在样品加热之前和加热过程中,声波是以机械振动的形式发出的。样品中的声波活动被特殊的探测装置拾取和传输,机械波被转换为常规的压电转换器的电信号。声波探测器一般由熔融石英(可在高达 1000 ℃ 下工作)或陶瓷或贵金属制成,以便适应更高的工作温度。在实验时,将样品放置在作为声转换器的样品支架的头部,通过传输杆连接到压电传感器上,并固定在较重反冲基座和减震架上,以防止外部噪声的干扰。该设备的一种示意图如图 9.7 所示[61,62]。

转换器的性能随温度的变化而变化,因此波导系统被用在室温下将从加热的样品发射的声波传递到转换器上。接触的表面必须经过良好的抛光,使用硅油薄膜能改善信号的传递质量。由于在样品中直接插入热电偶会引起严重的机械阻尼效应,因此通常将热电偶放置在尽可能靠近样品的地方,而不实际接触它。

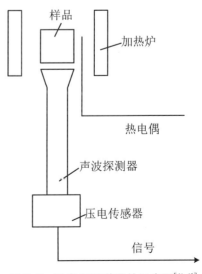

图 9.7 热声(TS)装置的示意图[61,62]

样品的粒径、质量、化学性质和形态（例如单晶、粉末）都会影响 TS 信号，TS 曲线也会随压电传感器的共振频率而变化[62]。Shimada 用的传感器共振频率有 140 kHz、500 kHz、1 MHz 和 1.5 MHz。对于功率谱，通常使用宽频传感器（300 kHz～2 MHz）。

现在已有关于 TS-DTA 测量的技术[63—66]，可以用这种测量系统来检测 ICTAC 标准下的转变过程。Lee 等人[67]将热膨胀法和 TS 结合起来使用。

9.3.3 结果解释

由热发声实验输出的结果包括一连串迅速衰减的信号，这可以被记录为：(1) 在一个给定的时间内，峰值的振幅大于设定的阈值；或(2) 信号振幅超过阈值的时间；或(3) 信号在正方向上通过一个选定的电压水平的次数；或(4) 均方根振幅水平（能量）；或(5) 为一组频率。Nyquist 定律要求，采样的频率应至少是信号中存在的最大频率分量的 2 倍。由于化学变化引起的声发射信号通常突然发生，只有当信号超过设定阈值时，通常用数据采集取代高频数据的连续记录方式。Wade 等人[68]讨论了阈值相对于背景噪声的选择问题。

通过测定衰减信号的振幅分量之间的时间间隔，可以获得 TS 信号频率分布信息[64]。在数据分析时将时间间隔转换成脉冲高度，并分发到多通道分析器以显示频率分布。

Wentzell 和 Wade[69]研究了：(1) 一个给定的化学体系的功率谱的重现性；(2) 谱图对所使用的传感器的依赖性；(3) 在谱图中获得的信息是否足以区分其中可能发生的不同过程。他们发现，通过同一转换器获得的谱图重现性良好，但不同的转换器之间的重复性不好。在几个月的使用过程中，转换器的响应程度基本保持不变。

人们一直致力于寻找频率分布和样品中所发生过程之间的关系。在最简单的情况下，频率分布可以用作样品来源的"指纹"。详细的解释是复杂的，并且已经提出了一些经验性的模式识别方法。Wentzell 等人[70]评估了将获得的 AE 信号用于表征信号产生过程的可能性。主要可以从以下四个方面来描述这些信号：

(1) 与信号的绝对强度有关的信号；
(2) 与信号衰减速率有关的信号；
(3) 测量功率谱中心趋势的信号；
(4) 表征功率谱分散特征的信号。

由此可以得出的结论是[70]："声发射向现代模式识别方法提出了挑战"，并且强调了由其能够灵活获得的信息。

虽然由于仪器因素带来的信号失真而导致功率谱的解释非常复杂，但可以将谱图的主要特征与检测到的发生在研究体系中的基础过程联系起来，例如：气泡的释放与低频有关，而晶体的断裂则与高频有关。

9.3.4 热发声法的应用

在分析 TS 的结果时，通常需结合由其他的热分析技术所得到的信息建立一个在加热过程中样品转变过程的全面信息图。例如，在图 9.8 中给出了 $KClO_4$ 的 TS-DTA 曲线[63]。声发射速率(曲线 C)与温度的关系曲线显示了两个增强的声活动区。将这些 TS 结果与由 DTA(曲线 A)所得结果进行比较,发现在这些温度范围内所发生的过程为相变(从正交到立方)(200～340 ℃),其次是熔融伴随着分解过程(560～660 ℃)。在较低温度时的 TS 峰的初始温度远低于转变温度(298 ℃),这表明样品颗粒在转变前发生了力学性质的变化。可通过 TS 技术检测到分解的氯化钾产物的凝固过程,但是通过 DTA 技术检测不到该过程。

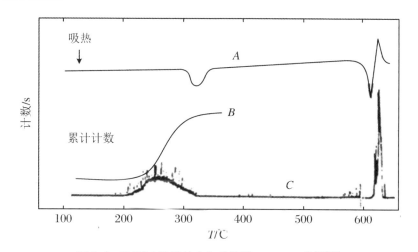

图 9.8　$KClO_4$ 的相转变和分解的 TS-DTA 曲线[63]
A:DTA 曲线;B:TS 曲线的累计计数曲线;C:TS 曲线的计数速率

在一系列已发表的论文中,Shimada 等人[62,63,65,66]的研究结果表明,随着样品质量的减小,低温时的 TS 信号降低,这证实了声发射是来源于整个样品,而不仅仅是由于颗粒在样品架上的接触所引起的。在较低的样品质量下,较高温度信号的峰分辨能力较好。低温峰的峰值随粒径的减小而减小,当颗粒的粒径低于 75 μm 时无法检测到峰的信息。光学显微镜和扫描电镜的观察结果表明,低温 TS 峰是由大颗粒断裂和/或液体从表面释放出来而引起的。$CsClO_4$ 的行为与此相似,但经历两个脱水步骤(55～80 ℃,155～200 ℃)的 $NaClO_4$ 的 TS 曲线变得更加复杂难懂。$KClO_3$ 的 DTA 曲线显示出了在 340～380 ℃处的熔化峰以及由分解引起的两个连续的放热峰(540～610 ℃)[62(d)]。TS 曲线显示了四个特征峰,前两个峰由熔化后的变化引起的(360～480 ℃以及 485～520 ℃);而后两个峰(530～570 ℃以及 570～620 ℃)则与 $KClO_3$-$KClO_4$-KCl 的分解阶段一致。由高温显微镜得到的结果表明,前两个 TS 峰与熔体中气泡的形成和逸出有关系。

通过使用同步的 TS-DTA 法,并在显微镜下观察到了 KNO_3 的粉末及单晶在加热和冷却过程中的相转变过程(加热过程:128 ℃,α 正交 → β 三方;冷却过程:124 ℃,β → γ 三方)。γ 相具有有用的铁电特性,样品冷却的温度影响了 γ → α 转变。这一结果被解释为由退火过程中的缺陷产生了 α → β 转变。另外,由 γ → α 转变引起的 TS 信号比 α → β 或 β → γ 引起的信号强。

Lee 等人[67]用 TS-热膨胀仪联用法仔细地研究了六氯乙烷由Ⅱ相向Ⅲ相转变的过程,结果如图 9.9 所示。由图可见,同时测量得到的声发射结果和热膨胀曲线之间是一致的。由于存在过冷现象,加热过程比冷却过程的声发射强度要小。但是,尚不能准确地归属成核和生长过程中不同的声发射信号的特征峰。

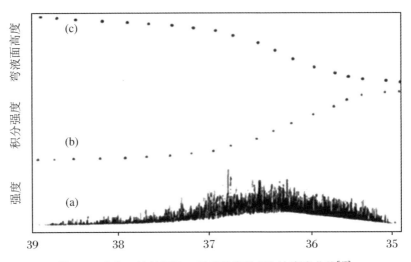

图 9.9 六氯乙烷的相Ⅱ→相Ⅲ转变的 TS-热膨胀曲线[67]
(a) TS 曲线的计数速率,(b) 积分 TS 曲线,(c) 热膨胀曲线。
(加热速率 = 0.0034 K·s^{-1})

9.4 热传声法

9.4.1 简介

在热传声法(thermoacoustimetry)中,使样品处在特定的气氛和程序控制温度下,测量声波穿过样品后的随温度或时间的变化关系曲线。热传声分析技术目前尚没有被 IC-TAC 官方认可的简称形式,但通常习惯简称该技术为 TTA。

9.4.2 热传声法的设备

在 Marz 等人[72]所使用的设备中(如图 9.10 所示),一对铌酸锂传感器与样品的对立面相接触(在 300 kPa 的压力下)。使用一个传感器检测入射的声波,另一个传感器则检测透过的信号。在程序升温的过程中,样品的热膨胀行为被线性差动变压器(LVDT)持续监测,因此通过实验可以得到用于计算的样品尺寸变化信息。在仪器中可以实现对样品周围气氛的控制。

仪器的入射信号由脉冲发生器产生。由第二转换器接收的透过信号被倒置和放大,并且在该输出信号中加入驱动脉冲的衰减处理。求和过程能够检测纵波(P)和剪切波(S)的第一次到达时间。在设定的温度区间内,计算 P 波和 S 波的波速以及不同的弹性模量,最终得到波速或模量对温度的图。仪器用 P 波和 S 波波速准确已知的标准铝样品来进行校准。

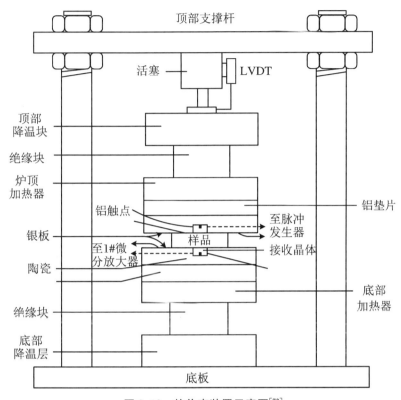

图 9.10 热传声装置示意图[72]

Kasap 和 Mirchandan[73]所描述的仪器(如图 9.11 所示)可在室温至 350 ℃的温度范围内使用。样品被放置在两块完全相同的玻璃棒之间,其中一个保持静止,另一个垂直移动。传感器和热电偶被连接在玻璃棒而不是样品上。

用于测试样品的形状为片状或颗粒状。空白实验是通过接触的两根玻璃棒来实现的。通过透过信号与回声信号之间的时间延迟,可以获得样品的超声穿越时间。透过信号所经历的长度是两个玻璃棒的长度加上样品的长度。回声信号走过的长度是顶杆的 2 倍,穿过界面耦合区域的时间做了补偿。除非温度发生了变化,否则往往没有必要测量超声波速度的绝对值。使用透过信号和回声信号可以消除玻璃棒中温度变化的影响。

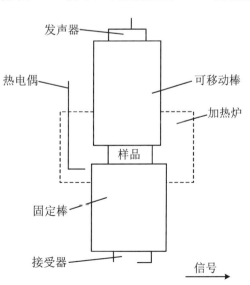

图 9.11 热传声装置的示意图[73]

通过在温度 T 下测量透过信号的峰对峰的振幅 $V_{p-p}(T)$,可以获得超声波随温度的衰减量 V_a,并将其与参比温度 T_0 下的数据相关联,可以得到以下形式的关系式:

$$V_a = -(1/L_s) \cdot \ln[V_{p-p}(T)/V_{p-p}(T_0)]$$

式中,L_s 是样品中的路径长度。

Kasap 和 Mirchandan[73] 阐明了他们的系统对于描述大多数材料的 $\ln[v_T/v_{300}]$ 和 V_a 对 T 的曲线存在玻璃化转变(其中,v_T 是温度 T 下超声波的波速的实验结果)。当温度为 T_g 时,$\ln[v_T/v_{300}]$ 曲线的斜率发生了明显的变化,而 V_a 曲线则出现了峰。这表明,热传声曲线明显与 DSC 曲线和微硬度测量值有关。

Ravi Kumar 等人[74]已经详细描述了聚合物的热传声参数。

9.4.3 热传声法的应用

可以用热传声法来区分页岩油的品级[72]。

P 波和 S 波的速度都随着温度的升高和有机物含量的增加而减小,而且结果的重现性很好。这种行为的变化与水的损失和某些烃组分的分解有关。将热传声法和 DTA 实验结果相结合,可以用来表征合成纤维[75]。信号的增加首先发生在玻璃化转变温度,然后先行熔化,而玻璃纤维在这个温度范围则没有显示出变化。

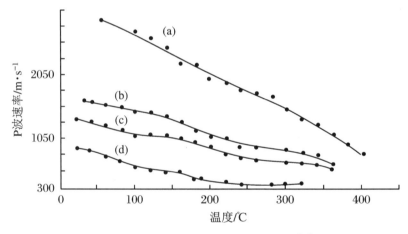

图 9.12 不同等级的页岩油热传声曲线[72]
(a) 24.9 gpt;(b) 26.2 gpt;(c) 37.7 gpt;(d) 67.6 gpt(1 gpt=1 加仑每吨)

9.5 其他方法

Mandelis[76]回顾了光热技术在固体热分析中的应用。在固体样品中通过调制辐射可以诱导热波。然后在适当的传感器检测之前,热波与样品相互作用。声波可以同时进行诱导和检测,这些光热技术也可用于研究流体中的过程。

光热技术可以分为同步(频域)、瞬态(时域)和复合频率。在综述[76]中给出相关的理论和实验技术的细节。这类方法的应用主要包括精确测量热传导性能,如热导率、扩散性和渗透性以及间接的比热容。特别是在确定相变机理时,使用这些技术可以显著地增加从其他热分析技术可获得的信息。

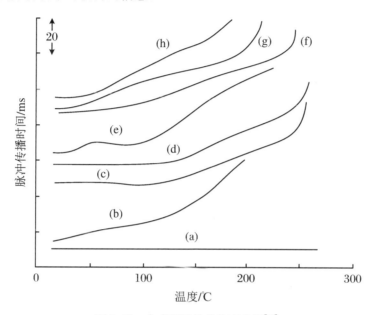

图 9.13 合成纤维的热传声曲线[75]

(a) 玻璃;(b) 聚四氟乙烯;(c) fortrel 聚酯;(d) dacron 涤纶;(e) 尼龙 4;
(f) 尼龙 6,6;(g) vylor;(h) 尼龙 6,10

参考文献

1. V. Balek and J. Tölgyessy, Emanation Thermal Analysis and other Radiometric Emanation Methods, in G. Svehla (ed), Wilson and Wilson's Comprehensive Analytical Chemistry, Part XIIC, Elsevier, Amsterdam, 1984.

2. V. Balek, Thermochim. Acta, 22 (1978), 1.

3. C. Jech, Nature, 178 (1956), 1343.

4. V. Balek, Thermochim. Acta, 192 (1991), 1.

5. G. Carter and J. S. Colligon, Ion Bombardment of Solids, Heinemann, London, 1968.

6. M. D. Norgett and H. B. Lidiard, Philos. Mag. 18 (1968), 1193.

7. P. A. Redhead, Vacuum, 21 (1962), 203.

8. R. Kelly and Hj. Matzke, J. Nucl. Mater., 17 (1965), 197; 20 (1966), 175.

9. J. Kříž and V. Balek, Thermochim. Acta, 78 (1984) 377; 110 (1987), 245.

10. S. Flögge and K. E. Zimens, Z. Phys. Chem., Abt. B. 42 (1939), 179.

11. O. Hahn, J. Chem. Soc. Suppl., S259 (1949).

12. V. Balek, Čs. Patent No. 151172.

13. W. D. Emmerich and V. Balek, High Temp. High Press., 5 (1973), 67.

14. C. Jech and R. Kelly, Proc. Br. Ceram. Soc., 9 (1976), 359.

15. F. W. Felix and K. Meier, Phys. Status Solidi, 32 (1969), 139.

16. A. S. Ong and T. S. Elleman, J. Nucl. Mater., 42 (1972), 191.

17. V. Balek, J. Mater. Sci., 5 (1979), 166.

18. V. Balek, Farbe und Lack, 85 (1979), 252.

19. V. Balek, Z. Anorg. Allg. Chem., 380 (1971), 61.

20. J. A. Hedvall, Solid State Chemistry, Elsevier, 1969.

21. V. Balek, Thermochim. Acta 110 (1987), 221.

22. H. Schreiner and G. Glawitsch, Z. Metallkd., 25 (1954), 200.

23. P. Gourdier, P. Bussiåre and B. Imelik, C. R. Acad. Sci., Ser. C, 264 (1967), 1624.

24. C. Quet and P. Bussihre, C. R. Acad. Sci., Ser. C, 280 (1976), 859.

25. V. Balek, Sprechsaal, 116 (1983), 978.

26. V. Balek, M. Vobofil and V. Baran, Nucl. Technol., 50 (1980), 53.

27. V. Balek and I. N. Bekman, Thermochim. Acta 85 (1985), 15.

28. V. Balek, Z. Málek and H. J. Pentinghaus, J. Sol-Gel Sci. Technol., 2 (1994), 301.

29. V. Balek, J. Mat. Sci., 17 (1982), 1269.

30. V. Balek, J. Fusek, O. Kříž, M. Leskelä, L. Niinistö, E. Nykänen, J. Rautanen and P. Soininen, J. Mater. Res., 9, (1994), 119.

31. K. B. Zaborenko and Ju. Z. Mochalova, Radiokhimiya, 10 (1968), 123.

32. R. Thätner and K. B. Zaborenko, Radiokhimiya, 8 (1966), 482.

33. V. Balek and K. B. Zaborenko, Russ. J. Inorg. Chem., 14 (1969), 464.

34. V. Balek and A. de Korányi, Fuel, 69 (1990), 1502.

35 W. D. Emmerich and V. Balek, High Temp.-High Pressures, 5 (1973), 67.

36. V. Balek and J. Šubrt, J. Pure Appl. Chem. 67 (1995), 1839.

37. V. Balek and J. Götz, in J. G6tz (Ed.), Proc. 11 th Int. Glass Congress, Prague, 1977, Vol. 3, p. 35.

38. S. Bordas, M. Clavaguera-Mora and V. Balek, Thermochim. Acta, 93 (1985), 283.

39. O. Vojtěch, F. Plášil, V. Kouřím and J. Süssmilch, J. Radioanal. Chem., 30, (1976) 583.

40. V. Balek and K. B. Zaborenko, Russ. J. Inorg. Chem., 14 (1969), 464.

41. V. Balek, J. Thermal Anal., 35 (1989), 405.

42. K. B. Zaborenko, V. P. Polyakov and J. G. Shoroshev, Radiokhimiya, 7

(1965), 324, 329.

43. M. E. Levina, B. S. Shershev and K. B. Zaborenko, Radiokhimiya, 7 (1965), 480.

44. A. I. Czeckhovskikh, D. Nietzold, K. B. Zaborenko and S. I. Volfkovich, Zh. Neorg. Khim., 11 (1966), 1948.

45. C. Quet, P. Bussiåe and R. Fretty, C. R. Acad. Sci., Ser. C, 275 (1972), 1077.

46. D. J. Chleck and D. Cucchiara, J. Appl. Radiat. Isotop., 14 (1963), 599.

47. Hj. Matzke, J. Appl. Radiat. Isotop., 27 (1976), 27.

48. G. M. Zhabrova, S. Z. Roginskij and M. D. Shibanova, Kinet. Katal., 6 (1965), 1018.

49. C. Jech, Proc. 2nd Int. Congress on Catalysis, Editions Techniques, Paris, 1961, p. 2285.

50. I. N. Bekman and V. V. Teplyakov, Vestrl. Mosk. Univ., 1974.

51. V. Balek, Thermochim. Acta 72 (1984), 147.

52. V. Balek and J. Dohnálek, J. Mater. Sci., 17 (1982), 2281.

53. V. Jesen/tk, J. Tölgyessy, P. Varga and B. Siles̆, Silikáty, 15 (1971), 65.

54. V. Balek and J. Dohnálek, Proc. 3rd Int. Conf. on Durability of Building Materials, Espoo, Finland, 1981, Vol. 3, p. 26.

55. V. Balek, J. Am. Ceram. Soc., 53 (1970), 540.

56. T. Ishii, Thermochim. Acta, 88 (1985), 277; 93 (1985), 469; 109 (1979), 252.

57. V. Balek, J. Appl. Chem. (London), 20 (1970), 73.

58. V. Balek, J. Therm. Anal., 12 (1977), 111.

59. D. Betteridge, M. T. Joslin and T. Lilley, Anal. Chem., 53 (1981), 1064.

60. R.M. Belchamber, D. Betteridge, M.P. Collins, T. Lilley and A.P. Wade, Anal. Chem., 58 (1986), 1873.

61. K. Lonvik and co-workers, 4th ICTA (1975) Vol.3, p 1089; 6th ICTA (1980), Vol.2, p313; 7th ICTA (1982) Vol.1, p306; J. Therm. Anal., 25 (1982), 109; Thermochim. Acta, 72 (1984),159,205; 110 (1987), 253; 214 (1993), 51.

62. S. Shimada,(a) Thermochim. Acta, 163 (1990), 313 (b) 196 (1992), 237; (c) 200 (1992), 317; (d) 255 (1995), 341; (e) J Thermal Anal., 40 (1993), 1063.

63. S. Shimada and R. Furuichi, Bull. Chem. Soc. Jpn, 63 (1990), 2526; Thermochim. Acta, 163 (1990), 313.

64. G. M. Clark, 2nd ESTA (1981) p85; Thermochim. Acta, 27 (1978), 19.

65. S. Shimada, Y. Katsuda and R. Furuichi, Thermochim. Acta, 183 (1991), 365; 184(1991), 91.

66. S. Shimada, Y. Katsuda and M. Inagaki, J. Phys. Chem., 97

(1993), 8803.

67. O. Lee, Y. Koga and A. P. Wade, Talanta, 37 (1990), 861.

68. A. P. Wade, K. A. Soulsbury, P. Y. T. Chow and I. H. Brock, Anal. Chim. Acta, 246(1991), 23.

69. P. D. Wentzell and A. P. Wade, Anal. Chem., 61 (1989), 2638.

70. P. D. WentzeU, O. Lcc and A. P. Wade, J. Chemomet., 5 (1991), 389.

71. I. H. Brock, O. Lee, K. A. Soulsbury, P. D. Wentzell, D. B. Sibbald and A. P. Wade, Chemomet. InteU. Lab. Syst., 12 (1992), 271.

72. T. Mraz, K. Rajeshwar and J. Dubow, Thermochim. Acta 38 (1980), 211.

73. S. O. Kasap and V. Mirchandan, Meas. Sci. Technol., 4 (1993), 1213.

74. M. Ravi Kumar, R. R. Reddy, T. V. R. Rao and B. K. Sharma, J. Appl. Polym. Sci., 51 (1994), 1805.

75. P. K. Chatterjee, 4th ICTA, Vol. 3, p835.

76. A. Mandelis, J. Thermal Anal., 37 (1991), 1065.

第 10 章

热显微法

H. G. Wiedemann[a], S. Felder-Casagrande[b]

a. 梅特勒-托利多有限公司,CH-8603 施韦岑巴赫,瑞士(Mettler Toledo GmbH, CH-8603 Schwerzenbach, Switzerland)
b. 苏黎世大学无机化学研究所,Winterthurerstrasse 190,CH-8057 Zürich,瑞士(Institute of Inorganic Chemistry, University of Zürich, Winterthurerstrasse 190, CH-8057 Zürich, Switzerland)

10.1 发展历史简介

最早使用热台显微镜的研究工作是在一百多年前由 Otto Lehmann 完成并报道的[1,2]。他首先使用一个简单的油浴加热装置,开发出来了"结晶显微镜"(crystallisation microscope),他的研究重点是物理学和晶体学。在接下来的几十年里,他利用所发明的设备发表了大量的研究工作。然而,这套设备在文献中并没有引起太大的关注。在化学研究中,还有一种被称为"化学显微镜"(the chemical microscope)的实验室装置也没有得到广泛的应用。到了 1931 年,热台显微镜还没有流行,Kofler 开发了一系列的热台原型。相比于 Lehmann 的设计思路而言,由 Kofler 开发的设备在设计和构造上要更加简单。1936 年,他们开始使用水银温度计来测量温度。Kofler 进一步发展并努力完善了他的"Kofler 热台",他还致力于将热显微法应用在新的领域中[3]。

在本章中,我们是作为一种热分析测量技术来对这种方法进行介绍。以 DIN 51005 为例,样品被加热至特定的温度并用显微镜进行观察。在测量样品的光学性质作为温度函数的热光测定法(ICTAC 定义的命名)(thermoptometry)或热光分析法(thermo-optical analysis,简称 TOA)的领域中,热显微法是一种非常重要的方法。W. C. McCrone 将热台显微镜进一步发展成为一种精确的测量技术,并在该方法的推广方面扮演了重要的角色[4—6]。

通过与其他测量结果结合在一起使用,可以大大地提高通过显微镜观察所获得的信息量。在一个单独的过程中,同时使用不同的方法进行测量会得到更加翔实的结果[7—9]。

在文献中报道了将光学显微镜与其他仪器相结合的情况,例如激光微发射光谱分析法(laser micro-emission spectroanalysis)[10]、X 射线衍射法(X-ray diffraction)[11]、电子显微镜法(electron microscopy)[12]、紫外和红外光谱法(UV-and IR-spectroscopy)[13,14]、磁共振(magnetic resonance)[15]和差热分析法(differential thermal analysis)[7,16,17]。

本章将重点介绍热台显微镜和差示扫描量热法(DSC)以及热重法(TG)的结合使用情况,并介绍了它们的应用。1960 年,Hogan 和 Gordon[18]描述了一种在常规的差热分析仪基础上实现的可视化操作,但显微镜可以有效使用的温度范围是非常有限的。由 Welch[19, 20]最初发展、Mercer 和 Miller[21]建造的改良热台显微镜能够实现连续的监控并定量记录样品的降温和/或升温曲线,能实现这一点得益于一个由热电偶控制的微型加热炉。通过这种结构形式,此设备可以用来研究氧化物及矿物在高温下的相变[16, 22, 23]。从最初能允许同时测量的设备诞生以来,这类测量设备的设计已取得了很大的进展,现在最新的仪器能在一个更加广泛的范围内使用[24, 25]。

10.2 常规设备及附件

通过热显微法可以得到样品的形貌及结构随温度变化的信息,这些变化主要基于物理和化学过程。观察物质的特征参数对温度的依赖性有助于识别和表征物质。对于这样的研究工作而言,需要一台包括冷/热台、样品台、光源的热显微设备,利用其可以进行光学记录、文件保存、图像和数据的加工分析等工作。

10.2.1 显微镜

物镜是显微镜中最关键的部分,因为它必须足够接近热台才能产生最高的分辨率。因此,必须保证它免受来自热台的任何热损害,这可以通过将物镜与较热的样品物理分离和在热台的红外壳中引入高性能的光学窗口来实现。然而,较长的工作距离又抑制了物镜的分辨率。目前,热台制造商已设计出了经过特殊优化的光圈数目(numerical aperture,简称 N. A.)的透镜来满足工作距离的需要,已经充分考虑到了加热炉窗口的厚度及组成来最小化物镜的球面相差。这些特殊的物镜具有 0.45~0.60 的光圈数值,能够有效地放大 450~600 倍[26]。

10.2.2 热台及样品台

自 19 世纪末 Lehmann 发明热台显微镜以来,已经有许多不同型号的热、冷台被开发出来。Brenden、Newkrik 和 Bates[27],Lozinskii[28],Smallman 和 Ashbee[29]给出了关于热台显微镜的一些重要的注意事项。在文献中已经报道了各种各样的与此相关的仪器[30, 31],显示了其广泛的应用领域。可根据其温度范围对热台进行分类,此外,也可以根据它们与其他方法的组合进行分类。

冷台在生物医学和材料领域中有大量的应用,一般在室温到 -50 ℃之间使用,特殊情况下可降温至 -268 ℃。低温对微生物的影响和低温贮存对供体器官的影响研究是生物学和医学研究领域常见的应用实例。在材料科学中,通过冷台有助于研究金属中的低温相变以及对聚合物在玻璃化转变温度以下的行为进行评价。冷却通常是使用液态气体来完成的,常用的液态气体主要有液态二氧化碳乙醇(-78.5 ℃)、液态氮(-195.8 ℃)、液态氢(-252.9 ℃)和液态氦(-268.9 ℃)等。一个有趣的冷却样品的方法是在冷台上充分利用热电或 Peltier 制冷机,这样做需要克服两个困难。首先,通过照明可以引入可观的热量,因此在照明系统中引入红外线或热吸收过滤器是很重要的。第二个问题是在冷台窗口及外物镜的周围会发生结冰的现象。通常减少结冰的解决办法是:将表面与潮湿的空气隔绝,例如可以使用玩具气球材料或者用非常干燥的气体如由液氮挥发的蒸气来进行隔离的方式[26]。

热台可以实现较大的温度跨度,范围从略高于周围环境的温度直到 2700 ℃ 高温。低温设备适用于活体的研究和有机化合物的表征(如熔点、结晶度等),而高温装置则适用于高温下的物理性质以及金属、陶瓷和矿物的相变动力学检测[26]。在设计高温显微镜热台时必须考虑到样品在最高温度时较强的热辐射性质。为了获得高对比的图像,需要使用高强度灯和蓝色滤镜来进行过度的补偿校正[7]。在理想情况下,应该针对特定的样品和研究的要求对热台气氛进行优化处理。在实际中,有必要将加热气氛的反应降到最低,或者减少对热台外壳的传热,通常采用真空的方式来实现。将真空加热室放置于化学显微镜中,可以观察到不同气氛下的化学反应。如果样品材料的升华层阻碍了聚焦和观察,可以通过偏心盖板将另一部分样品引入至观察位置[32]。

所有型号的热台都有一个共同的要求,即热台必须尽可能地薄,以便于放置在物镜和显微镜之间。图 10.1 给出了在中等温度范围工作的标准型号的 FP 82 热台示意图。图中的热台基本结构要素如下:加热和/或冷却装置(4、5)放置在载物台(6)的两侧,以防止产生任何的温度梯度;与样品良好接触的温度传感器(3)用于记录样品的温度;热保护过滤器(7)保护透镜免受热辐射;光束的内部用石英或硼硅酸盐玻璃包裹,并由风扇(1)产生的气流(8)进行冷却。

表 10.1

类型	温度范围	搭载 DSC	搭载 TG	不同气氛
冷台	$-50 \sim 25$ ℃	−	−	+
热台	$25 \sim 350$ ℃	+	+	+
高温热台	$25 \sim 2700$ ℃	+	−	−

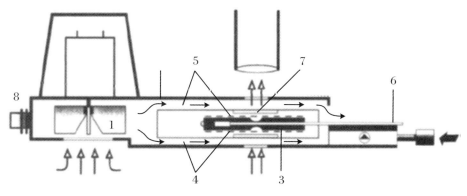

图 10.1　FP 82 热台的截面图(Mettler-Toledo AG)

在结构上还需要对同时进行 DSC 测量的热台做进一步的确认。工作时,从样品架的两侧进行加热,并使放置在下加热板上的一个 PT 100 传感器尽可能接近样品。

用两个热保护过滤器作为显微镜上、下两个方向的隔热板,热台上半部分的上加热板可以被举起以便进入装置内部(如图 10.2(a)所示)。有两个板作为样品和参比的支撑台,并同时测量 DSC 热流量。由金/镍热电堆测量温度差。对于稳定的实验条件,样品在实验过程中的照明需要稳定的复合或单色光源。光源照明作为一个额外的热源,会导致腔体内不对称的热量分布,这可以通过用测量曲线减去空白样品基线的方式来进行修正。

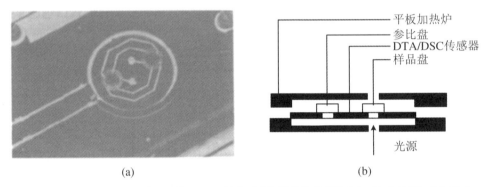

图 10.2 (a) 与 DSC 同时使用的 FP 84 热台,图中显示的为顶部开口的实物图;(b) 热台截面示意图

在一次热分析实验中,如果样品发生了熔融,样品容器必须能够容纳熔化后的样品。样品必须从上方可见,光线应该从下面穿过。在较高的温度下,样品盘必须和样品相适配。其中,蓝宝石玻璃是理想的支架材料。

已证明可以有效地将不同的样品制备技术用于热显微-DTA 法的各种应用领域。开放式结构的蓝宝石样品盘可以用于非挥发性的样品,而加盖子的蓝宝石盘则可以用于挥发性样品。该技术与常规的显微镜样品的制备相似,预熔样品放置在平行的载玻片和盖玻片之间(如图 10.3(a)所示)。修正方法是用两片蓝宝石盘包住样品(如图 10.3(b)所示),这种制样方法只适用于熔融后黏度较高的物质。

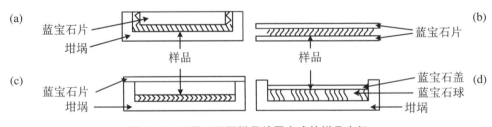

图 10.3 适用于不同样品放置方式的样品支架

对于加载蓝宝石片的挥发性样品(如图 10.3(c)所示)而言,可以通过样品盘盖来观察未经任何处理的样品,也可以在盘盖上先将样品蒸发(升华)或熔化。对于低黏度物质和液体样品而言,可以使用三个蓝宝石球作为间隔物,这样做有助于在测量过程中保持

均匀的样品分布和厚度(如图 10.3(c)所示)。

10.3 实验方法

10.3.1 简易的热台显微镜方法

从历史上看,简单的热台显微镜方法是这个领域进一步发展的起点,并且这项技术仍在不断的发展与进步,目前也仍在被广泛使用。无论热台显微镜方法是作为一个单一的设备还是与其他设备组合起来使用,其都在材料研究、物质的表征以及质量保证等方面起着非常重要的作用。

该设备的核心部分是一个配备了热台的显微镜(图10.4),与10.2.1节中的规格相对应。不同的温度程序由一个处理器进行控制。为了观察样品尤其是记录动态的变化过程,非常有必要在显微镜上连接一个摄像机,该摄像机也是由处理器控制的,它既可以保存图片也可以保存视频并自动生成一个样品的文件以便进行后期的处理。从利于进一步的控制以及方便用户使用角度考虑,在设备上还应连接一台电脑。这样可以通过监视器对整个实验进行实时监控,并且所有的相关图片资料都可以被拷贝和打印出来。如果需要的话,也可以将传统的和偏光摄影的方法结合起来使用。

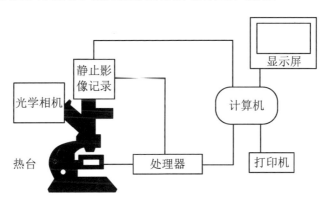

图 10.4 简易的热台显微镜装置示意图

10.3.2 热光测定法

用于热光测定法的测量设备(图10.5)在很大程度上和简易的热台显微镜相似(参见10.3.1节)。此外,这种显微镜还配置了一种可以用来记录光透过样品信息的光度计,这对在偏振光或者正常光下测定物质的熔点或者液体的转变温度是非常有用的。利用设备中的计算机和不同的处理器来控制温度程序,并且能够协调和评估温度、图像以及光学性质。通过复合透镜将整个视场投射到光敏电阻器上,最灵敏的范围是在波长为615 nm处。在使用前,需要用显微镜的光源对光电探测器进行校准。在将准备好的样品放置到热台之前,必须交叉偏振滤光器并将光的强度设置为1(100%透光率)。

将样品插入到显微镜的光通道之后,需要设置光强度的上限。在这个时候不需要调整光源类型和交叉偏振滤光器。

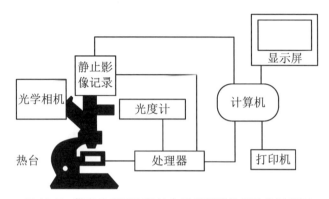

图 10.5　带有热光测定的热台显微镜的仪器结构示意图

10.3.3　与差示扫描量热法同时联用的热台显微镜法

仅仅通过热台显微镜法测量光学结构和形态的变化有时并不能得到完整的解释,因此还需要进行额外的测量工作。同步测量不仅节省了昂贵的样品,减少了分析的时间,还可以提高对实验中发生的各种变化进行解释的准确性。另一方面,对于 TG 或 DSC 这样的热分析测量结果而言,其重复性和可定量性通常很好,但是单独通过它们不能总是很好地与在物质中发生的相变或化学反应相关联起来。同时将这两种方法相结合可以对结果进行相互检查和验证。例如,通常可以用显微镜来检测 DSC 中没有显示任何明显的焓变的结果。另一方面,在热台显微镜的研究中,通常需要估算转变、熔融或结晶过程的热量。在 10.3.2 节中,热光学测量方法的测量和设备控制与这里所介绍的方法原理也大致相同。

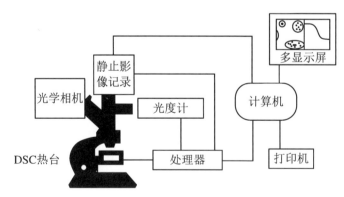

图 10.6　与差示扫描量热法同时联用的热台显微镜的结构示意图

这种仪器的最重要区别在于在 10.2.2 节中所描述的热台的改变,通过该装置能够测量由温度变化引起的转变的热流变化并可以同时进行光学观察。通过合适的处理器单元能够测量和控制温度、光的传输和热流的变化,利用多屏幕显示器能够在线观察到形态的变化以及相应的数据。

10.3.4 与热重法同时联用的热台显微镜法

一般来说,涉及气体在内的化学反应可以通过热重分析法(TG)来测量其他不同温度条件下样品的质量变化。通过同时对样品进行实时称重和显微观察,可以将样品的形态变化与样品在分解过程中与周围气体发生反应所引起的质量减少或增加联系起来。

图10.7是可以同步进行热重分析的热台显微镜的示意图,样品通过一个由氧化铝制成的毛细管连接到天平上,并且可以放置在热台上。可以利用反射式光学显微镜来观察样品的加热或冷却过程,该反射式显微镜配备了一台可以用来记录样品变化的静态摄像机或标准的摄像机。如图10.7所示的示意图可以用于不同的气氛环境,气氛气体的流量最高可达 5 cm^3 · min^{-1}。温度范围为从 20 ℃ 到约 370 ℃,加热率为 0.1~10 ℃ · min^{-1}。样品质量可以从 0.1~20 mg 不等,但所加载的样品量取决于其密度。对于数据的处理、存储和记录等过程,可以通过使用与同时联用的热台显微镜-DSC方法相似的记录设备和计算机完成。

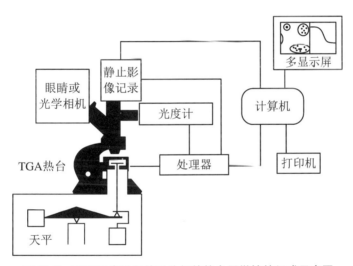

图 10.7 可以同步进行热重分析的热台显微镜的组成示意图

10.4 应用举例

10.4.1 无机化合物

10.4.1.1 石膏的水合和脱水作用

"石膏"是一种常见的矿物,分子式是 $CaSO_4 \cdot 2H_2O$。在 $CaSO_4/H_2O$ 体系中还有其他四种相:分子式分别为半水合物($CaSO_4 \cdot 0.5 H_2O$)和硬石膏($CaSO_4$),每一种形式都有两种不同的晶粒尺寸和结构。每个相都有特殊的特征和应用。由于组成相和杂质的含量在很大程度上会影响材料的性质,因此确切了解每一相的组成成分和杂质具有很大的工程意义。

- **水合过程**

可以用以下的化学反应方程式来表示水合作用过程:

$$CaSO_4 \cdot 0.5H_2O + 1.5H_2O \rightarrow CaSO_4 \cdot 2H_2O$$

这个方程式可以分为四个步骤,可以通过热台显微镜法确定这些步骤。并且可以利用与此同步联用的差示扫描量热技术来测定反应的反应热。另外,可以利用等温条件下测量得到的 DSC 曲线来区分 α-和 β-两种半水合物形式。

- **脱水过程**

半水合物脱水形成硬石膏的反应发生在 90~180 ℃ 的温度范围内。此时,可以观察到 α-和 β-两种半水合物之间的差异[33]。许多的热分析研究主要关注于二水合物脱水的动力学和影响参数方面,例如水蒸气分压、核大小、分布以及二水合物的类型或来源。与此相关的是中间产物和最终产物,以及与此相对应的生成温度和产物。DSC 测量同时所得到的热光学显微镜照片(图 10.8(a))表明,石膏脱水过程中的成核现象在水开始分离后就已经开始了。正如所预期的那样,最开始出现成核现象的地方大多是在一个不均匀的地方,例如裂缝。在所选择的实验条件下($p(H_2O) \approx 30$ mbar),脱水反应会通过一步反应直接得到 γ-硬石膏。

10.4.1.2 分解过程中的成核特征

利用热台显微镜法可以观察热分解过程中核的形成和生长现象,可以连续地观察影响分解反应动力学的各种因素,其中特别重要的是与不同的晶体方向和表面缺陷相关的核的形成和生长速率。其他重要的因素还有周围的气氛、由于分解产生的气体产物的扩散而形成的裂缝和裂纹以及结构的重新排列等。

下面以金刚石为例来介绍其成核过程。在低压条件(10^{-5} torr)下加热金刚石到超过 1000 ℃ 后,可以观察到其表面变得黯淡。在越来越高的温度下,可以看到金刚石会变成灰色(但仍然是半透明的),之后在 1600 ℃ 以上时,金刚石会逐渐变黯淡直到变成黑色。由此可见,很明显该石墨化处理过程最初是在表面上发生的。当金刚石被加热到 1650~1800 ℃ 的温度时,金刚石表面上形成了石墨核。在图 10.9(a)中给出了由扫描电子显微镜得到的加热前金刚石碎片的形貌信息。由图 10.9(b)可以看出,在 1700 ℃ 下加热 20 分钟之后,在金刚石的表面开始形成了具有取向的石墨核。图 10.9(c)中的扫描电子显微镜图像给出了在更高温度下继续加热的金刚石结构,由图可以看出在核发生扩散的同时形成了裂纹。样品随后碎裂成小碎片,并最终分解成为石墨粉。在图 10.9(d)中给出了在高真空条件下的 TG 曲线。对于天然金刚石而言,发生石墨化反应所需的温度大致在 1700~1900 ℃。这种石墨化过程中的质量变化(1%)可以归因于在这些温度下发生的多原子碳分子的部分气化,同时还伴随着所包含的一些气体的释放过程[34]。

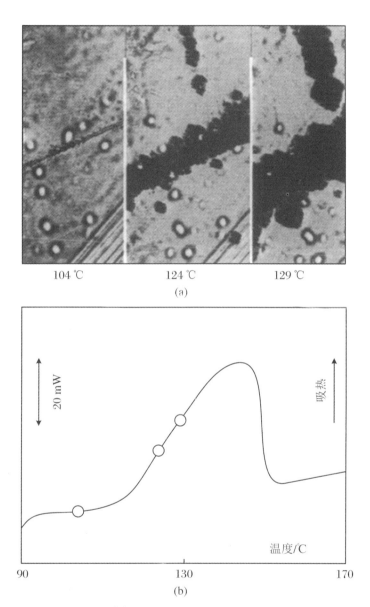

图 10.8 (a) 在 DSC 测量过程中获得的显微镜图片(50×),图中显示了裂缝中的成核现象;
(b) 脱水过程中测量得到的 DSC 曲线,曲线上的圆圈对应的温度与显微镜图片一致

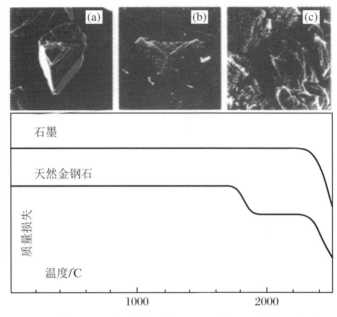

图 10.9 (a) 天然金刚石的 SEM 图像,放大倍数为 500 倍;(b) 高真空条件下加热前和加热后 (10^{-5} torr)的石墨核表面的 SEM 照片,放大倍数为 5000 倍;(c) 石墨化处理的断裂面的 SEM 照片,放大倍数为 500 倍;(d) 在加热速率 4 K·min^{-1}、高真空条件下得到的 TG 曲线

10.4.1.3 相图

在 Kofler 的显微热分析研究[43]中,发现 KNO_3-$NaNO_3$ 体系能够形成一系列的固熔体。这些固熔体有一个特殊的特征,即在加热和冷却过程中会出现周期性的偏析(segregation)现象。在这些实验中,将以 5 mol% 的浓度间隔变化的 KNO_3 和 $NaNO_3$ 的混合物熔融,随后利用 DTA 法记录下相应的冷却曲线。同时,利用热台显微镜观察其结晶过程。例如,在图 10.10(b)中给出了混合比例为 3∶1 的 KNO_3 和 $NaNO_3$ 混合物的 DSC 冷却曲线。初始的结晶过程发生在 257.5 ℃,这与在显微镜下观察到的在 258 ℃下发生的结晶成核的现象保持一致(图 10.10(a))。直到 248 ℃时结晶成核现象一直保持增加,继续冷却到 240 ℃将导致已知的晶体增长,并且在 216 ℃时完成共熔体的固化过程。KNO_3-$NaNO_3$ 体系的液相和固相曲线是由 DSC 曲线获得的,通过这些结果可以证实这个体系确实是一个简单的共熔系统。然而,需要指出的是,在低浓度的 KNO_3 和 $NaNO_3$ 混合物体系(<5 mol%)中测定确切的初始共熔温度是具有一定的难度的。硝酸盐混合物共熔比例的实验结果表明,在冷却到 216 ℃以下时会形成典型的树突状凝固体,KNO_3 的 β 结构向 α 结构的转变是在室温下进行的亚稳态的冻结过程,该过程与温度和冷却速率无关。在这个显微镜图片中,在明显的成核现象发生之后或在发生可能的自发转变之后可以看到形成的核。(也可参见附录Ⅱ中彩图⑩。)

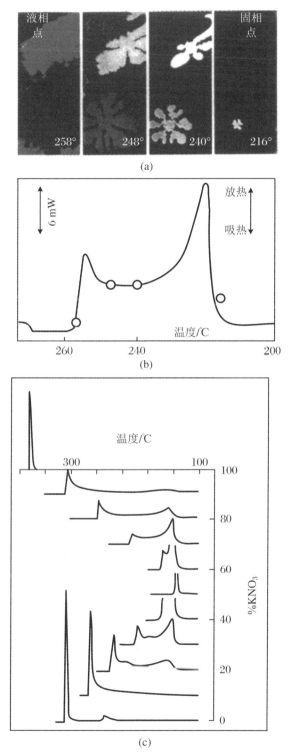

图 10.10 (a) 结晶化 3KNO₃∶NaNO₃ 结晶过程的显微镜图片；(b) DSC 冷却曲线，样品质量:24.44 mg,冷却速率:2 K·min⁻¹；(c) KNO₃-NaNO₃ 的相图

10.4.1.4 结构选择性反应——石墨的氧化反应研究

为了研究石墨氧化反应机理的相关细节,特别搭建了一套带有热台、光学显微镜和摄像设备的微量天平。可以利用该仪器来监测空气中石墨片的氧化过程,结果显示在氧化过程中层与层之间是平行的结构,这再次表明了这种机制是由母相结构特征所控制的。可以按照以下的方式用这套仪器来检测独立的石墨薄片的氧化反应的动力学过程。具有一定的温度依赖性的"氧化区域"(即棱柱边缘,boundary prismatic)界面的推进过程可以按照一个确定的方向和速度进行。可以根据碳原子沿着给定的结晶学方向作为时间、温度和气氛的函数来得到这些数据。因此,可以获得包含实际结构机制信息的动力学数据,即可以量化石墨的各向异性的反应行为[36]。

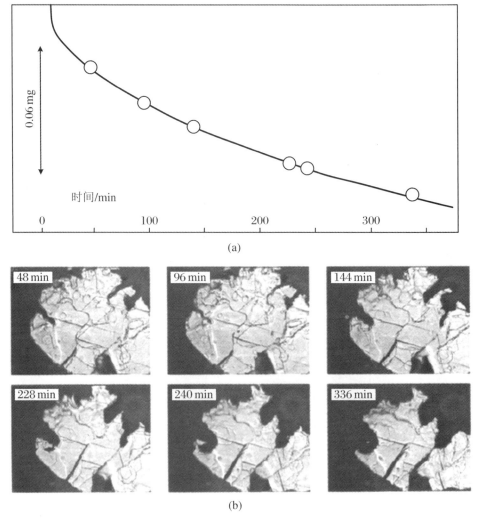

图 10.11 (a) TG 曲线显示了石墨薄片在 800 ℃下恒温氧化过程中的质量减少过程;(b) 可以证明形貌变化过程的六张照片,分别与图(a)中以○标记的质量变化对应(彩图见附录Ⅰ)

10.4.2 有机材料

10.4.2.1 多态性检测——磺胺吡啶的熔融猝火结晶过程研究

在这些实验中,将磺胺吡啶样品加热至熔融温度(193 ℃)以上,并在液氮中淬火。在线性加热(5 K·min^{-1})期间,DSC 曲线(图 10.12(c)所示)在约 60 ℃ 时开始出现玻璃化转变并且在约 100 ℃ 时出现了一个明显的结晶过程,然后在约 140 ℃ 下进行第二个较弱的结晶过程,随后在 193 ℃ 下出现吸热的熔融峰。热台显微镜研究结果表明,在第一个结晶峰期间,无定形材料呈现多晶微观结构(图 10.12(a))。在第二个结晶峰(图 10.12(b))期间,其变成了粗糙的板条状(lath-like)结晶结构[25]。(参见附录Ⅰ彩图 10.12(a)、(b)。)

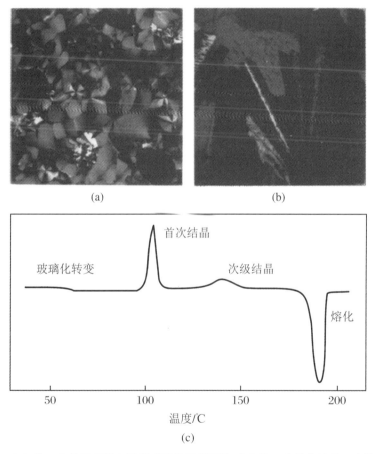

图 10.12　(a) 第一次结晶后的多晶微观结构显微图片;(b) 第一阶段内的第二次结晶过程;
(c) 磺胺吡啶的熔融猝火 DSC 曲线

10.4.2.2 玻璃化转变

通过 DSC 和热机械分析(TMA)法测定的聚合物的玻璃化转变温度 T_g 有时是不够准确的，而且带有很强的主观性。主要原因分别在于 DSC 需要相对较大的样品质量，以及在 TMA 中有限的传热能力所引起的温度梯度。在偏振光条件下，将 DSC 与热光学法或热台显微镜技术相结合可以解决其中的一些问题。热光测量法是一种非主观方法，在光学显微镜下可以看到玻璃化转变期间的双折射率和透光率的变化。聚对苯二甲酸乙二醇酯(PET)就是一个很好的例子。在加热过程中，利用 DSC 来记录 PET 的玻璃化转变及其结晶过程。利用同步的热光学法和 DSC 技术来测量玻璃化转变，测量所得到的曲线如图 10.13 所示。表 10.2 中比较和总结了利用热重、DSC 和 TMA 三种不同的热分析方法获得的特征值。为了保证结果的重现性，一共进行了五次测量(1~5)；所有的测定都是基于加热速率为 $10\ \text{K} \cdot \text{min}^{-1}$ 的第一次加热所得到的曲线。T_A 对应于松弛的开始阶段(以干涉颜色显示)，T_B 对应于应力的消失阶段(此时颜色变为红色)，T_C 对应于达到各向同性的状态(样品呈黑色)[37]。

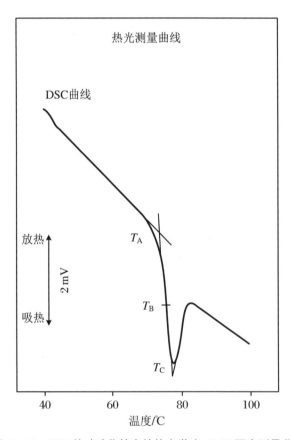

图 10.13　PET 的玻璃化转变的热光学法-DSC 同步测量曲线

热光学法测得的曲线的纵坐标是任意单位

表 10.2　由三种不同的方法(热重、DSC 和 TMA)测得的玻璃化转变温度

方法	$T_A/℃$	$T_B/℃$	$T_C/℃$	质量/mg	厚度/mm
热光学法[1]	75.3	80.2	85.0	21.21	0.3
DSC[2]	74.3	75.1	76.3	10.24	
热光学法	74.9	76.0	77.9		0.4
DSC[3]	74.1	75.5	76.5	10.62	
热光学法	75.7	76.6	79.7		0.4
DSC[4]	75.5	79.8	81.2	10.46	
热光学法	77.2	79.5	81.0		0.2
TMA[5]	74.0	76.2	82.0	20	0.5

10.4.2.3　炸药的结晶行为——以 2,4,6-三硝基甲苯(TNT)为例

在识别和表征高烈性的炸药时,热光学测量法与 DSC 技术发挥着重要的作用。这种烈性炸药可能是有机的、无机的或两者的混合物。McCrone 的研究结果[38]表明,可以通过微量化学测试来确定无机化合物。有机烈性炸药很容易通过熔融法和光学晶体学进行鉴定[6,39,40]。然而,无机炸药只有十几种,例如无机硝酸盐,氯酸盐和铵、钾、钠、铅和钡等的高氯酸盐等,而有机炸药的种类大约是无机炸药的 3 倍。有机烈性炸药可以简单地分为以下几类:芳香族硝基化合物、非芳香族硝胺和硝酸盐以及混合炸药等。大多数混合物都有一种熔点相对较低的组分,例如 TNT,以提高含有较高比例的添加剂的浇注浆料中的装填效率。

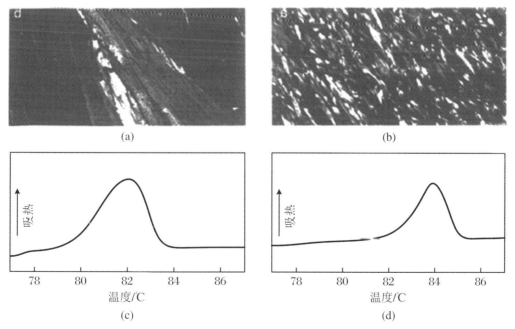

图 10.14　纯 TNT 中的小结晶体的显微镜图片(a)和它的 DSC 曲线(c);96% TNT 和 4%己烯混合物的不规则晶体的显微图片(b)和它的 DSC 曲线(d)(彩图见附录Ⅰ)

在生产爆炸性材料时,TNT 和 4 mol%已烯的混合物被用来作为可浇铸熔体来填充弹药筒。加入过多的已烯会由于存在裂缝和渗出物而使产品质量变差,可能会导致点火失败。在图 10.14(d)给出的 DSC 曲线中,可以看到含有 4 mol%已烯的 TNT 的熔融行为。

利用热台显微镜法可以观测 TNT 的结晶过程。在图 10.14 中,给出了纯 TNT 和含有 4 mol%已烯的混合物的显微照片。由图可见,在一个相对缓慢的冷却速率(2 K·min^{-1})下,可以得到纯 TNT 中产生的小晶粒,而由混合样品则可以得到具有较少的相界面的微晶。快速冷却(10 K·min^{-1})会改变实验结果,此时混合物会形成不规则的晶体形状,甚至出现偏析现象[24]。

10.4.2.4　取代 PET 的相变和熔融

在显微镜热台上拍摄的取代的 PET3,6-二氯-2,5-二羟基对苯二甲酸二甲酯单晶结构的照片如图 10.15(a)、(b)、(c)所示。在加热到相变开始时的温度(118.9 ℃)保持等

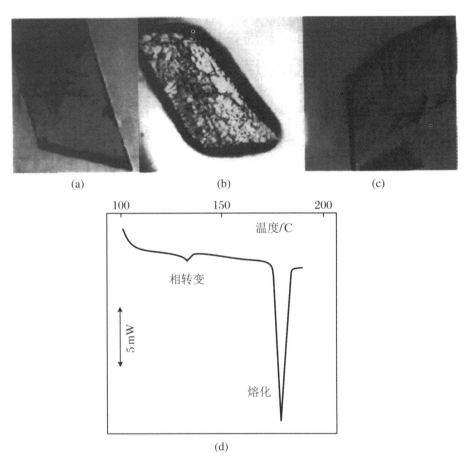

图 10.15　取代 PET 的显微图片:(a) 118 ℃时的相变;(b) 179.8 ℃时的熔化过程;(c) 164.6 ℃下的单晶的晶化过程;(d) 3,6-二氯-2,5-二羟基对苯二甲酸二甲酯的 DSC 曲线

温,由于分子的旋转会导致颜色从黄色变成白色。在这个条件下会产生裂缝,在它们的生长状态(118.9 ℃)中可以看到这一变化。这种取代的 PET 熔点(图 10.15(b))骤降至约 180 ℃,而未取代的 PET 熔点则降至约 235 ℃。在冷却过程中,改性的黄色结晶开始于 164.6 ℃。在缓慢的冷却速率($0.1\ \mathrm{K \cdot min^{-1}}$)下会形成单晶,而在快速的冷却速率($10\ \mathrm{K \cdot min^{-1}}$)下会由于过冷而形成多晶聚集体[25]。

10.4.2.5 药物研究——对苯巴比妥储存稳定性影响研究

新鲜制备的苯巴比妥的标准 DSC 曲线显示出两个熔融峰(图 10.16(c)),其中一个是由于热力学不稳定的化合物(起始点 172.5 ℃)引起的,而另一个则是由于热力学稳定的化合物(起始点 175.4 ℃)所引起的。将相同的样品在室温下储存约 6 个月后,DSC 曲线仅仅显示出热力学稳定的化合物(图 10.16(d))的性质。在苯巴比妥的熔融淬火样品中,形成了两种不同类型的晶体形式(图 10.16(a)),分别为球晶和板条状晶体,它们代表

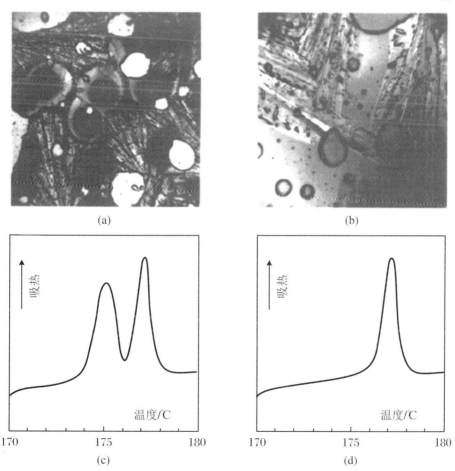

图 10.16 (a) 苯巴比妥的显微图片,包含稳定型和不稳定型两种组分;(b) 不稳定型组分(彩图见附录Ⅰ);(c) 新鲜制备的包含稳定型和不稳定型两种组分的苯巴比妥的 DSC 曲线;(d) 保存后的苯巴比妥的 DSC 曲线,显示不稳定相已经完全转变为稳定相

了两种不同的改性形式。在热力学稳定化合物的熔化过程中,形成的气泡可能与汽化有关[25]。(参见附录Ⅰ中彩图。)

10.4.2.6 液晶相的确定——N,N'-双(4-辛氧基亚苄基)-对苯二胺(OOBPD)的研究

通过光学监测器可以定量地确定视场的亮度,并由此确定结晶物质的光学活性随温度的变化关系。在视场中可以观察到的热转变过程可以记录为时间或温度函数的曲线。

以下举例说明了如何使复杂过程的检测简单化的方法。图10.17(a)中的两条热光学测量曲线分别给出了在加热和冷却过程中"液晶"的许多相变以及它们的熔融和结晶温度。在187~431 K的温度范围内,分析了N,N'-双(4-正辛氧基苯甲醛)-4-苯二胺(OOBPD)的共沸物和其液晶相中的运动信息(图10.17(b),参见附录Ⅱ彩图),在图中给出了经校正后的所有相变的热数据。根据这些结果,我们能够对过程中所有的顺序和过程进行全面的预测[42]。

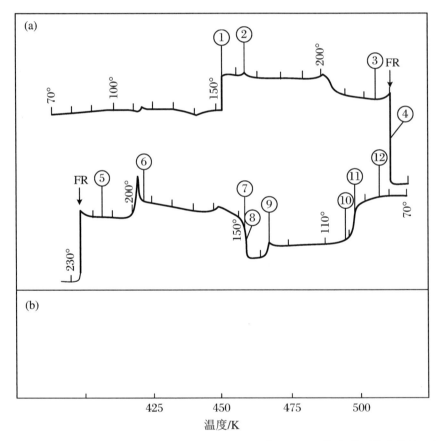

图 10.17 (a) 在加热和冷却速率均为 10 K·min⁻¹下的 OOBPD 热光学测量曲线(透光率曲线)。图中标记出来的数字对应于附录Ⅱ彩图中显微图片的编号。(b) 当加热速率为 5 K·min⁻¹时的 OOBPD 晶体的典型 DSC 曲线。双线处的灵敏度提高了两倍

10.5 结论

在偏光显微镜中引入加热或降温台的这一改进技术得到了相当显著的应用,尤其是在有机化合物的研究中。在过去的几十年中,热台显微镜已经引起了相当多的重视,特别是在与包括热分析在内的其他物理测量方法的结合使用方面尤为明显。

另一方面,热台显微镜在无机化学微观分析中的应用及其在矿物学中的应用仍然有限,这是由于其高熔点、不透明的材料性质所导致的。就这一点而言,热台显微镜-热分析方法相结合的技术已经被证明是非常有用的了。

如今有机微观分析已经是有机化合物鉴定领域中一项非常成熟的技术。这种方法主要用于在冷却至室温之后,利用显微镜观察在加热、熔融、冷却期间物质的不同性质,然后可以依据所获得的各种性质来鉴定化合物。然而,如果同时利用 TG 和 DSC 两种方法来测量,将大大地增加由显微镜观察所获得的信息。在本章中,我们已讨论了结合 TG 或 DSC 两种方法的热台显微镜在无机化合物和有机化合物分析中的应用。

致谢

作者希望表达对瑞士苏黎世 ETH 非金属材料研究所 G. Bayer 教授的感谢。

参考文献

1. O. Lehmann, Molekularphysik, Engelmann, Leipzig, 1888.
2. O. Lehmann, Das Kristallisationsmikroskop, Vieweg, Braunschweig, 1910.
3. L. Kofler and A. Kofler, Mikroskopische Methoden, Springer-Verlag, Wien, 1954, Vol. 1.
4. W. C. McCrone, Fusion Methods in Chemical Microscopy, Wiley, New York, 1957.
5. J. H. Kilbourn and W. C. McCrone, Microscope, 33 (1985), 73.
6. W. C. McCrone, J. H. Andreen and S. M. Tsang, Microscope, 41 (1993), 161.
7. H. H. Emons, H. Keune and H.-H. Seyfarth, Chemical Microscopy, Elsevier Scientific Publishing Company, Amsterdam, 1982, Vol. 16.
8. P. M. Cook, Anal. Chem., 64 (1992), 219R.
9. P. M. Cooke, Anal. Chem., 66 (1994), 558R.
10. S. Demirsoy, Zeiss-Mitt., 4 (1967), 254.
11. G. Perinet, Bull. Soc. Frank. Mineral. Cristallogr., 89 (1966), 325.
12. G. Suwalski and H. Vollstfidt, Wiss. Ztschr. Humboldt-Universitfit Berlin,

Math. Naturwiss. Reihe XVI, 5 (1967), 801-807.

13. A. Hovnanian, Microscope, 14 (1964), 141.

14. A. Wilke, Fortsch. Mineralog., 28 (1951), 84.

15. E. Brandstaetter, R. Mitsche and E. Gabler, Radex-Rdsch., 2/4 (1967), 710.

16. R. P. Miller and G. J. Sommer, J. Sci. Instr., 43 (1966), 293.

17. H. J. Dichtl, E Jeglitsch, Radex-Rdsch., 3/4 (1967), 671.

18. V. D. Hogan and S. Gordon, Anal. Chem., 32 (1960), 573.

19. J. H. J. Welch, J. Sci. Instr., 31 (1954), 458.

20. J. H. J. Welch, J. Sci. Instr., 38 (1961), 402.

21. R. A. Mercer and R. P. Miller, J. Sci. Instr., 40 (1963), 352.

22. R. A. Mercer and R. P. Miller, Nature, Lond., 202 (1964), 581.

23. R. A. Mercer, and R. P. Miller, Mineralog. Mag., 35 (1965), 250.

24. H. G. Wiedemann and G. Bayer, Thermochim. Acta., 85 (1985), 271.

25. H. G. Wiedemann, J. Thermal Anal., 40 (1993), 1031.

26. J. H. Richardson, Handbook for the Light Microscope, Noyes Publications, New Jersey, 1991.

27. B. B. Brenden, H. W. Newkirk and J. L. J. Bates, J. Am. Cer. Soc., 43 (1960), 246.

28. M. G. Lozinskii, High Temperature Metallography, Pergamon Press, New York, 1961.

29. R. E. Smallman and H. B. Ashbee, Modern Metallography, Pergamon Press, New York, 1966.

30. E. M. Chamot and C. W. Mason, Handbook of Chemical Microscopy, 3 ed., Wiley New York, 1958, Vol. 1.

31. H. H. Emons, H. Keune and H. H. Seyfarth, Chemische Mikroskopie, VEB Deutscher Verlag für Grundstoffindustrie, Leipzig, 1973.

32. W. E Hemminger and H. K. Cammenga, Methoden der Thermischen Analyse, Springer-Verlag, Berlin, 1989.

33. H. G. Wiedemann and M. Rössler, Thermochim. Acta, 95 (1985), 145.

34. H. G. Wiedemann and G. Bayer, Z. Anal. Chem., 276 (1975), 21.

35. H. G. Wiedemann and G. Bayer, J. Thermal Anal., 30 (1985), 1273.

36. H. G. Wiedemann and A. Reller, Thermochim. Acta, 271 (1996), 163.

37. H. G. Wiedemann, G. Widmann and G. Bayer, Assignment of the Glass Transition, ASTM STP 1249, R. J. Seyler, Ed., American Society for Testing and Materials, Philadelphia, 1994.

38. W. C. McCrone, Microscope, 86 (1934), 107.

39. T. J. Hope and J. H. Kilbourn, Microscope, 33 (1985), 1.

40. J. H. Kilbourn and W. C. McCrone,Microscope,33（1985），73.

41. H. G. Wiedemann,J. Grebowicz and B. Wunderlich,Mol. Cryst. Liq. Cryst.，140（1986），219.

42. J. Cheng,Y. Jin,G. Liang,B. Wunderlich and H. G. Wiedemann,Mol. Cryst. Liq. Cryst.，213（1992），237.

43. A. Kofler,Mh. Chem.，Bd. 86，4（1955），648.

第 11 章
同步热分析

J. Van Humbeeck
比利时鲁汶大学 MTM-K 系,比利时鲁汶(Heverlee) decroylann 2, 3001 (Dep. MTM-K. U. Leuven, W. de Croylaan 2, 3001 Leuven (Heverlee), Belgium)

11.1 前言

同步热分析(simultaneous thermal analysis,简称 STA)是表示将不同类型(热分析)技术同步应用的标准术语。通常情况下,需要对"同步"这个术语进行严谨的解释,即同一个样品在同一时间。这意味着该技术将不同类型的传感器与样品直接(或间接)地连接在一起,并且在同一个加热炉中对这个样品进一步加热或者降温。因此,我们应明确一个问题,即不讨论由不同的样品得到的结果,即使它们同时在单个的加热区域内进行加热或降温。同步测量(simultaneous measurements)与平行测量(parallel measurements)是有很大的差别的,区别在于平行测量对于不同的样品使用不同的设备来实现。

在以下的几种情况下,优先使用同步热分析方法:

(1) 相比于独立测量的各个性质而言,同步测量需要更短的时间来完成每个性质的测试。

(2) 测量得到的不同参数准确性是可以保证的。

(3) 由于协同作用得到的样品信息总数比通过单一的技术得到的信息总数更多[1]。

(4) 相同的样品(尺寸、质量、表面积、形态、组成)在完全相同的外部因素(加热速率或降温速率、气流量、气体组成、炉子类型等)条件下用不同的技术检测,与通过不同技术得到的结果相比可以得到一个更加正确的解释和关联。

(5) 如果所有需要使用到的仪器可以满足相似的使用目的,且与单独购买热量分析仪相比,STA 仪器的价格较低。

当然,同步热分析也存在相应的缺点。由于需要将不同的传感器连接在一起,相对来说仪器的结构就比较复杂。由于仪器设计的妥协和折中的处理,可能会引起一个或多个信号的灵敏度下降。另外,测量参数的妥协也会引起更加有价值的原始数据的减少。传感器之间的组合使用基本没有限制,它仅仅受到研究人员独创性的限制,以及在一定程度上受到不同传感器和信号检测器的制造工艺发展的不同阶段的限制。可以作为互补的技术主要包括各种形式的物理的、化学的力学性能测试以及诸如 X 射线衍射、力学、波谱学、电子谱学、光谱学之类的各种谱学测量。这一章节的主要目的不是讨论这些技术的联用问题。TG-EGA(逸出气体分析)作为一种众所周知的联用测量技术将在第 12

章中进行详细介绍。在本章中,我们主要讨论传统的热分析技术与不常见的分析技术之间的联用问题,而不是一些研究领域成熟的技术。

11.2 热重-差示扫描量热法及热重-差热分析法

11.2.1 校准

最常见的单个样品的同步热分析技术是DSC(或者DTA)与TG的组合。这种联用方式的第一个重要的优点就是可以通过DSC(DTA)传感器(详见第13章)来校正温度。在特定温度下的吸热或放热效应(例如融化、低共熔点等)可以比质量的改变更容易地被精确检测到。根据ANSI/ASTM 1582—93的要求,可以通过两种方法来校准TG:一种是通过加入部分样品引起质量突变间接进行熔点测量,显然采用这种方法时在实验结束之后需要对TG加热炉进行清洁。另一种方法是使用居里点标准。在加热炉中或周围放置一块磁铁,所产生的磁场不会影响低于居里点的磁性样品,但是当样品经过居里点时会引起"瞬间的平衡被破坏"。这种方法的缺点是:这种复合材料不易获得,并且氧化作用(有时)会影响材料的有效性、稳定性(热历史)等。

差示扫描量热法中的加热主要通过热传导的方式来完成,然而,由于TG仪的加热炉的尺寸较大和结构设计的问题,在加热样品时会产生对流和辐射效应[2]。对于TG-DSC而言,加热速率校准常数比单独的DSC更加重要。

另外一个优点是,实际发生在内部的吸热或者放热热流量能够直接与样品的实际质量或者是已经发生反应的较少部分的样品质量相关联。通过同时在单个样品上进行两种物理量的测量,可以高准确度地得到每单位质量的样品(反应、蒸发、升华过程中)的热传导过程的信息。由于过程中的热效应与转变的(已反应的)体积分数成比例,样品质量对时间的导数dm/dt与热流量(DSC)或者DTA信号表现出类似的形状。当然,由于质量变化与能量变化密切相关,这仅仅对化学反应有效。以上的这个结论对于(没有质量变化的)晶型转变以及熔融过程来说是无效的。可以通过合适的软件简单地绘出m、dm/dt随温度的变化曲线,这样可以更加方便地对每个过程进行更加准确的分析。

11.2.2 TG-DTA(DSC)设备的技术因素

几乎每一个TG和DSC仪器的供应商都有可供选择的STA仪器。除了功率补偿型DSC之外,TG和DSC可以相对方便地结合在一起。就像之前所提到的那样,TG-DTA和TG-DSC仪器的测量单元普遍采取在与TG天平的杠杆臂相连的样品的位置和参比的位置分别包含传感器元件(热电偶、热通量金属板传感器)的结构形式,如图11.1所示。

Setaram公司的TG-DSC 111是一个例外的情况(图11.2)。带有DSC池的检测器与样品盘之间不存在机械的接触(Calvet原理)。根据该类仪器的宣传资料,这种设计的理念可以得到十分精准的称量结果,并且这种结构的仪器有利于测量汽化焓和升华焓:

由 TG 信号可以测量蒸发的质量,而由 DSC 信号则可以给出相应的蒸发热。对于这样的仪器而言,需要使用 Knudsen 型小测量池[3]。

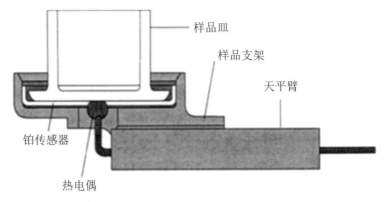

图 11.1　TG-DSC 的样品池、样品热电偶结构示意图(TA 仪器)

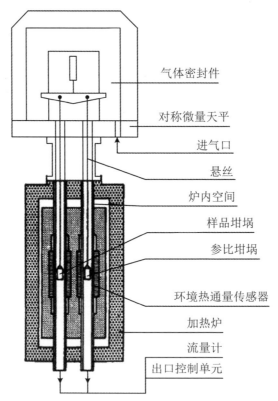

图 11.2　带有两个悬挂臂的 SETARAM TG-DSC 111 的结构示意图,
每一个悬挂臂都被一个热流量传感器所包围

在如下所示的热量计算过程中,有时并不需要确定确切的样品质量数值。对 TG 和 DSC 来说,一条稳定的基线对于后续的数据分析是十分重要的。

$$\Delta H_{vap}(\text{J} \cdot \text{g}^{-1}) = \frac{\text{DSC 偏移量(W)}}{\text{DTG 偏移量}(\text{g} \cdot \text{s}^{-1})} \tag{11.1}$$

可以由任何一台仪器得到一个相似的偏移量,最终的分辨率取决于单独信号的测量准确度。不同的仪器供应商设计了不同类型的仪器体系。质量称量的准确度范围为 0.1~1 μg,其主要取决于天平所允许称量的最大样品质量。一般来说,热重仪所允许称量的样品质量的范围为 200 mg~500 g。也可以在较宽的范围内选择实验温度,可以从最低温度 -125~1100 ℃ 甚至到 1500 ℃ 的最高温度。另外,还有一些仪器可以测量 2000 ℃ 甚至更高的温度。大多数仪器可以比较容易地从 TG 切换到 TG-DTA 或 TG-DSC 的测量模式,这主要取决于传感器的设计形式。在通常条件下,可以在较宽使用范围内选择合适的传感器和样品容器。

图 11.3 中给出了可以装配不同类型传感器的垂直式结构的单臂 STA,而图 11.4 则是水平式的双臂天平结构的同步热分析仪的结构示意图。

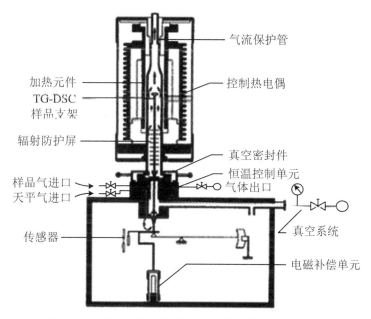

图 11.3 垂直式结构单臂 STA 示意图(Netzsch 公司)

不同的 STA 仪器的结构模式完全不同,主要取决于仪器的供应商。在选择仪器时,应根据样品的特别测试需求以及购买方的经济条件等方面进行综合考虑。有时,对于性质复杂多变的样品和频繁更换部件的仪器使用者(尤其是对于缺少使用经验的大学生)来说,在选择仪器时也应考虑这些情况。关于称重影响因素的讨论(主要包括零位偏离、浮力效应的补偿、"烟囱效应"对进气口的影响等),可以参考第 4 章中关于 TG 的内容。

表 11.1 中概括了一些可以从资料中得到的关于仪器结构的相关的信息,表中所列举的信息并不是十分详尽。

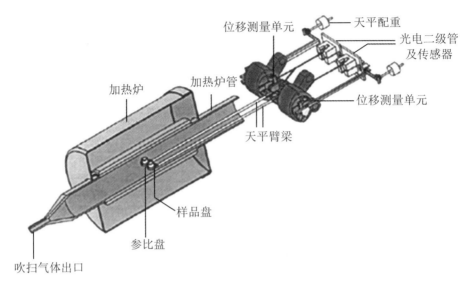

图 11.4　水平式双臂天平 TG-DSC 结构示意图（TA 公司）

表 11.1

公司	TGA-DSC(DTA)系统
TA 仪器	水平式-独立双天平臂梁
Seiko	水平式-独立双天平臂梁
Mettler	水平式-单天平臂梁-无参比样品端（基于 SDTA 原理）
Bähr	水平式-单天平臂梁同时放置样品和参比
流变科学（原 Stanton Redcroft 公司）	垂直式-单直立天平臂梁-同时放置样品和参比
Netzsch	垂直式-单直立天平臂梁-同时放置样品和参比
Setaram Ⅰ	垂直式-单直立天平臂梁同时放置样品和参比
Setaram Ⅱ	垂直式-双悬挂臂梁-加热传感器独立测量样品和参比

11.3　同时联用的热机械分析-差热分析法

同时联用的热机械分析-差热分析法简称 TMA-DTA(simultaneous thermomechanical analysis-differential thermal analysis)。

由于不包含可以自由移动或驱动的部件，TMA-DTA 联用法在技术上尽管不难实现，但在实际中并不常见。然而，在绪论部分中提到的具有相同的争议的技术可以应用到这类技术中。由不同的 TMA 测量模式（线性膨胀、针入式、体积变化测量等模式）可以得到完全不同类型的信息，例如分解、熔融、分层等，但并不是所有的效应都伴随着热量交换。在完全相同的测量环境下，与 DTA 或者 DSC 的联用可以同时给出同一样品的信息。

将动态 TMA 和 DTA 联用也可以给出有趣的尺寸变化和伴随着熔融的形变信息。

Mettler(瑞士梅特勒公司)在1998年发布了一种独特的具有特别高的尺寸分辨率和温度准确性的TMA/SDTA 840设备,其结构示意图如图11.5所示[4]。与TMA相关的内容已经在本书第6章中进行了详细的讨论。

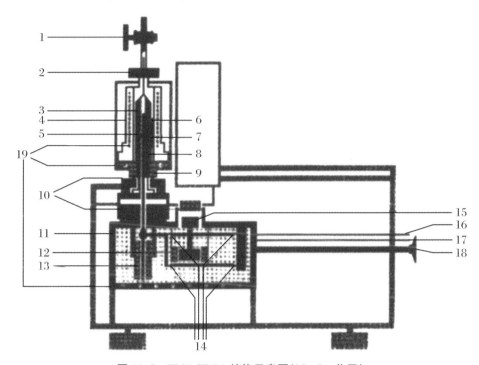

图 11.5　TMA-SDTA 结构示意图(Mettler 公司)

1. 气体出口阀;2. 固定螺钉;3. 炉线圈;4. 水冷炉夹套;5. 样品支架;6. 炉温传感器;7. 样品温度传感器;8. 反应气毛细管;9. 测量探头;10. 垫圈;11. 恒温单元(恒温样品室);12. 力发生器;13. 长度(时间长短)传感器(线性可变差动变压器);14. 弯曲轴承;15. 重量调节器;16. 保护气入口;17. 反应气入口;18. 真空净化气入口;19. 冷却水

11.4　差示扫描量热法与热光学分析同时联用技术

差示扫描量热法与热光学分析同时联用技术简称 DSC-TOA(simultaneous differential scanning calorimetry-thermoptometry measurement)。

显微镜的热台具有非常宽的温度范围(从液氮温度直到2000 ℃)。因此,样品的形貌检测可以作为温度的函数。通过显微镜可以很容易地观测到诸如样品的颜色的改变、分解、熔融、多态性(polymorphism)的信息。利用仪器的图像显示器,根据反射光束的强度变化可以得到与样品相关的信息。通常情况下,通过其他方法很难检测到这些信息。通过这种方法可以量化实验过程中所观测到的图像变化信息,可以与其他的定量检测手段如 DSC 或 DTA 结合起来进行形貌检测(详见第10章)。

梅特勒公司设计了一种独特的设备,该设备可以在 −60~375 ℃之间工作,把基于 S-

型热电堆的 DTA 传感器固定在特种玻璃上,样品被放置在可以透光的蓝宝石坩埚中,如图 11.6 所示。

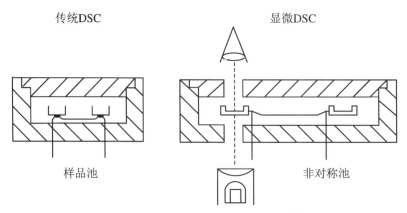

图 11.6　传统 DSC 和热显微镜-DSC 结构示意图[5]（梅特勒公司）

在文献[5]中,描述了一种通过 DSC-TOA 技术来测定低共熔混合物纯度的方法。利用检测到的熔融分数是温度的函数这一信息作为一个参数来测定单一样品的纯度,而不需要参考样品的纯度信息。这种方法可以应用于染料、液晶、药物、油脂以及许多有机化合物领域（详见第 10 章）。

11.5　动态热机械分析（DMA）与动态介电分析（DETA）同时联用技术

动态热机械分析（DMA）与动态介电分析（DETA）同时联用技术简称 DMA-DETA（simultaneous dynamic mechanical analysis-dielectric thermal analysis）。

尽管国际热分析及量热协会（ICTAC）推荐了 DETA 这种命名法,但该名称却没有被使用者广泛接受,DEA 这种命名法反而更容易被使用者所接受。但 DEA 与 DETA 之间仅仅是字面上的表述差异。尽管 DETA（第 7 章）和 DMA（第 6 章）完全不同,但它们基本上依赖于同一个原则,即对待测量样品施加正弦信号,检测其响应信号及二者之间的相位移动信息。由 DETA 法可以给出材料中可以移动的带电荷的位点（离子、偶极子）的信息,而通过 DMA 技术则可以提供材料力学性能的信息。Perkin-Elmer 已经生产了一种商品化的装置,在该装置中可以将这两个技术应用于同一个样品上[6]。DETA 测量系统被安装在具有 DETA 操作界面的 Perkin-Elmer DMA 仪器上,因此在样品被加载到炉子之后可以同时实现 DETA 测量。图 11.7 中阐明了 DMA-DETA 平行板的几何结构。通过这种联用的技术可以关联由 DETA 和 DMA 测量得到的预浸料的储能模量,可以用来建立固化性能和黏弹性的关系,测定凝胶化温度和玻璃化转变温度之间以及黏度改变和反应速率之间的关系。

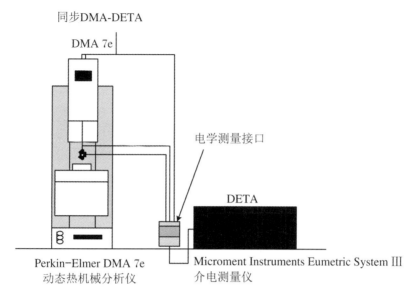

图 11.7　同时联用的 DMA-DETA 结构示意图（Perkin-Elmer）

11.6　其他技术

尽管同步热分析技术具有很多优势，但这种同时进行测量的热分析技术仍然不如单一或平行的测量方式受欢迎。尽管如此，STA 的上述例子已经说明了这种方法的潜力，以上所列举的可能组合也不完整。事实上，对于诸如金属或陶瓷之类的特定材料而言，使用"自制"的设备可以得到同步的与温度相关的特定的一些信息。因此，同时测量在 Cu 基合金中由金属间的固-固态马氏体相变产生的热能和声发射信息已被用于研究马氏体变体在冷却和加热过程中的生长动力学[7]。文献[8]中使用差示扫描量热法-小角度和广角 X 射线散射（differential scanning calorimetry-small and wide angle X-ray scattering，简称 DSC-SAXS-WAXS）研究了生物医学领域中热塑性硫化橡胶的组成对疲劳的影响。

与 STA 相关的主要问题仍然是所获得的结果是否与单个实验具有同等的准确性，以及在 STA 中获得的每个信号的分辨率和灵敏度是否与由单个 TA 测量模式得到的相同。如果分辨率和灵敏度并不是需要考虑的重要因素，那么在选择合适的实验方法时应该考虑到在本章的前言中所列举的 STA 的优点。

致谢

作者感谢上述所有公司的代表为我们提供了与其特定的 STA 产品有关的技术文档、文献和出版许可。

参考文献

1. M. E. Brown, Introduction to Thermal Analysis, Chapman and Hall, London, 1988, Chap.4.
2. J. P. Redfem, Polymer Intemational, 26 (1991), 51.
3. G. Della Gatta, L. Benoist, P. Le Parlouer, 22th NATAS Conference Proceedings, Denver, September 1993.
4. Mettler, private communication.
5. Mettler Application Note No. 806, H. G. Wiedemann and R. Riesen, Purity-Determination by Simultaneous DSC-Thermomicroscopy.
6. Perkin-Elmer, Thermal Analysis Newsletter, PETAN-55.
7. C. Picomell, C. Segui, V. Torra, J. Hemaer, C. Lopez del Castellio, Thermochim. Acta, 91 (1985), 311.
8. J. A. Helsen, S. V. N. Jacques, Recent Research Developments in Polymer Science, 1 (1996), 19.

第 12 章
EGA-逸出气体分析

J. Mullens
林堡大学中心，SBG 部，B 3590，Diepenbeek，比利时（Limburgs Universitair Centrum, Department SBG，B 3590 Diepenbeek，Belgium）

12.1 前言

根据 ICTAC（国际热分析和量热学联合会）提出的命名方法，逸出气体分析（evolved gas analysis，简称 EGA）是一种用来确定在热分析实验期间形成的挥发性产物或产物的性质和数量的技术[1]。该定义中包括了与检测系统联用的热重-质谱联用法（thermogravimetry-mass spectrometry，简称 TG-MS），热重-傅里叶变换红外光谱联用法（thermogravimetry-Fourier transform infrared spectroscopy，简称 TG-FTIR）以及程序升温还原（temperature programmed reduction，简称 TPR）和程序升温脱附（temperature programmed desorption，简称 TPD）等联用技术，以及所有其他通过使用溶剂或吸附剂直接或间接检测所释放的气体的技术。

在本章中，我们将重点关注在过去十多年中变得非常重要的技术，这些技术已经成为热分析领域中不可或缺的一部分。另外，本章还将描述 TG-MS 和 TG-FTIR 联用的实例，也将给出 TPR 的最近发展情况。

在许多实验室中并不具备联用所必需的接口、传输线和软件，但其拥有各自独立的分析技术，可以通过一些创造性的设计将热分析仪与其他分析技术以离线的方式进行联用，这些分析技术主要包括气相色谱法（gas chromatography，简称 GC）、质谱法（mass spectrometry，简称 MS）、傅里叶变换红外光谱法（Fourier transform infrared spectroscopy，简称 FTIR）、离子色谱法（ion chromatography，简称 IC）、电位滴定仪（potentiometry）等多种技术。另外，还有一些在线的联用方式，在之后的内容中将用实例来说明。本部分内容通过介绍多个实例，试图使读者了解在研究各种材料时将上述技术结合起来的优势。

12.2 TG-MS 联用技术

12.2.1 技术

热分析和/或质谱设备的制造商提供了用于联用的接口和软件，使得 MS 与 TG 的联用成为可能。一些 MS 设备的制造商已经扩展了它们的应用范围,现在已经有专门的 MS 设备可以通过更加方便的方式与 TG 设备进行联用。

由于对 MS 的详细描述内容已经超出了本书的范围,因此在本部分内容中我们仅讨论在应用时所必需的一些与 MS 相关的背景知识。MS 是一种非常灵敏的技术,它甚至可以用来检测空气中的 Xe(8 ppb 大小的 136 号同位素)。TG 和 MS 之间的联用需要通过特殊设计的接口来进行,这是因为 TG 在 1 个大气压下正常工作,而 MS 则需要在大约 10^{-6} mbar 的真空条件下进行工作。通过可以加热的陶瓷(惰性)毛细管将由 TG 仪逸出的一小部分气体带入至 MS 仪中实现联用。实验时,主要使用 He 作为载气,但也可以使用诸如空气或 O_2 等之类的气体。

进入 MS 的气体在电离室中被电子轰击,气体分子被分解成阳离子,根据这些阳离子的质量/电荷将其分离(例如通过四极杆)。通过测量离子的电流,可以获得如图 12.1 所示的强度作为质荷比函数的谱图。

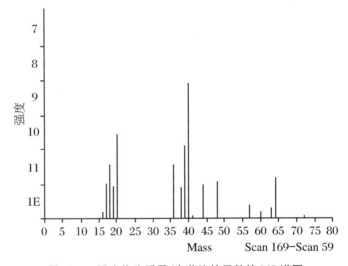

图 12.1 强度作为质量/电荷比的函数的 MS 谱图

在图 12.1 中给出了一个瞬时扫描的 MS 谱图,由于在整个 TG 实验期间连续扫描,因此可以(用适当的软件)合并得到所有瞬时扫描谱图中相同质量/电荷比的数据,还可以针对每个质量/电荷比获得强度随时间或温度的曲线。在图 12.2 所列举的例子中,给出了在氧气气氛中加热 $CaC_2O_4 \cdot H_2O$ 过程中的质量/电荷比为 $18(H_2O^+)$、$28(CO^+)$ 和 $44(CO_2^+)$ 的强度随温度和时间变化的曲线。

如果有一个可用的谱图库,则可以将获得的碎片实验结果与谱图库进行比较,从而识别出在离子化之前的原始气体分子的信息。由于样品的总组成和 MS 设备的实验工作条件的差异,这样的处理并不总是一帆风顺。一般来说,鉴定简单分子的结构是没有问题的。例如,当 MS 设备的分辨率不足以区分质量数为 28.013 的 N_2^+ 和 28.011 的 CO^+ 时,可以从材料种类的角度来确定质量数为 28 的数据所可能对应于 N_2^+、CO^+ 或 $C_2H_4^+$ 之间一种或几种的信息。在另一个例子中,当使用 Ar 作为载气时,检测到的质量数分别为 40 和 20(Ar 可以电离为 Ar^{2+},MS 测量质量/电荷值)也在合理的范围内。在水存在时,电离状态的碎片除 H_2O^+(18)和 O^+(16)之外还存在 OH^+(17)碎片,痕量的 NH_3^+(质量数为17)与 OH^+(17)碎片相同,在这种情况下也很难对其进行分辨。

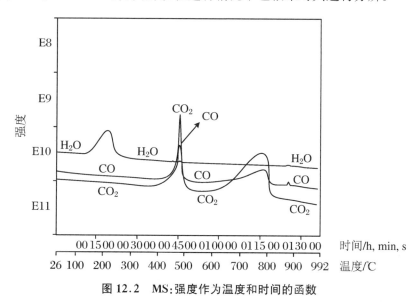

图 12.2　MS:强度作为温度和时间的函数

理论上 MS 可以用来检测所有的分子,即使对那些没有偶极矩(永久或振动)的分子而言,它也是一种非常灵敏的技术。

12.2.2　TG-MS 实验的应用和实例

12.2.2.1　$YBa_2Cu_3O_{7-x}$ 超导化合物的污染和稳定性的研究[2]

陶瓷超导化合物可以通过草酸盐的前驱体来制备[3,4],它可以通过烧结和退火转变成超导氧化物。这种转变是通过非常稳定的碳酸盐发生的,并且在 900 ℃ 以上的温度下发生分解。

通过与空气中的二氧化碳发生反应,可以在超导化合物的表面形成碳酸盐。TG-MS 非常适合用来测定其纯度,例如可以用来确定残留物中草酸盐和碳酸盐的含量。

图 12.3 中给出了在 Ar 气氛(50 mL·min^{-1})中以 20 K·min^{-1} 的加热速率得到的非常灵敏的 TG 结果。在图 12.4 中,当加热到 700 ℃ 时,CO 首先释放出来,然后释放出 CO_2。

以上的这些过程可以解释为存在草酸盐前驱体和碳酸钡,这一现象可以通过原料的红外光谱证实。

一般情况下,可以通过由草酸铜形成铜的过程来检查热分析仪器在惰性实验条件下的灵敏度[5]。这个实验令人感兴趣之处来自于在 250 ℃ 时的自由状态的 O_2 分子,可以用之后产生的非极性分子如 O_2 的逸出情况来评价 TG-MS 联用仪的性能。

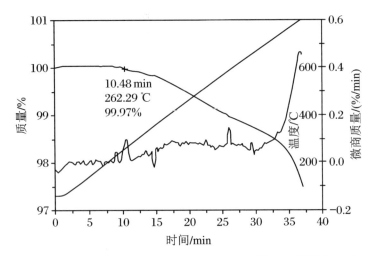

图 12.3 受到草酸盐和 $BaCO_3$ 污染的 $YBa_2Cu_3O_{7-x}$ 的 TG 曲线(在 Ar 气氛中)

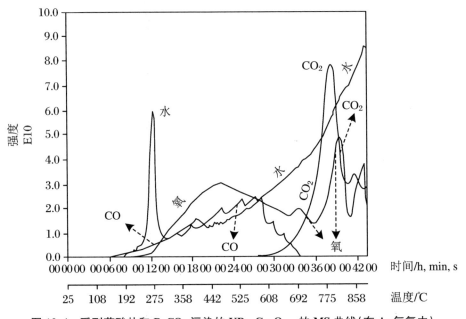

图 12.4 受到草酸盐和 $BaCO_3$ 污染的 $YBa_2Cu_3O_{7-x}$ 的 MS 曲线(在 Ar 气氛中)

12.2.2.2 草酸钙在氩气和氧气中的分解过程[2]

众所周知,$CaC_2O_4 \cdot H_2O$ 在加热过程中分三步分解。通过与 EGA 联用来鉴定分解产物随时间的变化是必不可少的技术手段。

图 12.5 是在惰性气氛(50 mL·min^{-1} Ar)中以 10 K·min^{-1} 的加热速率获得的结果,图中显示第一阶段的质量损失是由于 H_2O 引起的,在第二阶段中主要检测到了一氧化碳和较少量的二氧化碳,而在第三阶段中则主要检测到了二氧化碳和少量的一氧化碳。

通过将 DTG 和 MS 结果绘制在同一张图中，可以看出由 TG 记录的质量与由 MS 记录的质量数随时间的变化之间并没有明显的时间差。而且，Charsley 等人[6]的研究结果已经表明，通过 MS 能够检测例如聚酰亚胺树脂共混物在质量损失小于 0.2% 的变化范围的熔融过程中的固化过程，通过这种方式可以获得可能被 TG 忽视的信息。

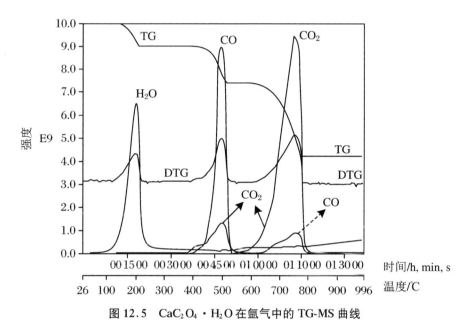

图 12.5　$CaC_2O_4 \cdot H_2O$ 在氩气中的 TG-MS 曲线

当在 O_2 中（图 12.6）而不是在 Ar 中加热 $CaC_2O_4 \cdot H_2O$ 时，在分解的第二步所对应的过程结束时的质量下降非常典型。这可以认为是由于 CO 部分氧化成了 CO_2 所引起的，当这一步反应开始时就会加快第二步的反应速率。由此会导致在 Ar 中，即使在第二

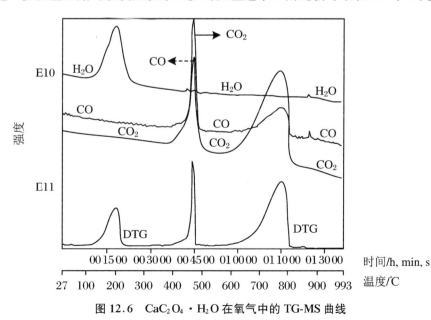

图 12.6　$CaC_2O_4 \cdot H_2O$ 在氧气中的 TG-MS 曲线

步,二氧化碳的量也比一氧化碳的量高。

在通过 MS 检测 CO_2 时,总是可以检测到伴随着由电离室中的一些 CO_2 裂解形成的一些 CO 的现象。

如前所述,FTIR 的优点在于通过这种技术可以检测到释放的气体。一些二氧化碳也可以在 TG 中形成,通过在反应中形成的一氧化碳的歧化反应进一步生成二氧化碳和碳,这是草酸盐的典型反应[7,8,9]。

12.2.2.3 纤维素-硫酸铜废料混合物的研究[10]

化合物的分解温度会受到存在的其他化合物的强烈影响,这给直接用来确定每一种组分的分解温度带来了很大的困难。图 12.7 和图 12.9 中显示了在惰性气氛(50 mL·min^{-1}氦气;20 K·min^{-1})中纯五水合硫酸铜的 TG-MS 结果,图中给出了一些典型的质量/电荷比随着时间和温度变化的曲线。

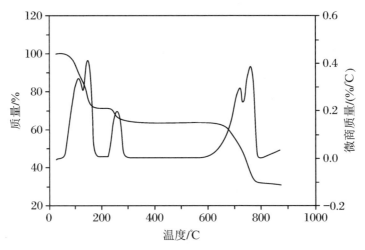

图 12.7 纯 $CuSO_4 \cdot 5H_2O$ 的 TG 曲线

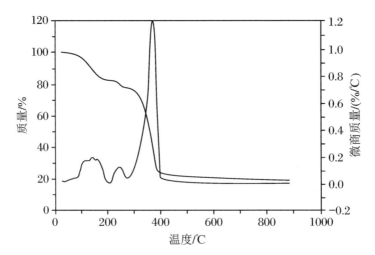

图 12.8 按照 1∶1 比例进行混合的纤维素-$CuSO_4 \cdot 5H_2O$ 的 TG 曲线

众所周知,无水硫酸盐的形成温度位于 75~300 ℃ 范围,氧化铜的形成开始于 400 ℃(图 12.9 中的 MS 图)和 575 ℃(图 12.7 中的 TG 曲线)之间。

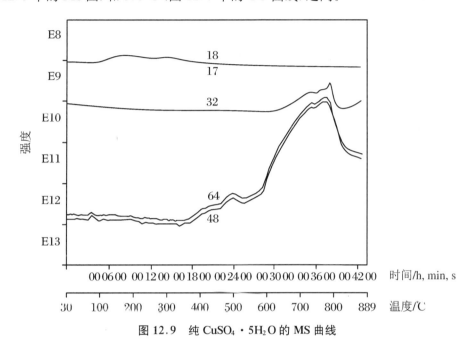

图 12.9　纯 $CuSO_4 \cdot 5H_2O$ 的 MS 曲线

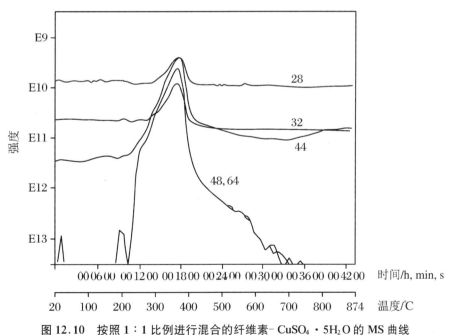

图 12.10　按照 1∶1 比例进行混合的纤维素- $CuSO_4 \cdot 5H_2O$ 的 MS 曲线

在质量比为 1∶1 的混合物中确定两种化合物的分解温度(图 12.8 和图 12.10)时,可以通过以下典型的分解步骤完成:在纤维素的分解过程中可以检测到 28(CO^+)和 44(CO_2^+)随温度的变化曲线;对于硫酸铜的五水合物的分解过程而言(图 12.9),可以检测到 64(SO_2^+)、48(SO^+ 碎片)和 32(SO_2^{2+})随温度变化的比例关系。

当将混合物与纯的五水合硫酸铜进行比较时,可以很明显地看到在五水硫酸铜和纤维素的混合物中,硫酸铜的分解温度比纯硫酸铜低大约 200 ℃。从这个例子可以明显地看出,将不同的化合物进行混合可以极大地改变其热稳定性。上述混合物所发生的变化是由于纤维素对硫酸盐的还原特性引起的。

12.2.2.4　其他的关于 TG-MS 联用的实例

在最近发表的综述中总结了质谱分析在二硫代氨基甲酸锡配合物热分解中的应用[11]。此外,有研究[12]提出了氯化镍硫脲配合物的热分解机理。值得注意的是,已经有研究者[13]使用碳酸钙和草酸钙分解时产生的 CO_2 和 CO 来校准联用系统的方法。TG-MS 联用仪可以用来研究有机可溶性的嵌段刚性棒状的聚酰胺薄膜[14],还可以用 TG-DTA-MS 方法来研究硫酸化氧化锆催化剂[15]。使用热质联用仪和 X 射线衍射法对纯 $YBa_2Cu_3O_x$ 的研究结果表明[16],二氧化碳和氧气的释放导致其超导性能的下降是由于颗粒间的耦合作用减弱引起的。在文献[17]中还报道了使用 TG-DTA-MS 方法研究均相沉淀物 $Zr_2(SO_4)(OH)_6 \cdot 6H_2O$ 的热分解行为。另外,还可以使用 TG 和 MS 联用的方法对煤在燃烧过程中释放硫的机制和速率进行研究[18]。TG 与 MS 联用技术可以用来验证一组 Y 脑膜炎球菌多糖(Y meningococcal polysaccharide)和乙型肝炎表面抗原(hepatitis B surface antigen)的冻干抗体的水分数据,并可以用来鉴定嗜血杆菌 b 多糖(Haemophilus b polysaccharide)中的杂质[19]。

通过 TG 和 MS 联用,还可以解决美国海关部门遇到的一些技术分析的问题。例如,可以用于解决在干油墨中发现含有苯类化合物的物质、苯乙烯-丁二烯橡胶混合物的成分分析、天然和化学修饰的瓜尔胶糖和咖啡豆原产地测定等问题[20]。

TG-MS 技术还用于分析煤样和页岩油[21],对聚(乙烯-co-乙烯醇)共聚物分解的研究[22],过氧化固化的 EPDM 橡胶的研究[23],来自汽车工业的电子废料中含有的环氧树脂或溴的研究[23],聚丙烯和三聚胺树脂混合物中混合组分的热稳定性的研究[23],铁绿泥石和聚硅烷的分解的研究[24],正烷基胺 α-磷酸锆插层材料 $Zr(C_nH_{2n+1}NH_3PO_4)_x(HPO_4)_{2-x} \cdot nH_2O$ 的热分解研究[25],研究 $CaCO_3$、Al_2O_3、SiO_2 和 CaF_2 之间的反应[26],研究三氧化钼对聚氯乙烯分解的影响[27],改性后的黏土活性的评价[27],黏土砖的评价[27],草酸钙[28]、硝酸锶[28]、乙烯-己烯共聚物[28]、线型聚乙烯和聚环氧乙烷[28]的分解研究,喷雾涂层的成分分析[29],聚醋酸乙烯酯的成分分析[29],一水合醋酸钙的分解[29]等领域。另外,高温热解质谱法已经可以用于葡萄酒的分类领域[30]。

TG-DTA-MS 联用技术可以用于部分固化的酚醛树脂[31]、羊毛的燃烧[31]、烟煤制成的炭的燃烧[32]、聚酰亚胺树脂的研究[33],以及利用金属-配体键强度和晶体场稳定理论研究阴离子平面复合物$(ML_2)_{2-x}H_2O$ 和中性反八面体 $M(LH_2)_2X_2$ 复合物热稳定性之间的关系[34]。作为在火星表面探索领域中的应用,通过热分析的方法可以从橙玄玻璃中分离出绿脱石,通过质谱所给出的信息可以得到痕量的碳酸盐、硫酸盐和硝酸盐的信息,这些固体状态的物质不能单独进行分析[35]。

关于仪器和测量参数的一些补充信息,可以查阅与热分析相关的参考文献和书籍中的一些章节关于逸出气体分析的相关内容[1, 19, 22, 24, 26, 31, 33, 36, 37, 38, 39]。

12.3　TG-FTIR 联用

12.3.1　实验技术

与色散(棱镜或光栅)型的红外光谱设备相比,傅里叶变换红外光谱仪(FTIR)可以在一秒钟之内使用一个干涉仪扫描得到多张红外光谱(400~4000 cm^{-1}),这个快速扫描的优点可以用来分析在 TG 实验中释放的气体。

TG 与 FTIR 的联用需要采用适当的窗片(KBr、ZnSe 等)可以加热的传输线(至少可以加热至 200 ℃以防止冷凝)以及气体池(大约 20 mL)。除此之外,还应使用可以快速检测的探测器,例如液氮冷却的 MCT 检测器(Hg-Cd-Te 600~4800 cm^{-1})。通常用于 TG 的流动气氛对红外光束是透明的,应确保流动气体在 TG 和 FTIR 之间气体产物的快速传输,这样在气体释放和检测之间就不会存在时间的延迟。在这个实验开始前,流动气体的背景被用作参比(I_0)。

在实验过程中,通过软件可以记录下关于样品的完整而有价值的变化信息[40]。

除了可以得到所有的光谱之外,还可以在软件中分别得到特定的吸收带随着时间(或者温度)的变化曲线,正如图 12.11 所示的 CH—官能团在 2900~3100 cm^{-1} 范围内的吸收曲线。另外,也可以得到不同强度的轮廓曲线图(contour plots)(图 12.12)。所谓的堆积图(stacked plot)(图 12.13)是一个三维的图,由图可以看出吸收峰的位置(波数)和释放出气体的数量(吸光度单位)随着温度或时间的变化关系。

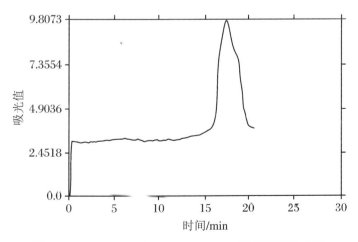

图 12.11　TG-FTIR 在 2900~3100 cm^{-1} 范围的吸收曲线

通过 TG-FTIR 的在线联用技术可以识别所有带有振荡偶极子的分子或者键。与液体或固体的红外光谱相比,所得到的气相红外光谱可以提供气相中分子非常高的分辨率和精细的结构信息。

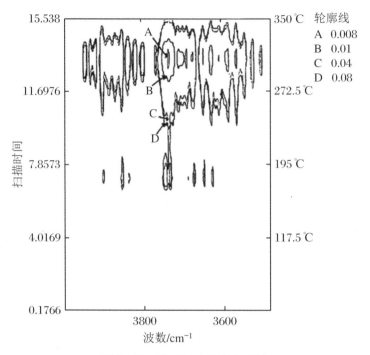

图 12.12 TG-FTIR 轮廓曲线图

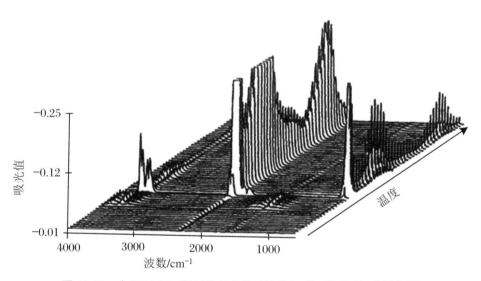

图 12.13 由 TG-FTIR 得到的吸光值对波数和对温度或时间的堆积图

12.3.2 TG-FTIR 实验的应用和实例

12.3.2.1 $Cu_2(OH)_3NO_3$ 的热分解[41]

碱式硝酸铜 $Cu_2(OH)_3NO_3$ 是一种典型的可用于分析逸出气体分析的样品,对于物质分解过程的完整描述是必不可少的过程。

在氮气中以 10 K·min^{-1} 的加热速率进行实验,结果表明样品的质量急速减少(图 12.14),由于生成了 CuO 而导致这种质量减少,因此这与理论上是一致的。

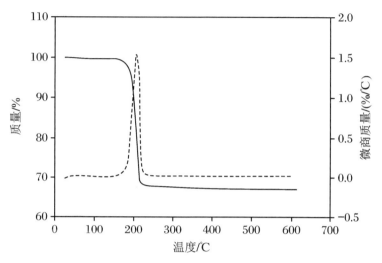

图 12.14　$Cu_2(OH)_3NO_3(s)$ 的 TG 曲线

所有不同的气体大约在 241 ℃ 时都在同一时间最大程度地释放出来(图 12.15),图 12.16 是在 241 ℃ 下的 FTIR 图。通过与气体状态的 HNO_3 的红外光谱图比较,发现在相同的条件下,除了 H_2O(3800～3600 cm^{-1}、1600～1500 cm^{-1})和 NO_2(1318 cm^{-1}、749

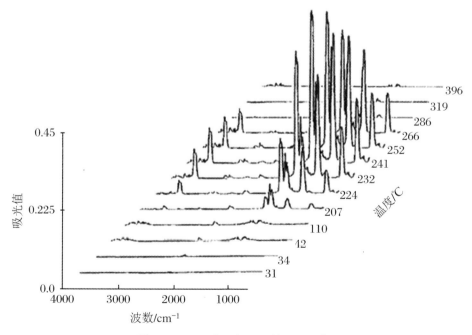

图 12.15　$Cu_2(OH)_3NO_3$ 的 FTIR 谱图

cm^{-1})之外,图 12.16 中在 1612 cm^{-1} 处的强吸收峰 v'_1 也表明有 HNO_3 释放了出来,而其中只有一部分是分解的。

只有通过使用 TG-FTIR 才能找到一个完整的反应机理:

$$Cu_2(OH)_3NO_3(s) \longrightarrow 2CuO(s) + H_2O(g) + HNO_3(g)$$
$$HNO_3(g) \rightleftharpoons 0.5H_2O(g) + NO_2(g) + 0.25O_2(g)$$

这个分解机理和碱式硝酸钇 $Y_2(OH)_5(NO_3) \cdot 1.5H_2O$ 是不一样的,在该分解过程中在 200~600 ℃ 之间 H_2O、NO_2 与 O_2 是分三步逐渐逸出的[42]。

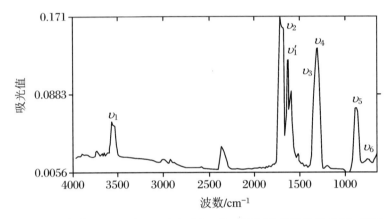

图 12.16 加热 $Cu_2(OH)_3NO_3(s)$ 至 241 ℃ 时所释放的气体的 FTIR 谱图

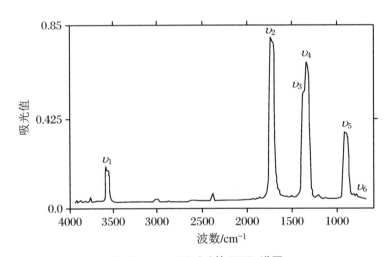

图 12.17 $HNO_3(g)$ 的 FTIR 谱图

12.3.2.2 聚(2,5-二苯乙烯)的合成[43]

可以通过加热消除甲氧基前体的方法来合成聚(2,5-二苯乙烯)(poly(2,5-thienylene vinylene),简称 PTV)。TGA 在氮气中于 120~230 ℃ 温度下以 10 K/min 速率升温,实验结束后剩余的质量百分比为 75%,这是由于甲醇的气化所引起的。FTIR 结果显示,CO 与 CH 的光谱吸收总和等于总的光谱吸收。这一结果证明了以下反应:

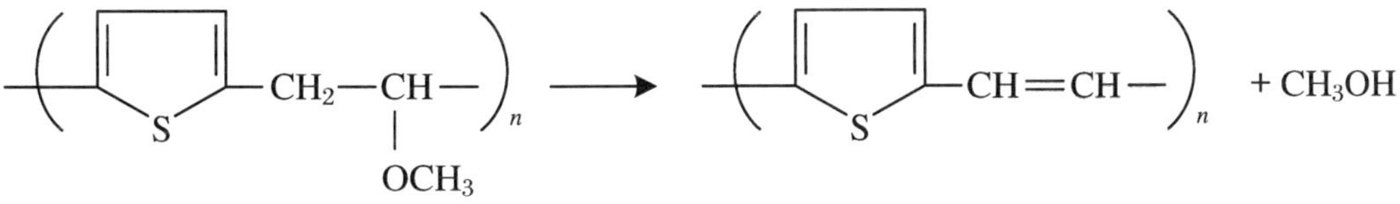

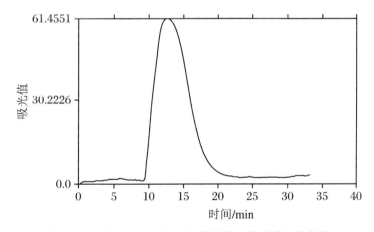

$$\left(\begin{array}{c}\\S\end{array}\!\!\!\!\!-CH_2-CH-\right)_n \longrightarrow \left(\begin{array}{c}\\S\end{array}\!\!\!\!\!-CH=CH-\right)_n + CH_3OH$$
$$|$$
$$OCH_3$$

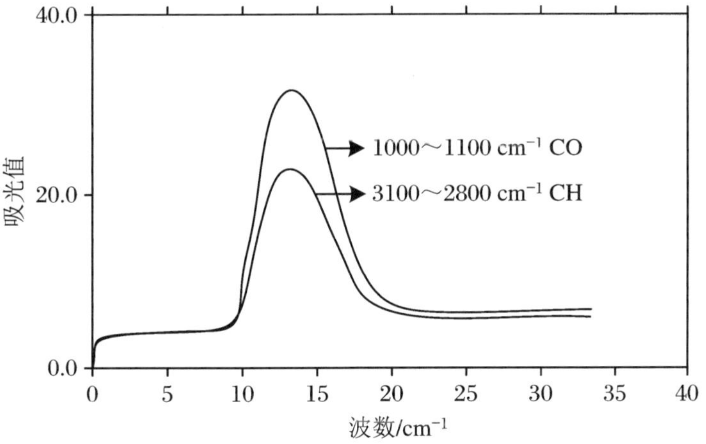

图 12.18 在 N_2 中加热 PTV 所得到的 CO 和 CH 官能团随时间变化的红外吸收曲线

图 12.19 在 N_2 中加热 PTV 得到的总的光谱吸收曲线

12.3.2.3 聚乙烯的氧化[44]

图 12.20 是在空气中加热聚乙烯所得到的质量减少的曲线(50 mL·min^{-1}、20 K·min^{-1})。氧化燃烧反应大约在 280 ℃ 开始发生,同时可以清晰地看到质量的减少和在燃烧时温度上升。

通过图 12.21 可以看到,除了水和二氧化碳之外,还可以检测到烃类化合物(C—H 键的伸缩振动在 3000~2800 cm^{-1} 处,C—C 键的骨架振动在 1500~1300 cm^{-1} 处)。使用 TG-FTIR 得到的实验结果表明,在聚合物例如聚乙烯的氧化加热过程中,除了释放出水和二氧化碳之外,还有烃类化合物,这可能是由于聚合物中存在添加剂而引起的。

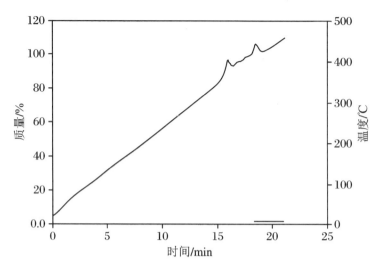

图 12.20 聚乙烯在空气氛围下的 TG 曲线

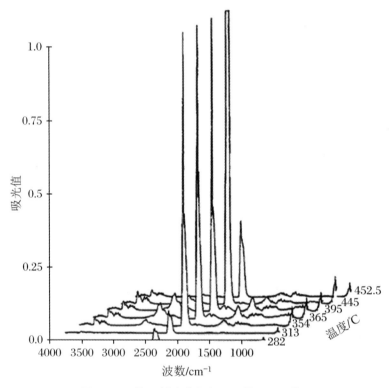

图 12.21 聚乙烯在空气氛围下的 FTIR 谱图

12.3.2.4 TG-FTIR 应用的其他实例

TG-FTIR 应用的其他实例主要有：有机纤维（例如聚乙烯醇[45]、聚丙烯腈[45]、聚芳香酰胺[45]和聚烯烃[45]）燃烧的分解产物，一水合草酸钙的分解[46]，聚丁二烯的分解[47]，应用于汽车工业的合成橡胶[47]、硬脂酸锌[47]、胺活化的环氧树脂的固化程度[48]，氯磺化聚乙烯的识别[49]，氟硅聚合物和氟碳化合物的分析[49]，一种双马来酰胺-石墨纤维复合材料的表征[50]，用草酸盐共沉淀法来制备钙钛矿型铁电材料 $PbTiO_3$ 的草酸盐前驱体的热行为研究[51]，用溶胶-凝胶法制备 $Pb(Zr, Ti)O_3$ 的反应机理[52]，制备 $YBa_2Cu_4O_8$ 超导化合物所用的改性的醇盐凝胶前驱体的分解研究[53]，确定在未知的复合材料中丁二烯和苯乙烯的百分比[54]，聚合物泡沫的分解[55]，乙烯-醋酸乙烯共聚物的分析[56,57]，燃料、煤炭和石灰石混合燃料燃烧行为的研究[58]，煤的分析和热解模型[59]，煤裂解过程中释放氯的研究[60]，煤提取物中 N-甲基-2-吡咯烷酮的分析[61]，黄铁矿的氧化[62]，铁和铁镍硫化物的燃点的测定[63]，在人的肾结石研究中由 TG 曲线确定其中的二水合草酸钙、尿酸、尿酸钠盐和碱土磷酸盐的含量[64]，对聚合物分解途径的研究[65]，2-甲基丙烯酸-2-磺乙酯和甲基丙烯酸甲酯高聚物的制备和分解行为的研究[66]，多种添加剂对聚甲基丙烯酸甲酯热分解过程影响的研究[67]，加速风化对硅树脂和聚氨酯密封胶影响的研究[68]，测定固化环氧树脂的活化剂树脂比[69]，回收热塑性塑料的分解过程的检测和定量分析[70]，聚氯乙烯的分解[71]以及四氟乙烯-丙烯共聚物的分解[72]。

TG-DTA-FTIR 应用的例子是聚乙烯对苯二酸酯[73,74]、聚对苯二甲酸丁二酯[74]的分解和之前所涉及的分解过程的动力学分析[75]，草酸钇的分解[76]，草酸钡、草酸铜和用于合成的高 T_c 超导化合物 $Y_2(C_2O_4)_3 \cdot 4BaC_2O_4 \cdot (6-n)CuC_2O_4 \cdot xH_2O(n=0\sim4)$ 的分解[76]。

关于 DSC-FTIR 应用的一个实例是研究聚合物的玻璃化转变温度[77]。

12.4 在线和离线分析技术与热分析技术的组合使用

12.4.1 技术

为了识别含有多种添加剂如阻燃剂、填充剂、增塑剂、色素、抗氧化剂等的聚合物在燃烧过程中产生的气体，只有通过组合使用几种技术才可以获得完整的信息。TG 可以用于确定分解的大致轮廓（质量变化作为时间或温度的函数），可以通过前文所述的在线 FTIR 和/或 MS 联用的方法来鉴别这些气体。如果实验室不具备在线联用的条件，则可以使用吸附剂（例如 tenax 管）或用不同的溶剂来吸附气体。在固体吸附剂吸附和热脱附之后，可以利用气相色谱-质谱联用法（gas chromatography-mass spectrometry，简称 GC-MS）来鉴别气体。可以与其他的分析技术相结合来分析收集气体的溶剂，其他的分析技术主要包括离子色谱法、电势测定法、光谱技术等。也可以通过对残留物的分析来得到有价值的信息。可以从样品盘中的中间产物的分离获得其他重要信息，这些信息也可以从收集逸出气体的吸附剂和/或溶剂中得到。

在图 12.22 中给出了一个可以参考的组合流程图。

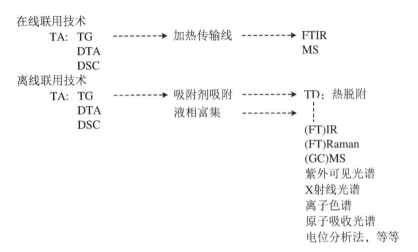

图 12.22　热分析与其他技术联用可能的组合流程图

12.4.2　在线与离线热分析联用技术的应用与实例

12.4.2.1　用在线 TG-FTIR 与离线 TG-GC-MS(使用 tenax 管和热脱附)的方法研究聚苯乙烯氧化分解的过程

图 12.23 与图 12.24 分别为两个含有不同添加剂的聚苯乙烯样品在气氛流速为 50 mL·min^{-1} 和加热速率为 20 K·min^{-1} 的空气中加热所得到的质量损失曲线,这个加热速率是研究热不稳定的材料推荐的最大速率(ASTM E698-79)。由图可以看出,样品从大约 300 ℃ 开始氧化分解,此时出现明显的温度升高和质量减少现象。

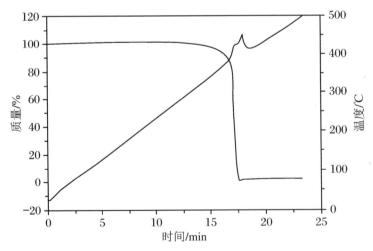

图 12.23　1 号聚苯乙烯样品的 TG 曲线

通过 TG 和 FTIR 之间的在线联用,利用 FTIR 的透光率来分析逸出的气体,其中 FTIR 可以在分辨率为 8 cm^{-1} 下 1 秒种内获得 4 张完整的光谱。实验过程中所得到的吸光值对温度或时间的堆积曲线如图 12.25 和图 12.26 所示。

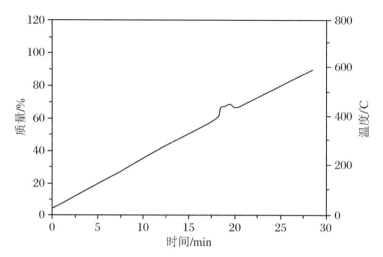

图 12.24　2 号聚苯乙烯样品的 TG 曲线

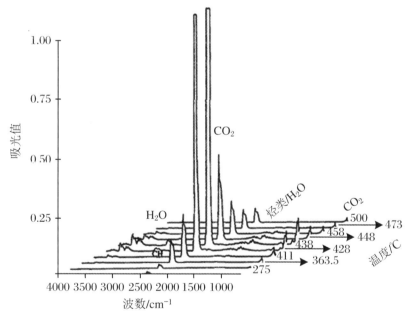

图 12.25　1 号聚苯乙烯样品的 FTIR 堆积谱图

可以通过软件记录下逸出气体随温度和时间连续变化的 FTIR 光谱,也可以绘制出不同的时间间隔的 FTIR 光谱,如图 12.25 与图 12.26 所示。谱图中峰的归属结果如下:H_2O 为 3600～340 cm^{-1} 和 1650～1600 cm^{-1},CO_2 为 2360～2340 cm^{-1} 和 750 cm^{-1},芳香烃为 3040 cm^{-1} 和 1600～1580 cm^{-1}。

样品 2 中逸出的芳香烃类气体的 FTIR 光谱的吸光值随时间的变化关系如图 12.27 所示。

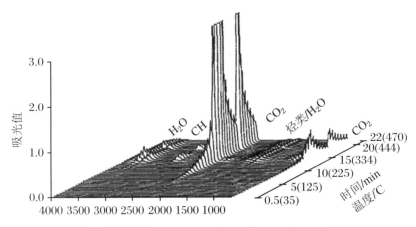

图 12.26　2 号聚苯乙烯样品的 FTIR 堆积谱图

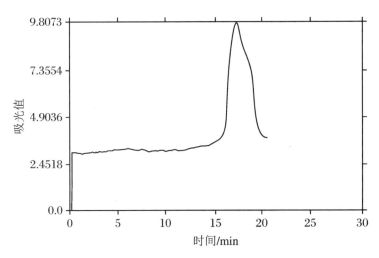

图 12.27　3100～2900 cm^{-1} 的 CH 基团的 FTIR 吸光值随时间变化的曲线(样品 2)

为了识别分子的信息,不能仅判断出特定的芳香族碳氢化合物的种类,还需要由诸如 GC-MS 之类的额外的分离与检测技术来确定分子结构和含量的信息。因此,在 TG-FTIR 实验中从 FTIR 仪器逸出的气体被直接收集在 tenax 管中。

在 TG-FTIR 实验结束之后,tenax 管被加热脱附(thermally desorbed,简称 TD)并传输到 GC-MS 实验设备中。

在图 12.28 中给出了使用这些技术的流程图,TD 的相关参数和 GC-MS 的相关参数可以参考在别处已经发表的相关文献[78]。

可以用 FTIR 来检测芳香烃的 CH— 的伸缩振动,而 GC-MS 则提供了有关芳香烃表征的重要的、额外的信息。

对于样品 1 而言,可以确定其中含有苯、甲苯、二甲苯和苯乙烯,而 2 号样品则含有甲苯、苯乙烯、苯甲醛和甲基苯乙烯。挥发性化合物的 GC-MS 色谱图如图 12.29 和图 12.30 所示,可以通过谱图库检索识别出芳香烃,图 12.31 为甲基苯乙烯的 MS 谱图。

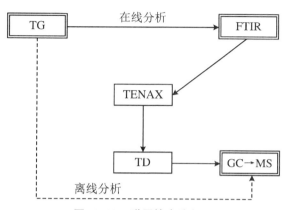

图 12.28 联用技术流程图

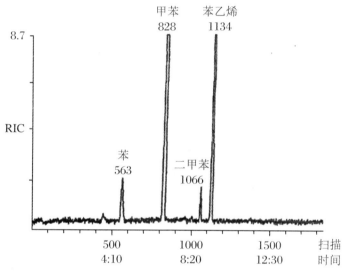

图 12.29 1 号聚苯乙烯样品的 GC-MS 色谱图

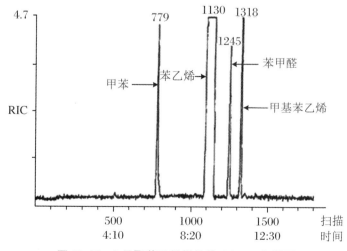

图 12.30 2 号聚苯乙烯样品的 GC-MS 色谱图

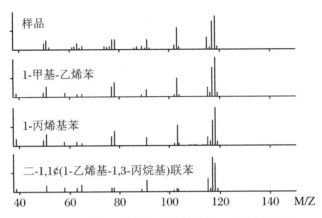

图 12.31　由谱图库检索出的甲基苯乙烯的 MS 谱图

TG 与 FTIR 和 GC-MS 的联用技术可以很好地应用于聚苯乙烯样品的氧化分解过程中,这是利用互补技术来表征材料的一个很好的例子。

12.4.2.2　热分析实验中的中间产物的连续采集和识别:用高 T_c 超导材料 $YBa_2Cu_3O_x$ 吸收氧气[79]

通过在温度程序中使用等温步骤收集在反应过程中产生的中间产物,可以通过其他技术对中间产物进行单独的分析,下面以高 T_c 超导化合物 $YBa_2Cu_3O_x$ 吸收氧气为例来说明。在该超导化合物中,材料的 T_c 值和相关的性质与氧含量具有很强的关联性。

在第一个实验中(图 12.32),小球状样品在 30 mL·min^{-1} 的 O_2 下,以 20 K·min^{-1} 的速率加热到 920 ℃,然后在该温度下等温 4 h,之后以 2 K·min^{-1} 的速率降至 475 ℃,再在该温度下保持恒温 4 h,然后以 2 K·min^{-1} 的速率冷却至 25 ℃。

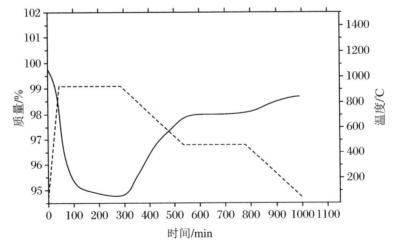

图 12.32　$YBa_2Cu_3O_x$ 的 TG 曲线(图中为质量对时间和温度的曲线)

为了获得不同 x 值的样品,用一个小的石英棒制成平台状并将其安装在 TG 仪器的石英管中,这样 O_2 气流可以均匀地分布在放有不同样品的石英棒平台上的前驱体小球上。对于以这样的方式放置的小球而言,它们之间的温度梯度是可以接受的。在 30 mL·min^{-1} 的 O_2 连续吹扫 2000 分钟期间,通过 TG 仪连续记录前驱体样品的质量变化信息。从图 12.33 可以看出,实验中的温度程序如下:以 10 K·min^{-1} 升温至 920 ℃,恒温 2 小时,然后以 2 ℃/min 降温,然后分别在 500 ℃、350 ℃、250 ℃、150 ℃ 和 50 ℃ 下恒温 4 小时。在加热的过程中(图 12.32 和图 12.33)出现了质量损失,在冷却过程中由于有氧气的吸收而出现了质量的增加。由于在几分钟后 O_2(气)$\rightleftharpoons O_2$(固)达到热力学平衡,因此在恒温时质量没有发生变化。在每个恒温时间段里从石英管中取样,用碘滴定法测定氧气含量[80]。以下是得到的实验结果:$T = 920$ ℃ 时,$x = 5.8$;$T = 500$ ℃ 时,$x = 6.47$;$T = 350$ ℃ 时,$x = 6.7$;$T = 250$ ℃ 时,$x = 6.74$;$T = 150$ ℃ 时,$x = 6.89$;$T = 50$ ℃ 时,$x = 6.9$。在 350 ℃、250 ℃、150 ℃ 和 50 ℃ 时取出的样品测量结果显示出 Meissner 效应,证明这些样品在液氮温度下具有超导性质。

使用这种 TG 与电势测定相结合的技术是更好地研究氧气与 $YBa_2Cu_3O_x$ 反应的重要方法。

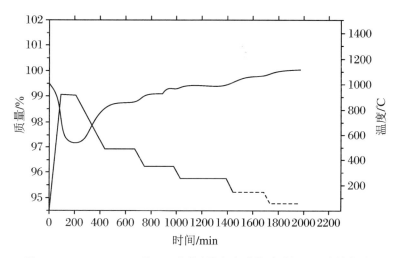

图 12.33　$YBa_2Cu_3O_x$ 的 TG 曲线(图中为质量对时间和温度的曲线)

12.4.2.3　通过 TPR 与电位法联用技术来表征化石燃料、橡胶和黏土中的含硫官能团

在化石燃料中含有硫,其主要存在于无机化合物(主要是黄铁矿)和有机基质中,它会在燃烧的过程中以 SO_2 及 SO_3 的形式释放出来。这种方式对形成酸雨的过程有促进作用。这些相同的过程会发生在黏土的加热与烧结的过程中。此外,在几个不同的阶段,含硫的硫化物的产生会对建筑物材料产生有害的影响而且都是剧毒的物质。

在处理过程中硫的最终命运取决于它的形态。以煤为例,在处理过程中硫醇和硫化物是相对不稳定的硫化物形态,而噻吩类产物更加稳定。因此,在选择煤与黏土的过程中,硫会作为一项重要的参数。目前还没有简便的方法来确定硫官能团分布情况。近期有一种令人感兴趣的程序升温还原(temperature programmed reduction,简称 TPR)的方法可以分析煤[81,82,83]、黄铁矿[84]和黏土[85]中的硫。这种方法是基于在还原性的气氛中以一个固定的程序控制的温度变化速率非等温地加热含硫化合物,最终形成 H_2S 产物。

TPR 的步骤如下:根据硫含量的不同选择一定量的样品,并与还原性的溶剂混合物(如焦棓酸、菲、间苯二酚和 9,10-二氢化蒽)混合加入到由石英玻璃制成的反应容器中。将反应容器放置在烘箱中以 75 mL·min^{-1} 的还原性 H_2/N_2 气氛中线性加热(4 K·min^{-1})(图 12.34)。

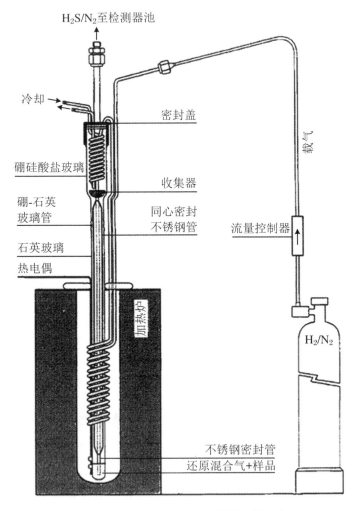

图 12.34 程序升温还原反应器的结构示意图

根据形成的官能团不同,形成 H_2S 的温度也不同。实验时,通过一种硫化物离子的电位检测器来连续监测 H_2S,使用计算机来切换样品和自动滴定管设备,可以实现高灵敏度的连续定量测量(图 12.35)。任何可以连续地、高灵敏度地监测硫的检测系统都可以使用。图 12.36 是黏土样品的 TPR 实验结果[85],图中 200~300 ℃ 之间的小峰是非噻吩类硫化物,在 400~1000 ℃ 范围内较宽的信号可以解释为黄铁矿的两步还原过程。

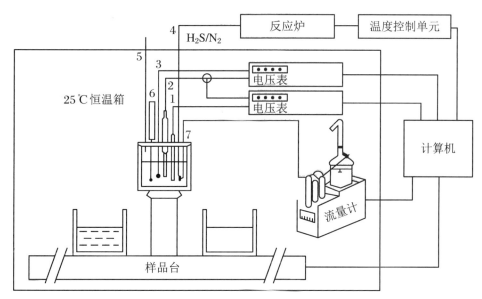

图 12.35　检测系统

1. 硫化物离子选择性电极；2. 参比电极；3. 玻璃电极；4. 带有气体扩散过滤器的进气口；5. 出气口；6. 搅拌器；7. 滴定头

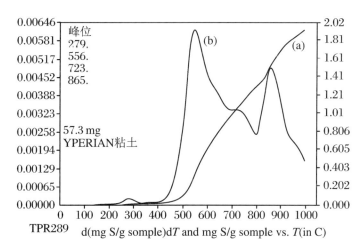

图 12.36　TPR 曲线。(a) 总信号(mg 硫/g 样品)；(b) d(mg 硫/g 样品)/dT 的导数信号随温度(℃)的变化曲线

该方法还有望对硫化橡胶中的硫桥进行表征。直接测量方法包括物理性质如溶胀和应力-应变,测量特定的分解与化学探针法,或与气相色谱分析或质谱联用的热裂解法。由 TPR 的结果可以得到在不连续的温度下 H_2S 逸出的最大值,使得可以将自由状态的硫与从单硫化物到多硫化物的交联类型关联起来。

12.4.2.4 利用 AAS、XRD、SEM、DSC、TG-MS 和 TG-FTIR 研究草酸锶酸盐的制备及热分解

草酸锶有两种不同的存在形式：中性水合物 $SrC_2O_4 \cdot xH_2O$ 和酸性水合物 $SrC_2O_4 \cdot yH_2C_2O_4 \cdot xH_2O$。其中，化学计量的酸性水合物 $SrC_2O_4 \cdot 1/2H_2C_2O_4 \cdot H_2O$ 是在足够低的 pH 条件下制得的[9]。用 AAS 测定沉淀中的 Sr^{2+}，晶体结构主要通过 XRD 和 SEM 进行检测。

在惰性气体中（50 mL·min^{-1} Ar、10 K·min^{-1}），酸性水合物盐在 145~1060 ℃ 的范围内有四个明显的分解步骤，如图 12.37 所示。

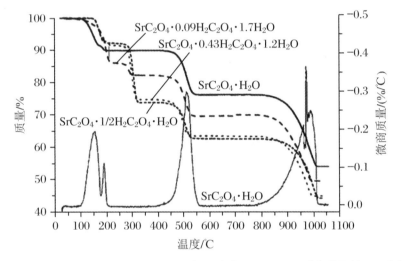

图 12.37 $SrC_2O_4 \cdot yH_2C_2O_4 \cdot xH_2O$ 在 Ar 气氛、10 K·min^{-1} 条件下的 TG 曲线

145~210 ℃：

$$SrC_2O_4 \cdot \frac{1}{2}H_2C_2O_4 \cdot H_2O \longrightarrow SrC_2O_4 \cdot \frac{1}{2}H_2C_2O_4 + H_2O \quad (12.1)$$

240~350 ℃：

$$SrC_2O_4 \cdot \frac{1}{2}H_2C_2O_4 \longrightarrow SrC_2O_4 + \frac{1}{2}HCOOH + \frac{1}{2}CO_2 \quad (12.2)$$

$$SrC_2O_4 \cdot \frac{1}{2}H_2C_2O_4 \longrightarrow SrC_2O_4 + \frac{1}{2}H_2O + \frac{1}{2}CO + \frac{1}{2}CO_2 \quad (12.3)$$

380~550 ℃：

$$SrC_2O_4 \longrightarrow SrCO_3 + CO \quad (12.4)$$

$$2CO \rightleftharpoons CO_2 + C（歧化反应） \quad (12.5)$$

760~1058 ℃：

$$SrCO_3 \longrightarrow SrO + CO_2 \quad (12.6)$$

图 12.38 是在氧化性气氛的条件下（50 mL·min^{-1} O_2，10 K·min^{-1}）在 400~500 ℃ 的范围内得到的放热 DSC 信号。从中可以得到这样的结论：在草酸盐分解为碳酸

盐的反应之后，CO 随之氧化为 CO_2：

$$CO + \frac{1}{2}O_2 \longrightarrow CO_2$$

也有可能是发生的歧化反应产生的碳发生了以下形式的氧化反应：

$$C + O_2 \longrightarrow CO_2$$

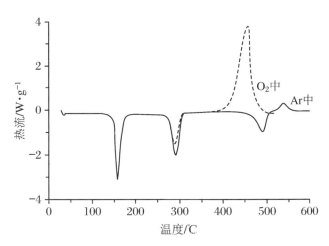

图 12.38　分别在 Ar 和 O_2 的气氛下得到的 $SrC_2O_4 \cdot 1/2H_2C_2O_4 \cdot H_2O$ 的 DSC 曲线

由 DSC 分析（图 12.38）可以看出，对于反应（12.2）而言，在 260～310 ℃ 范围有一个大的吸热峰，这是由于草酸盐分解为无水草酸所引起的。为了确保分解产物 $H_2C_2O_4$ 键合到草酸盐分子上，又完成了纯 $H_2C_2O_4 \cdot 2H_2O$ 化合物在氩气中分解的补充实验，利用与 DSC 和 TG 同时联用的 FTIR 分析逸出的气体。

通过将无水草酸分解时产生的气体的 FTIR 谱与甲酸升华时的 FTIR 谱进行比较可以发现[9]，在 $H_2C_2O_4$ 的分解过程中伴随着 CO_2、H_2O 和气态甲酸的逸出，从而证明了反应（12.2）的存在。由 FTIR 谱图（图 12.39）还可以看到 $SrC_2O_4 \cdot 1/2H_2C_2O_4 \cdot H_2O$ 在

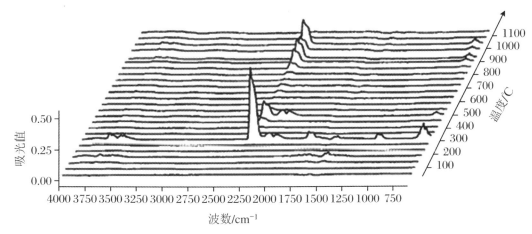

图 12.39　在 Ar 中加热速率为 10 K·min^{-1} 的条件下加热 $SrC_2O_4 \cdot 1/2H_2C_2O_4 \cdot H_2O$ 所释放的气体的 FTIR 光谱图

分解时也会释放出 CO,这证明了第二个反应的发生,即证明 $H_2C_2O_4$ 的分解会释放出 CO_2、CO 和 H_2O,如反应(12.3)所示。在这个温度下,图 12.40 中的质谱结果显示了同时生成的 CO_2、CO 和 H_2O,同时还检测到了由 H_2O 和 CO_2 碎片相互碰撞而生成的 HCOOH。这是一个 MS 与 FTIR 的测量结果互补的很好的一个实例。

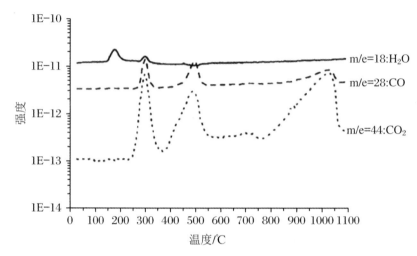

图 12.40 在 Ar 中加热速率为 10 K·min^{-1} 的条件下加热 SrC_2O_4·1/2$H_2C_2O_4$·H_2O 所释放的气体的质谱图

氩气中的反应(12.4)所对应的从第三个平台到第四个平台(图 12.37)的质量损失是由于 CO 和 CO_2 的反应所引起的,如 TG-FTIR(图 12.39)和 TG-MS(图 12.40)的测量结果所示。由于这个阶段的温度依然低于碳酸盐的分解温度,检测到的 CO_2 来源于 CO 的歧化反应(12.5),这样就可以解释在 500~550 ℃ 范围内的 DSC 实验的放热信号(图 12.38)。

最后,通过 FTIR 光谱图的结果可以得到碳酸盐转变成氧化物(如反应(12.6)所示)的信息,证明了在该过程中只有 CO_2 生成。通过质谱也可以检测到质荷比为 44 与 28 的离子峰,其中后一个峰对应于 CO_2 的碎片。

SrC_2O_4·1/2$H_2C_2O_4$·H_2O 的分解过程是用来说明如何通过 DSC、TG-FTIR 和 TG-MS 联用技术来完整描述一个反应的机理的很好的例子。正如前文所述,TG-FTIR 和 TG-MS 这两种技术之间可以实现很好的互补。

12.4.2.5 使用草酸铜检查热分析仪的惰性工作条件[5]

所有的热分析技术在实验过程中都需要严格控制实验中的气氛环境。如之前所述的几个例子所示,尤其是在高温下,即使是非常少量的氧气也会严重影响实验结果,与完全惰性的气氛相比,也可以得到完全不同的结果。

草酸铜非常适合用来检查仪器在惰性气氛下的工作条件。在惰性气氛下,草酸铜将会分解成金属铜(理论上的剩余质量百分比为 41.9%),如图 12.41 所示。如果在 300~600 ℃ 时有少量的氧气存在,则会导致质量增加(图 12.42),金属铜会部分氧化为铜(Ⅱ)

的氧化物(理论上如果有 100% 的 Cu 完全氧化为 CuO,则剩余质量百分比为 52.5%)。

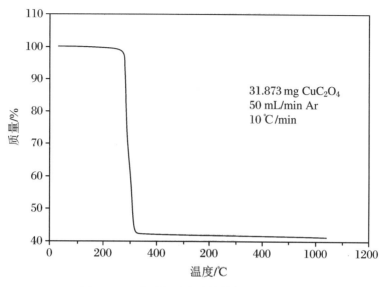

图 12.41　草酸铜在完全惰性气氛下的分解

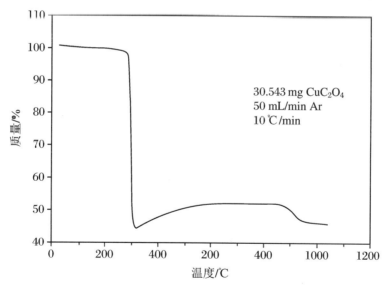

图 12.42　草酸铜在有氧气存在气氛下的分解

如果流动的气氛气体中含有氧气,或者由于可拆卸的部件没有正确安装而使空气没有除尽,就会发生铜的氧化。如果设备包含不能完全排除空气的死体积,尽管在开始实验之前用惰性气体来"冲洗"设备中的残留空气,也会发生以上的氧化现象。为了获得完全惰性的工作环境,很有必要对一些热分析设备进行改造(例如设计额外的气体入口)。由于在草酸铜的分解过程中对于氧化性气氛非常敏感,因此它非常适合用于检查各种热分析设备的工作环境。

12.4.2.6 在线和离线热分析联用技术的其他实例

用热挥发分析、FTIR 和 GC-MS 法可以研究单一的聚苯乙烯[78,87]和含阻燃剂4,4'-异亚丙基双(2,6-二溴苯酚)的聚苯乙烯的各种分解产物[78,87]的热裂解和热氧化分解的动力学并进行表征。相变行为可以通过同时联用的 DSC-X 射线衍射法进行测量[88,89]。可以用 TG 和 GC-MS 的离线联用技术来测定乳胶的分解产物,通过 TG-FTIR 在线联用、离线使用的流动注射分析(flow injection analysis,简称 FIA)和光度测定法(通过连续 NaOH 溶液对来自 TG 仪的气体进行连续取样),可以测定样品在加热过程中释放出的逸出气体 HCN 的含量[90]。聚合物阻燃剂氧化分解的主要产物 HET 酸(1,4,5,6,7,7-六氯双环[2.2.1]-庚-5-烯-2,3-二羧酸,1,4,5,6,7,7-hexachlorobicyclo[2.2.1]-hept-5-en-2,3-dicarboxylic acid)可以通过在线联用的 TG-FTIR 和离线分析(使用 tenax 和热脱附)TG-GC-MS 相结合的方法来进行研究[91],而阻燃聚氨酯泡沫的热行为则可以用在线 TG-MS 和离线的(使用 XAD 树脂作为吸附剂)TG-GC-MS 相结合的方法来进行研究[92]。另外,汽车工业中使用的黏合剂也可以用相同的技术来进行研究[93]。通过 GC 与 TG 的联用可以测定聚合物复合材料的组成[94],也可以通过使用压电检测器来确定逸出气体中水的含量[95]。裂解-GC 和 FTIR 联用技术不但可以用来分析各种水生腐殖质的亚结构成分[96],还可以用来研究用于聚氨酯网络(polyurethane networks)中的交联位点的模型化合物二苯基烷基脲基甲酸酯(diphenyl alkyl allophanates)和氨基甲酸酯(carbanilates)的热分解机理[97],聚酯树脂的热行为和阻燃性能以及所产生的气体可以通过在低温下捕集和热解-MS 技术进行研究[98,99]。使用 TG-GC-MS 对煤样进行分析时,使用低温捕集色谱柱技术来得到从二氧化硫、高沸点烷烃到芳烃等气体化合物[100]。TG-GC-IR 技术可以用于研究乙烯-乙酸乙烯酯共聚物(ethylene-vinylacetate copolymers)[101]、聚丙烯酰胺(polyacrylamide)[102]、聚(乙烯-co-乙烯醇)(poly(ethylene-co-vinyl alcohol))[103]和其他聚合物[104]如聚(丙烯腈-丁二烯-苯乙烯)(acrylonitrile-butadiene-styrene)产品、聚碳酸酯(polycarbonate)光学部件、聚对苯二甲酸丁二醇酯(poly(butylene terephthalate))、聚烷基丙烯酸甲酯(poly('alkyl methacrylate))的分解。

参考文献

1. W. W. Wendlandt, Thermal Analysis, 3rd Ed., Wiley, New York, 1986, p. 461.

2. C. Walker, T. Levor, I. Groves, D. Pattyn, D. Roedolf, R. Carleer and J. Mullens, unpublished results.

3. A. Vos, R. Carleer, J. Mullens, J. Yperman, J. Vanhees and L. C. Van Poucke, Eur. J. Solid State Inorg. Chem., 28 (1991), 657.

4. J. Mullens, A. Vos, A. De Backer, D. Franco, J. Yperman and L. C. Van

Poucke, J. Thermal Anal., 40 (1993), 303.

5. J. Mullens, A. Vos, R. Carleer, J. Yperman and L. C. Van Poucke, Thermochim. Acta, 207 (1992), 337.

6. E. L. Charsley, M. R. Newman and S. B. Warrington, Proc. 16th NATAS, Washington (1987), 357.

7. D. Dollimore, G. R. Heal and N. P. Passalis, Thermochim. Acta, 92 (1985), 543.

8. E. Knaepen, J. Mullens, J. Yperman and L. C. Van Poucke, Proc. 24th NATAS, San Francisco (1995), 394.

9. E. Knaepen, J. Mullens, J. Yperman and L. C. Van Poucke, Thermochim. Acta, 284 (1996), 213.

10. J. Mullens, G. Reggers, M. Ruysen, R. Carleer, S. Mullens, J. Yperman, D. Franco and L. C. Van Poucke, 11th ICTAC, Philiadelphia (1996), 300.

11. J. O. Hill and S. Chirawongaram, J. Thermal Anal., 41 (1994), 511.

12. M. P. B. Attard, J. O. Hill, R. J. Magee, S. Prakash and M. N. Sastri, J. Thermal Anal., 31 (1986), 407.

13. J. Wang and B. McEnaney, Thermochim. Acta, 190 (1991), 143.

14. S. Z. D. Cheng, S. L. C. Hsu, C. J. Lee, F. W. Harris and S. F. Lau, Polymer, 33 (1992), 5179.

15. R. Srinivasan, R. A. Keogh, D. R. Milburn and B. H. Davis, J. Catal., 153 (1995), 123.

16. T. V. Chandrasekhar Rao, V. C. Sahni, P. V. Ravindran and L. Varshney, Solid State Commun., 98 (1996), 73.

17. C. W. Lu, J. L. Shi, T. G. Xi, X. H. Yang and Y. X. Chen, Thermochim. Acta, 232 (1994), 77.

18. J. C. Schouten, G. Hakvoort, P. J. M. Valkenburg and C. M. Van den Bleek, Thermochim. Acta, 114 (1987), 171.

19. J. C. May, R. M. Wheeler and A. D. Grosso, Compositional Analysis by Thermogravimetry, Ed. C. M. Earnest, ASTM, Philadelphia, 1988, p. 48.

20. S. M. Dyszel, Compositional Analysis by Thermogravimetry, Ed. C. M. Earnest, ASTM, Philadelphia, 1988, p. 135.

21. H. C. E van Leuven, M. C. van Grondelle, A. J. Meruma and L. L. de Vos, Compositional Analysis by Thermogravimetry, Ed. C. M. Earnest, ASTM, Philadelphia, 1988, p. 170.

22. T. Hatakeyama and F. X. Quinn, Thermal Analysis, Wiley, New York, 1994, p. 108.

23. E. Kaisersberger, E. Post and J. Janoschek, Hyphenated Techniques in Polymer Characterization, Ed. T. Provder, M. W. Urban and H. G. Barth, ACS Symp.

Ser. 581, Washington, 1994, p. 74.

24. J. P. Redfern and J. Powell, Hyphenated Techniques in Polymer Characterization, Ed. T. Provder, M. W. Urban and H. G. Barth, ACS Symp. Ser. 581, Washington, 1994, p. 81.

25. K. Peeters, R. Carleer, J. Mullens and E. F. Vansant, Micropor. Mater., 4 (1995), 475.

26. K. Heide, Dynamische Thermische Analysenmethoden, VEB, Leipzig, 1982, p. 202.

27. E. L. Charsley, C. Walker and S. B. Warrington, J. Thermal Anal., 40 (1993), 983.

28. E. L. Charsley, S. B. Warrington, G. K. Jones and A. R. Mc. Ghie, Am. Lab., Jan. 1990.

29. J. Chiu and A. J. Beattie, Thermochim. Acta, 50 (1981), 49.

30. L. Montanarella, M. R. Bassani and O. Breas, Rapid Commun. Mass Spectrom., 9 (1995), 1589.

31. M. Wingfield, Calorimetry and Thermal Analysis of Polymers, Ed. V. B. F. Mathot, Hanser Publishers, Munich, 1993, p. 331.

32. P. Burchill, D. G. Richards and S. B. Warrington, Fuel, 69 (1990), 950.

33. S. B. Warrington, Thermal Analysis-Techniques and Applications, Ed. E. L. Charsley and S. B. Warrington, Royal Society of Chemistry, Cambridge, 1992, p. 103.

34. S. H. J De Beukeleer, H. O. Desseyn, S. P. Perlepes and J. Mullens, Thermochim. Acta, 257 (1995), 149.

35. J. L. Heidbrink, J. G. Li, W. P. Pan, J. L. Gooding, S. Aubuchon, J. Foreman and C. J. Lundgren, Thermochim. Acta, 284 (1996), 241.

36. P. J. Haines, Thermal Methods of Analysis-Principles, Applications and Problems, Blackie, Glasgow, 1995, chapter 5.

37. M. E. Brown, Introduction to Thermal Analysis-Techniques and Applications, Chapman and Hall, New York, 1988, chapter 10.

38. F. Paulik, Special Trends in Thermal Analysis, Wiley, New York, 1995, chapter 8.

39. P. K. Gallagher, Thermal Characterization of Polymeric Materials, Ed. E. A. Turi, Academic Press, London, 2nd Ed., 1997, chapter 1.

40. J. Mullens, R. Carleer, G. Reggers, J. Yperman and L. C. Van Poucke, Proc. 19th NATAS, Boston (1990), 155.

41. I. Schildermans, J. Mullens, B. J. Van der Veken, J. Yperman, D. Franco and L. C. Van Poucke, Thermochim. Acta, 224 (1993), 227.

42. I. Schildermans, J. Mullens, J. Yperman, D. Franco and L. C. Van

Poucke, Thermochim. Acta, 231 (1994), 185.

43. W. Eevers, R. Carleer, J. Mullens and H. Geise, unpublished results.

44. J. Mullens, R. Carleer, G. Reggers, J. Yperman, J. Vanhees and L. C. Van Poucke, Thermochim. Acta, 212 (1992), 219.

45. J. Khorami, A. Lemieux, H. Menard and D. Nadeau, Compositional Analysis by Thermogravimetry, Ed. C.M. Earnest, ASTM, Philadelphia, 1988, p. 147.

46. S. B. Warrington, Thermal Analysis-Techniques and Applications, Ed. E. L. Charsley and S. B. Warrington, Royal Society of Chemistry, Cambridge, 1992, p. 95.

47. J. P. Redfern and J. Powell, Hyphenated Techniques in Polymer Characterization, Ed. T. Provder, M. W. Urban and H. G. Barth, ACS Symp. Ser. 581, Washington, 1994, p. 90

48. D. J. Johnson, D. A. C. Compton, R. S. Cass and P. L. Canala, Thermochim. Acta, 230 (1993), 293.

49. D. J. Mc. Ewen, W. R. Lee and S. J. Swarin, Thermochim. Acta, 86 (1985), 251.

50. Q. Zhang, W. P. Pan and W. M. Lee, Thermochim. Acta, 226 (1993), 115.

51. A. Vos, J. Mullens, J. Yperman, D. Franco and L.C. Van Poucke, Eur. J. Solid State Inorg. Chem., 30 (1993), 929.

52. R. Nouwen, J. Mullens, D. Franco, J. Yperman and L. C. Van Poucke, Vibration. Spectr., 10 (1996), 291.

53. M. K. Van Bael, J. Mullens, R. Nouwen, J. Yperman and L. C. Van Poucke, J. Thermal Anal., 48 (1997), 989.

54. B. Bowley, E. J. Hutchinson, P. Gu, M. Zhang, W. P. Pan and C. Nguyen, Thermochim. Acta, 200 (1992), 309.

55. D. R. Clark and K. J. Gray, Lab. Pract., 40 (1991), 77.

56. M. B. Maurin, L. W. Dittert and A. A. Hussain, Thermochim. Acta, 186 (1991), 97.

57. K. R. Williams, J. Chem Educ., 71(8) (1994), A195.

58. T. Roth, M. Zhang, J. T. Riley and W. P. Pan, Proc. Conf. Int. Coal Test. Conf., (1992), 46.

59. P. R. Solomon, M. A. Serio, R. M. Carangelo, R. Bassilakis, Z. Z. Yu, S. Charpenay and J. Whelan, J. Anal. Appl. Pyrolysis, 19 (1991), 1.

60. D. Shao, W. P. Pan and C. L. Chou, Prepr. Pap.-ACS. Div. Fuel Chem., 37 (1992), 108.

61. M. F. Cai and R. B. Smart, Energy and Fuels, 7 (1993), 52.

62. J. G. Dunn, W. Gong and D. Shi, Thermochim. Acta, 208 (1992), 293.

63. J. G. Dunn and L. C. Mackey, J. Thermal Anal., 37 (1991), 2143.

64. R. Materazzi, G. Curini, G. D'Ascenzo and A. D. Magri, Thermochim. Acta, 264 (1995), 75.

65. M. L. Mittleman, D. Johnson and C. A. Wilkie, Trends Polym. Sci., 2 (1994), 391.

66. S. L. Hurley, M. L. Mittleman and C. A. Wilkie, Polym. Degrad. Stab., 39 (1993), 345.

67. C. A. Wilkie and M. L. Mittleman, Hyphenated Techniques in Polymer Characterization, Ed. T. Provder, M.W. Urban and H.G. Barth, ACS Symp. Ser. 581, Washington, 1994, p. 116.

68. R. M. Paroli and A. H. Delgado, Hyphenated Techniques in Polymer Characterization, Ed. T. Provder, M.W. Urban and H.G. Barth, ACS Symp. Ser. 581, Washington, 1994, p. 129.

69. D. J. Johnson, P. J. Stout, S. L. Hill and K. Krishnan, Hyphenated Techniques in Polymer Characterization, Ed. T. Provder, M.W. Urban and H.G. Barth, ACS Symp. Ser. 581, Washington, 1994, p. 149.

70. J. W. Mason, Annu. 52nd Tech. Conf. Soc. Plast. Eng., 3 (1994), 2935.

71. R. C. Wieboldt, G. E. Adams, S. R. Lowry and R. J. Rosenthal, Am. Lab., 20(1) (1988), 70.

72. H. G. Schild, J. Polym. Sci. Part A: Polym. Chem., 31 (1993), 1629.

73. T. Hatakeyama and F. X. Quinn, Thermal Analysis, Wiley, New York, 1994, p. 109.

74. R. Kinoshita, Y. Teramoto and H. Yoshida, J. Thermal Anal., 40 (1993), 605.

75. R. Kinoshita, Y. Teramoto and H. Yoshida, Thermochim. Acta, 222 (1993), 45.

76. A. Vos, J. Mullens, R. Carleer, J. Yperman, J. Vanhees and L. C. Van Poucke, Bull. Soc. Chim. Beiges, 101 (1992), 187.

77. S. Y. Lin, C. M. Liao and R. C. Liang, Polym. J. (Tokyo), 27 (1995), 201.

78. J. Mullens, R. Carleer, G. Reggers, M. Ruysen, J. Yperman and L. C. Van Poucke, Bull. Soc. Chim. Belg., 101 (1992), 267.

79. K. Leroy, J. Mullens, J. Yperman, J. Vanhees and L. C. Van Poucke, Thermochim. Acta, 136 (1988), 343.

80. J. Yperman. A. De Backer, A. Vos, D. Franco, J. Mullens and L. C. Van Poucke, Anal. Chim. Acta, 273 (1993), 511.

81. B. B. Majchrowicz, J. Yperman, J. Mullens and L. C. Van Poucke, Anal. Chem., 63 (1991), 760.

82. I. I. Maes, S. C. Mitchell, J. Yperman, D. Franco, S. Marinov, J. Mullens and L. C Van Poucke, Fuel, 75 (1996), 1286.

83. G. Gryglewicz, P. Wilk, J. Yperman, D. Franco, I. I. Maes, J. Mullens and L. C. Van Poucke, Fuel, 75 (1996), 1499.

84. I. I. Maes, J. Yperman, H. Van den Rul, D. Franco, J. Mullens, L. C. Van Poucke, G. Gryglewicz and P. Wilk, Energy and Fuels, 9 (1995), 950.

85. J. Mullens, J. Yperman, R. Carleer, D. Franco, L. C. Van Poucke and J. Van der Biest, Applied Clay Science, 8 (1993), 91.

86. S. Mullens, J. Yperman, D. Franco, J. Mullens and L. C. Van Poucke, J. Thermal Anal., in press (1997).

87. I. C. McNeill, L. P. Razumovskii, V. M. Gol'dberg and G. E. Zaikov, Polym. Degrad. and Stabil., 45 (1994), 47.

88. H. Yoshida, R. Kinoshita and Y. Teramoto, Thermochim. Acta, 264 (1994), 173.

89. W. Bras, G. E. Derbyshire, A. Devine, S. M. Clark, J. Cooke, B. E. Komanschek and A. J. Ryan, J. Appl. Crystallogr., 28 (1995), 26.

90. G. Reggers, M. Ruysen, R. Carleer and J. Mullens, Thermochim. Acta, 295 (1997), 107.

91. J. Mullens, G. Reggers, M. Ruysen, R. Carleer, J. Yperman, D. Franco and L. C. Van Poucke, J. Thermal. Anal., 49 (1997), 1061.

92. G. Matuschek, Thermochim. Acta, 263 (1995), 59.

93. G. Lörinci, G. Matuschek, J. Fekete, I. Gebeftigi and A. Kettrup, Thermochim. Acta, 263 (1995), 73.

94. E. J. Hutchison, B. Bowley, W. P. Pan and C. Nguyen, Thermochim. Acta, 223 (1993), 259.

95. J. Kristof, Talanta, 41 (1994), 1083.

96. R. Kuckuk, W. Hill, P. Burba and A. N. Davies, Fresenius J. Anal. Chem., 350 (1994), 528.

97. N. Yoshitake and M. Furukawa, J. Anal. Appl. Pyrolysis, 33 (1995), 269.

98. P. J. Haines, T. J. Lever and G. A. Skinner, Thermochim. Acta, 59 (1982), 331.

99. G. A. Skinner, P. J. Haines and T. J. Lever, J. Appl. Polym. Sci., 29 (1984), 763.

100. L. W. Whiting and P. W. Langvardt, Anal. Chem., 56 (1984), 1555.

101. B. J. McGrattan, Hyphenated Techniques in Polymer Characterization, Ed. T. Provder, M. W. Urban and H. G. Barth, ACS Symp. Ser. 581, Washington, 1994, p. 103.

102. J. D. Van Dyke and K. L. Kasperski, J. Polym. Sci. Part A: Polym.

Chem., 31 (1993), 1807.

103. T. Hatakeyama and F. X. Quinn, Thermal Analysis, Wiley, N.Y., 1994, p. 112.

104. J. A. J. Jansen, Calorimetry and Thermal Analysis of Polymers, Ed. V. B. F. Mathot, Hanser Publishers, Munich, 1993, p. 336.

第13章
DSC 的校准和标准化

M. J. Richardson[a], E. L. Charsley[b]

a. 萨里大学物理科学学院聚合物研究中心，吉尔福德 GU2 5XH，英国（Polymer Research Centre, School of Physical Sciences, University of Surrey, Guildford GU2 5XH, U.K.）

b. 哈德斯菲尔德大学应用科学学院热学研究中心，哈德斯菲尔德 HD1 3DH，英国（Centre for Thermal Studies, School of Applied Science, University of Huddersfield, Huddersfield HD1 3DH, U.K.）

13.1 前言

之前已经在第5章中介绍了差示扫描量热仪的基本校准程序，在本章中将对此进行更详细的讨论。这里需要特别强调的是，可以获得真正的热力学函数的校准方案，不是那些可能在两种不同类型的仪器之间不可重现的任意数值。

由于目前的 DSC 理论尚不足以对某个特定样品在给定的仪器中的行为进行完整的描述，因此差示扫描量热仪必须在一种相对的而非绝对的模式下运行。只有在经过校准之后才可以获得定量的数据，在接近"未知"的使用条件下，应尽可能地使用那些具有明确定义的"性质"的材料。在理想情况下，"明确定义"是指材料的相关属性已经通过了除 DSC 以外的至少两种不同的技术测量。实际上，这些标准必须在不同的程度上予以放宽，这些问题将在本章的后半部分进行讨论。

最基本的 DSC 信号是差分形式的热流或者功率（纵坐标）随时间或温度（横坐标）的变化关系。关于 DSC 的任何校准程序的目的是定义一组给定的实验条件下的温标以固定坐标值，以便可以直接或间接地由热流速率或功率（纵坐标）与温度或时间（横坐标）的乘积所对应的面积得到热量，例如熔化热。实际上，以热容作为纵坐标比热流速率更为有用，在 13.3.2 节中描述的校准是针对前者而言的，热容是物质的一种真正的物理性质。

在选择任何一种校准程序之前，重要的是要考虑 DSC 在日常运行过程中的主要用途。在许多情况下，质量控制中的应用将会占主导地位。在这里，重要的是要确保在一个给定的"过程"中所测得的温度的数值是可以重现的。如何衡量这些测量值是相对不重要的（不要求绝对精度），但测量过程必须保持一致和明确。通常采用一些简单的校准程序和标准条件的组合（如样品尺寸和几何形状、坩埚类型、气体流量、环境温度、加热速率等）。通常为了节省时间，所采用的加热速率一般为 $10 \text{ K} \cdot \text{min}^{-1}$ 或 $20 \text{ K} \cdot \text{min}^{-1}$，以确保在偏离一些公认的规范或标准时所得到的数值具有实际的意义。一般来说，需要的数据精确性越高，则校准过程也就越复杂。在以下的内容中，将首先描述通用的校准方法，然后介绍提高准确性的改进方法。

13.2 温度校准

13.2.1 动态温度

在任何一种 DSC 中，传感器距样品都相对较远。因此，即使传感器本身读数是正确的，样品的温度仍然可能会由于传感器和样品之间的温度梯度而有所不同，即使在等温的条件下也是如此。在动态温度扫描条件下，温度梯度将因另外的"动态"热滞后效应的变化而发生变化。这种滞后现象在加热过程偏小，而在冷却过程中则偏高。

很少有人讨论冷却过程中的校准，但是随着 DSC 在许多模拟具有液相凝固性质的材料成形过程中的广泛应用，冷却条件下的 DSC 实验正在变得越来越重要。由于大多数的相变存在一定程度的过冷（supercooling）现象，因此对于冷却模式的校准存在着一些独特的问题。这种过冷现象一般具有较差的重现性，重现性主要包括样品之间的重现性，甚至在给定的样品之间也具有较差的重现性。对于在加热过程中广泛和有效地用于校准的毫克量级的锡标准物质而言，在 20 K·min^{-1} 的加热速率下仍然可能会过冷 60 K 左右。但是在简单地对一个给定的样品循环熔化和凝固的过程中，具体的过冷值会变化几摄氏度。因此，在本部分的内容中，我们将首先讨论在加热过程中的校准，然后再考虑在冷却过程中的校准问题(13.2.3 节)。

装载样品后的 DSC 样品池的温度分布如图 13.1 所示。在大多数的差示扫描量热仪中，热量通过样品底部传递，在动态的条件下（实际上也是静态条件，见下文）会存在一个通过样品本身的额外温度梯度。因此，应该用一定的平均值来表示样品的实际温度。在实际中，几乎普遍采用"外推起始"（extrapolated onset）的方法（图 13.2）来确定发生在样品表面与其容器接触处的熔融过程开始的温度 T_e。

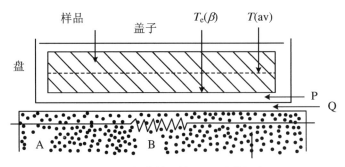

图 13.1 加载样品的 DSC 池的温度

通过考虑热滞后得到特定的平均值 $T(av)$ 来得到校准温度 $T_e(\beta)$，界面 P 和 Q 阻碍有效的传热。
A:DSC 测量池的头部结构示意图；B:温度传感器

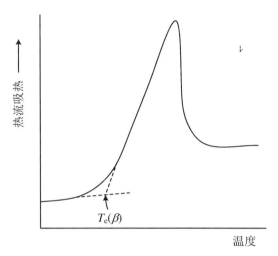

图 13.2 在加热速率 β 下,外推起始温度 $T_e(\beta)$ 的定义

传统的温度校准方法是使用已知的转变(x = trs)和/或熔融(x = fus)过程的温度(T_x)值来建立在不同的加热速率(β)下的温度校正(δT)曲线关系:

$$\delta T(\beta) = T_x - T_e(\beta) \tag{13.1}$$

在以上的等式中,$\delta T(\beta)$ 与 T_e 和 β 都有关系。

如何准确地进行校正在很大程度上取决于如何使用具有特定功能的设备/软件组合,也可以通过手动调整(使 $\delta T(\beta) = 0$ 或在一定温度范围内最小化)。另外,有些软件可能会包含计算功能,可以用来根据给定的 T_x 和 $T_e(\beta)$ 的值自动得到校正的"观测"温度。

在完整的温度校准方法中,通常会使用几个标准物质来生成一条如图 13.3 所示的校准曲线的形式,图中曲线的点数显然取决于其整体形状和所感兴趣的温度范围。如果曲线的形状近似呈线性,并且/或者只覆盖了一个较窄的范围,那么采用 ASTM E967 的方法是合理的[1]。在这种情况下,由两种标准物质进行温度校准,并假定未知样品的 δT 可以在这两种材料的值之间进行线性内插,与此相关的较完整的细节内容已在第 5 章中介绍过。在大多数现代化的仪器温度校正软件中都可以接受这种"两点校正"的方法,实际上这是关于校准的最低限度要求。即使线性关系的基本假设是正确的,在校准时也应该至少检查另一个额外的特征点。如果曲线存在曲率(这种现象在较宽的温度范围是不可避免的),那么需要验证更多的点。大多数的仪器软件可以满足以上这种要求。但在某些情况下,这仍然是无法实现的。因此,必须用一组线性的范围来近似 δT 对 T_e 的曲线。在图 13.3 中给出了两个这样的近似值,这也表明了由外推至"线性"区域以外所带来的潜在风险。

由于样品和传感器之间的有限路径和相关的热阻的存在,在每一个 β 下的实验都需要重新进行温度校准,并且在其他任何条件(例如样品盘的类型、环境和/或样品温度、载气的流速和种类)发生改变时都需要重新对比进行校准。对于许多具有明确定义的一级热力学过程特别是熔融过程而言,在 T_e 和 β 之间存在着一个线性关系。在图 13.4 中给出了一个典型的例子,图中给出了用于表征热滞后的几个定义方式。为了方便起见,通常通过调整给定的仪器,使其在广泛使用的温度范围和 β(例如 10 或 20 K·min^{-1})下的 $\delta T \sim 0$,以便使显示的温度大致是准确的。一旦斜率 α 已知,则方程(13.1)可以改写为以下的形式:

$$\delta T(\beta) = T_x - T_e(0) - \alpha \cdot \beta \quad (13.2)$$

对于大多数设备而言,α 介于 0.05~0.15 K·min^{-1} 范围。显然可以通过一系列的温度标准物质来实现,可以再次将校准结果输入到软件中。当然前提条件是软件需要具有足够高的灵活性。

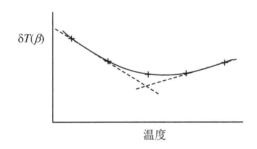

图 13.3　$\delta T(\beta)$ 作为温度函数的温度校正
相关细节可查阅文中加热速率的相关内容

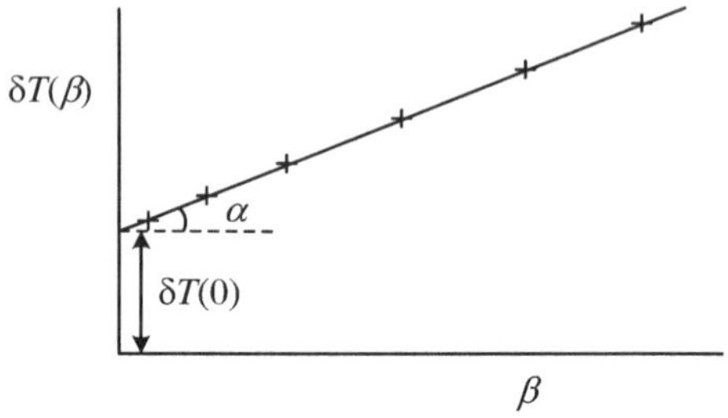

图 13.4　$\delta T(\beta)$(式(13.1))作为加热速率 β 的函数
相关细节可查阅文中加热速率的相关内容

任何校准结果都应该尽可能地在后续使用的条件中可以重现。一般来说,获得一个特定设备早期阶段的校准行为对实验和仪器参数的变化影响的信息是很重要的。这对于仪器在多个不同的领域中应用时尤其重要,这是因为在应用中可能需要频繁地更换仪器的工作条件。在了解了这个背景资料以及可以接受的不确定因素之后,就可以在是否需要进行额外的校准时做出准确的判断。例如,对于功率补偿式 DSC 而言,其 δT 很少受到成倍变化的气体流量影响。而当环境的温度由 273 K 降低到 173 K 时,δT 则增加了 4 K,表明所需的仪器控制程度对实验结果有明显的影响。

以上给出了常规的动态温度 $\delta T(\beta)$ 的校准方法。由此得到的温度从 0.5~1 K 或 3~4 K 之间的变化属于正常的范围内。对于低 β 值的较薄样品而言,所得到的数值较小,而由不规则形状的样品和/或在较高的 β 值下所得到的值则较大。由于所测量的温度总是在样品与样品盘接触的位置处,因此在测量过程中不允许样品内部存在温度梯度。虽然可以通过将铟嵌入到平板状样品之间的方法来减少温度梯度的变化,但是在上部的"传感器"中会存在着响应延迟的现象。通常在 DSC 中对给定的样品进行循环实验所得到的可重复性比通过上述实验所得到的数值要好得多,即使在较高的 β 时也只有百分之几摄氏度的变化,但这并不能等同于较高的准确度。使用重新制备的样品进行简单的重复实验,可以快速地得到一台仪器的真实的总体性能指标。

尽管可以在每次实验中将每个过程的温度精确到 1~2 ℃,但这样并没有充分利用现代仪器设备的潜力。正如已经指出的那样,温度可以控制在一个百分之几摄氏度的程度(如由进行循环实验的未受干扰的样品得到的数据的重现性),可以用这样的方法来更好地定义平衡的温度条件,在下文中将讨论这方面的内容。

13.2.2 热力学温度

通常采用的做法是将较宽范围内的加热速率外推到 $\beta = 0$,这是德国热分析协会(German Society for Thermal Analysis,简称 GEFTA)提出的用于测定平衡熔化温度的分析方法[2]。在图 13.4 中概述了该方法,对 GEFTA 进行的非常详细的描述可以参考文献[3]。对于大多数的熔融过程而言,通过 T_e 对 β 作图所得到的曲线近似为一条直线,但是有一些固体-固体之间的相转变并不符合这一规律。这种较为明显的非线性关系出现在相当低的 β 值下,这可能是由于在较慢的加热实验中较长的时间尺度会导致出现亚稳态的结构(当然,在以校准为目的的实验中,可以选择具有稳定相变的物质。但在这里仍需要强调的是,可以通过 DSC 来得到有关亚稳态相的有价值的信息)。

一种可以替代 GEFTA 方法的做法是直接确定表观的熔融温度或转变温度(T_i)[4],这可以通过在熔融区域一系列的步阶式温度变化方式来实现(图 13.5)。通常通过一个简单的温度扫描来初步得到近似的 T_i 值,这时的温度增量可能是粗略的(例如 5 K)。该 T_i 值对应于已知的 T_x(如果 DSC 无法进行校准,则这种粗略的步骤是有用的),也可以进行精确定义 T_i(0.1 K 甚至更少)。非常适合用图表的形式来记录这类实验,这是因为通过这种形式可以比较方便地得到直接比较的几个增量。重要的是需要使系统有足够的时间在连续的增加之间达到平衡,当温度为 T_i 的十分之一到十分之二时,对于 0.1 K 的温度增量而言,能量对样品的供应速率下降,并且在转变区域完成熔融过程需要有充足的热量。通过有意识地在预先运行的实验中使温度超过 T_i,这样可以节省很多的时间,因此可以将 T_i 定义在 T_1 和 T_2 之间。在接下来的实验中,逐步减少固态和液态的温度间隔以便使两个因子在 T_i 快速收敛。

等温过程可以采用以下的校正形式:

$$\delta T = T_x - T_i \tag{13.3}$$

并且可以从 δT_i 对 T_i 的曲线中读取类似确定的任何未知过程的温度。在理想情况下,从 GEFTA($\delta T(0)$)和等温(δT_i)的方法中都可以得到同一个过程的相同结果,已证明对于用来进行温度校准的由较少的样品量(1 mg 的量级)得到的结果是准确的。对于那些样品量足够多以至可以在顶部和底部之间形成温度梯度的样品而言,由这两种方法得到的结果为 $T(\text{GEFTA}) < T(\text{等温})$。这是因为前者给出的是熔化的开始温度,而后者则是熔化的结束温度。之前熔融的部分样品到达样品的上表面时,在熔化的最后阶段痕量的固态样品消失。当然,任何样品都会在一定的温度范围内熔化,但通常会假定其杂质含量与样品的内部热梯度是可以忽略不计的。其中,样品内部的热梯度是热导率的函数。一般来说,金属样品的热梯度最小。另外,金属也是备受青睐的校准用的标准物质,这是因为可以方便地得到许多种类的高纯度(正常下 6N,对应于 99.9999%)的金属材料,而接近 4N 纯度的商品化的无机物或者有机物是不容易得到的。一般来说,熔融温度可以精确到 ±0.1 K。对于给定的样品而言,其温度重现性可以达到百分之几摄氏度的程度,但是这可能受到 DSC 中样品支架的横向温度梯度的影响[5]。另外,从一个样品到另一个样品之间的可变接触热产生了 ±0.1 K 的偏差,这限制了由 DSC 测定平衡熔化温度的精确度。

如上所述的 GEFTA 方法和等温方法都意味着 DSC 可以用作精密的温度计而不是真正意义上的量热仪。在某种程度上，这两种方法是互补的。亚稳结构的熔化温度可以使用 GEFTA 方法通过从较高的升温速率外推到阻碍其转变到更稳定相的较低加热速率 β 来确定，这种亚稳结构可能会在长时间的"步阶式等温"的实验条件下形成。另一方面，GEFTA 方法需要有一个明确定义的 T_e 值，这种必要的结构形式可能会被之前的行为所掩盖。例如，两个间隔很近的反应过程中的第二个反应。另一个"步阶式等温"方法的用途是可以用来确定一个显示共晶行为的体系液相线的温度。在这里，很容易观察到一个给定组成的体系的最终熔化温度，可以方便地用这种方式来构建相图。即使是亚稳状态也可以得到其相图，这是因为这些熔化的最终过程不需要提供大量的热量，并且只需要较短的等温时间。

一般来说，如图 13.4 所示的类型曲线是对于熔融过程来说的，但对于固体-固体相转变过程的特定的温度变化速率效应而言，则意味着每一种体系都必须被视为一种特殊的情况，需要进行单独的研究。

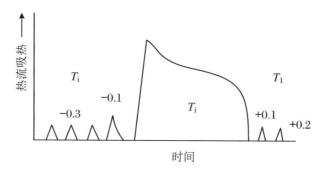

图 13.5　等温温度校正示意图

图中所示的 T_i 为熔融温度，温度增加的间隔为 0.1 K，一些预熔过程发生在温度为 T_i 的 -0.1 K 处

13.2.3　热滞后和冷却校准

在有限的厚度范围内样品表面之间的热梯度随加热速率和样品质量的增加而变大，因此需要一个平均温度来表征实验中的热容，这需要通过较大的 β 和/或质量来得到足够高的信噪比。可以由在温度为 T_u 时由温度扫描实验结束回到等温的速率来获得一个比较合理的"热滞后"的测量[6]。在理想情况下，返回到等温状态是在瞬间完成的（图 13.6 中的 AB 段），然而在实际中则需要一定的时间，而面积 δA（图 13.6 中 ABC 范围）表示一个"焓滞后"过程，其与热滞后 δT 有关，可以用下式表示：

$$M \cdot c_p \cdot \delta T = K \cdot \delta A \tag{13.4}$$

式中，m 和 c_p 分别是样品或校准用的标准物质的质量和比热容，K 是面积对焓转化因子（见 13.3.1 节）。严格地说，c_p 应该是一个介于 $T-\delta T$ 到 T_u 温度范围的平均值。但是，由于 c_p 随着温度发生的变化非常的缓慢，其差别是微不足道的。有一个与此相关的问题是，c_p 的数值可能不是已知的，而实际上可以设计实验来测量这个数值。然而，完全可以通过使用未校正的 T_u 值（式(13.9)）来估计。

可以用式(13.4)所示的热滞后来推导出 DSC 在加热过程中的与温度有关的一些非

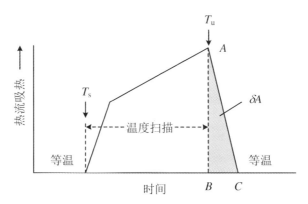

图 13.6　用于计算热滞后所定义的面积 δA

常有用的信息。δT 随着加热速率(图 13.7)以及样品质量(或恒定直径盘的厚度)的变化而呈现出线性的变化规律,将后者外推到质量为零(δT_0),可以得到与样品盘接触的样品表面的温度,数值等于式(13.1)和式(13.2)的 $T_e(\beta) - T_e(0)$。这两个量的等价关系由

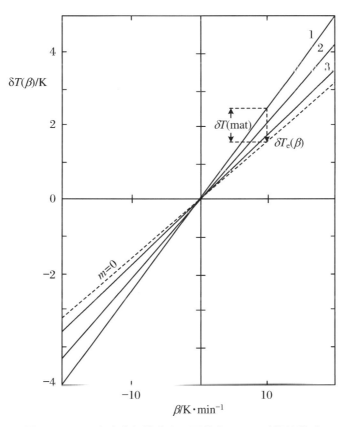

图 13.7　6.3 毫米直径的蓝宝石圆片在 420 K 时的热滞后

1. 129.60 mg;2. 74.82 mg;3. 25.94 mg。外推到 $m = 0$(虚线)的结果也显示在图中
$\delta T(\text{mat})$ 为样品的滞后,点线为钢 $\delta T_0(\beta)$

420 K 时的蓝宝石片和铟在 T_{fus}(429.74 K)处的测量结果得到：这里的 $\delta T_0(\beta)$ 和 $T_e(\beta)$ ~ $T_e(0)$ 在 $\beta=20$ K·min^{-1} 时的值等于 3.0 K[7]。进一步的研究结果发现，δT_0 是一个真实的仪器参数，其对于特定的测量池和盘结构来说是一个常数，由此可以进一步证实"热滞后"方法的有效性。例如，具有不同的热性质（由此具有不同的总热滞后）的各种材料均可以通过外推法得到一个共同的 δT_0 的值[8]。

由图 13.7 可以清楚地看出，在常用的加热速率下，样品的平均温度可能会有几摄氏度的误差（由材料的"热滞后"现象引起的 δT 和 δT_e 之间的差值）。应该强调的是，由于光滑的表面可以提供良好的样品/坩埚之间的接触，因此在图 13.7 中的这些例子代表了这种情况的下限。通过这些分析可以提示我们，精确性和准确性是独立的两个概念，在讨论 DSC 的温度时需要区分这些物理量并考虑其他的问题。虽然热滞后现象可能会引起我们对 DSC 测温的可靠性的怀疑，但其在实际中对于具有数据处理设备的现代仪器来说是非常理想的，更重要的是可用于冷却和加热工作中。

传统的 DSC 温度校准物质不能用于冷却过程。在冷却过程中，存在着一定程度的过度冷却现象。由于样品之间的差异较大，无法得到经认证的确切的过冷程度的数值。目前这些问题主要通过假设 $T_e(\beta)$ 对 β 曲线是对称分布的方式来克服，因此 $T_e(\beta)$（图 13.4）可以外推到 $\beta<0$ 的情况。在冷却的过程中，已经证实了在功率补偿式 DSC 仪[7, 9] 和对称性良好的热流式 DSC 仪中均存在着"热滞后"这种现象。一个重要的结果是可得到 $\beta<0$ 时的可靠的 $T_e(\beta)$ 值，这样就可以对一些潜在的校准物质进行一定的可靠性评估。如前所述，一些微不足道的过冷是必不可少的，符合条件的最佳选择似乎是现在广泛研究的液晶相转变[9—11]，而使用这些物质在十分之几摄氏度的尺度上还存在着一些问题。大多数报道的转变温度通常指的是一些带有热台的光学显微镜观察到的特征行为，并不清楚与此相应的 DSC 曲线对应于一个什么样的温度点。后者具有有限的宽度（十分之几摄氏度），由此看来采取峰值而不是开始温度似乎是合理的。这是因为液晶的转变焓通常非常小，不存在对稳态热流条件明显的扰动现象[12]。例如，当只有 T_e 有意义时，这一过程与熔融形成了鲜明的对比。低能量也意味着这种液晶分子是温度调制 DSC 非常有用的温度校准物质（13.4.7.1 节），这是因为在这种条件下体系可以在较宽的范围内保持线性。

如果使用等温（热力学）温度校准加上来自各个单次实验运行时的热滞后的组合，则实际上不需要用于冷却的特定的校准物质。不幸的是，目前这种方法在软件中无法实现，因此还需要在冷却中直接进行校准。

13.3　量热校准

DSC 在作为量热仪而不是温度计使用时，需要了解使用 DSC 面积对焓的知识或纵坐标对量热校准因子方面的内容，这些是通过特定的具有明确定义值的标准物质的测量中获得的。在这里我们必须强调"了解"的重要性，因为许多参数都会影响这些重要的物理量，因此必须了解一些对于给定的仪器来说比较重要的参数。这些参数通常是在未知物和标准物质处于完全相同的实验条件下获得的。

重要的是要清楚地了解测量的某个特定的面积或坐标之间的相关性。如果使用了错误的转化因子而导致不正确的面积或纵坐标,那么无论实验工作再如何精确也都没有什么意义。当然,问题在于所有的定量 DSC 的工作都有共同之处,而且在某些情况下,可能会出现标准物质和样品之间的误差相互补偿的情况。但是在其他情况下,误差可能会相互增强。

虽然在本节中只讨论了通过标准物质进行校准的方法(因此最终的测量数据只能与校准的标准物质的数据保持一致),但需要指出的是,还可以使用仪器内置的电加热器来校准圆柱形量热仪[13]。原则上,通过这种校准方法可以给出独立的、绝对的校准,但在实际中,仪器小型化的问题导致了其他的困难,并且该技术并没有得到普遍的应用。然而,对于一些 Setaram 量热仪而言,其使用的样品体积比常规 DSC 的大,这是一个非常有用的校准方法。

13.3.1 焓校准

原则上,焓校准是一个简单的过程。根据已知的熔化焓或转变焓($m \cdot \Delta_x h$,其中 $\Delta_x h$ 为单位质量或摩尔数的熔化或转变的热焓),通过关系式 $K \cdot A = m \cdot \Delta_x h$ 相对应的面积(A)来计算得到面积对焓的转化因子(K)。由于 K 可能是温度的函数,通常会使用两个[14]或二个校准物质,第三个标准物质通常用来确认(和温度一样,见 13.2.1 节)校准的线性关系。这种方法虽然原则上很简单,但通常对于正确定义一个面积 A 并没有引起足够的重视,这一点将在下文中进一步讨论。

即使是对纯度不够高的物质而言,其主要部分也可能在大约 1 ℃ 的温度范围内熔化。例如,对于 6N 纯度的铟来说,其熔点可以下降百分之几摄氏度。相比之下,即使是纯物质的 DSC 熔融曲线也是如此。在 5~20 K·min^{-1} 的升温速率变化范围内,会出现温度变化横跨几摄氏度的现象,这是由熔融热传递到熔融样品所需的有限时间造成的假象所引起的。实际上,可以在升温速率 β 很低的情况下或者按照图 13.5 所示的步骤观察到真正的曲线。稳态 c_p 的条件在 T_{fus}(或者 T_{trs})时受到干扰,在这种区域的表观焓-温度分布关系是不正确的。对于样品质量较大和/或加热速率较高的情况而言,这种效应被放大。虽然在数据分析时"剔除"这样的信号可以给出更真实的曲线,但在计算 $\Delta_x h$ 时没有必要这样处理[15]。

熔解热或相变热总是对应于特定的温度,这些温度通常是相应的温度 T_{fus} 或者 T_{trs}。通常通过连接反应前和反应后(在 T_1 和 T_2)的连接点来构建基线(图 13.8 中 AD 连接线)。然而这种定义反应前后的方法和 $\Delta_x h$ 不相对应:它定义了一个通常在热力学意义上毫无意义的量。$\Delta_x h$ 与 T_1 和 T_2 之间的焓变有关,用下式表示:

$$h_h(T_2) - h_l(T_1) = [h_l(T_x) - h_l(T_1)] + \Delta_x h(T_x) + [h_h(T_2) - h_h(T_x)] \tag{13.5}$$

$$q = \text{I} + \Delta_x h(T_x) + \text{II} \tag{13.5a}$$

式中,下标 l 和 h 分别表示低温和高温的状态。式(13.5a)中的 I 和 II 是式(13.5)中方括号中的表达式,它们是分别从低温和高温外推至 T_x 得到的,并定义了如图 13.8 所示的

台阶状基线 AB 和 CD。在这种情况下,当 c_p 的变化($\Delta c_p = BC$)为正时,显然,由常规基线可以得到一个明显大于从台阶状基线得到的表观的 $\Delta_x h$。较大的样品量和/或较高的升温速率需要较长的 AD 型基线,因此 $\Delta_x h$ 明显依赖于这些参数。然而,这仅仅是数据处理方法的一种假象。虽然在图 13.8 中的正的 Δc_p 值可能是最常见的,但已经有许多 Δc_p 为负的例子。因此,通过 AD 类型的基线可以给出看起来随着 m 和 β 的增加而增加或减少的 $\Delta_x h$ 值。对于较低的 m 和 β 而言,这种类型基线的误差明显最小。但当在单独的实验中测量 $\Delta_x h$ 和 Δc_p 时,不受这种限制。对Ⅰ和Ⅱ的外推并不是一些很复杂的操作,可以将其(而且应该)很容易地纳入到大多数现代仪器的相当复杂的分析软件中。

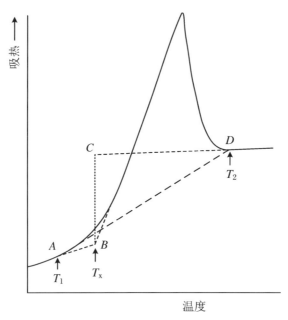

图 13.8 c_p 的变化影响 $\Delta_x h$ 的示意图

图中为了示意对这种影响做了夸大

忽略式(13.5)和式(13.5a)所要求的基线的实际效果取决于 Δc_p 和 $\Delta_x h$ 的大小。当前者趋于零时,则无需考虑该问题。对于几乎所有的通用的铟和大多数金属校准物质而言,均属于这种情况。在许多有机化合物的熔点下,c_p 增加 10%~20% 的情况是比较常见的。当 $\Delta_{fus} h$ 约为 100 J·g^{-1} 时,这是典型的有机熔融焓[7],存在百分之几的基线误差。当然,当 $\Delta_x h$ 较低时,相对误差增大。对于较低的转变焓值的 DSC 实验而言,应该仔细地对基线进行核实,确认是否已经妥善解决了基线的问题。当然,这个问题不仅仅局限于校准,对于定量工作也是如此。如果在实验过程中或者分析、计算的步骤中出现了错误,显然最终是无法得到准确的结果的。

13.3.2 比热容校准

无论使用哪种类型仪器,DSC 信号 S 与总的"样品"(实际指样品和容器)所需的能量相关。正如上面所讨论的那样,热传递问题使得转变区的关系变得更加复杂。但只有当

c_p 满足要求时，S 和 c_p 才有以下的简单成比例的关系：

$$S_y \propto m_y \cdot c_{py} + W \tag{13.6}$$

这里下标 y 代表样品，c 代表标准物质，e 代表空的容器。式中 W 是容器的水当量。在同样的条件下测量时，对于空白实验和加载样品的实验而言，比例常数 k 是相同的，有如下的关系式：

$$k \cdot S_y = m_y \cdot c_{py} + W \tag{13.7}$$

从 S_c 中减去 S_e 可以得到以下形式的表达式（假设 W 相同，无论是相同的样品盘还是相同的参比盘，盘的称量误差应控制在 ±0.01 mg 以内）：

$$k = m_c \cdot c_{pc}/(S_c - S_e) \tag{13.8}$$

于是，可以得到待测的比热容，如下式所示：

$$c_{ps} = k \cdot (S_s - S_e)/m_s \tag{13.9}$$

对于 k 值来说，在文献中不易查阅到其特定的值。作为实验条件的函数，在计算 c_{ps} 的过程中，它通常被当作一个中间的过程来处理。然而，它具有可供分析的有意义的性质，其在检查结果的内部一致性时是有价值的，在以下的内容中将对此进行讨论（图 13.10）。

现代的热流式 DSC 仪的纵坐标通常用"热流速率"来表示，单位为 W 或者 mW。实际上，对于功率补偿式 DSC 而言，通常用经过合理校准的微分处理，使纵坐标转变为"微分功率"。在其他情况下，可以通过纵坐标除以 β 来表示比热容（注意：在换算时应合理使用样品质量和常见的时间坐标）。实际上，由于 c_p 的测量是 DSC 更为重要的应用领域，在一些未明确说明的实验条件下，直接接受仪器在出厂时的校准结果会带来很大的风险。一般来说，比热容应该由相同实验条件下测量未知样品和标准物质得到的信号进行比较获得的。

使用 DSC 测量热容时的主要问题是需要确定式（13.8）或式（13.9）中的有效信号 $S_c - S_e$ 或 $S_s - S_e$，在图 13.9 中简要地给出了这种问题的放大示意图。比热容的测量应该基于一系列的等温扫描（在 T_s 处）、等温测量（在 T_u 处）的实验数据。实际上，等温基线应该处于同一条线上，而不是按照如图 13.9 所示的那样分开。实验时，通过空白实验、标准物质实验和待测样品实验分别得到测量曲线，如果分离情况都一样的话，则上面所讨论的那个问题就不复存在了。在实验中不可避免的误差使得这项要求很难达到，因此需要处理基线处于不平衡状态的步骤。通常采取的方法是假定在程序控制温度的范围内，等温基线是线性的（如图 13.9 中的虚线所示），通过这一点来测量 S_y（需要说明的是，图 13.9 中所示的 S_e 值是负的）。如果等温基线在实际上是弯曲的，那么在所有的情况下，所做的线性假设没有不利的影响，所得到的曲率都是相同的。在空白坩埚、坩埚＋参比、坩埚＋样品的一系列实验中，确保在坩埚中发生了可重复的热传递过程显得尤为重要。因此，基线应该总体处于较平缓的状态，在理论上应该总是平的，在坩埚的表面会发生可重复的热辐射过程，这一点在高温下尤为重要。在任何形式的 c_p 测量中，记录所用的实验序列中三次测量的等温基线偏移 $i_y(T_u) - i_y(T_s)$ 是非常重要的。对于特定的一组条件而言，会有一些经验来表明结果差异到何种程度是可以接受的。通过将所有关于 k（方程（13.7））的数据结果结合起来，将会得到有意义的信息。理论上，k 应该是常数

(如果仪器所有的电路部分都被调整为正常状态)或者随温度稳定地发生变化。对于较短时间的测量来说,k 应该处于最大值与最小值之间,这种变化意味着是基线的问题。对于更短时间的测量而言,这种问题会变得更加微不足道。如果对于结果有疑问的话,可以通过比较较长时间测量与较短时间测量的数据(图 13.10)来得到有价值的信息。

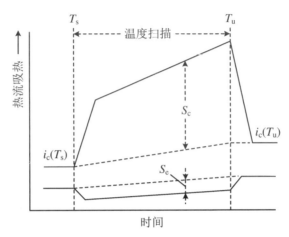

图 13.9　当等温基线不重合时用来计算有效纵坐标 $S_c - S_e$ 的示意图

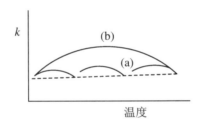

图 13.10　坐标对 c_p 的转化因子 k(式(13.8))在理想情况下(图中虚线)、
在较短时间(a)和较长时间(b)的较差的平衡基线下的变化

如上面所提到的那样,校准因子会随着仪器条件(样品和周围环境的温度、加热/冷却速率、气流的类型和速度)而改变,但这些也会同样地影响样品,因此最后得到的 c_p 应该与仪器所处的条件无关。如果这可以证实的话,则这是用给定的仪器来进行定量操作的有力证明[16]。

13.3.3　焓和比热容校准的比较

为了考查面积对焓的转化因子对时间的依赖性,需要使用具有转变焓的几个标准物质进行校准。而使用一个具有确定值的热容标准物质可以覆盖一个相当宽的温度范围,在文献中对于该标准物质是否可以替代更传统的"面积"方法还存在着较大的争议。然而在实际中,这两种校准方法都是必要的。一般来说,c_p 的测量要求更高、更耗费时间。在任何一种情况下,这两种技术之间都存在着一一对应的关系,而我们对于这种关系还没有十分清楚的了解。对于这种差别,有一些理论上的原因[13],而具体的影响很难进行准确的计算,原因是在计算时所需要的参数数值具有较大的不确定性。使用通过合成蓝宝石的比热容（见表 13.5）校准后的仪器研究相转变和熔融的过程，可以成功地验证表 13.1 中所有的认证标准物质（CRM）和表 13.2 中二苯基乙二酮（benzil）的相变热或熔融热的数值，该值优于通过功率补偿式 DSC 仪的测量结果的百分之一[17]。然而，其他的研究者使用一台类似的仪器的研究结果也产生了 1% 的差别[5]。另外，用一台热流式 DSC 得到的结果也有百分之几的误差[18]。在进行校准时应该清楚地认识到这一点，特别对于那些不容易进行归类的中间态的面积。

表 13.1　经认证的标准物质（金属）的熔融温度（T）和熔融焓（$\Delta_{\mathrm{fus}} h$）

	$T/℃$	T/K	$\Delta_{\mathrm{fus}} h/\mathrm{J} \cdot \mathrm{g}^{-1}$
汞*	−38.86	234.49 ± 0.03	11.469 ± 0.008
汞*§	−38.8344	234.3156	
铟	156.61	429.76 ± 0.02	28.71 ± 0.08
锡	231.92	505.07 ± 0.02	60.55 ± 0.13
锡*	231.91	505.06 ± 0.01	60.22 ± 0.19
铅	327.47	600.62 ± 0.02	23.00 ± 0.05
锌	419.53	692.68 ± 0.02	108.6 ± 0.5
锌*§	419.527	692.677	
铝	660.33	933.48 ± 0.05	401.3 ± 1.6
铝*§	660.323	933.473	
银*§	961.78	1234.93	

未特别注明的样品均来自 LGC 公司。
* NIST 样品。
§ 根据 ITS-90（并非主要用于热分析）用于确定固定温度的物质。
必要时，IPTS-68 温度标准物质包含在 ITS-90 中，在 200～1000 K 温度范围校正时，仅存在几个 mK 的差异，这种差异即使用最灵敏的 DSC 也无法检出。

13.4　标准物质

13.4.1　一般性要求

用于 DSC 的理想标准物质的性质已经在文献[3,19,20]中被总结出来了。用于校准的标准物质应该满足以下的要求：

(1) 成本低，纯度高（至少 5N）。虽然可以比较方便地获得 5N 纯度（或者更好）的金属材料，但是商用的达到这样纯度的有机化合物和无机化合物还是很少见的。

(2) 化学性质和物理性质都十分稳定。化学稳定性不仅指如热稳定性、与气氛中湿气和载气的反应，还包括在高温下与 DSC 坩埚反应所产生的一些问题。物理稳定性包括在使用温度下具有较低的蒸气压。另外，在低温下使用的标准物质可能会产生一些特别的问题。由于在室温下这些物质的蒸气压可能较大，使得它们必须存贮在特殊的容器中。任何一种校准用的标准物质在经历相关的循环使用后应该是可以回收的。这意味着它们不但应具有最小的过冷现象(过冷度通常为几K)，还需要具有在实验结束后可以在短时间内恢复到初始结构状态的能力，而不是处于亚稳态的中间体状态。尽管研究它们的结构变化是 DSC 的一项重要应用，但实际的校准过程是一个明确地、尽可能小地减少操作误差的过程。在特殊情况下，不必要求样品在加热后回到它最初始的状态。

(3) 低毒性、易处理。在使用前不需要进行特别的制样过程。在理想的情况下，所有用于校准的样品应该尽可能为粉末或者液体状态，在这种状态下进行的预处理(如对颗粒材料进行研磨)对物质性质的可能影响可以降至最小。其他可选用的样品的状态形式，比如片状或者圆片状等形式，如果在它们的制备过程中不影响下列第(4)部分中的性质，也是可以使用的。

(4) 具有明确的热力学性质。用于校准的标准物质的焓和比热容数据都应该已知。为了降低最终结果的不确定度，它们应该比 DSC 的可重复性高一个数量级(小于±1%更好，但不需要花费过多的时间来得到)。一般地，应该通过诸如绝热量热法的绝对测量的技术来获得热力学数据。如果标准物质有超过一个的转变过程会更好，对于相同的材料而言，这样会使得横坐标和纵坐标的校准更加简单。对于较宽的温度范围内的多种材料而言，可以相对方便地定义转变温度。而根据报道，纯度仅仅对数据产生一小部分的影响。相比之下，具有精确的焓值和 c_p 的标准物质并不多见。而根据两个独立的研究组在期望的条件下同时对同一种材料进行报道的情况更为少见(在所选的测量中，结果一致的只有千分之几甚至更少)。事实上，由于商业的压力会导致越来越多的这种反常的现象。但是简单、快速的 DSC 技术可以代替绝热量热法。在大量的研究中，DSC 可以作为首选的研究工具。因此，找到可以对任何形式的材料提供独立的热力学数据的实验室越来越困难，特别是对那些有合适的设备并且对那些性质不满足上述(1)~(3)标准的相对"奇特的"(exotic)化合物感兴趣的实验室就更加少见了。

对于任何一种常用的标准物质而言，放宽上述的一个或几个限制条件也是可行的。特别地，必须强调所得到的熔融焓或者转变焓的结果通常并不优于±1%，所要求的±0.1%的条件更是无法满足。在后面的部分内容中将会讨论目前不同的差示扫描量热仪在校准时可以获得的不同材料的情况。不但它们的热力学性质没有完全依照类似的标准来进行定义，而且还存在着上面所提到的面积问题以及从上面所提及的从(1)~(4)的偏差。然而，首先应该选择一个可以采用的最好的方案来对测量结果进行合理的评价。

13.4.2 实验方案

对于任意的 DSC 实验而言，优化样品与坩埚之间的热接触方式和减弱由样品制备带来的限制是非常有必要的。对于熔融转变而言，这意味着样品已经进行预熔融使得在盖子和坩埚之间挤进了薄薄的一层样品。对于定量测量而言，盖子是非常有必要的，其原因主要表现在以下两个方面：

(1) 在一组具有不同热辐射的样品实验中，对于在实验中所用的几个样品而言，其热损失的特征不同。除非有盖子存在，才可以保证坩埚在 DSC 池中代表一个稳定的热辐射源。

(2) 表面张力效应可能会对很多材料尤其是金属产生影响，由于待测样品在熔融过程中会形成球体,因此需要一个紧密放置的盖子来阻止这种情况发生。

为了实现校准的目的,在实验过程中只需要少量的样品。所用样品的最小尺寸是由熔融热或者转变的有效信号确定的。当蒸气压力有可能增加几十帕斯卡时,应该在加盖密封的坩埚中测量样品。应该在实验测量结束后重新称量样品的重量,而当有可能发生蒸气化时这种操作就更加重要。另外,可以从绝大多数的热分析仪生产厂家处购买到各种类型的坩埚。校准时,应该根据实际需要在不同的温度范围内运行所有类型的实验方式,在单一的温度下一致的校准结果可能是由两条完全不同的曲线的一个意外的交叉点所引起的。当获得整体的曲线图时,需要考虑一个简单的问题:在重新校准之前,哪些类型的坩埚可以互换使用?通过将样品(包括校准物)夹在惰性垫片之间的做法,便于将样品从坩埚(和盖子)中分离。例如,在铂坩埚中的蓝宝石圆片之间的铝或其他的合金必须可以运行到 1000 K。该校准必须明显反映样品所处环境的变化情况。为了检查仪器系统的整洁度,通常将预先在量热仪外熔融样品作为一个折中的处理方法。当怀疑样品和坩埚之间存在相互作用时,总是应该以这样方式来进行验证。对于样品/坩埚之间兼容性的完整描述可以参阅文献[3]。

13.4.3 具有证书的标准物质

具有证书的标准物质(Certified reference materials,CRM)可从一些国家级实验室中获得,可提供标准物质的机构主要有英国的政府化学家实验室(the UK Laboratory of the Government Chemist,简称 LGC)和美国国家标准与技术研究院(the US National Institute of Standards and Technology,简称 NIST)[22]。对于一批材料而言,其测量结果可以追溯到国家标准,并且在其分析测量结果中给出不确定度后,可以用作标准物质。这样的测量是最高的计量特性。表 13.1 和表 13.2 中分别给出了金属和有机化合物的 CRM 数据。其中给出了 T_{fus} 和 $\Delta_{fus}h$ 的值,这些值是通过绝热量热法和相关的 Pt 电阻测温法得到的(除了 NIST 的关于锡的数据之外,它们是基于混合物和相变量热仪的方法得到的[24])。通过经典的熔点测量技术由时间温度曲线或者通过恒温浴方法获得单一的 T_{fus} 数据,有效的零加热速率使得能够观察到最终的熔化痕迹。根据表 13.1 和表 13.2 中的成对的测量数据的一致性,可以得出两种技术之间所保持的一致性的初步结论。在表 13.1 中,温度数据的准确性整体上可以通过它们接近定义值的近似程度表现出来。实际上,对于 DSC 而言,经过认证的标准物质的温度在最理想的情况下要高于一个数量级,也就是一摄氏度的十分之一。

如上所述,$\Delta_{fus}h$ 的数据一般不太理想。表 13.1 和表 13.2 中给出的 $\Delta_{fus}h$ 的不确定度是基于对仪器的已知特征的估计。即使在包含这些不确定度时,熔融的热量也可能不会接近于表中所列出的"最佳值"。铟与锡的结果一致性较好,分别为 0.3% 和 0.1%[13],但在表 13.1 中锌的值下降了 3% 以内,低于表中其他的大多数的数据,而另一个最近的比较仔细的测量结果为低于 4%[25]。这种巨大的差异是不可调和的,只有通过进一步的研究工作才能解决这个问题。这个例子确实强调了引用来自 $\Delta_x h$ 的校准值的重要性。有了这些信息之后,就可以用来校正由此得到的数据,在未来的工作中有希望修改 $\Delta_x h$ 的数值。

原则上，表 13.1 中的大多数熔融金属将与铝盘反应，但不可避免形成的氧化膜起到了一个很好的保护作用。如果这种氧化膜在样品制备（例如试图将其压平在坩埚中）过程中不受干扰，则所有的材料甚至锌也可以回收以做多次使用。但随着 DSC 样品池中氧气分压的增加，铅和锌的循环使用次数将会减少。在表 13.1 中，所有的金属在正常的 DSC 冷却速率下只有几摄氏度的过冷现象，但是锡需要 50~60 ℃ 的过冷（$\Delta T = T_{fus} - T_c$，其中 T_c 是结晶温度）。一般来说，ΔT 随着样品质量和颗粒大小的减少而增加。

表 13.2 中列举的许多有机化合物中也存在着过冷的问题。对于二苯基乙二酮（benzil）和二苯基乙酸（diphenylacetic acid）而言，其 ΔT 已经接近 100 K，对于乙酰苯胺和苯甲酸而言，40 K 的过冷度是比较常见的。表 13.2 中所列举的大多数化合物在 T_{fus} 附近也具有可观的蒸气压，已经报道的比较有用的数据是 0.2 kPa（在旧的参考文献中为约 1 mm 汞柱）。这种程度的蒸气压足以使未密封的坩埚中损失百分之几的样品，而 1% 的损失甚至足以使校准或者随后的定量测量无效。作为一般的方法来说，如果要接近 T_{fus}，在使用有机化合物进行校准时，应该始终用密封的坩埚来测量。这种预防措施在使用萘和苯甲酸进行校准时十分有用。即使不需要进行精确测量，也应该始终牢记高蒸气压的材料在实验过程中必然会逸出至仪器的某个位置，这样的话 DSC 测量池的顶部本身也有可能会被损坏。这个警告甚至可以适用于在相对较低的温度下的金属：除了经特殊密封的样品池之外，镉（对健康也存在着潜在的危害）和镁都不应该在它们各自的 T_{fus} 温度附近测量。

表 13.2　经过认证的标准物质（有机物）
熔融温度（T）和熔融焓（$\Delta_{fus} h$）

	T/℃	T/K	$\Delta_{fus} h / J \cdot g^{-1}$
4-硝基甲苯	51.61	324.76	
联苯	68.93	342.08	120.6±0.6
萘	80.23 80.30	353.38 353.45	147.6±0.2
苯偶酰	94.85 94.89	368.00 368.04	110.6±0.6
丙烯腈	114.34 114.25	387.49 387.40	161.2±0.2
苯甲酸	122.35 122.24	395.50 395.39	147.2±0.3
二苯基乙酸	147.17 147.11	420.32 420.26	146.8±0.1
茴香酸（对甲氧基苯甲酸）	183.28	456.43	
2-氯蒽醌	209.83	482.98	
咔唑	245.80	518.95	
蒽醌	284.52	557.67	

注：所有样品均来自 LGC 公司，未列出 $\Delta_{fus} h$ 值的样品来源于熔点仪器标准的一套标准物质。
温度不确定度为 ±0.02。

13.4.4 其他标准物质

在一种综合性的 IUPAC 出版物中[26]讨论了可能用于校准的标准物质的许多理化性质,其中的相变焓、温度和比热容等数据特别令热分析工作者感兴趣。虽然参考文献是 1987 年的,但从那时起并没有太多补充,之后主要的系统工作集中在阐明较低熔点金属的测量结果(参见表 13.1)方面。应该强调的是,表中所列举的"最理想"的值可能缺少认证的程序,这些认证工作一般可以由保证良好的实验结果的认证机构完成。它们往往包括不同来源的数据,这些数据的一致性可以增加使用者对最终数据的信心。当然,对于由相似纯度的材料得到的结果对比是一项十分重要的工作。最好使用纯度优于 4N 的材料作为校准用的标准物质,很小的成分差异对测量的 $\Delta_{fus}h$ 值具有微不足道的影响。

在前面的表 13.1 和表 13.2 中已经考虑过了参考文献[26]中的许多材料,一些另外的化合物列举在表 13.3 中,其中包含了其他建议在较低和较高的温度下使用的物质。特别是后者,具有更宽的不确定度范围,有些还缺乏可靠的、独立的焓数据。有两种出现在参考文献[26]中的化合物未列举在表 13.3 中,这两种化合物分别是碳酸亚乙酯和琥珀腈。这些化合物可用于测量三相点的量热池的校准(数据分别为 309.4643 K 和 331.2142 K),但目前尚不清楚它们长期保存在空气中(即打开最初密封的容器之后)的性质,并且其 $\Delta_{fus}h$ 值也是未知的。另外,一种有用的可以替代的化合物苯基水杨酸盐(phenylsalicylate)(T_{fus} 约为 314 K)正在被 LGC 研究。

表 13.3 其他的标准物质的熔融温度(T)和熔融焓($\Delta_{fus}h$)

	T/℃	T/K	$\Delta_{fus}h$/J·g^{-1}	参考文献
甲苯	−95.01	178.14	72.02	[27]
二苯醚	26.87	300.02	101.15±0.10	[28]
镓	29.76	302.91	79.88±0.07	[13]
Cu/66.9%Al 共熔合金 (Al/CuAl$_2$)	548.16	821.31		[29]
Cu/71.9%Ag 共熔合金	779.91	1053.06		[29]
金	1064.18	1337.33		[30]
镍	1455	1728		[29]
铁	1538	1811		[29]

13.4.5 国际热分析和量热学联合会(ICTAC)推荐的标准物质

仅用于比较温度的标准物质已经使用了许多年,这些物质主要由 NIST 代表 ICTAC 发布使用(表 13.4)。由于很多早期设计的 DTA 仪器大多无法使用液体样品,因此这些物质主要为具有固体-固体转变的很高纯度的商品化合物。通过广泛的循环验证比对对材料的特征值进行了表征,用这些测量的平均值来表示其最终结果。当时使用了许多不同的热分析设备来进行测试,并与由几种"自制的"具有设计特色的仪器所测量的数据进行比较。由于传感器的位置变化对测量结果有影响,导致所得到的平均起始温度具有非常宽的不确定度(参见表 13.4)。最初引入的这些结果是可以接受的,原因是使用这些材料主要是为了便于对使用许多不同类型的设备获得的结果进行对比。另外,由面积测量得到的数据分散性较宽并且很难定量测定 $\Delta_x h$。

表 13.4 ICTAC 的标准物质的熔融温度(T)和熔融焓($\Delta_{fus}h$)

	$T/℃$	T/K	平衡值		参考文献
			T_x/K^*	$\Delta_x h/(J \cdot g^{-1})$	
环己烷(转变)	-86.1	187.1±3.5			
环己烷(熔融)	4.8	278.0±1.1			
1,2-二氯乙烷(熔融)	-35.9	237.3±2.0			
二苯醚(熔融)	25.4	298.6±2.2	300.02**	101.15	[28]
o-三联苯(熔融)	55.0	328.2±2.2	329.35§	74.64	[31]
硝酸钾(trs)	128	401±5	402.0	26.3	[17]
(trs)			402.9	50.5	[17]
(fus)			607.6	98.2	[17]
铟	154	427±6	429.7485	28.62	[13]†
锡	230	503±5	505.078	60.40	[13]†
高氯酸钾	299	572±6	573.1	103.1	[17]
硫酸银	424	697±7	Stability problems		
二氧化硅	571	844±5	Complex transition		[32]
硫酸钾(trs)	582	855±7	857		[33]
(fus)			1343		[34]
铬酸钾	665	938±7	942.3		[35]
碳酸钡	808	1081±8	1082		[34]
碳酸锶	928	1201±7	(1205.9 at 10 K·min^{-1}, needs CO_2 purge to stop decomposition		[36]

注:* 下标 x = trs,固-固转变成 fus,熔融。
   ** 过冷度约为 60 K。
   § 转化为玻璃态的过冷度约为 90 K,可以缓慢回到初始结构状态。
   † 与表 13.1 中所列的证书中的最佳值。
   ICTAC 参考物质仅应用于 KNO_3 的 402.0 K 的亚稳态相变。
   ICTAC 参考物质仅适用于 K_2SO_4 的固-固转变。
   K_2CrO_4 的 $\Delta_{trs}h$ 值取决于基线[7]。
   $BaCO_3$ 在高温下会出现烧结的现象,使用时需注意[34]。

在 ICTAC 的方案中没有对相变的平衡温度进行表征,但现代仪器的校准程序需要这些数据。与此相关的焓变也是需要的,ICTAC 有一个新的方案来对表 13.4 中的大部分材料进行完全重新认证。大部分工作将使用差示扫描量热仪来完成,并且这些仪器已经使用认证的标准物质(参见表 13.1 和表 13.2)进行了校准。因此,ICTAC 的材料应被视为可以选用标准物质备用的选择。在至少二十年以前,Gray[37]报道了与此相似的测量结果,如表 13.4 中所示的最新数据一般与他的研究结果都吻合得很好。经验表明,由于硫酸银不够稳定而不可以用于校准,在对表 13.4 进行修改后,该物质将被忽略不计。另外,二氧化硅也将被删除,这是因为 $a \rightarrow b$ 的相转变过程比原先预计的更为复杂[32]。硝酸钾和硫酸钾都会发生熔化,其中不存在分解且仅存在较小的过冷度。在原来的 IC-TAC 的标准物质中并不包括这些物质,它们将被包括在新的列表内。原来的表中碳酸钡粉末在烧结后与坩埚接触不良,但重新研磨的样品显得非常稳定。在使用碳酸锶时需要注意,其在常用的惰性气氛(例如氩气)中分解的温度低于 T_{trs}。在使用二氧化碳作为载气时将阻止 SrO 形成,直到温度超过其 T_{trs} 约 100 K 时碳酸锶的分解反应才开始进行。

ICTAC 建议的标准物质已经由 NIST 成套出售,可以涵盖四个温度范围(其中有一些重叠):

(1) 环己烷-邻三联苯;
(2) 硝酸钾-硫酸银;
(3) 高氯酸钾-铬酸钾;
(4) 石英-碳酸锶。

但是有时会发生由于单个标准物质的短缺导致整套产品缺货的现象,为了克服这个问题,将来的销售中将会以单个标准物质的形式进行。

目前还有其他的可用于热重分析仪校准的 ICTAC 标准物质(这些已在第 4 章中进行了讨论)和玻璃化转变的标准物质(参见 13.4.7.2 节)。

13.4.6 其他可用于校准的标准物质

Eysel 和 Breuer[38]总结了可以用于校准的大量潜在的标准物质,其中大多为各种正构烷烃和其他的烃类化合物。这些是性质稳定的、在量热学上有明确定义的物质,其中一些熔点较低的化合物(这是十分有用的,可以作为低温范围的校准物质)在室温下具有挥发性,需要特殊的容器存储。另外,还存在一些可替代的无机化合物,这些化合物不存在这些缺陷。例如,广泛使用的磷酸二氢铵在低温下具有一个重复性非常好的低温($\sim$148 K)下的固体-固体转变,该转变具有较低的能量($\sim 5.5 \text{ J} \cdot \text{g}^{-1}$),可以开发成一个有用的低温校准物质。另外一种候选物质是硝酸钠,该物质可以很方便地得到接近 5N 的纯度,并且具有多晶型转变(549 K)和熔点(580 K)。其他简单的无机盐如溴化钾和氯化钠,可以同时覆盖比较高的温度范围(T_{fus} 分别为 $\sim$1007 K 和 1074 K),并且在这些温度下具有显著的蒸气压力,在使用时需要使用特殊的坩埚。

Sabbah 及其同事[39]提出了几种有机化合物,并用特殊设计的热分析仪对其三相点温度和相应的熔融热进行了表征。

另外,世界卫生组织(the World Health Organisation,简称 WHO)制备出了[40]不同熔点范围的有机熔点标准物质。这些物质可以用具有固定的加热速率的毛细管熔化法进行表征,因此需要在进行校正之后才能获得平衡态的值。尽管如此,这些稳定的材料(偶氮苯、香草醛、二苯基乙二酮、乙酰苯胺、非那西丁、苯甲酰苯胺、氨基磺酰胺、磺胺吡啶、双氰胺、糖精、咖啡因、酚酞)所覆盖的一系列温度范围足以与表 13.2 中的部分物质的温度范围重叠,其特征温度覆盖了大部分有机物的变化温度。

13.4.7 用于特定应用领域的标准物质

13.4.7.1 冷却和温度调制 DSC

在前面的内容中已经讨论过了过冷的问题。在 DSC 的实际应用中,首选过冷度在 ±0.1 K 范围的材料作为标准物质,目前似乎唯一不存在这个问题的材料是液晶化合物 (liquid crystals,简称 lc)[10,11]。现在这些化合物已经得到了广泛的使用,有些显示出一系列复杂的 lc/lc 转变。在"两个(或更多)变化对应于一个过程"的基础上,我们很自然地希望出现多个过程的特征变化而不是简单地从 lc 到各向同性液体的转变过程。但是,应该强调的是,虽然已经被很好地定义了峰值的温度,但精确测量相关的熔变需要至少十次不受干扰的低温和高温 c_p 曲线[41](出于校准的目的,紧密相邻的转变是不可接受的)。应该注意到,在使用液晶化合物进行校准时,所得到的特征转变温度是峰值,而不是上面所提到的外推初始温度。对于发生液晶转变的特定的温度范围来说,重复性最好的点是峰值温度。因此,可以使用峰值温度来表示这种类型的转变。这是因为在该过程中所涉及的能量很低,得到的信号可以反映材料所发生的真正的转变,这一点与熔融转变相反。在熔融过程中,许多因素如传热问题会干扰曲线的真实形状,使得只有总熔变是有意义的。

液晶行为的这一特征使得它们可以成为满足调制 DSC 特殊要求的非常有用的材料[12]。这里所涉及的低能量允许样品按照振荡的温度信号(虽然有相位滞后)来变化,但是即便如此,确认具体转变的线性变化特征也是非常重要的。例如,在 4:4′-正辛氧基-氰基联苯(4:4′n-octyloxy-cyanobiphenyl)体系中,在较宽范围的调制条件下,341 K 处的近晶向列型转变(smectic/nematic transition)是理想的,而在 354 K 处向列/各向同性转变的过程使得它在应用上更受限制[12]。在现有的发展阶段,很难确定温度调制 DSC 校准时的最佳条件。但毫无疑问,未来会有越来越多的研究来关注液晶化合物的这种性质。

13.4.7.2 玻璃化转变

对于玻璃化转变温度(T_g)要特别注意,因为它不是明确定义的热力学过程,玻璃化转变区域可以通过适当的对样品进行热处理或机械处理而发生移动。但是,我们仍然有可能正式地定义 T_g,使之成为表征材料的一个有价值的参数。当材料从玻璃态转变为液态或橡胶态时,T_g 区域在 DSC 曲线上显示为 c_p 的相当急剧的增加。c_p 台阶可能会伴随着良好的结构变化,表现为一个台阶,这似乎给确定在 DSC 曲线上"T_g"的具体的点的位置带来了较大的不确定性。有以下几个关于 T_g 的定义方法。最常见的做法是使用起始点或者已经达到 c_p 变化一半的点(分别记为 T_{ge} 和 $T_g(0.5 \Delta c_p)$,如图 13.11 所示)。虽然这些值都取决于实验条件,但它们都是有用的特征温度。由于这种依赖性,一个"标准"的可以用于玻璃化转变温度校准的物质将特别有用,通过它可以确保数据在从一个使用者到另一个使用者之间的转移过程中的准确性。

作为 NIST 提供的标准物质 RM754(目前的编号为 RM8754),ICTAC 提供了一种已经有 20 多年使用历史的合适的聚苯乙烯玻璃材料。这种标准物质的测量结果[17]表明它是一种非常稳定的物质:对于同一份标准物质(经认证的标准物质形式)而言,其 T_{ge} 在 20 年内从 377.4 K 增加到 378.2 K(当 β = 20 K·min^{-1} 时)(而来自许多实验室的平均值的范围则为 377.6±3.1 K)。这种较小的变化范围在使用的具体仪器的实验重现性范围(±0.5K)之内。但是,一个真实的变化是其峰高(即上述的精细结构)增加了约 50%。这个是任何(高分子)玻璃态在储存过程中所经历的物理老化的明显特征。近年来对于这种现象有了比较深入的研究,很大程度上这是发挥 DSC 的优势所取得的结果[42]。对于任何一种玻璃来说,当 T_g 比环境的温度高 50~60 K 时,玻璃的物理老化过程将非常重要。因此,聚苯乙烯只受到了轻微的影响,在漫长的时间范围内讨论这个问题时,与 T_{ge} 的变化相比,所发生的更多的变化反映在峰高度的变化方面。20 年来,RM 8754 没有经历任何平行的化学变化,由 T_{ge} 的值保持不变(375.0±0.5 K)即可以证明这个结论。对于冷却速率在 20 K·min^{-1} 时通过 T_g 区域冷却所形成的玻璃而言,T_{ge} 的值和峰高是在随后以相同的速率加热进行测量得到的。实际上,它可以更好地证明这种具有明确定义的玻璃可以在原位形成,而不是在可能具有未知性存储条件的由初次使用状态(例如靠近加热管)所导致的不寻常的物理老化等因素引起的。

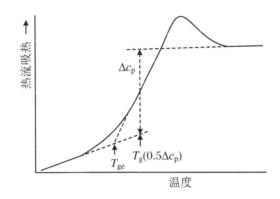

图 13.11 具有松弛焓的玻璃化转变过程以及玻璃化转变温度的两种定义方式

对 T_g 的定义中的一个改进是使用"假想的温度"(fictive temperature)(T_f)来表征 T_g,这种定义的一个热力学基础在于它代表玻璃态和液态焓的曲线交点[43]。玻璃态的焓取决于形成玻璃态的方法。一般来说,淬火的玻璃态比慢速冷却的玻璃态具有更高的焓,通过 T_f 可以反映这一点,但是同时表明其对加热速率没有依赖性。大多数仪器制造商现在可以提供确定 T_f 的程序,这样处理的额外好处是可以使用相同的样品进行日常的重复性测量。T_f 不像 T_{ge} 等特征温度那样以简单的方式随着玻璃态形成的条件而发生改变,因此其随着退火程度的增加而降低,这与各种其他类型 T_g 的行为相反。实际上,有些测量得到的数值是在结合了材料和仪器的综合影响条件下得到的。使用 T_f 的优点是该量值从 1975 年的 371.2 K 降低到了 1996 年的 369.9 K[17]。在 20 K·min^{-1} 的冷却速率下冷却形成的玻璃态的 T_f 没有发生变化,为 375.0 K(该值与 T_g 相等是偶然的情况,不应该用后者的基本含义进行解释)。对 RM8754 进行重新认证的工作正在进行中,将会得到玻璃化转变的 T_f 数据,结果由温度调制 DSC 测量得到。温度调制 DSC 已广泛应用于测定玻璃化转变范围,标准物质和标准方法将在解决材料和仪器影响的方案中发挥重要作用。

从食品和药物到无机物和金属等大量的材料来看,玻璃化转变过程越来越重要。虽然有时由于在转变区域的初始阶段开始结晶而使问题变得更加复杂,但就 DSC 仪器对材料发生转变的影响程度而言,相同的特征比差异更为常见。对这几种类型的有特定的玻璃化转变的标准物质而言,显然是有帮助作用的(即使只能覆盖在特定的实验室中使用的温度范围)。当不存在以上的情况时,使用现有的聚苯乙烯 RM8754 标准物质可以得到一个非常有用的中间状态。

13.4.8 用于比热容(热流速率)校准的标准物质

对于这种类型的校准而言,几乎普遍使用 α-氧化铝(合成蓝宝石)作为标准物质。该标准物质可以从 NIST 得到,编号为 RM720。几个独立的测量结果表明,在 0.1% 以内 c_p 是已知的。GEFTA 研究组[20]给出了可以准确表示蓝宝石热容(至 2250 K)的多项式(见表 13.5)和无氧高导电铜(至 320 K)的表达式。后者可以用于低于环境温度下的温度范围,氧化铝的比热容随温度变化而发生相当快的变化。另一个可能用于较低温度的校准物质是苯甲酸[44],但它绝不能在环境温度以上使用,因为蒸气压力的快速增加会产生潜在的问题。

表 13.5 标准物质的比热容拟合的多项式

i	a	b	c
0	3.63245×10^{-2}	-5.81126×10^{-1}	-1.63570×10^{-1}
1	-1.11472×10^{-3}	8.25981×10^{-3}	7.07745×10^{-3}
2	-5.38683×10^{-6}	-1.76767×10^{-5}	-3.78032×10^{-5}
3	5.96137×10^{-7}	2.17663×10^{-8}	9.60753×10^{-8}
4	4.92923×10^{-9}	-1.60541×10^{-11}	-9.36151×10^{-11}
5	1.83001×10^{-11}	7.01732×10^{-15}	
6	-3.36754×10^{-14}	-1.67621×10^{-18}	
7	2.50251×10^{-17}	1.68486×10^{-22}	
	蓝宝石 $c_p = \sum_{i=0}^{7} a_i T^i$	蓝宝石 $c_p = \sum_{i=0}^{7} b_i T^i$	铜 $c_p = \sum_{i=0}^{7} c_i T^i$
	(在 70～300 K 合理)	(在 290～2250 K 合理)	(在 100～320 K 合理)

目前,可以方便地得到高品质的合成蓝宝石,并且可以相对廉价地生产出适合于各种 DSC 平底坩埚的蓝宝石圆盘。当然这样生产出的产品是没有通过认证的,但是即使在杂质高达 1% 时,c_p 的数值变化也并不大[17]。

13.5 结论

差示扫描量热仪的校准并不是一个困难的过程。目前有一系列的标准物质可用于从约 250～700 K 的温度范围的校准,但是用于较低和(尤其是)较高温度范围下的标准物质并不容易得到。在校准时,应该根据操作者的需求灵活选择合适的标准物质。对于可相互比较的数据来说,在任意的速率下,测量(和相关的校准)可以通过使用由一些任意但可重现的基线定义的 $T_{\mathrm{e}}(\beta)$ 和 Δh 来进行校准。通过这样的测量所得到的结果将会不一定与另一个操作者使用不同类型仪器的结果保持一致。只有更加仔细的测量才可以得到需确定的一致的基本的热力学性质,对于这种类型的工作而言,对仪器进行仔细的校准是必不可少的。但是对于这个应用基础来说,可以将温度的不确定度表示为 ± 0.1 K,比热容和焓变则变为 ±1.0%。

参考文献

1. Standard Practice for Temperature Calibration of Differential Scanning Calorimeters and Differential Thermal Analyzers, American Society for Testing Materials, Standard E967.

2. G. W. H. Höhne, H. K. Cammenga, W. Eysel, E. Gmelin and W. Hemminger, Thermochim. Acta, 160 (1990), 1.

3. H. K. Cammenga, W. Eysel, E. Gmelin, W. Hemminger, G. W. H. Höhne and S. M. Sarge, Thermochim. Acta, 219 (1993), 333.

4. M. J. Richardson, Calorimetry and Thermal Analysis of Polymers, (Ed. V. B. F. Mathot), Hansel Munich, 1994, p. 100.

5. G. W. H. Höhne and E. Glöggler, Thermochim. Acta, 151 (1989), 295.

6. M. J. Richardson and N. G. Savill, Thermochim. Acta, 12 (1975), 213.

7. M. J. Richardson, Thermochim. Acta, 300 (1997), 15.

8. M. J. Richardson and P. Burrington, J. Thermal Anal., 6 (1974), 345.

9. G. W. H. Höhne, J. Schawe and C. Schick, Thermochim. Acta, 221 (1993), 129.

10. J. D. Menczel and T. M. Leslie, J. Thermal Anal., 40 (1993), 957.

11. J. D. Menczel, J. Thermal Anal., 49 (1997), 193.

12. A. Hensel and C. Schick, Thermochim. Acta, 304/305 (1997), 229.

13. G. W. H. Höhne, W. Hemminger and H.-J. Flammersheim, Differential Scanning Calorimetry, Springer, Berlin, 1995, Chapter 4.

14. Standard Practice for Heat Flow Calibration of Differential Scanning Calorimeters, American Society for Testing Materials Standard E968.

15. J. E. K. Schawe and C. Schick, Thermochim. Acta, 187 (1993), 335.

16. M. J. Richardson, Compendium of Thermophysical Property Measurement Methods, (Eds. K. D. Maglic, A. Cezairliyan and V. E. Peletsky), Plenum, New York, 1992, Vol. 2, Chapter 18.

17. M. J. Richardson unpublished data.

18. S. M. Sarge and H. K. Cammenga, Thermochim. Acta, 94 (1985), 17.

19. G. W. H. Höhne, J. Thermal Anal., 37 (1991), 1987.

20. S. M. Sarge, E. Gmelin, G. W. H. Höhne, H. K. Cammenga, W. Hemmmger and W. Eysel, Thermochim. Acta, 247 (1994), 129.

21. Certified Reference Materials for Thermal Analysis, Office of Reference Materials, Laboratory of the Government Chemist, Teddington, Middlesex, TW11 0LY, UK.

22. Standard Reference Materials Catalog, SRM Program, National Institute for Standards and Technology, Gaithersburg, MD 20899-0001, USA.

23. F. Gronvold, J. Chem. Thermodynamics, 25 (1993), 1133.

24. D. A. Ditmars, Compendium of Thermophysical Property Measurement Methods, (Eds. K. D. Maglic, A. Cezairliyan and V. E. Peletsky), Plenum, New York, 1992, Vol 2, Chapter 15.

25. D. A. Ditmars, J. Chem. Thermodynamics, 22 (1990), 639.

26. Recommended Reference Materials for the Realization of Physicochemical Properties, (Ed. K. N. Marsh), Blackwell, Oxford, 1987, Chapters 8, 9.

27. D. W. Scott, G. B. Guthrie, J. F. Messerly, S. S. Todd, I. A. Hossenlopp and J. P. McCullough, J. Phys. Chem., 66 (1962), 911.

28. G. T. Furukawa, D. C. Ginnings, R. E. McKoskey and R. A. Nelson, J. Res. Natl. Bur. Stand., 46 (1951), 195.

29. R. E. Bedford, G. Bonnier, H. Maas and F. Pavese, Metrologia, 20 (1984), 145.

30. R. L. Rusby, R. P. Hudson, M. Durieux, J. F. Schooley, P. P. M. Steur and C. A. Swenson, Metrologia, 28 (1991), 9.

31. S. S. Chang and A. B. Bestul, J. Chem. Phys., 56 (1972), 503.

32. F. Gronvold, S. Stolen and S. R. Svendsen, Thermochim. Acta, 139 (1989), 225.

33. JANAF Tables, J. Phys. Chem. Ref. Data, 14 (Suppl. 1) 1985, 1418.

34. E. L. Charsley, C. M. Earnest, P. K. Gallagher and M. J. Richardson, J. Thermal Anal., 40 (1993), 1415.

35. E. L. Charsley, P. G. Laye and M. J. Richardson, Thermochim. Acta, 216 (1993), 331.

36. S. A. Robbins, R. G. Rupard, B. J. Weddle, T. R. Maull and P. K. Gallagher, Thermochim. Acta, 269/270 (1995), 43.

37. A. P. Gray, Proc. Proc. Fourth ICTA, Budapest, (Ed. I. Buzás), Akadémiai Kiadó, Budapest, 1974, Vol. 3, p.991.

38. W. Eysel and K.-H. Breuer, Thermochim. Acta, 57 (1982), 317.

39. R. Sabbah and L. El Watik, J. Thermal Anal., 38 (1992), 855.

40. World Health Organisation Melting Point Reference Substances, Promochem Ltd, PO Box 300, Herts AL7 1SS, UK.

41. M. J. Richardson, Thermochim. Acta, 229 (1993), 1.

42. J. M. Hutchinson, Progr. Colloid Polym. Sci., 87 (1992), 69.

43. M. J. Richardson, Calorimetry and Thermal Analysis of Polymers, (Ed. V. B. F. Mathot), Hanser, Mtmich, 1994, Chapter 6.

44. G. T. Furukawa, R. E, McKoskey and G. J. King, J. Res. Natl. Bur. Stds., 47 (1951), 256.

第 14 章
非扫描型量热法

R. B. Kemp
威尔士大学生物科学研究所,阿伯里斯特威斯,阿伯里斯特威斯,SY23 3DA,威尔士,英国(Institute of Biological Sciences, University of Wales, Aberystwyth, Penglais, Aberystwyth, SY23 3DA, Wales, United Kingdom)

当初在收到写一个关于反应量热仪的章节邀请时,我犹豫了一下,因为我只有关于 LKB/Thermometric 热传导类型量热仪方面的经验。在与朋友沟通后,结果果然不出我的意料,大多数人只对某些制造商的部分产品有实际操作经验。因此,我们想出了一个由多人一起联合完成写作的主意,这样每个人都可以根据自己的实际操作经验分享对于不同仪器的使用心得。这个主意深深地吸引了我,随后科学家独特的想法更进一步发展了这一概念,将这种由多人编辑各自"章节"合并成一章的模式定义为"管理主人所有事务的仆人"(a servant who manages all his masters' affairs)。

14.1 引言

最初本章的任务是撰写关于反应量热仪的内容,即精确测量反应热 $\Delta_r H_m$ 的仪器,严格来说测量的是反应的焓变。然而在选择了合适的测量容器的条件下,通过大多数不能在一定的范围内进行温度扫描的量热仪也能够测量其他过程(如溶解、相变、稀释等)的热量变化。因此可用非扫描型量热仪来对其命名,从而其目的就变成了测量等温条件下的实验过程。扫描量热虽然是前面章节的主要内容,但其中的某些仪器也可在非扫描模式下操作,因此有必要在此提到。后来,人们意识到了实验中"燃烧"的影响。相比于扫描量热仪而言,非扫描式的量热仪更适合于完成这种类型的实验。因此,在这个章节中也包括了扫描量热这一部分的内容。

几个世纪以来,科学进步的标志往往是设计和制造出高精度的仪器,制造这些仪器同样需要高精度的工具。而且在很多情况下,人们如果没有受过严格的训练并具有足够的耐心是很难去操作这些仪器的。在热量测量方面,最早的工作是 Black 在 1760 年左右完成的潜热和热容测量实验。当然,另外还会有许多人认为是 1783 年拉瓦锡(Lavoisier)用冰量热仪(ice calorimeter)来估算豚鼠的发热量的实验。直到 20 世纪(参见第 1 章 1.6.6 节中所提到的历史性文献),量热仪的设计和制造依旧处于实验室自制的用于特定领域的仪器阶段,这些工作通常是在实验室进行并在试验台上进行测量的,这些限制使得只有少部分拥有良好的实验设施的热力学实验室才能有条件进行量热实验。量热技术的发展使得热力学领域获得了更多重要和精确的数据,但直到最近为止其他领域的科研工作者却未曾从中获益。在20世纪60年代,随着技术的发展,仪器的灵敏度、长时间的稳定性和自动化程度都有了大幅度提高,并增加了一些新的测试功能[1]。随后,原先那些在专业实验室中设计和制造的几种不同的仪器均实现了商业化和产业化。为了将量热仪出售给缺少操作经验的科学家,仪器制造商将量热仪设计成需要尽可能少的操作和尽量多的电子控制形式以保证对用户友好。而如今这一切又因个人电脑和专业软件的使用实现了进一步的优化,只需进行简单的按键操作即可完成所有实验数据的采集和数据分析。

随着电子器件的发展和制造精度的提高,这些技术进步使得灵敏度更高的测量仪器成为可能,例如 μW 量级的微量量热仪。与此同时,量热仪的商业化也使得许多不同的学科领域特别是生理学领域的科研工作者可以借助热量测量来进行相关的实验和动力学分析。实验中只需要操作者进行适当的修正,这样一种类似"黑匣子"的方法是具有很好可行性的。不过对于初学者来说,其中的规律并不是那么容易掌握,因此我们需要在本章中进行讨论(参见14.3节和14.4节)。由于几乎所有的过程都会产生热效应,因此在实验中意识到并尽力去消除系统误差和对误差的解释显得尤为重要。

对于初次接触量热技术的人来说,首先要做的工作是需要评估市场上众多类型的量热仪中哪一款是最适合其所属的专业领域的仪器。这个选择涉及测量容器的几何形状、仪器材质与测量样品的性质、测量温度之间的匹配,其中测量温度可以是从接近绝对零度到1000 ℃范围内的任何一个温度。本章的内容主要是针对那些致力于解决所关注的问题而寻求解决方法的具有进取心的科学工作者而不是具有丰富经验的老手们,后者所了解的这方面的知识比我在这里所介绍的还要多。不过,如果他们这些老手再重新读一遍本章的内容说不定会有新的收获。

14.2 定义和解释

由于量热仪的起源和早期发展的复杂多样性的特点,导致了现在大多数同类型的仪器以及仪器部件没有统一的名称。由于对仪器的准确描述十分重要,所以选择相应的文字和/或术语就显得尤为关键。Hemminger 和 Sarge 在第1章(1.2.5节)中提出了一个量热仪的分类标准,但对于最合适的分类标准而言到目前为止依然没有形成共识。

14.2.1 直接和间接量热法

量热法主要有直接量热法和间接量热法两种[2]。直接量热法是测量体系所吸收或放出的热量,并对外部的热效应变化进行校正,而对后者的校正则大部分需要通过计算得到。在间接量热法中,热量变化是基于原先直接量热法所获的数据从非量热数据和超热力学假设(extrathermodynamic assumptions)计算得到的。其中只有直接量热法才是在热力学意义上有价值的,而间接量热法则主要应用于生命体系(见第4卷)。

14.2.2 量热仪的量程

经常用希腊字母来区分量热仪的量程。对于检测限低于 μW 范围的仪器而言,可以通过人为地在名称前加前缀"微"(micro)来进行区分。但是,这种量热仪与那些"普通的"(ordinary)以及所测量的样品体积从几微升到几立方米的量热仪在原理上是没有多大区别的。Hemminger 和 Sarge(参见第 1 章中的 1.2.3.1 节)曾反对使用术语"微"(micro),因为它难以表达清楚其所指的到底是尺寸的范围还是检测限的范围。有人担心这种反对违背了潮流发展,特别是微瓦(μW)型的仪器在操作层面上与其他那些低灵敏度大检测限的仪器存在着明显的差异。例如,可参见 14.3 节系统误差的内容。

名称以"macro"和"mega"为前缀的量热仪可能会有比较大的尺寸,而且事实上它们在设计上是用于测量大热量过程的,因此不需要较低的检测限。这些前缀也经常被用于生物研究领域中来区分实验室规模的微生物培养(macro)和工业化的发酵(mega)过程。和生物反应器一样,在量热仪的尺寸增大一倍后,虽然能否检测不是问题,但保证过程处于正确的热平衡状态却十分复杂,参见文献[3,4]。

14.2.3 绝热型和等温型量热仪

通常可以根据量热仪所用的样品容器类型(间歇式、滴定或流量)或者是在容器中进行的相关过程(例如灌注、混合等)来对量热仪进行分类。有时候也可以根据对含热量变化的描述来进行分类(例如反应、溶解等)。然而,对绝大多数量热仪进行更为基本的分类的方式是基于周围环境的控制,据其可以将量热仪分为绝热型(adiabatic)和等温夹套型(isothermal jacket)。在实际中,也通常用等温环境(isoperibol 或 isoperibolic)这个术语来替代等温(isothermal)。

按照定义,一台绝热型量热仪中的测量容器和外部环境之间并没有热交换。在理想的条件下,仪器中产生或吸收的热量 q(J)(放热 $+q$,吸热 $-q$)或热量变化速率 $\Phi = dq/dt$(W)引起体系温度的变化 ΔT,用下式表示:

$$\Delta T = q/\varepsilon \tag{14.1}$$

$$dT/dt = \Phi/\varepsilon_a \tag{14.2}$$

式中,ε_a 是比例(校准)常数,其必须通过实验来确定。但在理想条件下,ε_a 等于量热容器和周围环境的热容。对于通过绝热型量热法研究的过程而言,其在本质上必须是非等温的,温度差足够小到可以忽略不计。如果不是这种情况,则需要对其进行校正。

当量热仪的测量系统处于等温和恒压的环境时,该仪器为等温夹套型。可以通过空气槽或真空的方法使容器与其周围的恒温槽绝热分开,但这永远不可能是完美的,通常需要对其进行校正。

14.2.4 热量测量原理

从原理上热量测量仪器最多可分为三种类型(见第 1 章 1.2.5 节)。可以通过以下的方式来记录热量测量数据:(1)已知热容的容器中的温度变化;(2)用来精确补偿所关注的热效应的精确电加热器的功率;(3)通过已知热导率路径上的温度差。这三种方法分别体现在被称为热累积型(heat accumulation)、热补偿型(heat compensation)和热传导型(heat conduction)的量热仪中。在非正式场合中,对于这些类型的每一种测量方法而言,还有其他几种可以替代的术语来进行表达(参见文献[5])。

当在恒定的环境中使用热累积型量热仪时,必须针对与周围环境的热交换进行校正,这时就需要应用牛顿冷却定律(Newton's cooling law)的 Regnault-Pfaundler 关系的形式来进行热交换校正计算。尽管如此,所采用的测量原理还是基于温度的升高。与等温夹套型的量热仪相比,绝热型量热仪的原理更为简单。它们在快速过程中的应用非常出色,但不适用于由于热交换太大而不能进行精确校正的慢速过程(≥1 小时)。当然,如果没有热交换存在时,就可以避免这个问题,但这会大大地增加仪器的复杂性和由此带来的高成本。保证不存在热交换的确切方法取决于在测量过程中是否存在吸热或放热过程。

14.2.4.1 热累积型量热仪

为了记录放热过程,可以将绝热的"屏蔽层"(shield)引入到测量容器和恒温浴(或者等温块)之间的空气槽(air gap)或真空中,这种绝热的"屏蔽层"通常由表面缠绕了加热丝的薄壁金属所构成(图 14.1)。这种改进"屏蔽层"的绝热型量热仪能够更加有效地用来测量缓慢的过程以及那些与周围环境相差很大的过程,例如扫描型量热仪即属于这种类型的量热仪。有时可以用"升温型"这个术语来代替"热累积型"这个术语。

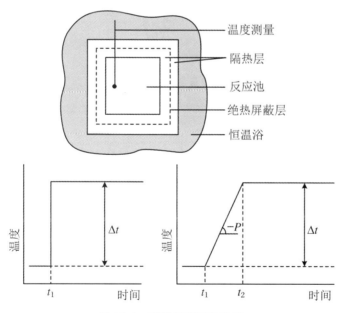

图 14.1 绝热屏蔽型量热仪

上图中给出了量热仪的设计原理。下图中左侧图为温度-时间曲线,t_1 处有一个明显的上升过程。右侧图是具有恒定的热量产生速率 P (更多情况下是用 Φ 来表示)的温度-时间曲线,曲线在 t_1 和 t_2 之间的斜率与 P 成正比(经作者和出版商许可,转载自文献[7])

14.2.4.2 热补偿型量热仪

对于吸热过程而言,可以通过向体系中引入电能的方法来平衡过程中吸收的热量以避免测量"负"热量的困难。当仪器处于等温运行状态时,过程中吸收的热量就等于在一定时间内输入的电功率。也可以用术语"功率补偿"来代替名称中的"热补偿"。

14.2.4.3 热传导型量热仪

当这种类型的量热仪工作时,在过程中所释放的热量定量地通过传输路径中的"热电堆壁"从测量容器传递到周围的散热器(常为金属块的形式,见图 14.2[5])。因此,可以通过仪器测得与相应的总热流速率成比例的性质。通过热电堆上的温度差可以给出电势差 U(其不是热力学上的内能),该电势差与来自容器的热流速率成比例,$\Phi = \mathrm{d}q/\mathrm{d}t$。在稳定的状态下,它与容器中产生的热量相等。为了与绝热型仪器的方程式(14.2)中的符号区分,有时用符号 P 来表示(但这并没有达成共识),如下式所示:

$$\Phi = \mathrm{d}q/\mathrm{d}t = \varepsilon_c \cdot U \tag{14.3}$$

式中,ε_c 是校准常数。

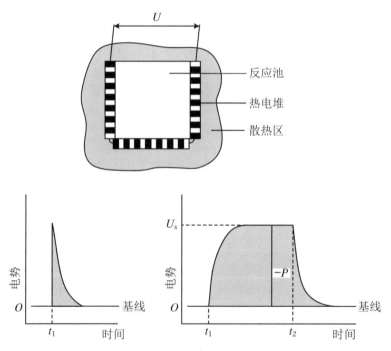

图 14.2　电堆热传导型量热仪

上图中给出了仪器的设计原理。下图中的左侧图是电势-时间曲线,在 t_1 处有一个较小的热脉冲。下图中的右侧图是具有恒定热量产生速率 P(通常用 Φ 来表示)的电压-时间曲线,t_1 与 t_2 之间基线的位移量与 P 成正比,这两种情况下释放的热量都与曲线下的面积成正比(引自文献[7])

当 ΔT 和 U 随时间发生变化时,容器内的热含量也随之发生变化,可用下式的形式表示:

$$\Phi = \varepsilon_c \cdot (U + \tau \cdot dU/dt) \quad (14.4)$$

式中，τ 为仪器的时间常数。

式(14.4)通常称为 Tian 方程。在理想状态下，时间常数可以定义为下式的形式：

$$\tau = C/K \quad (14.5)$$

式中，C 是容器的热容量，K 是通过热电堆的热导率。需要注意的是，式(14.4)建立在容器内不存在温度梯度的假设条件基础上的[1,7]。如果存在温度梯度，则式(14.3)和式(14.4)应该由以下简化的表达式来反映：

$$q = \varepsilon_c \int u \, dt \quad (14.6)$$

上式中，假定了初始和最终的积分时间 t 所对应的热电堆电势相同（通常为基线值，$U=0$，见文献[1]），与绝热型量热仪相关的式(14.1)和式(14.2)不同，式(14.3)和式(14.6)与容器或反应体系的热容无关。当体系处于非稳态时，容器中产生热量的表达式(14.3)取决于时间常数，而式(14.5)则取决于量热系统的热容和热导率。

14.2.4.4 珀尔贴效应

如前所述，引入热屏蔽层有利于使用绝热型量热仪来测量缓慢放热的过程。对于热补偿型量热仪而言，放热过程中仪器内的热电冷却器可以利用珀尔贴效应（Peltier effect）将其中产生的热量排出，并据此计算相应的数值[7]。一个合适的热电堆（半导体珀尔贴效应冷却器）被放置在容器和恒温浴之间的空气槽或真空中（如图 14.1 所示）。热电堆中每个连接处所产生的冷却效果与流经它的电流成正比。实际上，这种效应可以叠加在通过加热器产生的焦耳热效应上。也可利用其他的方法代替珀尔贴效应进行冷却，这些方法主要包括：(1) 使固体熔化；(2) 使液体气化；(3) 冷却液体或气体的流动（通常用于整体式量热法（whole body calorimetry））。

14.2.5 单容器和双容器式量热仪

热累积型和热补偿型量热仪通常只由单个容器构成[7-9]。1845 年，焦耳首次在实验中引入了双容器式的结构，现在这种结构形式经常应用于热传导型量热仪。当用微量量热仪来测量缓慢的热效应过程并希望获得较高精度数据时，这种结构形式是必不可少的。在这种仪器中，两个容器的排布方式完全相同，但检测单元对它们给出相反的差分信号，因此可以避免外部的干扰，测量系统可以保持长时间的稳定。当一个容器内有反应发生时，在另一个容器中将同时运行相应的对照实验或空白实验。

如前面 14.2.4 节中所述，当实验容器内发生反应并产生了热量时，为保证两个容器具有相同的温度，可以通过向参比容器中输入电功率的方式来进行补偿[9]。这样的方法可以去除量热系统所受的干扰。Calvet 和 Prat[10]根据反应吸热或放热的特性分别采用了焦耳加热和珀尔贴冷却的方法来保持系统稳定，以便实现零温度差变化并消除由等温套管的温度波动引起的不利影响。

14.2.6 封闭式和开放式量热仪

在一个封闭的反应容器中，其体积是恒定的，因此热量的变化是内能的变化，$\Delta U =$

$\Delta H - p\Delta V$。在开放式的量热仪中,实验容器处于大气压力下,因此测量是在恒定的压力下进行的,由此所记录的热量增加或损失即为焓的变化。

14.2.7 间歇式和流动式量热仪

在许多量热仪的实验过程中,量热系统的两个或多个组件必须相互紧密配合才能使仪器启动。触发的手段有很多种,如果开始时反应物被隔离在容器的不同部分,则该仪器被称为间歇式量热仪[11,12],然后通过旋转装有合适的参比容器的散热器组件(适当装填内部的容器),或者通过打破安瓿,或者通过注入反应物和催化剂的方法来进行混合。当然,在这些情况下,所有的反应物都会立即混合以进行单次的测量。另外,通常使用连接到间歇式容器的马达驱动的自动滴定管和注射器来实现对某一组分的逐步添加(不连续滴定)。由于反应的速率通常较快,因此仪器往往是绝热型的(实例参见文献[13])。类似的设计原理也被应用在了连续滴定的量热法中[14]。

自 LKB 公司首次制造出商业化量热仪以来的30年间,流动式反应容器已经变得越来越普遍[15]。现在,可以流通的容器主要用于细胞悬浊液[16,17]和固体吸附反应[7]的研究。另一方面,混流式容器可用于化学热力学中的稀释和反应焓的实验。与容器中液体的停留时间相比,反应时间必须很短。尽管有这种限制,该方法还是具有可以在可能存在蒸馏效应和气相组成变化的间歇式容器中进行混合的优点。

在使用间歇式容器进行数据采集时,大多倾向于较慢的方式,这是因为在加入样品后需要较长的平衡时间。如果实验体系合适,则可以考虑使用较快的停留或者滴定技术。

14.2.8 化学动力学

尽管大多数量热实验是以热力学研究或一般分析为目的的,但是越来越多的研究将其应用到了化学动力学领域中。动力学数据的准确处理主要取决于用来获得结果的仪器的基本设计类型[9]以及传统意义上的反应体系的状态。对于具体的操作方式而言,读者可以参考 Beezer 和 Tyrrell 的著作[18],他们为热传导型流动微量量热仪设计了一套动力学数据处理方法。现在,关于这些数据的动态校正也有了一个坚实的基础[19]。最近,Hansen 等人[20]详细地介绍了如何确定热传导型量热仪的动力学参数的方法。Willson 等人[21]则对此进行了更加深入的探讨,他们主张在热流与热量输出图中使用迭代方法来确定反应的速率常数、反应级数以及熵和焓的变化。此后,又有人提出了第二种分析方法,可以用这种方法来确定反应程度[21]。在本章的14.3节中将对此问题进行全面的介绍。

14.3 系统误差

相比于其他类型的大多数测量而言,量热测量过程中出现的系统误差可能会更加明显。这是因为在量热实验过程中以及实验的准备阶段都伴随有热量的变化,尽管我们希望得到精确的数据,但误差仍然难以避免。虽然这并不是为了尽量减少重要的随机误差,当然这些可以通过常规的统计方法来进行处理。在对热效应进行估量时最大的问题是:热是一种没有"色彩"、没有"光谱"的现象,来自外部的热不能通过被"过滤"而识别出来,甚至在多数情况下的热量变化都难以被察觉到。许多物理和化学过程会伴随有相当大的热量变化,在设计实验时需要考虑这些变化的热量首先要在量热仪的测量范围之内。当然,在微量量热法中由大量的杂散效应所引起的风险要比那些涉及较多热量变化的过程更加严重[7,9]。在大多数情况下,这些误差小到可以忽略不计,可它们有时却会造成严重错误的结果,从而误导科研人员。正如 Wadsö 多次指出的那样[1,5,7,9],所有的量热科学家都应该意识到发生这种错误的可能性,并准备好执行适当的校准程序来解决这些问题。现在,大多数的仪器制造商均为他们的仪器配备了电学式校准加热器,在某些情况下,通过这种插入式的加热器能够为实验测量带来更高的精确度。然而某些容器虽然是按照实验的需要来设计的,但它们并不允许进行准确的电学式校准操作,而必须通过化学反应来进行校准。事实上,即使有时这种操作并不是绝对必要的,但这也是一种很好的做法。

14.3.1　机械效应

在测量容器中搅拌液体或通过整个容器的旋转进行搅拌的过程中,均会引起摩擦热。现代搅拌装置的电动机足够稳定,它所产生的热效应足够小,因此一般可以在之后的校准中消除。但是在间歇式微量量热仪中,即使是差示型的反应容器,在旋转几次后也会产生大量的难以重现的热量,不利于后面的校正。

在反应量热法中,通常通过机械方式启动一个实验过程。例如以打破安瓿或转动阀门的方式,但这两种操作都会引起相当大的热效应(<50 mJ)。如果这个热效应的数值与反应焓相比很小,例如对于"正常尺度"的量热中的反应而言,这种热效应就可以被忽略。但是在"微观"尺度上这可能是不现实的,因为这样缺乏再现性甚至可能会妨碍实验的顺利进行。

在实验中,必须考虑到流动式量热仪中的摩擦效应。流动液体因摩擦而产生的热效应会随着流速增加而迅速增加[15],并且还会受到测量过程中黏度变化的影响。例如,在高分子的聚合过程中[9],或者在生物反应器中将微生物或动物细胞泵入到测量容器中时,黏度会随着悬浮液中细胞的密度变大而增加。对黏度随时间的变化进行修正更加困难,但最终的非反应性混合物必须通过与初始状态对比来进行评估。

14.3.2　蒸发和冷凝

水虽然在实验中普遍存在,但必须清醒地认识到,它的蒸发焓是非常高的。在 25 ℃ 时,水的蒸发焓为 43.9 kJ·mol^{-1}[9],我们必须充分地认识到由它所带来的影响。显然,在实验测量过程中不允许发生不受控制的蒸发或冷凝过程,同时要避免泄漏,但主要的问题是在含有气相的间歇式量热仪内发生的汽化现象。在许多情况下,气相的存在是为了使混合更彻底。在这种情况下,采用精心设计的双容器结构形式可以避免气相的影响。尽管如此,我们还是需要认识到,尽管给定的间歇式混合技术是一种较好的技术,但是容器的蒸馏效应和气相组成的变化可能会使结果发生严重的偏差（参见 Spink 和 Wadsö 的讨论，见文献[9]）。由蒸发引起的冷却效应对于当前制造的一些最新类型的安瓿瓶量热仪来说可能是一个值得注意的问题，特别是当其中分散有具有呼吸作用的生物体、或者有吸附作用的材料、或者有滴定的（生物）化学反应时[22]。容器通常处于充满的状态，但是如果需要顶部空间存在气体相，那么在将容器降低到第一个"平衡"位置之前，它都是与水相相饱和的。

如果两种水溶液在摩尔组成上有很大的差异，则出于蒸馏效应的存在会在容器内形成一个显著的温度梯度，此时不能考虑用气相进行混合实验。将挥发性有机物在量热仪的容器中与气相共存也是错误的操作。这两种类型的实验都应该使用无气相流动式量热仪。

14.3.3 气体反应组分

对于许多在液相中发生的反应而言，在反应时可能会产生气体并与液相相平衡。如果允许气体离开量热反应容器，则会有相当大的蒸发量。计算结果表明，在 37 ℃时和在 25 ℃时每摩尔气体离开容器时都伴随有吸热过程，其焓变分别为 2.68 kJ·mol^{-1} 和 38 kJ·mol^{-1}。该现象对于测量的准确性来说可能是一个相当大的问题，即使是像空气等干燥的气体被泵送通过水系反应物时，也会产生类似的效果。在开始阶段，气体必须溶于水并且处于饱和的状态，但即使如此，使用具有精心设计的湿法换热器的容器也很难完全消除蒸发或冷凝的影响[9,22]。不过如果是为了满足气液实验体系的要求，则可以采用一些特殊的办法（相关的实例可以参见文献[23]）。在至少一种情况下，量热仪被设计成可以专门用于研究气体化合物与溶液中物质的反应焓变的形式，并同时用高灵敏度的差示压力计测量气体的吸收量[24]。

如果在实验过程中溶解在溶液中的气体物质的量发生了变化，则必须考虑气体溶解的焓变。以一个具有呼吸作用的生物体系为例，在 25 ℃时，氧气溶解在水介质中焓变为 -15.9 kJ·mol^{-1}。显然，在设计实验时考虑到其他与此类似的情况是十分重要的。

幸运的是，在用热流型量热仪测量泵入的气液混合物流经容器时，不太容易受到在本节中所描述的问题的影响。

14.3.4 吸附

在量热技术进步到可以测量 μW 范围的阶段之前，物质与量热仪容器器壁之间的相互作用这个问题并没有受到太多的关注。可能是因为器壁面积与所测热量的比值较高，而样品在器壁上的吸附和脱附过程又会引起热效应，从而产生测量误差，因此测量容器室材料的选择显得尤为重要。研究人员很快就认识到，这个问题不仅仅局限于复杂分子（例如环化合物）与具有化学活性的材料制成的容器壁（例如由金属材料所制成）之间的相互反应，还有其他的一些问题，例如 NaOH 和 HCl 在玻璃容器内进行中和实验时器壁会对 Cl$^-$ 产生吸附[11]。有研究发现[9]，即便使用 18K 金制成的容器装盛 0.5 mol/L 的 KCl 溶液，依然会产生盐的吸附作用。Spink 和 Wadsö 的研究[9]结果表明，在吸附过程中会产生相当大的放热效应，热量约为 6 mJ。他们还指出，其他的一些反应也同样具有很大的焓变,导致无法使用间歇式的反应容器进行精确的量热实验,除非用特定的反应介质进行严格的洗涤操作。与含有离子的溶液一样,纯水也会有这个问题,因此对纯水来说这也是必需的。但从某种意义上说,如果认为只有那些具有高度相互作用的分子才会显示出吸附行为,那么吸附是一种难以预知的现象。另外,使用双容器系统中的参比容器来消除这种作用的影响的做法似乎也不太可靠。更令人感到烦扰的是,一些具有生物活性的分子结合到壁上却不产生热效应,即使经过多次洗涤之后其仍保持对细胞的活性,例如与纯度为 18K 的黄金结合的植物糖苷乌本苷(plant glycoside ouabain)即属于这种情形[5]。

一般来说,在连续的流动式量热仪中不会出现吸附现象,这是因为在实验开始时,在流动的管壁上吸附位置就已被反应物质所占据[7]。当仪器处于稳定状态时,吸附过程没有任何净效应。

活细胞由于倾向于黏附在器壁上而使量热实验受到阻碍[5]。然而,由于黏附过程在本质上是亲水性的,因此可以利用这点来设计合适的容器以使这种影响最小化。在使用流动式量热仪研究生物细胞时,也会出现一些特殊的问题。不过可以通过采用适当的方法来改善这些问题,采用的方法通常主要包括将其与充满了培养基物质的空气气流混合而将细胞流制成悬浮液等。

14.3.5 电离反应和其他副反应

在使用量热法测定化学反应焓的热力学实验中,通常要对结果进行校正以给出理想化的数值[9]。这需要进行额外的实验并结合先前已知的实验数据。例如,在许多情况下,缓冲介质需参与到量热仪的整个测量过程中,这是因为反应会涉及质子或氢氧根离子的吸收或释放过程。当然,对于不同的缓冲液来说,其电离焓的差别很大,必须根据已经公开发表的数据来对实验进行适当的调整。在生物大分子的反应过程中,通常会在较大的程度上涉及缓冲液的酸碱平衡。此外,缓冲液的参与可能会使这个原本易识别的现象转变成为复杂分子的直接相互作用,导致它们的分子结构发生空间的变化,产生出不同的结合位点,例如变性过程。

14.3.6 不完全混合

在使用间歇式量热仪进行实验的过程中,整个容器会在量热系统中发生旋转。为了确定可能发生的摩擦效应,人们通常会在反应发生之后进行第二次的旋转[9]。当然,这种做法也会由于混合不完全而产生异常的热量变化。如在 14.3.1 节中所述的那样,现代的搅拌器已可以实现非常稳定的工作,并且能够确保单次和多次注射反应量热实验中的完全混合操作,同样可以适用于生物材料的灌注研究。

在流动式量热仪中,经常出现的系统误差对于具有混合功能的容器来说也是较为常见的[9]。搅拌器并不总是处于混合的工作状态,因此该过程的效率取决于其中的湍流作用,而且这种类型的操作推荐使用相对较慢的流速,因此过程的效率会较低。由于它仍一直处于正常的稳定状态,因此混合不完全难以在量热信号中显示出来。对于低黏度的混合溶液来说,混合不完全通常不是一个严重的问题,但是它往往对高摩尔浓度的溶液或黏度较大的溶液造成较大的影响[15]。在这种情况下,应该通过适当调整反应混合物中组分的浓度($mol \cdot dm^{-3}$)和混合物的流速来进行实验。

14.3.7 慢速反应

慢速反应是间歇式量热仪中系统误差的可能主要来源,这类仪器的结构主要为等温夹套型(见14.2.3节)。然而,对于连续流动型的量热仪而言,重要的是在液体离开容器之前反应需进行完全或者反应处于稳定状态或者为零级反应[9]。当使用流动混合型的容器进行缓慢的反应时,将会面临很大的困难,这是因为反应物在离开容器后仍会有大量的热量产生。实验时,应以不同的流速进行实验,这样反应物的混合时间就会不同。对于速率缓慢的反应而言,表观的反应热将会随流动速率而发生改变。

14.3.8 仪器设计的变化

科学家经常会根据自己的研究工作对所使用的不同种类的仪器进行调整。在大多数情况下,这些改进对测量结果的影响是显而易见的。但是,绝大多数情况下的量热仪却不是这样的。由于热过程的发生与测量点之间的关系是非常复杂的,在很多方面是经验性的,因此对仪器做的微小调整也可能会造成难以预估的影响。量热容器在量热仪中的放置位置要考虑许多因素,但这种设计也经受住了许多实验的检验。在允许的不确定度范围内,由它们都能给出很好的实验结果。在某些实验方案中,会对量热仪做出一些改进,但即使是非常微小的调整,也意味着需要进行一系列的测试来确定它们对仪器测量的热量结果的影响。在校准时,需要使用电学法和化学法进行相关的校准(见下面相关的内容)。

14.4 测试和校准方法

在上一节中,我们介绍了在量热过程中许多常见的系统误差。出现这些误差的原因是由于在物理过程以及化学过程中总是伴随着热效应的产生而引起的。这意味着这些仪器在被应用于一般过程以及特定的热力学过程中时,在使用和维护过程中必须非常小心[7,9]。仪器的灵敏度越高,在使用过程中就越需要注意。然而,即使一台量热仪器是应用在热分析测试过程中而不是用来进行热力学分析的,在定期检查过程中也需要对其进行校准[1]。

除了燃烧量热仪(参见14.10节)之外,现在使用的其他仪器都是通过电学方法进行校准的(利用焦耳加热效应),而它们通常是由厂商提供的自动校准装置实现的。这种方法在设计和使用上都很简单,这样做的目的主要是方便用户在其日常测试中加以应用。这通常是一种准确性很高的简易方法,即使应用于最微观的测量中也可以得到合理的结果。尽管以前一直使用这种方法,但是电加热并不一直是最合适的方法。造成这种现象的原因可能是生产厂商并未严格按照要求进行校准或者不得不因为设计的原因而做出一些必要的妥协。还有一种可能是,用户选择性地对仪器进行了相应的修改。对于后一种情况而言,现在已经可以制造,或者说在一定的情况下,可以购买一台浸入式加热器进行测试[7]。否则,在这种情况下,明智的量热学家 Wadsö 建议特别留意并选择合适的化学校准物质,作为校准方法的一种有效补充[1]。当使用同一种容器时,这种校准方法可以被用来验证仪器的状态。但是当容器发生改变的时候,就必须对其进行重新校准。在流动量热法中,化学校准方法是最常用的。因为在这种情况下很难去对一个加热器进行精准的定位,进而无法反映从大量液体到测量点的热量传递。据测量,靠近流经反应容器的电加热位置与流经容器的反应溶液的焓变之间的差异可以达到20%[1]。

很明显,选择用于校准量热仪的化学反应取决于所研究的反应类型。常见的中和反应是将一种过量的强酸(例如 HCl)加入到一种过量的强碱(例如 NaOH)溶液中,在零离子强度的时候 $\Delta H = 55.795 \text{ kJ} \cdot \text{mol}^{-1}$[9]。不幸的是,在酸和碳酸氢根离子反应时所产生的 CO_2 会影响整个反应,从而导致错误的反应结果。在 HCl 与 NaOH 的反应体系中,在反应容器中 NaOH 总是处于过量的状态,以避免任何形式的碳酸盐存在于反应的混合物中。校准用的溶液必须使用不含 CO_2 的水来制备,并且在反应过程中尽量避免吸收 CO_2。应该指出,任何强酸与碱之间的反应可能都会出现这种情况,例如相比于 HCl,我们有的时候会更加倾向于选择高氯酸。因为在使用 HCl 时会出现较大的稀释放热和腐蚀问题,而使用高氯酸则可以避免这些问题。另一种是缓冲溶液 Tris 的质子化过程,它的 $\Delta H = 47.50 \text{ kJ} \cdot \text{mol}^{-1}$[11]。Tris 的反应也会受到 CO_2 的影响而产生较大的误差。因为碳酸盐是一个比所用的缓冲液的碱性更强的物质,这种误差只能通过在缓冲区中加入 Tris 来避免。

正丙醇在水中的溶解是一种可靠的校准方法[26]。在形成无限稀的溶液时所需要的溶解焓(单位为 $\text{kJ} \cdot \text{mol}^{-1}$)如下式所示:

$$\Delta_{sol} H_m = a + bT + cT^2 \tag{14.7}$$

式中,$a = 123.76$,$b = 0.5528$,$c = 5.762 \times 10^{-4}$。当温度范围为 288~348 K 时,测量结果的不确定度 $\leqslant \pm 0.03 \text{ kJ} \cdot \text{mol}^{-1}$。由于在这个过程中产生了较多的热量,因此可能更加有利于正丙醇水溶液的稀释过程[26]。当温度为 298.15 K 时,假设最终浓度小于 $1.4 \text{ g} \cdot \text{m}^{-3}$,则 1 mg 的 10%(w/v)的正丙醇水溶液的稀释焓是 $(2.570 \pm 0.015) \text{ kJ} \cdot \text{mol}^{-1}$。

在反应量热法的测量过程中,可以由滴定法同时测定平衡常数(K_C)和反应焓的变化($\Delta_r H_m$)。在通常情况下,Ba^{2+}(aq)对 18-冠-6(1,4,7,10,13,16-六氧杂环辛烯)(18-crown-6(1,4,7,10,13,16-hexaoxacyclooctadene))的结合过程可以用于合适的体系校准[26]。在量热容器中,冠醚的浓度在 1~10 $\text{mmol} \cdot \text{dm}^{-3}$ 之间变化,Ba^{2+} 溶液的浓度在 10~100 $\text{mmol} \cdot \text{dm}^{-3}$ 之间变化[26]。在 298.15 K 时,得到结合比例为 1:1 的过程的参数值为:$K_C = (5900 \pm 200) \text{mmol} \cdot \text{dm}^{-3}$,$\Delta_r H_m = -(31.42 \pm 0.20) \text{kJ} \cdot \text{mol}^{-1}$,热容 $\Delta C_{p,m} = -126 \text{ kJ} \cdot \text{K}^{-1} \cdot \text{mol}^{-1}$。在该过程中,不存在浓度依赖性的现象。

溶液量热法合适的测试过程是在浓度为 15%~25%(W/V)的蔗糖水溶液条件下将溶液进行稀释[26]。那些爱吃甜食的人知道这样的溶液是非常黏的,并且很难在诸如流动溶液的容器中与水进行快速、均匀的混合。另一方面,这种困难可以变成一个优势,该过程可以用来作为评价混合、搅拌效率的一个依据。焓值可以表示为如下的形式(可以在表 14.1 中查阅得到等式中常数 A 和 B 的值):

$$\Delta_{dil} H_m = A \cdot (m_f - m_i) - B \cdot (m_f^2 - m_i^2) \tag{14.8}$$

式中，m_i 和 m_f 分别对应于蔗糖溶液的初始和最终浓度($mol \cdot kg^{-1}$)。如果常数 A 和 B 可以分别由相应的温度依赖性的如式(14.9)和式(14.10)所示的函数关系式所替换，则可以计算得到不同温度下的 $\Delta_{dil}H_m$ 值。

$$A(T) = -843.9 + 4.719T \tag{14.9}$$

$$B(T) = -389 + 2.47T - 4.5 \times 10^{-3} T^2 \tag{14.10}$$

通过这些方程可以准确地预测出 $\Delta_{dil}H_m$ 的值[7]。

表 14.1 蔗糖水溶液式(14.8)中系数 A 和 B 的数值

T/K	$A/J \cdot kg \cdot mol^{-2}$	$B/J \cdot kg^2 \cdot mol^{-3}$
293.15	539.3	28.94
298.15	563.2	29.50
303.15	586.6	29.62
310.15	619.6	29.66

注：数据来自文献[7,26,27]。

如前所述，我们很难用电学的方法来准确地校准流通的容器。Wadsö 和他的同事[1,7,26,28]在研究中指出，在咪唑-醋酸的缓冲液中进行三乙酸甘油酯的水解过程是一个可以用来解决这一问题的合适的测试以及校准的体系。在表 14.2 中列出了五种具有不同热效应的混合物，其所产生的热量范围在 $5 \sim 100 \mu W \cdot g^{-1}$ 之间。在环境温度不变的情况下，这些变化是非常缓慢的。在产生的热效应很低($540 \mu W \cdot g^{-1}$)时，其与时间变化成线性关系。可以由以下形式的二次方程来表示热效应和时间的关系曲线：

$$\Phi = a - bt + ct^2 \tag{14.11}$$

式中，t 是时间，a、b、c 都是常数，温度为 $25 \sim 37$ ℃时的热效应值列于表 14.3 中。根据式(14.11)所预测的热效应的数值在至少 20 小时内的精确度小于 1%。由于热量的减少速率很慢，因此没有必要考虑时间测量的精度问题。然而，温度系数相当高。温度每变化一度时，$d\Phi/dT$ 会变化 5%～10%。当总体温度低于 -20 ℃时，在保存时反应的速率会变得相当慢，由此导致产生的热效应降低很少(每月下降 2%)。

表 14.2 三乙酸甘油酯测试溶液的组成

溶液	缓冲液组成：一定量的酸酸加入至咪唑溶液中[a]	样品溶液：一定的三乙酸甘油酯加入至 100 g 缓冲液中
A	10.00	10.000
B	16.00	5.000
C	18.00	3.600
D	20.00	3.600
E	24.00	3.600

注：a. 将 27.23 g 咪唑加入 100 g 的水中进行配制得到的。

引自文献[26,28]。

表 14.3　三乙酸甘油酯混合物反应体系式(14.11)中常数的值

样品溶液	T/K	$a/\mu W \cdot g^{-1}$	$10^4 b/\mu W \cdot g^{-1} \cdot s^{-1}$	$10^{10} c/\mu W \cdot g^{-1} \cdot s^{-1}$
A	310.15	90.66	3.63	8.1
A	298.15	34.32	0.62	1.2
B	310.15	35.35	1.16	2.3
B	298.15	13.35	0.26	1.0
C	310.15	21.80	0.79	3.5
D	310.15	16.00	0.45	1.1
D	298.15	5.19	0.08	0.4
E	310.15	7.25	0.16	0.5

注：引自文献[26,28]。

目前还有其他几种很典型的可以用来测试和/或校准量热装置的方法。尿素在稀释时引起的吸热过程[8]是一个有用的方法。另外，在将固体加入到液体过程中，例如将 KCl 加入到水中进行溶解的过程（吸热）[26]以及将三羟甲基氨基甲烷固体加入到 HCl(aq)（放热）中进行溶解的过程都是可以用来进行校准反应的。氧气在水中的溶解是一个可以用来校准仪器的比较好的体系，在此过程中，一小部分气体可以溶解于水中[7]。用于在水中溶解少部分可溶液体的反应的测试体系是用苯[30]来完成的。另外，其他的可用于特定条件下的测试目的的反应在文献[5,7,9,26]中给出。

用放射性的分子进行校准是一种十分理想的校准技术，并且几乎不需要太多的准备时间(不需要清洗!)。但是，由于放射性的物质具有严格的操作和使用规范，因此在实验室中很难得到大面积的推广应用。

14.5　量热科学公司以及相关的量热仪

L. D. Hansen[a], D. J. Russell[b], E. A. Lewis[a,b]

a. 布里格姆杨大学化学与生物化学系，普罗沃 UT 84602（Department of Chemistry and Biochemistry, Brigham Young University, Provo, UT 84602）；

b. 量热科学公司，515 E. 1860 S.，普罗沃，UT 84606，美国。（Calorimetry Sciences Corp., 515 E. 1860 S., Provo, UT 84606, USA）

14.5.1　简介

商业化生产的第一台精密的量热仪是在 1966 年由 Tronac 公司所制造和销售的，这是一家位于美国犹他州的公司，其研发工作主要在 Brigham Young 大学完成。另一家极具竞争力的公司 Hart 科技公司在 1978 年由 Roger Hart 成立，这是一家生产并销售精密的温度控制仪、等温槽、温度计和量热仪的公司。1993 年，这家公司成立了一家子公司，即量热科学公司（Calorimetry Sciences Corporation，简称 CSC）。

CSC 公司目前生产的量热仪主要利用三种量热方法进行量热，即热累积法、热补偿法以及热传导法(可以查阅本章中的 14.2.4 节以及第 1 章中的 1.2.5 节了解更多的内容)。CSC 公司出售的量热仪主要有温度扫描型量热仪以及等温型量热仪两种类型,这些仪器可以在较宽的温度范围内进行固体、液体以及气体的量热实验。

除了特殊应用领域的量热仪之外,CSC 还出售六种不同型号的常用的量热仪:

(1) 一种差示等温热传导型量热仪,除了可以用于热活性监测,还可以配备各种反应容器来进行流动、流动吸附、间歇式和增量滴定(incremental titration measurement)测量(型号为 CSC 4400)。

(2) 四个量热容器的差示热传导型量热仪,可以在等温或扫描模式下进行操作(型号为 CSC 4100)。

(3) 高灵敏度的温度差示扫描量热仪,可以实现对溶液的热容测量(型号为 CSC 5100)。

(4) 系列大尺寸的等温溶液量热仪,可以用于测量在溶液中反应的焓变,使用的方法主要有间歇式增量滴定法和连续滴定法(型号为 CSC 4300)。

(5) 一种差示等温热传导型滴定量热仪,用来进行增量滴定,滴定的溶液体积单位通常是亚毫升量级(型号为 CSC 4200)。

(6) 一种在等温环境下工作的热补偿式流动量热仪,主要用于测量流体的混合热(型号为 CSC 7500)。

在接下来的内容中,将详细介绍上述的每一种量热仪。

14.5.2 仪器

14.5.2.1 CSC 4400 型大体积等温热传导型量热仪

4400 型等温量热仪是由 Tronac 公司的 350RA 型号发展而来的,Hart 科学公司的 7708 型差示热传导型量热仪最初的设计目的主要用来测量不同种类电池的热量[31]。CSC 4400 型等温热传导型量热仪(图 14.3)的反应室的尺寸可以在较大的范围内变化,体积从几立方厘米到 500 立方厘米,标准尺寸约为 70 立方厘米。量热测量系统是由铋以及碲化物的温差热电堆所制成的,在标准尺寸下的测量上限温度是 100 ℃,或者在特制的温差热电堆的尺寸下,上限温度可以达到 200 ℃。该量热仪可以方便地在 −40 ℃ 的低温下进行工作。如果可以有效地预防水蒸气的冷凝现象,则仪器的工作温度可以更低。在室温并在标准尺寸条件下,基线的噪声低于 0.1 μW(曲线的峰-峰值)。当操作温度不同于环境温度并且逐渐上升时,或者当样品量上升至高于 100 g 的时候,噪声也会随之增加。仪器工作的环境温度应该保持恒定,最好能够稳定在 ±1 ℃ 之内。在所有的反应容器室内都有电学校准单元,并且可以在多年内保持不变。这种仪器主要是用来测量电池的老化速率[31,32]、有机材料[20,33]和爆炸物的分解速率(未发表的研究结果)以及新陈代谢速率[34]。在所有的测量过程中,样品可以被直接加入到量热仪中,也可以先被放入到密封的安瓿瓶中,再放入到量热室中。在实验时,可以通过插入单元来进行液体流动、流动吸附、气体吸附、间歇反应以及增量滴定的测试,一些插入单元的结构示意图如图 14.4 所示。这种类型的量热仪可以配置一个或三个测量容器,以及一个公用的参比容器。

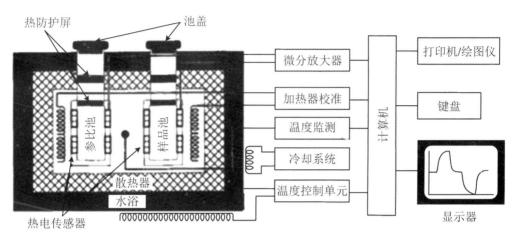

图 14.3　CSC 公司的 4400 型等温微量量热仪结构示意图

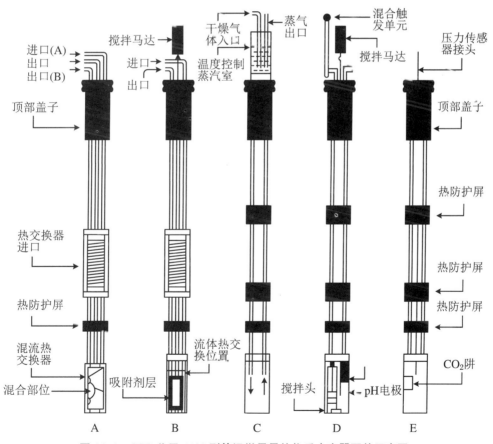

图 14.4　CSC 公司 4400 型等温微量量热仪反应容器配件示意图

插入单元：A. 流动反应；B. 流动吸附；C. 蒸气吸附；D. 间歇式反应以及增量滴定；E. 呼吸量热法

14.5.2.2　CSC 公司 4100 型差示扫描量热仪

4100 型多池差示扫描量热仪最初起源于 Hart 科学公司的 7707 型 DSC 仪,该仪器大致上是基于 DSC 的设计,设计者包括 Ross、Goldberg[35] 以及 Suurkuusk 等人[36]。CSC 4100 型量热仪是一种温度扫描的热传导型量热仪(图 14.5),该仪器也可以在等温的条件下工作。样品都是放置在 1 立方厘米、可拆卸的安瓿瓶中的。这种量热仪具有三个样品室,一个参比物放置室。安瓿瓶通常是由哈斯特合金 C(Hastelloy C)制成的,这种材料具有良好的耐化学腐蚀性质,并且对生物材料不具有反应活性,口软上,它们也可以由很多其他种类的材料包括玻璃等制成。

这种仪器的控制以及数据的采集和分析都是由仪器的集成电脑控制的,其与 IBM 的台式电脑兼容。

在等温模式下,热量变化速率的信号稳定在 $\pm 0.2\ \mu W$ 之内,在安瓿瓶移动和替换过程中,实验的可重复性在 $\pm 2\ \mu W$ 范围之内。在进行温度扫描时,其重复性也与此类似。在不移动安瓿瓶的情况下,进行连续扫描的时候可以实现 $\pm 1\ \mu W$ 的可重复性。当操作温度从环境温度开始发生改变时,噪声和不可重复性只会发生微小的增加,但热量变化速率的绝对不确定度会快速增加,此时需要一个外部的恒温装置以及可循环流动的液体。基线的噪声取决于工作环境的温度、循环液体的温度以及对操作环境和循环液体温度的控制性能。

仪器的可操作温度范围是 $-40\sim 110\ ℃$,但是其上限温度也可以达到 200 ℃。温度扫描速率的变化范围可以从 $1\ ℃ \cdot h^{-1}$ 到 $120\ ℃ \cdot h^{-1}$。在这种仪器中,温度扫描速率是温度的二次函数,数据可以从扫描中获得,在 $\pm 0.1\%$ 的范围内是可以重复的,这个范围在上、下两个方向都是可以控制的。在所有的样品室内都有电学式的校准装置,校准常数也是温度的二次函数,并且可以在多年内保持稳定。

这种仪器主要可以用来研究生物分子和分子组合体的相变,例如蛋白质和磷脂双分子层的相变。最近的研究结果表明,这种仪器可以应用于新陈代谢热速率的研究中,可以参阅文献[37,38]。另外,在材料降解中的应用可以参阅文献[39],反应速率的研究可以参阅文献[40]。除了以上的研究之外,还可以用于聚合物材料、有机材料以及无机材料等的相变过程的研究。相变热在 $\pm 1\%$ 以及 $\pm 20\ mJ$ 的范围内是可以重复的。在等温的条件下,这种仪器通常被用来测量植物和动物组织以及不同种类的细胞培养物的新陈代谢热速率,相关的实例可以参阅文献[37,38,41]。另外,还可以用来测量有机材料[39,40]以及爆炸物(未发表的研究)的降解速率研究。通过插入单元可以用来实现样品气体交换的研究[42]、蒸气吸附的研究[43]。对于测量来说,15 MPa 的压强是可以实现的,实例可以参阅文献[40,44],如图 14.5 所示。另外,高压安瓿瓶也可用于扫描模式中。

14.5.2.3　CSC 公司 5100 型差示扫描量热仪

在最近的一篇论文中 Privalov 对 5100 型的纳瓦 DSC 进行了较为详细的介绍[45],其结构示意图如图 14.6 所示。这种仪器是一类等温的、热补偿型的、温度差示扫描型

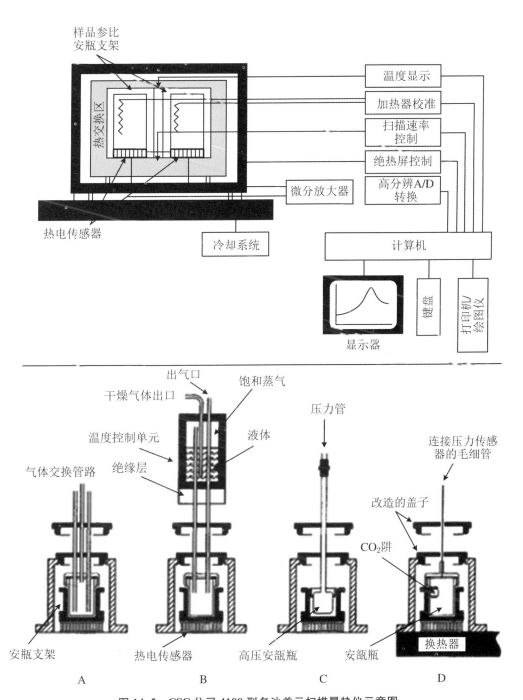

图 14.5　CSC 公司 4100 型多池差示扫描量热仪示意图
可以用于 DSC 的特殊安瓿瓶有：A. 气体交换；B. 蒸气吸附；C. 高压；D. 呼吸量热法

的仪器,其配置有一对固定的金质毛细管容器以及半导体传感器。量热仪的量热块是由热电装置来进行加热和冷却的,但是循环冷却的水浴不是必要的配置。这种仪器由一台与 IBM 相兼容的集成电脑控制,也可以在软件中将实验结果直接转化为热力学参数。

在热传导式量热仪中不需要用到有机材料,进而可以从源头上消除材料对量热仪的基线噪声的影响。仪器的温度扫描速率可以设定为 0.1~0.2 ℃·min^{-1},可操作的温度范围为 0~125 ℃。金质的毛细管容器(正常体积是 0.8 cm^3)可以使液体样品在加热或者冷却过程中温度梯度降至最小。另外,仪器还可以提供简便的清洗以及装载样品的装置,以确保在这些过程中不产生气泡。仪器的这些结构特点对于差示热容测量以及溶质分子的偏热容(partial heat capacity)绝对值的准确度是十分重要的。测量过程可以在剩余恒压(excess constant pressure)(高于 300 kPa)下进行,从而可以阻止气泡的形成以及高于 100 ℃ 温度下水溶液的沸腾现象。

当半响应时间为 5 秒的时候,参比物和样品在加热或者冷却过程中的功率差噪声水平少于 40 nJ·s^{-1}。无论是否重新对毛细管中的溶液进行加满,基线的重复性都在 0.5 μW 量级。在加热速率为 60 K·h^{-1}(0.02 K·s^{-1})情况下,可以得到热容差的准确度为 40 mJ·K^{-1}·cm^{-3}。

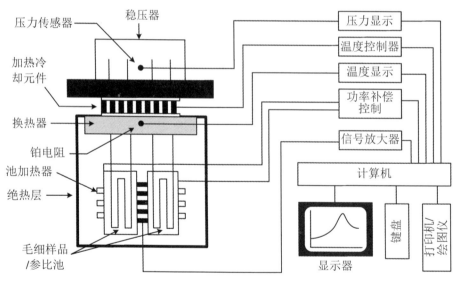

图 14.6　CSC 公司 5100 型纳瓦级差示扫描量热仪结构示意图

14.5.2.4　CSC 公司 4300 型大容积溶液量热仪

利用特殊设计的玻璃杜瓦瓶可以制成高精度的连续滴定量热仪,其最初由 Brigham Young 大学研发出来[14]。这些反应容器具有很低的热质量(thermal mass)、明确定义的边界条件、几分之一秒量级的时间常数以及很低的热量损失速率。在 1965~1975 年的十年期间,研究人员开发出了体积为 3~200 cm^3 的杜瓦瓶量热仪[46],这种仪器具有非常低的热损失速率,简化并提升了热损失校正的准确度。连续滴定所需的严格的时间常数也引起了非常稳定的用于温度测量的玻璃中玻璃珠的热敏电阻桥接器的发展以及可以用来校准的快速响应校准加热器的发展。由于滴定剂的滴加必须在环境温度下进行,人们发展了可以达到稳定温度的水浴装置来控制环境和滴定剂的温度[47]。为了减少所需的输入功率以及搅拌产生的热噪声,人们发展了高效率的、质量很轻的搅拌器。由于没有任何方法比滴定传递速率(burette delivery rate)能更好地了解反应的焓变,因此科研人员发展了可以精密地恒定控制滴定速率的滴定管。为了最大化地利用由这种方法得到的大量数据,研究人员开发出来一种可用于连续滴定的新的数据分析方法[48,49]。

连续滴定量热仪是在 Brigham Young 大学发展起来的,这种仪器自20世纪60年代就已经上市销售了,首先是由 Tronac 公司(型号为450型,等温量热仪)发展起来的,最近主要是由量热科学公司(CSC 4300型等温滴定量热仪)发展的。只有这些是用于商业化的可以连续滴定的具有较高准确度的量热仪。另外,这种量热仪也可以用于增量滴定以及间歇测量模式。在实验过程中可间歇地添加固体以及液体,可用来测量反应的溶解以及混合过程的反应焓变(如图14.7所示)。

通过连续滴定式热累积方法得到的数据精确度可以达到万分之几[50]。这种量热仪最初是用来研究多步骤、同时反应的化学反应体系的,例如多元酸的质子电离、金属离子络合以及多个位点的蛋白质的结合作用[51]。人们已经发展并详细测试了很多方法,来研究单个或者多个反应体系的焓变平衡常数以及焓变[49]。这种数据分析的复杂性使很多研究人员望而却步,但是无论是从测试时所需物质的质量还是从测试时间的角度来说,连续滴定都已经被证实是最高效的量热方法[52]。目前,Tronac 公司和 CSC 公司都可以提供用来进行数据分析的程序。由于这种量热仪具有很短的时间常数,其在确定具有几秒或几分钟的半衰期的反应动力学方面都是很有用的,实例可以参阅文献[53]。

这些量热仪都可以在温度 5~80 ℃ 的范围内工作,在特殊的配置下,这个温度范围可以在上、下两个方向进行扩展。

对于 Tronac 公司450型等温量热仪而言,在仪器中加入了一个反应容器的温度控制器。反应容器从一个杜瓦瓶改变为具有 Peltier 冷却器和补偿加热器的等温反应容器,加热器将仪器由热量累积转变为热补偿量热,通常称这种仪器为 Tronac 550型等温量热仪,可以用于等温滴定量热实验。这也是在 Brigham Young 大学研究的基础上发展起来的[54,55]。其特别适用于产生相对高的热速率的缓慢反应研究,例如电解以及微生物培养产物的生长过程。这种量热仪的基线不确定性高度依赖于环境的稳定性,在最理想的条件下约为 100 μW。热累积和热补偿型滴定量热仪的结构示意图如图14.7所示。

14.5.2.5 CSC公司4200型ITC微体积溶液量热仪

4200型等温滴定量热仪(图14.8)是一个差示等温热传导型量热仪,用于小体积的增量滴定,即被滴定液的体积是 0.5~1.0 cm^3,通过几次滴定最多可以滴加 0.25 cm^3 的滴定剂。通过使用一个质量较低的温度测量块并最大程度地增加每个测量室的热电传感器的数量,可以使这种量热仪的响应时间低于60秒。通过使用一种基于 Kalman 专用的去卷积算法和数字滤波技术,可以使时间常数减少到低于5秒。最终的结果是,等量的滴定剂(一般为 0.5~2.5 μW)可以每120秒滴加一次,在大约1小时内完成的增量滴定实验可以得到大约 30 个数据。样品安瓿瓶可以很容易地被取出填充,也可以在固定的位置进行冲洗并填充样品。

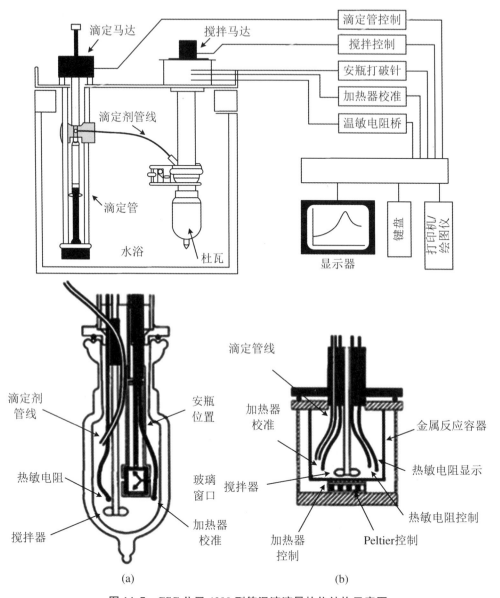

图 14.7　CSC 公司 4300 型等温溶液量热仪结构示意图
玻璃杜瓦瓶反应容器详见图(a),Tronac 公司 5500 型热补偿反应容器详见图(b)

去卷积信号中的基线噪声是 ±0.04 μW,或者说,随着解卷积的结束,基线的噪声会减少到 ±0.003 μW。绝对基线的稳定性优于 0.08 μW·h^{-1},可监测到的最小热效应低于 1 μJ。

标准的 4200 型量热仪有一个由 Hastelloy C 制成的量热反应容器,但是它也可以由其他金属材料制成。滴定可以通过一个固定的滴定管完成,也可以通过一个没有蒸气空间的可移动的模式来完成。反应容器中的反应物由一个以固定速率旋转的搅拌器进行搅拌，而滴定液则是由一个由电机驱动的注射器通过恒温块来进行注射的。滴定管是由用于采集量热数据的与 IBM 兼容的电脑系统进行控制的，进而通过碲化铋温度传感器来收集热速率的数据。

这种量热仪最初用来研究蛋白质-配体的结合作用，例如文献[56]中所做的工作。但也可以用来测量混合热、吸附热和溶解热，例如文献[57]。另外，其还可以用来研究新陈代谢热速率以及药物降解动力学等过程。实际上，这种仪器和以前使用的用于热降解研究的大体积热传导型量热仪测量降解速率的检出限大致上是一样的，但它只需要更少的样品材料[58]。

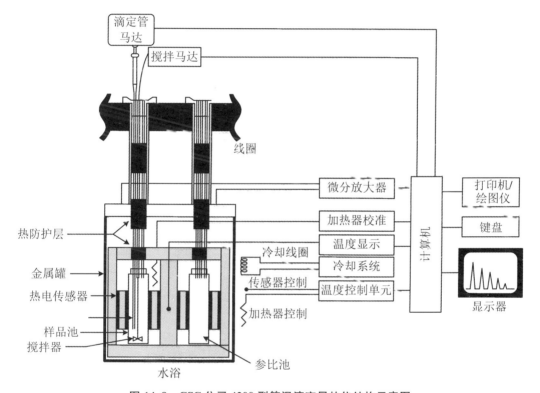

图 14.8　CSC 公司 4200 型等温滴定量热仪结构示意图

14.5.2.6　CSC 公司 7500 型高压流动量热仪

7500 型高压流动量热仪是一种等温的热补偿型流动量热仪（图 14.9），它的设计是在 Brigham Young 大学的研究基础上发展起来的[59]。Tronac 公司在此之前也研发了一款类似的商品化的量热仪。这种仪器的操作温度可以从 200～40 ℃，总的流动速率在 0.004～0.2 cm³/s 之间，两个入口流量的比值从 0～1 变化。可以程序控制流量的变化，使其连续地变化或者在固定的时间间隔内步阶式变化。信号以热流速率的形式输出，基线噪声通常为 ±50 μW，可以测量的热流速率的上限为 1 W。可以通过类似于高压液相色谱法的往复式活塞泵来泵入测试溶液，也可以通过类似于大型的注射泵来进行。仪器可以在高达 33 MPa 的压力下测量。流动式容器可以由大多数金属制成，可用的材质主要包括不锈钢、Haselloy 合金、钽、铂和金等。目前已经设计出了适用于高温度的仪器版本[60—62]，但并没有实现商业化。尽管该仪器可以用于溶液中和电解质的反应等领域，但是该仪器主要用于测量纯流体混合的焓[63]。

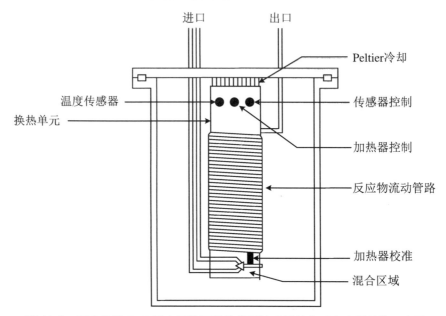

图 14.9　CSC 公司 7500 型高压等温热补偿型流动量热仪反应容器结构示意图

表 14.4　量热科学公司相关量热仪的信息

生产厂商以及模型的编号	量热方法	温度范围/℃	反应容器	反应容器体积/cm³	时间常数①/s	24 小时基线稳定性②/μW
CSC 4400	热传导	−40～80, 0～100, 0～200 （不同水浴）	可移动封闭安瓿瓶,水浴反应,增量滴定,流动反应,流动吸附,蒸气吸附,呼吸量热法,高压	5～100	50～300	0.1～1
CSC 4100	热传导	−40～110, −40～200	可移动封闭安瓿瓶,气体交换,蒸气吸附,高压,呼吸量热	1	60	2
CSC 5100	热补偿	0～125	固定的封闭安瓿瓶	1	7	
CSC 4300	热累积	−20～110	可移动开口杜瓦瓶	25	0.1	
Tronac 450	热累积	0～80	可移动开口杜瓦瓶	4～200	0.1	
Tronac 550	热补偿	0～80	可移动开口金属罐	4～100	40	50
CSC 4200	热传导	0～110	可移动敞口安瓿瓶	1	5 或 50	0.005
CSC 7500	热补偿		流动反应	5	40	50

注：① 是仪器的时间常数。实际值会比一些反应容器中的样品大。
　　② 是在移动或可替换反应容器的情况下,等温基线的重复性。具体值取决于操作温度以及实验室温度的稳定性。

14.6 SCERE 量热仪

I. Lamprecht

柏林自由大学生物物理研究所，Thielallee，63 D-14195 柏林，德国（Institut für Biophysik, Freie Universität Berlin, Thielallee, 63 D-14195 Berlin, Germany）

14.6.1 简介

SCERE 公司（设计研究公司，沙特尔 16 大街，F-91400 奥赛，法国，Société de Conception d'Etude et Réalisation; 16, rue de Chartres, F-91400 Orsay, France）生产了一系列的量热仪，这些量热仪的可用体积在 $0.2\sim400\ dm^3$ 之间，并且具有开放的大容量结构。这些量热仪具有以下的共同特点：

（1）一个由金属制成的结构坚实的"头部"（head），在 DSC 和 SCERE 的定义中，"头部"这个术语的意思是独立的测量单元，基本上没有采取任何形式的热隔离，如图 14.10 和图 14.11 所示。

（2）只有两个可移动的中心结构部分，这种结构形式有利于限制基线的漂移并保证温度的均匀分布。

（3）带有反应和参比容器的差示结构形式（双池测量系统）。

（4）"头部"总是与电子控制系统和数据采集系统分离，这样可以保证能够将其方便、准确地安装在特定的或高度保护状态的环境中，例如冷却箱或者等温箱。

（5）所有的量热仪都采用相同的电子元件，这些元件通过人工控制或者是电脑控制。

（6）"头部"可以单独购买，可用于单独的仪器设计，并可以连接到其他的检测单元如质谱仪、气体分析仪中。

（7）大多数的量热仪可以在一个等温或温度扫描模式就像在 DSC 中一样运行。

（8）表 14.5 中的大部分的"头部"使用与热流检测器类似的经典的温差热电堆作为检测器，但是大型仪器都有一个热敏电阻传感器桥。

SCERE 可以通过相当多的不同形式、不同材料的容器（通常称为"池"）来满足不同的应用需求。反应容器的材质主要为玻璃、石英、Kel. F、特氟龙、尼龙 300b、铝、Hastelloy 合金、316L 不锈钢、铜以及铂等，关于它们的类型以及应用的更加详细的介绍在附表中给出（见 14.6.4 节）。

在图 14.10 中给出了"头部"共同的基本设计示意图，从 B-400 到 TL-1000 的相关参数列于表 14.5 中。两个容器的部件（左边是反应容器，右边是参比物的容器）通过热电堆连接不同数量的热电偶。在这两个部件的正下方，是作为"头部"的温度探头和校准加热器的热敏电阻。一个测量恒温箱温度的 Pt-100 电阻显示在图 14.10 右侧位置。在量热仪底部的两个插座上连接热电堆、两个显示温度的热敏电阻、恒温箱加热器及其带有外部记录和程序控制器的温度探头。这张图给出的是经过改进后的配备了通过摇动机构使两种液体混合的容器 b-600 的"头部"结构。

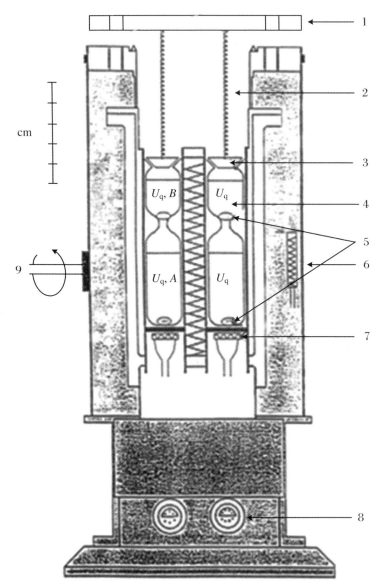

图 14.10　配有两个搅拌机构的混合容器的量热头(b-600)截面示意图
(图片由 SCERES 公司提供)

1. 上法兰;2. 弹簧;3. 帽;4. 用两种不同的液体 A 和 B 混合(反应侧)或用两个相等的液体(参比端)的混合容器;5. 汞密封;6. 铂电阻的电阻烘箱温度探头;7. 用作容器温度探头器和校准目的的热敏电阻;8. 具有控制系统及数据记录作用的底座连接头;9. 摇动机构

图 14.11 在控制系统之前的 B-900(图中左边较小的装置)和 B-600(图中右边较大装置),不同的容器可以放置于量热仪的"头部"结构中(图片由 SCERES 公司提供)

通常情况下,除了检出限之外,容器的容积是选择量热仪的主要决定因素。如果只有少量的样品可用的话,这种现象经常发生在生化或医学样品中,那么与此体积相当的容器是实验成功的基础。另一方面,不均匀的物质和原料,或比如昆虫或爬行动物之类的整个动物则需要合适的更大的体积。随着尺寸的进一步增大,仪器的灵敏度下降,时间常数增加,基线漂移将会变得更加严重,如图 14.5 所示。一般来说,SCERES 量热仪的结构主要用在 $-200\sim650\ ℃$ 之间的温度,在一些例外的情况下可以达到 850 ℃。只有极大型的仪器才会显著地缩短温度范围。由于大多数"头部"可以作为 DSC 使用,一般标准检测限以 0.02 mg 铟(熔化焓在 0.6 mJ 左右)为标准,可以转化为对应的大约 10 μW 的热流。在表 14.5 中给出了各种"头部"的精确的个体特征。

SCERES 量热仪在许多学科中都有广泛的应用,主要有农业、生物化学、生物学、生物物理学、化学、环境科学、实验药学、冶金学、物理、物理化学以及航天研究、水泥生产、电学、电子学、食品生产、核应用、造纸以及垃圾处理等。当然,以上所列举的这些并不全面,但这些至少可以给我们一个大体的印象,使我们了解到量热仪的广泛应用。

14.6.2 量热仪"头部"

14.6.2.1 B-400

B-400 的"头部"是 SCERES 量热仪中"最快的"头部,它具有很小的测量容器,体积只有 0.5 cm³。这种型号的仪器灵敏度很高,可以达到 60 μV·mW^{-1}。检出限也很低,为 1 μW。在指标上虽然它比 B-900 稍微差一些,但它的销售价格很吸引人,可用于研究低能量的生物过程、(生物)化学测试分析和医学相容性等过程。另外,该仪器可以简单地作为 DSC 仪器来使用,在生物化学领域中感兴趣的温度范围为 $-190\sim200\ ℃$。它实际上的基线漂移是线性的,从而可以方便地由实验曲线来评估真正的热效应,而不仅是简单测温的 DSC 曲线。

14.6.2.2　B-900

这是一种设计巧妙的量热仪,具有 1.5 cm³ 的高精度的量热容器。检测器为由 110 对热电偶组成的热电堆,灵敏度高达 110 μV·mW^{-1}。作为一种现代化的 DSC 仪器,它仍具有很强的市场竞争力(图 14.11)。它具有 30 nW(直接由热电堆测量得到)的低背景噪声,操作温度扫描速率可以从 0.01~15 ℃·min^{-1},响应时间为 30~40 s。仪器的工作温度范围为 -190~650 ℃,适用于多种物理过程和化学反应的应用方式:在本章中提出的和其他量热仪类似的等温模式,在扫描模式下作为 DSC 使用(见前面的章节)以及用于确定比热的步阶式温度控制程序。

14.6.2.3　B-900S

B-900S 是在 B-900 基础上发展起来的一种特殊型号的量热仪,其工作的温度范围很宽(见表 14.5),检测限也增加到了 0.1 μW。正如表 14.5 中所示的那样,当所有的电气单元都连接在一起的时候,检测限被定义为背景噪声的两倍。B-900 是一种可以更好地应用于小焓值变化的生物或生化反应检测的仪器。

14.6.2.4　B-600

这种中等大小的量热仪(图 14.11)的容器体积是 25 cm³,灵敏度是 50 μV·mW^{-1},检测限是 10 μW,它也是一种多功能的检测仪器。尽管该仪器最适用于等温模式的检测,但是当温度范围为 -190~650 ℃ 时,其最大扫描速率是 2 ℃·min^{-1}。该仪器经常会被应用在农业、生物学以及医学研究领域,当它被插入等温浴槽的时候,可以很方便地转化成为一台高灵敏度的仪器。在每个容器部件的底部放置的热电阻用来作为温度检测的探针,但其也可以用作校准所用的加热电阻。这样就可以在实验结束之前、实验过程中以及实验结束之后立即对仪器进行校准。

由于仪器具有 25 cm³ 的较大的容器体积,许多不同的容器都适用于这种大的"头部",其中包括混合以及注射装置、微型的燃烧弹体(见 14.10 节)以及操作压力可达 200 MPa 的容器。在 14.6.4 节的附件部分将会详细介绍这些容器。

14.6.2.5　HT-100

HT-100 型量热仪的容器体积更大,最大可以达到 100 cm³。该类型仪器的应用和前面所介绍的 B-600 型量热仪很类似,但其主要用于材料的粗加工,例如生活垃圾的回收利用以及小动物的活性等方面。其灵敏度比 B-600 略有下降(参见表 14.5),但是它的实验温度范围却可以提高到 850 ℃。当然,在仪器的"头部"单元中也可以使用很多不同的类似混合以及微型燃烧弹体等容器。

14.6.2.6　BLD-350

BLD-350 的"头部"单元(图 14.12)的容积是 25 cm³,该仪器主要可以用来研究放射性物质的产热速率。为了防止放射性物质的泄露,两个容器部件是被分开安装的。仪器的灵敏度高达 $45\ \mu V \cdot mW^{-1}$,检测限为 $10\ \mu W$。在辐射研究中,其可以被用作绝对剂量计。

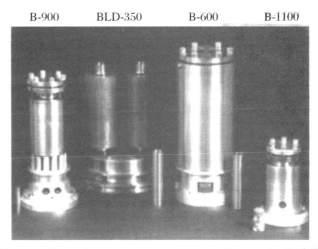

图 14.12　四种不同的量热仪"头部"以及它们的标准容器(图片由 SCERES 公司提供)

14.6.2.7　B-1000

这种型号的仪器为最快速的量热仪(图 14.12 所示),其反应容器的体积为 $0.2\ cm^3$,它和 B-400 的"头部"是互补的,主要用于教学以及学生实验的测量。仪器的销售价格低廉,且容易操作,是一种理想的教学仪器。其在温度范围 $-190 \sim 850\ ℃$ 之间都可以使用,通过其内部的冷却系统可以在短时间内进行快速的扫描。

14.6.2.8　TNL-400

这种"终端开口"(open-ended)结构的"头部"的容器部件是为了和其他的测量系统直接匹配而设计的。当样品被放置在容器中的时候,热效应以及类似长度、质量、弹性模量等物理参数都会随着温度的变化出现同步的变化。它的灵敏度高达 $135\ \mu V \cdot mW^{-1}$,工作容积为 $5\ cm^3$,也激起了人们在后续的研究工作中对量热实验的兴趣。

14.6.2.9　TL-1000

TL-1000 是第一种大体积的量热仪。尽管容积是 $1000\ cm^3$,但它的热流检测器仍然采用较小仪器中所采用的温差热电堆。仪器的灵敏度为 $15\ \mu V \cdot mW^{-1}$,检测限是 $200\ \mu W$。考虑到它的容积,其性能已经可以和"头部"比较小的量热仪相当(其灵敏度为 $0.2\ \mu V \cdot mW^{-1}$)。SCERES 建议把这种量热仪应用在冶金以及水泥和造纸工业的研究中,同时还可以用来模拟其他工业生产工艺。

14.6.2.10　VL-8

型号为 VL-8 和 VL-400 的量热仪和以上所介绍的仪器的不同之处主要表现在以下

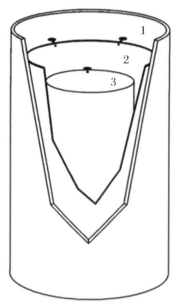

图 14.13 大体积量热仪的同轴结构示意图，VL-8 所使用的位于中央的反应容器（"小池"）、环绕的参比容器以及加热炉（图片由 SCERES 公司提供）

两个方面：(1) 使用由电桥供电的热敏电阻作为热传感器而不是热电堆；(2) 采用同轴的结构，参比容器用作散热器（图 14.13）。在表 14.5 中给出了电桥在 5 V 外加电位条件下仪器的灵敏度和检测限。VL-8 的容器的体积为 8000 cm^3，灵敏度为 10 $\mu V \cdot mW^{-1}$。与 B 600、HT-100、TL-1000 一样，"头部"的体积依次增加，也可用于它们的应用范围内，而且 VL-8 的使用范围更宽。

14.6.2.11 VL-400

在 SCERES 公司的系列量热仪中，VL-400 是最大的一种，其体积是 400 dm^3（400 L）。它和上述的 VL-8 一样，都是同轴结构。该类仪器的检测限是 10 mW（参见表 14.5），进行体积归一化后的灵敏度与前面所介绍的较小的"头部"的仪器相比，为 0.025 $\mu V \cdot mW^{-1}$。整个量热仪的外观体积可以达到 1 m^3。

在之前所介绍的仪器中，一台具有 200 dm^3 体积的 VL-200 量热仪表明，用户对 SCERES 系列量热仪的需要显然没有受到体积的限制。

14.6.3 电路控制以及数据处理

表 14.5 中列出的所有的"头部"均具有共同的外部控制系统以及相同的数据处理方法。控制系统（如图 14.11 所示，两台量热仪"头部"后面的左侧）可以在两种模式下工作：电脑控制模式或者人工控制模式。这部分形式决定了加热炉的加热温度以及加热功率。对于该类仪器的 DSC 测量模式而言，等温模式或者将扫描操作分为 100 个温度或时间单位来进行都是可以实现的。而且，这部分可以为图 14.10 中所示的两个校准加热器提供加热功率。

数据采集以及处理系统数字化记录加热炉以及两个容器部件的温度，同时记录温差热电堆的热流信号。原始数据被储存在文件中，而这个文件不允许用户进行修改。它们被完整地保存下来，可以进行后续的进一步处理。使用者可以进行基线漂移校正、曲线平滑处理以及其他的操作，系统的"黑匣子效应"不会妨碍以上的处理。

14.6.4 附件

许多容器以及仪器的配件都是可以方便地得到的，这些附件主要适用于体积为 25 cm^3 或 100 cm^3（B-600 和 HT-100）的中等尺寸的量热仪。液-液混合容器（CR1）的搅拌系统如图 14.10 所示,同样结构的装置(CR2)也可以用于固-液混合过程。在上述的两种容器中,这两个部件在实验之前都需要进行热平衡,然后在一个可以旋转运动的"头部"中进行混合。另外一种装置(代号为 CEM)可以实现两种独立的液体混合,或者在容器的正上方通过嵌有金属的玻璃块的运动对悬浊液进行搅拌。这种结构形式可以防止由于与外部相连所造成的热泄露,一种替代方案是用一个旋转的机械搅拌器(CMM)。另一种用于气-液混合的容器(CMHP)对两个部件都使用了一个中轴方向流动的线性结构方式,这样就可以实现在容器底部进行混合,并且通过一个靠近量热仪外壁的逆流热交换器实现溶液的排出。一般的仪器会提供一些适用于液体以及气体灌注的系统,这些系统一般具有一个注射器以及外部的加热炉(CIS2)。这些附件和热平衡所用的延长管(CIS3)以及之前提到过的 CMHP 装置是相同的。

微型弹体装置(CMB)对于 B-600 和 HT-100 的"头部"是可用的,这些在本章的 14.10 节中将进行详细的介绍。对于高压实验而言,可以使用三种不同的压力容器,分别为 1 MPa(10 bar、C10)、10 MPa(100 bar、C100)以及 30 MPa(300 bar、C300),这些容器可用于上述两种不同的"头部"。在低温条件下进行实验的时候,整个量热仪的"头部"可以放置在一个特制的桶内部,通过自动或者人工的方式加入干冰(SCG)或者液氮。

在表 14.5 中给出了一部分在不同的"头部"以及 SCERES 提供的不同设备条件下的实验操作参数。

表 14.5　SCERES 量热仪头部的特征参数

量热计	温度范围 /℃	容器体积① /cm³	灵敏度 /μV·mW⁻¹	检测限②,③ /±μW	尺寸③,④ φ,H/mm
B-400	-190~200	0.5	60	1	60,120
B-900	-190~650	1.5	110	5	60,220
B-900S	-190~850	1.5	110	0.1	60,220
B-600	-190~650	25	45	10	110,260
HT-100	-190~850	100	35	20	180,260
BLD-350	-60~450	25	45	10	170,260
B-1100	-190~850	0.2	25	10	60,130
TNL-400	因配置而异	5	135	可变	50,140
TL-1000	-60~150	1000	15	200	320,670
VL-8	-60~150	8000	10(at 5 V)	200(at 5 V)	250.500
VL-400	-60~150	400×10³	2(at 5 V)	10 mW	1 m³

注:① 温差热电堆插座的直接灵敏度。

② 检测限是所有电子装置产生的背景噪声的两倍。在测量结果达到检测限十倍的情况下,所得到的测量结果是可信的。

③ VL-8 和 VL-400:带有热敏电阻探测器的量热仪由桥接电路、中心位置的参比和实验容器组成。

④ φ 是直径,H 是头部的高度。

14.7 塞塔拉姆(SETARAM)量热仪

B. Schaarschmidt

柏林自由大学生物物理研究所,Thielallee 63,D-14195 Berlin,Germany(Institut für Biophysik,Freie Universität Berlin,Thielallee 63,D-14195 Berlin,Germany)

14.7.1 发展历史

Tian 量热仪是一种单一容器的量热仪,只有一个量热系统。这种量热仪最初建在地下 7 m 处,以获得稳定的环境温度。在 1922～1923 年间[64],Tian 引入 Peltier 效应作为热效应的电补偿。他设计的"微量量热单元"由两个热电堆组成,一个用来测量热流量,另一个则用来提供 Peltier 冷却。因此,热量通过冷却得到了补偿,可以在加热时以接近等温的方式操作量热仪。1948 年,Calvet 在此基础上做了进一步的改进[65],主要包括以高度规则的阵列形式尽可能相同地排列热电偶,并在同一个等温环境中使用对称放置的两个测量系统。

14.7.2 Tian-Calvet 设计

14.7.2.1 热传导原理

Tian 是最早利用这种原理的优势来组建量热仪的科学家,通常都把这种形式的 Calvet 仪器仍然作为热传导型量热仪来对待。在这种仪器中,具有较高热容的较大量热块中包含有由高导热系数的热电堆组成的空间(见 14.2.4.3 部分)。由于径向排列的热电堆在空间中的热变化几乎是一个完整的整体,因此记录得到的热信号是独立于局部温度分布的。

14.7.2.2 差分原理

Calvet 的最大的贡献是提出了由两个 Tian 微量容器构成的双量热系统。该量热仪具有两个相同的空间,一个用于放置测量容器,另一个则用于放置参比容器(双容器结构,见 14.2.5 节),它们对称地放置在量热块之中。假设在两个容器中精确地存在热容之间的平衡,则可以通过这种排布方式来有效地补偿通过相反方向连接的电学方式产生不规则的热效应。

14.7.3 现代 Calvet 量热仪家族

下面介绍 Tian-Calvet 仪器的设计形式。法国 DAM 公司(后来更名为 SETARAM 公司)在法国里昂(Lyon)发布了现代的热导型量热仪,即 Calvet 微量量热仪。为了涵盖更加广泛的应用领域,他们设计了一系列标准类型的仪器,这些仪器对试样尺寸的要求、温度范围和灵敏度均有不同程度的差异。这些仪器大部分用于等温(在热力学上严格意义上的等温)的操作模式,也可用于较慢的温度扫描模式。对于该公司的 DSC 仪器来说,反之亦然。虽然一些仪器主要用于温度扫描模式,其中一些由于采用了 Tian-Calvet 量热检测器的原理,仍然可以作为高灵敏度的等温量热仪器来使用(参见表 14.6)。

14.7.3.1 经典的 Calvet 微量量热仪

标准的微量量热仪(最新型号为 MS80)是一种典型的热电堆热传导型量热仪,适用于研究缓慢的小热量过程。这是最灵敏的(检测阈值为~1 μW)Calvet 式量热仪,该仪器主要用于从室温到 200 ℃温度范围内的等温操作。自从 20 世纪 50 年代建立第一台 Calvet 微量量热仪器的原型之后,这种量热仪的技术布局还没有发生实质上的变化(图 14.14 和图 14.15)。其主要特点在于仪器具有两个对称放置的测量空间,分别用于放置测量样品和参比样品。它们位于一个圆柱状铝块的中间,量热块位于两个截锥形结构的底座之间。另外,还有双差分形式的装置(即在同一个量热仪中具有两个相同的测量系统)可供选择使用。

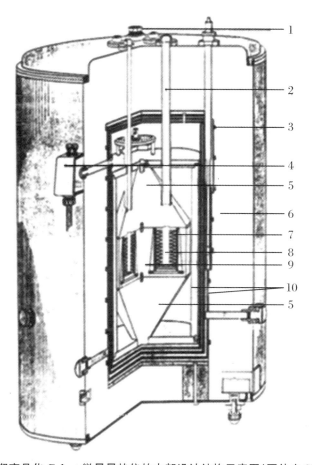

图 14.14 早期商品化 Calvet 微量量热仪的内部设计结构示意图(图片由 SETARAM 公司提供)
1. 换向器开关;2. 导管;3. 加热线;4. 热电堆输出电功率;5. 导热锥;6. 保温外套;7. 热电堆;
8. 用于吸收反应容器热量的圆柱形腔;9. 等温量热块;10. 铝和石棉材质的同心绝缘层

表 14.6　Staram 微量量热仪的性能指标

	量热计(型号)					
	标准型 (MS 80 D)	混合型 (C 80 Ⅱ)	低温型 (BT 2.15 D)	高温型 (HT 1000 D)	高灵敏度型 (Micro DSC Ⅲ)	多检测器型 (HTC)	Mini Calvet (DSC 111/121)
温度范围/℃	室温~200	室温~300	-196~200	室温~1000	-20~120	室温~1500	-120℃~827
容积体积[①]/cm^{-3}	15 或 100	15	15	15	1	5.7	0.25
灵敏度[②]/μV·mW^{-1}	60	30	50	3	90	0.5	10
检测限/μW	1 或 2	10	2	10	0.2	2000	10
阈值	0.05 或 0.2	1.5	0.4	1.5	0.01	240	0.15
时间常数/s[③]	200 或 400	100	120	100	30	120	30
重复性/%	<1	<1	<1	1	1	3	1
操作模式[④]							
温度扫描速率	0.016~0.16	0.01~2	0.01~1	0.01~1	0.001~1.2	0.01~5	0.01~30

注：① 标称体积，实际容积取决于容器的种类。
② 平均值，取决于温度。
③ 适用于空容器，取决于样品的热容量。
④ 在等温下，仪器是等温的。

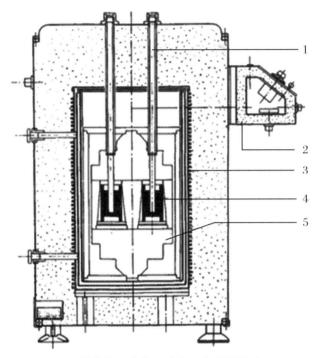

图 14.15　MS80 型 Calvet 量热仪垂直截面结构示意图（图片由 SETARAM 公司提供）
1. 测量室接入管；2. 热电堆的换向器和电输出；3. 加热线；4. 排列的热电堆；5. 量热块

在仪器的量热块中包含一个精密的恒温控制装置，它由一个外部温度调节器所控制，设定温度的精度可以维持在 ±0.001 ℃ 的范围。为了实现对外部的横向热干扰等问距划分，等温器由几个同轴排布的壳层组成，位于交替排列的良导热材料和较差的导热材料的壳体之中，最外层的壳体被加热元件环绕。热干扰的分布会进一步通过量热仪的锥形盖进行改善，相当于在垂直方向的热准直器。整个量热块体被放置在一个大的绝热容器中。

在量热仪中，仪器的灵敏部件是连接小测量室的外壁与大的等温金属块的传导装置。该装置由 496 对热电偶组成（铂/铂-铑），这些热电偶排布在 16 张薄片内，每张薄片具有 31 对热电偶。这些薄片沿着测量室径向垂直排列（图 14.16）。在每个检测器中，12 张薄片与一个大的热电堆串联，而其余的 4 张薄片则与一个小的热电堆串联在一起（图 14.17）。按照这种排布形式，可以达到三种不同程度的灵敏度。较小的热电堆具有较低的灵敏度，而中等的灵敏度则伴随着较大的热电堆，将两个热电

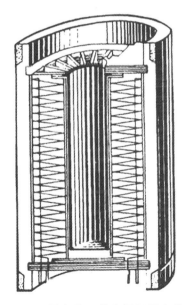

图 14.16　用来显示热电偶层径向排列的热传导测量区的垂直部分的截面结构示意图（图片由 SETARAM 公司提供）

堆串联起来可以得到更高的灵敏度。此外,较小的热电堆可以被用来作为 Peltier 或 Joule 效应的补偿装置。

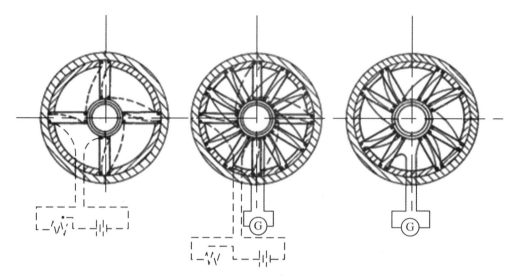

图 14.17　热传导测量区水平截面图。左侧图显示出一个小热电堆的排列方式,右侧图是一个大的热电堆的排列方式(图片由 SETARAM 公司提供)

量热仪的测量区可通过仪器顶部开放的轴来实现,通过它可以方便地将反应容器和参比容器导入或移出。容器必须具有经过准确测量的合适的直径,高度不得超过测量区域。打开的轴也通过光学、电学或机械装置将用于测量的系统与外部连接起来。

为了达到最高的灵敏度,应该将量热仪放置在一个既没有窗户也没有大的热干扰的封闭房间中,该房间没有间歇加热或通风等干扰。环境温度应至少低于实验温度 5 ℃ 以下。不能将其他的冷却装置直接连接到量热仪本身,这样做会带来产生内部冷凝的风险,冷凝会完全干扰整个的操作过程。

14.7.3.2　混合量热仪

C80 型混合量热仪是标准的 Calvet 微量量热仪的简化模型。它可作为等温反应量热仪使用,也可以在从环境温度到 300 ℃ 范围内作为 DSC 来使用,可以通过手动或者程序来控制温度。为了便于在两种模式下操作设备,在设计上通过减少反应体积、降低响应时间以及精密的等温装置来实现。通过这些变化,就形成了一台功能强大、操作灵活简单、适用性强的多功能仪器,可适用于热力学研究和实验室分析。

图 14.18 所示的是和标准型号(图 14.14 和图 14.15)非常相似的仪器技术图。主要的区别在于其采用了一个相当轻的量热块,风机安装在仪器下部,主要用于降温扫描时在去除量热仪顶部的一个可移动的盖子时来冷却量热块,这样可以将冷风直接送入测量室。一个直接设置在块体上面的特殊缓冲区可以为反应容器或其他附加装置提供一个稳定预热的区域(图 14.18 中第 2 幅图)。

整个装置安装在换向机构上(图 14.19),由一个电动马达驱动,通过简单间歇地将量热仪逆转180度或者通过振荡混合来进行实验。根据不同的实验类型，可以用不同的容器来进行间歇或流动混合操作。

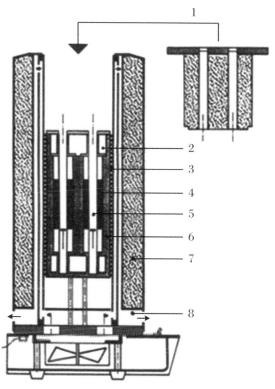

图 14.18　C80 型混合量热仪截面结构示意图（图片由 SETARAM 公司提供）
1.可移动的盖子；2.热缓冲区；3.加热元件；4.热电堆；5.实验区域；6.量热块；7.保温层；8.冷却循环单元

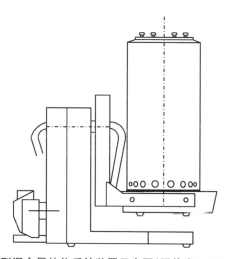

图 14.19　C80 型混合量热仪反转装置示意图（图片由 SETARAM 公司提供）

14.7.3.3 低温量热仪

BT 2.15 型低温微量量热仪可以用液氮冷却来实现低温,从而拓宽了其工作温度范围,可以从室温到 $-196\ ℃$。为了在较低的温度下工作,十分有必要对冷凝物质进行防护,这样会引起较大的电和热的变化。因此,通常将等温量热块放置于真空密封的圆柱形容器中,并且可以在可控制的气氛下放置,从而可以避免在较低温度下发生的任何冷凝现象。实验时,将容器浸入到液氮槽中,周围包裹厚壳绝缘材料(图 14.20),通常采用在真空中使用的矿物粉末作为绝缘材料。

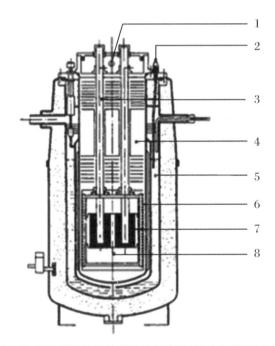

图 14.20 BT 2.15 型低温量热仪截面结构示意图(图片由 SETARAM 公司提供)
1. 真空连接部分;2. 氮气水平控制系统;3. 导入管道;4. 真空固定容器,量热仪的外壳;
5. 液氮槽;6. 恒温器;7. 温差热电堆;8. 量热块

低温实验取决于温度和操作模式(等温或温度扫描),液氮可以保存在液槽中,通过外部的存储容器自动测量,从而使其保持在一个恒定的液面,也可以使其在一个恒定的流量下连续加入。在量热仪冷却后,可以用液态氦取代液氮从而改善热量在量热块体和外壳之间的传递速率。在仪器顶部接入孔的位置拧紧盖子,以便于排除气体混合物。对于温度很低的实验而言,通常会对量热仪的顶盖进行加热以防止结冰。

BT 2.15 型量热仪可用于所有的实验室,没有特殊装置的要求。它可以安装在一个类似于 C80 型量热仪的反转装置上。另外,许多用于标准量热仪的反应容器也可以用于低温情况下。该量热仪的应用领域与标准类型的相同,但由于其可以在低温范围下工作,也可用于冷冻、结晶和超导性质的研究。

14.7.3.4 高温量热仪

HT 1000 型量热仪专为从环境温度到 1000 ℃ 范围内运行而设计，其工作原理和外观几乎和标准型号相同。由于实验温度很高，所以加强了它的外部保护壳，其加热炉的加热元件更加有效，这些加热元件是由铁铬铝耐热材料制成的。与标准型号的量热仪相比，其加热器放置在量热块的下面，并且在上面的盖子之上，以达到更加均匀的温度分布（图 14.21）。整个加热炉是绝热的，通过嵌入金属支架中的耐火元件来实现这一效果。HT 1000 型量热仪可以实现等温操作以及温度扫描。反应容器既可以是简单的间歇式结构，也可以是封闭式的管式结构，这两种容器都是由氧化铝制成的。另外，可以通过一种特殊的方式将样品加入到实验容器中，也可以在控制气氛下加入固体样品。高温量热仪的主要应用领域是气体、液体和固体之间的表面相互作用。除了溶液混合之外，还可以用于稀释过程、比热、热稳定性等方面的研究。HT 1000 型量热仪可以安装在任何实验室环境中，但是如果对实验的灵敏度要求很高的话，稳定的环境温度还是很有必要的。

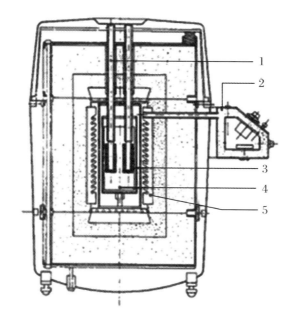

图 14.21 HT1000 型高温量热仪截面结构示意图（图片由 SETARAM 公司提供）
1. 接入管；2. 换向器和量热电信号输出装置；3. 热流检测器；4. 量热块；5. 加热炉

14.7.3.5 高灵敏度量热仪

虽然微量 DSC（最新的型号为 micro DSC Ⅲ 型）最初设计是作为台式 DSC 仪器而使用，现在其可作为间歇式和流动式的多用途量热仪，该仪器通常采用小样品模式（1 cm³）。通过使用半导体电阻温度计作为热传导检测器，它的灵敏度可以提高到 $90\ \mu V \cdot mW^{-1}$。这样一来，其灵敏度是 Calvet 量热仪的热电堆检测器的两倍。仪器的基本结构与 MS 80 标准型号相似，不同之处在于其温度是由内部的量热块周围的液体循环设定的。因此，当外部循环装置采用冷却水冷却的时候,温度范围可以向下扩展到-20℃。为了避免外界的干扰,在测量区域的上方采用一个较长的热缓冲区域。此外,该区域的顶部由预稳定环所包围(图14.22),流动液通过它进入反应容器。除了具有可移动的盖子、液体和气体密封的容器(图14.22中的第一个图)之外,具有两根(编号2和3)或三根(编号4)支管可供流通或混合实验过程使用。由于其灵敏度高并且所需的样品量少,因此该量热仪可适用于生化研究。例如可用来研究酶反应、蛋白质结合和细菌生长过程,也可以用来检查食品和药品的稳定性,或者相与相之间的兼容性研究。

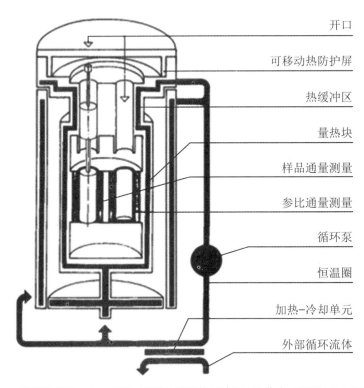

图14.22 高灵敏度的micro DSC Ⅲ型仪器结构示意图(图片由SETARAM公司提供)

14.7.3.6 多检测器的量热仪

具有多检测器的高温量热仪可以配备两个不同的测量插入装置("探测器"),可在仪器的同一炉内交替使用。DSC检测器可用的坩埚体积为0.45 cm³,检测器是由两个相同的陶瓷室与相互连接的两个具有20对热电偶的导电板制成的(如图14.23(a)所示)。使用这种检测器可以快速地扫描到1600℃。仪器的热量检测器是一个包含两个坩埚(体积为5.3 cm³)的陶瓷管,一个坩埚在另一个的上方(如图14.23(b)所示),测量坩埚和参比坩埚的表面都被一连串的28对热电偶所覆盖。这种检测器可用于量热仪的等温或扫描模式,测量的温度可高达1500℃。另外,检测器的垂直结构和大体积的坩埚是为了方便日常的测量。一个位于检测器顶部的特制的样品支持器可以将多达23个不同的样品依次加载至量热仪中,该仪器是专为研究无机材料在不同气氛下的结构转变以及在高温下的固体和液体比热而设计的。

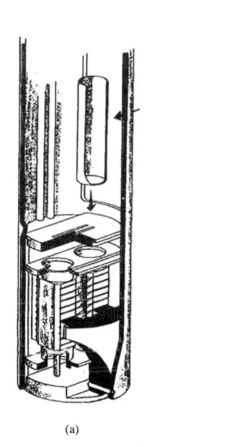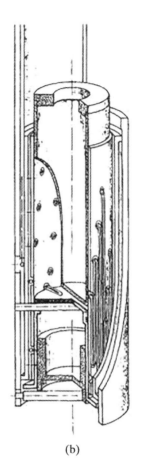

图 14.23　HTC 多检测器量热仪（图片由 SETARAM 公司提供）

14.7.3.7　小型 Calvet 量热仪(the mini Calvet calorimeter)

图 14.24 中给出了 DSC 111/DSC 121 的示意图,主要用于小样品量的测量,样品体积的上限是 250 μL 的小样品。样品和参比物质位于平行安装的两个耐火材料管的中心,周围环绕热电堆。在这些通常典型的 Calvet 型测量空间中嵌入了银质的量热块,其可以被加热或冷却,并且被水冷夹层包围。低于环境温度以下的操作可以通过液氮蒸发来实现,仪器可以在 $-123\sim827\ ℃$ 之间运行等温或者温度扫描模式的实验。具有开口的实验管为开口或者封闭的坩埚提供了一个简单的连接。因此,在静态或流动的气氛下研究含恒定压力下的气体反应是可以实现的。安装在一个量热块法兰上的预加热炉,可以从环境到测量温度的范围内对样品进行快速的加热。虽然这种特别设计的仪器可以用来进行温度扫描实验,但这种仪器在实际上还可以用作一种等温量热仪。它能够在很宽的温度范围内工作,并且具有较高的灵敏度,实验时仅仅需要 250 μL 或者更少的样品量。

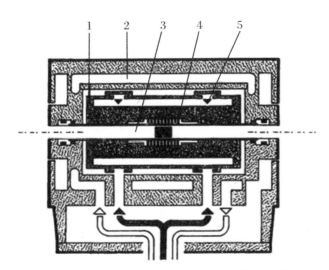

图 14.24 DSC111/121 微型 Calvet 量热仪垂直截面的结构示意图（图片由 SETARAM 公司提供）
1. 恒温块；2. 外部循环水夹套；3. 具有开口的样品管；4. 热电堆；5. 低温流体循环回路

14.7.4　附件

14.7.4.1　控制器

所有的 Calvet 量热仪都由一个电子控制器完全控制，具有以下功能：
(1) 控制或扫描量热块的温度。
(2) 显示温度信号和量热信号。
(3) 数字化温度和量热信号。
(4) 将温度和量热信号传送到微型计算机。
(5) 必要时运行气体和真空回路。

14.7.4.2　不同应用功能的容器

量热容器的选择主要取决于实验的类型。虽然操作者可以自由地设计和建造出最适合科研需求的设备，但使用市场上专门提供的容器通常是非常方便的。在以下的内容中，将简要介绍几种适用于不同样品体积（100 cm^3、15 cm^3 和 1 cm^3）的量热仪的重要容器，根据其可以得到与 SETARAM 量热仪一样的各种各样的实验结果。

- **标准的间歇式容器**

这是一种简单的封闭式容器。当样品与外界之间不需要物理接触时，可用于研究流体和固体。内部压力不得超过 500 kPa(5 bar)，温度不得超过 220 ℃。启动反应、混合、搅拌、照明等辅助设备时，需要通过专门调整的盖子来引导。由于该容器可以用来测量任何适合的热量变化，因此它可以应用于物理、化学和生物学等领域。

- **高压容器**

这种容器具有更大的壁厚和更强的顶盖，适合于在惰性或活性气体的静态压力下或在反应过程中物质会产生高蒸气压条件下的研究。在 300 ℃ 的温度下,压力的上限为 10 MPa(100 bar)。

- **真空容器**

与标准容器类似,这种容器可以在常压或高压下工作。通过管连接到外部,以便于在低压下排空容器或在高压下引入气体,可以在出口上连接压力传感器。这些容器可用于材料的分解和脱附过程、吸附和聚合过程的研究,以及监测氧化还原反应和具有气体依赖性的生物反应(缺氧、重度缺氧和富氧的条件下)。

- **循环容器**

这种容器有两个同轴管用于进口和出口,以使样品上方的气体或液体循环(吸附和结合过程)和/或从容器中除去逸出的流体或蒸气。流入的流体在进入量热仪的入口之前会被预热。另外,这些容器也可以用作简单的流通式容器,即只有当一部分溶液处于量热仪外部的单独反应器中或在量热仪外的发酵罐中时,才会被连续地泵送通过容器。

- **反向混合容器**

这种容器使得最初通过倾斜的金属盖被分成两个容积可变的隔室,以实现两种组分的混合,该容器只能用在装有换向机构的量热仪中。容器主要应用于两种液体的化学反应,或者是固体和液体的反应(如中和、结合、吸附、水合、溶解等)。

- **膜混合容器**

这种容器具有由金属或 PTFE 膜隔开的两个部分,其可以在没有转向机构的情况下进行使用。当用金属棒刺穿膜后,两种组分在容器中混合在一起,然后将金属棒作为搅拌器连接到适当的电机上。可以用该容器研究黏性物质或液体与固体的混合或反应(如聚合、凝胶化等)过程中固体的形成过程。对于高灵敏度的量热仪而言,可以使用一种专门为酶反应设计的类似的容器来进行实验。

- **流动混合容器**

这种容器配有两个或三个进出口管,安装在容器中的机械搅拌器能够实现连续混合或者流过由蠕动泵引入的两种液体,所得到的混合物通过第三个同心的管移除。在混合之前,将液体恒温放置在测量区域上方的引入管中的预稳定器中。这种设计的流动混合容器可以用于在流动条件下的滴定实验和反应。

- **校准容器**

几乎所有的 Calvet 量热仪都可以使用这个容器。它通常是一个金属圆柱体,其中包含一个由四线组件连接到外部电源的电阻($1\ k\Omega$)。虽然用焦耳效应校准微量量热仪是最方便的,但这种方法可能会有一些系统误差(见 14.4 节)。

- **特殊容器**

几种不同类型的特殊仪器可用于确定比热、蒸发热、热导率以及吸附和脱附期间的热交换过程。

大多数容器都采用不锈钢和/或 Haselloy C276 制造,可以很方便地进行清洗。

所有的 Calvet 量热仪的两大优点是实验容器在实验之间是可移动的,并且在实验期间可以与外界接触。这允许在任何时候可以通过各种适当的设备连续或间断地操作正在运行的系统。在生物材料的实验过程中,这些生物材料通常会表现出许多平行且连续的相互依赖的反应,这些可能性是令人高度关注的变化。在文献中还报道了机电[66]、电激励[67]、搅拌[68,69]、施加压力[70]、灌注系统[71]、紫外线和可见光照射[72]、光密度[72,73]、内窥镜[74]和声学换能器[75]等附件在量热研究中的应用。

14.8 Thermometric 量热仪

Ingemar Wadsö

隆德大学化学中心热化学研究室 瑞典隆德 P.O. Box 124,S-221 00,瑞典(Division of Thermochemistry, Chemical Center, Lund University, P.O. Box 124, S-221 00 Lund, Sweden)

14.8.1 介绍

LKB 仪器公司在 20 世纪 60 年代中期开始销售其生产的精密溶液量热仪(8700 型),几年后,该公司引入了微量量热系统(10700 型)。20 世纪 80 年代初期,该仪器系统被多通道的微量量热系统(2277 型)成功替代,最初被称为生物活性监测仪(bioActivity monitor)或简称为"BAM",后来更名为热活性监测仪(thermal activity monitor)或简称为"TAM"。当 LKB 仪器公司在 1986 年成为法玛西亚集团(Pharmacia group)的一部分时,LKB 公司的量热仪被 Thermometric AB 公司(Spjutvägen 5 A,S-175 61 Järfälla,Sweden)接管。在某种程度上,TAM 以及早期的 LKB 公司的量热仪被设计成为模块化的仪器系统,包含针对不同样品大小和不同的实验而设计的多个量热仪。TAM 系统仍然是 Thermometric 公司的主要产品系列,但是它的测量范围已经在原有的基础上进一步扩大,其中一些零部件也已经被重新设计和更新,从而对其主要特性进行了全新的规范调整。

所有由 LKB 公司和 Thermometric 公司销售的微量量热仪都是基于(热电堆)热传导原理,即在反应容器中放出或吸收的热量通过热电堆转移到周围的散热器中(参见 14.2.4.3 节)。对于大多数其他的商品化的微量量热仪而言,热电堆由半导体(Bi/Te)热电偶板("Peltier 效应板",主要用作热电冷却器)组成。

到目前为止,大多数由 LKB-Thermometric 公司生产和销售的量热仪都是基于在瑞典隆德(Lund)大学化学中心热化学研究所开展的原始工作,其他几所大学的实验室也为这些发展做出了贡献。因此,商业仪器和新型实验方案原型的设计和性能已经在科学出版物中被相当详细地记录了下来。

在本部分中将重点介绍当前 TAM 系统的设计和性能。早期的 LKB 量热仪仍然在许多实验室中使用,就像一些尚未商业化的来自适合 TAM 系统的 Lund 实验室测量单元一样,在本部分中也将对这些工作进行简要的讨论。

14.8.2　早期的 LKB 量热仪

14.8.2.1　LKB 8700 型精密量热系统

8700 型量热仪是一组使用相同的等温槽和电子装置的"半绝热式"（或等温型，isoperibol）的量热仪。主要仪器是一种通用的反应和溶解的宏观量热仪[76]，在文献[77]中给出了这类仪器的基本的发展过程。其标准量热容器与 14.8.7 节中所描述的新型的 Thermometric 2225 精密溶液量热仪的容器几乎相同，其温度传感器是一个热敏电阻。量热容器为一个浸在等温水浴中的金属罐，其稳定性为 $\pm 1 \times 10^{-3}$ K。包括在 8700 系统中的其他单元是滴定量热计[13,78]、汽化量热计[79]和一种密闭的弹式量热计[80]。

14.8.2.2　LKB 10700 型微量量热系统

LKB 10700 型微量量热系统包括一个旋转的"间歇式"量热计[12]、一个流动式量热计[15]和用于不同的插入容器的量热计，参见文献[81,82]。所有仪器被设计成为一种使用一个由恒温空气浴包围的主散热器的双量热计的形式。双量热单元可以形成三明治式的结构，中央的量热容器被两个串联的热电偶板环绕，在热电堆的外侧有小块铝块作为散热器的热桥。

间歇式反应量热仪[12]的反应容器被设计成方形罐的形式，每个罐被分隔壁分成两个隔室，其体积分别是 4 cm³ 和 2 cm³，每个隔室是开放的。因此，容器的内部空间可以与空气之间进行接触。这些容器通常由 18 克拉的黄金或玻璃制成。量热块旋转一圈然后再回转即可实现混合。这种混合技术（来自气相的气泡是重要的）是非常有效的，而且在某些方面会优先选择注射/搅拌技术。因此，这种仪器对于解决特别困难的混合问题（例如溶液相互作用、重颗粒悬浮物、沉积物等）的实验中仍然是受到人们高度关注的。但是使用者应该意识到用气相连接的双室容器会发生的问题，特别是两种挥发性液体混合后气相成分可能发生变化的问题[9,12,83]。此外，如果不考虑反应组分（离子、蛋白质等）在容器"干净"表面上的吸附的话，则可能会产生明显的系统误差[9,12,83]。

使用比较原始的间歇式的量热仪相当耗时。随着几个实验室研发工作的完成，后来的 LKB 型号的量热仪中采用了包括连接在量热块上的微量注射器和在后来可以用作自动滴定量热计[28]的装置，可以方便地进行间歇式实验。

LKB 流动量热仪的设计与间歇式仪器是相似的，其通常会配置一台混流容器和一台流通式容器。两种容器均由 24 克拉的金管制成，呈扁平的螺旋形，内径为 1 mm。螺旋位于由热电堆包围的两个薄铜板之间，进入的液体会流经与散热器紧密接触的热交换器。

一些 LKB 流动量热仪的使用者将量热块封装在一个钢制容器中，并将其浸入到恒温水浴中（如原型设计那样[15]），这样通常会形成更加稳定的基线。这一改进同样适用于不同版本的 LKB 安瓿瓶微量量热仪。

在与 LKB 10700 系统相连的非商业化仪器中，可能会用到一种用于固体和液体样品（约 1 g）的安瓿液滴热容量热仪（ampoule drop heat capacity calorimeter）[84]。这种仪器仍然是室温范围的最精确的 C_p 量热仪。

14.8.3 现在的 Thermometric 量热仪产品线

隆德实验室在 1980 年初期便完成了四通道双微量量热系统的设计工作[22]，随后由 LKB 公司开发出了一种名为 2277 生物活性监测仪（bioActivity monitor）的商品化仪器系统（简称 BAM）。为了与输出的数字信号改变保持一致，它的名称被更改为 2277 热活性监测仪（thermal activity monitor）或简称 TAM。这个名字一直由 Thermometric 公司沿用至今，尽管仪器系统自旧的 LKB 时代以来已经进行了非常大的扩展和更新。在下面的内容中，将集中讨论 TAM 的设计以及其不同组成部分的使用和特性等。与质量规格有关的数据适用于目前市场上的产品。一些较早型号的仪器目前还在使用，其中一些实验室的研究人员已经对这些仪器进行了重大的改造升级，在本部分内容中将会进行简要的说明。

14.8.3.1 基本的 TAM 单元

TAM 仪器系统（图 14.25）由等温水浴（2）、电路单元（1）和最多四种双量热计（3）组成。无论是特殊的还是相同的量热计，除了使用共同的恒温槽以外，它们都是独立运行

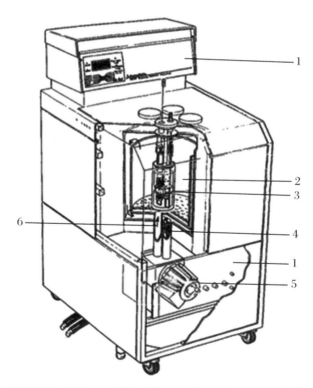

图 14.25 热活性监测仪（TAM）结构示意图（图片由 Thermometric AB 公司提供）
1. 电子单元；2. 等温水浴；3. 双池微量热计；4. 电加热器；5. 离心泵；
6. 进入恒温水浴的入口管内的一个热敏电阻

的。该水浴在 24 小时内具有 1×10^{-4} K 的高温稳定性，其采用溢出类型的原理。水或其他液体通过使用位于浴槽下方的等温离心泵(5)进行循环，通过使用放置在水浴的入口管和出口管中的热敏电阻(6)和加热器(4)来分别控制温度。水浴通过一层厚厚的泡沫聚氨酯与环境进行隔热，热交换系数约为 $1\ \mathrm{W\cdot K^{-1}}$。在标准条件下，水浴可在 12～90 ℃之间使用。电子单元包括一个计算机接口(用于 Windows 的 Digitam 4.0)和每个量热计的放大器。最近，一种纳瓦级放大器被引入了该测量系统。

目前，四种不同(通道)的双微量量热计已经上市销售，并且可以与所使用的圆柱形插入容器一起组合使用。除了这些量热计之外，TAM 系统现在还包括一个单容器的大型量热计，可以看作是一个现代版本的 LKB 8700 溶液量热仪。

14.8.3.2 双池微量量热计

在图 14.26 和图 14.27 中给出了四个微量量热通道的示意图。其中三个通道(图 14.26、图 14.27(a)和图 14.27(b)所示)具有 75 mm 的外径，并与样品体积为 2～4 $\mathrm{cm^3}$(直径为 14 mm)的插入容器一起使用。更大的量热计(如图 14.27(c)所示)具有 95 mm 的外径并且与 20 $\mathrm{cm^3}$ 的容器(直径 27.5 mm)一起使用。在图 14.26 中给出了具有"安瓿通道"的量热仪的总体设计图。一个圆柱形的不锈钢容器(2)装有一个铝块组件作为散热器。它主要由两个部分组成，包括双池量热单元(5、6、7)的铝圆筒(4、9)，每一个单元均由与两个热电偶板(6)热接触的"容器支架"(5)串联连接而成。来自或到达量热容器的热量会通过容器支持器(5)(部分具有方形圆周的铝管)，通过热电堆(6)并经由小铝块(7)到达铝制圆柱形容器(4、9)。下部的圆柱形容器放置在塑料绝缘销上，上部的圆柱形容器通过塑料管连接到钢质容器(2)的盖子和换热管(1)上。同时，这些管道与恒温水浴相连通。一个反应容器通过热交换管中两个或多个平衡位置以及上部圆筒的入口孔被逐步引入到其测量位置，2 $\mathrm{cm^3}$ 容器所需要的总平衡时间通常为 40 分钟。

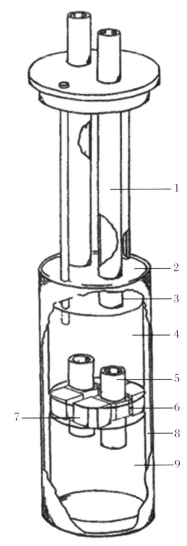

图 14.26 与插入容器(直径 14 mm)一起使用的双池微量量热计(图片由 Thermometric AB 公司提供)

1. 钢管；2. 盖子；3. 塑料管；4. 铝制圆筒，上部散热器；5. 容器支持器；6. 热电偶板；7. 小铝块；8. 空气空间；9. 铝质圆筒，下部不可拆卸的散热器如图 14.27(a)和图 14.27(b)所示的量热计中装有不可拆卸的流动式容器。图 14.27(a)中所示的量热计具有流通式容器,并且通常采用空容器保持器作为参比。而图 14.27(b)中的量热计则具有带有流通式混合容器,以流通式容器作为参比。这些流动式容器由 24 克拉的金管(内径为 1 英寸)组成,金属管会被切出容器支架外部的螺旋槽。进入的流体首先通过位于恒温槽中的热交换盘管,然后通过与量热计的散热器接触的温度平衡管。除了可以沿金质管流动以外,这两个流动通道与安瓿通道相同(如图 14.26 所示),同样的插入容器(直径为 14 mm)可以用于所有这些容器。如图 14.27(c)中所示的较大的量热计在设计上与安瓿量热计相类似,但它使用的是直径为 27.5 mm 的插入容器。这个通道已经取代了具有一个单一容器的微量量热仪。

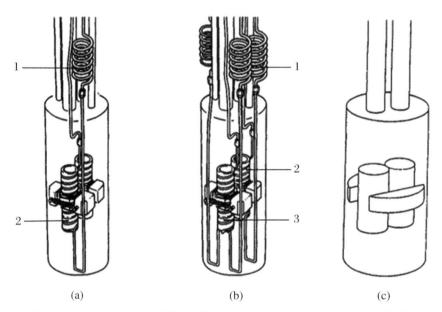

图 14.27 三种 TAM 双池微量量热计(图片由 Thermometric AB 公司提供)
(a) 配备不可拆卸的流通式容器:1. 换热盘管;2. 组合的容器支架(见图 14.26 中的 5),由 24 克拉黄金制成的流通式容器。(b) 不可拆卸的流通式和混流式容器:1. 换热盘管;2. 流通式容器;3. 流动混合容器。(c) 与插入容器一起使用的双池微量量热计的原理示意图(直径 27.5 mm)

在 14.8.4 节中将会讨论插入容器的设计和性能,下面将讨论关于上述的流动式容器的特性。

14.8.3.3 不可拆卸的流动式容器

不可拆卸的管状流动式容器的主要优点在于其易于通过液体流动进行自动清洗。除了在热交换系统中需要停留一段时间外,不需要任何平衡时间。例如,其可以将液体流直接从冰箱冷藏温度状态下传输到流动式容器中,在 37 ℃ 保持不到 5 分钟的时间(流速为 20 $cm^3 \cdot h^{-1}$)。流通式容器的主要用途是用于活细胞的研究(见下面的介绍)。

混合容器也可以用于细胞悬浊液的研究,但更重要的是在溶液化学中用于两种液体的混合/反应的研究。如果使用连续流动的系统,则反应时间必须明显短于反应混合物在容器中的停留时间。此容器的应用包括滴定实验,而且通常会设定一种液体流中的试剂浓度保持恒定,而另一个的浓度则逐步连续增加。但是,对于大多数这种类型的实验而言,例如配体结合实验,通常最好使用下面介绍的插入式滴定容器(14.8.4.2 节)。

应该指出,在这些流动式容器中存在着两个问题。首先,在与某些类型的活细胞一起实验时会存在一定风险,即如果它们黏附在包括量热容器在内的流动的管中,这样将会导致显著的系统误差。例如,参考文献[83,84]。其次,一个管状的流通式容器是不能用电校准加热器来进行精确校准的,而必须采用一种化学校准的方法——参见 14.3 节和 14.4 节以及文献[1,7,9,26,83]中的讨论。

14.8.4 插入式微量量热容器

市场上销售的几种不同的 Thermometric 公司插入式容器可分为两种类型:封闭(静态)式的安瓿瓶和更加复杂的滴定/灌注容器。

14.8.4.1 封闭结构的安瓿瓶

标准类型的封闭安瓿瓶包括由耐酸不锈钢(可镀铑)或 18 克拉金制成的体积为 $2\,cm^3$、$4\,cm^3$ 和 $20\,cm^3$ 的容器。体积为 $3\,cm^3$、$4\,cm^3$ 和 $20\,cm^3$ 的玻璃安瓿瓶通常作为一次性容器(例如在研究水泥水合和聚合过程中)使用。金属安瓿瓶的盖子使用薄的 O 形圈密封,这些 O 形圈没有任何明显的松弛效果,参见文献[22]。玻璃容器用 Teflon 覆盖的橡胶圆片通过压在玻璃边缘上的铝盖密封。

与封闭的安瓿瓶一起使用的安瓿量热计(图 14.26、图 14.27(c))是 Thermometric 公司的量热仪中灵敏度最高的和最稳定的,见表 14.7。正如所预期的那样,金质管的流动式容器的安装在一定程度上可以降低这些性能。使用更复杂的插入式容器也是如此,参见文献[22]。

实验时,主要利用密封的安瓿瓶来研究不需要搅拌的慢过程,以及不需要在反应容器中引发反应过程的情况。此类应用的典型例子主要包括药物化合物、爆炸物、电池、食品和活体材料的代谢研究的稳定性和相容性测量(一些例外的情况可参见下面的讨论)。在生态学中研究土壤和沉积物以及慢速固化过程(水泥、聚合物)时,通常优先选择这些简单的容器。在图 14.28 中给出了使用空白的 $4\,cm^3$ 安瓿瓶得到的长期稳定性基线的测量结果,而在图 14.29 中则给出了在两小时的时间内,相同配置的量热仪的短期噪声曲线。

14.8.4.2 滴定/灌注容器

LKB-Thermometric 公司采用的滴定/灌注概念最初是由隆德研究组提出并发展起来的[22,81,85]。由 LKB 公司生产的第一个商品化的版本最近已由 Thermometric 公司重新进行了设计。这类仪器目前已经包括了插入容器,可以用于以下方面:

(1) 逐步量热滴定和适用于快速以及非常长反应时间(以天为单位)的通用型反应微量量热仪。

(2) 向反应容器中灌注气体或液体,例如在吸附实验中的应用。

(3) 利用生物材料进行的实验;

(4) 包含组分扫描的可控组分的蒸气灌注实验。

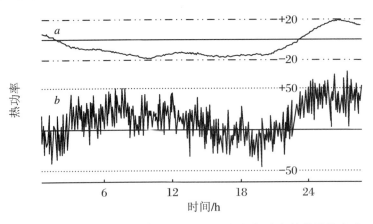

图 14.28 使用空白的 4 cm³ 密封安瓿瓶进行长期稳定性基线的实验结果（图片由 Thermometric AB 公司提供）

曲线 a 和曲线 b 分别为通过使用纳瓦级放大器和标准放大器来测量得到的结果。过滤器的频率是 0.01 Hz

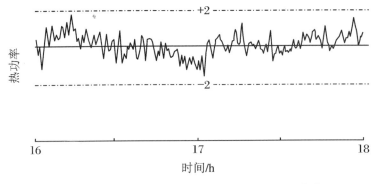

图 14.29 图 14.28 中 a 曲线的两个小时的部分曲线（图片由 Thermometric AB 公司提供）

图中给出了使用纳瓦级放大器时，由彼此平衡的双池量热计获得的短期噪声；过滤器的频率是 0.01 Hz

如图 14.30 所示，三个容器在相当程度上具有相同的部件组成。样品容器通常由耐酸不锈钢（与封闭的安瓿瓶中使用的材料相同，体积为 2.4 cm³ 或 20 cm³）或玻璃（4 cm³）制成。此外，由镀铑不锈钢材料制成的安瓿瓶可作为备用选项来使用。

- **滴定容器**

该容器如图 14.30(a)所示，样品容器的盖子通过 40 cm 长的薄壁钢管(e)连接到搅拌器电机(a)的支撑件上。使用由马达驱动的注射器泵通过一根内径为 0.15 mm 的长注射针注射滴定剂（或试剂）。该注射针可以永久地连接到注射器上。注射针通过一个稍微宽一点的钢管(b)连接到反应容器，与在钢管(e)上放置的四个热交换螺栓(d)进行热接触。因此，注入的液体与等温槽和上部散热器保持热平衡。

这个容器（和灌注容器，图 14.30(b)）的设计能允许使用不同种类的搅拌器，参见文献[7]。这些容器可以灵活地用于较为广泛的反应体系中,例如,黏性溶液、活细胞的悬液,或者是通过将大量的粒子和反应组件引入到反应中混合引起相分离的液体。在通常条件下,搅拌速率保持在 100 转/分以下。在大多数搅拌器和非黏性介质的情况下,将会引起较低的搅拌功率(以 1 μW 的数量级),并且这种变化并不是十分显著。较低的搅拌器速率对于容易被高转速破坏的活哺乳动物细胞来说是非常重要的。如果容器或搅拌器设计需要非常高的搅拌速率,则蛋白质分子甚至很有可能会被破坏。

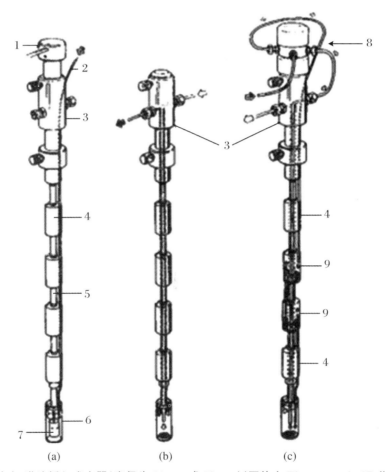

图 14.30 滴定-灌注插入式容器(直径为 14 mm 或 20 mm)(图片由 Thermometric AB 公司提供)
(a)滴定容器:1. 搅拌电机;2. 钢管(注射针导管);3. "分流器";4. 换热铝螺栓;5. 钢管;6. 样品容器($2\ cm^3$、$4\ cm^3$ 或 $20\ cm^3$);7. "涡轮"搅拌器。(b)灌注容器。(c)蒸气灌注容器(RH 池);8. 气体流量切换阀;9. 蒸气饱和杯

微量量热逐步滴定过程可以在存在气相或样品容器完全充满的情况下进行,这种技术通常被称为"Gill 技术"[86]。通常在每一步中加入 1~5 μL 的滴定剂。推荐的注射技术采用 Thermometric 公司提供的注射器驱动装置(型号为 6120)来驱动一个 Hamilton 注射器,该注射器被永久地连接到非常细的针头上,该针头通过使用由耐酸钢制成的细导管(2)被引入到样品容器中。现在,可以以 10 nL 的量级进行精确的添加。

一个逐步的量热滴定过程可能会导致平衡常数和焓变的改变,由此也会导致熵变改

变,通常需要大约 10 次注射的操作过程。另外,热导型量热仪本身响应就很慢(具有较高的时间常数),滴定实验因此会需要很长的时间(大约 10 小时)。然而,通过使用一种基于使用 Digitam 程序的量热信号的"动态校正"的"快速滴定技术"[87,88],可以将滴定时间减少到约 1 小时,而且不会损失任何的精度。在图 14.31(a) 和图 14.31(b) 中示出了来自微焦耳范围的滴定结果的实例,其中后者的结果是通过使用纳瓦级放大器获得的。

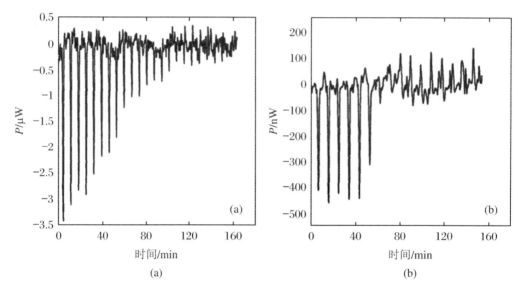

图 14.31 用 Zn^{2+} 滴定超级抗原及其突变体的滴定曲线(图片由瑞典斯德哥尔摩法玛西亚的 Hallén D. 博士提供)

(a)和(b)中所示的实验结果分别为使用标准放大器和纳瓦级放大器所得到的。由所确定的常数和实验数据可以计算得到以下的标准误差(假设 1∶1 平衡)。(a) 第一次注射时产生的热量为 180 μJ。得到的反应参数是 $K_D = 6.2$ μmol·dm^{-3} 和 $\Delta H = -16.7$ kJ·mol^{-1}(标准误差 16 μJ)。(b) 第一次注射时产生的热量为 33 μJ。得到的反应参数是 $K_D = 0.3$ nmol·dm^{-3} 和 $\Delta H = -5.23$ kJ·mol^{-1}(标准误差为 4 μJ)

滴定容器的应用包括与生物聚合物、大环化合物等的配体结合实验(滴定)以及溶解、稀释和混合反应的测量等。该仪器还可以用于对活细胞(例如哺乳动物的细胞和组织、微生物等)进行实验,实验经常需要非常好的基线稳定性,并且有时可能还需要向容器中注射某些试剂(药物)。到目前为止,哺乳动物细胞的大多数微量量热分析研究的实验已经可以通过之前所描述的静态容器进行。但是,通过使用一种温和的搅拌技术的搅拌容器可以提供更好和更明确的生理条件[1]。它还可以将电极(pH、O_2)加入到搅拌的微量量热容器中,并且在量热测量中同时记录来自这些传感器的数据[89]。

- **灌注容器**

图 14.30(b) 中的灌注容器是用于液体和气体搅拌的流通式容器。流体通过"分流器"(3)进入到容器的顶部,并通过钢管(如果将搅拌器电机连接到容器上,则它可以是空心搅拌器轴结构,如图 14.30(a) 继续下行至样品安瓿。然后,流体离开样品安瓿瓶并通过支撑管壁(5)和进口管(搅拌器轴)之间的空间,最后它会通过分流器(3)离开系统。这种结构形式形成了一种逆流热交换器,它在 μW 范围内的测量中允许通过的流量(水)为 20 cm^3·h^{-1}。

该容器的应用主要包括吸附实验,实验中样品安瓿瓶中含有的固体样品上的溶质和气体。这样的实验可以作为"滴定实验"进行,实验时流体中试剂的浓度会连续或逐步地增加(可参见图 14.30(c)中的"RH-单元")。

最初的灌注容器主要是为研究悬浮在液体培养基和小型水生动物中的生物组织而设计的。在某些情况下,组织可以停留在样品安瓿瓶的底部。在其他情况下,最好将生物材料放置在旋转笼中或组合的"涡轮搅拌器"——样品架中,参见文献[90,91]。灌注容器的其他生物学用途还涉及使用固定化酶的实验。

Lund 实验室设计出了一系列的与气体[30]、液体[92]和固体[93,94]一起使用的微量量热溶解容器,这些容器是模块化的 Thermometric 气体/液体灌注容器。光量热系统[95]也可以看作是一种滴定灌注仪器的模块化形式,通过一根或多根光缆将光引入到可以搅拌的样品安瓿瓶中。从同样的光源中将另一组光缆引入到第二个双池微量量热仪的黑暗容器(封闭的安瓿瓶)中。即使来自光源的辐射强度会随时间不断变化,它也会不断地给光反应量热仪提供辐射功率,通过这种操作流程便可以连续地进行记录。

- 蒸气灌注容器("RH 池")

如图 14.30(c)中所示的灌注容器背后的想法源于法国 Joseph Fourier 大学 A. Bakri 教授的原创工作。该容器被设计成可以用于在样品安瓿中含有的固体样品上灌注具有确定组成(特别是水蒸气)的蒸气或气体混合物。它与如图 14.30(b)中所示的灌注容器的一个区别在于,两个热交换螺栓(4)被蒸气饱和杯(9)所代替,并且气流转换阀(8)位于分流器的上方。

在蒸气吸附实验中,饱和杯中充有蒸气形成物质,例如水。在样品安瓿瓶的上部,惰性(干燥)气体与另一股惰性气体流会通过饱和杯形成混合的蒸气流。通过设置由 Digitam 程序控制的流量切换阀,可以确定样品安瓿瓶上部的蒸气浓度(例如 RH 值,RH 为相对湿度)。例如,可以将 RH 值恒定保持在预定的浓度处,或者可以改变切换时间以产生阶梯式或连续的蒸气浓度扫描(ramp 模式),这样可使湿度向上或向下变化。另外,气体流量转换阀也可以安装在图 14.30(b)所示的可以调节的灌注容器上。

目前,这种灌注容器的主要用途似乎是在化学工业(特别是制药工业)上用来研究粉末上的水蒸气吸附。例如,通过这样的实验结果可以估计晶体材料中高反应性(不稳定)在非晶区的范围[96]。其他重要的应用包括腐蚀过程和生物系统的研究,参见 14.8.4.2 节的"灌注容器"。

14.8.5 关于微量量热仪校准的说明

由 Thermometric AB 公司生产的量热仪装备有不可拆卸的电学校准加热器。为了达到更高的准确度,也可以通过插入加热器来校准现在的一部分容器。

在 14.4 节中已经讨论了本节中的微量量热仪类型的电校准中的系统误差,也可以参阅文献[1,7,9,26,83]。在某些情况下,尤其是对于改装后的容器而言,很难将某些实验功能/机械设计与准确的电学校准技术结合起来。在这种情况下,操作者必须使用化学校准[1,7,26]。对于一些量热仪特别是微量量热仪的设计者而言,他们忽略了对他们所使用的仪器的校准技术进行优化这一最重要方面。在一般情况下,忽略在微量量热法测量中的系统误差将会带来很大的风险。

14.8.6　Thermometric 微量量热仪关键性能数据

准确地报道由科学仪器得到的关键性能数据是非常重要的。在科学论文和商业手册中给出的量热仪的性能数据通常是难以准确定义的,并且这些数据是在不同的非标准条件下测定的。因此,即使有大量的文献资料可以参考,我们也不可能对量热仪进行一个实际有用的评价,也不可能将不同的仪器得到的结果直接进行比较。

然而,从用户的角度来看,在表 14.7 中给出的数据是最重要的。以下是在该表中对平衡双容器(具有相同时间常数的相同或相似的容器)所给出的值的定义和注释。体积 V 是反应容器的标准体积。时间常数 τ 是当量热信号下降到原来值(从中断稳定加热功率后)的 36.8% 时的时间值。基线稳定性 P_b 在长时间测定中往往是至关重要的。例如,在活细胞的实验中和在评价工艺材料和产品的稳定性实验中,基线值可以通过最小二乘法拟合成直线,这样可以得到 24 小时内的线性漂移(斜率)和拟合的标准偏差。在表 14.7 中给出的数值是理想的零斜率直线标准偏差的两倍。

表 14.7　Thermometric 公司微量量热仪关键数据[①]

序号	量热容器	V /cm³	τ /s	P_b /μW	P_d/nW std ampl	P_d/nW nW ampl	P_1 /μW	R /%
−201	密封安瓿瓶	4/2	200/300	0.1	50	5	0.1	0.1
−202	流通型 (20 cm³·h⁻¹)	0.6	100	0.5	50	5	−	0.2
−204	流动混合型 (20 cm³·h⁻¹)	0.6	100	0.5	50	5	−	0.2
−201+2250/2	灌注型 (20 cm³·h⁻¹)	4/2	200/300	0.5	100	10	0.5	0.5
−201+2255/7	"RH cell" (100 cm³·h⁻¹)	4/2	200/300	2.0	200	20	0.5	0.5
2230	密封安瓿瓶	20	200	0.2[②]	100	10	0.2	0.1
2230+2254	灌注型 (20 cm³·h⁻¹)	20	150	0.5	200	20	1	0.5
2230+259	"RH cell" (100 cm³·h⁻¹)	20	150	2	400	40	1	0.5
					Q_d(μJ) std ampl	Q_d(μJ) nW ampl		
−201+2251/3	滴定型	4/2	200/300	0.5	25	2	−	0.5
2230+2254	滴定型	20	150	1	100	10	−	0.5

注:① 仪器参数:V = 容器体积;P_1 = 进样再现性;τ = 时间常数;R = 精确度;P_b = 基线稳定性;std ampl = 标准安瓿瓶;P_d、Q_d = 检出限;nW ampl = 纳瓦安瓿瓶;除另有说明外,均用标准安瓿瓶进行测定。

② 如果使用纳瓦放大器,则 P_b 约为 0.1。

检出限 P_d 或 Q_d 是可以从基线噪声中区别出来的最小偏差。热功率偏差 P_d 是对处于稳定状态的系统施加一个额外的电热脉冲扰动而测得的。对于 Thermometric 滴定容器而言，它是一个由短的电热脉冲提供的能量。对于 Q_d 而言，它则是一种更相关的"检测极限"的测量方法。这些每单位体积的极限值是非常重要的，在稳定性测量中更是如此。对于热传导型量热仪而言，可以通过 P_d 或 Q_d 除以 V 来估计这些值。

例如，在稳定性测量和活细胞体系的实验中，当确定热功率值时，功率 P_1 的加载再现性是至关重要的。对于大多数微量量热仪而言，其基线值将随着反应容器的加载或插入而发生显著的变化。仪器测定微量量热功率值的精密度/准确度通常要取决于 P_1。在滴定量热实验中，在第一次注射之前花费的时间长短确定实际的基线并不重要。量热仪的精密度或重复性 R 可以用许多不同的方式来确定和表述，在这里 R 被定义为当容器用 $100\ \mu W$ 的电功率加热时的量热信号的变化值（两倍的标准偏差，用百分比表示）。需要注意的是，精密度不包括可能的系统误差（包括在相应的准确度数值中）。表 14.7 中所列出的数据由 Thermometric AB 公司的 J. Suurkuusk 博士和 A. Schön 博士提供。

14.8.7　精密溶解量热仪 2225

正如在本部分的引言（14.8.1 节）中所指出的那样，Thermometric 公司的精密溶解微量量热仪 2225 是经典的 LKB 公司的 8700 型大体积量热仪的一个现代版本，这种量热仪是一种"半绝热式"的反应和溶解量热仪。仪器所配置的反应容器与 LKB 仪器中的几乎完全相同，因此其性能已经在许多的研究工作中被测试和评估。这种仪器是全新的电子系统，实验控制、数据采集、显示和结果分析都是计算机化的。新类型的仪器被设计成为可适配于 Thermometric AB 公司生产的精密恒温水浴，因此可以作为 TAM 仪器的一部分。然而，该仪器的电子元件和计算机程序与微量量热仪不同。

2225 型量热仪的示意图见图 14.32。体积为 $100\ cm^3$ 的容器（2）是由耐热玻璃（pyrex glass）制成的，配有温度传感器（（3），一个热敏电阻）和一个与搅拌的反应介质紧密接触的电校准加热器（5）。它的中心是一个由 18 K 黄金制成的组合式的搅拌器和样品安瓿瓶支持器。体积为 $1\ cm^3$ 的玻璃安瓿瓶（6）为具有很薄的底部的圆柱形结构，当搅拌器的轴降低时，玻璃底面就会被其下方的蓝宝石材质的撞针（7）撞碎。可通过熔融将样品安瓿瓶封口，也可用橡胶塞封口（主要适用于水溶液体系）。

量热组件被封装在一个不锈钢腔体（4）中，惠斯通电桥（1）与恒温水浴热接触。由于具有更好的恒温环境和现代电子设备，2225 型仪器与其前一代的产品相比具有更高的温度分辨率，因此短时间内的温度波动可控制在 $\pm 10\ \mu K$ 以内。随着电子噪声的降低，相对于热分辨率为 $1\ mJ$ 或 $10\ \mu J/cm^3$ 的反应溶液（水溶液），温度的分辨率接近 $1\ K$。当进行小热量值的测定时，新型仪器的精密度比 LKB 仪器要高出一个数量级。当测量一个快速、大量的放热过程（大约 100 J）时，Thermometric 仪器的精密度与熟练操作的 LKB 仪器相当：精密度约为 0.02%，准确度为 0.05%（$\pm 2\sigma$）。

该仪器可以用于经典溶液的热力学领域，例如纯化合物在水中和其他溶剂中的溶解过程。在其他更实际的应用中，使用者可能会关注固体药物的精确溶解测量，得到其可能的多种晶型的信息[97]。另外，实际中的各种重要材料的润湿和溶胀实验也是该类仪器的一个重要的应用领域。

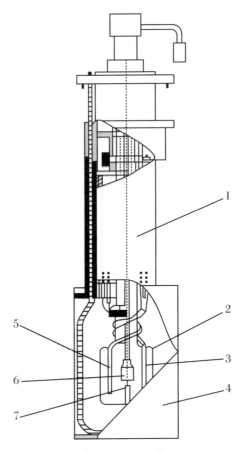

图 14.32　精密溶解量热仪(2225 型)
1. 惠斯通电桥(与恒温水浴热接触)；2. 100 cm³ 的玻璃反应容器；3. 恒温器；4. 钢罐；5. 电校准加热器；6. 玻璃安瓿瓶；7. 蓝宝石撞针

14.9　一些其他的商品化仪器的设计

R. B. Kemp

威尔士大学生物科学研究所，阿伯里斯特威斯，阿伯里斯特威斯，SY23 3DA，威尔士，英国(Institute of Biological Sciences, University of Wales, Aberystwyth, Penglais, Aberystwyth, SY23 3DA, Wales, United Kingdom)

14.9.1　引言

正如在本章中的总引言中所述的那样，早期的量热仪是作为专业的仪器设计和制造的。现在独特设计的量热仪仍然很常见,与许多物理化学领域中的仪器相比,这种设计的目的主要是为了追求更高的准确度和精密度,或者是为了解决科学研究中的一些特殊问题而专门制造的新型容器。这些"专门设计"的仪器相当多,在这样一个篇幅相对较短的章节中无法进行更加详尽的介绍,读者可查阅文献[5,7,9,10]来了解其中必要的细节。在接下来的内容中描述并不是十分详尽,本部分内容中主要关注的是在之前的一些章节中未提及的重要商品化仪器的设计形式。

14.9.2 MicroCal 公司的量热仪

在作者没有使用过的商品化仪器中,那些由 Brandt 实验室设计,由 MicroCal 公司(22 Industrial Drive,Northampton,MD01060,USA)制造的那些仪器是其中非常重要的类型之一。其中的一种仪器是绝热的滴定微量量热仪(Omega),其响应时间非常短。可以通过一种数字电位器调整响应时间,半响应时间(half-time response)最快为 6~7 s。由图 14.33 可见,两个容器被永久安装在含有 264 对定向排列的碲化铋晶体的半导体热

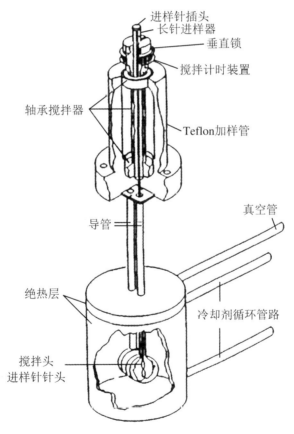

图 14.33 Microcal 公司等温滴定量热仪的量热容器、绝热外壳以及注射器/
搅拌器组件的结构示意图(图经作者和出版商许可复制使用)
在室温以下工作时,外界循环制冷剂流经绝热外壳中一系列管道,
并连接一个外接的泵以防止发生冷凝现象

电偶板的两侧。热电偶板的功能是作为一个差示温度计,而不是像想象中的那样作为热传导型仪器的核心部件。这些固定的容器是圆盘状(类似棒棒糖的形状)的,这种形式的容器是由 Gill 等人[86]开创的,容器经过较长的细管与外界相连接,在实验前后使用长针头注射器加载或移除样品。同时,注射器的长针头可以作为一个搅拌器使用(如图 14.33 所示)。实验时,通过长的细连接管加入滴定剂置换容器中的溶液。在每个容器扁平的外表面上,都有一个 20 焊接点的热电堆式的加热器。双池量热系统被放置在一个绝热的独立空间中,它可以在 2~80 ℃温度范围内工作。

在实验过程中,在参比容器的加热器中,当一个恒定的功率(小于 1 mW)被消耗掉时,将会激活反馈电路,驱动加热装置以使温度差恢复到零。在两个容器中没有反应的情况下,反馈功率恒定为基线值。样品容器中的放热反应降低了反馈功率,而吸热反应则增加了反馈功率。因此,Omega 是一种功率补偿式的量热仪(参见第 1 章 1.1.2.5 节和第 14 章 14.2.4 节)。通过计算机软件对弯曲曲线的功率值积分,可以得到反应的焓值。

一些作者指出[98],仪器最佳的性能可使快速化学过程的两次注射之间的平衡时间仅需 90 秒。为了强调这一点,一个包括 10 个直接数据点的滴定实验(不是所有点的总体积)可以在 30 分钟内完成,每次注射之间的间隔时间为 2 分钟,这使得该仪器成为一种具有高度竞争力的等温滴定量热仪(可参见 14.5.2.3 节和 14.8.4.2 节的内容进行比较)。由于没有在排空后散热器的平衡时间,因此清洗和重新填充容器进行下一个实验的时间也很短。在已经报道的文献[31]中,仪器的检测限(以最小可检测的热量表示)是 1.3 μJ[31]。这与 Freire 自制的量热仪的情况类似,它与 Gill 量热仪也有相同之处[86],这些仪器都是为完成滴定测量而设计的[99]。MicroCal 公司的仪器也非常灵敏,它的体积归一化的灵敏度是 0.8 J·cm^{-3}。在商品化的仪器中,它与 CSC 4200 型等温滴定量热仪(参见表 14.4)的性能指标非常相似。其时间常数为 13 秒,而 24 小时的基线的稳定性为 0.02 μW。

正如 MicroCal 所设计的那样,超灵敏滴定微量量热法(ultrasensitive titration microcalorimetry)已经得到了相当可观的应用,特别是在生物分子相互作用的领域(参见文献[100])中得到了十分广泛的应用。在这一领域中,Omega -等温滴定量热仪对蛋白质与小配体的相互作用的研究产生了巨大的影响,例如糖和凝集素的结合作用[101],以及酪氨酰磷酸化肽(tyrosyl phosphopeptides)对 Src 同源的两个 SH2 结构域的研究[102]等。目前,已经有许多使用该类仪器完成的科研论文发表,主要用来研究:(1) DNA 的相互作用(例如文献[103])以及 DNA 与蛋白质的相互作用(文献[104]对这种研究工作进行了综述);(2) 脂质体(例如文献[105])、脂质体与蛋白质的相互作用(例如文献[106]);(3) 蛋白质和蛋白质之间的相互作用(例如文献[107])。其中(3)的一个特别重要的应用领域是抗体-抗原之间的相互作用,文献[108,109]是两个针对细胞色素 c 和单克隆抗体结合的研究实例。当然,抗体可以直接与糖发生相互作用,而 Omega 微量量热仪已经用于该类的研究,例如,肝素和人抗凝血素Ⅲ的结合作用的研究[110]。这些免疫球蛋白相互作用的研究进一步证明了滴定微量量热法在阐明生物分子的结合性质方面的作用。MicroCal 仪器的应用范围已经扩展到受体的相互作用,例如细菌趋化性的丝氨酸受体的研究[111]。在酶动力学应用方面，例如细胞色素 c 氧化酶的活性研究[112]。实际上，滴定量热仪的应用并不仅局限于相互作用的研究。在 Omega 仪器的其他应用中，也有关于蛋白质折叠的研究，例如，盐诱导形成细胞色素 C 熔融态的研究[113]。

MicroCal 还制造了一种高性能的功率补偿型的微量 DSC（型号为 MC-Ⅱ）（注：现在的型号为 VP-DSC），温度范围为 0～115 ℃（注：VP-DSC 的工作温度范围为 -5～130 ℃）。反应容器是一个固定的、封闭的 1 cm³ 安瓿瓶。仪器的时间常数为 13 秒，24 小时的基线稳定性为 2 μW，其检测限与 CSC 4100 型量热仪（参见 14.5.2.2 节）相当。两者都可以用来探测低至 40 μJ·℃$^{-1}$ 的热容变化，以及在 1 ℃·min^{-1} 的温度扫描速率下 100 μJ·℃$^{-1}$ 的重复性。MicroCal DSC 不能在等温状态下进行实验（注：VP-DSC 可以在等温状态下进行实验）。

14.9.3　BRIC 公司的量热仪

Lovrien 和他的团队[114,115] 已经制造了几种不同类型的热传导式差示量热仪。Wadsö[5] 详细综述了这些仪器，主要包括溶解、反应、灌注和滴定量热法的间歇式和流动式的设计形式。这些仪器的特点是使用 Peltier 泵来维持一个长期稳定的基线（0.5～1 μV），通过将小的热量脉冲传递到外部的空气中以及中心量热单元周围的铝壳中或传递给测量单元。这些泵在仪器内部提供了一个受控的环境，而且不需要借助大量的散热片。这意味着装载一个间歇式的反应容器后的平衡时间很短，大约为 15 分钟[115]。在灵敏度方面，在 5 cm³ 容器 5～50 mJ±5% 范围内，该仪器可实现样品输入 μV 信号，输出 17 μW 的信号。在一个多通道的版本中，量热仪是由生物技术反应仪器和化学品公司（Biotechnology Reactions Instruments and Chemicals，简称 BRIC。之后发展成为 Microcalorimeters 公司，美国明尼苏达 Paul 街 55108）制造的。这些仪器成为分析方法不可缺少的组成部分，用于分析含微生物或动物细胞的不透明样品中的碳和细胞数量[116]。研究证明该仪器可以用来测量石油、烃类、纤维素水解和木酚类化合物产生的糖，以及在含有已知数量的"代谢"碳的介质中估计细胞的数量。

14.9.4　ESCO 公司的量热仪

Yamamura 等人[117]设计了一种热电堆式热传导型微量量热仪，主要作为停流式仪器（stopped-flow instrument）用于研究人类和动物细胞的新陈代谢，以及线粒体的新陈代谢。它的检测限为 0.5 μW，当环境温度为 10～30 ℃ 时，其 24 小时基线漂移量为 1 μW。与 Thermometric 的容器的体积相似（见 14.8.3.3 部分），该仪器的黄金材质的流动式容器体积为 0.6 cm³，但是该类型的量热仪有一个稳定性高、温度可以固定在 37 ℃ 的恒温水浴。此仪器可以从 ESCO 公司购买，型号为 Thermoactive Cell Analyzer 系列的 3000 型（日本东京 Musashino-Shi 180）。

14.9.5　Mettler-Toledo 公司的量热仪

虽然大多数量热学家一直在寻求更低的检测限和更高的灵敏度，但在一些特定领域中的工业化学家一直在寻求可以测量实验室规模反应（公升量级的反应）的热量变化的仪器，这时化学反应体系所产生的热量（mW 级别）不再属于一个精确测量的范畴。Ciba-Geigy 公司（瑞士巴塞尔）开发了一种等温反应量热仪，用于确定化学过程的热平衡[118]。它是由 Mettler-Toledo 公司（瑞士 Greifensee）作为 RC-1 型反应量热仪进行商业化的，该类仪器现在是一个广泛使用的自动化实验室反应器，可以用来研究化学物质在生成过程中的许多不同方面。由于容器是玻璃材质的，因此可以定性地观察化学反应过程，同时还可以给出例如反应温度和焓变、反应速率的动力学、传热系数等相关的数据。所有这些信息对于化学工程师来说都是至关重要的，尤其是当考虑到将化学过程进一步放大的时候。Marison 和 von Stockar[119] 进一步改进了这种类型的仪器，以研究微生物体系中发生的能量过程。

RC-1 "大型"量热仪是由一个 $2\ dm^3$ 的带玻璃夹层的反应容器组成的，通过它的夹层以 $2\ dm^3 \cdot s^{-1}$ 的速率泵出硅酮油[4]，这种循环流体的温度是通过由计算机控制的电子阀来控制混合流体的加热和冷却的。仪器对反应器的温度进行精确的测量，由控制算法不断地调整温度，最终使反应器的温度保持不变。两个温度之间的差值是一种测量热量传递到夹层速率的方法，用来确定在一个需要知道热量传递系数和有效传热面积[4]的方程中的速率。

14.10 燃烧量热仪

I. Lamprecht

柏林自由大学生物物理研究所，Thielallee 63, D-14195 Berlin, Germany (Institut für Biophysik, Freie Universität Berlin, Thielallee 63, D-14195 Berlin, Germany)

14.10.1 引言

目前，燃烧量热仪有着广泛的工业应用，其不仅在传统的能源、燃料技术、炸药和热电厂等领域，而且在有关水泥、石灰、废物燃烧、处置和回收等领域，以及各种有关的食品或动物饲料的研究中都有应用。此外，它们仍然是进行自然科学基础（热力学）研究的重要研究工具。大多数的量热仪要求样品量约为 1 g，或者燃烧热最大 30 kJ 以上，但是市场上也有半微量弹式量热仪适合 $50 \sim 250\ mg$ ($\approx 5\ kJ$) 样品，还有微型弹式量热仪（$10 \sim 50\ mg$）。

近年来，制造燃烧量热仪的企业数量已减少到只有少数几家。J. Peter 公司（德国，柏林）被 Haake 公司（德国，卡尔斯鲁厄）接管，它的 HC10 燃烧量热仪，现在由 C3-Analysentechnik 公司（德国，巴尔德汉姆）出售，而后者自己的 CP 500 弹式量热仪已经不再由他们来销售了。Gentry 公司（美国，南卡罗来纳，艾肯）只销售其 Phillipson 微量弹式量热仪的备用部件，而 Newham Electronics 公司（英国，伦敦）现在已经不复存在了。然而，除了商业化的仪器之外，在文献[120～125]中也描述了许多自行制造的燃烧热计。

14.10.2 业内认可的标准测试方法

大多数商业燃烧量热仪都是为了满足不同国家标准的国际规范(ASTM、BS、DIN 和 ISO)而设计和生产的。下面列举了一些可以适用于 Regnault 和 Pfaundler(DIN 51900) 的方法或 Dickinson 公式(ASTM 3286)的标准:

(1) ASTM D240-92:使用弹式量热仪测定烃类燃料燃烧热的标准测试方法(ASTM D240-92 entitled Standard Test Method of Hydrocarbon Fuels by Bomb Calorimeter)

(2) ASTM D1989-92a:使用微处理器控制的恒温弹式量热仪测定煤炭总热值的标准测试方法(ASTM D 1989-92a:Standard Test Method for Gross Calorific Value of Coal and Coke by Microprocessor Controlled Isoperibol Bomb Calorimeter.)

(3) ASTM D3286-91:使用恒温弹式量热仪测定煤炭总热值的标准测试方法(ASTM D3286-91:Standard Test Method for Gross Calorific Value of Coal and Coke by the Isoperibol Bomb Calorimeter.)

(4) ASTM D4809-90:使用弹式量热仪测定液态烃类燃料燃烧热的标准测试方法(中间精度法)(ASTM D4809-90:Standard Test Method for Heat of Combustion of Liquid Hydrocarbon Fuels by Bomb Calorimeter (Intermediate Precision Method).)

(5) ASTM D5468-93:废弃物的总热值和灰分值的标准测试方法(ASTM D5468-93:Standard Test Method for Gross Calorific and Ash Value of Waste Materials.)

(6) ASTM E711-87:使用弹式量热仪测定再生燃料总热值的标准测试方法(ASTM E711-87:Standard Test Method for Gross Calorific Value of Refuse-Derived Fuel by the Bomb Calorimeter.)

(7) BS 1016 Part5-1977:煤炭的分析和测试方法 第五部分 煤炭的总热值(BS 1016 Part 5,1977:Methods for Analysis and Testing of Coal and Coke,Part 5,Gross Calorific Value of Coal and Coke.)

(8) DIN 51 900:使用弹式量热仪确定和计算热值,等温夹层法(DIN 51 900:Determination of Calorific Values and Calculation of Heat Values with the Bomb Calorimeter. Procedure with Isothermal Jacket.)

(9) ISO 1928-1976(E):使用弹式量热仪测量固体矿物燃料的总热值,并计算净热值的方法(ISO 1928-1976 (E):Solid Mineral Fuels Determination of Gross Calorific Value by the Bomb Calorimeter Method,and Calculation of Net Calorific Value.)

14.10.3 燃烧量热仪的分类方法

在前几节中所述的量热仪是为多种用途而设计的,其主要由一种仪器主机和不同的容器(室)和用于不同用途的附件所构成。相比其他的量热法而言,使用燃烧量热仪只有一个目标,即测量固态、液态或气态物质的燃烧热。此外,此类测量总是具有破坏性的,而间歇式或流动式量热仪则可以是破坏性的和非破坏性的。

对一种燃烧量热仪进行完整的描述时,应该给出三个主要的特征:

(1) 量热仪和夹层之间的热交换形式,在绝热式、等温式和热传导式仪器之间进行区分(见 14.1.2.5 节或第 1 章和本章的 14.2.3 节)。

(2) 量热仪可以被设计为一种"搅拌-液体量热仪"或者是一种无液体条件下工作的"无液量热仪"。

(3) 燃烧量热仪还可以细分为两类,"弹式量热仪"的燃烧过程发生在一个厚壁的金属容器内,且氧化剂(氧气)的压力要超过大气压力;而"火焰式量热仪"中易燃气体和氧化剂的混合气体的压力为在离开排气口后的压力[126]。

下面详细介绍的所有燃烧量热仪都是弹式结构,其中大多数都是恒温型和"搅拌-液体"型。前面介绍的所有手工制作的量热仪中,通常通过焦耳效应进行电学式校准(见 14.4 节),但是没有一种商品化的燃烧量热仪采用这种方法,这是因为只有顶尖的实验室才能自己制造量热仪[123]。通常的校准方法是燃烧一种已知燃烧热的参考物质,在大多数情况下,选择苯甲酸作为参考物质(参考热值:26434 J·g^{-1})。

14.10.3.1 恒温式量热仪

在这些仪器中(Parr 公司的 1261 型、1271 型、1281 型;IKA 公司的 C7000 型;LECO 公司的 AC-350 型;Morat 公司的 MK-200 型),氧弹将燃烧的热量传递到一个装有已知的确定质量的水的桶中。氧弹和桶被一层可循环流动水的夹层包围着,在测试过程中保持恒温。在实验过程中,持续监测桶和夹层的温度,以确定系统的热量损失,并计算必要的修正值。在此过程中,可以应用一种"平衡法",直到弹体中所有产生的热量被消耗到水桶中的水里,系统才会达到最终的平衡状态。一种更快速的"动态操作方法"是将瞬时温度曲线与系统已知的(标准)曲线进行比较,从而可以外推得到最终的温度且不降低准确度。

14.10.3.2 绝热式量热仪

在这些仪器中(例如 IKA 公司的 C4000 型),桶中的水和夹层之间的温度差可以小到几乎为零,因此可以避免所有的热量损失。为了达到这一目的,可以通过电加热器(图 13.34)或电解质溶液作为一种可通过调节电流控温的介质(主要是氢氧化钾或碳酸钠)来调节夹层液体的温度,最终达到与桶中的水相同的温度。在一个绝热体系中,由初始温度和最终温度的差值乘以量热仪的热容("水值")即可得到燃烧热。

14.10.3.3 自动式燃烧量热仪

与燃烧量热仪有关的术语"自动",对不同公司的仪器来说具有不同的含义或者具有不同的自动化程度。在使用时应该仔细确认运行一次实验所需要的手工准备时间,是否每次测试所用的时间都包含了样品准备过程,还是只是包含仪器的检测时间。

14.10.4 商品化的氧弹

在燃烧量热仪中应用的氧弹是厚壁金属容器,体积为 300~500 cm^3,可用于测量的最大燃烧热为 30 kJ。在半微量或微量弹式量热仪中,容器的体积相应地减小到了 10~50 cm^3。其中最高可以充满 3~4 MPa 压力的氧化性气体。可以按要求定制一些特殊用途的氧弹：

（1）在废弃物研究中，十分有必要使用一种可以耐氯的氧弹。

（2）当需要一个完全惰性的燃烧室来进行后续的分析测定时，采用具有铂内衬层的氧弹。

（3）可用于研究炸药、推进剂或其他有爆燃特性物质的快速燃烧的高强度弹体。

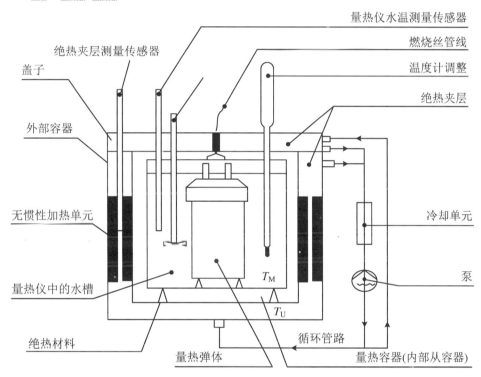

图 14.34　外部容器中具有可加热电解质的一种典型的绝热式可以搅拌液体的弹式量热仪
（图片由 IKA 公司提供）

14.10.5　商品化的燃烧量热仪

14.10.5.1　Parr 量热仪

Parr 仪器公司（美国 Moline，211 第 53 街，IL61265）在量热领域有着近 100 年的经验，是最大的燃烧量热仪生产商，产品从全自动的等温量热仪器到低成本的普通夹层仪器。

- **1271 型系统**

这种等温（具有可实现液体搅拌的氧弹）弹式量热仪是该公司的标志性产品。这种型号的仪器采用了一种模块化的、全自动的微处理器控制系统，具有新的采用倒置朝向的弹体装置。头部在圆柱形弹体的底部,它牢牢地固定在水桶上。操作人员只需将样品装入氧弹头,连接一个辅助的棉线保险丝,并关闭安全防护罩。所有弹式量热仪的后续常规操作步骤由微处理器控制自动完成,包括氧弹的气动充氧、密封、样品点火、监测桶中水的温度上升、氧弹排气、洗涤和收集燃烧残留物,以及开启氧弹准备下一个样品的测试。1271 型和 1281 型量热系统通过屏幕上的菜单进行编程操作,具有可以扩展到计算机的能力,可以直接连接到打印机、计算机和数字天平。另外,仪器主机还具有大容量的测试内存。

使用 340 cm^3 的氧弹(1131 型)可以大大减少桶中的水量(仅需要 400 cm^3,而不是通常的 2000 cm^3),因此在燃烧过程中温度的增加约为 10 ℃,而不是一般的 3 ℃。温度分辨率是 0.0001 ℃,重复性为 0.10%。按照 ASTM、DIN 或 ISO 标准进行的测试可以在 6 分钟内完成,因此每天可以进行 80 次测试。通过扩展的模块,可以由已经存在的控制器来操作第二个独立的系统,每天的测试效率可以提高一倍。

- **1281 型系统**

除了需要手动关闭直立式氧弹和可以扩展到双量热系统之外,这种等温(搅拌-液体氧弹)弹式量热仪与 1271 型量热系统的主要特征相同。因此,这种量热仪的定位是在全自动的 1271 型系统和传统半自动的 1261 型系统之间。

- **1261 型系统**

1261 型本身包括一个独立的操作单元,用于常规和偶尔的量热测试。它是一个由微处理器控制的等温弹式(搅拌-液体氧弹)量热仪,它的温度分辨率和重复性与 1271 型和 1281 型量热仪相同。在这个半自动化过程中,每次测试后的水桶必须手动从量热仪中取出,并重新装满水。在此之后,微处理器替代了所有的程序控制的燃烧和数据采集的所有步骤,每小时最多可以完成 10 个样品的燃烧实验。

通过将 1266 型转换单元应用于 1261 系统,可以得到半微量量热仪。342 cm^3 的标准氧弹(编号为 1131)被 22 cm^3 的氧弹(编号为 1107)所取代,适用于 25~200 mg(最高热量为 5 kJ)的样品,这种仪器特别适用于海洋微生物学和生态学的研究。

- **1351 型系统**

这一价格适中的微处理器控制的量热仪与 1261 系统的外壳相同,而温度控制水夹层系统则被静态的空气夹层所代替。因此,它被认为是一种静态夹层(搅拌-液体氧弹)量热仪。该仪器应在没有空气波动的房间使用。用苯甲酸作为参考物质,可以得到 ±0.2%的标准偏差。该仪器的其他所有的半自动特征和所配的氧弹(编号为 1108)都和 1261 型系统相同。

- **1351 型系统**

这种低价位的带有静态夹层的装置,是一种在具有超过 80 年历史的搅拌-液体弹式量热仪基础上推出的改良版。它之所以被称为"普通"的夹层,是因为它的结构简单,并且通常被推荐给教学实验室使用。它装载了编号为 1108 的氧弹,适用于最大 30 kJ 热量的样品,每天能进行 10~12 次的测试。每次运行前后,都要进行热量损失测量,并进行温度校正。以苯甲酸为测量对象,所得到的标准偏差不超过 ±0.3%。温度读数的精度为 ±0.002 ℃。

- **1425 型系统**

Parr 公司的量热仪产品线由 1425 型来补充完整。1425 型系统是一个结构紧凑、易操作的半微量静态夹层(搅拌-液体氧弹)型量热仪。氧弹被封装在一个作为量热容器的镀银的杜瓦瓶中,瓶中装有 400 g 的水,整体被一个不锈钢罐所包围。规格与插入了 1266 的 1261 型半自动系统相同,氧弹的体积为 22 cm^3(编号为 1107),适用于 25~200 mg(最大 5 kJ)的样品。精度取决于所释放的热量,对于 1.5 kJ 的输出热量,测量精度不超过 ±0.4%。

14.10.5.2 IKA 量热仪

IKA 分析技术股份有限公司(IKA Analysentechnik GmbH,德国,海特尔斯海姆 Grißheimer Weg 5,D-79423)只生产两款氧气燃烧量热仪,并提供所有必要的配件。

- **C4000 型系统**

这是第四代的绝热式、搅拌-液体弹式量热仪,具有最高的准确度和可再现性(图 14.34)。在过去的 10 年中有近 2000 台第三代产品(C400)被售出,该仪器在本部分的引言中提到过的各种领域都有应用(见 14.10.1 节)。该仪器根据 DIN 51 900 标准设计并符合所有其他国际标准,由电脑自动控制。工作时所允许的最大压力为 23 MPa,使用铂电阻温度计,精度为 ±0.001 ℃。在内桶内手动充满 1800 cm^3 的水。仪器的绝热加热系统采用电解液的方式工作(在 1300 cm^3 的水中溶有 1.5 g 的 Na_2CO_3),对应于 DIN 51 900 标准的第 3 部分,其在 3 分钟内的漂移值不大于 0.0012 ℃。每次点火前后的两个温度值是确定燃烧热的必要条件。该类仪器的最大标准偏差小于 0.25%,最佳样品量为 1 g。一个典型的测试需要大约 15 分钟,快速测试可以在 9 分钟内完成,但会降低一些灵敏度。

这个弹式量热仪可以在真空条件下或配合特殊的 25 cm^3 的高压燃烧容器(C49)使用。在研究炸药或烟花材料时,可以使用的操作压力可达 210 MPa。C4000 系统可以扩展为多量热仪,由主计算机同时控制 8 台仪器。此外,配套的微量量热配件包(C55)可用于 50~250 mg 的样品。

- **C7000 型系统**

作为 IKA 公司量热仪的新成员,C7000 型系统是一个具有"双重-无液体"(doppelt-trocken)结构的等温式量热仪,直接在量热的氧弹中确定温度变化过程。一系列的 48 个温度传感器均匀分布在氧弹的内壁上(图 14.35),以确定每 6 秒的温度信号,通过腔体底部的接触器发送给处理器。因此,这个量热仪可以使测量时间低于 2 分钟(在最佳的条件下),但通常是 2~5 分钟。该仪器的微处理器控制、全自动系统均符合 ISO 1928 的自动量热仪的标准(也符合 ASTM、BS 和 DIN 标准)。它允许的样品量为 0.05~1.5 g。对于苯甲酸参考物质,实验时典型的样品用量约为 200 mg(对应于 1~40 kJ),压力为 3 MPa(最大 4 MPa)。通过运行 7.5 分钟,可以获得 0.05%~0.1% 的最佳标准偏差。当测试时间小于 2.75 分钟时,标准偏差为 0.5%。除了燃烧的热量外,还可以用来测定样品中卤素和硫的含量。为了达到这一目的,将控制释放的燃烧气体通过洗气瓶吸收并用来进行进一步的滴定分析。

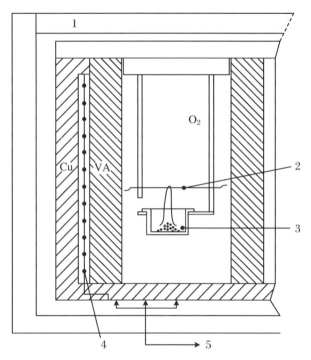

图 14.35 等温无液弹式量热仪结构示意图(C500 型和 C700 型)
1. 无水隔离；2. 熔丝和棉线；3. 样品；4. 双层结构的氧弹中温度传感器，内壁由特种钢材料制成(VA)，外部为铜质结构；5. 控制器连接线

14.10.5.3 数字数据系统公司(Digital Data Systems)CP500 型量热仪

这是另一种具有类似于上述 14.10.5.2 节描述的 C7000 型结构形式的弹式量热仪。它采用一种无液(doppelt-trocken)系统，典型的样品量为 0.5 g，灵敏度可高达 0.1 J·g^{-1}，测量时间为几分钟。电脑通过弹体底部的触点可自动识别多达 16 个贮罐，控制单元通过接口与天平和绘图仪相连接。外部干式冷却站确定内部弹体的温度，可以在 60～80 秒的时间内降温到室温。直到 1995 年，由 C3 Analysentechnik(Fuchsweg 50，D-85598 Baldham，德国)公司销售，之后该公司为了支持之前的两种 Haake 燃烧量热仪而停止了该量热仪的销售。该弹式量热仪由 Digital Data Systems 公司(P.O. Box 35872，Northcliff 2115，南非)生产，由 DDS、SELBY Scientific&Medical 公司(32 Burnie Avenue，Lidcombe NSW 2141，澳大利亚)发布。

14.10.5.4 Analysentechnik C3 型量热仪

该公司(Fuchsweg 50，D-85598，德国 Baldheim)正在销售以前由 Haake 公司制造的两种燃烧量热仪。

- **HC10 型系统**

这种等温环境(液体搅拌弹体)的量热仪是根据 DIN 51 900 标准规定设计的，但可以以更加简单和更加准确的方式工作。工作时，可以将自动装满 1800 cm³ 水的水桶在量热仪中固定,同时取出弹体用于制样并充气至 3~4 MPa 的压力。插入弹体后,接下来在微处理器控制下进行测试。仪器的温度分辨率为 0.00025 ℃,重现性优于 0.05%。在测试过程中,可以确定热量的损失。在大约 15 分钟后,一定质量的燃烧热量可以显示或转换到绘图仪或计算机上。在控制下释放和收集燃烧后的气体,弹体可以在一个独立的固定装置中自动冷却到初始温度。

- **HC 100 型系统**

这是一种完全不需要水的等温环境(无液弹体)量热仪,其外层保护套通过 Peltier 冷却和焦耳加热保持温度恒定在 28 ℃(± 0.0015 ℃)。能够实现快速传热的铜合金保护套与系统结合在一起,代替了传统形式的水桶。内置的预冷却单元使弹体的温度保持在 25 ℃。在用氧气充填弹体之后,启动全自动的测量程序。仪器的测量程序有 3、8、16 和 26 分钟四种不同的测试时间可以选择。最慢的测试时间的重复性误差为 0.05%,而在 3 分钟的快速测量模式下的重复性误差为 1%。温度读数的线性度优于 0.0001 ℃。实验时,可以通过自动识别支持多达 14 个弹体,重要的数据可以以在线图形和数字的形式显示在天平、打印机和计算机的三个界面上。

14.10.5.5　Leco 公司 AC-350 型量热仪

Leco 公司(3000 Lakeview Ave, St. Joseph, MI 49085-2396, USA)生产的一种可以自动恒温(液体搅拌弹体)的量热仪可以用于测量 1 g 样品或 3 MPa 气压下 15~35 kJ·g^{-1} 的特定燃烧热量,该仪器的桶体积为 2000 cm^3,独立供水量为 15000 cm^3。温度的分辨率为 0.0001 ℃,基于苯甲酸的量热精度优于 0.05%,线性度为 0.05%,分辨率为 1 J·g^{-1}。一次测试需要的时间为 7~10 分钟,而在预测量模式下需要 5~7 分钟。该仪器包括 16 位控制器和打印机、控制电脑和天平的接口。和前一款 AC-100 型号的量热仪一样,当达到平衡时可以自动执行点火操作。在达到最终的平衡之后,温度开始逐渐升高,测量后可以将结果转化为特定质量的燃烧热。在自动程序中,可以包含针对酸或氮含量、熔丝、硫、含水量和尖峰的校正。

该仪器符合 ASTM、DIN 和 ISO 等标准的规定。

14.10.5.6　Morat 公司 MK200 型自动量热仪

这种等温型(液体搅拌弹体)的量热仪由 Franz Morat KG 公司(D-79871 Eisenbach, Germany)按照 ASTM、DIN 和 ISO 标准生产。由于在测试过程中的几个步骤需要人工操作,因此这是一种半自动式量热仪。实验时弹体被牢固地连接在支架上(图 14.36),而坩埚支架、电极和隔热罩则是可拆卸的部件。仪器的总水量为 4800 cm^3,量热仪测量温度的分辨率为 0.00005 ℃,热量的重复性误差为 ± 20 J,对应于 0.002 ℃ 的温度差。在高精度测量模式下,可以测量高达 20 kJ 的燃烧热。而在普迪测量模式下则可以测量高达 40 kJ 的燃烧热,相当于约 1.5 g 的苯甲酸。在实验过程中,可以控制燃烧释放的气体以用于进一步的分析。该系统可连接到打印机和计算机,每小时最多可进行 3 次测量。

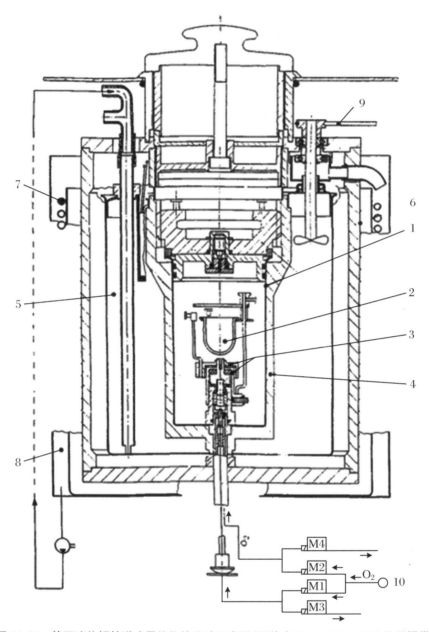

图 14.36 等压液体搅拌弹式量热仪的设计示意图(图片由 Franz Morat KG 公司提供)
整个内部结构 1 由坩埚 2、支架支撑 3、可拆卸的弹体 4 以及量热仪桶 5 构成。外壳由电加热器 6 或水冷系统 7 和 8 构成

14.10.6 商品化的微量量热仪

除了上述通常使用 1 g 样品质量并且遵循国际标准的燃烧量热仪之外,还有一些半微量或微量量热仪能够用于更合适的需求和微量的样品测试[127]。其中有两种是根据 Phillipson 量热仪[128]为原型来设计的,其他的则是根据现有的热流型微量量热仪设计

的。需要强调的是,这些微型弹体的测量精度明显低于大尺寸弹体的测量精度。

14.10.6.1 Calvet 微型量热仪

对于具有 100 cm³ 容积的 Calvet 微量量热仪(例如 MS 70 型,SETARAM 公司生产,参见 14.7.3.1 节)而言,该仪器可用的有效容积为 58 cm³ 的无液弹体,但不适用于容积为 15 cm³ 的较小的容器。弹体容器在稳定、恒定的温度下使用,可以在一定程度上降低温度校正的次数。而且,由于量热仪的检测限低(约 0.4 mJ 或 15 μg 的苯甲酸),氧气压力可以降低到 0.1 MPa 甚至常压。另外,小尺寸也减少了对压力校正的次数。由于存在点火的能量和称量误差,因此应避免使用低于 1 mg 的样品。由于可以计算这些弹体的最大的氧气压力为每毫克样品 0.1 MPa,因此低于 0.2~0.5 MPa 的压力是常见的。实验时,记录由于燃烧而引起的热流曲线,直到信号返回到初始基线。所得的曲线峰面积与燃烧热成正比。一个更快的分析方法是只使用最大的峰高度,该方法具有 0.5% 的偏差。该量热系统的优点和缺点在文献[129,130]中有较为详细的描述。

SCERES 公司生产的 HT-100 型量热仪(参见 14.6.2.5 节)具有一种类似的微弹体系统(参考代号 CMB),其容积为 100 cm³,弹体的质量为 300 g,热容量为 125 J·℃$^{-1}$,内部体积为 56 cm³,热电堆的直接灵敏度(HT-100 型量热仪)为 35 mV·W^{-1}。测试时,通常需要使用 10 mg(干燥后的质量)的样品质量和高达 10 MPa 的氧气压力。

14.10.6.2 Phillipson 微弹体量热仪

1964 年,Phillipson[128] 提出了一种廉价的微型无液体弹式量热仪,可以用于测量 5~100 mg 的干燥样品。这个想法是将少量珍贵的生物材料进行燃烧,而不需要像通常的大型商品化的仪器那样将这些物质与苯甲酸或微孔膜等填充物质进行混合。这种易于操作的非绝热型量热仪由一个大约 270 g 的微型弹体装置、一个支撑着弹体的支架和测量热流的 8 对热电偶以及一个作为散热器的较大铝块组成。弹体和支架用抛光的钢制外壳包装作为绝热罩。仪器采用苯甲酸为标准物质,可以充填的氧气的压力高达 3 MPa,量热精度约为 1%。灵敏度为 1.8 μV 每焦耳燃烧热。对生物材料的精度优于 2.5%。

这种微型弹体式量热仪后来由美国公司 Gentry Instruments Inc.(1007 Owens St.,Aiken S. C. 29801,USA)制造,之后英国公司 Newham Electronics(209a Plashet Rd.,London El3,Great Britain)对其进行了修改。与后者相关的更多细节在 Basu 和 Sale 的论文[131]中有较为详细的介绍。

本文作者偶然发现,Gentry 公司制造的弹体比 SETARAM 公司制造的体积小得多(大约 10 cm³),但其直径相同,可以完全适用于 Calvet 型量热仪。因此,如果将它们组合在一起使用,可以大大提高其灵敏度。

14.10.7 结论

市场上只有少数商品化的量热仪符合 14.10.2 节中引用的国际标准测试方法的要求。它们并不是专门为特殊的应用领域而设计的,而是为 14.10.1 节中提到的所有领域设计的。对于不同仪器的选择主要取决于:

（1）首先要确定所测得的燃烧热量是否必须符合国际标准（14.10.2 节），还是只需要得到近似的数值。

（2）可用于测试的材料的量。

（3）每天需要测试的样品的数量。

（4）实验的便利性。

（5）机构的预算经费。

在购买时，可以要求制造商提供可供参考的客户名单，还可以要求制造商提供其用户在其感兴趣的领域内用量热仪进行的实验的相关文献。

如果对数值的要求不高，例如对于在生物化学或（海洋）生态学领域中的小样品量而言，可以使用价格更为低廉的微型弹式量热仪来进行测量。

致谢

我要感谢我的同事 Yue Guan 博士，他花费了很多的时间来编辑这样一个非常具有挑战性的来源于几个不同部分的工作，他是一个当之无愧的计算机高手。感谢我们的图像服务部门的 Messers David Jenkins 和 Antony Pugh 在将各种质量的图纸转变为可接受的数字过程中所付出的大量精力。

参考文献

1. I. Wadsö, Thermochim. Acta，219（1993），1.
2. E. Battley, Thermochim. Acta，250（1995），337.
3. U. von Stockar and I. W. Marison. Adv. Biochem. Eng. Biotechnol，40（1989），93.
4. U. von Stockar and I. Marison, Thermochim. Acta，193（1991），215.
5. I. Wadsö, in A. M. James（Ed.），Thermal and Energetic Studies of Cellular Biological Systems, Wright, Bristol, 1987, p.34.
6. E. Gnaiger, Pure Appl. Chem.，65（1993），1983.
7. I. Wadsö, in K. N. Marsh and P. A. G. O'Hare（Eds.），Experimental Thermodynamics, Vol. IV, Solution Calorimetry, Blackwell, Oxford, 1994, p.267.
8. R. L. Putnam and J. Boerio-Goates, J. Chem. Thermodyn.，25（1993），607.
9. C. Spink and I. Wadsö in D. Glick（Ed.），Methods of Biochemical Analysis, Vol. 23, Wiley, New York, 1976, p.123.
10. E. Calvet and H. Prat, in H. A. Skinner（Ed.），Recent Progress in Microcalorimetry, Macmillan, London, 1964, p.35.
11. T. H. Benzinger and C. Kitzinger, in J. D. Hardy（Ed.），Temperature its Measurement and Control in Science and Industry, Vol. 3, Pt. 3, Reinhold, New York, 1963, p.53.

12. I. Wadsö, Acta Chem. Scand., 22 (1968), 927.

13. I. Danielsson, B. Nelander, S. Sunner and I. Wadsö, Acta Chem. Scand., 18 (1964), 995.

14. J. J. Christensen, R. M. Izatt and L. D. Hansen, Rev. Sci. Instr., 36 (1965), 779.

15. P. Monk and I. Wadsö, Acta Chem. Scand., 22 (1968), 1842.

16. I. Lamprecht, W. Hemminger and G. W. H. Höhne (Eds), Calorimetry in the Biological Sciences; Thermochim. Acta (special issue), 193 (1991).

17. R. B. Kemp, Thermochim Acta, 219 (1993), 17.

18. A. E. Beezer and H. J. V. Tyrrell, Sci. Tools, 19 (1972), 13.

19. S. L. Randzio and J. Suurkuusk, in A. E. Beezer (Ed.), Biological Microcalorimetry, Academic Press, London, 1980, p.311.

20. L. D. Hansen, E. A. Lewis, D. J. Eatough, R. G. Bergstrom and D. De-Graft-Johnson Pharm. Res., 6 (1989), 20.

21. R. J. Willson, A. E. Beezer, J. C. Mitchell and W. Loh, J. Phys. Chem., 99 (1995), 7108.

22. J. Suurkuusk and I. Wadsö, Chem. Scripta, 20 (1982), 155.

23. N. Langerman and J. M. Sturtevant, Biochemistry, 10 (1971), 2809.

24. S. A. Rudolph, S. O. Boylke, C. D. Dresden and S. J. Gill, Biochemistry, 11 (1972), 1098.

25. L. Gustafsson, Thermochim. Acta, 193 (1991), 145.

26. L.-E. Briggner and I. Wadsö, J. Biochem. Biophys. Meth., 22 (1991), 101.

27. F. T. Gucker, H. B. Pickard and R. W. Planck, J. Amer. Chem. Soc., 61 (1939), 459.

28. A.-T. Chen and I. Wadsö, J. Biochem. Biophys. Meth., 6 (1982), 297.

29. F. T. Gucker and H. B. Pickard, J. Amer. Chem. Soc., 62 (1940), 1464

30. D. Hallén and I. Wadsö, J. Chem. Thermodyn., 21 (1989), 519.

31. L. D. Hansen and R. M. Hart, J. Electrochem. Soc., 125 (1978), 842.

32. L. D. Hansen and H. Frank, J. Electrochem. Soc., 134 (1987), 1.

33. L. D. Hansen, D. J. Eatough, E. A. Lewis, R. G. Bergstrom, D. De-Graft-Johnson and K. Cassidy-Thompson, Can. J. Chem., 68 (1990), 2111.

34. D. J. Russell, M. S. Thesis, Brigham Young University, Provo, UT, USA, 1994.

35. P. D. Ross and R. N. Goldberg, Thermochim. Acta, 10 (1974), 143.

36. R. J. Suurkuusk, B. R. Lentz, Y. Barenholz, R. L. Biltonen and T. E. Thompson, Biochemistry, 15 (1976), 1393.

37. R. S. Criddle, R. W. Breidenbach and L. D. Hansen, Thermochim. Acta,

193 (1991), 67.

38. L. D. Hansen, M. S. Hopkin, D. K. Taylor, T. S. Anekonda, D. R. Rank, Thermochim. Acta, 250 (1995), 215.

39. A. J. Fontana, L. Howard, R. S. Criddle, L. D. Hansen and E. Wilhelmsen, J. Food Sci., 58 (1993), 1411.

40. R. S. Criddle, R. W. Breidenbach, A. J. Fontana and L. D. Hansen, Thermochim. Acta, 216 (1993), 147.

41. A. J. Fontana, L. D. Hansen, R. W. Breidenbach and R. S. Criddle, Thermochim. Acta, 172 (1990), 105.

42. L. D. Hansen and R. S. Criddle, Thermochim. Acta, 154 (1989), 81.

43. L. D. Hansen, J. W. Crawford, D. R. Keiser and R. W. Wood, Int. J. Pharm., (1996) in press.

44. L. D. Hansen, M. Afzal, R. W. Breidenbach and R. S. Criddle, Planta, 195 (1994), 1.

45. G. Privalov, V. Kavina, E. Freire, and P. L. Privalov, Anal. Biochem., (1995) in press.

46. L. D. Hansen, T. E. Jensen, S. Mayne, D. J. Eatough, R. M. Izatt and J. J. Christensen, J. Chem. Thermodyn., 7 (1975), 919.

47. L. D. Hansen and R. M. Hart, in P. J. Elving, (Ed.), Treatise on Analytical Chemistry, Part 1, vol. 12, 2nd ed., John Wiley & Sons, New York, 1983, p 135.

48. L. D. Hansen, E. A. Lewis and D. J. Eatough, in K. Grime (Ed.), Analytical Solution Calorimetry, John Wiley & Sons, New York, 1985, pp 57-95.

49. D. J. Eatough, E. A. Lewis and L. D. Hansen, in K. Grime (Ed.), Analytical Solution Calorimetry, John Wiley & Sons, New York, 1985, p 137.

50. L. D. Hansen and E. A. Lewis, J. Chem. Thermodyn., 3 (1971), 35.

51. L. D. Hansen, T. E. Jensen and D. J. Eatough, in A. E. Beezer (Ed.), Biological Microcalorimetry, Academic Press, New York, 1980, p 453.

52. L. D. Hansen and D. J. Eatough, Thermochim. Acta, 70 (1983), 257.

53. R. E. Tapscott, L. D. Hansen and E. A. Lewis, J. Inorg. Nucl. Chem., 37 (1975), 2517.

54. J. J. Christensen, J. W. Gardner, D. J. Eatough, R. M. Izatt, P. J. Watts and R. M. Hart, Rev. Sci. Instr., 44 (1973), 481.

55. D. J. Eatough, J. J. Christensen and R. M. Izatt, J. Chem. Thermodyn., 7 (1975), 417.

56. A. L. Creagh, E. Ong, E. Jervis, D. G. Kilburn, and C. A. Haynes, (1995) submitted.

57. S. M. Habermann and K. P. Murphy Nature: Structural Biology, (1996) in

press.

58. L. D. Hansen, Pharm. Technol. (1995) submitted.

59. J. J. Christensen, L. D. Hansen, D. J. Eatough, R. M. Izatt and R. M. Hart, Rev. Sci. Instr., 47 (1976), 730.

60. J. J. Christensen and R. M. Izatt, Thermochim. Acta, 73 (1984), 117.

61. J. J. Christensen, P. R. Brown and R. M. Izatt, Thermochim. Acta, 99 (1986), 159.

62. J. L. Oscarson, X. Chen, S. E. Gillespie and R. M. Izatt, Thermochim. Acta, 185 (1991), 51.

63. J. Gmehling and T. Holderbaum, in D. Behrens and R. Eckermann (Eds.), Preface, in Heats of Mixing Data Collection, Chemistry Data Series, Vol. III, Part 4, DECHEMA, Frankfurt am Main., 1991, p. v.

64. A. Tian, Bull. Soc. Chim. France Ser. 4, 33 (1923), 427.

65. E. Calvet, C. R. Acad. Sci. (Paris) 226 (1948), 1702.

66. P. Boivinet and B. Rybak, Life Sci. Part II, 8 (1969), 11.

67. I. Lamprecht and F. R. Matuschka, Thermochim. Acta, 94 (1985), 161.

68. P. Leydet, C. R. Acad Sci. (Paris), 262 (1966), 48.

69. I. Lamprecht and C. Meggers, Z. Naturforsch. B24 (1969), 1205.

70 I. Lamprecht and B. Schaarschmidt, Bull. Soc. Chim. France, 4 (1973), 1200.

71. F. Baisch, Thermochim. Acta, 22 (1978), 303.

72. B. Schaarschmidt and I. Lamprecht, Exper. 29 (1973), 505.

73. B. Schaarschmidt, I. Lamprecht, T. Plesser and S. C. Mtiller, Thermochim. Acta, 105 (1986), 205.

74. I. Lamprecht and W. Becker, Thermochim. Acta, 130 (1980), 87.

75. P. Schultze-Motel and I. Lamprecht, J. Exp. Biol., 187 (1994), 315.

76. S. Sunner and I. Wadsö, Science Tools, 13 (1966), 1.

77. S. Sunner and I. Wadsö, Acta Chem. Scand., 13 (1959), 97.

78. G. Olofsson, J. Phys. Chem., 89 (1985), 1473.

79. I. Wadsö, Acta Chem. Scand., 20 (1966), 536.

80. G. Olofsson, S. Sunner, M. Efimov and J. Laynez, J. Chem. Thermodyn., 5 (1973), 199.

81. K. Kuseno, B. Nelander and I. Wadsö, Chem. Scripta, 1 (1971), 211.

82. I. Wadsö, Science Tools, 21 (1974), 18.

83. I. Wadsö in E. A. Beezer (Ed.), Biological Microcalorimetry, Academic Press, London, 1980, p 247.

84. J. Suurkuusk and I. Wadsö, J. Chem. Thermodyn., 6 (1974), 667.

85. M. Görman Nordmark, J. Laynez, A. Schön, J. Suurkuusk and I. Wadsö,

J. Biochem. Biophys. Meth., 10 (1984), 187.

86. I. R. McKinnon, L. Fall, A. Parody-Morreale and S. Gill, Anal. Biochem., 139 (1984), 134.

87. M. Bastos, S. Hägg, P. Lönnbro and I. Wadsö, J. Biochem. Biophys. Meth., 23 (1991), 255.

88. P. Bäckman, M. Bastos, D. Halldn, P. Lönnbro and I. Wadsö, J. Biochem. Biophys. Meth., 28 (1994), 85.

89. P. Bäckman and I. Wadsö, J. Biochem. Biophys. Meth., 23 (1991), 283.

90. B. Fagher, M. Monti and I. Wadsö, Clinical Sci., 70 (1986), 63.

91. P. Lönnbro and P. Hellstrand, J. Physiol., 440 (1991), 385.

92. D. Hallön, S.-O. Nilsson and I. Wadsö, J. Chem. Thermodyn., 21 (1989), 529.

93. S.-O. Nilsson and I. Wadsö, J. Chem. Thermodyn., 18 (1986), 1125.

94. D. Hallén, E. Qvarnström and I. Wadsö, to be published.

95. C. Teixeira and I. Wadsö, J. Chem. Thermodyn., 22 (1990), 703.

96. L.-E. Briggner, G. Buckton, K. Byström and P. D'Arcy, Int. J. Pharm., 105 (1994), 125.

97. S. Lindenbaum and S. E. McGraw, Pharm. Manuf., 2 (1985), 27.

98. T. Wiseman, S. Williston, J. F. Brandts and L.-N. Lin, Anal. Biochem., 179 (1989), 131.

99. E. Friere, O. L. Mayorga and M. Straume, Anal. Chem., 62 (1990), 950A.

100. A. Cooper and C. M. Johnson, Methods Mol. Biol., 22 (1994), 137.

101. M. C. Chervenak and E. J. Toone, Biochemistry, 34 (1995), 5685.

102. J. E. Ladbury, M. A. Lemmon, M. Zhou, J. Green, M. C. Botfield, and J. Schlessinger, Proc. Natl. Acad. Sci. USA, 92 (1995), 3199.

103. D. Rentzeperis, K. Alessi and L. A. Marky, Nucleic Acids Res., 21 (1993), 2683.

104. J. E. Ledbury, Current Biol., Structure, 3 (1995), 635.

105. R. M. Epand and R. F. Epand, Biophys. J., 66 (1994), 1450.

106. J. Seelig, R. Lehrmann and E. Terzi, Molec. Membr. Biol., 12 (1995), 51.

107. A. Cooper and K. E. McAuleyhecht, Phil. Trans. Roy. Soc. A, 345 (1993), 23.

108. C. S. Raman, M. J. Allen and B. T. Nall, Biochemistry, 34 (1995), 5831.

109. K. P. Murthy, E. Freire and Y. Paterson, Proteins, 21 (1995), 83.

110. S. Delauder, F. P. Schwarz, J. C. Williams and D. H. Atha, Biochim. Biophys. Acta, 1159 (1992), 141.

111. L. N. Lin, J. Y. Li, J. F. Brandts and R. M. Weiss, Biochemistry, 33 (1994), 6564.

112. P. E. Morin and E. Freire, Biochemistry, 30 (1991), 8494.

113. D. Hamada, S. I. Kidokoro, H. Fukada, K. Takahashi and Y Goto, Proc. Natl. Acad. Sci. USA, 91 (1994), 10325.

114. P. C. Anderson and R. Lovrien, Anal. Biochem., 100 (1979), 77.

115. R. H. Hammerstedt and R. E. Lovrien, J. Exp. Zool., 228 (1983), 459.

116. I. Boe and R. Lovrien, Biotechnol. Bioeng., 35 (1990), 1.

117. M. Yamamura, H. Hayatsu and T. Miyamae, Biochem. Biophys. Res. Commun., 140 (1986), 414.

118. W. Regenass, Thermochim. Acta, 20 (1977), 65.

119. I. Marison and U. von Stockar, Thermochim. Acta, 85 (1985), 493.

120. W. P. White, The Modern Calorimeter, The Chemical Catalog Company, New York 1928.

121. D. C. Ginnings and E. D. West, in J. P. McCulloch and D. W. Scott (Eds.), Experimental Thermodynamics, Vol. 1, Butterworths, London, 1968, Ch. 4.

122. J. P. McCullough and D. W. Scott (Eds.), Calorimetry of Non-Reacting Systems, Experimental Thermodynamics, Vol. 1, Butterworths, London, 1968.

123. S. Sunner and M. Mansson (Eds.), Combustion Calorimetry, Experimental Chemical Thermodynamics, Vol. 1, Pergamon Press, Oxford, 1979.

124. W. Hemminger and G. Höhne, Calorimetry-Fundamentals and Practice, Verlag Chemie, Weinheim, 1984.

125. M. Frenkel (Ed.), Thermochemistry and Equilibria of Organic Compounds, Verlag Chemie, Weinheim, 1993.

126. S. Sunner, in S. Sunner and M. Mansson (Eds.), Combustion Calorimetry, Pergamon Press, Oxford, 1979, p. 13.

127. M. Mansson, in S. Sunner and M. Mansson (Eds.), Miniaturization of Bomb Combustion Calorimetry, Pergamon Press, Oxford, 1979, p. 388.

128. J. Phillipson, Oikos, 15 (1964), 130.

129. E. Calvet and H. Prat, Recent Progress in Microcalorimetry (Ed. and transl. by H. A. Skinner), Pergamon Press, Oxford, 1963.

130. M. Laffitte, in S. Sunner and M. Mansson (Eds.), Combustion Calorimetry, Pergamon Press, Oxford, 1979, p. 395.

131. H. A. Basu and F. R. Sale, Thermochim. Acta, 10 (1974), 373.

附录 I

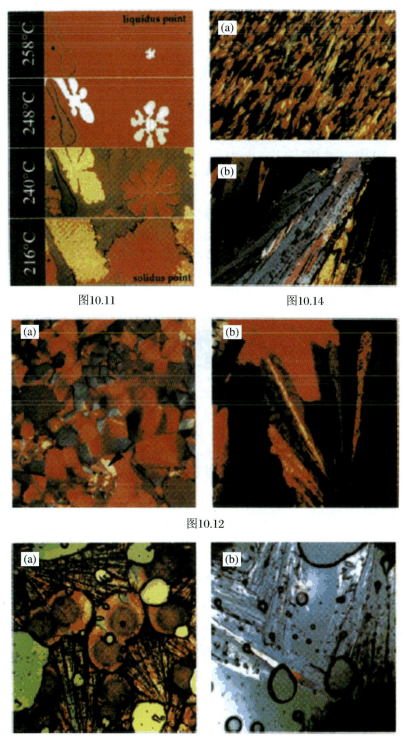

图10.11

图10.14

图10.12

图10.16

附录 Ⅱ